中国科学院教材建设专家委员会规划教材
全国高等医学院校规划教材

案例版™

供临床、预防、基础、口腔、麻醉、影像、药学、检验、护理、法医等专业使用

医学分子生物学

主 编 德 伟 欧 芹
副主编 陈建业 张吉林 万福生 葛银林
编 者 （以姓氏笔画为序）
万福生 南昌大学医学院
王 杰 沈阳医学院
王晓华 广州医学院
杜培革 北华大学
杨红英 昆明医学院
李艳丽 南京医科大学
肖建英 辽宁医学院
宋玉国 北华大学
张吉林 北华大学
张春举 南京中医药大学
陈建业 川北医学院
欧 芹 佳木斯大学医学院
易光辉 南华大学医学院
昝玉玺 新乡医学院
葛银林 青岛大学医学院
德 伟 南京医科大学

科 学 出 版 社
北 京

郑重声明

为顺应教育部教学改革潮流和改进现有的教学模式，适应目前高等医学院校的教育现状，提高医学教学质量，培养具有创新精神和创新能力的医学人才，科学出版社在充分调研的基础上，引进国外先进的教学模式，独创案例与教学内容相结合的编写形式，组织编写了国内首套引领医学教育发展趋势的案例版教材。案例教学在医学教育中，是培养高素质、创新型和实用型医学人才的有效途径。

案例版教材版权所有，其内容和引用案例的编写模式受法律保护，一切抄袭、模仿和盗版等侵权行为及不正当竞争行为，将被追究法律责任。

图书在版编目(CIP)数据

医学分子生物学：案例版/德伟，欧芹主编. —北京：科学出版社，2008
中国科学院教材建设专家委员会规划教材·全国高等医学院校规划教材
ISBN 978-7-03-021619-9

Ⅰ. 医… Ⅱ. ①德… ②欧… Ⅲ. 医药学：分子生物学-医学院校-教材 Ⅳ. Q7
中国版本图书馆 CIP 数据核字(2008)第 049051 号

策划编辑：胡治国 / 责任编辑：胡治国 / 责任校对：郑金红
责任印制：刘士平 / 封面设计：黄 超

科学出版社 出版
北京东黄城根北街 16 号
邮政编码：100717
http://www.sciencep.com

天时彩色印刷有限公司印刷

科学出版社发行 各地新华书店经销

*

2008 年 6 月第 一 版 开本：850×1168 1/16
2015 年 1 月第六次印刷 印张：16

字数：527 000

定价：39.00 元

(如有印装质量问题，我社负责调换〈环伟〉)

前　　言

本教材借鉴案例教学法的教学模式，即以案例为教材，让教育对象通过阅读、分析和思考以及相互间进行讨论和交流，以提高思维推理和处理问题能力的教学过程。在教材中增加临床真实案例或标准化案例，并结合理论知识进行分析、归纳，加强基础与临床、临床与实践的联系，丰富教学内容，充分调动学生学习的积极性、主动性和创造性，激发学生进行不断学习的内在动机和热情，给学生创造了思考问题的条件，把学到的分子生物学理论灵活地运用到临床实际中，从而增强学生分析问题、解决问题和适应临床实际工作的能力。案例教学在医学教育中，是培养高素质、创新型和实用型医学人才的有效途径。本教材是在传统教材的基础上应用案例教学法的原理进行的新的尝试，在教材编写过程中对教材内容的选择和组织还缺乏经验，还存在一些待完善的地方，我们将在今后的工作中不断改进。

分子生物学是在分子水平上研究生命本质、生命活动和生命现象的科学，其理论和技术已在医学领域得到广泛应用，是医学院校学生的一门必修课。分子生物学理论和技术是生命科学中发展最快，与临床医学有着密切的联系，不断更新分子生物学的新理论及技术，进而丰富医学科学内容，是医学分子生物学今后有待解决的问题。医学院校学生学习分子生物学既要掌握分子生物学的基础理论和基本技术，也要掌握分子生物学在医学领域的应用和研究进展。

教材第一篇主要对 DNA、RNA 和蛋白质等生物大分子的结构和功能，遗传信息的传递及调控，细胞信号传导及其分子机制等分子生物学的经典理论结合教学难点案例进行了深入浅出的论述，便于学生掌握分子生物学基本理论和概念。

第二篇重点介绍了临床常见病如肿瘤、心血管病、遗传病、代谢病、感染性疾病的分子生物学基础及其分子机制，以临床案例形式提出问题，帮助学生从分子生物学的角度加深对上述疾病发病机制的认识，从基因的突变、基因的多态性和个体基因与环境相互作用等方面探讨各种致病因子对疾病的影响，指导临床诊断和治疗实践。

第三篇介绍了临床医学分子生物学常用技术，如疾病基因检测方法(DNA、RNA 定性、定量分析、基因芯片分析)、疾病基因的克隆、诊断以及基因工程药物与疫苗的研发及临床应用。近些年来，人们发现并克隆了多种人类肿瘤相关抗原基因，逐步了解了肿瘤抗原的识别和 T 细胞活化机制，并已能成功地大量培养和扩增树突状细胞(dendritic cell，DC)，从而使以 DC 为基础的抗肿瘤主动免疫治疗有了新的发展。

随着近代医学的发展，越来越多的分子生物学的理论和技术应用于疾病的预防、诊断和治疗，从分子水平探讨各种疾病的发生发展的机制，也已成为当代医学研究的共同目标。近年来，特别是人类基因组研究计划和人类基因组学的序列分析图的完成，RNA 组学、蛋白质组学等研究领域的开拓，代谢组学、药物基因组学及跨学科的发展和整合，信息化、规模化和整体化的研究方法已应用于医学科学研究的各个领域。对恶性肿瘤、心血管疾病和神经系统等重大疾病发病机制进行了分子水平的研究，取得了一些成果。可以相信，随着分子生物学理论和技术的快速发展，必将给临床医学的诊断和疾病的治疗做出更大的贡献。

德伟　欧芹

2008 年 3 月 10 日

目　录

第一篇

分子生物学基础

第1章　基因与基因组的结构与功能

基因(gene)的概念是19世纪提出的,当时对其化学本质及功能并没有真正了解。直到1944年,Avery通过实验才证实基因是由DNA组成的。随着分子生物学的迅猛发展,人们对基因概念的认识也逐步深化,基因是负责编码RNA或一条多肽链的DNA片段,包括编码序列、编码序列外的侧翼序列及插入序列。作为分子生物学研究领域的主要内容之一,基因将生物化学、遗传学、细胞生物学等多学科融合到一起,成为揭示生命奥秘的重要环节。

基因组(genome)泛指一个细胞或病毒的全部遗传信息。基因组学(genomics)旨在阐明基因组结构及其与功能的关系,基因与基因之间相互作用以及破译相关的遗传信息。20世纪末,各种生物全基因组序列测定的完成,特别是人类基因组计划(human genome project,HGP)的顺利实施推进了这一学科的迅速发展。

第一节　DNA的结构与功能

脱氧核糖核酸(deoxyribonucleic acid, DNA)是一切生物的遗传物质,担负着生命信息的储存和传递功能,并且在生长、遗传、变异等一系列重大生命现象中起决定性的作用。

一、DNA的基本结构

DNA是由数量众多的脱氧核苷酸通过3′,5′-磷酸二酯键连接而成的生物大分子,无分支结构。四种脱氧核苷酸可以任意排列,因此形成了各种特异性的DNA片段。

DNA是高分子化合物,具有复杂的空间构象。DNA的一级结构是指四种脱氧核苷酸的排列顺序,两个末端分别称为5′末端和3′末端,DNA链是有方向性的,从5′端到3′端。DNA分子中的显著特点就是$C_{2'}$位上无自由羟基,这是DNA作为主要遗传物质极其稳定的根本原因。DNA的二级结构是指核酸的立体空间结构,即Watson与Crick建立的DNA双螺旋结构模型,其特点如图1-1所示。DNA在双螺旋结构基础上通过扭曲、折叠所形成的特定三维构象称为三级结构。两端开放的DNA双螺旋分子在溶液中以处于能量最低的状态存在,此为松弛态DNA(relaxed DNA)。但如果DNA分子的两端是固定的,或者是环状分子,当双螺旋缠绕过分或缠绕不足时,双螺旋旋转产生的额外张力就会使DNA分子发生扭曲,以抵消张力,这种扭曲称为超螺旋(supercoils)。超螺旋如果与右手双螺旋的顺时针方向相同,过度缠绕导致绕双螺旋的张力更大,使结构更加紧张,称为正超螺旋;相反则称负超螺旋。

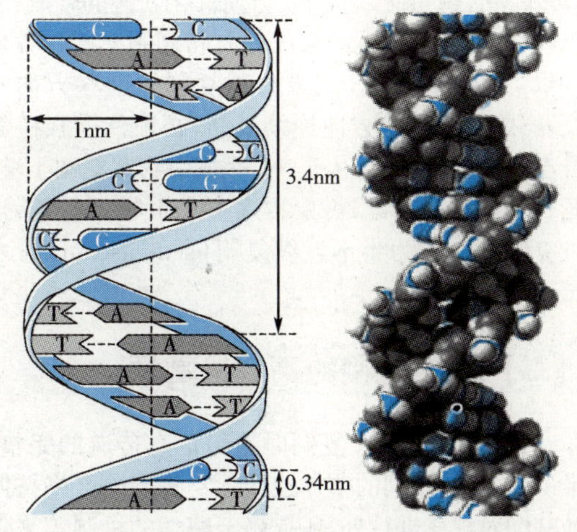

图1-1　DNA右手双螺旋

真核细胞DNA以非常致密的形式存在于细胞核内,在细胞生活周期的大部分时间里以染色质的形式出现,在细胞分裂期形成染色体。染色质的基本单位是核小体,它是直径为10nm×6nm的组蛋白核心和盘绕其上的DNA所构成,核小体串联成的微丝进一步旋转折叠、压缩形成纤维状结构和襻状结构,最后形成棒状的染色体。

笔记栏

二、DNA的复制

复制(replication)是指遗传物质的传代,它以母链DNA为模板(template)、dNTP为原料,按碱基配对原则合成子链DNA的过程。其化学本质是酶促生物细胞内单核苷酸的聚合。各种酶和蛋白质因子的参与是聚合能够迅速、准确完成的保证。

(一) DNA复制的基本规律

1. 半保留复制 子代细胞的DNA,一股单链从亲代完整地接受过来,另一股单链则完全重新合成。按半保留复制的方式,两个子细胞的DNA都和亲代DNA碱基序列一致,保证了遗传信息稳定的传递。

2. 双向复制 原核生物的染色体和质粒,真核生物的细胞器DNA都是环状双链分子。它们都在一个固定的起点开始,分别向两侧进行复制,形成两个复制叉,称为单点双向复制;真核生物基因组庞大而复杂,由多个染色体组成,每个染色体又有多个起始点,称为多点双向复制。即每个起始点产生两个移动方向相反的复制叉,复制完成时,复制叉相遇并汇合连接。习惯上把两个相邻起始点之间的距离定为一个复制子(replicon),它是独立完成复制的功能单位。

3. 复制的半不连续性 当复制叉向前移动时双链DNA不断解链形成模板,同时合成出两条新的互补链,以边解链边复制方式进行。但所有已知DNA聚合酶只能以5′→3′方向催化新链的合成,所以在复制时,领头链的合成方向和复制叉前移方向一致,而随从链的合成方向与复制叉前移方向相反,不能顺着解链方向连续复制,必须待模板链解开至足够长度,然后从5′→3′生成引物并复制子链。延长过程中亦如此,需要再次生成引物而延长,这种复制方式称为半不连续复制(semidiscontinuous replication)。

(二) DNA复制的高度保真性

如何保持DNA复制时遗传信息传递的完整、准确,并维持序列的整体连续性?复制除严格按照碱基配对规律进行外,还依赖于酶学的机制等来保证复制的保真性。

1. DNA聚合酶(DNA pol)对模板的识别作用 DNA pol对模板的依赖性,是子链与母链能准确配对。只有在形成正确碱基对的情况下,引物的3′-OH处于最佳位置上引入的核苷三磷酸的α-磷酸才能发生催化反应,形成3′,5′-磷酸二酯键。

2. DNA pol对碱基配对的选择作用 DNA pol能够根据模板链上的核苷酸选择正确dNTP掺入到引物的3′末端。DNA pol对正确配对的和错误配对的dNTP的亲和力不同,将其聚合至引物3′-OH的速度亦不同。在新的磷酸二酯键形成之前,dNTP结合到聚合位点上,碱基对之间先形成氢键。DNA pol能够识别正确与错误的配对,错误配对的dNTP将被排斥出聚合位点。

3. DNA pol的即时校读功能 当碱基对产生不正确配对,其出错率水平由校正效率来决定。原核生物的DNA-polⅠ和真核生物的DNA-polδ的3′→5′外切酶活性都很强。当发生不正确核苷酸被添加到引物链时,错配DNA改变了3′-OH和引入核苷酸的几何构象,降低了核苷酸的添加速度,而增加了DNA聚合酶3′→5′外切核酸酶的活性,将错配的核苷酸从引物链的3′端除去,同时利用5′→3′聚合酶活性补回正确配对,DNA合成继续进行。

4. DNA修复系统 平均而言,DNA pol每添加10^5个核苷酸就会插入1个不正确的核苷酸。即时校读功能将不正确配对碱基的发生概率降低到10^{-8}。错误概率仍比通常在细胞中观察到的实际突变率(10^{-10})高很多。细胞修复系统是DNA复制高度忠实性的重要因素。此外,复制起始必须利用引物,也是确保DNA复制忠实性的重要机制之一。

(三) 真核生物DNA复制的特点

(1) DNA复制仅出现在细胞周期的S期,且只能复制一次。DNA与组蛋白形成核小体,复制叉经过时需要解开核小体,复制后还要重新形成核小体。DNA复制时,需要克服亲代染色质中组蛋白的影响,故复制叉前进速度慢。但真核生物染色体DNA复制在多个复制点上(相距约5~300kb)同时进行双向复制,所以从总体上可以快速进行合成。

(2) 端粒的形成:真核生物染色体DNA是线性结构,两端靠常规复制机制无法填补新合成DNA链5′端引物去除后留下的空隙,且剩下的模板DNA单链3′端如不填补成双链,就会被核内DNase酶水解,将产生下一轮DNA复制缩短的染色体(图1-2)。

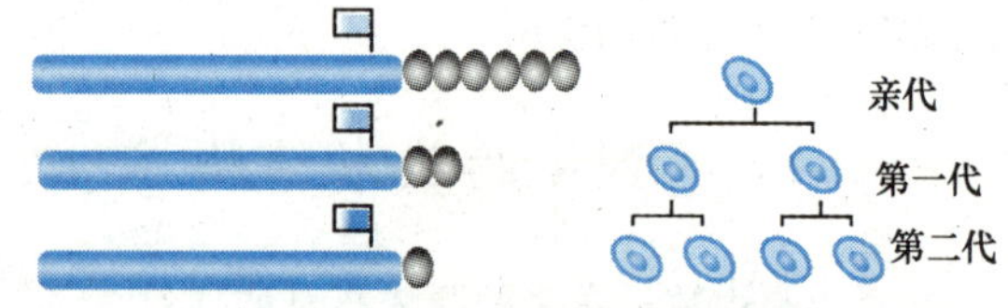

图1-2 染色体末端复制问题

然而,染色体在正常生理状况下复制,可以保持其应有长度的。它通过染色体末端特殊结构—端粒(telomere)解决了复制问题,并可稳定染色体末端结构,防止染色体间末端的连接,补偿清除引物后造成的空缺。

端粒酶是由RNA和蛋白质组成的一种核糖核

笔记栏

蛋白(RNP),能识别和结合端粒序列。端粒酶能够延伸其DNA底物的3′端。与一般DNApol不同是不需要内源DNA模板指导,而是以自身RNA组分作模板(这一RNA序列能与染色体的3′sDNA互补),染色体的3′端sDNA作引物,通过“爬行模型”的机制维持染色体的完整(图1-3)。

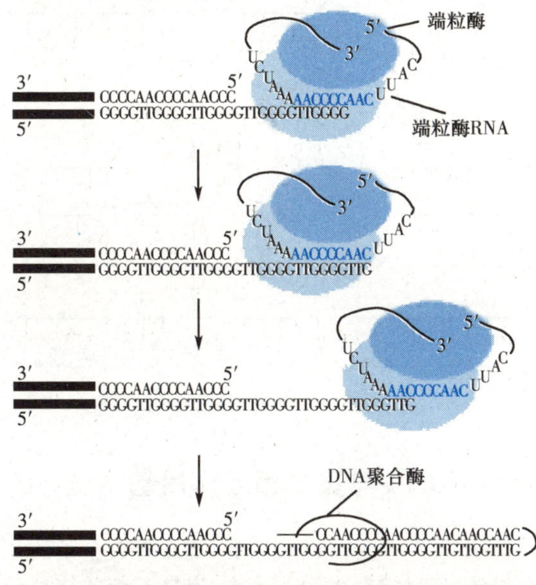

图1-3　端粒酶催化作用的爬行模型

由于端粒酶的存在,端粒一直保持着一定的长度。在缺乏端粒酶活性时,细胞连续分裂将使端粒不断缩短,短到一定程序即引起细胞生长停止或凋亡。组织培养的细胞证明,端粒在决定细胞的寿命中起重要作用。主要的肿瘤细胞中均发现存在端粒酶活性升高,因此设想端粒酶可作为抗癌治疗的靶位点。

三、DNA的损伤与修复

DNA损伤(DNA damage)是指DNA分子上碱基的改变或表型功能的异常变化,也称为DNA突变(mutation)。遗传物质保持代代持续传递依赖于把突变概率维持在低水平上,活细胞需要成千上万个基因正确行使职能。生殖细胞系中高频突变将摧毁物种,体细胞中高频突变将摧毁个体。再者,某些突变会产生一些疾病包括遗传病、肿瘤及有遗传倾向的疾病。其中少数已知其遗传缺陷所在,如血友病是凝血因子基因的突变,白化病患者则是缺乏酪氨酸酶的基因所致。人类基因组完成核苷酸的测序后,疾病相关基因的检出和研究是后基因组学的重要内容。

但是,如果继承的遗传物质具有绝对的忠实性,将失去驱动进化所需的基因变异,那么新的物种,包括人类都不可能出现。因此,生命和生物多样性依赖于突变与突变修复之间的良好平衡。

案例1-1

患者,男,12岁,因手足反复出水疱12年来院就诊。患儿出生后不久即见手足出现水疱,以关节和摩擦部位为著,皮损疼痛明显,夏季重(图1-4),冬季稍缓解,愈后无瘢痕。体格检查:患儿营养发育好。心肺正常,肝脾未及肿大。皮肤科情况:肘膝关节外侧、掌趾关节背侧见多个厚壁清亮水疱,尼氏征阴性。组织病理:基底细胞空泡变性,表皮真皮间水疱形成。透射电镜显示表皮基底细胞层出现裂隙。

家族史:家系四代中共有患者7人,每代均有患者。

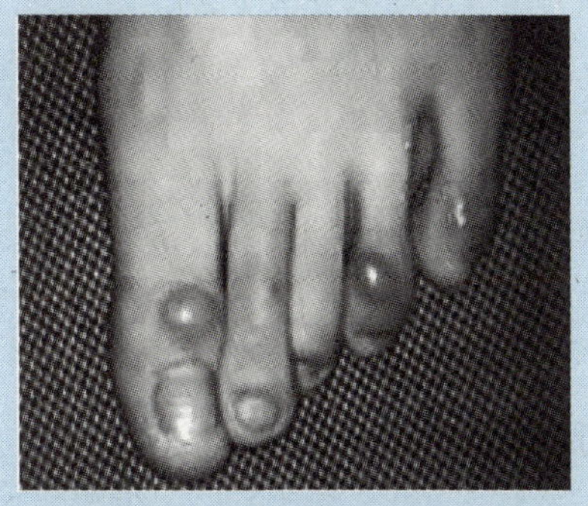

图1-4　患者足部水疱

诊断:单纯性大疱性表皮松解症(EBS)。

问题与思考

1. 单纯性大疱性表皮松解症发病的分子机制?

2. 该病确诊的依据?

(一) DNA突变的类型

很多因素能导致DNA损伤。环境中紫外线与电离辐射等物理因素及烷化剂等化学因素是造成DNA损伤的主要原因,同时,机体内也会出现DNA的自发性损伤。根据DNA分子结构改变情况的不同,突变主要有以下几种类型:

1. 错配　DNA上某一碱基的置换,使子代多聚核苷酸突变位置上核苷酸与模板DNA对应位置上核苷酸不配对,这种碱基错配又称为点突变(point mutation)。分为两类:①转换(transition)是同型碱基间的改变;②颠换(transversion)是异型碱基间的改变。点突变发生在基因的编码区,可导致蛋白质一级结构改变而影响其功能。若发生在简并性密码子的第三位,可能不会导致蛋白质的改变。

2. 缺失、插入和框移　插入与缺失若出现在编码区,可导致编码特异性蛋白的基因读码框发生移动,称为移码突变,造成蛋白质氨基酸排列顺序发生改变,翻译出的蛋白质可能完全不同,致使其功能改变。3 或 3 的整数倍核苷酸的插入或缺失，不引起移码突变。

3. 重排 DNA 分子内较大片段的交换，称为重组或重排。移位的 DNA 可在新位点上颠倒方向反置(倒位)，也可以在染色体之间发生交换重组。

案例 1-1 相关提示

(1) EBS 是一种常染色体显性遗传病，主要由于编码角蛋白 5 或角蛋白 14 的基因突变所致。通过对其 KRT5 和 KRT14 基因检测发现 KRT5 的第 2 外显子第 596 位，碱基由腺嘌呤突变为胞嘧啶，导致相应蛋白的结构及功能异常，最终基膜带连接功能受损而引发表皮真皮交界处水疱形成。

(2) 依据患儿临床表现、组织病理及电镜观察、致病基因的定位和克隆均符合单纯性大疱性表皮松解症。遗传性皮肤病是由于遗传物质的改变所引起的，通常具有上下代之间呈垂直传递或家族聚集性以及终身性的特征。

(二) DNA 损伤的修复

细胞内存在众多的机制来修复 DNA 损伤，主要分为四种：①直接修复；②切除修复；③重组修复；④SOS 修复。以切除修复为主，其修复包括两个过程：一是由细胞内特异的酶找到 DNA 损伤部位并切除含损伤结构的核酸链；二是修复合成并连接。如果只有单个碱基缺陷，像修复细胞 DNA 中碱基(如 C)自发脱氨基产生的异常碱基(如 U)，则以碱基切除修复(base excision repair，BER)方式进行修复。如果 DNA 损伤造成 DNA 螺旋结构较大变形，则需要以核苷酸切除修复(nucleotide excision repair，NER)方式进行修复(图 1-5)。较高等细胞中核苷酸切除修复的原理与大肠埃希菌中的基本相同，但是对损伤的检测、切除和修复系统更为复杂。

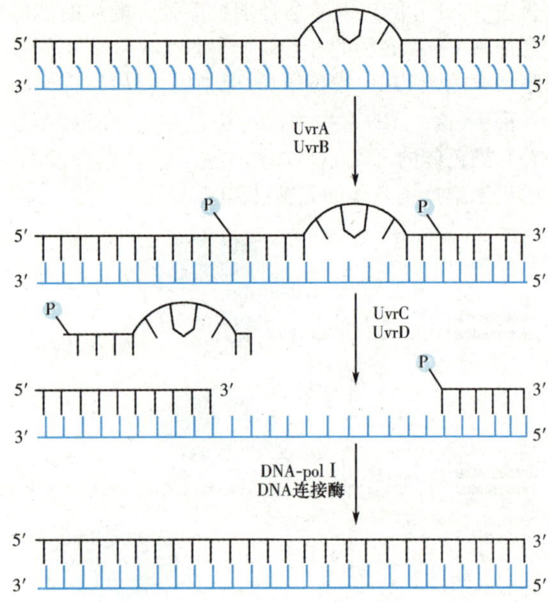

图 1-5 核苷酸切除修复方式

四、DNA 与蛋白质相互作用

DNA 与蛋白质相互作用是指 DNA 结合蛋白(DNA binding protein)在它们各自靶基因的转录控制区域与序列特异性 DNA 元件相结合，从而发挥其调控转录的功能。目前已知，真核细胞有许多不同的结构基序，如锌指、亮氨酸拉链、螺旋-环-螺旋和同源结构域等，对 DNA 进行特殊的识别。序列特异性结合可能是由碱基所显示的不同结合模式识别来完成，或者是识别主链的不同构象。许多序列特异的 DNA 结合蛋白是以二聚体的形式存在，这样增加了 DNA-蛋白相互作用的灵敏性和特异性，并且产生协同结合的效应，DNA 结合蛋白的二聚化还增加识别的多样性和可调控的程度。

笔记栏

(一) DNA 与蛋白相互作用基本理论

DNA 结合蛋白识别整个 DNA 螺旋分子的几何结构，通过接触大沟或小沟，连接不变的核糖磷酸主链或碱基同 DNA 相互作用。然而，螺旋的构象不仅可由外部环境造成(如氢键)，还可能是局部碱基堆积的相互作用造成其多样性，这种作用为顺序特异。局部结构不仅影响了碱基同螺旋轴之间的关系，而且还影响了螺旋的周期和大沟，小沟。碱基序列也决定了 DNA 内在的可弯曲程度，局部的变化可通过决定在蛋白结合时成键原子间的空间组成和 DNA 可改变的能力大小，从而控制了蛋白和 DNA 之间的空间化学关系。

与双链 DNA(dsDNA)结合的蛋白可分三类：①与DNA 末端相互作用的蛋白(如 DNA 连接酶，外切酶)；②围绕 DNA 或以深的狭缝结合 DNA 的蛋白(如 DNA 聚合酶，拓扑异构酶)；③与 DNA 双螺旋的表面作用的蛋白。前两类包括了许多 DNA 加工的酶，而后一类成员最多，包括大多数转录因子、限制性内切酶、DNA 包装蛋白、位点特异的重组酶和 DNA 修复酶。因而，后一类不仅包括普通和序列特异的 DNA 结合蛋白，还包括识别非正常核酸结构(如损伤碱基等)的蛋白。还有一些蛋白同 sDNA 作用，如 RecA、单链 DNA 结合蛋白等。

(二) DNA 结合蛋白识别的一般方式

与双螺旋表面相互作用的蛋白通常具有一种十分符合大沟的基序，通过形成稳定结合的埋藏接触面使接触区最大化。侵入大沟对于序列特异的蛋白结合是十分重要的，有助于通过直接结合碱基进行序列识别。对于这些相互作用来讲，结合大沟比结合小沟更适合，因为它更大可容纳 α-螺旋、β-折叠和环状结构。与磷酸主链的结合允许普遍性识别，可以稳定同大沟结合的结构。

1. α-螺旋在 DNA 识别过程中的作用 大多数 DNA 结合蛋白都靠大小和形状适于和大沟相识别的 α-螺旋来识别 DNA（图 1-6）。氨基酸侧链的化学多样性和柔韧性以及螺旋轴的旋转使 α-螺旋具有大量与特异性 DNA 序列相结合的潜在识别表面。晶体研究也表明，DNA 大沟中所谓的识别α-螺旋在沟中相对于 DNA 骨架轴的位置，在不同的调控蛋白中差别很大。但因无证据能说明分离的α-螺旋能进行独立的识别，故推断是由其他蛋白质因子介导的。与磷酸骨架的相互作用对螺旋在其位点上的合适定位是必需的。在 DNA 识别过程中，也有许多例子使用 β-片层的 DNA 结合蛋白，包括原核 Met 和 Arc 抑制因子和真核 P53 蛋白。而且，许多蛋白质除了利用大沟相互作用外，还利用肽段上可变的伸展区，伸展回折并与小沟相接触，增强识别的特异性。

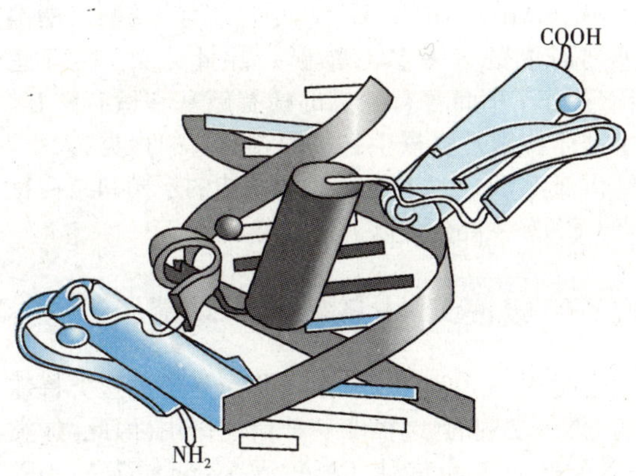

图 1-6 α-螺旋识别及结合 DNA

2. 大沟、小沟的特异性 尽管 DNA 的形状和构象在它的大小和扭角上发生微小序列依赖性变化，特异性受到碱基上化学基团向大沟和小沟序列特异性凸出的影响。

当 A/T 或 C/G 之间氢键作为将 DNA 反向平行链相连的碱基对时，这四个碱基暴露出多价的或不参与配对的化学基团，他们能与调控蛋白识别表面上的氨基酸侧链或肽骨架相结合。但只有大沟和小沟上氢键供体和受体的排列随 DNA 序列发生显著变化时，化学基团才能影响特异性。Seeman 等根据实验推断，大沟中每个碱基对的化学基团都具有独特的三维模式，多个碱基识别位点就表现出联合性的、更为精细的排列，排列的独特性随位点的增大而增强。这一变化在大沟比小沟更为明显。此外，碱基对还含有某些非结合型的化学基团。大沟似乎是序列特异性的主要靶位点。

虽然大多数 DNA 结合蛋白都偏好大沟，但有些蛋白质能将大沟和小沟识别作用相结合，这些蛋白质通过同源结构域螺旋-转角-螺旋或 HTH 基序和大沟相接触，通过延伸的氨基端臂与小沟相接触。在原核生物中，Hin 重组酶既利用小沟，又利用大沟发生接触作用。而有些蛋白质则排他性地识别小沟。

氨基酸侧链或主链酰胺基和羰基参与同一系列碱基或磷酸骨架的序列特异性相互作用。但是，在 DNA 结合蛋白家族内部，可能更倾向于与嘌呤形成氢键且识别序列可能具有某种程度的保守性，比如同源结构域家族或锌指家族。大量研究已开始涉及改变特异性的锌指，提示至少一个转录因子家族中氨基酸-碱基对相互作用的一般规律。对 DNA 结合相互作用的进一步研究会揭示更为清楚的 DNA 序列识别模型。

（三）DNA-蛋白质相互作用的化学基础

1. 化学键

（1）氢键：暴露于大沟侧缘的碱基供氢或受氢能力不同，与不同氨基酸残基侧链之间形成氢键的趋势也不同。例如，Glu 和 Asp 残基侧链能作为氢受体，可以与 C 和 A 形成氢键；Ser、Thr 和 Cys 残基侧链含有—OH 或—SH 基因，它们既可供氢，又可受氢，故而可与各种碱基建立氢键联系；Arg 和 Lys 只能供氢，所以不能与 C 联系。

（2）疏水键：暴露于 DNA 大沟侧缘 T 的 $—CH_3$是疏水的，原则上疏水性氨基酸残基 Ala、Val、Leu、Ile 等均可建立疏水键联系；C 的环内两个$—CH_2—$也可与疏水氨基酸残基侧链相互作用，但力量较 T 的$—CH_3$弱。Ala 因侧链较短，不能与 C 形成疏水键。某些氨基酸的侧链，如 Ser、Gln、His 也能与 T 形成疏水键。

（3）离子键：一些荷电氨基酸可依据其荷电性质选择相反电荷的核苷酸碱基，通过离子键相互作用。例如 Arg 和 Lys 与 G；Asp 和 Glu 与 C 之间的离子键联系。

实际上，可能一个氨基酸残基与某种碱基相互接触时形成两个相同或不同的化学键；另一种情况是，尽管理论上某种氨基酸可与几种碱基相互作用，但实际只结合某一种碱基。这种复杂多变的情况与 DNA 和蛋白质的空间结构、位置有关，与相互作用的化学基团局部环境、状态也有关。

2. 单体和二聚体 DNA 识别单元的重复是自然界用以设计 DNA 结合蛋白最广泛采用的策略之一。采用这种重复的方法有多种：①二聚化或另一个更高级寡聚体的形成；②DNA 识别单元的多聚体化。因为亲和力与结合自由能呈指数相关（$\Delta G=-RT\ln K_d$），通过使识别单元的数目加倍，加倍结合能量，使二聚体相对于单体或含有串联识别单元的单体相对于含单一单元的单体亲和力呈指数

笔记栏

增加。

许多蛋白质通过异源二聚化增加其调节的多样性，其中每个单体识别半位点的一个。由于异源二聚体中每个单体都有不同的序列偏好，异源二聚体可以识别含有非对称性半位点的位点。或者，异源二聚体中的两个组分具有相同的DNA结合特异性，但具有独特的调节特性。前一种情况的一个很好例子是真核Jun蛋白，它既能以同源二聚体(Jun-Jun)形式与DNA结合，又能以异源二聚体(Jun-Fos,Jun-CREB)形式与DNA结合。Jun同源二聚体与AP-1启动子元件微弱地结合，而Jun-Fos异源二聚体则与AP-1启动子元件紧密结合。Jun和其他家族成员的异源二聚体也能与一系列位点相结合。

单一多肽中DNA结合基序的多聚化是用于增强特异性的另一种有效方法。多聚蛋白质可以含有多个相同的识别单元，也可以含有多个具有不同结构的单元。如在Zif268中，三个C—C—H—H指识别双螺旋上相似的串联序列基序。锌指恰能通过形成围绕双螺旋的"C"形结构将Zif268的识别螺旋定位到大沟中。

3. 序列特异识别的结合能 蛋白质与特异DNA序列的选择性结合主要依赖两种类型的相互作用提供结合能。第一类相互作用是多肽链与碱基对之间的直接接触，第二类相互作用是多肽链中的碱性氨基酸残基与戊糖-磷酸骨架之间的电荷联系。序列特异的选择性结合主要在于第一类结合，即多肽链与DNA大沟暴露的碱基之间通过氢键和van der Waal力所建立的直接联系；同时，序列依赖的DNA弯曲或变形又可使一个特殊的结合位点被限定在最有利的构象，这种构象辅助多肽链与碱基对的定向连接。因此，多肽链中某些氨基酸与碱基对之间的定向连接属二级反应，多肽链与碱基对的识别、序列依赖的DNA弯曲或变形这两级效应调节着亲合位点的亲合性。

虽然多肽链与碱基对之间的直接定向相互作用可产生一定的可利用结合能，但这些能量不足以维系在平均6～15bp长的结合位点上所形成复合物的稳定性，额外需要的结合能则来自多肽链中带正电荷的碱性残基与带负电荷的DNA戊糖-磷酸骨架之间的电荷作用。当DNA结合某种蛋白质时，肽链与DNA骨架之间的这种电荷作用也会形成一种空间约束力，限定或维持DNA的特殊构型。通过这种电荷力实现的DNA-蛋白质相互作用具有一个重要特性，这就是：只要DNA具备适当的骨架构型，蛋白质就可以结合DNA的任何区域，这就是蛋白质所具有的、不依赖序列的、与DNA双螺旋相互作用的能力。一种DNA结合蛋白的序列选择性主要是由其序列依赖与序列不依赖相互作用的结合能差决定的。

笔记栏

第二节 RNA的结构与功能

细胞中还含另一类核酸，即核糖核酸（ribonucleic acid，RNA），成熟的RNA主要存在于细胞质中，少量位于细胞核。RNA分子一般比DNA小得多，通常是单链线型分子，但可自身回折在碱基互补区形成局部短的双螺旋结构，而非互补区则膨出成环。RNA的$C_{2'}$位羟基是游离的，它使RNA的化学性质不如DNA稳定，能产生更多的修饰组分，使RNA主链构象因羟基(或修饰基团)的立体效应而呈现出复杂、多样的折叠结构，这是RNA能执行多种生物功能的结构基础。RNA的功能其一是信息分子，其二是功能分子。它能传递储存于DNA分子中的遗传信息，参与初始转录产物的转录后加工，并且在蛋白质生物合成中发挥着重要作用。

一、RNA的分类与结构特点

组成RNA分子的基本单位是四种核苷酸：AMP、GMP、CMP和UMP，通过3′,5′-磷酸二酯键连接而成的多聚核苷酸链。除此之外，在有些RNA分子中尚含有少量的稀有碱基和稀有核苷。生物体特别是真核生物体内，RNA的种类、大小、结构都比DNA多样化。按照功能的不同和结构特点，RNA主要分为以下三大类。

(一) 信使RNA的结构与功能

DNA决定蛋白质合成的作用是通过这类特殊的RNA实现的，这很像一种信使作用，因此，这类RNA被命名为信使RNA（messengerRNA，mRNA）。

mRNA仅占细胞总RNA的3%～5%，但其种类最多。mRNA一般不稳定，代谢活跃，半衰期短，更新迅速。原核mRNA的半衰期只有1分钟至数分钟，mRNA的降解紧随着蛋白质翻译过程发生。而真核mRNA可达数小时，甚至24h。有些寿命较长，如人红细胞内的珠蛋白mRNA可达数周。

真核生物mRNA结构的最大特点往往以一个较大相对分子质量的前体形式在细胞核内合成，经加工成熟后再运送到细胞质内。特别是当初始转录物长达20～30个核苷酸时，在5′-端形成m^7G-5′ppp5′-N-3′帽子结构。3′-端大多数加一段由数十个至百余个腺苷酸连接而成的多聚A尾[poly(A)]结构。两种特殊结构共同负责mRNA从核内向胞质的转位、mRNA的稳定性维系以及翻译起始的调控。

mRNA的功能是转录核内DNA遗传信息的碱基排列顺序，并携带至细胞质，指导蛋白质合成中的氨基酸排列顺序。一条完整的mRNA包括5′-非翻译区、编码区和3′非翻译区。

(二) 转运 RNA 的结构与功能

转运 RNA(transfer RNA,tRNA)约占总 RNA 的 15%,是细胞内分子量最小的 RNA,目前已完成一级结构测定的 tRNA 有 100 多种,由 70～90 个核苷酸组成。细胞内 tRNA 的种类很多,每一种氨基酸都有其相应的一种或几种 tRNA。所有 tRNA 均有以下类似的结构特点:

1. tRNA 分子含有较多的稀有碱基 约占所有碱基的 10%～20%,如 DHU、ψ 等。

2. tRNA 二级结构呈三叶草形 存在着一些能局部互补配对的区域呈茎状,中间不能配对的部分则膨出形成环,形状类似三叶草形(cloverleaf pattern)。尽管不同的 tRNA 核苷酸组分和排列各异,但其 3′端无例外地都含有—CCA—OH 序列,这是接受氨基酸的特定部位。

3. tRNA 的三级结构呈倒 L 形 这种结构比较稳定,半衰期均在 24h 以上。氨基酸臂与 TψC 臂形成一个连续的双螺旋区,构成字母 L 下面的一横。而 DHU 臂与反密码臂及反密码环共同构成字母 L 的一竖。此外,DHU 环中的某些碱基与 TψC 环及额外环中的某些碱基之间形成额外的碱基对,是维持三级结构的重要因素。

4. tRNA 的功能 tRNA 在蛋白质生物合成过程中具有转运氨基酸和识别密码子的作用。不仅如此,它在蛋白质生物合成的起始过程、DNA 逆转录合成及其他代谢调节中起重要作用。

(三) 核糖体 RNA 的结构与功能

核糖体 RNA(ribosomal RNA,rRNA)是细胞内含量最多的 RNA,约占总 RNA 的 80%以上。rRNA 与核糖体蛋白(ribosomal protein)共同构成核糖体(ribosome)或称核蛋白体。核糖体的组成见表 1-1,均由易于解聚的大、小两个亚基构成。

表 1-1 核糖体的组成

原核生物(以大肠埃希菌为例)			真核生物(以小鼠肝为例)	
小亚基	30S		40S	
rRNA	16S	1 542 个核苷酸	18S	1 874 个核苷酸
蛋白质	21 种	占总量的 40%	33 种	占总量的 50%
大亚基	50S		60S	
rRNA	23S	2 940 个核苷酸	28S	4 718 个核苷酸
	5S	120 个核苷酸	5.8S	160 个核苷酸
			5S	120 个核苷酸
蛋白质	36 种	占总量的 30%	49 种	占总量的 35%

各种 rRNA 的碱基顺序均已测定,并据此推测出了二级结构和空间结构。数种原核生物的 16SrRNA 的二级结构颇为相似,形似 30S 小亚基。真核生物的 18SrRNA 的二级结构呈花状,形似 40S 小亚基,其中多个茎环结构为核糖体蛋白的结合和组装提供了结构基础。

rRNA 的主要功能是与多种蛋白构成核糖体,为多肽链合成所需要的 mRNA、tRNA 以及多种蛋白因子提供了相互结合的位点和相互作用的空间环境,在蛋白质生物合成中起着“装配机”的作用。

二、基因转录

转录(transcription)是指以 DNA 为模板,在 DNA 依赖性的 RNA 聚合酶催化下,以 NTP 为原料合成一条 RNA 的过程。转录是基因表达的第一步,也是最关键的步骤。

(一) 转录的基本特性

细胞根据不同的发育时期、生存条件和生理需要,只启动部分基因转录。能转录出 RNA 的 DNA 区段,称为结构基因(structural gene)。DNA 双链中只能有一股链按碱基配对规律指引转录生成 RNA,这股单链称为模板链(template strand),相对的另一股单链则称为编码链(coding strand)。在这段 DNA 双链上,一股链用作模板指导转录,另一股链不转录,而且模板链并非总是在同一单链上。这种选择性的转录称为不对称转录(asymmetric transcription)。

(二) 真核生物转录的特点

1. 转录起始 真核生物与原核生物的起始有一个显著的区别,即在真核生物启动子上发生的转录起始涉及许多转录因子。这些转录因子通过识别 DNA 顺式作用元件作用位点(cis-acting site)而起作用的,然而结合 DNA 并不是转录因子的唯一作用方式,它还可以通过识别另一种因子而起作用,或识别 RNA pol,或和其他几种蛋白质一起组成转录起始复合体。真核生物细胞中的转录分别由三种 RNA pol(Ⅰ、Ⅱ、Ⅲ)催化,起始时需要转录因子,在随后的转录过程中则不再需要。对于所有真核生物 RNA pol 而言,都是先由转录因子结合到启动子上形成一种结构,以此作为 RNA pol 识别的靶标。

RNA polⅠ和 RNA polⅡ的启动子基本上都位于转录启动点的上游,而 RNA polⅢ的部分启动子则位于转录启动点的下游。每一种启动子均包含一组特征性的短保守序列,能被相应的转录因子识别。

2. 转录延伸 当转录起始复合物形成后,

笔记栏

RNA pol 即开始依碱基配对关系，按模板链的碱基序列，从 5′→3′方向逐个加入核糖核苷酸。与原核生物不同的是真核生物的 DNA 结合于核小体，基因被激活表达时调控区的核小体不存在了，组蛋白或者与 DNA 脱离，或者当激活蛋白和转录因子与相应的顺式作用元件结合时，组蛋白被推开。但是当 RNA pol 通过结构基因进行转录时可以转移核小体，核心组蛋白被移位到 RNA pol 的后面，仍与同一 DNA 分子结合。这一过程可能是通过一种缠绕机制完成的。

3. 转录终止　真核生物转录终止的机制，目前了解尚不多，且三种 RNA pol 的转录终止方式不完全相同。RNA pol Ⅰ转录出 rRNA 前体 3′末端后，继续向下游转录超过 1 000 个碱基，此处有一个 18bp 的终止子序列，可被辅助因子识别辅助转录终止。RNA pol Ⅲ转录模板的下游存在一个终止子，可能有与原核生物不依赖 ρ 因子的终止子相似的结构和终止机制。RNA pol Ⅱ转录终止是和转录后修饰密切相关的。

第三节　基因组的结构与功能

无论简单的病毒或复杂的高等动植物细胞，都有一整套决定生物基本特征和功能的遗传信息。不同生物的基因组所储存的遗传信息量有着巨大的差别，其结构也各有特点。

一、基因组的结构特点与功能

不同生物的基因组大小及复杂性不同，生物的复杂性与基因组内的基因数量有关。进化程度越高，基因组越复杂。

（一）病毒基因组的结构特点与功能

病毒(virus)是最简单的生物，外壳蛋白包裹着里面的遗传物质—核酸。根据基因组的核酸类型，可将其分为 DNA 病毒和 RNA 病毒。但是病毒的 DNA 复制及基因表达往往依赖于宿主细胞的系统。

(1) 每种病毒只含一种核酸，通常是 DNA 分子或 RNA 分子。核酸的结构可以是双链或单链结构，也可以是闭合环状或线状分子等不同类型。

(2) 病毒的基因组很小，所含遗传信息量较小，只能编码少数的蛋白质。但不同病毒基因组大小差异又很大。最小的仅 3kb，编码 3 种蛋白质。最大的可达 300kb 以上，具有几百个基因。

(3) 病毒常常具有重叠基因的结构，即同一 DNA 序列可以编码 2 种或 3 种蛋白质分子。一个基因可以完全在另一基因内，或部分重叠，重叠基因使用共同的核苷酸序列，但转录成的 mRNA 有不同的阅读框架(open reading frame，ORF)。有些重叠基因使用相同的 ORF，但起始密码子或终止密码子不同。基因重叠现象的存在，表明病毒能够利用有限的核酸序列储存更多的遗传信息以提高在进化过程中的适应能力。

(4) 病毒基因组的大部分序列编码蛋白质，基因之间的间隔序列非常短，只占基因组的一小部分。

(5) 噬菌体基因组中无内含子，基因是连续的。但感染真核细胞的病毒基因组中具有内含子。除正链 RNA 病毒之外，真核细胞病毒的基因先转录成 mRNA 前体，再经过剪接，成为成熟 mRNA。

（二）细菌基因组的结构特点与功能

原核生物常以大肠埃希菌为代表。这类生物能自我繁殖，具有复杂的细胞结构和代谢过程。所有原核生物的遗传物质都是 DNA，基因组在 0.6×10^6（如支原体）到 8×10^6（如固氮菌）之间，所包含的基因从几百个到数千个不等。目前，很多基因的功能尚不清楚，但可在其他生物中找到这些基因的同源序列，提示这些基因可能具有非常保守的生物学功能。

(1) 细菌基因组通常仅由一条环状双链 DNA 分子组成，在细胞中与蛋白质结合以复合体的形式存在。细菌染色体 DNA 在细胞内形成一个致密区域，即类核(nucleoid)，类核与细胞质之间无核膜结构。基因组中通常只有 1 个 DNA 复制起点。在细菌中，除了染色体 DNA 外，还具有自主复制能力双链环状质粒存在。

(2) 功能上相关的几个基因成簇地串联排列于染色体上，连同其上游的调控区（包括启动序列和操纵序列）以及下游的转录终止信号共同组成一个基因表达单位，即操纵子(operon)结构，在同一启动序列控制下，操纵子可转录出多顺反子 mRNA。

(3) 基因组中的基因密度非常高，基因组序列中编码区所占的比例较大，只有一小部分是不翻译的。不翻译区域称间隔区，其中也包含一些基因表达调控 DNA 序列。

(4) 细菌的结构基因无重叠现象和内含子，其基因序列是连续的，因此在转录后 mRNA 不需要剪接加工。但编码 rRNA 的基因往往是多拷贝的。

(5) 基因组 DNA 有多个具有各种功能的识别区域，如复制起始区、复制终止区、转录启动子、转录终止区等特殊序列，并且含有反向重复序列。

(6) 细菌基因组中的可移动成分能产生转座现象。

（三）真核生物基因组的结构特点与功能

真核生物从单细胞的酵母到高等哺乳动物，都

笔记栏

有一个共同特点，具有完整核膜的结构，使细胞核与细胞质分隔开。细胞之间也有很大差异，已分化为多种细胞类型。不同类型的细胞，执行着不同功能，复杂的功能也表现在基因组的复杂性。

(1) 基因组结构庞大，远远大于原核生物基因组，例如人的单倍体基因组 DNA 约为 3.3×10^9bp，而大肠埃希菌的基因组只有 4.6×10^6bp。

(2) 基因组由染色体 DNA 和染色体外 DNA（即线粒体 DNA，mitochondrial DNA，mtDNA）组成，线性染色体 DNA 位于细胞核内，每个染色体 DNA 有很多复制起始位点（ori）。mtDNA 是闭环双链分子，结构紧凑、几乎没有重复序列。mtDNA 上某些基因可以重叠，而且没有内含子。

(3) 基因组中非编码序列多于编码序列，可占总 DNA 量的 95%以上。在这些非编码序列中，一部分是基因的内含子、调控序列等。另一部分便是重复序列（repeat sequences），其功能主要与基因组的稳定性、组织形式以及基因的表达调控有关。根据在基因组中重复序列出现的频率不同，DNA 序列分为①高重复序列 DNA（highly repetitive DNA）重复次数可高达数百万次，这种序列可集中在某一区域串联排列。典型的高重复序列 DNA 有卫星 DNA（satellitic DNA）和反向重复 DNA（inverted repeat DNA）。②中重复序列 DNA 重复次数为 $10\sim10^5$，散在分布于基因组中，约占基因组 DNA 总量的 35%，常与单拷贝基因间隔排列，有一部分是编码 rRNA、tRNA、组蛋白及免疫球蛋白的结构基因。另外一些可能与基因的调控有关。③单一序列 DNA 指重复极少或不重复的序列。在单倍体基因组里这些序列包括编码蛋白质和酶的结构基因以及基因的间隔序列，这些序列一般只有一个或几个拷贝，占基因组 DNA 总量的 40%～80%。

(4) 基因组中存在多基因家族、假基因和断裂的基因。多基因家族（multigene family）是指核苷酸序列或编码产物的结构具有一定程度同源性的基因，其编码产物常常具有相似的功能，另外还有一种基因家族，是由多基因家族及单基因组成的更大的基因家族，它们的结构有程度不等的同源性，但是它们的功能不一定相同，称为基因超家族（gene super family）。假基因（pseudogene）是指与某些有功能的基因结构相似，但不能表达基因产物的基因。这些基因起初可能是有功能的，在基因复制时编码序列或调控元件发生突变，或是插入了 mRNA 逆转录的 cDNA，缺少基因表达所需要的启动子序列，变成了无功能的基因。假基因在高等哺乳动物基因组中是一种普遍的现象，许多的多基因家族中部分成员为假基因。断裂基因是指结构基因不连续，内部存在许多不编码蛋白质的间隔序列，内含子与外显子相间排列，转录时一同被转录下来。真核生物的蛋白质基因往往以单拷贝存在，转录产物为单顺反子 mRNA。

二、基因组学

基因组学是以分子生物学技术，电子计算机技术和信息网络技术为研究手段，以生物体内基因组的全部基因为研究对象，从整体水平上探索全基因组在生命活动中的作用及其内在规律和内外环境影响机制的科学。基因组学的研究内容主要包括：以全基因组测序为目标的结构基因组学（structural genomics）、以基因功能鉴定为目标的功能基因组学（functional genomics）和比较基因组学（comparative genomics）。

（一）结构基因组学

结构基因组学代表基因组分析的早期阶段，以建立生物体高分辨率遗传图谱、物理图谱和大规模测序为基础。

1. 遗传学图谱又称连锁图谱（linkage map） 遗传学图谱的建立为基因识别和完成基因定位创造了条件。遗传学图谱即以已知性状的基因座位和多种分子标记的座位，经过计算连锁的遗传标记之间的重组频率，来确定它们之间相对距离，将编码该特征性状的基因定位于染色体的特定位置。遗传学图谱上的连锁距离用厘摩（cM）来表示，cM 值越高，表明两点之间距离越远，重组率 1%即为 1cM（1cM 大约相当于 100 万个碱基的长度）。人类基因组遗传学图谱的绘制需要应用多态性标记。人的 DNA 序列上平均每几百个碱基会出现一些变异（variation），这些变异通常不产生病理性后果，并按照 Mendel 遗传规律由亲代传给子代，从而在不同个体间表现出不同，因而被称为多态性（polymorphism）。多态性标记主要有三种：

(1)限制性片段长度多态性（restriction fragment length Polymorphism，RFLP）：是第1代标记，当用限制性内切酶特异性切割 DNA 链，由于 DNA 的点突变而产生不同长度的等位片段，可用凝胶电泳显示多态性，用于基因突变分析、基因定位和遗传病基因的早期检测等方面。

(2) DNA 重复序列的多态性标记：有小卫星 DNA 多态性和微卫星的 DNA 多态性等多种。①小卫星 DNA 重复序列（minisatellite）是指基因组 DNA 中有数十到数百个核苷酸片段的重复，重复的次数在人群中有高度变异，总长不超过 20 kb 是一种遗传信息量很大的标记物，可以用 Southern 杂交或 PCR 法检测。②微卫星 DNA 重复序列（microsatellite）或短串联重复（shout tandem repeats，STR）多态性，是基因组中由 1～6 个碱基的重复产生的，以 CA 重复序列的利用度为最高。微卫星 DNA 重复序列在染色体 DNA 中散在分布，其数量可达5到10万，是目前最有用的遗传标记。第二代

笔记栏

DNA遗传标记多指STR标记。

(3) 单核苷酸多态性标记(single nucleotide polymorphism,SNP):被称为"第三代DNA遗传标记"。这种遗传标记的特点是单个碱基的置换,与第一代的RFLP及第二代的STR以长度的差异作为遗传标记的特点不同,而且SNP的分布密集,每千个核苷酸中可出现一个SNP标记位点。这些SNP标记以同样的频率存在于基因组编码区或非编码区,存在于编码区的SNP约有20万个。称为编码SNP(coding SNP,cSNP)。每个SNP位点通常仅含两种等位基因,其变异不如STR繁多,但数目比STR高出数十倍到近百倍,因此被认为是应用前景最好的遗传标记物。

2. 物理图谱(physical map) 用全部染色体DNA或分离开的24条染色体,可分别建立YAC库。染色体DNA太长,必须先切成一个个大小不同的片段,每个片段建立YAC克隆。每个YAC克隆再利用易于测定的序列标记位点(sequencing tagged site,STS)来识别。STS是一段300～500bp的已知序列,它们在染色体上有一定的位置。构建的YAC克隆都含有某些已知的STS,克隆之间还有部分重叠,即一个STS同时出现在两个以上的YAC克隆中,构成重叠群。通过杂交,将这些重叠的相邻的YAC克隆分别定位在染色体的不同区域。整个基因组被这些相邻的YAC克隆群所定位、排布,这称为物理图谱。

3. 基因组测序 随着遗传图谱和物理图谱绘制的完成,基因组测序工作已成为结构基因组学重要的研究内容。只有完成了物种基因组的DNA序列测定,才有可能在碱基水平上破译生物体的遗传信息。

(1) 鸟枪法:采用超声波处理或酶解的方法,将待测的DNA片段随机的切成大小不同的小片段并制成亚克隆。分别测定核苷酸序列后,通过计算机处理各片段核苷酸序列的资料,最终将重叠的序列拼接,直接得到待测基因组的完整序列。或者在获得一定的遗传和物理图谱信息的基础上,先对待测DNA作限制性内切酶谱分析,有目的地选择酶解片段进行克隆,然后测序,就可以极大地减少测序的工作量。

(2) cDNA测序:人类基因组中发生转录表达的序列(即基因)仅占总序列的约5%,对这一部分序列进行测定将直接导致基因的发现。由mRNA逆转录而来的互补DNA称为cDNA,代表在细胞中被表达的基因。cDNA测序的研究重点首先放在基因表达的短cDNA序列(expressed sequence tag,EST)测序,EST携带完整基因的某些片段的信息,是寻找新基因、了解基因在基因组中定位的标签。比较不同条件下(如正常组织和肿瘤组织)的EST测序结果,可以获得丰富的生物学信息(如基因表达与肿瘤发生、发展的关系)。其次,利用EST可以对基因进行染色体定位。目前cDNA研究的热点已由EST转变为全长cDNA研究。

(3)自动序列测定法:传统的测序方法无疑比较费时,而且测定的准确性和重复性会受到手工操作的影响。随着人类基因组计划的不断开展,DNA测序技术得到了进一步发展。近年来建立起来的自动序列测定法,使得DNA测序工作标准化、规范化,极大地促进了DNA的结构研究。使用全自动DNA测序仪时,采用4种荧光染料标记引物或ddNTP。由于Sanger测序反应产物带有不同的荧光标记物,在激光束激发时会发出4种不同颜色的荧光,这样一个样品的A、G、C、T四个测定反应产物可以在同一泳道内电泳,减少了因不同测序泳道对DNA片段迁移率的影响,同时激光共聚焦技术的应用,大大提高了测定的精确性,加快了检测速度。而且测定反应、灌胶、进样、电泳、扫描检测、数据分析全部实现了计算机程序控制的自动化。随后,毛细管电泳测序仪的开发,高质量的聚合酶和高度灵敏的荧光染料的出现,也使得序列测定的质量和精度不断提高。制造工艺的提高,使得以薄板凝胶系统为基础的测序仪实现了高通量产出。

(二)功能基因组学

功能基因组学(functiongenomics)是研究基因组中所有基因功能的学科。它利用结构基因组学所提供的生物信息和材料,采用高通量和大规模的实验手段,结合计算机科学和统计学进行基因组功能注释(genome annotation),在整体水平上全面了解基因功能及基因之间相互作用的信息,认识基因与疾病的关系,掌握基因的产物及其在生命活动中的作用,全面系统地分析研究全部基因的功能。功能基因组学的研究主要包括:

1. 基因组功能注释 即应用生物信息学方法高通量地注释基因组所有基因编码产物的生物学功能,它是目前功能基因组学的主要研究目标。序列同源性分析、生物信息关联分析、生物数据挖掘是进行功能注释的主要生物信息学手段。研究的内容主要包括:①基因组0RF的识别、预测及确定基因组全部0RF。其识别方法有两大类,一类为概率型方法,如应用GENSCAN评估未知DNA片段的编码可能性;另一类是通过同源性比较,从蛋白质数据库或dbEST数据库中搜寻编码区。②预测0RF产物的功能,采用相似聚类法寻找功能相关的保守结构域或保守模体。③非蛋白质编码区的功能注释,是功能基因组学的难点,也是新的热点。为对其进行总体研究,需构建非蛋白质编码的序列文库、大力发展比较序列和计算机分析等相关的新技术。

2. 基因表达谱的研究 某种基因的表达程度和时间是随生命活动而在不断变化和调整的。任

笔记栏

何一种细胞在特定条件下，所表达的基因种类和数量都有特定的模式，称为基因表达谱。它是功能基因组学研究的重要内容。研究的主要方法：①DNA微阵列技术：是指将几百甚至几万个寡核苷酸或DNA片段密集地排列在硅片、玻璃片、聚丙烯或尼龙膜等固相载体上，把要研究的靶DNA标记后作为探针，与微阵列进行杂交，通过光电检测系统进行检测，根据杂交信号强弱及探针的位置和序列，用软件系统进行数据处理，即可确定DNA的表达情况，以及突变和多态性的存在。微阵列包括DNA芯片（DNA chip）、cDNA微阵列等。②基因表达系统分析：不仅为定量分析全基因组表达模式提供一个良好的工具，而且大大加快了发现已知基因新功能和新基因的进展。它是以转录子（cDNA）上特定区域9～11 bp的寡核苷酸序列作为标签来特异性代表该转录子，然后通过连接酶将多个标签（20～60个）随机串联并克隆到载体中，建立SAGE文库。通过对标签的序列分析，可获得基因转录的分布以及表达丰度情况，尤其是可检测到低丰度表达的基因，从而充分了解基因转录组的全貌。

3. 研究基因组的表达调控 一个细胞的转录表达水平能够精确而特异地反应其类型、发育阶段以及状态，因此要在整体水平识别所有基因组表达产物mRNA和蛋白质，以及两者之间的相互作用，绘制基因组表达在细胞发育的不同阶段和不同环境状态下基因调控网络图。

4. 研究基因组的多样性 HGP得到的基因组序列虽然具有代表性，但是人类是一个具有多态性的群体，这决定了人生物性状的差异及对疾病的易感性，在全基因组测序的基础上进行疾病相关基因的再测序来直接识别序列变异，可以进行多基因疾病及肿瘤相关基因的研究。基因组DNA序列中最常见的变异形式是SNP，在基因组中可达300万个。因此开展基因组多样性研究，无论对了解人类的起源、进化和迁徙，还是对生物医学均会有重大的影响。

（三）比较基因组学

比较基因组学（comparative genomics）是基于基因组图谱和测序基础上，对已知的基因和基因组结构进行比较，来了解基因的功能、表达机理和物种进化的学科。为充分了解人类基因组，需促进比较基因组学发展，分析各种各样的模式生物基因组。尽管模式生物基因组一般比较小，结构相对简单，但它们的核心细胞组成和生化通路在很大程度上是保守的。研究某个种属能为另一种属提供很有价值的信息。依据某种生物已知基因的知识，就能了解和分离另一生物的相关基因。比较两种远系的基因组，能领会生物学机制的普遍性和辨认实验模型所研究的复杂过程。比较两种密切相关的基因组，更能提供基因结构与功能的细节。因此在基因组水平对不同生物体进行对照比较，将进一步加深对人类基因组结构和功能的了解，同时也可以揭示生命的起源和进化。

利用模式生物基因组与人类基因组编码顺序上和结构上的同源性，克隆人类疾病基因，揭示基因功能和疾病分子机制，阐明物种进化关系及基因组的内在结构。另外，对植物基因组的研究也可为人类发育、衰老、病变等过程提供新的资料。

三、RNA 组 学

随着基因组以及蛋白组计划的实施，国内外RNA研究也迅猛发展，2000年，RNA的研究进展被美国《科学》杂志评为重大科技突破；2001年“RNA干扰”作为当年最重要的科学研究成果之一，再次入选“十大科技突破”；2002年12月20日，Science杂志将“Small RNA & RNAi”评为2002年度最耀眼的明星。同时，Nature杂志亦将Small RNA评为年度重大科技成功之一。2003年，小核糖核酸的研究第四次入选“十大科技突破”，排在第四位。RNA研究的突破性进展，是生物医学领域近20年来，可与人类基因组计划相提并论的最重大成果之一。

很明显RNA的生物功能远超出了遗传信息传递中介的范围，所以研究这些被统称为非mRNA小RNA（small non-messenger RNA，snmRNAs）的时空表达情况及其生物学意义，将在全面破解生命奥秘过程中发挥重要作用。近年来随着snmRNAs的研究受到广泛重视，并由此产生了RNA组学（RNomics）的概念。RNA组学研究同一生物体内不同种类的细胞、同一细胞在不同时间、不同状态下snmRNAs表达的时间和空间特异性。根据其结构和功能大约将snmRNAs分为：小干扰RNA（short interfering RNA，siRNA）、微RNA（micro RNA，miRNA）以及其他小分子RNA（如小分子核RNA，small nuclear RNA，sn RNA）等。

（一）siRNA

1999年，Hamilton等在植物基因沉默的研究中首次发现21～25个核苷酸双链RNA的出现对转基因导致基因沉默十分重要，而在转基因正确表达的植株中则未出现。这种由双链RNA产物高效引发的对基因表达的阻断作用被称为RNA干扰（RNA interference，RNAi），介导这种现象发生的小分子RNA称为siRNA，这些siRNA一旦与mRNA中的同源序列互补结合，会导致mRNA失去功能，即不能翻译产生蛋白质，也就是使基因“沉默”了。

siRNA通过结合并启动同源mRNA的降解来

笔记栏

下调相应的基因表达，从而发生强大的基因抑制功能。siRNA 由 21～25 个核苷酸组成的特殊双链结构，有 2 个核苷 3′突出端，一般 GC 含量约为 30%～50%。siRNA 是一种称为 Dicer 的核酸酶识别和消化长片段 dsRNA 的产物，该酶属于 RNase Ⅲ家族，具有两个催化结构域、一个解旋酶结构域和一个 PAZ(Piwi/Argonaute/Zwille)结构域。Dicer 在催化过程中以二聚体的形式出现，其催化结构域在 dsRNA 上反向平行排列，形成四个活性位点，但只有两侧的两个位点有核酸内切酶活性，这两个位点在相距约 22 bp 的距离切断 dsRNA。siRNA 形成之后，与一系列特异性蛋白结合形成 siRNA 诱导干扰复合体（siRNA induced interference complex, RISC)。在 RNAi 发生过程中，首先形成无活性的 RISC 前体，在 ATP 存在时转化为有活性的 RISC 复合物，并依赖于 ATP 的解旋酶解开 siRNA 的双链。反义链与互补的 mRNA 形成双链，激活的 RISC 复合体就被引导至与此 siRNA 反义链互补的靶 mRNA 序列并使其降解。同时当 siRNA 反义链识别并结合靶 mRNA 后，siRNA 反义链可作为引物，以靶 rnRNA 为模板，在依赖于 RNA 的 RNA 聚合酶(RNA dependent RNA polymerase, RDRP)催化下合成新的 dsRNA，然后由 Dicer 切割产生新的 siRNA。新 siRNA 再去识别新一组 mRNA，又产生新的 siRNA，经过若干次合成切割循环，沉默信号就会不断放大，最终导致特定基因沉默。

（二）miRNA

近些年研究发现有些小分子 RNA 能直接调控某些基因的开关，从而控制细胞的生长发育，并决定细胞分化的组织类型，它们与此前广泛报道的 siRNA 不同，被命名为微 RNA。它是一种 21～25 个核苷酸长的单链小分子 RNA，广泛存在于真核生物中，是一组非编码调控 RNA 家族总称，其本身不具有开放阅读框(ORF)。成熟的 miRNA，5′端有一个磷酸基团，3′端为羟基。编码 miRNAs 的基因最初还必须被剪切成约 70～90 个碱基大小、具发夹结构单链 RNA 前体(pre-miRNA)并经过 Dicer 酶加工后生成。

miRNA 在加工、成熟与参与功能效应方面与 siRNA 具有一定的相似性，同时存在许多不同之处：①长度都约 22 碱基左右；②同是 Dicer 产物，因此具有 Djcer 产物的特点；③生成都需 Argonaute 家族蛋白的存在；④同是 RISC 的组分，因此在 siRNA 和 miRNA 介导的沉默机制上有重叠。两者的不同之处有：①起源阶段：siRNA 通常是外源的，如病毒感染和人工插入的 dsRNA 被剪切后产生外源基因进入细胞。miRNA 是内源性的，是一种非编码的 RNA。②成熟过程：siRNA 直接来源是长链的 dsRNA(通常为外源)，经过 Dicer 酶切割形成双链 siRNA，而且每个 siRNA 前体能够被切割成不定数量的 siRNA 片段。siRNA 主要以双链形式存在，其 3′端存在 2 个非配对的碱基，miRNA 是由具有长约 70 碱基稳定的含茎环结构 miRNA 前体转变而来。在生物体中的表达具有时序性、保守性和组织特异性。miRNA 主要以单链形式存在。③功能阶段：siRNA 与 RISC 结合，以 RNAi 途径行使功能，即通过与序列互补的靶标 mRNA 完全结合（与编码区结合），从而降解 mRNA 以达到抑制蛋白质翻译的目的，它通常用于沉默外源病毒、转座子活性。miRNA 和 RISC 形成复合体后与靶标 mRNA 通常发生不完全结合，并且结合的位点是 mRNA 的非编码区的 3′端；它不会降解靶标 mRNA，而只是阻止 mRNA 的翻译，miRNA 能够调节与生长发育有关的基因。

（三）snRNA

snRNA 约由 100～300 个核苷酸组成，分子中碱基以 U 含量最丰富，因而以 U 作分类命名。现已发现有 snRNA U_1、U_2、U_4、U_5、U_6 等类别（表 1-2)。snRNA 和核内蛋白质组成小分子核糖核蛋白体（small nuclear ribonucleoprotein, snRNP)，其功能是在 hnRNA 成熟转变为 mRNA 的过程中，参与 RNA 的剪接，snRNA 在 RNA 加工剪接过程中行使的功能与核酸酶参与下的Ⅱ型 RNA 自剪接作用类似，可能兼具有位点识别和催化剪接的双重作用。并且在将 mRNA 从细胞核运到细胞质的过程中起着十分重要的作用。snRNA 在核内转录，在胞质中组装，在细胞核核内发挥生理功能。

表 1-2　snRNA 的种类与功能

snRNA	分子大小(核苷酸数)	功能
U1	165	结合 5′—剪接点
U2	185	结合于分支点
U5	116	结合于 3′—剪接点
U4	145	装配剪接颗粒
U6	106	

小　结

DNA 是一切生物的遗传物质，担负着生命信息的储存和传递功能。DNA 的一级结构是指脱氧核苷酸的排列顺序，3′，5′-磷酸二酯键是基本结构键。二级结构是指 DNA 的立体空间结构——右手双螺旋。DNA 在双螺旋结构基础上通过扭曲、折叠所形成的特定三维构象称为三级结构。真核细胞 DNA 以非常致密的形式与蛋白质结合形成棒状的染色体存在于细胞核内。

复制是遗传物质的代代相传。以母链 DNA 为

笔记栏

模板，dNTP为原料，按碱基配对原则，由DNA-pol催化合成子链DNA。复制的特点：半保留复制；双向复制；半不连续复制。复制需要引物、多种酶和蛋白质因子参与。复制的高保真性，体现在严格按照碱基配对规律，依赖于酶的校读和对碱基选择功能上，细胞修复系统也是DNA复制高度忠实性的重要因素。真核生物染色体DNA是线性结构，端粒酶的存在使染色体复制能维持应有的长度。

DNA遗传信息的突变主要来自DNA复制误差和物理、化学因素损伤。通过错配修复系统，直接修复，切除修复，重组修复和SOS修复等系统修复。其中，切除修复最为普遍。

DNA与蛋白质相互作用是指DNA结合蛋白在它们各自靶基因的转录控制区域与序列特异性DNA元件相结合，从而发挥其调控转录的功能。那些与双螺旋表面相互作用的蛋白通常具有一种十分符合大沟的基序，识别整个DNA螺旋分子的几何结构，通过接触大沟或小沟，连接不变的核糖磷酸主链或碱基同DNA相互作用。

RNA主要分为①mRNA作为遗传信息的传递者，指导蛋白质的合成。②tRNA作为各种氨基酸的运载体和识别密码子在蛋白质生物合成过程中发挥作用。③rRNA与多种蛋白构成核糖体，在蛋白质生物合成中起着"装配机"的作用。

转录以DNA为模板，NTP为原料，在依赖DNA的RNA聚合酶催化下合成一条RNA。转录时一股DNA链被转录，而另一股链不转录的现象称不对称转录。除原核生物mRNA外所有转录生成的RNA初级转录产物，需要经过剪接、剪切、修饰等一定程度的加工才具有活性。

不同生物的基因组大小及复杂性不同。进化程度越高，基因组越复杂。①病毒的基因组很小，每种病毒只含一种核酸，常常具有重叠基因的结构。②细菌基因组通常仅由一条环状双链DNA分子组成。在同一启动序列控制下，操纵子可转录出多顺反子mRNA。③真核生物基因组结构庞大，基因组中非编码序列多于编码序列，基因组中存在多基因家族、假基因和断裂的基因，转录产物为单顺反子mRNA。

基因组学是以分子生物学技术，电子计算机技术和信息网络技术为研究手段，以生物体内基因组的全部基因为研究对象，从整体水平上探索全基因组在生命活动中的作用及其内在规律和内外环境影响机制的科学。基因组学的研究内容主要包括：结构基因组学、功能基因组学和比较基因组学。

RNA组学研究同一生物体内不同种类的细胞、同一细胞在不同时间、不同状态下snmRNAs表达的时间和空间特异性。根据其结构和功能大约将snmRNAs分为：RNAi、miRNA以及其他小分子RNA，如snRNA等。

（王晓华）

参考资料

本杰明编著，赵寿元译. 2003. 基因Ⅷ精要. 北京：科学出版社
邓耀祖，屈伸. 2002. 医学分子细胞生物学. 北京：科学出版社
冯作化. 2005. 医学分子生物学. 北京：人民卫生出版社
杨岐生编著. 2002. 分子生物学. 杭州：浙江大学出版社
T. A. 布朗著，原建刚，周严主译. 2003. 基因组. 北京：科学出版社

笔记栏

第2章 蛋白质的结构与功能

蛋白质(protein)是生命的物质基础，是生物体中含量最丰富、功能最复杂的一类高分子物质。生物体结构越复杂，其蛋白质种类和功能也越繁多。人体中约有十万余种不同的蛋白质，它们不仅作为细胞和组织的结构成分，而且参与生物体的几乎所有生理生化过程，如物质代谢与调节、血液凝固、物质的运输、肌肉收缩、机体防御、细胞信号转导、基因的表达与调控等各种重要的生命过程。

第一节 蛋白质的结构与功能

人体内具有生理功能的蛋白质都是有序结构，蛋白质分子的结构通常从四个层次来描述，即一、二、三、四级结构。蛋白质的一级结构也叫初级结构(primary structure)，二、三、四级结构被称为蛋白质的高级结构，也叫空间结构(spatial structure)，或空间构象(conformation)。蛋白质一级结构是决定空间结构的基础，而空间结构决定蛋白质的分子形状、理化性质和生理功能。但并非所有的蛋白质都有四级结构，由一条多肽链形成的蛋白质只有一级、二级和三级结构，由两条或两条以上多肽链形成的蛋白质才可能有四级结构。

一、蛋白质的一级结构特点

(一) 蛋白质一级结构的概念

蛋白质的一级结构是指蛋白质多肽链中氨基酸的组成与排列顺序，是蛋白质的基本结构。蛋白质分子中氨基酸排列顺序是由遗传信息决定的，它是决定蛋白质空间结构和生物学功能多样性的基础。维持蛋白质一级结构的主要化学键是肽键。此外，蛋白质分子中所有的由两个半胱氨酸残基巯基(—SH)脱氢氧化而生成的二硫键(—S—S—)也属于一级结构的范畴。

(二) 蛋白质一级结构与功能的关系

1. 一级结构是空间结构的基础 上述实验说明，空间构象遭破坏的核糖核酸酶只要其一级结构未被破坏，就有可能恢复到原来的三级结构，活性依然存在。因此蛋白质折叠的信息全部储存于肽链自身的氨基酸序列中，即蛋白质的一级结构是其空间结构的物质基础，而蛋白质的空间结构又是其功能的结构基础。Anfinsen因核糖核酸酶的研究，尤其是有关氨基酸序列和蛋白质空间构象关系方面的研究荣获了1972年的诺贝尔化学奖。

1965年8月，我国科学家首次人工合成牛胰岛素，并获得具有生物学活性的胰岛素晶体，这又是一个一级结构决定空间结构的有力证据，也是我国科学家完成的具有世界领先水平的科研成果。胰岛素的人工合成，标志着人类在揭开生命奥秘的道路上又向前迈出了一步。

案例 2-1

1961年，美国生物化学家Anfinsen利用动物的核糖核酸酶和细菌的核糖核酸酶进行了大量的体外变性/复性或者去折叠/重折叠实验，结果对蛋白质一级结构与空间结构及功能的关系获得了重要发现。他在实验中首先用尿素(或盐酸胍)和β-巯基乙醇处理牛核糖核酸酶溶液，则该酶活性丧失殆尽；然后再用透析办法将尿素和β-巯基乙醇除去，则酶活性又逐渐恢复到原来水平；若保留尿素，只除去β-巯基乙醇，酶活性仅恢复1%。

问题与思考

1. 牛核糖核酸酶的一级结构与空间结构如何？
2. 尿素(或盐酸胍)和β-巯基乙醇的作用如何？
3. 蛋白质一级结构与空间结构的关系如何？

案例 2-1 相关提示

牛核糖核酸酶由124个氨基酸残基组成，有4对二硫键，位置分别在Cys26和Cys84、Cys40和Cys95、Cys58和Cys110、Cys65和Cys72处。这4对二硫键对维持蛋白质的空间结构及生物学活性是必需的。

尿素(或盐酸胍)是变性剂，可破坏次级键；β-巯基乙醇是还原剂，可破坏二硫键，因此二者共同作用使核糖核酸酶的空间结构遭到破坏，酶即变性失去活性。由于肽键不受影响，故蛋白质的一级结构仍存在。当用透析办法除去尿素和β-巯基乙醇以后，松散的多肽链按其特定的氨基酸序列，又卷曲成天然酶的空间构象，4对二硫键也重新正确配对，这时酶活性又恢复到原来水平(图2-1)。若不除去尿素，只除去β-巯基乙醇，则核糖核酸酶只能重新形成4对二硫键，但是二硫键的位置是随机的，可能与天然酶不同，因此酶几乎没有活性。只有在无变性剂存在的情况下，二硫键位置的选择才能由肽链中氨基酸的排列顺序决定。

笔记栏

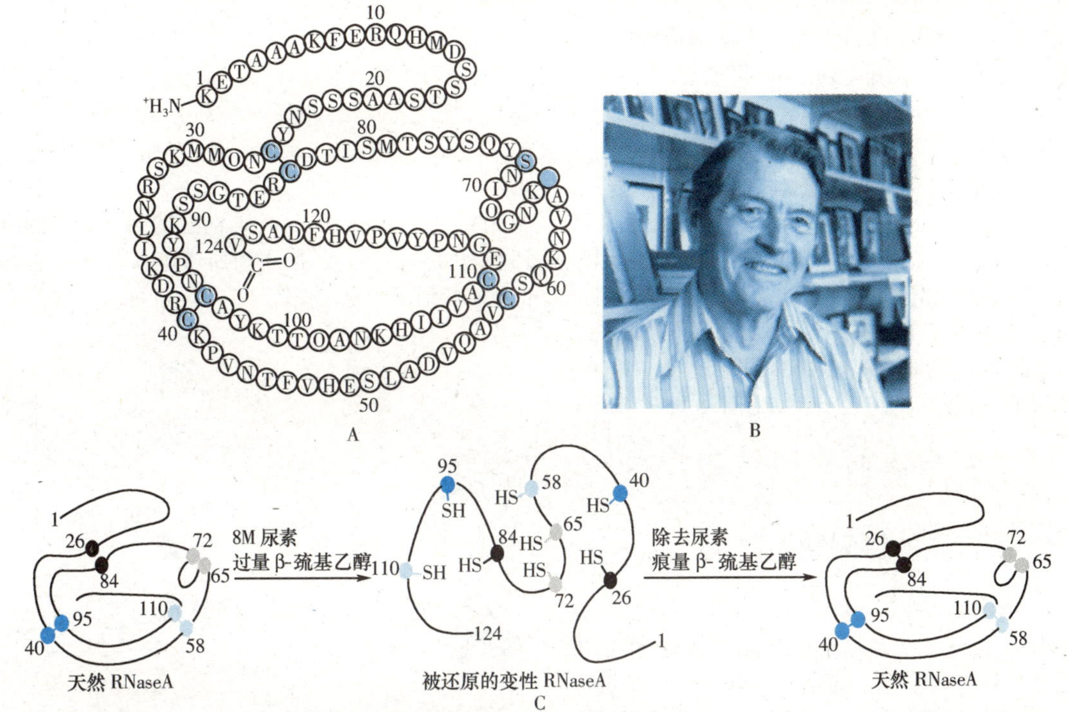

图 2-1　牛胰核糖核酸酶一级结构与空间结构的关系

A. 核糖核酸酶的一级结构；B. 20 世纪 90 年代的 Anfinsen；C. 尿素和 β-巯基乙醇对核糖核酸酶的作用

2. 一级结构是功能的基础　蛋白质一级结构的改变，尤其是在蛋白质分子中起关键作用的氨基酸残基的改变，往往会影响蛋白质的空间构象乃至生物学功能。有时仅仅是一个氨基酸残基的异常也可能导致蛋白质功能的改变，甚至导致疾病产生。镰形红细胞贫血就是一个典型的例子。正常的血红蛋白(HbA)是由两条 α 链和两条 β 链构成的四聚体，α 链由 141 个氨基酸残基组成，β 链由 146 个氨基酸残基组成。如果 HbA 分子中 β 链的第六位谷氨酸被缬氨酸取代，则产生镰状红细胞性贫血患者的血红蛋白(HbS)。仅仅是一个氨基酸的改变，导致蛋白质分子的疏水性增加，血红蛋白的溶解度下降，相互聚集粘着、成丝，红细胞扭曲成镰刀状，极易破碎，产生贫血。这种由蛋白质分子发生变异所导致的疾病称为“分子病”。

另外，对蛋白质一级结构的比较可以帮助了解物种进化间的关系。如对广泛存在于生物界的细胞色素 *c*(cytochrome *c*)的研究比较，发现物种间亲缘关系越近，细胞色素 *c* 的一级结构越相似，其空间结构和功能也越相似。

(三) 蛋白质分子中氨基酸序列的分析

蛋白质一级结构的确定是研究蛋白质结构及其作用机制的前提。比较相关蛋白质的一级结构对于研究蛋白质的同源性和生物体的进化关系是必需的。蛋白质的氨基酸序列分析还有重要的临床意义，可以发现因基因突变造成蛋白质中差异所引起的疾病。

自从 1953 年 Sanger 首次完成牛胰岛素的氨基酸序列测定以来，目前氨基酸序列的分析已有很大改进。随着氨基酸自动分析仪的问世，现在，人们用很短的时间就能测定一个蛋白质的一级结构。当今氨基酸测序的基本方法是在 Sanger 测序法的基础上，由 P. Edman 改良的 Edman 降解法，其基本实验步骤为三步。

1. 测序前的准备工作　首先利用 N 末端分析法确定蛋白质所含多肽链的数目，断裂二硫键，分离纯化单一的多肽链。再将单一多肽链彻底水解，分析其氨基酸的组成和数量。目前，多采用氨基酸自动分析仪，利用高效液相色谱法(high performance chromatography，HPLC)或离子交换色谱法对溶液中游离的氨基酸进行定性和定量分析。

2. 多肽链氨基末端与羧基末端分析　测定多肽链的氨基末端和羧基末端氨基酸可以作为整条肽链的标志点。Sanger 曾用二硝基氟苯法分析 N 末端氨基酸。目前多采用丹酰氯作为 N 末端的标记物，该物质具有强荧光，大大提高了检测灵敏度。

羧基端的检测常采用羧基肽酶法。通过控制反应条件，使 C 端氨基酸逐一释放出来，予以检测。

3. 多肽链的氨基酸序列测定和重叠组合　多肽链的序列测定常采用 Edman 降解法。该法是从 N 端测定多肽链氨基酸残基顺序的经典方法，它不仅可以测定 N 末端氨基酸，还可以从 N 末端开始逐一把氨基酸残基切割下来，从而构成了蛋白质序列分析的基础。

理论上，此法适用于长度在 30～40 个氨基酸残基以下的多肽链。所以，在对多肽链进行测序前，先将多肽链用几种方法进行限制性水解，生成相互有部分重叠序列的一系列短肽链，再用 Edman

降解法对每一个短肽进行测序。最后，将不同方法水解产生的肽链进行比较，找出重叠部分，进行累加，拼出完整的多肽链序列。但是，Edman 降解法不能对环形肽链和 N 端被封闭的肽进行测序，也不能测定某些被修饰的氨基酸。氨基酸序列分析完成后，还需采用电泳法确定二硫键位置。

值得注意的是，由于 DNA 测序技术和基因克隆技术的迅速发展，人们可以根据遗传密码表从基因序列直接推导出蛋白质的氨基酸序列，现已成为测定蛋白质一级结构的常用方法。另外，利用串连质谱技术测定蛋白质的氨基酸序列，具有样品用量少、速度快和自动化操作等优点，近来已受到人们的关注。

二、蛋白质的空间结构特点

（一）蛋白质的空间结构层次

天然蛋白质的多肽链经过分子内部众多单键的旋转，形成复杂的盘旋卷曲与分子折叠，构成蛋白质各自特定的三维空间结构。这种由于单键旋转所形成的空间结构称为构象。蛋白质的空间结构具有明显的层次性，由低到高主要包括二级结构、三级结构和四级结构。

1. 蛋白质的二级结构 蛋白质的二级结构（secondary struction）是指蛋白质分子中多肽链骨架原子的局部空间排列，亦即主链的构象，不涉及氨基酸残基侧链的构象。蛋白质的二级结构主要包括 α-螺旋、β-折叠、β-转角和无规卷曲等。维系蛋白质二级结构的主要化学键是氢键。

α-螺旋（α-helix）是指蛋白质分子中多个肽单元通过 α-碳原子的旋转，使多肽链的主链骨架沿中心轴有规律地盘绕形成的右手螺旋构象（图 2-2），是蛋白质中最常见、含量最丰富的二级结构元件。α-螺旋的主要结构特点包括：①多肽链的主链骨架沿顺时针方向旋转，呈右手螺旋上升，每隔 3.6 个氨基酸残基螺旋上升一圈，螺距为 0.54nm。②相邻两圈螺旋之间，借肽键上的酰基氧（C＝O）与亚氨基的氢（—NH）形成链内氢键，即每个氨基酸残基的N—H和相隔三个氨基酸残基的 C＝O 形成氢键，氢键的方向与螺旋长轴基本平行。肽链中的全部肽键都可形成氢键，这是稳定 α-螺旋的主要因素。③肽链中氨基酸残基的侧链 R 均伸向螺旋的外侧。侧链 R 基团的大小、形状、性质和所带电荷状态均影响 α-螺旋的形成和稳定性。

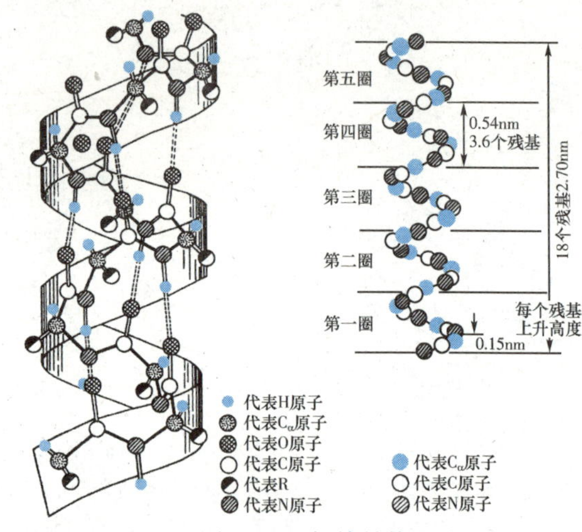

图 2-2 α-螺旋结构

β-折叠（β-pleated sheet），又称 β-片层，也是蛋白质中常见的二级结构，是由伸展的多肽链组成的（图 2-3）。β-折叠结构特点：①多肽链充分伸展，肽链平面之间折叠成锯齿状，相邻肽键平面的夹角为 110°。②肽段之间通过氢键相连接，使构象稳定，氢键几乎都垂直于伸展的肽链。③β-折叠中并行的两条肽段的走向可以相同，称为顺向平行；也可以相反，称为反向平行。④侧链 R 基团交替地伸向锯齿状结构的上、下方。β-折叠一般与结构蛋白的空间构象有关，但有些球状蛋白的空间构象中也存在。如天然丝蛋白中就同时具有 β-折叠和 α-螺旋。

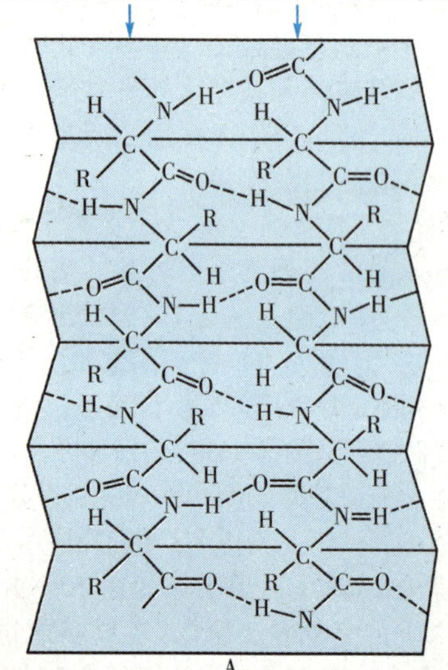

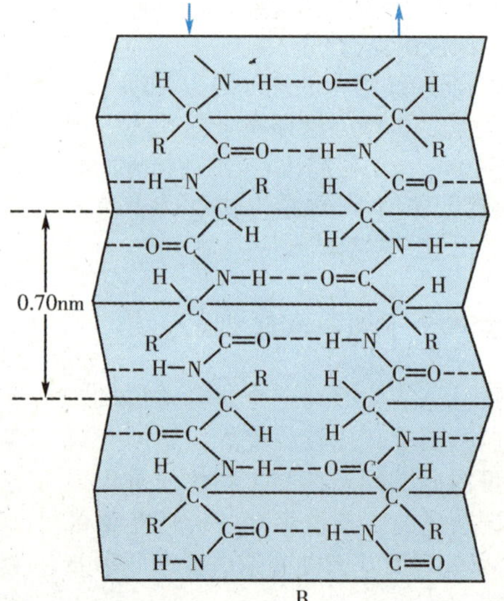

图 2-3 β-折叠结构

A. 顺向平行；B. 反向平行

笔 记 栏

β-转角(β-turn 或 β-bend)是指蛋白质多肽链中出现 180°回折时的结构(图 2-4)。β-转角多由 4 个氨基酸残基组成,第一个氨基酸残基的 C=O 与第四个残基的 N—H 形成氢键,从而使结构稳定。β-转角结构中第二个氨基酸残基多为脯氨酸,其他常见的有甘氨酸等。β-转角常发生在球状蛋白质分子的表面,这与蛋白质的生物学功能相关。

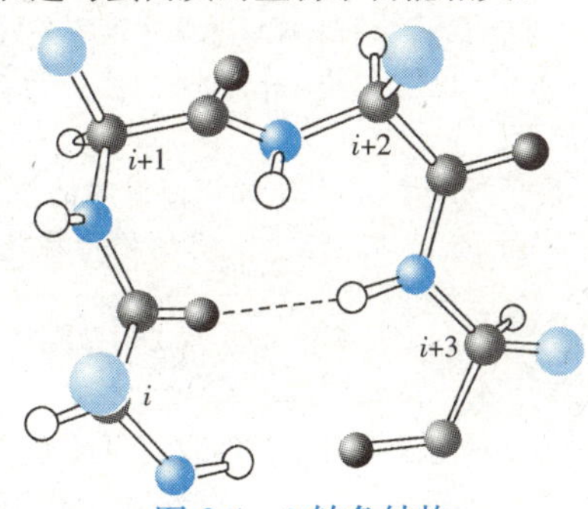

图 2-4　β-转角结构

无规卷曲(random coil)是指没有确定规律性的多肽链的主链构象。它也是蛋白质分子中一种不可缺少的构象规律。

2. 蛋白质的超二级结构和结构域　1970年,Edelman为了描述免疫球蛋白(IgG)分子的构象,提出了结构域(domain)的概念;1973 年,Rossman 又提出了超二级结构(supersecondary structure)的概念。二者均是介于蛋白质二级结构与三级结构之间的空间构象层次。

(1) 超二级结构:超二级结构主要涉及 α-螺旋与 β-折叠在空间上是如何聚集在一起的问题。一般认为,在多肽链内相互邻近的几个(多为 2 或 3 个)二级结构肽段在空间折叠中相互靠近,彼此作用,形成更高一级的具有特定功能的空间构象,称为超二级结构,又称模体(motif)。它们可直接作为三级结构的"建筑块"或结构域的组成单位。目前发现的模体主要有三种基本形式:α-螺旋组合(αα);β-折叠组合(βββ)、α-螺旋 β-折叠组合(βαβ),其中以 βαβ 组合最为常见。如锌指(zinc finger)就是一个典型的模体,它由一个 α-螺旋和两个反平行的 β-折叠构成(图 2-5)。此模体的 N 端有一对半胱氨酸残基,C 端有一对组氨酸(或半胱氨酸)残基,两对氨基酸之间相隔 12 个氨基酸残基。这四个残基在空间上形成一个洞穴,恰好容纳一个 Zn^{2+},并通过 Zn^{2+} 稳定模体中的 α-螺旋结构,保证 α-螺旋嵌在 DNA 大沟中。一些转录调节因子都含有锌指结构,能与 DNA 或 RNA 结合,发挥其调节作用。

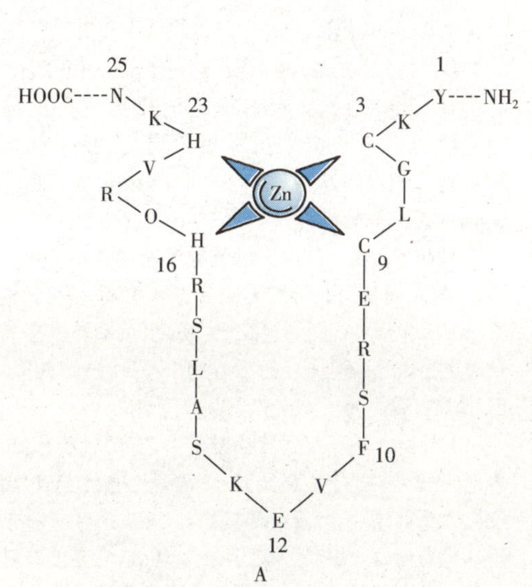

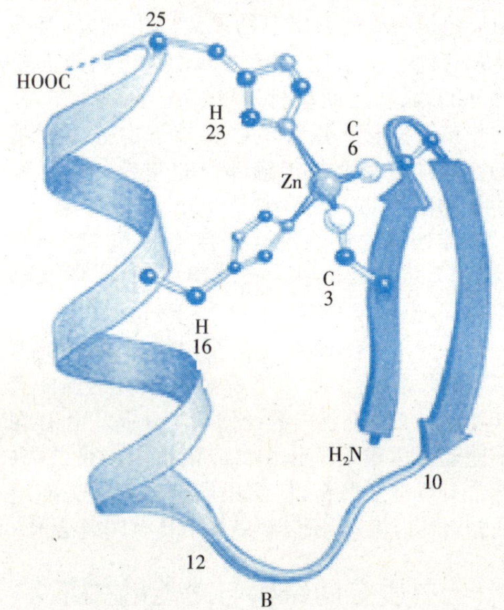

图 2-5　锌指结构模式图
A. 平面图;B. 三维立体图

(2) 结构域:结构域是蛋白质构象中特定的空间区域,是多肽链的独立折叠单位。具有二级结构的多肽链,在进一步折叠与盘曲形成三级结构时,可能组合成两个或多个相互连续但又相对独立的疏密不等的区域,各有独特的空间构象,并承担不同的生物学功能,如结合配体、辅酶、底物等,这些区域称为结构域。结构域一般由 100～200 个氨基酸残基组成,其大小相当于直径约 2.5nm 的球体。一般来说,大分子蛋白可以有 2 个或更多个结构域构成。如木瓜蛋白酶分子包含 2 个不同的结构域,而 IgG 分子包含 12 个相似的结构域(图 2-6)。

研究表明,不同的蛋白质可能含有结构类似的结构域,例如,乳酸脱氢酶、苹果酸脱氢酶、甘油醛脱氢酶及醇脱氢酶是具有相似功能的不同蛋白质,都含有结构类似的辅酶结构域。还有一些功能完全不同的蛋白质,也含有结构类似的结构域,如溶菌酶与乳清蛋白。另外,一个蛋白质分子内部也可以由结构相似的几个结构域组成。这些例子都说明结构域可以作为蛋白质分子的基本结构单位。

3. 蛋白质的三级结构　蛋白质的三级结构(tertiary structure)是指整条多肽链上的所有原子(包括主链和侧链)在三维空间的排布位置及它们的相互关系。它是在二级结构基础上,由侧链基团相互作用,进一步折叠盘绕形成的。稳定三级结构

笔记栏

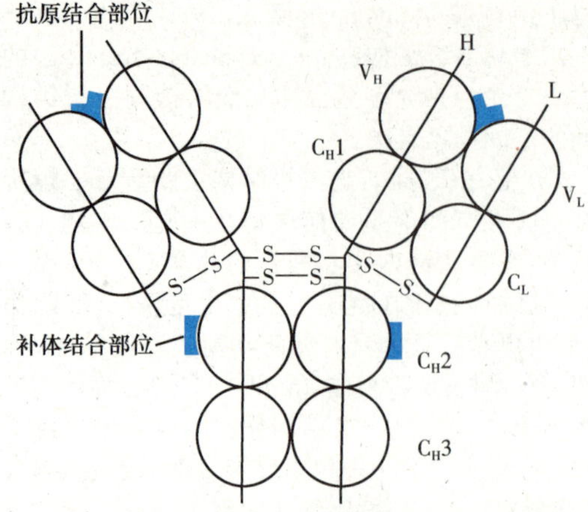

图 2-6 IgG 结构域

的化学键有疏水键、盐键、氢键、范德华力等次级键，其中疏水键是最主要的稳定力量；有些蛋白质分子中还有二硫键，也是维系蛋白质三级结构稳定性的重要因素。球状蛋白质在形成三级结构时，侧链疏水基团常聚集在分子内部形成“洞穴”或“口袋”状的疏水核心，某些辅基就镶嵌其中，成为活性部位；而亲水基团多分布在蛋白质分子表面，这是球状蛋白质分子易溶于水的缘故。

4. 蛋白质的四级结构 许多具有生物学活性的蛋白质由两条或两条以上的多肽链组成，且每条多肽链都有自己独立的三级结构，称为蛋白质的亚基(subunit)，亚基之间呈特定的三维空间排布，并以非共价键相连接。这种蛋白质分子中各个亚基之间的空间排布及亚基接触部位的布局和相互作用，称为蛋白质的四级结构(quarternary structure)。稳定四级结构的化学键有氢键、盐键、疏水键、范德华力等非共价键。一种蛋白质中，亚基结构可以相同，也可以不同。

一般认为，具有四级结构的蛋白质，其单独的亚基没有生物学活性，只有具有完整的四级结构才有生物学功能。如血红蛋白的任何一个亚基单独存在时都不能起到运输氧的作用。应该指出的是，胰岛素虽然含有两条多肽链，但两条肽链之间以二硫键(不是非共价键)相连，所以胰岛素不具有四级结构。

(二) 蛋白质空间结构与功能的关系

案例 2-2

1985 年 4 月，医学家们在英国首先发现了牛患的一种新病，初期表现行为反常，烦躁不安，步态不稳，经常乱踢以至摔倒、抽搐等中枢神经系统错乱的变化。后期出现强直性痉挛，两耳对称性活动困难，体重下降，极度消瘦，痴呆，不久牛即死亡。然后，专家们对这一世界始发病例进行组织病理学检查，发现病牛中枢神经系统的脑灰质部分形成海绵状空泡，脑干灰质两侧呈对称性病变，神经纤维网有中等数量的不连续的卵形和球形空洞，神经细胞肿胀成气球状。另外，还有明显的神经细胞变性、坏死及淀粉样沉积物。因此于 1986 年 11 月，科学家们将该病定名为牛海绵状脑病(bovine spongiform encephalopathy, BSE)，又称“疯牛病”(mad cow disease)，并首次在英国报刊上报道。十多年来，这种病迅速蔓延，不仅在英国，世界上许多国家如法国、爱尔兰、加拿大、丹麦、葡萄牙、瑞士、德国和美国等先后都有 BSE 病例发现。对病牛进行免疫组织化学及免疫印迹法检查 Prp^{sc} 均为阳性。

问题与思考

1. 何谓 BSE？是由什么原因引起的？
2. 何谓 Prp？其组成、空间结构特征及性质如何？
3. Prp 致病的分子机制如何？

Prp^{sc} 可引起一系列致死性神经变性疾病，统称为朊病毒病。人类的朊病毒病主要有库鲁病、脑软化病、纹状体脊髓变性病或克-雅氏病、新变异型克-雅氏病和致死性家族性失眠症等。由于朊病毒病均与朊病毒蛋白构象异常有关，故又称蛋白质构象病。这充分说明，蛋白质的空间构象对蛋白质的功能是极端重要的。

此外，肌红蛋白与血红蛋白是说明蛋白质空间结构与功能关系的最好例子。

案例 2-2 相关提示

BSE 是由朊病毒蛋白(prion protein, Prp)引起的一种牛神经系统的退行性病变。该病的主要特征是牛脑发生海绵状病变，并伴随大脑功能退化，临床主要表现为神经错乱、运动失调、痴呆和死亡。

Prp 是引起一组人和动物神经退行性病变的病原体，其在动物间的传播是由传染性颗粒——朊病毒(prion)完成的。近 30 年研究发现，该颗粒不含有核酸成分，仅由修饰后的 Prp 同一蛋白 Prp^{sc} 组成。因此，Prp 引起的疾病也称蛋白粒子病。

Prp 是一类高度保守的糖蛋白，有两种构象：正常型(Prp^c)和致病型(Prp^{sc})。正常型朊蛋白(Prp^c)由染色体基因编码，对蛋白酶敏感，广泛表达于脊椎动物细胞表面，二级结构中仅存在 α-螺旋，它可能与神经系统功能维持，淋巴细胞信号转导及核酸代谢等有关。致病型朊病毒(Prp^{sc})有多个 β-折叠存在，是 Prp^c 的构象异构体。当含有大量 α-螺旋构象的 Prp^c 转化成含有大量 β-折叠构象的 Prp^{sc} 后，其化学性质也发生了改变，表现为对蛋白酶有抵抗力，对热稳定，并且成为侵染力强的致病因子，在试管内可形成原纤维，对培养的神经元有毒性(表 2-1)。

表 2-1 Prp^c 与 Prp^{sc} 的比较

Prp 类型	MW	三维结构特点	蛋白酶水解	热稳定性	侵染能力
Prp^c 成熟	33～35kD	α-螺旋为主	敏感	不稳定	无
Prp^{sc} 成熟	27～30kD	β-折叠为主	不敏感	稳定	强

Prp^sc导致蛋白粒子病的详细机制并不完全清楚。朊病毒本身不能繁殖，但目前普遍认为它是通过胁迫Prp^c改变空间结构而达到自我复制的目的，并产生病理效应。基因突变可导致细胞型Prp^c中的α-螺旋结构不稳定，至一定量时产生自发性转化，β-片层增加，最终变为Prp^sc型；继而1分子Prp^sc胁迫1分子Prp^c形成Prp^sc二聚体，随后2分子Prp^sc又胁迫2分子Prp^c形成Prp^sc四聚体，如此倍增累积Prp^sc，导致神经元损伤，使脑组织发生退行性变。

（三）蛋白质空间结构的测定

分析蛋白质的空间结构比分析蛋白质的一级结构复杂得多。由于蛋白质的空间结构十分复杂，因而其测定的难度也较大，但随着先进仪器设备和技术的诞生，蛋白质空间结构的测定工作已普遍展开。当前测定蛋白质分子构象的主要技术是X射线晶体衍射分析（X-ray crystallography）和核磁共振光谱分析（nuclear magnetic resonance，NMR）。

1. X射线晶体衍射分析　又称X射线衍射法（X-ray diffraction），首先将蛋白质制备成晶体，X射线衍射至蛋白质晶体上，可产生不同方向的衍射，X线片则接受衍射光束，形成衍射图。这种衍射图就是X射线穿过晶体的一系列平行剖面所表示的电子密度图。然后借助计算机绘制出三维空间的电子密度图，确定晶体结构中原子的分布，进而建立蛋白质分子的三维结构。此技术可以提供出蛋白质分子中各原子非常准确的空间位置。迄今为止，完整而精细的晶态蛋白质分子三维结构的测定，几乎完全依赖于X射线衍射分析法，但它不能测定溶液中蛋白质分子的三维结构。

2. 核磁共振光谱分析　是一类测定溶液中的蛋白质分子构象的方法。其依据是大分子中某些原子核具有内在磁性，即自选特性；通过改变外加磁场或电磁辐射的强度，造成这些原子核振动的飘移。这种化学飘移可以检测并记录下来，经分析得出蛋白质的空间结构。

多维NMR法在蛋白质研究方面的应用包括：①测定溶液中的蛋白质分子构象；②研究蛋白质分子的构象动力学；③研究相同或不同蛋白质分子之间的相互作用以及蛋白质与核酸分子之间的相互作用；④研究各种因素（pH、温度、变性剂等）对蛋白质分子构象的影响；⑤研究底物、产物、抑制剂、辅基、效应物与酶分子构象的相互作用，以获得活性中心或结合部位的结构信息。

第二节　蛋白质的合成与加工

蛋白质生物合成（protein biosynthesis）是指DNA结构基因中储存的遗传信息通过转录生成mRNA，再指导多肽链合成的过程，也称为翻译（translation）。从核糖体刚合成释放出的新生多肽链一般不具备蛋白质生物活性，必须经过分子折叠及不同的加工修饰过程才转变为具有天然构象的成熟蛋白，该过程称为翻译后加工（post-translation processing）。

一、蛋白质的合成与降解

（一）蛋白质的合成

1. 参与蛋白质生物合成的物质　蛋白质的生物合成体系极其复杂：①合成原料是20种氨基酸。②mRNA是指导多肽链合成的模板，mRNA分子含有从DNA转录出来的遗传信息，在mRNA阅读框架内，从5′端AUG开始，由A、G、C、U四种核苷酸可组合成64个三联体密码，遗传密码具有方向性、连续性、简并性、摆动性和通用性五大特点。③tRNA结合并运载各种氨基酸至mRNA模板上，tRNA与氨基酸的结合由氨基酰-tRNA合成酶（aminoacyl-tRNA synthetase）催化，此过程称为氨基酸的活化。原核细胞中约有30～40种不同的tRNA分子，而真核生物中有50种甚至更多，因此一种氨基酸可以和2～6种tRNA特异地结合。④核蛋白体是蛋白质合成的场所，由大、小两个亚基组成，每个亚基都由多种核糖体蛋白质（ribosomal protein，rp）和rRNA组成。大、小亚基所含蛋白质分别称为rpl（ribosomal proteins in large subunit）或rps（ribosomal proteins in small subunit），它们多是参与蛋白质生物合成过程的酶和蛋白质因子。⑤参与氨基酸活化及肽链合成起始、延长和终止阶段的多种蛋白质因子、其他蛋白质、酶类以及ATP、GTP等供能物质与必要的无机离子等。

2. 蛋白质的生物合成过程　在翻译过程中，核糖体从开放阅读框架的5′-AUG开始向3′端阅读mRNA上的三联体遗传密码，而多肽链的合成是从N端向C端，直至终止密码出现。为了便于叙述，人们常将整个翻译过程分为起始（initiation）、延长（elongation）和终止（termination）三个阶段。

（1）翻译的起始：翻译的起始阶段是指mRNA、起始氨基酰-tRNA分别与核糖体结合而形成翻译起始复合物（translational initiation complex）的过程。参与这一过程的多种蛋白质因子称为起始因子（initiation factor，IF）。原核生物有三种起始因子，即IF-1、IF-2和IF-3。真核起始因子被称为eIF（eukaryotic initiation factor），种类远多于原核生物。原核生物与真核生物的翻译起始过程相类似，但又有区别。

（2）肽链的延长：延长是指在mRNA密码序列的指导下，由特异tRNA携带相应氨基酸运至核糖体的受位，使肽链依次从N端向C端逐渐延伸的过程。肽链延长需要GTP和蛋白质因子的参与。原核生物肽链延长需要的蛋白因子称为延长因子

笔记栏

(elongation factor,EF),真核生物的延长因子称为eEF(eukaryotic elongation factor,eEF)。由于肽链延长的过程是在核糖体上连续循环进行的,故称为核糖体循环(ribosomal cycle)。每次循环分三个阶段:①进位(entrance):是指与mRNA第二组密码子所对应的氨基酰-tRNA进入核糖体的受位,又称注册(registration),这一过程在原核细胞需要延长因子EF-T的参与;②成肽:即肽酰转移酶(peptidyl transferase)催化肽键形成的过程;③转位:指核糖体向mRNA的3′端移动一个密码子的距离,在原核生物,转位依赖于延长因子EF-G和GTP。进位-成肽-转位,如此重复进行,每循环一次,肽链增加一个氨基酸残基,直至肽链合成终止。

(3) 翻译的终止:翻译的终止取决于两个关键因素,终止密码子和终止因子。终止因子又称释放因子(release factor,RF),其功能是识别mRNA上的终止密码子,终止肽链合成并释放肽链。原核生物有三种RF,即RF-1、RF-2和RF-3。真核生物的释放因子称为eRF(eukaryotic release factor,eRF),eRF有两种,即eRF-1和eRF-3。

以上所述是单个核糖体合成肽链的情况。实际上当用电镜观测正在被翻译的mRNA时,会发现沿着mRNA附着有许多核糖体。这种多个核糖体与mRNA的聚合物称为多聚核糖体(polyribosome或polysome)。多聚核糖体呈串珠状排列,同时进行多条肽链的合成,大大增加了细胞内蛋白质的合成速率。多聚核糖体中的核糖体数目取决于mRNA分子的大小,可由数个到数十个不等。

(二) 蛋白质的降解

人体内的蛋白质处于不断分解与合成的动态平衡之中,正常成人每日约更新机体总蛋白的1%~2%。体内各种组织蛋白的更新速率很不一致,其半寿期相差很悬殊,短者仅为数秒或几小时,长者可达180d以上。各种蛋白质的更新途径不同,调节机制尚不清楚,可能与蛋白质的N末端序列有关。

1. 与蛋白质降解有关的N末端序列 通过研究蛋白质分子N末端残基的化学本质与蛋白质寿命的关系,发现N末端氨基酸残基的组成直接影响蛋白质的降解速率和半寿期。因此将N末端氨基酸残基分为如下四类:

(1) 一级去稳定残基:如果一个蛋白质分子的N末端为精氨酸、赖氨酸、组氨酸、苯丙氨酸、亮氨酸、异亮氨酸、酪氨酸、色氨酸时,蛋白质分子的寿命不会长于3min。这些氨基酸残基称为"一级去稳定残基"。

(2) 二级去稳定残基:N末端为天冬氨酸、谷氨酸、半胱氨酸时,为"二级去稳定残基"。它们能被一种Arg-tRNA-蛋白转移酶识别,然后在N末端加上一个精氨酸(Arg)残基,转变成一级去稳定残基。

(3) 三级去稳定残基:是指N末端为天冬酰胺、谷胺酰胺。二者可先被一种N末端酰胺水解酶作用变成天冬氨酸、谷氨酸,然后再被Arg-tRNA-蛋白转移酶作用加上一级去稳定残基精氨酸。

(4) 稳定残基:N末端为丙氨酸、丝氨酸、苏氨酸、甘氨酸、缬氨酸、蛋氨酸时,蛋白质分子的寿命会大大延长,这些氨基酸残基称稳定残基。含有稳定残基的蛋白质分子在细胞内可以存在30个小时以上而不被蛋白酶降解。

另外还发现,存在于肽链内部的一些保守序列"脯氨酸—谷氨酸—丝氨酸—苏氨酸"(Pro-Glu-Ser-Thr),即所谓的PEST序列,可使蛋白质分子寿命缩短。

2. 细胞内蛋白质降解的途径 真核细胞组织蛋白的降解途径根据降解部位的不同,可分为溶酶体途径和胞液途径两种。

(1) 蛋白质降解的溶酶体途径:该途径不需要ATP的参与,故称之为非ATP依赖性蛋白质降解途径,主要降解外源性蛋白、膜蛋白和长寿命的细胞内蛋白。溶酶体内含有多种酸性水解酶,其中包括多种蛋白酶,称为组织蛋白酶类。细胞内蛋白质降解时,溶酶体先将有关蛋白质包裹其中,进而形成自体吞噬空泡,被包入的蛋白质即可在组织蛋白酶的催化下水解,最终降解成游离氨基酸。细胞外的蛋白质需与质膜有关受体结合后转入细胞内,再与溶酶体融合,进而在溶酶体内降解。

(2) 蛋白质降解的胞液途径:该途径需要ATP的参与,故称为ATP依赖性蛋白质降解途径,主要降解胞液中的异常蛋白、损伤蛋白和短寿命蛋白。这一途径的蛋白水解酶类属于碱性蛋白酶,最适pH为7.8。经该途径降解的蛋白质需先与泛素(ubiquitin)结合,泛素化(ubiquitination)是蛋白质易被降解的标志。

泛素是20世纪70年代末发现的一种耐热小分子蛋白质,含有76个氨基酸,相对分子质量8.5kD,因广泛存在于真核生物而得名,其一级结构高度保守。泛素介导的蛋白质降解过程分为两个阶段:第一阶段是泛素与被选择降解的蛋白质形成共价连接,使后者标记并被激活,由三种酶催化完成。第二阶段是蛋白酶体(proteasome)对泛素化蛋白质的降解(图2-7)。

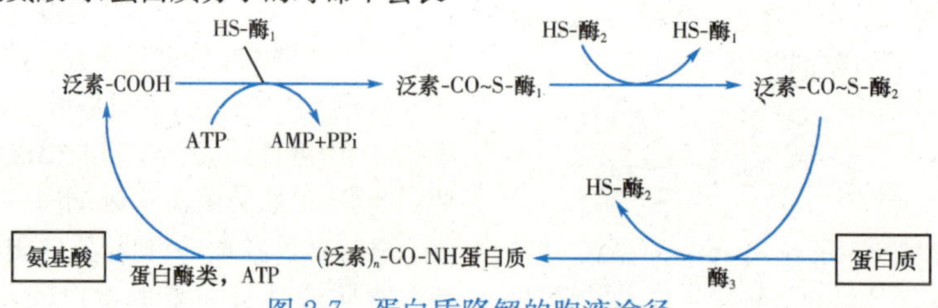

图2-7 蛋白质降解的胞液途径

二、蛋白质的翻译后加工与输送

蛋白质的翻译后加工修饰过程主要包括多肽链折叠为天然的三维构象、肽链一级结构和空间结构的修饰等。另外，在核糖体上合成的蛋白质还需要靶向输送到特定细胞部位，如线粒体、溶酶体、细胞核等细胞器，有的分泌到细胞外，并在靶位点发挥各自的生物学功能。

（一）新生肽链的折叠

蛋白质分子刚合成时是以一条具有特定氨基酸序列的多肽链形式出现的，而细胞内具有生物活性的蛋白质毫无例外都具有特定的三维空间结构，这也就是说核糖体上新合成的多肽链必须经历一个折叠(folding)过程才能成为具有天然空间构象的成熟蛋白质。蛋白质的空间构象由一级结构所决定，虽然线性多肽链折叠成天然空间构象是一释放自由能的自发过程，但实际上细胞中大多数天然蛋白质折叠都不是自动完成的，而是需要其他酶和蛋白质的协助，主要包括如下几种大分子。

1. 分子伴侣(molecular chaperone)　分子伴侣是细胞中一类保守蛋白质，可识别肽链的非天然构象，促进各种功能域和整体蛋白质的正确折叠。分子伴侣的作用体现在两个方面：①刚合成的蛋白质以未折叠的形式存在，其中的疏水性片段很容易相互作用而自发折叠，分子伴侣能有效地封闭蛋白质的疏水表面，防止错误折叠的发生；②对已经发生错误折叠的蛋白质，分子伴侣可以识别并帮助其恢复正确的折叠。分子伴侣的这一作用还表现在它能识别变性的蛋白质，避免或消除蛋白变性后因疏水基团暴露而发生的不可逆聚集，并且帮助其复性，或介导其降解。

细胞内的分子伴侣至少有两大家族：

(1) 热激蛋白 70(heat shock protein，Hsp70)家族：也称热休克蛋白，Hsp70 家族包括 Hsp70、Hsp40 和 GrpE 三种成员，广泛存在于各种生物。

Hsp 的作用是结合保护待折叠多肽片段，再释放该片段进行折叠，形成 Hsp70 和多肽片段依次结合、解离的循环。Hsp70 等协同作用可与待折叠多肽片段的 7～8 个疏水残基结合，保持肽链成伸展状态，避免肽链内、肽链间疏水基团相互作用引起的错误折叠和聚集，再通过水解 ATP 释放此肽段，以利于肽链进行正确折叠。Hsp70 的这种作用与另外两种蛋白质(Hsp40 和 GrpE)的调节有关。具体机制如图 2-8。

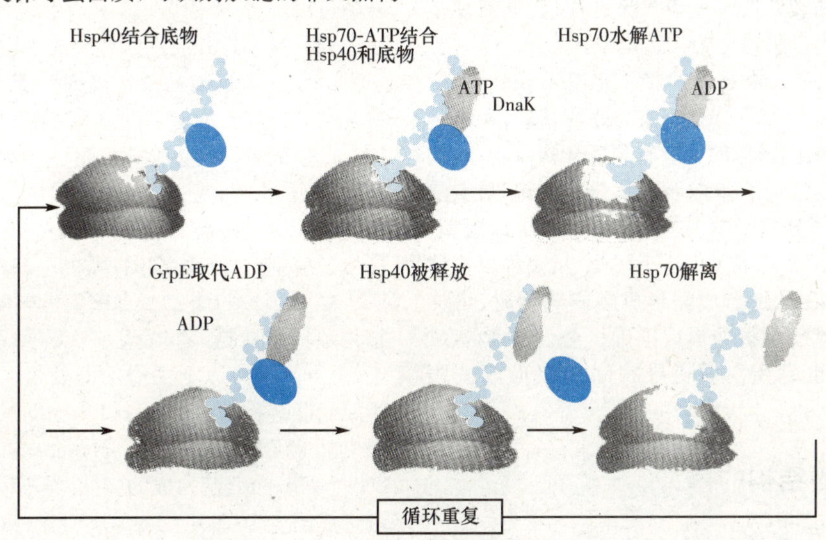

图 2-8　Hsp40-Hsp70-ATP-多肽复合物的循环

(2) Hsp60 家族：Hsp60 并非都是 Hsp，故称伴侣素或分子伴素(chaperonins)。Hsp60 家族主要包括 Hsp60 和 Hsp10 两种蛋白，其在大肠埃希菌的同源物分别为 GroEL 和 GroES。Hsp60 家族的主要作用是为非自发性折叠蛋白质提供能折叠形成天然空间构象的微环境，据估计 *E. coli* 中约 10%～20%蛋白质折叠需要这一家族辅助。

在 *E. coli* 内，GroEL 是由 14 个相同亚基组成的反向堆积在一起的两个七聚体环构成，每环中间形成桶状空腔，每个空腔能结合 1 分子底物蛋白。每个亚基都含有一个 ATP 或 ADP 的结合位点，实际上组成环的亚基就是 ATP 酶。GroES 为同亚基 7 聚体，可作为“盖子”瞬时封闭 GroEL 复合物的一端。封闭复合物空腔提供了能完成该肽链折叠的微环境。伴随 ATP 水解释能，GroEL 复合物构象周期性改变，引起 GroES“盖子”解离和折叠后肽链释放。重复以上过程，直到蛋白质全部折叠形成天然空间构象(图 2-9)。

笔记栏

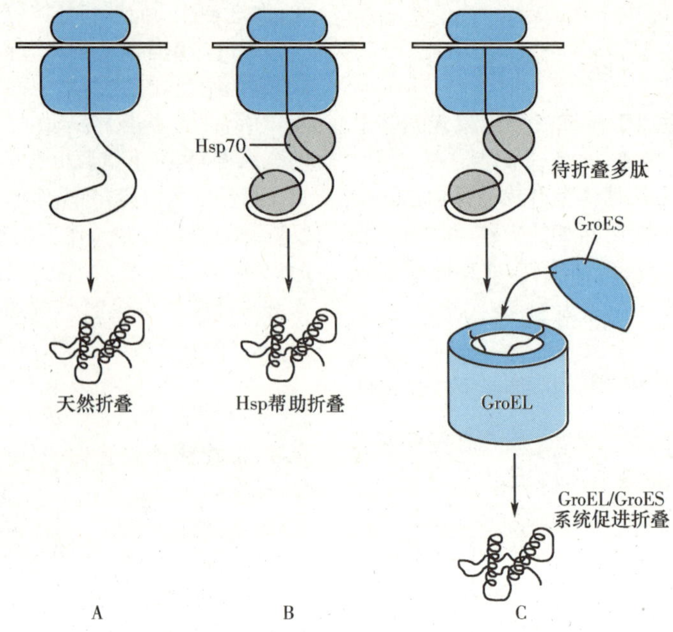

图 2-9　GroEL/GroES 系统促进蛋白质折叠过程

2. 蛋白质二硫键异构酶(protein disulfide isomerase,PDI)　多肽链的几个半胱氨酸间可能出现错配二硫键,影响蛋白质正确折叠。二硫键异构酶在内质网腔活性很高,可在较大区段肽链中催化错配二硫键断裂并形成正确二硫键连接,最终使蛋白质形成热力学最稳定的天然构象。

3. 肽-脯氨酰顺反异构酶(peptide prolyl cis-trans isomerase,PPI)　脯氨酸为亚氨基酸,多肽链中肽酰-脯氨酸间形成的肽键有顺反异构体,空间构象有明显差别。天然蛋白质多肽链中肽酰-脯氨酸间肽键绝大部分是反式构型,仅 6% 为顺式构型。肽-脯氨酰顺反异构酶可促进上述顺、反两种异构体之间的转换,在肽链合成需形成顺式构型时,可使多肽在各脯氨酸弯折处形成准确折叠。肽-脯氨酰顺反异构酶也是蛋白质三维空间构象形成的限速酶。

(二)一级结构的修饰

1. 肽链 N 端 Met 或 fMet 的切除　在蛋白质合成过程中,真核生物 N 末端第一个氨基酸总是甲硫氨酸,原核生物则是 α-氨基甲酰化的甲硫氨酸。但人们发现天然蛋白质并不是以甲硫氨酸为 N 末端的第一位氨基酸。细胞内有脱甲酰基酶或氨基肽酶可以除去 *N*-甲酰基、N 端甲硫氨酸或 N 端一段序列。这一过程可在肽链合成中进行。

2. 个别氨基酸的共价修饰　某些蛋白质肽链中存在共价修饰的氨基酸残基,是肽链合成后特异加工产生的,主要包括磷酸化、甲基化、乙酰化、羟基化、羧基化等,这些修饰对于维持蛋白质的正常生物学功能是必需的。此外,肽链中半胱氨酸间可形成二硫键,对于维系蛋白质的空间构象很重要。

3. 多蛋白的加工　真核生物 mRNA 的翻译产物为单一多肽链,有时这一肽链经不同的切割加工,可产生一个以上功能不同的蛋白质或多肽,此类原始肽链称为多蛋白(polyprotein)。例如阿片促黑皮质素原(proopio- melano-cortin,POMC)是由 265 个氨基酸残基构成的多肽,经不同的水解加工,可生成至少 10 种不同的肽类激素(图 2-10)。

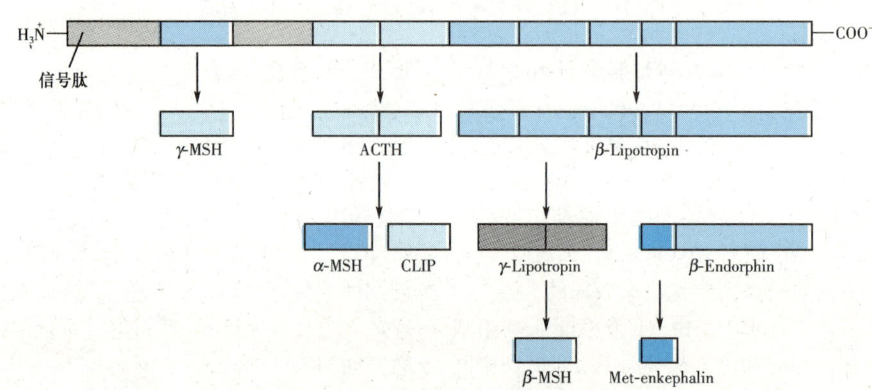

图 2-10　POMC 的水解加工

4. 蛋白质前体中不必要肽段的切除 无活性的酶原转变为有活性的酶，常需要去掉一部分肽链，如胰蛋白酶原酶解生成胰蛋白酶，分泌型蛋白质“信号肽”的切除。此外，发现某些新生蛋白质含有部分间隔顺序等待剪切，其意义类似于 hnRNA 中的内含子，此片段称为内蛋白子(intein)。目前已在酵母及细菌中发现多种内蛋白子，相对分子质量为 40～60kD。内蛋白子可自我催化蛋白质前体的剪接，切下后的肽段称为游离内蛋白子。游离内蛋白子可对自身基因起切割作用，造成该内蛋白子基因的转位，因此，游离的内蛋白子是一种双股 DNA 内切酶。

(三)空间结构的修饰

多肽链合成后，除了正确折叠成天然空间构象之外，还需要经过某些其他的空间结构的修饰，才能成为有完整天然构象和全部生物功能的蛋白质。

1. 亚基聚合 具有四级结构的蛋白质由两条以上的肽链通过非共价聚合，形成寡聚体(oligomer)。蛋白质各个亚基相互聚合所需的信息仍储存在肽链的氨基酸序列之中，而且这种聚合过程往往有一定顺序，前一步骤常可促进后一步骤的进行。如血红蛋白分子 $\alpha_2\beta_2$ 亚基的聚合。

2. 辅基连接 对于结合蛋白，如糖蛋白、脂蛋白、色蛋白、金属蛋白及各种带辅基的酶类等，其非蛋白部分(辅基)都是合成后连接上去的，这类蛋白只有结合了相应辅基，才能成为天然有活性的蛋白质。如蛋白质添加糖链又称糖基化(glycosylation)，是一种更为复杂的化学修饰过程。

3. 脂酰化 某些长链脂酸可与蛋白质共价连接，如蛋白质从内质网向高尔基体移行过程中，酰基转移酶可催化脂酸与肽链中 Ser 或 Thr 的羟基以酯键连接，而使新生蛋白质棕榈酰化，有趣的是被棕榈酰基修饰过的蛋白质分子大多定位到细胞质膜上。除长链脂酸外，异戊二烯亦可与蛋白质共价结合，以增强蛋白质的疏水性。

(四)蛋白质合成后的靶向输送

蛋白质合成后经过复杂的机制，定向输送到最终发挥生物学功能的目标地点，称为蛋白质的靶向输送(protein targeting)。真核生物蛋白在胞质核糖体上合成后，不外有三种去向：保留在胞液；进入细胞核、线粒体或其他细胞器；分泌到体液。研究表明，所有靶向输送的蛋白质结构中均存在分选信号，主要为 N 末端特异的氨基酸序列，可引导蛋白质转移到细胞的适当靶部位，这类序列称为信号序列(signal sequence)，是决定蛋白靶向输送特性的最重要元件。靶向不同的蛋白质各有特异的信号序列或成分(表 2-2)，下面重点讨论分泌蛋白的靶向输送过程。

表 2-2 靶向输送蛋白的信号序列或成分

靶向输送蛋白	信号序列或成分
分泌蛋白	N 端信号肽，13～36 个氨基酸残基
内质网腔驻留蛋白	N 端信号肽，C 端-Lys-Asp-Glu-Leu-COO⁻(KDEL 序列)
内质网膜蛋白	N 端信号肽，C 端 KKXX 序列(X 为任意氨基酸)
线粒体蛋白	N 端信号序列，两性螺旋，12～30 个残基，富含 Arg、Lys
核蛋白	核定位序列(-Pro-Pro-Lys-Lys-Lys-Arg-Lys-Val-，SV40T 抗原)
过氧化物酶体蛋白	C 端-Ser-Lys-Leu-(SKL 序列)
溶酶体蛋白	Man-6-P(甘露糖-6-磷酸)

1. 分泌蛋白的靶向输送 细胞分泌蛋白以及膜整合蛋白、滞留在内质网、高尔基体、溶酶体的可溶性蛋白均在内质网膜结合核糖体上合成，并且边翻译边进入内质网(endoplasmic reticulum，ER)，然后再由内质网包装转移到高尔基体，并在此分选投送，或分泌出细胞，或被送到其他细胞器。

(1) 信号肽(signal peptide)：各种新生分泌蛋白的 N 端都有保守的氨基酸序列称为信号肽，其作用是将蛋白质引导进入内质网。信号肽长度一般在 13～36 个氨基酸残基之间，N 端常常有 1 个或几个带正电荷的碱性氨基酸残基，中间为 10～15 个残基构成的疏水核心区，C 端多以侧链较短的甘氨酸、丙氨酸结尾，紧接着是被信号肽酶(signal peptidase)裂解的位点。

(2) 分泌蛋白的运输机制：分泌蛋白靶向进入内质网，需要多种蛋白成分的协同作用，主要包括：信号肽识别颗粒(signal recognition particles，SRP)、内质网膜 SRP 受体、内质网膜核糖体受体、内质网膜的肽转位复合物。

分泌蛋白翻译同步运转的主要过程：①胞液游离核糖体组装，翻译起始，合成出 N 端包括信号肽在内的约 70 个氨基酸残基；②SRP 与信号肽、GTP 及核糖体结合，暂时终止肽链延伸；③SRP 引导核糖体-多肽-SRP 复合物，识别结合 ER 膜上的 SRP 受体，并通过水解 GTP 使 SRP 解离再循环利用，多肽链开始继续延长；④与此同时，核糖体大亚基与核糖体受体结合，锚定 ER 膜上，水解 GTP 供能，诱导肽转位复合物开放形成跨 ER 膜通道，新生肽链 N 端信号肽即插入此孔道，肽链边合成边进入内质网腔；⑤内质网膜的内侧面存在信号肽酶，通常在多肽链合成约 80%以上时，将信号肽段切下，肽链本身继续增长，直至合成终止；⑥多肽链合成完毕，全部进入内质网腔中。内质网腔 Hsp70 消耗 ATP，促进肽链折叠成功能构象，然后输送到高尔基体，并在此继续加工后储于分泌小泡，最后将分

笔记栏

泌蛋白排出胞外；⑦蛋白质合成结束，核糖体等各种成分解聚并恢复到翻译起始前的状态，再循环利用（图 2-11）。

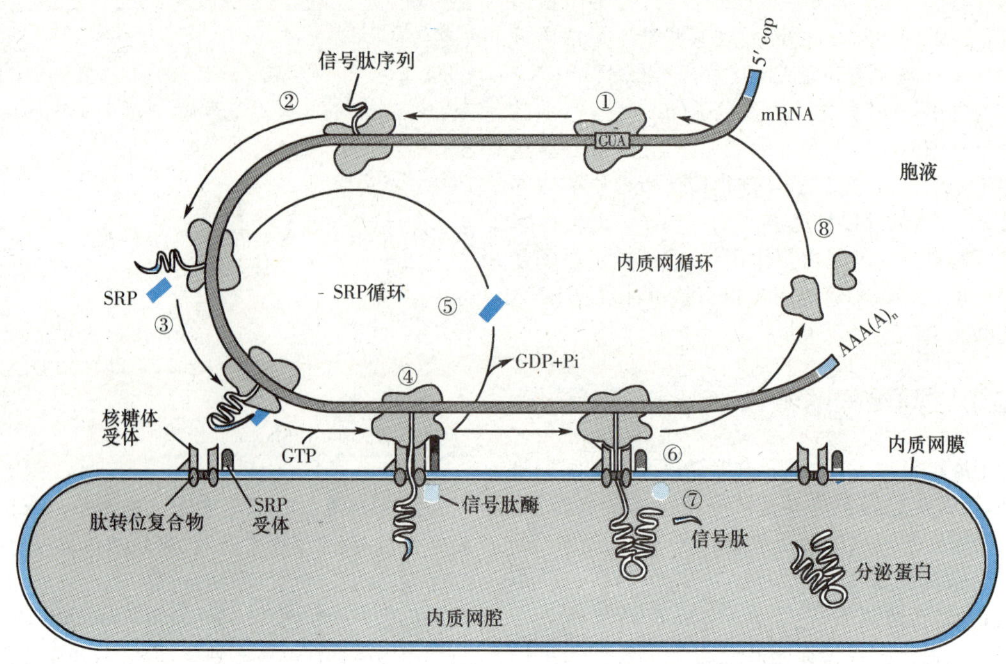

图 2-11　信号肽引导分泌性蛋白质进入内质网过程

2. 其他蛋白的靶向输送　90%以上的线粒体蛋白前体在胞液游离核糖体合成后输入线粒体，其中大部分定位基质，其他定位内、外膜或膜间隙。线粒体蛋白 N 端都有相应信号序列，如线粒体基质蛋白前体的 N 端含有保守的 12～30 个氨基酸残基构成的信号序列，称为前导肽。前导肽一般具有如下特性：富含带正电荷的碱性氨基酸（主要是 Arg 和 Lys）；经常含有丝氨酸和苏氨酸；不含酸性氨基酸；有形成两性（亲水和疏水）α-螺旋的能力。

所有被输送到细胞核的蛋白质多肽链都含有一个核定位序列（nuclear localization sequence，NLS）。与其他信号序列不同，NLS 可位于核蛋白的任何部位，不一定在 N 末端，而且 NLS 在蛋白质进核后不被切除。蛋白质向核内输送过程需要几种循环于核质和胞质的蛋白质因子，包括 α、β 核输入因子（nuclear importin）和一种分子量较小的 GTP 酶（Ran 蛋白）。

三、蛋白质间的相互作用

蛋白质是各种生物学功能的执行者，蛋白质和蛋白质的相互作用是细胞生命活动的基础和特征。研究细胞内蛋白质分子之间相互作用的机制及蛋白质相互作用网络，将有助于理解生命活动的分子机制。例如，酶的催化作用需要酶与特异作用物之间的相互识别、结合成中间复合物；抗体参与的防御功能需要抗体与抗原之间的特异识别与结合；各种激素的调节作用需要这些配体与受体之间的特异结合等。

此外，在真核基因转录激活过程中，发生在各种转录调节因子之间的蛋白质-蛋白质的相互作用是参与转录激活及很多细胞过程的重要调节形式。

（一）蛋白质相互作用的结构基础

1. 多肽链的折叠与装配　伸展的多肽链必须形成特定的三维结构，才具有分子识别、结合等各种生物学功能。如前所述，蛋白质的一级结构决定其高级结构。蛋白质的三维结构就是指多肽链在不同水平的折叠。

2. 蛋白质的模体与结构域　蛋白质的结构域可被看作是蛋白质分子的基本结构单位和功能单位。小的蛋白质分子可能只含一个结构域，较大的蛋白质分子可含有数个结构域。每个结构域的核心是由一组相互连接的 α-螺旋、β-片层或两者共同组成。这些由 α-螺旋和（或）β-片层参与的组合方式称为模体（详见本章第 2 节）。

3. 蛋白质的结合位点　由于一个蛋白质分子与配体之间的有效作用需要在它们之间自动形成很多弱化学键，所以只有紧密结合蛋白质分子的配体才能准确适合蛋白质分子的表面。这种与配件连接的蛋白质分子部位区域称为结合位点（binding site）。通常结合位点是由多肽链上一些相互分离的氨基酸残基在蛋白质表面特异排列形成的空穴。这些氨基酸残基仅仅属于多肽链的一小部分，表面

笔记栏

其余的残基为维持结合位点的正确空间所必需，并提供调节过程所需的其他结合位点。蛋白质内部氨基酸残基对维持蛋白质分子表面的适当形状和刚性结构起重要作用。

（二）蛋白质相互作用的主要形式

1. 酶-底物的相互作用 酶在发挥其作用之前，需与底物密切结合。这种结合不是锁与钥匙的机械关系，而是在酶与底物相互接近时，其结构相互诱导、相互变形、相互适应，进而相互结合的过程。同时，酶在底物的诱导下，其活性中心进一步形成，并与底物受催化攻击的部位密切靠近，形成酶-底物的中间复合物；最后在酶的催化下，将底物转化为产物。

2. 抗原-抗体的相互作用 抗原-抗体相互作用具有与其他生物大分子反应相同的基本原理，但还具有与其他生物分子不同的特点：①可逆性：与酶等结合体系不同，抗体并非不可逆地改变它们所结合的抗原，因此抗原-抗体结合永远是可逆的。②特异性：抗原-抗体结合呈高度特异性，它们的相互作用是生物大分子与配体相互作用的典型模型。③异质性：也称非均一性，即从同一免疫抗血清纯化的、针对同一物质全部特异的、享有全部相同免疫球蛋白结构的抗体，也是对交叉反应抗原具有不同亲和力、不同精细特异性的多种亚类分子所组成的非均一混合物。

3. 受体-蛋白质配体的相互作用 任何胞外特定的信号分子与其相应受体的结合，是触发靶细胞产生特异生理效应的必要条件。能与受体呈特异性结合的信号分子称为配体，常见的有蛋白类、肽类激素或神经递质等。受体在细胞信息转导过程中起着极为重要的作用。其中，位于胞液和细胞核中的受体称为胞内受体，它们全部为DNA结合蛋白；存在于细胞质膜上的受体则称为膜受体，它们绝大部分是镶嵌糖蛋白。受体与配体的结合具有高度亲和力、高度专一性、可逆性和可饱和性等特点。

4. 蛋白质的二聚化 细胞内有一些蛋白质是由一条肽类组成，但在可溶性状态下可以单体、二聚体或多聚体形式存在，其中二聚体形式最多见。由单体形成二聚体的反应称为二聚化（dimerization）。二聚化参与很多生物学过程，如酪氨酸蛋白激酶型受体与其配体结合后即发生二聚化和受体自身磷酸化，从而将信息转导到细胞内；在基因转录激活过程中，一些转录调节因子的二聚化具有普遍的和特殊的意义。目前已鉴定出的、介导二聚化的结构主要包括碱性亮氨酸拉链、螺旋-环-螺旋、同源域结构及两性α-螺旋等（详见本书第3章）。

（三）蛋白质相互作用的研究方法

早期主要有蛋白质亲和层析、免疫印迹、免疫共沉淀及蛋白质交联等技术。近年来涌现出许多新技术，如酵母双杂交系统和反向杂交系统、噬菌体展示、生物传感芯片质谱及定点诱变技术等，为蛋白质的鉴定及相互作用研究提供了新的技术平台。其中酵母双杂交系统是目前最常用的技术，该技术的应用主要包括四个方面：①分析已知蛋白质之间的相互作用及蛋白质的功能结构域；②筛选和发现新的蛋白质；③筛选药物的作用位点以及药物对蛋白质之间相互作用的影响；④绘制蛋白相互作用系统图谱。

第三节　蛋白质组学

一、蛋白质组学的基本概念

（一）蛋白质组学的产生

1994年，澳大利亚学者M. Wilkins和K. Williams首先提出了蛋白质组（proteome）的概念，并于1995年7月发表在Electrophoresis杂志上。蛋白质组是指一个细胞或一个组织或一种生物体的基因组所表达的全部蛋白质。需要指出的是，一个生物体的基因组是相对稳定的，而蛋白质组则是一个动态的概念，即蛋白质组具有时、空差别。

基因是遗传信息的携带者，而基因的表达产物蛋白质才是各种生物功能的执行者。因此功能基因组学的研究如果仅从基因的角度出发是远远不够的，必须从基因转录和蛋白质翻译的全过程着手，才能真正揭示基因的功能与生命的活动规律。蛋白质鉴定技术的发展和HGP的实施与相继完成，使得“蛋白质组学”（proteomics）这一全新的研究领域得以诞生和发展。2001年，国际人类蛋白质组组织成立，同时提出了人类蛋白质组计划，并相继启动了人类血浆蛋白质组计划、人类肝脏蛋白质组计划、人类脑蛋白质组计划等几个重大国际合作项目。

（二）蛋白质组学的概念

蛋白质组学是研究和阐述在不同条件下，一个细胞或生物体中全部蛋白质的组成、结构、性质与功能及其活动规律的科学。蛋白质组学是在基因组学的基础上发展起来的，是基因组学的延续和发展。但与基因组学不同，蛋白质组学是对不同时间和空间发挥功能的特定蛋白质群体的研究。

蛋白质组学不同于传统的蛋白质学科，它是从一个机体或一个细胞的蛋白质整体活动的角度出发来揭示和阐明生命活动的基本规律。总体上可以分为对蛋白质表达模式的研究（即蛋白质组组成的研究）和对蛋白质组功能模式的研究两个方面。

（三）蛋白质组学的研究内容

目前，蛋白质组学的研究内容主要包括以下几个方面：①蛋白质组作用、成分鉴定、数据库构建、新型蛋白质的发现、同源蛋白质比较、蛋白质加工和修饰分析。②基因产物识别、基因功能鉴定、基因调控机制分析。此外，对蛋白质表达后在细胞内的定位研究也是了解蛋白质功能的重要方面。③重要生命活动的分子机制研究。如细胞周期、细胞分化与发育、环境反应与调节等。④对人类而言，蛋白质组学的研究最终要服务于人类健康，主要指促进分子医学的发展。如医药靶分子的寻找和分析，包括新药靶分子、肿瘤分子标记、人体病理介导分子等。

（四）蛋白质组学研究的意义与应用

随着功能基因组学研究的进一步拓展，蛋白质研究数据的不断积累，新方法、新技术的突破和生物信息学工具的完善，蛋白质组学的研究一定能在医学及生命科学的各个领域发挥越来越重要的作用，并为人类疾病的研究、防治带来新的思维方式和技术革命。现阶段蛋白质组学的研究主要用于如下三个方面：

1. 疾病诊断 人类重大疾病的蛋白质组研究通常采用比较蛋白质组分析方法。多数疾病在表现出可察觉的症状之前，就已经在蛋白质的种类和数量上发生了一些变化。如果能够及时检测到这些变化，就可以为疾病的诊断提供新的依据。比如，对各种肿瘤组织与正常组织之间蛋白质谱差异的研究，已经找到一些肿瘤特异性的蛋白分子，为肿瘤的诊断或治疗提供了一定的指标，并对揭示肿瘤发生的机制有所帮助。

2. 研究发病机制 大多数疾病的发生机制都非常复杂，要研究疾病发生的分子机制，则需要运用蛋白质组的研究手段，探讨正常和病理状态下的细胞或组织中蛋白质在表达数量、表达位置和修饰状态上的差异。同时对蛋白质之间相互作用网络的研究及蛋白质在细胞内信号转导途径中作用的研究也有助于解释疾病的发病机制。

3. 药物开发研究 蛋白质表达水平的改变是与疾病、药物作用或毒素作用直接相关的。许多药物的开发均从分子的角度考虑以攻克疾病，蛋白质组学被应用在药物效应及诊疗靶点的研究上，促使“药物蛋白质组学”的诞生，从而加速了药物研究的发展。药物蛋白质组学研究的逐渐深入，更能反映个体的差异并实现个体化治疗。

笔记栏

二、蛋白质组学的主要研究技术

蛋白质组学的研究程序主要包括：蛋白质分离；蛋白质鉴定；鉴定结果的存储、处理、对比和分析。其研究的技术方法有：样品制备；双向凝胶电泳；蛋白质染色；凝胶图像分析；蛋白质分析；蛋白质组数据库等。其中双向凝胶电泳技术、质谱技术、计算机图像分析数据处理与蛋白质数据库是三大基本支撑技术。

（一）双向凝胶电泳技术

蛋白质分离技术主要包括双向凝胶电泳和“双向”高效柱层析等，其中双向凝胶电泳已成为目前蛋白质组研究中最有使用价值的核心技术。

双向凝胶电泳的基本原理是根据蛋白质的两个一级属性：等电点和分子量的特性来分离蛋白质混合物。第一向是基于蛋白质的等电点不同采用等电聚焦的方法分离，第二向则按分子量大小的不同采用 SDS-PAGE 分离，使混合物中的蛋白质在二维平面上分开。

（二）生物质谱技术

蛋白质鉴定技术主要包括 Edman 降解法、氨基酸组成分析及质谱技术等，其中质谱技术已成为蛋白质鉴定的核心技术。质谱技术是将样品分子离子化后，根据不同离子间质荷比（m/z）的差异来进行成分和结构分析的分析方法。在质谱技术发展的早期，由于电离技术的制约，质谱方法只能分析小分子挥发物质。20 世纪 80 年代末诞生的两种新的软电离技术——电喷雾电离和基质辅助激光解吸电离技术可以使核酸或蛋白质、多肽等生物大分子产生带单电荷或多电荷的分子离子，从而能测定其分子量，同时它们所具有的高灵敏度和高质量检测范围使生物大分子的微量分析成为可能。再结合串联质谱分析，还可以得到结构信息。

实际工作中，蛋白质的可靠鉴定往往需要多种方法和数据的结合，还需要对蛋白质翻译后修饰的类型和程度进行分析。

（三）生物信息学

生物信息学（bioinformatics）是采用计算机技术和信息论方法研究蛋白质及核酸序列等各种生物信息的采集、存储、传递、检索、分析和解读的科学，是现代生命科学与计算机科学、数学、统计学、物理学和化学等学科相互渗透而形成的交叉学科。其构成主要包括三大部分：数据库、计算机网络和应用软件。当前生物信息学不仅仅是高效地进行基因组、蛋白质组数据分析，而且可以对已知或新的基因产物进行全面的功能分析。例如，用生物信息学对质谱得到的肽指纹图谱分析出了一个新的在进化上保守的模体，它对蛋白质的结构和功能具有重要意义。肽指纹图谱原先只是一个普通蛋白质分析技术，但通过生物信息学处理则可以得到有功能意义的结构信息，甚至预测部分蛋白质的功能。

分子生物信息数据库种类繁多，归纳起来，大致可分为基因组数据库、核酸和蛋白质一级结构序列数据库、生物大分子(主要是蛋白质)三维空间结构数据库及由上述 3 类数据库和文献资料为基础构建的二次数据库 4 大类。

小　结

蛋白质的结构可分为四个层次。蛋白质的一级结构是指蛋白质分子中氨基酸的组成和排列顺序，包括二硫键的位置。蛋白质的二级结构是指蛋白质主链局部的空间结构，不涉及氨基酸残基侧链构象，主要有 α-螺旋、β-折叠、β-转角和无规卷曲。蛋白质的三级结构是指多肽链主链和侧链全部原子的空间排布位置。四级结构是指蛋白质亚基之间的空间排布及亚基接触部位的布局和相互作用。蛋白质的二、三、四级结构又称为蛋白质的空间构象。蛋白质一级结构是决定空间结构的基础，而空间结构决定蛋白质的分子形状、理化性质和生理功能。

蛋白质的生物合成也称为翻译。mRNA 是指导多肽链合成的模板，tRNA 是蛋白质合成过程中的结合体分子，rRNA 和多种蛋白质构成的核糖体是合成多肽链的场所。整个翻译过程分为起始、延长和终止三个阶段。翻译的起始阶段是指mRNA、起始氨基酰-tRNA 分别与核糖体结合而形成翻译起始复合物的过程。肽链延长的过程也为核蛋白体循环。每次循环分三个阶段：进位、成肽和转位。循环一次，肽链增加一个氨基酸残基，直至肽链合成终止。翻译的终止主要涉及识别终止密码子，从最后一个肽酰-tRNA 中释放肽链，最后释放 tRNA 和 mRNA，核糖体大、小亚基解离。翻译后加工是指新合成的无生物活性多肽链转变为有天然构象和生物功能蛋白质的过程。主要包括多肽链折叠为天然的三维构象、肽链一级结构的修饰、肽链空间结构的修饰等。蛋白质的靶向输送是将合成的蛋白质前体跨过膜性结构，定向输送到特定细胞部位发挥功能的复杂过程。真核细胞胞液合成的分泌蛋白、线粒体蛋白、核蛋白，前体肽链中都有特异信号序列，他们引导蛋白质各自通过不同过程进行靶向输送。

蛋白质组学是在基因组学的基础上发展起来的，是基因组学的延续和发展。但与基因组学不同，蛋白质组学是对不同时间和空间发挥功能的特定蛋白质群体的研究。其主要研究内容包括：蛋白质组作用、成分鉴定、数据库构建、基因产物识别、基因功能鉴定、重要生命活动的分子机制研究等。目前蛋白质组学的研究主要用于疾病诊断、疾病发病机制和药物开发研究。现阶段双向凝胶电泳技术、质谱技术、计算机图像分析数据处理与蛋白质数据库是蛋白质学研究的三大基本支撑技术。

(肖建英)

参考资料

Batey RT, Rambo RP, Lucast L, et al. 2000. Crystal structure of the ribonucleoprotein core of the signal recognition particles. Science. 287: 1232～1239

Bukau B, Horwich A L. 1998. The Hsp70 and Hsp60 chaperone machines. Cell, 92: 351～366

Frydman J. 2001. Folding of newly translated proteins in vivo: the role of molecular chaperones. Ann. Rev. Biochem, 70: 603～647

Hershko A, Ciechanover A. 1998. The ubiquitin system. Ann. Rev. Biochem, 67: 425～479

Nissesn, P. 2000. The structural basis of ribosome activity in peptide bond synthesis. Science, 289: 920～930

Walter P, Blobel G. 1982. Signal recognition particle contains a 7S RNA essential for protein translocation across the ER. Nature, 299: 691～698

笔记栏

第3章 基因表达调控

生物体的遗传信息是以基因的形式储存于细胞内的DNA或RNA分子中，通过复制将遗传信息准确地传给子代，以维持生物体遗传的稳定性。不同情况下基因活性不同，同一基因产物在同一细胞不同情况下也会有量的改变。因此，不论是原核生物还是真核生物都有一套准确的基因表达调节机制。阐明基因在不同细胞或在同一细胞不同条件下选择性表达的分子机制，是揭示生命现象本质的核心问题，也是目前人类功能基因组研究的重要内容之一。

从DNA到蛋白质，用基因的遗传信息指导细胞合成有功能意义的各种蛋白质，这就是基因表达。对这个过程的调节即称为基因表达调控(regulation of gene expression)基因表达调控是一个在多层次、多级水平上进行的复杂事件。基因表达调控的研究也是当前分子生物学研究的前沿领域。研究基因表达调控的生物学意义主要是了解生物体是如何适应环境、维持细胞生长和增殖、维持个体的发育与细胞分化的需要。细胞分化是多细胞有机体发育的基础与核心，细胞分化的关键在于特异性蛋白质的合成，而特异性蛋白质合成的实质在于基因选择性表达。在多细胞个体生长、发育的不同阶段，细胞中的蛋白质分子种类和含量变化很大；即使在同一生长发育阶段，不同组织器官内蛋白质分子分布也存在很大差异，这些差异正是导致细胞形态、结构和功能差异的关键所在。例如，成红细胞合成β珠蛋白、胰岛B细胞合成胰岛素等，这些细胞都是在个体发育过程中逐渐产生的。对基因表达调控的研究也有助于对细胞老化、癌变及分子遗传病等机制的阐明。随着基因表达调控机制的逐渐阐明，可以更深入了解许多疾病发生的原因。此外，了解基因表达调控的机制，对开展基因治疗的研究也具有十分重要的意义。

第一节 原核生物基因表达调控

原核生物(如细菌)因没有典型细胞核，亚细胞结构及其基因组结构也比真核生物要简单，其表达调控有自己独特的规律性。

一、原核生物基因表达调控的特点

原核生物基因表达调控的环节，主要在转录水平，调节基因表达的开、关的关键机制主要是转录的起始；其次是翻译水平。原核生物基因表达的特点主要有：①多以操纵子为转录单位；②以负性调控为主；③仅含一种RNA聚合酶，且σ因子决定RNA聚合酶识别特异性；④转录与翻译偶联。

二、转录调控的操纵子调控模式

操纵子模型调控机制在原核生物基因表达调控中具有普遍意义。大多数原核生物的多个功能相关的基因串联在一起，借助同一个调控序列对其基因转录进行调控，使这些功能相关基因实现协调表达。

(一) 参与基因转录调控的物质

参与基因转录调控的物质主要有RNA聚合酶、启动子、操纵基因(元件)、增强子和调控蛋白(阻遏蛋白和激活蛋白)。

启动子是RNA聚合酶特异性识别和结合的部位，但其本身并不能被转录。每一个编码基因都具有启动子，它决定转录的方向和模板链。若启动子倒转了方向，则RNA聚合酶移动的方向也随之改变，使原来转录的结构基因就不再被转录。不同基因间的启动子有较高的同源性。

操纵基因(元件)是阻遏蛋白识别和结合的位点，位于启动子的下游，常与启动子有部分序列重叠。操纵基因是结构基因转录的开关。当阻遏蛋白与操纵基因结合时，虽然RNA聚合酶可以与启动子结合，但不能启动转录，这种作用叫阻遏(repressor)。阻遏蛋白是一类在转录水平对基因表达产生抑制作用的蛋白质，在一定的条件下，它能与特异DNA结合。

增强子是指能使与它连锁的基因转录水平明显增强的DNA序列，普遍存在病毒、植物、动物及人类细胞中。大多增强子为重复序列，其内部常含有一个核心序列，是一种远距离调控的顺式作用元件。其增强效应无明显的方向性和基因特异性，并受其他信号的调控，如金属硫蛋白基因上游的增强子就对环境中的锌、镉浓度作出反应。

(二) 乳糖操纵子的调控机制

乳糖操纵子的表达既有阻遏蛋白的负性调节，又存在CAP的正性调节。乳糖操纵子的结构见图3-1。

笔记栏

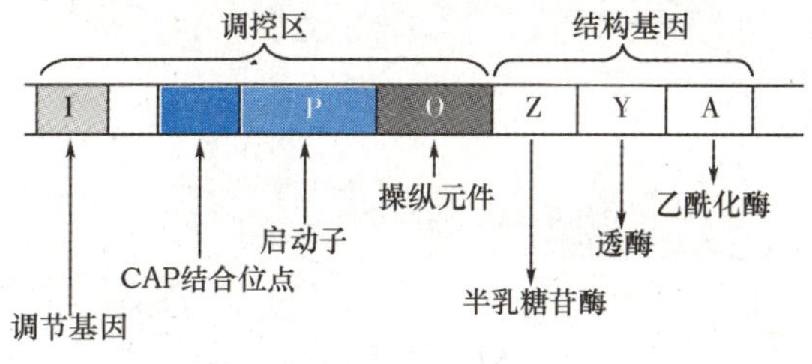

图 3-1　乳糖操纵子的结构

1. 阻遏蛋白的负性调节　如图 3-2，在没有乳糖存在时，*lac* 操纵子处于阻遏状态。此时，I 基因在 P_1 启动序列作用下表达的 *lac* 操纵子阻遏蛋白与 O 序列结合，阻碍 RNA 聚合酶与 P 序列结合，抑制转录启动。但是阻遏蛋白的抑制作用并不是绝对的，偶有阻遏蛋白与 O 序列解聚，其发生概率是每个细胞周期 1～2 次。因此每个细胞在没有诱导剂存在的情况下也会有少量的 β-半乳糖苷酶、透酶的生成，这种表达被称为本底水平的组成性合成(background level constitutive synthesis)。

当有乳糖存在时，*lac* 操纵子即可被诱导开放，但真正的诱导剂并非乳糖本身。此时，乳糖经透酶作用进入细胞，再经原先存在于细胞中的少数 β-半乳糖苷酶催化，转变为异乳糖(allolactose，葡萄糖-1,6-半乳糖)。异乳糖作为一种诱导剂(inducer)与阻遏蛋白结合，使阻遏蛋白构象发生变化，导致阻遏蛋白与 O 序列解离，继而 RNA 聚合酶与 P 序列结合，引起结构基因的转录，可使 β-半乳糖苷酶分子增加 1000 倍。异丙基硫代半乳糖苷(isopropylthiogalactoside，IPTG)是异乳糖的类似物，一种作用极强的诱导剂，因其不被细菌代谢而十分稳定，所以被实验室广泛应用。

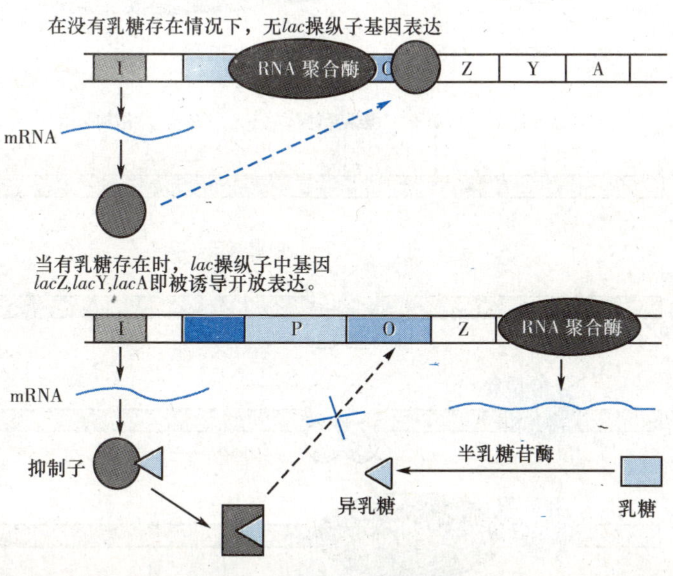

图 3-2　阻遏蛋白的负性调节

2. CAP 的正性调节　CAP 是同二聚体，具有与 DNA 和 cAMP 结合的结构域，CAP 与 DNA 结合的前提是先与 cAMP 结合。在大肠埃希菌中，cAMP 的浓度受葡萄糖代谢的调节。当环境没有葡萄糖时(图 3-3)，细胞内 cAMP 浓度增高，cAMP 与 CAP 结合，这时 CAP 结合在 *lac* 操纵子 P 序列附近的 CAP 位点，增强 RNA 聚合酶转录活性，使之提高约 50 倍。当有葡萄糖存在时，cAMP 浓度降低，cAMP 与 CAP 结合受阻，CAP 则不能与 DNA 结合发挥正性调节作用，因此 *lac* 操纵子表达下降。

3. 协调调节　野生型 *lac* 操纵子的启动序列作用很弱，所以其转录起始是由 CAP 的正性调节和阻遏蛋白的负性调节两种机制协调合作来实现的。当阻遏蛋白封闭 O 序列时，CAP 对该系统不能发挥作用；但当阻遏蛋白与 O 序列解聚时，操纵子仍几乎无转录活性，此时必须有 CAP 的正性调节，才能有效转录。可见，两种机制相辅相成、互相协调、互相制约。

两种机制的协调作用可因葡萄糖和乳糖的存在与否分为四种情况(图 3-4)：①有葡萄糖没有乳糖：此时阻遏蛋白与 O 序列结合，并且没有 CAP 的正调控作用，基因处于关闭状态。②葡萄糖和乳糖都有：葡萄糖降低 cAMP 浓度，阻碍 cAMP 与 CAP 结合，使 CAP 不能发挥正调控作用而抑制 *lac* 操纵子转录。这时，细菌优先利用葡萄糖。这种葡萄糖对 *lac* 操纵子的阻遏作用称为分解代谢阻遏(catabolic repression)。③葡萄糖和乳糖都没有：阻遏蛋白封闭 O 序列，CAP 的正调控无效，基因仍处于关闭状态。④有乳糖没有葡萄糖：阻遏蛋白与 O 序列解聚，且有 CAP 的正调控作用，*lac* 操纵子被打开，转录活性最强。

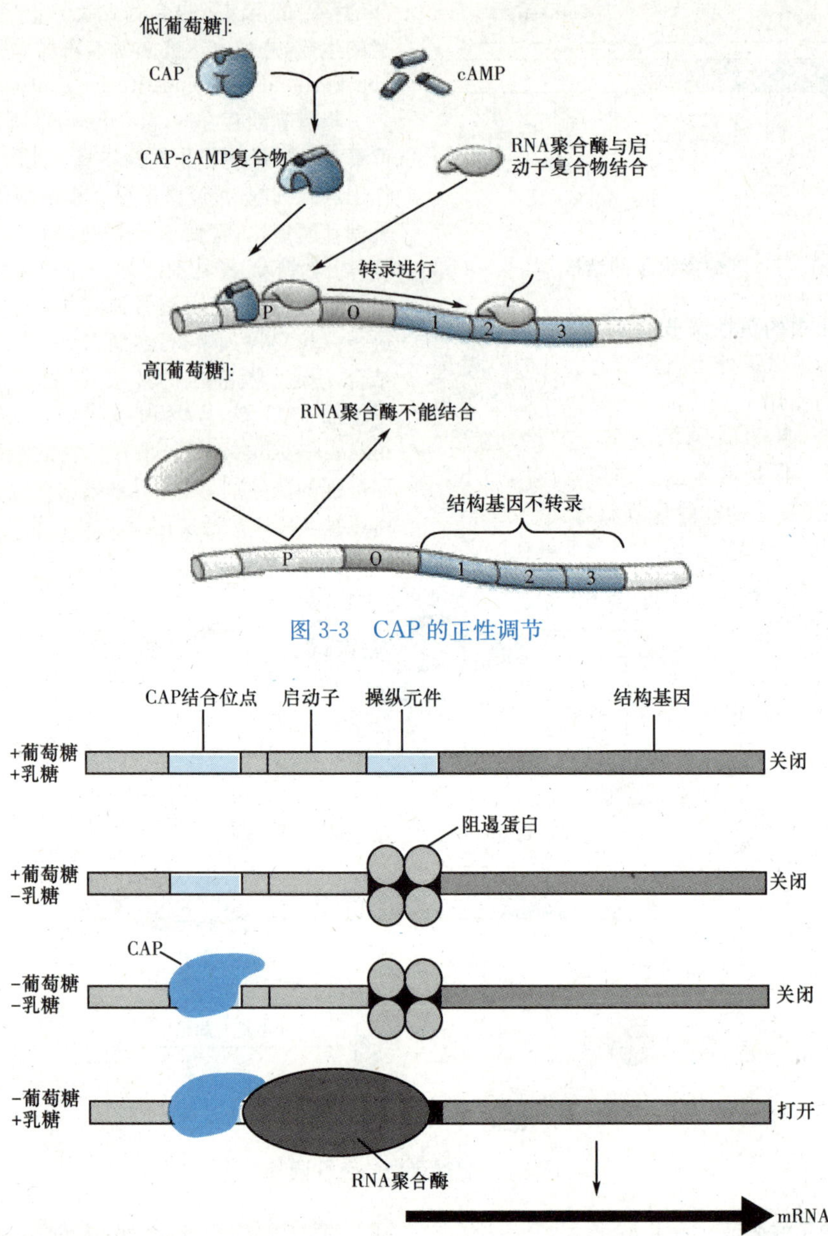

图 3-3 CAP 的正性调节

图 3-4 乳糖操纵子调控机制

(三) 色氨酸操纵子的调控机制

色氨酸操纵子(trp operon)与 *lac* 操纵子作用机制不同,*trp* 操纵子的转录调控受阻遏机制和衰减机制的双重调节。*lac* 操纵子属于诱导型,*trp* 操纵子属于阻遏型。*trp* 操纵子有 5 个结构基因,按 *trp*E、*trp*D、*trp*C、*trp*B、*trp*A 顺序排列,其表达产物为细菌合成色氨酸所必需的 5 种酶。结构基因上游有启动序列 P、操纵序列 O 和前导基因 L,三者共同构成调控区(图 3-5)。

当色氨酸丰富时,色氨酸与阻遏蛋白结合,引起阻遏蛋白构象变化,并使之与 O 序列结合抑制转录。当色氨酸缺乏时,阻遏蛋白不能与 O 序列结合,对转录无抑制作用(图 3-6A)。

色氨酸操纵子的衰减调节与前导基因 *trp*L 有关。*trp*L 位于结构基因 *trp*E 与 O 序列之间,长度为 162bp。其中第 27~79 碱基编码 14 个氨基酸组成的前导肽,并且第 10、11 两个密码子均为色氨酸。前导基因 mRNA 可分成 4 段相互之间能配对的核苷酸序列,即序列 1 与 2、2 与 3、3 与 4 均可配对形成茎环结构,但只有序列 3 与 4 形成的茎环结构才能终止转录,它是典型的不依赖 ρ 因子的强终止子,即为衰减子的核心部分。前导肽的编码基因位于序列 1 中。

转录衰减实质上是转录与一个前导肽翻译过程的偶联,是原核细胞特有的一种基因调控机制。当色氨酸供应充足时(图 3-6A),核糖体很快覆盖序列 1 与 2,则序列 3、4 互补形成衰减子 (attenuator),使前方的 RNA 聚合酶脱落,转录终止。当色氨酸缺

笔 记 栏

乏时，序列 1 翻译受阻，序列 2、3 形成发夹结构，阻止了衰减子的形成，使转录继续进行(图 3-6B)。

在色氨酸操纵子中，阻遏蛋白的负调控起粗调的作用，而衰减子起精细调节的作用。细菌其他氨

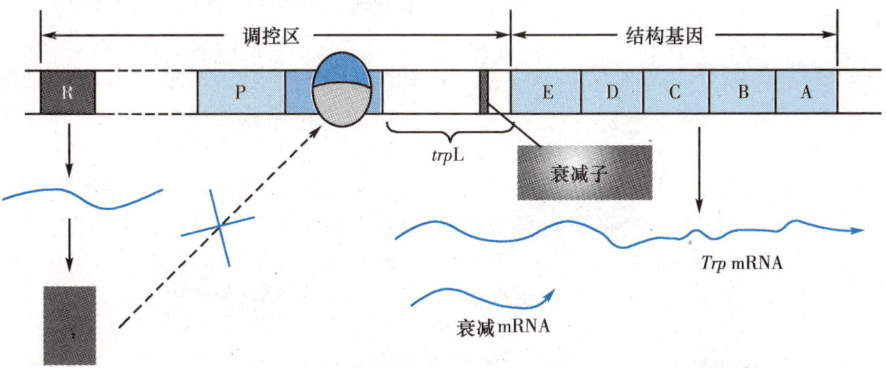

图 3-5　色氨酸操纵子结构

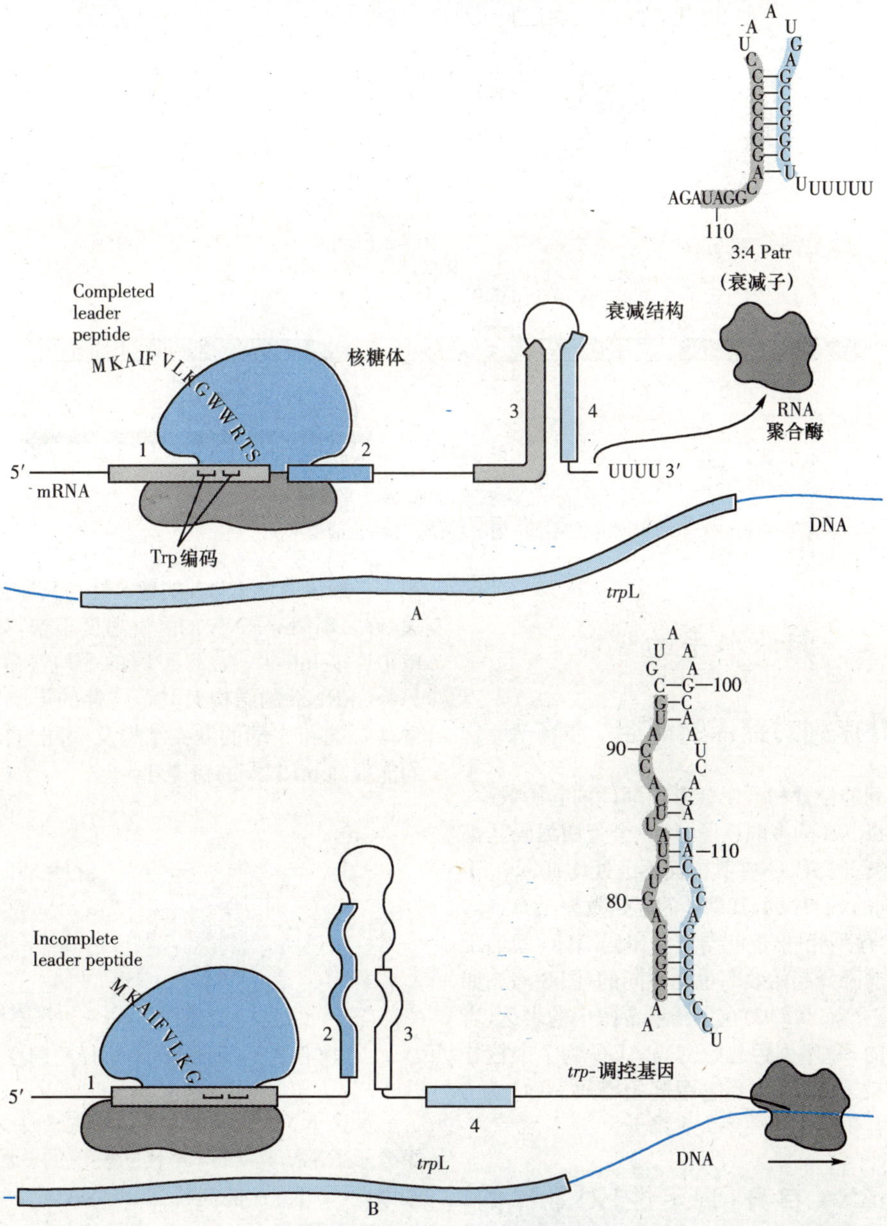

图 3-6　色氨酸操纵子的衰减调节

A. 高色氨酸浓度；B. 低色氨酸浓度

笔记栏

基酸合成系统的许多操纵子(如组氨酸、苏氨酸、亮氨酸、异亮氨酸、苯丙氨酸等操纵子)也有类似的衰减子存在。

(四)阿拉伯糖操纵子(Ara operon)的调控

Ara operon 含有 *ara*B、*ara*A、*ara*D 三个结构基因(形成一个基因簇 *ara*BAD),分别编码异构酶(isomerase)、激酶和表构酶(epimerase),催化阿拉伯糖转变为 5-磷酸木酮糖,后者进入磷酸戊糖途径。与 *ara*BAD 相邻的是一个复合启动子区域和一个调节基因 *ara*C,*ara*BAD 和 *ara*C 基因的转录是分别在两条链上以相反的方向进行的。

AraC 蛋白同时具有正、负双重调控作用,因它具有两种不同构象和功能状态,Pr 是起阻遏作用的形式,Pi 为正调控作用形式。当低阿拉伯糖水平时(图 3-7),通过 Pr 形式与操纵区结合而阻断结构基因的转录,起负调控作用;当高阿拉伯糖水平时,Pr 与阿拉伯糖结合而变构为 Pi 形式,后者能与 P_{BAD}结合而发挥正调控作用。此外,从 P_{BAD}起始的转录也需要 cAMP-CAP 的调控作用。

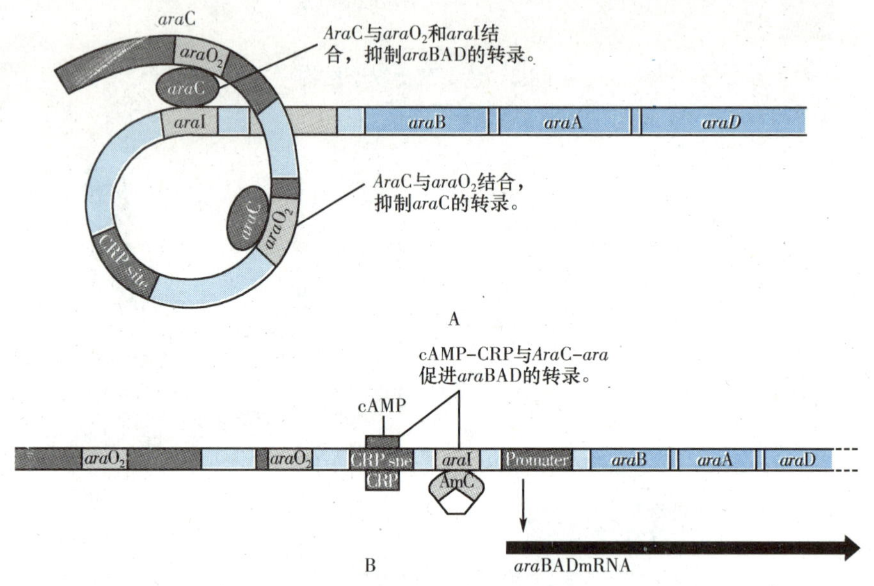

图 3-7 阿拉伯糖操纵子的调控

A. 低阿拉伯糖水平;B. 高阿拉伯糖水平

三、翻译水平的调控

(一)SD 序列对翻译的调控

SD 序列的位置和顺序会影响翻译的起始效率。原核生物 mRNA 为多顺反子,每一个蛋白编码区都有一个起始密码 AUG,在其前面不远处均有一个 SD 序列。不同的 SD 序列,其翻译的起始效率是有一定差异的;SD 序列相同,但它与起始密码 AUG 间的距离不同,则其翻译起始效率也是不同的(图 3-8)。如重组白细胞介素-2(IL-2)在大肠埃希菌中的表达,当 *lac* 启动子的 SD 序列距起始密码 AUG 为 7 个核苷酸时,能高效表达 IL-2;当它距起始密码 AUG 为 8 个核苷酸时,IL-2 表达效率大大降低。

(二)mRNA 自身(稳定性)对翻译的调控

mRNA 降解速度是翻译调控的又一个重要机制。一般说来,mRNA 的稳定性与其序列和结构有关,许多细菌 mRNA 的降解速度很快,如大肠埃希菌中许多 mRNA 在 37 ℃时的平均寿命为 2 分钟。另外,mRNA 的结构对其稳定性的影响也很大,通常其 5′端和 3′端的发夹结构及 5′端与核糖体结合均能提高 mRNA 的稳定性。

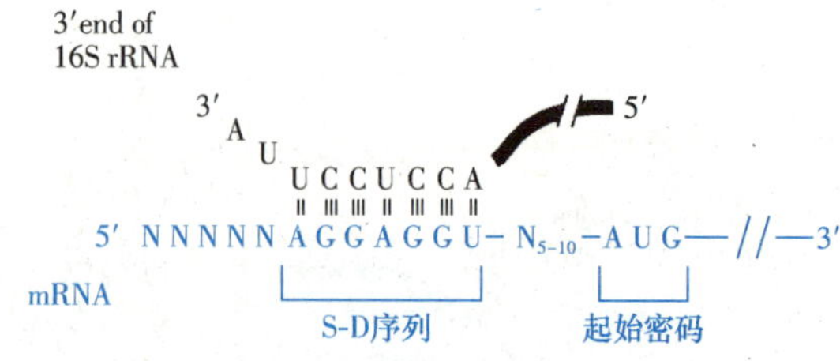

图 3-8 SD 序列对翻译的调控

反义 RNA(antisense RNA)是一类天然存在的小分子 RNA,是 1980 年代初发现的一种自然调控基因,反义 RNA 能与特异 mRNA(DNA)互补,通过其对 mRNA(DNA)的调控影响相应基因的表达。反义 RNA 按其作用机制可分为三大类:Ⅰ类:反义 RNA 直接作用于靶 mRNA 的 SD 序列和(或)

笔记栏

编码区，引起翻译的直接抑制或与靶 mRNA 结合后引起该双链 RNA 分子对 RNA 酶Ⅲ的敏感性增加，导致 mRNA 不稳定，容易被酶水解；Ⅱ类：这类反义 RNA 与 mRNA 的 SD 序列的上游非编码区结合，引起核糖体结合位点区域的二级结构发生改变，阻止了核糖体的结合，从而抑制靶 mRNA 的翻译功能；Ⅲ类：这类反义 RNA 可直接抑制靶 mRNA 的转录。后来发现反义 RNA 还能结合 DNA，影响复制和转录。

反义 RNA 的概念现已扩充为反义核酸，从原核到高等生物都有天然存在，行使生物自我保护功能。因反义核酸能干扰基因表达各过程，人工设计合成针对某种特异靶位点的反义核酸输入靶细胞，阻止特异的靶基因的表达，已广泛应用于实验性的基因治疗，此即为反义技术。反义核酸技术在应用上有着广阔的前景，现已用于抗肿瘤、抗病毒的治疗研究以及对遗传性疾病和某些寄生虫病的治疗。

（三）mRNA 翻译产物对翻译的调控

部分 mRNA 的翻译产物对其相应的翻译过程有一定的调控作用，也称自身翻译调控。翻译终止因子 RF2 调节自身翻译过程就是一个例子（图 3-9），RF2 mRNA 是一个不连续的开放阅读框，即前面 25 个密码子与后面 315 密码子不在同一个阅读框，二者之间还有一个 UGAC 序列。当有 RF-2 时，RF2 的 mRNA 翻译到第 25 个密码子时，就在其后的终止密码 UGA 处释放肽链，翻译终止；当没有 RF2 时，翻译到第 25 个密码子时就不能释放肽链，而是以 GAC 为第 26 个密码子继续翻译，直到出现终止密码 UAG，在 RF1 的作用下，释放完整的 RF2 肽链。

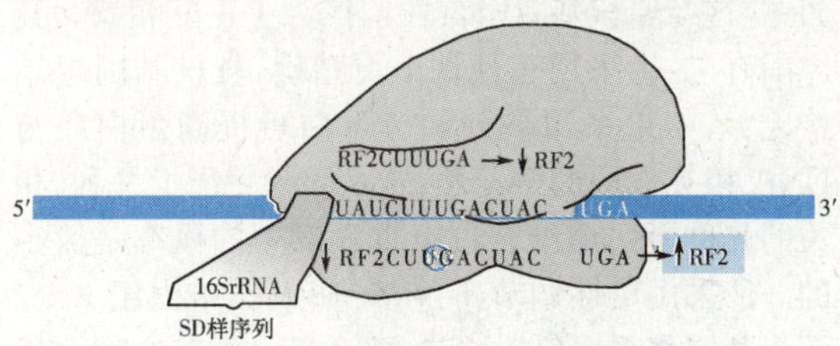

图 3-9 RF2 调节自身翻译过程

（四）小分子 RNA 对翻译的调控

研究发现某些小分子 RNA 在基因表达调控中起着特殊的作用，主要有调节基因表达产物类型和控制特殊基因的表达两种。如大肠埃希菌渗透压调节基因 *omp*R 的产物 OmpR，在低渗透压环境下，*omp*R 对渗透压蛋白 OmpF 的基因表达起正调控作用（图 3-10），对 *omp*C 基因表达无调控作用；在高渗透压条件下 OmpR 蛋白构象发生改变，使得它对渗透压蛋白 OmpC 的表达起正调控作用，同时抑制 OmpF 蛋白的表达。介导这一抑制作用的是一种约为 174 个核苷酸的小分子 RNA，它的碱基序列恰好与 OmpF mRNA 的 5′末端附近的序列互补，故叫做 mRNA 干涉性互补 RNA（mRNA interfering complementary RNA，micRNA）。由于 micF 在 *omp*C 基因的上游，转录方向相反，两个基因的启动子相互靠近，共同受调节蛋白 OmpR 的调控。因此，OmpR 在促进 *omp*C 基因转录的同时，也促进了 *mic*F 基因的转录，后者的产物 micRNA 能与 ompF mRNA 特异结合，抑制 ompF mRNA 的翻译。

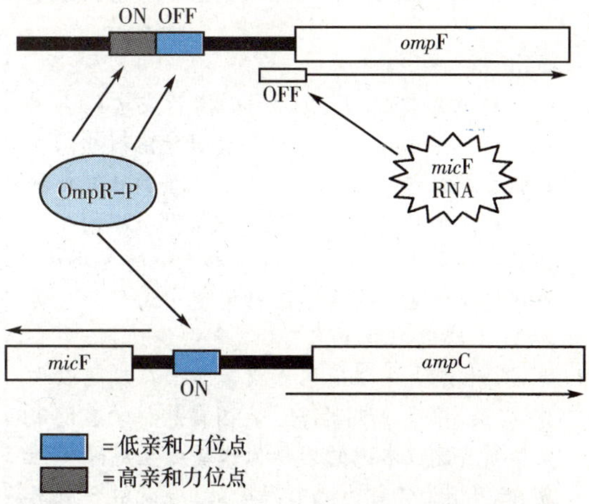

图 3-10 OmpR 对 *omp*C 和 *omp*F 基因表达的调控

又如在细菌中有一种 Tn10 转位酶的表达水平极低，就是因一种小分子的 RNA 阻碍物在翻译水平上严格控制了 Tn10 转位酶的基因表达（图 3-11）。RNA 阻碍物和 Tn10 转位酶分别由 pOUT 启动子和 pIN 启动子控制，但两个启动子方向相反，交叉进行转录，且两个转录区有 36 个碱基重叠。因此，这两个基因的转录产物中有 35 个碱基是互补的，即互补区正好覆盖了 Tn10 转位酶的 mRNA 翻译起始区，影响了翻译，导致了 Tn10 转位酶的表达效率极低。

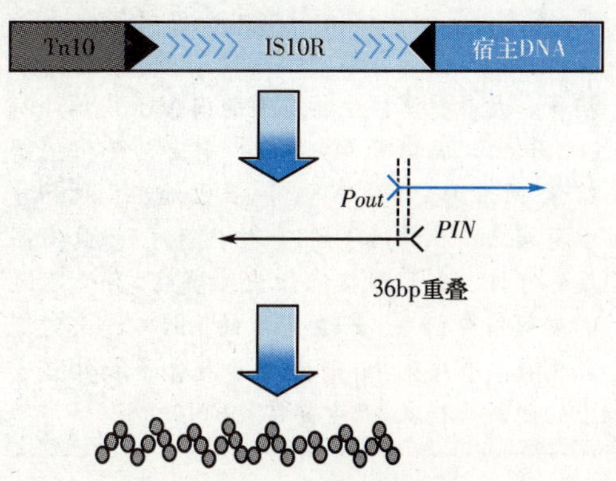

图 3-11 Tn10 转位酶的表达

第二节　真核生物基因表达调控

案例 3-1

一对夫妻第一胎生了一个男孩，经诊断患有α-地贫，即为 Hb Bart 水肿。现妻子又怀孕了，想知道腹中的胎儿是否为正常，要求对该孕妇腹中胎儿进行产前诊断。

诊断：该孕妇腹中胎儿为α-地贫。

问题与思考

1. 什么是地中海贫血？
2. 地中海贫血发生的分子机制是什么？

案例 3-1　相关提示

地中海贫血(Thalassemia)简称海贫或海洋性贫血，是一类由常染色体遗传性缺陷引起珠蛋白链合成障碍，导致一种或几种珠蛋白肽链数量不足或完全缺乏，使红细胞易被溶解破坏的溶血性贫血。于 1925 年由 Cooley 和 Lee 首先描述，最早发现于地中海区域而称为地中海贫血。实际上，本病遍布世界各地，以地中海地区、中非洲、亚洲、南太平洋地区发病较多。在我国以广东、广西、贵州、四川为多。我国自然科学名词审定委员会建议本病的名称为珠蛋白生成障碍性贫血，习惯上仍称为地中海贫血。α-肽链合成不足称α-地中海贫血(简称α-地贫)，β-肽链合成不足称β-地中海贫血(简称β-地贫)。

引起α地中海贫血的原因多为基因缺陷，导致基因表达或功能障碍。从单倍体考虑，两个α肽链基因可能缺失一个，也可能缺失两个。缺失一个α基因(-α/αα)称为α^{+}地贫，缺失两个α基因(- -/αα)称为α^{0}地贫。从双倍体考虑，缺失有杂合子与纯合子之分。α^{+}杂合子(α-/αα)为无贫血症状的α^{0}地贫，α^{0}杂合子(- -/αα)与α^{+}纯合子(α-/-α)为无贫血症状较轻的α地贫，α^{0}纯合子(- -/- -)使α肽链完全缺失，表现为 HB Bart's。

导致β-地中海贫血的原因主要为基因突变，突变对基因表达的影响主要包括转录水平降低、RNA 剪接异常、RNA 修饰缺陷、翻译缺陷等。大多数真核生物基因的内含子 5′端均有 GT 序列，3′端均有 AG 序列。前者为给位裂解信号，后者为受位裂解信号，且已知在 5′端和 3′端剪接点所在的短序列(也称共有序列)具有高度保守性。若在剪接点上发生突变，会使附近的裂解信号活化，产生异常的 mRNA；点突变发生在共有序列上，则会激活内含子和外显子中的隐蔽剪接点，产生异常 mRNA。

一、真核基因表达调控特点

由于真核细胞 DNA 与组蛋白结合形成具有高级结构的染色质，因此基因表达调控机制更加复杂。与原核生物相比，具有如下特点。

(一) 染色质结构的活性变化

当真核基因被激活时，染色质结构主要表现如下变化：

1. 对核酸酶敏感性提高　用 DNaseⅠ处理各种组织的染色质时，发现处于活化状态的基因比非活化状态的 DNA 更容易被 DNaseⅠ所降解。研究发现，活跃表达基因所在染色质上一般含有一个或数个 DNaseⅠ超敏位点(hypersensitive site)。它们大多位于基因的 5′端启动区，少数在 3′侧翼区甚至可在转录区内。

2. DNA 拓扑结构变化　当基因活化时，RNA 聚合酶前方的转录区 DNA 拓扑结构为正超螺旋构象，其后面的 DNA 则为负超螺旋构象。负超螺旋构象有利于核小体结构的再形成，但正超螺旋构象不仅阻碍核小体结构形成，而且促进组蛋白 H2A-H2B 二聚体的释放，使 RNA 聚合酶有可能向前移动，进行转录。

3. DNA 碱基修饰变化　在真核 DNA 中，有 5%的胞嘧啶被甲基化为 5-甲基胞嘧啶，这种甲基化常发生在某些基因的 CpG 序列的 5′侧翼区。

4. 组蛋白的修饰变化　组蛋白 H3、H4 发生乙酰化、磷酸化及泛素化修饰，使核小体结构变得不稳定或松弛。如组蛋白中 Ser、Arg 乙酰化，可解除组蛋白对基因表达的抑制作用，有利于转录。

(二) 正性调节占主导地位

尽管已发现某些真核基因含有负性调控元件，但并不普遍存在。绝大多数真核基因以正性调节为主，这与原核基因以负性调控为主正好相反。其原因有二：①采用正性调节更精确：真核基因组结构庞大，如果采用多种调节蛋白可提高蛋白质与 DNA 相互作用的特异性，这是因为功能上并列、相关的几种蛋白质结合位点重复发生的概率是极小的。②采用负性调节不经济：如人类基因组 3～4 万个基因都采用负性调节，那么每个细胞必须合成 3～4 万个阻遏蛋白，这显然是不经济且无法实现的。在正性调节中，大多数基因不结合调节蛋白时没有活性，只要细胞表达一组激活蛋白，相关靶基因即可被激活。

(三) RNA 聚合酶

真核生物 RNA 聚合酶有三种，即 RNA polⅠ、Ⅱ、Ⅲ。它们分别在不同转录因子的帮助下作用于不同的启动子，负责三种 RNA 转录，故比原核生物转录调控要精确。

笔记栏

（四）转录与翻译在时空上的分隔

原核生物转录与翻译偶联进行。在真核生物中，转录在先，翻译在后；转录在细胞核，翻译在细胞质。这种时空上的差别使真核基因表达调控更为复杂有序。

（五）转录后加工修饰

真核基因转录初级产物的加工剪接及修饰等过程比原核生物要复杂得多。

简而言之，真核生物特别是人的基因组不仅比原核生物庞大，而且分散、断裂、重复，DNA与组蛋白构成染色体，又由于真核细胞有细胞核，使转录与翻译分隔在细胞核和细胞质中分别进行，这些都使得真核生物的基因表达调控比原核生物要复杂得多。真核生物具有核小体结构，转录有三种不同的RNA聚合酶催化，分别合成不同的RNA。初生成的RNA大多要在核内进行加工或修饰后，才能进行翻译，翻译产物也要进行加工、转运及其活性调节。因此，真核生物基因表达调控可以表现在DNA水平、转录水平、转录后水平、翻译及翻译后水平。真核生物基因表达调控以正性调控为主。

二、DNA水平的调控

真核生物在DNA水平的调控主要有以下几种形式：

（一）染色质结构对基因转录的调控

真核生物的染色质或染色体是由DNA和组蛋白、非组蛋白及少量RNA等物质结合而成，核小体是其基本结构单位。转录活性较高的基因一般位于结构较松散的常染色质中，而结构较紧密的异染色质没有转录活性。Cook等人在实验中发现，DNA复制受超螺旋程度的影响不大，而DNA超螺旋松紧程度对转录的影响非常明显。

（二）染色质重塑

与转录相关的染色质局部结构的改变称为染色质重塑(chromatin remodeling)，染色质重塑是染色质功能状态改变的结构基础，是染色质从阻遏状态转变为活性状态的重要步骤。引起染色质重塑的因素是多方面的，主要有核小体重塑(nucleosome remodeling)、DNA甲基化、组蛋白共价修饰等。

1. 核小体重塑 核小体重塑是ATP依赖性酶蛋白复合物参与的核小体的移位、替换和去组装改变。当基因转录时，基因活化蛋白结合到调控区，通过蛋白与DNA的相互作用，水解ATP，在ATP依赖性酶蛋白复合物作用下，使核小体从启动子位置上移位或去组装，暴露启动子，启动转录过程。

2. DNA甲基化 DNA的甲基化在真核生物基因表达中的作用，可通过影响染色质的结构，抑制基因的表达，也可影响DNA与转录因子的结合，阻止转录复合物的形成，抑制基因转录过程。真核生物DNA大约70%的5′-CpG-3′序列，即CpG岛(CpG-rich islands)胞嘧啶第5位C被甲基化。由于这些CpG序列通常成串出现在DNA上，故将这段序列称为CpG岛。处于转录活化状态基因的CpG序列一般呈低甲基化状态。

在真核生物基因表达调控中，DNA甲基化起重要的调控作用。一般认为，DNA甲基化程度与基因表达呈负相关关系，在各组织中都表达的基因，如看家基因的调控区多为低甲基化，在各组织中都不表达的基因多呈高甲基化。不表达的基因可因激素、化学致癌物的作用等使基因调控区去甲基化而重新开放。DNA甲基化(GC序列甲基化)可作为基因失活的信号。DNA甲基化对基因表达的抑制作用主要取决于CpG的密度和启动子强度两个因素，而启动子附近的甲基化CpG的密度是阻遏作用的重要因素。例如，将人甲基化的γ-珠蛋白基因和去甲基化的β-珠蛋白基因导入细胞，只有后者表达；若将前者的启动子区去甲基化，尽管基因的其他部分仍保持甲基化，基因仍可转录。DNA甲基化影响基因表达的机制主要有：一是DNA甲基化直接改变了基因的空间构象，进而影响基因的特异序列与反式作用因子(转录因子)的特异结合，导致基因不能转录。二是基因5′端的调控序列(特别是启动子)甲基化后会与甲基化CG序列结合蛋白结合，抑制了转录因子与调控序列结合而形成转录起始复合物。

（三）组蛋白共价修饰

组蛋白共价修饰能使组蛋白与DNA双链的亲和力改变，使染色质的局部结构改变。组蛋白共价修饰有乙酰化、甲基化、磷酸化和泛素化，最常见的有乙酰化和甲基化。

组蛋白与DNA结合与解离是真核生物基因表达调控的重要机制之一。组蛋白与DNA结合，可维持基因稳定性，抑制基因的表达，去除组蛋白，则基因转录活性增强。当组蛋白N末端丝氨酸磷酸化、组蛋白中丝氨酸和精氨酸的乙酰化，都会使其所带正电荷减少，导致它与DNA结合能力下降，从而有利于DNA转录。非组蛋白具有组织特异性和种属特异性，在基因表达调控中起着非常重要的作用，甚至可能阻止或逆转组蛋白造成的抑制作用。已知许多非组蛋白为反式作用因子。

1. 乙酰化与去乙酰化 组蛋白的乙酰化与去乙酰化，对染色质结构改变起重要作用。有人认为

笔记栏

组蛋白乙酰化是染色质是否具有基因表达活性的标志。位于核心组蛋白外周的结构域，其氨基末端富含 Lys 残基是乙酰化的位点。催化组蛋白乙酰化的是一组组蛋白乙酰基转移酶(histone acetyl transferases HATs)，也称组蛋白乙酰化酶(histone acetylase)。核小体核心组蛋白乙酰化后，降低了组蛋白与 DNA 的亲和力，使染色质去凝聚形成松弛的活性状态。在具有活性的染色质区域中，乙酰化程度明显增加，H_3、H_4 的乙酰化程度变化优为明显。催化组蛋白去乙酰化的是另一组酶，称为组蛋白去乙酰化酶(histone deacetylase HDAC)，该酶能减少核小体的乙酰化程度，使染色质恢复非活性状态。

2. 甲基化 组蛋白甲基化位点主要位于 H_3 和 H_4 的 Lys 和 Arg 残基的氨基上，Lys 残基的氨基可以被单次甲基化，也可两次或三次甲基化，Arg 残基的氨基只能被单次或两次甲基化，组蛋白的甲基化次数与基因活性相关。催化组蛋白甲基化的组蛋白甲基转移酶(histone methyltransferases HMTases)有 Lys 特异性 HMTases 和 Arg 特异 HMTases 两类，前者催化 H_3 第 4、9、27、36 位及 79 位 Lys 残基和 H_4 第 20 位 Lys 残基氨基甲基化；后者催化 H_3 第 2、17、26 位 Arg 残基和 H_4 第 3 位 Arg 残基氨基甲基化。组蛋白不同位点的甲基化修饰，对维持染色质于凝聚状态是必需的，组蛋白甲基化起阻遏基因表达的作用。SET 结构域{Drosopbila protein Su(var)3-9，Enhancer of zeste [E(s)]，and trithorax SET}是存在于 SET 基因家族中的一组含有高度保守序列的肽段结构，大部分 SET 基因家族成员具有组蛋白甲基转移酶的作用，参与染色质基因表达调节。2004 年发现了组蛋白去甲基化酶，作用位点在 H3 第 4、9、36 位 Lys 残基上。

(四) 基因丢失

基因丢失是一种不可逆的调控。一些原生动物、昆虫、甲壳纲动物和高等动物的红细胞的分化过程中就发现有部分染色质丢失现象。在一些癌细胞中，发现有某些抑癌基因丢失现象。

(五) 基因扩增

基因扩增(gene amplification)是指某些基因的拷贝数专一性大量增加的现象。它使得细胞在短期内能产生大量基因产物以满足生长发育的需要，是基因活性调控的一种方式。例如，在果蝇中发现有基因扩增现象，卵巢成熟之前，卵巢颗粒细胞中产生卵壳蛋白的基因被扩增。在一些癌细胞中，某些原癌基因拷贝数大量增加，导致该基因的表达产物异常增多，使细胞癌变。基因扩增的机制目前尚未弄清。

(六) 基因重排

基因重排 (gene rearrangement) 是指某些基因片段改变原来的排列顺序，通过调整有关基因片段的连接顺序，重排成为一个新的转录单位。例如，编码免疫球蛋白分子的许多基因片段进行重排和原始转录产物的拼接，奠定了免疫球蛋白分子多样性的基础。基因重排是 DNA 水平调控的重要方式之一。

三、转录水平的调控

真核生物基因表达调控与原核生物相似，主要在转录水平上进行，但真核生物没有像原核生物那样的操纵子，而是通过顺式作用元件(cis-acting element)与反式作用因子(trans-acting factor)间的相互作用来实现的。

(一) 顺式作用元件的类型与功能

能够被基因调控蛋白特异性识别或结合，并调控结构基因表达的特定 DNA 序列称为顺式作用元件。在分子遗传学中，对同一分子或染色体而言称顺式(cis)，对不同分子或染色体而言称反式(trans)。因此顺式作用元件简言之就是指影响同一分子内基因表达活性的 DNA 序列。常见的顺式作用元件主要有启动子(promoter)、增强子(enhancer)、沉默子(silencer)、绝缘子(insulator)等。

研究表明，真核生物绝大多数启动子包括在 −25～30 区含有与原核生物的 Pribnow 区相似的、富含 TA 的 TATA 序列(TATA box)，在 −80～−70区有 CCAAT 序列(CAAT box)，在 −110～−80区有 GCCACACCC 或 GGGCGGG 序列(GC box)。如图 3-12，TATA 序列主要作用是使转录精确地起始，CAAT box 和 GC box 主要控制转录的频率，基本不参与起始位点的确定，且 CAAT box 的作用要远远强于 GC box。CAAT box 任一碱基的改变都将极大地影响靶基因的转录强度。

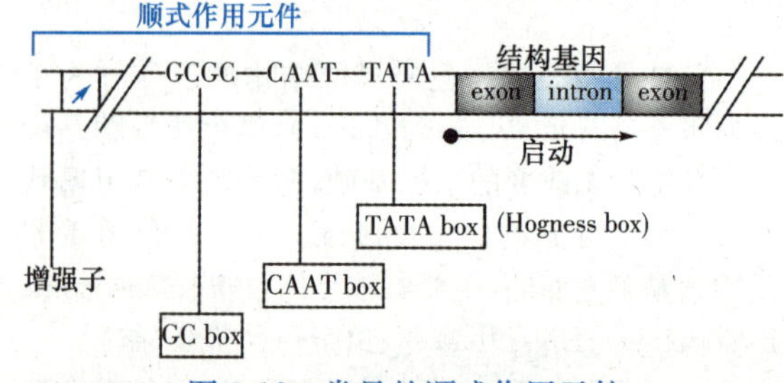

图 3-12 常见的顺式作用元件

增强子是指能使与它连锁的基因转录频率明显增强的 DNA 序列。在病毒、植物、动物和人类正常细胞中都发现有增强子存在。它一般具有以下特点：①增强效率明显，一般能使靶基因的转录频率增加10～200倍，甚至上千倍；②它是一个远距离调控基因表达的DNA序列，其作用方式通常与方向和距离无关；③增强子序列长度在100～200bp之间，其核心序列由多个8～12个碱基组成，具有回文结构的特征。核心序列是其产生增强效率时所必需的；④许多增强子又受外部信号的调控，如金属硫蛋白的基因启动子区上游所带的增强子就可对环境中的锌、镉浓度作出反应；⑤增强子具有组织特异性或细胞特异性，一个基因可以受一个以上的增强子调控。

沉默子是对启动子起负调控作用的特异DNA序列，当沉默子与特异转录因子结合时，对基因转录起阻遏作用，可抑制或封闭基因的表达。沉默子的作用特点与增强子类似，也具有远距离、无定位、无方向性的特点，但分布较少见，在酵母基因、人β珠蛋白基因簇中的ε基因、T淋巴细胞的T抗原受体及T淋巴细胞辅助受体CD4/CD8等基因上可见。有些DNA序列既可以起增强子作用，也可起沉默子作用，这取决于细胞内的转录因子的性质。

绝缘子是位于增强子或沉默子与启动子之间的DNA序列。绝缘子长约几百个核苷酸碱基对，与绝缘子结合的蛋白对基因没有正或负的调控作用，但它位于正负调控原件与启动子之间，阻碍了激活蛋白或阻遏蛋白与RNA聚合酶之间的联系，阻断了调控蛋白的作用。

(二) 反式作用因子定义和基本特点

多数真核基因转录调节因子由它的编码基因表达后，通过与特异的顺式作用元件识别、结合、反式激活另一基因的转录，故称为反式作用因子(trans- acting factors)。反式作用因子是指一些与顺式作用元件相结合或间接影响基因转录的核内蛋白质因子，也称转录调节因子或转录因子(transcription factors，TF)。这些因子通常是通过与增强子或上游启动子元件结合而发挥作用，其中对基因表达有激活作用的因子又称为激活蛋白。必须注意，并不是所有真核调节蛋白都起反式作用，有些基因产物可特异识别、结合自身基因的调节序列，调节自身基因的开启或关闭，这就是顺式作用。具有这种调节方式的调节蛋白称为顺式作用蛋白(图3-13)。大多数反式作用因子是DNA结合蛋白；还有一些不能直接结合DNA，而是通过蛋白质-蛋白质相互作用参与DNA-蛋白质复合物的形成，调节基因转录。

反式作用因子的作用方式与原核生物转录调控蛋白(如CAP)有一定的相似之处，它们的DNA结合作用和激活转录功能都是分离的，由不同的结构域或亚基完成。反式作用因子具有三个基本特点：①一般具有三个不同功能的结构域，即DNA结合域(DNA binding domain)、转录激活域(activation domain)和结合其他蛋白的结合域；②能识别并与特定顺式作用元件相结合；③对基因表达有正性和负性调控作用。

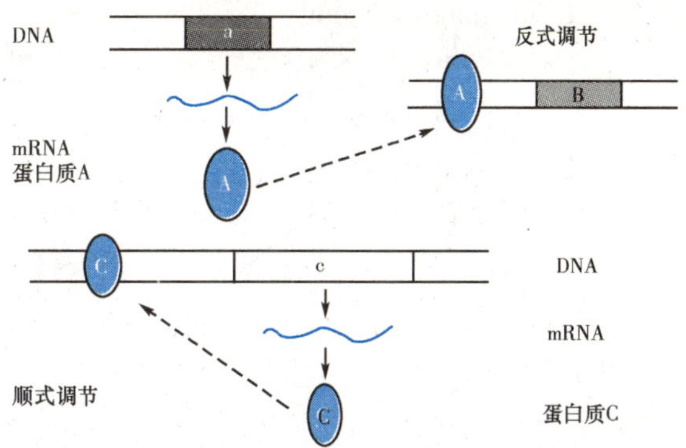

图3-13 真核基因的反式调节和顺式调节

(三) 反式作用因子的多种结构模式及其功能

每种反式作用因子的DNA结合域和转录激活域都有自己独特的结构模式。不同反式作用因子间的DNA结合域和转录激活域可有相同的结构模式，也可有不同的结构模式最常见的是锌指结构(zinc finger，ZF)、亮氨酸拉链(leucine zippers，LZ)和螺旋-环-螺旋(helix-loop-helix，HLH)结构等。

ZF是指在结合DNA的结构域中含有较多半胱氨酸(Cys)和组氨酸(His)的区域，借助肽链的弯曲使4个Cys或2个Cys和2个His与一个锌离子络合成的手指状结构。研究发现，转录因子TFⅢA参与非洲蟾5srRNA的转录，且TFⅢA蛋白中有9个串联排列的锌指结构区，每个“锌指”含12～13个其他氨基酸。ZF结构的指尖部分可以伸入DNA双螺旋的大沟或小沟。

LZ是指两个呈平行走向，以固定间隔重复出现亮氨酸残基的两性α螺旋通过疏水侧亮氨酸(Leu)的相互作用形成的对称二聚体(图3-14)。α螺旋中每间隔6个氨基酸残基出现一个Leu，疏水的Leu侧链集中在α螺旋的一侧，亲水残基侧链集中在α螺旋另一侧，两条含Leu的α螺旋平行排列，Leu残基侧链之间通过疏水作用像拉链一样紧密交错结合在一起，形成二聚体，故称为“拉链”结构。在含亮氨酸拉链的蛋白中还含有高浓度的碱性氨基酸残基Lys和Arg，碱性氨基酸残基所带的正电荷能与DNA磷酸基团的负电荷结合。在许多转录因子中存在LZ结构。

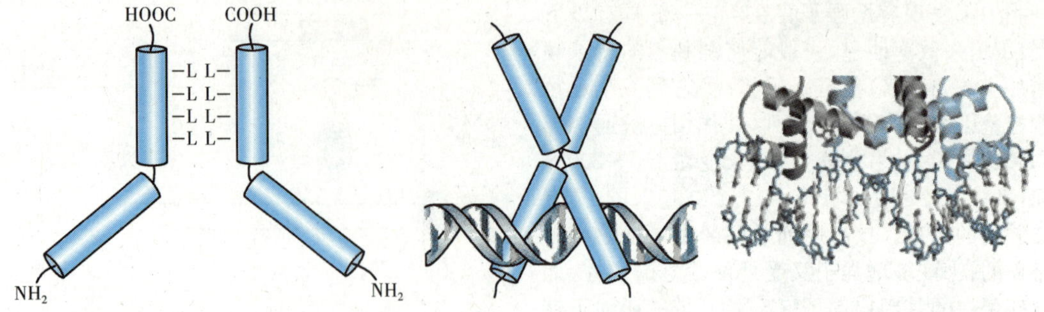

图 3-14　亮氨酸拉链结构(右图为 HLH 二聚体结构)

HLH 与 LZ 类似,易形成异二聚体或同二聚体。由两条"两性"α-螺旋组成二聚体,中间由长短不等的环状结构连接,含有 50 个左右的氨基酸保守序列,通过肽链的碱性氨基酸残基与 DNA 结合,常结合 CAAT box。能与免疫球蛋白 k 链基因增强子结合的反式作用因子 E12 和 E47 就具有这种结构。螺旋区对反式作用因子形成二聚体是必需的,碱性氨基酸区是结合 DNA 所必需的。

螺旋-转折-螺旋(helix-turn-helix,HTH):这一类蛋白质分子中至少有两个 α-螺旋组成,每条 α-螺旋有 20 个氨基酸残基,α-螺旋之间由 β-回折连接。其中一条 α-螺旋含有的氨基酸能以序列特异性的方式与 DNA 特异识别,而结合在 DNA 的大沟一侧。近羧基端的 α-螺旋中氨基酸残基的替换会影响该蛋白质在 DNA 双螺旋大沟中的结合。

(四)多种反式作用因子的组合式调控

真核基因转录激活调节是复杂的、多样的。不同的顺式作用元件组合可产生多种类型的转录调节方式;多数反式作用因子又可结合相同或不同的顺式作用元件。每一种反式作用因子与顺式作用元件结合后可促进或抑制基因转录,但反式作用因子对基因表达的调控不是由单一因子完成,而是几种因子组合共同完成的(图 3-15),这种调控作用称组合式调控(conbinatorial regulation)。通常是几种不同的反式作用因子控制一个基因的表达,一种反式作用因子也可以参与调控多种不同基因的表达。反式作用因子的数量是有限的,其组合式作用方式可使数量有限的反式作用因子能调控更多不同基因的表达。

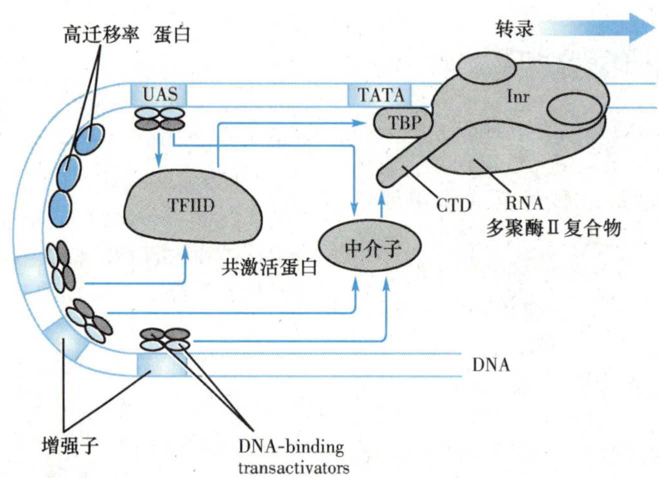

图 3-15　多种反式作用因子的组合式调控
CTD:RNA 聚合酶大亚基的羧基末端结构域;TPB:TATA 结合蛋白

(五)反式作用因子的作用方式

反式作用因子无论与增强子结合还是与靶基因上游启动子结合,均与 RNA 聚合酶结合位点有一定的距离,它是如何影响 RNA 聚合酶的结合及其活性的,目前认为主要有以下几种作用模式:

1. DNA 成环　反式作用因子与 DNA 结合后,导致 DNA 弯曲成环,使增强子区与 RNA 聚合酶结合位点靠近,利于直接接触而发挥作用。

2. 滑动作用　反式作用因子先结合到特异的位点,随后沿 DNA 移动到另一个特异的位置发挥作用。

3. 连锁反应　当一种反式作用因子与特定 DNA 结合后,促进另一种反式作用因子与相邻的

笔记栏

顺式作用元件结合，后者又促进下一个反式作用因子与顺式作用元件结合，直到影响基因转录。

4. 改变 DNA 构型 反式作用因子与顺式作用元件结合后，使 DNA 扭转而发生构型变化（如解旋），有利于 RNA 聚合酶的结合而促进转录。

(六) 反式作用因子激活方式的活性调节

反式作用因子的活性调节是受细胞外信号调控的，详细机制参见第 4 章（细胞信号转导的分子机制）。反式作用因子激活方式主要有以下几种：

1. 共价修饰 反式作用因子的共价修饰最常见的有磷酸化/脱磷酸化。许多反式作用因子是磷蛋白，其活性通过磷酸化/脱磷酸化作用进行调节。若其磷酸化后有活性，则脱磷酸后就失去活性；反之，脱磷酸后为活性形式。除磷酸化/脱磷酸化外，糖基化也是反式作用因子活性调节的一种重要方式。初合成后的此类蛋白质是无活性的，经糖基化作用后才有活性。由于磷酸化和糖基化作用的位置都是在肽链丝氨酸和苏氨酸残基的羟基上，因此二者间可能存在相互竞争现象。

2. 与配体结合 许多激素受体也是反式作用因子，其本身对基因的表达无调控作用，但它与激素（配体）结合后则可与 DNA 结合，调节相关基因的表达。

3. 反式作用因子间的相互作用 也叫蛋白质与蛋白质的相互作用。

4. 表达式调节 通过增加基因表达的方式以产生更多的有活性的反式作用因子的调节方式称表达式调节。这类反式作用因子一般在细胞需要时才合成，并迅速被降解，不会积累。

四、转录后水平的调控

真核细胞转录初产物加工运输的每一过程都影响到基因表达，因此转录后基因表达调控除 hnRNA 5′端加帽、3′端多聚腺苷酸化等修饰调节外，还受到外显子的拼接方式、mRNA 核外转运、mRNA 稳定性调控以及 RNA 干涉的调控。

(一) mRNA 的选择性剪接

在真核基因转录出的前体 mRNA（pre-mRNAs）的剪接过程中，外显子不一定按其在基因组中的线性顺序进行拼接，内含子也可以不被切除而保留于 mRNA 分子中，即某个外显子或内含子是否出现在成熟的 mRNA 分子中是可以选择的，这种剪接方式称为选择性剪接（alternative splicing）（图 3-16）。

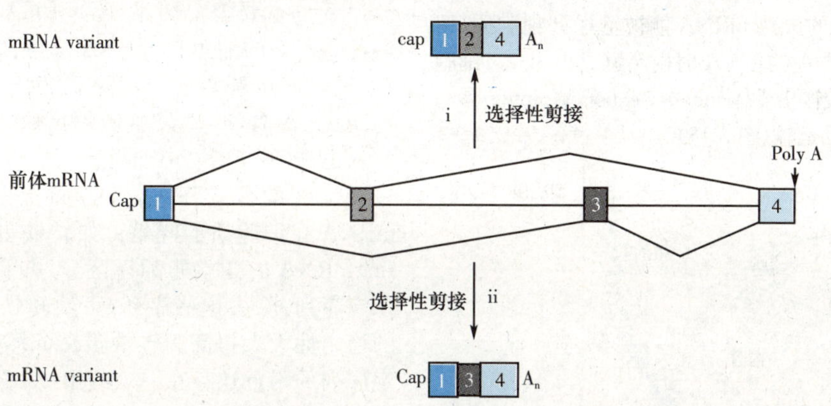

图 3-16 外显子的选择性剪接

通过选择性剪接可以使一个基因产生几种不同的 mRNA，从而产生几种不同的蛋白质。由此可见，选择性剪接可以产生不同的基因表达效应。例如，促凋亡基因 bax 编码产生的蛋白质有 α、β、γ 等几种，差异的产生来自于 mRNA 的选择剪接。α 型 mRNA 保留了全部外显子（6 个），共 192 个密码子，翻译出 192 个氨基酸；β 型 mRNA 剪接过程保留了全部外显子，但同时也保留了第 5 个内含子，共 218 个密码子；γ 型 mRNA 剪接过程删除了第二个外显子，成熟mRNA只保留基因中的 5 个外显子，共 151 个密码子。mRNA 选择性剪接的方式主要有以下几种（图 3-17）。

1. 外显子选择 在 mRNA 成熟过程中，某一个（或几个）外显子可以保留在成熟的 mRNA 中，也可以被剪切掉，这种现象称外显子选择（optional exon），又叫外显子跳跃（exon skipping）。真核生物约有 5%的 pre-mRNAs 可有两种以上的不同剪接形式。

2. 互斥外显子 在某个基因转录产物中，两个外显子不能同时出现在同一个成熟 mRNA 分子中，这种现象称互斥外显子（mutually exclusive exon）。

3. 外显子或内含子的部分序列被切除 在某些外显子或内含子中存在内部剪接位点（internal splice site），通过对外显子或内含子的内部剪接位点的选择，在成熟 mRNA 分子中剪掉某一外显子的部分序列或保留某一内含子的部分序列。

笔记栏

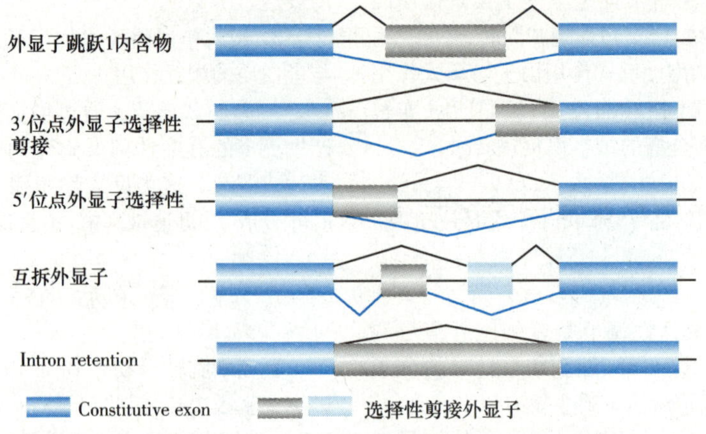

图 3-17　选择性剪接的类型

4. 内含子选择　与外显子选择相似，在 mRNA 成熟过程中，内含子可以被全部去掉，也可以有一个内含子被保留在成熟的 mRNA 中，这种剪接方式称为内含子选择（optional intron）。

（二）mRNA 的跨核膜性转运与胞质定位

mRNA 的运输是受到控制的，但详细机制尚未弄清楚。^{3}H-尿嘧啶标记实验证实，经转录后加工成熟的 mRNA 不是全部都转运到胞质参与蛋白质合成，大约 20%的成熟 mRNA 能被输送到细胞质，留在核内的 mRNA 约在 1 小时内降解成小片段。细胞核膜存在核酸输出受体（nuclear export receptor）参与 mRNA 的主动运输（图 3-18）。

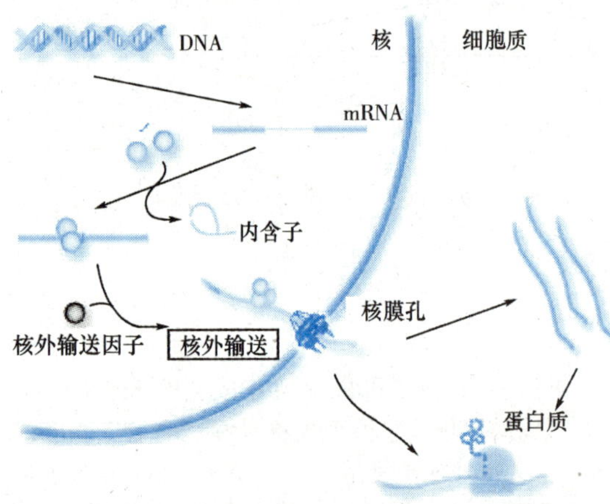

图 3-18　mRNA 的跨核膜性转运

细胞质的 mRNA 有其特定的定位，不同蛋白质的 mRNA 定位有所不同，如成肌细胞的 β-肌动蛋白定位于细胞膜周胞质，而 γ-肌动蛋白定位于细胞核周胞质，这导致了蛋白质的区域性表达。成熟 mRNA序列上存在定位导向信号，这些信号都位于 mRNA 的 3′非翻译区（3′ untranslated region，3′UTR）。在 *c-myc* 基因转染的成纤维细胞中，*c-myc* 基因的 3′UTR 能将报道基因序列定位于细胞核周胞质，3′UTR 缺失突变发现，194～280nt 序列在定位过程中起关键作用。

（三）mRNA 稳定性调控

真核 mRNA 的稳定性差别很大，其半衰期可能只有几秒、几分，也可几十分，甚至几小时。所有类型 RNA 分子中，mRNA 寿命最短。mRNA稳定性是翻译水平调控的一个重要因素。5′ 帽子结构和 3′端非翻译区（3′-UTR）结构是 mRNA 的重要稳定因素，当 mRNA 进入细胞质后，poly（A）的缩短是 mRNA 降解的关键步骤之一，核酸外切酶能逐步切除 3′ Poly（A），当剩下约 30 个 A 时，5′ 端发生脱帽反应，使 mRNA 降解，失去转录活性。在 mRNA 的 3′ UTR 中存在一些特殊的保守序列，与特异蛋白结合，影响 mRNA 在细胞质的降解。如转铁蛋白（transferrin）mRNA 的 3′端非翻译区（3′-UTR）有一些去稳定序列，除去这些序列，可使转铁蛋白 mRNA 的稳定性大大提高。转铁蛋白 mRNA 3′端去稳定序列的附近还存在一个约由 50 个碱基构成的 AU 丰富区，并形成茎环结构，称为铁反应元件（iron-response element，IRE），可与铁反应蛋白结合。而铁反应蛋白与 IRE 的亲和力是由铁控制的。当细胞内 Fe^{2+} 浓度很低时，铁反应蛋白与 IRE 结合，从而抑制邻近的去稳定序列的功能，使 mRNA 稳定；当细胞内 Fe^{2+}浓度升高时，Fe^{2+} 与铁反应蛋白结合，后者构象变化与 IRE 解离，从而失去其对邻近去稳定序列的抑制功能，转铁蛋白 mRNA 变为不稳定。

（四）小分子 RNA 介导的转录后基因沉默

小分子 RNA 介导转录后基因沉默（post-transcription gene silencing，PTGS），是近几年生命科学

笔 记 栏

研究的热点问题。目前已发现有两种小分子RNA参与介导PTGS:小片段干扰RNA(small interfering RNA,siRNA)和微小RNA(microRNA,miRNA)。目前发现在植物、昆虫和哺乳动物细胞中都存在一种RNA干扰(RNA interference,RNAi)现象,可阻遏基因表达(图3-19)。

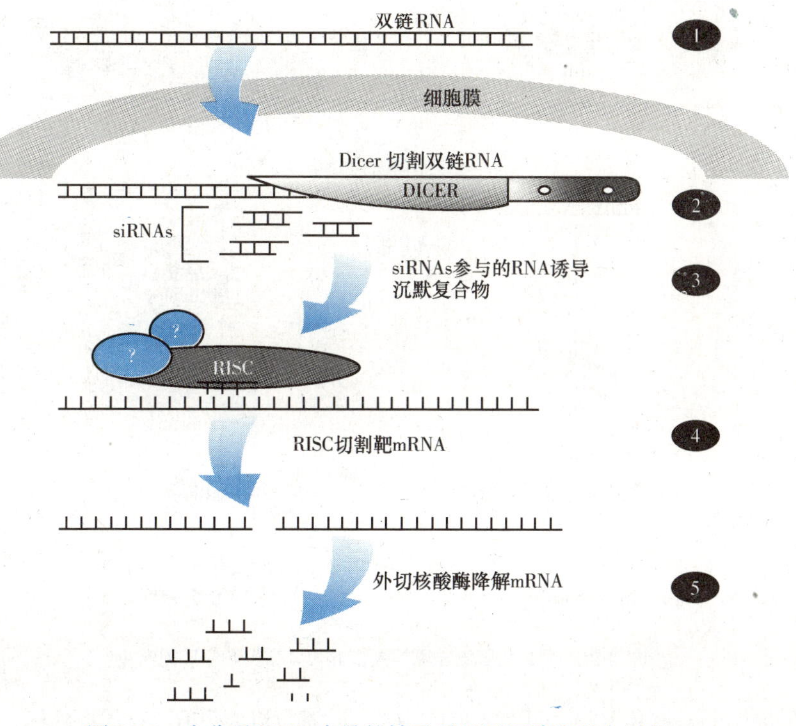

图3-19　小分子RNA介导的转录后基因沉默的基本过程

细胞内存在一类双链RNA(double-stranded RNA,dsRNA),可通过一定酶切机制,转变为22个核苷酸的小片段干扰RNA(small interfering RNA,siRNA),双链siRNA参与RNA诱导的沉默复合物(RNA-induced silencing complex,RISC)的组成。RISC是一种多成分核酸酶,通过siRNA的识别作用,可使特异mRNA降解,导致宿主基因的沉默,阻断翻译过程。Science杂志在2001～2003年连续将siRNA和miRNA的研究成果评为十大科技突破,促使人们重新认识RNA分子在细胞进化和作用地位以及其广泛的应用前景。

1. siRNA介导的转录后基因沉默　RNA i是指由短双链RNA诱发同源mRNA降解过程,是一种转录后基因沉默现象。RNA i技术是在转录后水平抑制基因表达的一种研究基因功能的有力工具。RNA i的发现源于两类研究:一类是转基因植物的研究,二是反义RNA的研究。1990年由Napoli等领导的研究小组将CHS基因转入牵牛花的实验中首次发现PTGS。

1998年,华盛顿卡耐基研究院的Andrew Fire和马萨诸大学医学院的Craig Mello首次证实:1995年Su Guo博士在利用反义RNA阻断线虫par-1基因表达时出现的正义RNA抑制基因表达的现象是由于污染微量双链RNA而引起的,并发现它比反义RNA、正义RNA有更强的特异抑制基因表达的能力,这种双链RNA对基因表达的抑制作用,被称为RNA干扰(RNA interference,RNAi)。

1998年,Andrew Fire等在研究秀丽隐杆线虫基因沉默时发现,dsRNA之所以能引起特异性基因抑制,是其激活细胞内一种称为Dicer的酶复合体所致。Dicer是由核酸内切酶和解旋酶等构成,能识别异常双链RNA并将其切割成短dsRNA(21～23bp),后者可进一步与被激活的Dicer结合形成RISC,后者是通过Dicer中的RNA解旋酶将双链RNA变成两个互补的单链RNA,然后单链RNA识别细胞内与其互补的靶RNA分子,并相互结合,这时Dicer中的核酸内切酶将RNA分子切断,使靶RNA分子失去编码蛋白质的功能。

RNA i的过程简要可归纳为siRNA的生成、RNA诱导的沉默复合物形成(RISC)及识别与切割靶mRNA三个阶段(图3-20):首先,长双链RNA被细胞内的双链特异性核酸内切酶切成21～23bp短双链RNA,又称小干涉性RNA(small interfering RNA,siRNA);接着,siRNA与细胞内某些酶和蛋白质等结合形成RISC。最后,RISC识别与siRNA有同源性的mRNA,并在特定位点切割mRNA。siRNA的结构特征:5′末端为磷酸基;3′末端为羟基,并且有2个突出的单链核苷酸。RISC:包含有ATP,RNA解旋酶(helicase),多种蛋白质,RNA-

笔记栏

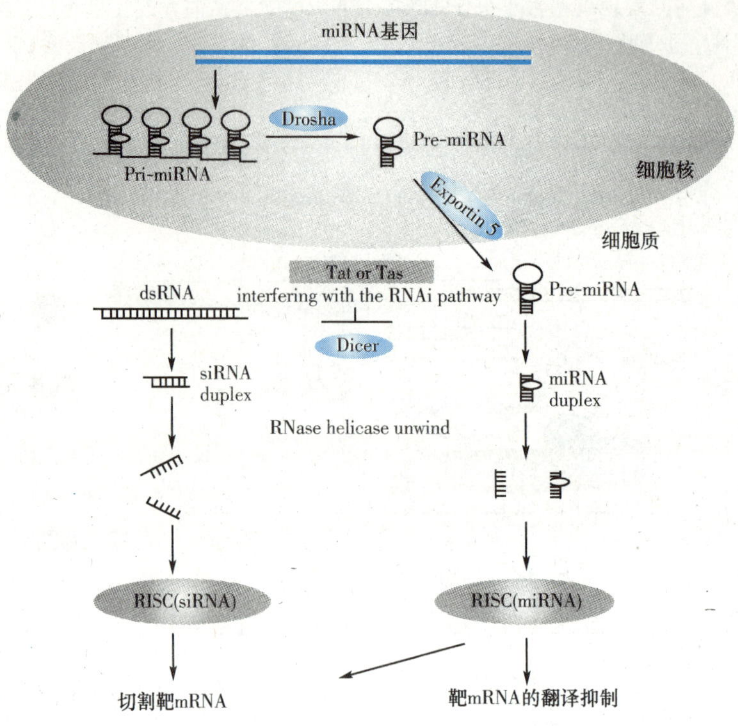

图 3-20　siRNA 和 miRNA 的产生与转录后基因沉默

directed RNA polymerase(RdRP)，siRNA 核酸内切酶(Slicer)等。RISC 的 siRNA 有着高度的序列特异性，通过碱基配对定位到同源 mRNA，RNA 酶在 siRNA-mRNA 结合体 3′端 12 个碱基的位置切割 mRNA。

RNAi 具有两个重要特点：①高度特异性，两个基因在核苷酸水平上有 80%同源，RNAi 的阻抑作用可被共享。②高效性，即一个分子能诱发数十甚至数百个靶 mRNA 分子的降解，其作用效率比反义 RNA 作用要高得多。③具有靶向扩增作用：RdRP 的参与，靶 mRNA 为模板，形成 dsRNA。④特异转移 RNAi，即指沉默信号沿着特定的基因移动。由于靶向扩增，siRNA 可以和靶序列 3′端以外的其他部位结合；RISC 引起染色体结构变化生成的异常 mRNA。

RNAi 的应用主要有：①基因功能的研究：利用 RNAi 技术研究特定基因功能的程序主要包括：确定目的 RNA 并选择被干涉靶点；准备针对目的 RNA 的 siRNA；用 siRNA 干涉目的 RNA。选择目的 RNA 干涉靶点时应注意：避开蛋白质结合位置，应在目的 RNA 的 AUG 下游 50～100bp 区的 AA(N19)TT 或 AA(N21)序列；GC 含量在 50%左右，长度在 30nt 左右，并与其他 RNA 无同源性。按此原则设计的 siRNA 一般有 25%可能性具有特异性干涉作用。②抗病毒研究：从理论上讲，所有能在细胞内形成双链 RNA 的外源核酸，都可能有 RNAi 的效应。对病毒来说，不论它是 DNA 病毒还是 RNA 病毒，只要它在细胞中经历双链 RNA 的阶段，都可以成为 RNAi 的靶目标。鉴于 RNAi 的高度特异性和高效性，它可能成为阻断病毒入侵和抑制基因表达的新技术。RNAi 技术已经被广泛地应用于许多病毒的防治研究中。例如，自从哺乳动物细胞中的 RNAi 活性得到证实后，许多研究小组都开始寻找用 RNAi 抑制 HIV-1 复制的策略，以达到治疗的目的。目前，以 RNAi 为基础的抗病毒的研究主要有人获得性免疫缺陷病毒(HIV)、人乳头瘤病毒、乙型肝炎病毒、丙型肝炎病毒、流感病毒及鼠类白血病病毒等。③抗肿瘤研究中的应用 RNAi 技术在肿瘤研究中的应用主要集中在肿瘤相关基因的功能研究，内容涉及肿瘤发生、侵袭与转移、细胞周期调控、信号转导、凋亡及治疗等。它还可与 DNA 芯片等分子生物学技术相结合，研究许多肿瘤相关基因的表达，分析其型变化，以揭示肿瘤的发生发展机制，从而为肿瘤的诊断和治疗提供新的标志物和治疗靶点。

此外，RNAi 技术还广泛应用于神经系统、心血管系统、内分泌系统及自身免疫系统中常见疾病的研究。在这些疾病中，RNAi 技术的应用也已经进入预临床研究阶段。

2. miRNA 介导的转录后基因沉默　miRNA 是一种长度约为 21～25 个核苷酸的单链 RNA。最早是 1993 年 Lee 等在线虫发育停滞突变体中克隆到 *lin*-4 基因，该基因编码具有发夹结构的 RNA，但不编码蛋白质，然后转变为含有 22nt 的小分子 RNA。随后又发现了基因 *let*-7 编码的 RNA 也能被加工生成 21nt 的 RNA，与 *lin*-4 基因产物一样，

笔记栏

能够和靶 mRNA 结合起负性基因表达调节作用，影响线虫的正常发育。目前在植物和动物细胞内又发现了数千种 miRNA。细胞核基因组存在编码 miRNA 的基因，属非蛋白质编码基因。

miRNA 基因转录的初级产物是具有发夹结构的 RNA，称为 pre-miRNA。核内的 RNase-Ⅲ核酸内切酶（如：Drosha）能够识别各种 pre-miRNA 的序列结构，将其剪切成为 70～90nt 大小，并具有不完全配对茎环结构的 miRNA 前体（pre-miRNA）。Pre-miRNA 通过核质转运子 Exportin5（Exp5）从核内转运至胞质。在胞质中，另一种 RNase-Ⅲ（Dicer）进行第二次剪切加工，将 pre-miRNA 剪切成为 21～25nt 大小、不完全配对的双链 miRNA（miRNA:miRNA）。随后双链解开，其中一条单链 miRNA 结合到 RNA 诱导的沉默复合物（即 RISC），成为成熟的 miRNA，该复合物通过成熟的 miRNA 识别结合靶 mRNA，从而阻断该基因的翻译过程，或也诱导 RISC 中的核酸内切酶降解结合的靶 mRNA，使外源基因沉默。而另一条 miRNA 立即被降解。miRNA 是诱导 mRNA 降解，还是抑制基因的翻译过程，取决于 miRNA 与 mRNA 之间的互补程度，如果完全互补，则诱导 mRNA 降解，如果互补不是很好，则抑制基因翻译过程（图 3-20）。

五、翻译及翻译后水平的调控

真核细胞蛋白质生物合成过程复杂，涉及众多成分。目前发现对翻译过程的一些调控点主要在起始阶段和延长阶段，尤其是起始阶段。

（一）翻译起始的调控

在翻译起始阶段，翻译起始复合物（80S·Met-tRNAi·mRNA）形成之前的各阶段都可以发生调控作用。主要有阻遏蛋白、mRNA 5′-UTR 长度及起始因子 eIF-2 活性的调控作用。

1. 起始因子 eIF-2 的活性调控　要起始翻译过程必须先形成一个由 tRNA、起始因子 eIF-2 和促真核起始因子蛋白（eIF-2-stimulating protein，ESP）组成的起始复合物。而一种称为控制血红素阻遏物（hemin-controlled repressor，HCR）的蛋白激酶可使 eIF-2 的小亚基磷酸化，抑制 eIF-2 与 ESP 形成起始复合物。HCR 本身也受一种依赖于 cAMP 的蛋白激酶的激活。此酶由此由 2 个调节亚基（R）和 2 个催化亚基（C）组成（R_2C_2）。在有 cAMP 存在时，R 亚基与 cAMP 结合使 R_2C_2 解离释放出 C 亚基，后者使 HCR 磷酸化而被激活，活化的 HCR 又使 eIF-2 磷酸化而失活，从而阻止了蛋白质的起始。当血红素过多时，血红素的氧化产物高铁血红素能与 R 亚基结合使其构象发生改变，阻碍了 R 亚基与 cAMP 结合，HCR 没有被激活，故能够起始蛋白质的合成。在此调控系统作用下，当血红素比珠蛋白多，则停止血红素合成，促进珠蛋白合成；反之，则抑制珠蛋白的合成。

2. 阻遏蛋白对翻译的影响　当铁与该蛋白结合时，则该蛋白与 mRNA 解离，mRNA 的翻译效率可提高 100 多倍。如铁结合调节蛋白对铁蛋白（ferritin）mRNA 翻译的调控。与前述转铁蛋白 mRNA3′端 IRE 不同，铁蛋白 mRNA 5′-UTR 有一个铁反应元件（IRE），但无 AU 丰富区，可结合一分子铁结合调节蛋白。当该蛋白未与铁结合时，可与铁蛋白 mRNA 的 IRE 结合，从而抑制 mRNA 的翻译。

3. mRNA 5′-UTR 长度对翻译的影响　研究表明，当第一个 AUG 密码子距 5′端帽子的距离太近时，不易被 40S 亚基识别，如在 12 个核苷酸以内时，有一半以上的 40S 亚基会滑过第一个 AUG。真核 mRNA 的 90％以上的翻译开始于 5′端的第一个 AUG。但在某些 mRNA 中，在起始密码子 AUG 的上游非编码区有一个或多个 AUG，称之为 5′AUG。5′AUG 的阅读框一般与正常编码区的阅读框是不一致的。5′AUG 多存在于原癌基因中，是控制原癌基因表达的重要调控因素，5′AUG 缺失是导致某些原癌基因翻译产物增多的原因。

（二）小分子 RNA 对翻译的调控

研究发现一种小分子 RNA（lin-4 RNA）对真核生物 mRNA 的翻译有抑制作用。Lin-4 RNA 由 *lin*-4 基因编码，它能抑制 Lin-14 蛋白质的合成。Lin-14 蛋白是一种核蛋白，它调节生长发育的时间选择。Lin-4 RNA 是通过与 Lin-14 mRNA 中一段特异的互补序列结合而抑制翻译的。

（三）新生肽链的加工与转运对翻译的调控作用

实际上，翻译后的加工与转运对基因表达也具有很重要的调控也作用，主要包括新生肽链的水解、肽链中氨基酸的共价修饰及通过信号肽的分拣、运输与定位等。新生蛋白质半寿期的长短，直接关系细胞内的蛋白质含量，是决定该蛋白质生物学功能强弱的重要影响因素，对新生肽链的水解也是基因表达调控的一个重要环节。蛋白质的共价修饰是一种快速调节蛋白质活性变化的方式，如磷酸化与脱磷酸化等。每一种蛋白质都有自己特有的作用部位，如果新生蛋白质不能到达正确的部位，就不能正常发挥它的生物学功能。

小　结

有些基因在一个生物体的几乎所有细胞中呈

笔记栏

持续表达，且在生命全过程中是必需的，这类基因通常称为管家基因(housekeeping gene)。另有一些基因表达受环境变化的影响，在特定环境信号的刺激下，基因表达表现为开放或表达增强，这类基因称为可诱导基因，这类基因表达方式为诱导表达(induction expression)。相反，在特定环境信号的刺激下，有些基因表达表现为下降或关闭，这类表达方式称为阻遏表达(repression expression)，这类基因称为可阻遏基因。诱导和阻遏表达是生物体对内外环境变化表现出来的两种不同的基因表达形式，在生物界普遍存在，也是生物体适应环境的基本途径。在生物体内功能相关的一组基因，协调一致，共同表达，称为基因的协调表达(coordinance expression)。

原核生物基因表达调控主要在转录水平和翻译水平，真核生物基因表达调控的环节较多，主要包括DNA水平、转录水平、转录后水平、翻译水平及翻译后调控等。近年来提出了基因表达的“统一理论”(unified theory)，此理论将基因表达过程中的各个具体事件或过程联系在一起，形成一个完整的基因表达调控网络。基因表达调控已不再是细胞内单个的事件，而是一个在复杂调控网络控制下的综合协调过程。

研究发现在5′端非编码序列存在类似“开关”的核酸结构，能特异结合代谢物，在转录和翻译水平上调节基因表达，此“开关”特异结构将成为研究基因表达调控的重要靶点。与核酸调控序列相比，调控蛋白的研究更为复杂、重要，但能与增强子相互作用的转录调控蛋白知之甚少，因此利用功能基因组学、蛋白质组学和生物信息学，研究具有细胞特异性的调控蛋白的功能及其调控规律是基因表达调控研究的重要任务。此外，人们发现表组蛋白和RNA的化学修饰具有类似DNA遗传密码的作用，可以高保真性地将基因表达调控的信息遗传到子代。

在转录后基因调控中，小分子RNA的作用越来越显得重要，RNA不仅仅是在DNA与蛋白质之间传递遗传信息，而且在基因表达调控中也发挥着重要作用，为人们提供了一种全新的视觉来认识基因表达调控的本质。siRNA在转录后水平，通过降解mRNA而使基因沉默，已成为研究基因功能的重要工具之一。虽然内源性miRNA的作用机制还不是很清楚，但初步实验研究显示miRNA也具有类似“RNA干涉”的作用，预示着miRNA在疾病的防治方面也具有广阔的应用前景。

（万福生　刘卓琦）

参考资料

冯作化. 2005. 医学分子生物学. 北京：人民卫生出版社. 53～121

杨焕明译. 2005. 基因的分子生物学. 北京：科学出版社

查锡良. 2003. 医学分子生物学. 北京：人民卫生出版社. 83～147

Robert FW. 2000. Molecular Biology. 影印版. 北京：科学出版社

第4章　细胞信号转导与分子机制

细胞识别与其接触或所处微环境中的各种化学、物理信号，并将其转变为细胞内各种分子活性的变化，从而改变细胞内的某些代谢过程，或者改变细胞的生长速度，甚至凋亡。这种细胞外信号传入细胞，并引起细胞内应答反应的过程称为信号转导(signal transduction)。随着先进技术应用于细胞及其调控机制的研究，细胞及其彼此之间信号的沟通、高级生物复杂的信号转导过程悄然成为人们关注的热点。本章主要介绍细胞内信号转导的相关分子、细胞对胞外微小的信号浓度变化产生应答、信号转导的主要途径、信号转导异常与疾病发生的关系。

第一节　细胞信号转导分子及其作用

细胞内存在多种信号转导通路，每种都由不同的信号转导分子所构成，虽然其复杂的作用网络尚未完全明确，但对细胞内信号转导相关的主要分子、基本作用机制及重要的信号转导途径已有了基本认识。

一、细胞信号转导的相关分子

在细胞间传递信息作用的物质有的是单功能的，如神经递质。有的还有其他的功能，如膜结合因子。有的在分子量大小、作用方式、作用机制上有很大的区别。

（一）细胞间的信号转导分子

细胞外信号是重要的调节分子，在体液仅含pg/ml至ng/ml，半数生存期仅为数分钟至数小时，但却具有很强的生物学活性，在调节细胞增殖、分化或其他功能方面均有明显作用。根据其理化性质和作用特点常将细胞外信号分为3类：内分泌信号，如传统的激素、红细胞生成素、血小板生成素等亦属此类；旁分泌信号，如白介素、胰岛素样生长因子等；自分泌信号，如IL-2等。

（二）受体

受体(receptor)是细胞表面或细胞内能特异地识别和结合信息分子的蛋白质分子，有两种功能：一是识别和结合作为信号分子的配体；一是将配体信号转变为细胞内分子可识别的信号，并传递到其他分子。按其在细胞内的位置分为细胞膜受体和细胞内受体。细胞膜受体接收不能进入细胞的水溶性化学信号分子和其他细胞表面信号分子。细胞内受体接收能进入细胞的脂溶性化学信号分子。每个细胞的受体数目不同。受体可平均分布于细胞表面呈区域化分布，也可以是散在分布。

1. 细胞膜受体　神经递质和大部分激素的受体都属于镶嵌在胞膜脂质双层结构中的糖蛋白或糖脂，主要功能是实现跨膜的信息传递。通常膜受体可分为：G蛋白偶联受体、受体门控离子通道受体、单个跨膜α-螺旋受体和鸟苷酸环化酶活性受体。

(1) G蛋白偶联受体(G-protein coupled receptors，GPCRs)：目前发现1 000多种，在结构上有共同特点。跨膜区段由7个α-螺旋形成，疏水端延伸为含N端的细胞外区，在此部分不同受体常有不同的糖基化模式；另一端向内延伸为C端的内侧链，G蛋白结合区位于胞质侧。

(2) 受体门控离子通道受体：即环状受体。有两类，一类是电位门控通道；另一类是配体门控通道。Na^+通道、K^+通道和Ca^{2+}通道等属于电位门控通道。配体门控通道是由化学信号激活而开放的离子通道，通常由多个亚基组成，其受体亚基亦是通道本身，乙酰胆碱受体、氨基酸受体和单胺类受体等均属于此类通道。

(3) 酶偶联受体：是指受体本身具有酶活性或与酶分子结合存在的受体，多为含1个跨膜区段的糖蛋白，故又称单个跨膜受体。此类受体种类繁多，以具有酪氨酸蛋白激酶(protein tyrosine kinase，PTK)的催化型受体和PTK偶联的受体两种最多见。胰岛素受体、表皮生长因子受体等属于催化型受体，其PTK活性可催化自身磷酸化或使其他底物蛋白磷酸化。PTK偶联受体常位于胞质，大部分是生长因子和细胞因子受体，如生长激素受体、干扰素γ受体(图4-1)等。该类受体没有催化功能，当配体与受体结合后可与PTK偶联而发挥作用，如与另一类激酶(just another kinase，JAK)和某些原癌基因编码的PTK偶联。

(4) 鸟苷酸环化酶(guanylante gyclase，GC，EC，4.6.1.2)活性受体：又分为膜受体和胞质受体。膜受体(图4-2A)由同源三聚体或四聚体组成，每个亚基包括胞外受体结构域、跨膜区域、膜内蛋白激酶样结构域(PKH)和C末端的鸟苷酸环化酶催化结构域(GC)。心钠肽(atrial natriuretic peptide，ANP)和鸟苷蛋白等通过膜受体起作用。胞质受体(图4-2B)由α、β亚基组成的杂二聚体，每个亚基具有一个GC和血红素结合结构域。脑、肺、肝及肾等组织大部分为可溶性受体。当NO、CO等配体与胞

笔记栏

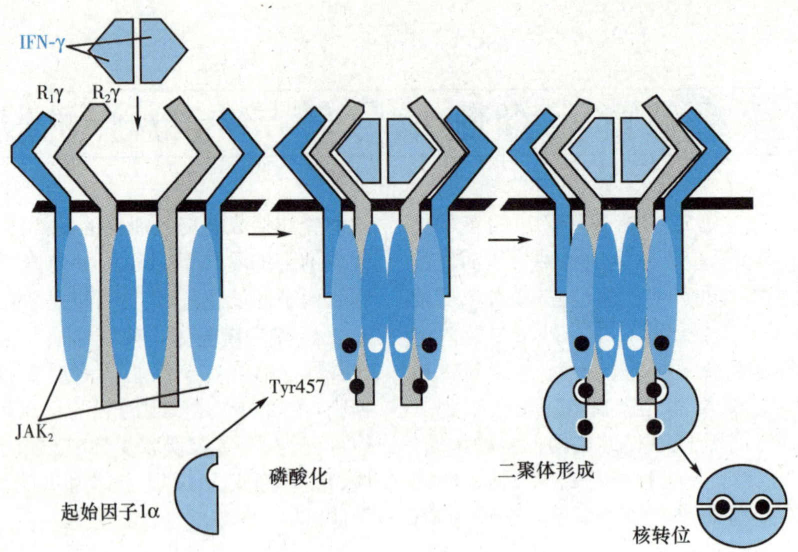

图 4-1 干扰素 γ 受体

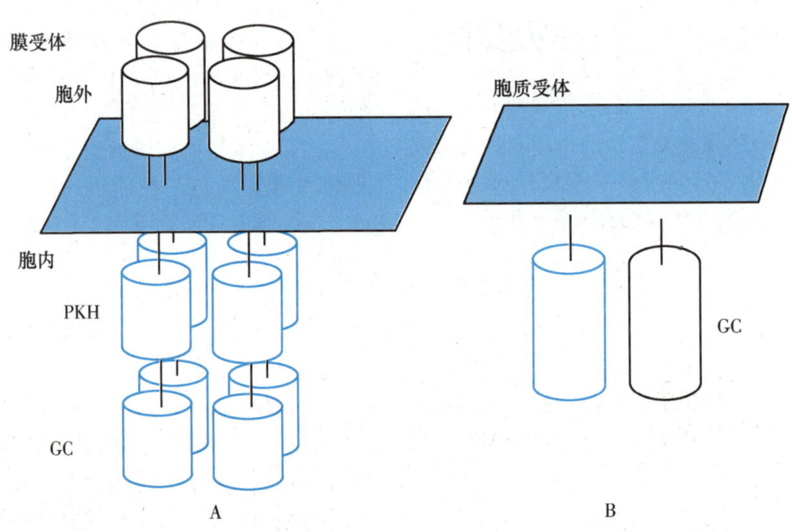

图 4-2 GC 受体结构

质受体结合后使受体聚合激活偶联酶活性，而当受体解聚时酶活性丧失。

2. 细胞内受体 分为胞质受体和细胞核受体，类固醇激素、甲状腺激素、维A酸等非极性分子配体能透过细胞膜而直接与胞内受体发生反应，进一步传递信息。这些受体都是 DNA 结合蛋白，其 DNA 结合部位都形成"锌指"结构，改变这一区域将导致其活性完全丧失。该型受体通常包括四个区域：高度可变区、DNA 结合区、铰链区和激素结合区(图 4-3)。

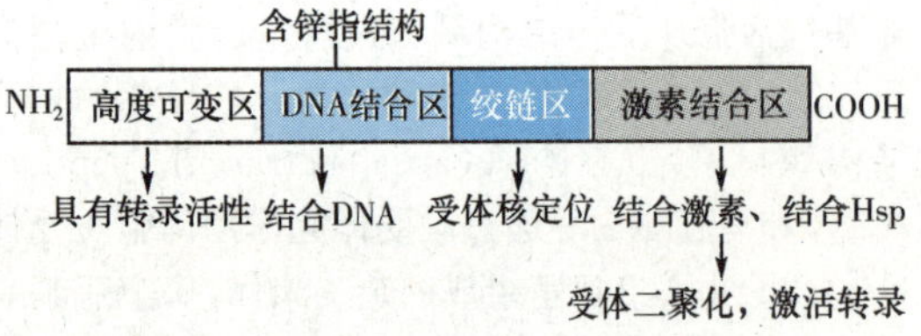

图 4-3 胞内受体的结构和功能

高度可变区位于 N 末端，具有转录激活功能；DNA 结合区位于受体分子中部富含 Cys、Lys、Arg 的保守性区域，形成锌指结构与 DNA 结合发挥调节作用；铰链区可引导受体在胞质合成后定位于细胞核；激素结合区能形成特定的构象并与特定的激素结合，决定了受体的特异性，在没有激素作用时可与热激蛋白(heat shock proteins，Hsp)结合成复合物而阻止受体向胞核的移动及与 DNA 的结合。

(三) 细胞内重要的信号转导分子

案例 4-1

1953 年，E. W. Sutherland 医生(图 4-4)自欧洲陆战场回国，来到美国圣路易市来到美华盛顿大学的生物化学系，受到 Carl Ferdinand

图 4-4　E. W. Sutherland(1915—1974 年)

Cori 教授(1947 年诺贝尔生理/医学奖得主之一)的激励,开始从事激素(特指肾上腺素)肝脏糖原分解酶(phosphorylase)活化作用机制的研究。因肝脏是糖异生和糖原分解的主要场所,而将肝脏作为研究的主要器官。力图解释当胰高血糖素、肾上腺素分泌增加时怎样作用于肝脏等细胞实现其最终升高血糖的作用。

问题与思考:

1. 依据什么样的机制肝脏细胞感受到血液循环中的激素的变化,进而调节细胞内的代谢?

2. 当肾上腺素作用到肝脏细胞时,细胞内发生了什么样的变化,在此过程中是否需要一些中间物质的参与?

案例 4-1　相关提示

1959 年,E. W. Sutherland 发现:把肾上腺素加入肝组织切片时,细胞内的糖原磷酸化酶(glycogen phosphorylase,GPP)被活化,肝糖原分解加速。而当 GPP 活化时会连接上许多磷酸,若经去磷酸酶作用去除磷酸后,就会使此酶失去活性。证明:细胞内可根据磷酸化与否调控此酶活性。但当把肾上腺素与纯化的 GPP 一起保温时却无激活作用,说明其激活是一间接过程,尚需要其他因子参与。

当在肝匀浆中加入 ATP 和 Mg^{2+},肾上腺素或胰高血糖素,又可被激活此酶。若匀浆离心取上清进行实验,则该酶不激活;而将沉淀(含有细胞膜)加入又恢复激活作用。说明 GPP 的激活依赖细胞膜上的某种物质。研究还发现激素本身不进入细胞直接控制酶活性,有其他物质在细胞内作内应传递激素信息。由此发现激素先作用在细胞膜上,然后细胞膜内侧会释出一些小分子,后者再调控细胞内酶的活性完成激素的反应。因此,1960 年 Sutherland 和 Lipkin 后续的研究中发现了 cAMP,1965 年 Sutherland 提出了第二信使学说,1971 年诺贝尔生理/医学奖。

1. 第二信使的概念　膜受体介导的信号向细胞内,尤其是细胞核转导的过程需要多种分子经信号转导网络系统完成。在信号转导过程中第二信使主要发生浓度的变化。如最早发现的第二信使 cAMP,正常基础浓度约 0.1～1μmol/L,但在激素的作用下可升高 100 倍。第二信使学说内容包括:①一种激素的作用是把分泌细胞分泌的不能进入细胞内部的"第一信使"的调节信息带到靶细胞;②激素与细胞膜上的专一性受体结合,随即激活腺苷酸环化酶(adenylate cyclase,AC,EC 4.6.1.1)系统;③在 Mg^{2+} 存在条件下,活化的 AC 使 ATP 产生 cAMP;④细胞内 cAMP 的变化使这些细胞表现特有的代谢变化,出现各种生理效应。故将这种在细胞内传递第一信使变化信息的物质称为第二信使(second messenger)。继 cAMP 发现之后,美国生物学家 Goldberg 于 1963 年又发现了 cGMP。目前较为公认的第二信使主要有 cAMP、cGMP、Ca^{2+}、1,4,5-三磷酸肌醇(inositol-1,4,5-triphosphat,IP_3)、二酰甘油(diacylglycerol,DAG)、肌醇-1,4,5-三磷酸(inositol-1,4,5-triphosphate,PIP_3)等。

第二信使的确定除这种小分子不应位于能量代谢途径中心外,还应具备下列条件。①在完整细胞中的浓度或分布能在细胞外源信号作用下发生迅速的改变;②其类似物可模拟细胞外源信号的作用;③阻断该分子的变化可阻断细胞对外源信号的反应;④在细胞内有确定的靶分子;⑤可作为别位效应剂的靶分子。

2. 第二信使合成与降解的相关酶

(1) 环核苷酸的生成与水解:目前,已知的细胞内环核苷酸类第二信使有 cAMP 和 cGMP 两种。催化其合成与分解的过程如图 4-5 和图 4-6 所示。

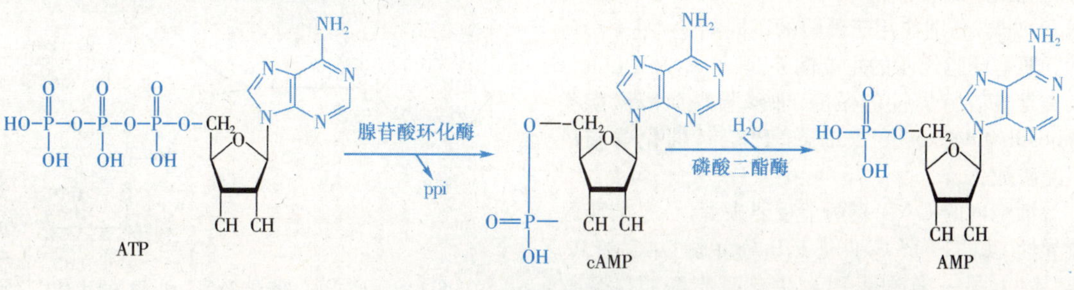

ATP —腺苷酸环化酶 (ppi)→ cAMP —磷酸二酯酶 (H_2O)→ AMP

图 4-5　cAMP 的生成与降解

笔记栏

催化 cAMP 生成的是位于胞质侧的 AC，现发现有两种，一种主要存在于脑组织，受 Ca^{2+}/CaM 激活；另一种存在于心脏，是外周组织 AC 的主要形式，由 Gs 介导其活性。水解 cAMP 的磷酸二酯酶(phosphodiesterase，PDE)发现于 1962 年，有高 Km (1×10^{-4}mol/L)与低 Km(5×10^{-6} mol/L)之分；有位于胞质的可溶性酶和附着于质膜的颗粒性酶之别。多数研究者采用前种分类法。高 Km PDE 主要分布在细胞质，其活性依赖 Ca^{2+}/CaM；低 Km PDE，主要分布于膜组分，其活性不依赖 Ca^{2+}/CaM。

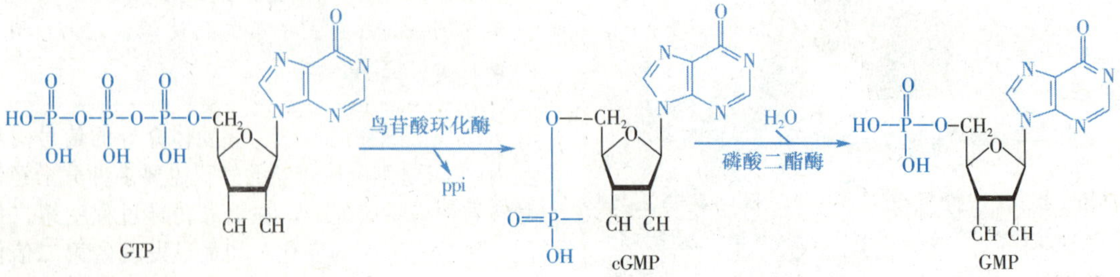

图 4-6　cGMP 的生成与降解

催化 cGMP 生成的 GC 有膜结合型和胞质可溶型两种存在形式。膜结合型 GC 分为 GC-A、GC-B、GC-C 和 Ret-GC(retinal GC)。GC-A 为 A 型心房肽受体，具有心房肽及其类似物脑钠肽和 C 类钠肽等的结合位点；GC-B 为 B 型心房肽受体，受 C 类钠肽激活；GC-C 是肠道大肠埃希菌分泌的热稳定内毒素(heat-stable-entrotoxin，Sta)的受体，可被 Sta 和一种内源性肠肽所激活。Ret-GC 是人视网膜 GC。胞质可溶性 GC(soluble guanylyl cyclase，sGC)结构较均一，对硝普钠高度敏感。硝普钠、NO 和叠氮钠等含氮血管扩张剂是 sGC 的激活剂。另外，CO 也是 sGC 的激活因子。

催化 cGMP 降解的 PDE 有 cGMP 刺激性 PDE (cGMP-stimulated PDE，cGS-PDE)和 cGMP 结合的特异性 PDE(cGMP-binding PDE，cG-BPDE)。前者在哺乳动物组织分布广泛，大量在脑皮层、海马、基底节、肾髓质、心、内皮、肾上腺皮质球状带等组织。后者分布较局限，如光感受细胞、血小板、肺等含高水平的 cG-BPDE。

(2) 脂类第二信使的生成与降解：脂类第二信使包括 DAG、花生四烯酸(arachidonic，AA)、IP_3、磷脂酸(phosphatidic acid，PA)、溶血磷脂酸、4-磷酸磷脂酰肌醇(PI-4phosphate，PIP)、磷脂酰肌醇-4，5-二磷酸(phosphatidylinositol-4，5-diphosphate，PIP_2)和 PIP_3 等，它们均由体内磷脂代谢产生，催化其产生的酶有两类，一是磷脂酶(phospholipase，PL)，催化肌醇磷脂的水解，分 PLA_1、PLA_2、PLC 和 PLD 四类，分别作用于磷酸的不同酯键(图 4-7)所示。肌醇磷脂代谢的主要酶系是 PLA_2 和 PLC；另一类是各有特异性的激酶，即磷脂酰肌醇激酶类(phosphatidylinositol kinases，PIKs)，催化磷脂酰肌醇磷酸化。

细胞内的 DAG 有两个重要来源，一是磷脂酰特异性 PLC(PI-PLC)催化 PIP_2分解成 DAG 和 IP_3 (图 4-8)，另一来源是 PLD 催化磷脂酰胆碱释放 PA 产生的。DAG 一般有三条代谢途径：① 在 DAG 酯酶作用下水解为单脂酰甘油，进而分解成 AA 和甘油；AA 在环氧酶作用下生成前列腺素、白三烯和血栓素，这些氧化产物也可作为信息分子；②受 DAG 酶催化成 PA，再参与肌醇磷脂的合成；③在乙酰 CoA 存在下与脂酸合成三酰甘油。而 IP_3 则通过磷酸酶的作用终止其第二信使作用。

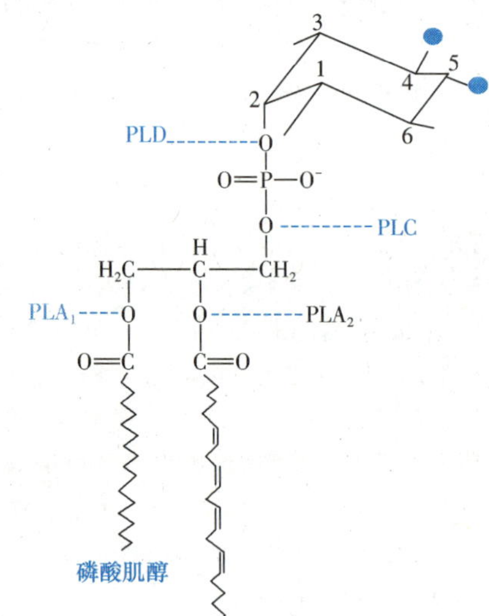

图 4-7　4 种 PL 的作用位点

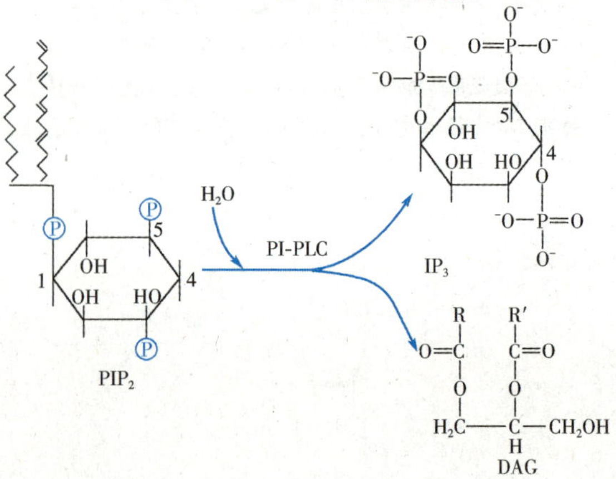

图 4-8　PI-PLC 催化 DAG 和 IP_3 的生成

笔记栏

部分肌醇磷脂可在相应磷酸激酶的作用下产生高级磷酸肌醇。如催化 PI 或 PIP 磷酸化。这些激酶作用的本质是将 PI 不同肌醇环上的羟基磷酸化。PLC 可激活 PI 激酶和 PIP 激酶，生成相应的脂类第二信使。

(3) Ca^{2+}：可激活蛋白激酶 C(PKC)、钙调蛋白依赖性蛋白激酶和 cAMP 特异性 PDE 等多种酶。细胞内液 Ca^{2+} 有 90%以上储存于内质网和线粒体，胞液 Ca^{2+} 浓度只有 0.01 ～0.1mmol/L。胞液 Ca^{2+} 通过①质膜钙通道开放时引起 Ca^{2+} 内流入胞液；②细胞钙库膜上的钙通道开放使钙释放入胞液，而升高胞液 Ca^{2+}，再经由质膜的 Ca^{2+}-ATP 酶和 Na^+-Ca^{2+} 交换将胞液 Ca^{2+} 快速返回细胞外或胞内钙库。乙酰胆碱、加压素、胰高血糖素、儿茶酚胺等可引起胞液 Ca^{2+} 浓度增加。

(4) 气体分子第二信使的生成：1980 年 Furchgott 发现乙酰胆碱舒张血管的机制与内皮细胞衍生舒张因子(endothelium derived relaxing factor，EDRF)释放和扩散有关。1987 年 Moncada 证明 EDRF 即是 NO(nitric oxide)。与 NO 一样，CO、H_2S统属于气体分子第二信使。

体内 NO 由 NO 合酶(nitric oxide synthase，NOS)催化合成(图 4-9)，首先 NOS 接受 NADPH 提供的电子，使酶分子中 FAD/FMN 还原，再由 Ca^{2+}/CaM 和 O_2的协助使 *L*-Arg 胍氨基的 N 羟化成 N^{ω}-羟基-*L*-Arg，后者进一步氧化产生 NO。已鉴定和克隆出了三种 NOS，即 NOS-Ⅰ、NOS-Ⅱ和 NOS-Ⅲ，分别替代早期的 nNOS、cNOS 和 eNOS。NOS-Ⅰ主要分布在外周非胆碱能/非肾上腺能神经末梢、中枢神经系统和肾致密斑与髓质集合管。NOS-Ⅱ分布最广泛，包括红细胞、心肌细胞、免疫细胞等。NOS-Ⅲ分布于内皮细胞、心肌细胞和脑。NO 半寿期仅 3～5s，极不稳定，可被氧自由基、血红蛋白、氢醌等迅速灭活。临床上常用的硝酸甘油等血管扩张剂就是因其能自发地产生 NO。

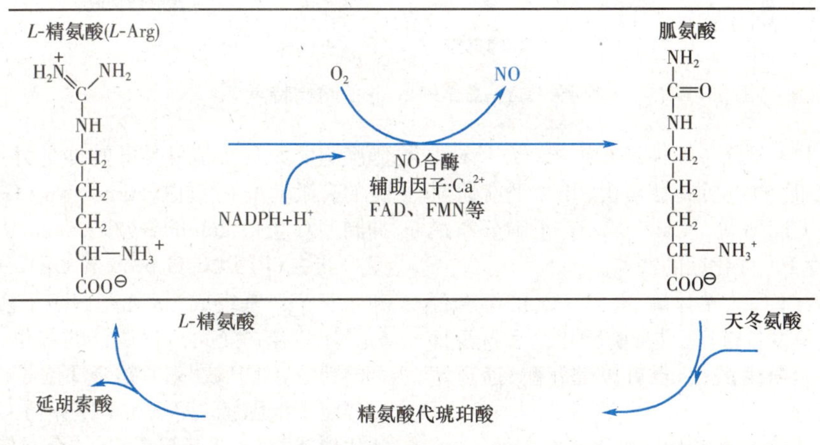

图 4-9　NO 的生成

CO 的作用与 NO 类似，内源性 CO 可由脂质过氧化和血红素加氧酶(heme oxygenase，HO)催化血红素代谢产生，但脂质过氧化产生的 CO 是否为生理性、是否受细胞功能调节尚不清楚。由 HO 生成的 CO 产量为 0.4ml/h(16.4μmol/h)，CO 通过结合到其他酶的 Fe-S 中心及 sGC 的血红素铁原子上(图 4-10)，激活 sGC 起作用。血红素和 Hb、大量的激素、内毒素等可诱导诱导型 HO(HO_1)活性。原生型 HO(HO_2)以脑组织含量高，并呈选择性分布，在海马锥体细胞和颗粒细胞等含量较高。

(四) 蛋白激酶

1. 蛋白激酶概念　蛋白激酶(protein kinase，PK)是已知最大的蛋白家族，已发现 400 余种，PKA、PKB、PKC、PKG 等。所有激酶都有保守的催化核心和多样的调控模式，其功能都是将 ATP 的 γ-磷酸转移到蛋白质的某个氨基酸上，多数是丝氨酸、苏氨酸或酪氨酸，故将能催化蛋白质发生磷酸化的酶统称为蛋白激酶。

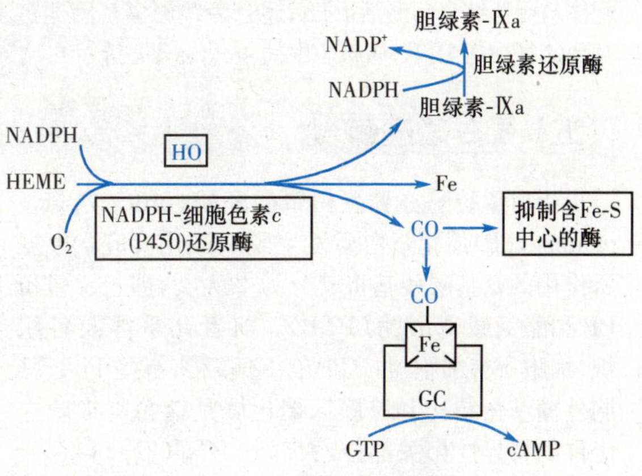

图 4-10　CO 的生成

2. PK 的分类　根据底物磷酸化位点将 PK 分为 3 类，即丝氨酸(Ser)/苏氨酸(Thr)PK、酪氨酸 PK(protein tyrosine kinase，PTK)和双专一性 PK。Ser/Thr PK 又分 cAMP 依赖的 PK(cAMP de-

笔记栏

pendent protein kinase，APK；或 protein kinase A，PKA）、Ca^{2+}/磷脂依赖的 PK、Ca^{2+}/CaM 依赖的 PK（Ca^{2+}/calmodulin dependent protein kinase，Ca^{2+}/CaM-PK）和 cGMP 依赖的 PK（cGMP dependent protein kinase，GPK；或 protein kinase G，PKG）4 种类型。

（1）PKA：由 2 个调节亚基（R_2）和 2 个催化亚基（C_2）构成，R 与 C 结合而抑制 C 亚基的活性。有 Mg^{2+}存在时，cAMP 结合到 R 亚基引起全酶变构而活化。

（2）Ca^{2+}/磷脂依赖的 PK：受 Ca^{2+}、DAG 或磷脂酰丝氨酸而激活的 PK。其中，PKC 是 Nishizuka 1979 年发现的一类蛋白质，分布广泛，以脑中含量最高。该酶 C 末端具有激酶活性，为催化结构域，含 ATP 结合部位（C_3区）和结合底物并催化进行磷酸转移场所（C_4区）；N 末端具有调节功能，含有磷脂、Ca^{2+}（C_2区）及 DAG 的结合位点（C_1区，富含半胱氨酸），为调节结构域。催化的底物包括受体蛋白、收缩蛋白和骨架蛋白、膜蛋白和核蛋白以及酶蛋白等。

（3）Ca^{2+}/CaM-PK：1978 年，Schulman 首先在突触体膜上发现了Ⅱ型 Ca^{2+}/CaM-PK（CaM-PK Ⅱ），近年又发现了 CaM-PK Ⅰ 和 CaM-PK Ⅳ。CaM-PK Ⅱ不同结构区相互作用及调节（图 4-11），CaM 缺乏时由于自身抑制区和催化区相互作用，使 CaM-PK Ⅱ 处于非活化状态。当 Ca^{2+}/CaM 与酶 CaM 结合区相互作用时引起构象改变，使自身抑制区失活而 CaM-PK Ⅱ激活。

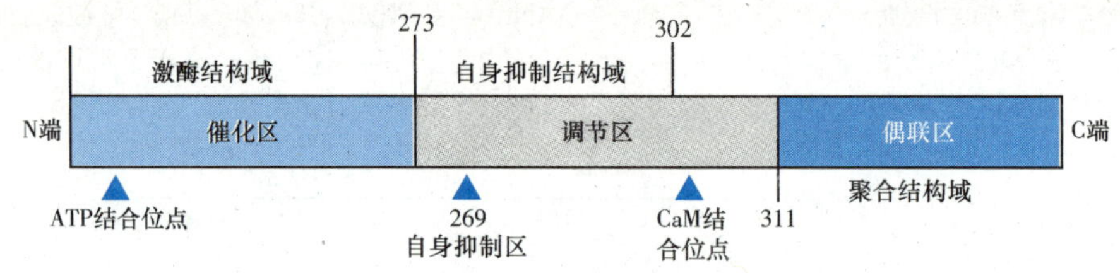

图 4-11　CaM-PK Ⅱ的结构特点

CaM-PKⅠ主要分布于神经元组织，仅 Thr 残基自身磷酸化，底物包括突触素Ⅰ、Ⅱ和平滑肌肌球蛋白轻链及 CREB 等。CaM-PK Ⅳ 小脑分布最多，具有保守性 PK 催化区的特点。

（4）PKG：PKG 为单体酶，有 cGMP 的结合位点，含亮/异亮氨酸拉链区、自身磷酸化区和自身抑制区。可发生自身磷酸化，也可以催化酶、通道蛋白等发生磷酸化。

有些原癌基因也属于 PK，如位于胞质的 c-raf、mos、pim-1 等，具有 Ser/Thr PK 活性；而另一些原癌基因，如 fms、met（HGFR）、erb 等属于受体型 PTK，当配体与受体结合后激活 PTK；还有一些原癌基因通过其他途径激活 PTK，如胞质中的 src、yes、lck 等。

（五）蛋白磷酸酶

蛋白磷酸酶亦称蛋白磷酸酯酶（protein phosphatase，PP）催化蛋白质发生脱磷酸化反应。根据所作用的氨基酸残基将其分为 2 大类，即，Ser/Thr PP 和酪氨酸磷酸酶（PTP）。前者几乎涉及各组织、细胞所有细胞器；PTP 有 30 多种，有些 PTP 其胞外糖基化结构和跨膜区催化域是该酶与细胞内定位的特异性相关部位，大部分 PTP（2/3）存在于胞质，为受体型 PTP，有的定位于胞核，有的定位于骨架蛋白相关域内。

（六）G 蛋白/小 G 蛋白

G 蛋白是一类能与 GTP 或 GDP 结合、位于细胞膜胞质面具有信号传导功能的外周蛋白质。常见的有激动型 G 蛋白（stimulatory G protein，Gs）、抑制型 G 蛋白（inhibitory G protein，Gi）和磷脂酶 C 型 G 蛋白（PI-PLC G protein，Gp）。G 蛋白由 α、β 和 γ 三个亚基组成。α 亚基有多个活化位点，包括与受体结合并受其活化调节的部位、与 βγ 亚基结合的部位、GDP 或 GTP 结合部位等；γ 亚基将 G 蛋白锚定于细胞膜。αβγ 三聚体并与 GDP 结合为非活化形式，而 α 亚基与 GTP 结合并使 βγ 二聚体脱落为活化形式。活化的 Gα 可作用于其效应分子，使胞内信使分子的浓度迅速改变；而 βγ 亚基的主要功能是使 G 蛋白在细胞膜内侧定位，同时也可直接调节某些效应蛋白。G 蛋白通过偶联受体与各种下游效应分子调节细胞功能。

另一类 G 蛋白是低相对分子质量（21kD）G 蛋白，又称小 G 蛋白，为单亚基蛋白，有 Ras 家族和 Rho 家族等，在多种细胞信号转导途径中具有开关作用。Ras 是一原癌基因表达的多功能细胞因子，其作用包括细胞增殖、分化和细胞骨架的构建。修饰后的 Ras 能结合到内质网并定位于细胞膜。Ras 有 GTP 酶活性，可水解 GTP 而使 Ras 失活。但其 GTP 酶基础活性很低，需调节因子激活，如 GTP 酶活化蛋白（GPTase activating proteins，GAPs）；另一方面，Ras 与 GDP 的解离也需要特殊因子促使，细胞中的鸟嘌呤核苷酸交换因子（guanine nucleotide exchange factors，GEFs）能促使 Ras 与 GDP 分离，转同 GTP 结合而激活 Ras。小 G 蛋白不仅直接参与细胞内的信号转导途径，而且影响到其他细胞信号转导途径，故有信号转导通路的分子开关

笔 记 栏

之称。

二、信号转导分子的作用机制

细胞内信号转导分子之间的相互作用构成信号转导分子机制的基础，通过聚集形成复合体，改变下游分子的数量、分布、活性状态，依次引起蛋白质构型和功能的改变，有序地实现信号转导作用。

（一）小分子信号转导分子的数量、分布的变化

1. 小分子信号转导分子的生成 当配体与受体结合后，通过激活具有酶活性的信号转导分子产生其下游小分子信使，使其迅速增加，AC催化cAMP即是一典型的例子（图4-12）。

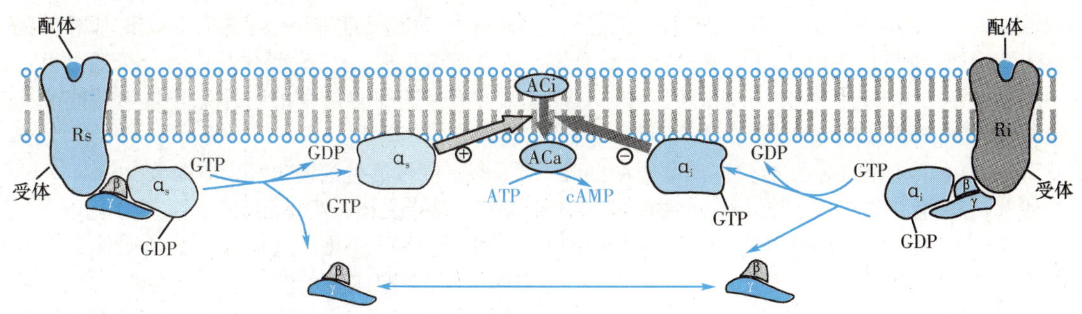

图4-12 配体引起的细胞内小分子信使cAMP的变化过程

当细胞外配体与受体结合后，经过位移和聚焦与相应的G蛋白（Gs或Gi）结合而发生变构，暴露Gs结合位点并结合成受体-Gs复合体，膜上核苷酸二磷酸激酶输送GTP至Gs，使Gs活化，α与βγ亚基解离并暴露G蛋白与AC结合的位点，使AC活化。Gs的GTP酶活性能使GTP水解，亚基恢复最初的构象而与AC分离，AC活化终止。胞质内cAMP浓度直接影响PKA的活性。这种下游分子数量的急剧增加是信号转导的一种重要方式。与AC相似，GC激活后催化cGMP的生成；PLC激活催化IP_3、DAG的生成亦是如此。

2. 小分子信使在细胞内定位分布发生改变 受体、蛋白激酶、IP_3等可作用于Ca^{2+}通道，引起胞质中的Ca^{2+}浓度迅速增加，使细胞内Ca^{2+}浓度和分布发生改变，这种局部Ca^{2+}浓度迅速变化是由胞内储存Ca^{2+}释放导致其分布变化，进一步介导信号向下游的传递。

（二）蛋白质的变构调节

许多蛋白信号转导分子通过自身的构象变化实现活性转换，即有活性和无活性之间的转换，然后作用于下游信号分子。在信号转导中，变构调节主要包括配体诱导的受体变构、小分子信使诱导和上游蛋白对下游蛋白的变构调节。

1. 配体诱导受体变构 将酶与底物作用的变构学说用以解释受体与配体间的相互作用。受体亚基所组成的变构蛋白在正常情况下具有两种处于平衡状态的构象。配体与膜受体结合后，引起膜受体变构，如乙酰胆碱受体变构开放通道，甾体激素受体变构暴露DNA结合部位等，而实现信号转导。

2. 小分子信使的变构调节 这些分子可通过直接与下游蛋白结合而引起下游蛋白变构激活，如cAMP对PKA的激活、cGMP对PKG的激活作用、Ca^{2+}对CaM激活，并进一步作用于下游信号转导分子。

3. 上游蛋白对下游蛋白的变构调节 在许多信号转导蛋白分子中常含有信号转导分子的1个或几个结构域，可通过分子之间的相互作用引发下游蛋白变构。信号转导分子激活后可通过形成或暴露出其下游蛋白的作用部分，如G蛋白被受体和GTP的激活的过程。

4. 共价修饰产生的变构调节作用 通过共价修饰多种信号转导蛋白可发生构象变化，从而使发生活性改变。典型的例子就是PK催化的磷酸转移反应，将磷酸基共价连接到底物蛋白的丝氨酸、苏氨酸或酪氨酸残基上，引起分子发生构象变化。此外，某些信号转导分子经共价修饰后才能形成特定的结合位点，如SH_2结合位点的形成。这种变化与蛋白质的功能密切相关。

（三）信号转导复合物的形成

信号转导过程中存在多种信号转导分子相互作用，这些分子常以接头蛋白为核心连接上游与下游信号转导分子，形成信号转导复合体（signalling complex）或称为信号转导体（signalsome）。大部分信号转导复合体都存在于膜性或细胞骨架结构上。接头蛋白的作用是特异地介导信号转导分子之间或信号蛋白或脂类分子之间的相互结合，引导信号转导分子形成复合物。蛋白质相互作用的结构域是形成复合物的基础，一种信号转导分子常常含有2个以上的蛋白质相互作用结构域，如Ras蛋白激

笔记栏

活需要的接头蛋白 Grb_2，其 SH_2结构域与受体的磷酸酪氨酸残基结合，而其 SH_3结构域与 SOS 结合，SOS 再与膜上的 Ras 接触，Ras 蛋白要释放 GDP、结合 GTP 才能激活，而 GDP 的释放需要鸟苷酸交换因子(GEF，如 SOS)参与；SOS 有 SH_3结构域，但无 SH_2结构域，因此不能直接和受体结合，需要接头蛋白(如 Grb_2)的连接，因此接头蛋白一般常作用于两种以上的其他分子。而同一种结构域可存在于不同的信号转导分子之中，如与 Grb_2接头蛋白的结构域相似，接头蛋白 CrK 有 SH_2结构域，还有两个 SH_3结构域，能与众多的蛋白质信号分子结合，使不能直接相互作用的信号分子发生相互作用，进而参与受体酪氨酸激酶、整合蛋白等信号转导作用。SH_2结构域专门识别和结合蛋白质分子中的酪氨酸残基，与活化的受体结合形成复合物，如 PI-3 激酶、PLC 等。但这些相似的结构域对含磷酸化酪氨酸的不同模体具有特异性。

三、信号转导的特点

(一) 网络调节特点

在细胞中，各种信号转导分子相互识别、相互作用将信号进行转换和传递，构成信号转导通路，各通路之间交叉调控，形成复杂的信号转导网络系统。当某种细胞外信号改变时，引起细胞膜、细胞内信号分子的变化，这些信号转导分子的变化按照一定的传递顺序、模式将信息向下游传递，呈现复杂、有序、多层次的调节。

(二) 特异性受体接收细胞外信号

1. 受体作用的特点 受体与信号分子具有很强的特异性，一种信号分子只作用于与之相应的受体，若细胞没有相应的受体则不会对该信号发生反应。信号分子和受体结合的特异性与二者的结构有关，并不绝对排斥交叉结合的存在，体内有不同的配体共用同一受体或一种受体能与几种配体结合，趋化因子受体(CCR_5)就是典型的例子，其既是趋化因子 RANTES 和 MIP1 的受体，又是免疫缺陷病毒(HIV)的辅助受体；同时 RANTES 又可以与另一种受体 CCR_4作用传递信号。受体与信号分子具有极大的亲和力以保证很低浓度的信号就能与受体结合而充分发挥调控作用。受体与信号分子的结合有可饱和性，细胞表面的受体是有限的，当受体都被配体占据时，继续提高配体的浓度也不会增加其效应，这种作用可通过细胞受体数目的动态调节，尤其是细胞外信号浓度增加时所导致的受体下调而实现。此外，受体与信号分子通过可逆的结合而保证细胞接受细胞外信号发生功能改变后迅速恢复正常状态。

2. 受体活性的调节 受体调节(receptor regulation)是指受体在配体和某些因素的作用下发生数目和亲和力的变化。这种变化若使受体的数目减少和(或)对配体的亲和力降低或失敏，称为受体下调(down regulation)，也叫衰减性调节；反之则称为受体上调(up regulation)，又称为上增性调节。分为同种调节和异种调节，同种调节时配体作用于特异性受体使其发生变化；例如高胰岛素血症性糖尿病时，胰岛素水平增高使其受体数目减少，亲和力降低。异种调节是配体作用于非特异性受体使之作用发生改变。受体活性的调节机制包括：

(1) 受体磷酸化和脱磷酸化作用：受体磷酸化包括两种机制：一种是某些受体与配体结合可使受体变构形成某些激酶或磷脂酶作用的底物；另一种是受体本身具有内在的激酶活性。能使受体磷酸化的 PK 分为受体特异性和非特异性蛋白激酶，特异性 PK，如 GPCR 激酶(G-protein-coupled -receptor kinase，GRKs)，只能使 GPCR 磷酸化；而非特异性蛋白激酶，如 PKA 等对所作用的受体类型无严格的选择性，PKA 和 GRK 能依次磷酸化肾上腺素 β_2受体(图 4-13)，使 GPCR 与 G 蛋白解偶联，并与抑制蛋白结合，促使受体被内吞降解，导致靶细胞脱敏。

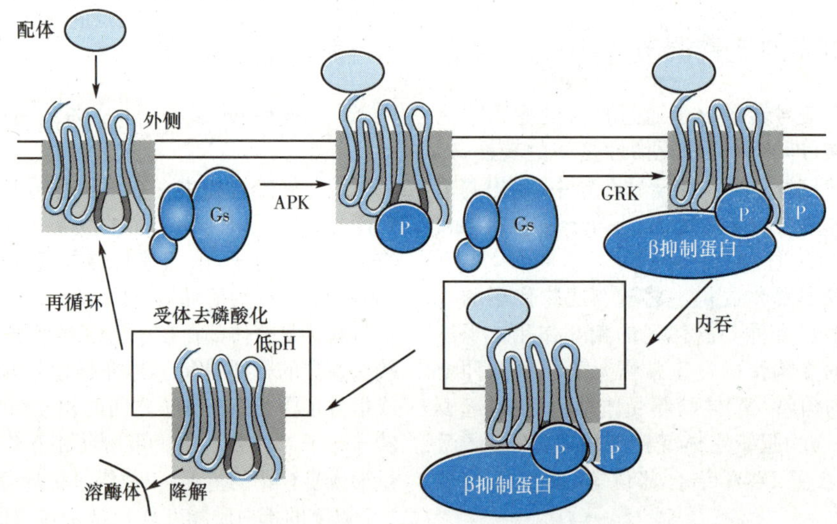

图 4-13 PKA 和 GRK 对肾上腺素 β_2受体的磷酸化作用

(2) 膜磷脂代谢的影响：受体激活时包括膜磷脂代谢甲基化作用转变为磷脂酰胆碱后，可明显增强肾上腺素β受体激活腺苷酸环化酶的能力。

(3) 修饰受体分子中的巯基和二硫键：还原剂二硫苏糖醇及烷化剂 *N*-乙基马来亚胺使受体蛋白巯基破坏或二硫键的变化，引起蛋白质构象改变而影响受体活性。

(4) 受体蛋白被水解：受体对蛋白水解酶敏感，由于细胞在某些情况下可分泌一些蛋白酶，而且胞质中的蛋白酶可以被 Ca^{2+} 激活，受体通过内化方式被溶酶体降解。

(5) G 蛋白的调节：在细胞膜上，G 蛋白是各种受体、G 蛋白和效应屋组成的复杂网络的核心，起开关枢纽作用。G 蛋白参与多种活化受体与 AC 之间偶联作用，当一个受体系统被激活而使 cAMP 水平升高时，就会降低同一细胞受体对配体的亲和力。G 蛋白信号传递网络对信号的汇聚或发散有多种形式，包括：①单一受体可触发一个特定的生理学效应，如β肾上腺素受体偶联 Gs 生成 cAMP；②一个 G 蛋白同时和几种受体偶联，并对信号进行汇聚，如脂肪细胞有 5 种可激活 AC 的受体，而一种受体对 AC 激活并不因受到另一种受体的刺激而增大，多种 G 蛋白通过共同的 Gs 池调节受体，Gs 将不同受体的信号整合后转达给 AC；③几种 G 蛋白与一种效应系统偶联，将不同受体的信号集于同一效应器，而不同的 G 蛋白对受体的敏感性存在差异；④一种受体可调节几种不同的 G 蛋白而产生多种效应，如纯化的受体可与几种不同的 G 蛋白中的任何一种共同重组于磷脂小泡上，然后将重组体引入新细胞，受体可与内源性 G 蛋白相互作用；⑤一个受体还可通过特异的 G 蛋白激活多个底物。

(三) 信号转导过程具有级联放大效应

信号转导通路上的各个反应依次有序地进行，形成一个级联反应过程，细胞对外源信号进行转换和传递大都具有逐级将信号放大的作用。如肾上腺素对血糖浓度的调节(图 4-14)，1 分子肾上腺素引起 40 分子 cAMP 生成，后者激活 10 分子 PKA，使 100 分子糖原磷酸化酶 b 激酶激活，进而活化 1000 分子糖原磷酸化酶，从而增加 10 000 分子葡萄糖。

(四) 信号转导的通用性

细胞外信号分子及其受体的种类远远多于细胞内信号转导途径的数量，因此不是每一个受体都有自己完全专用的分子和途径，简言之，细胞的信号转导系统对于不同的受体具有通用性。

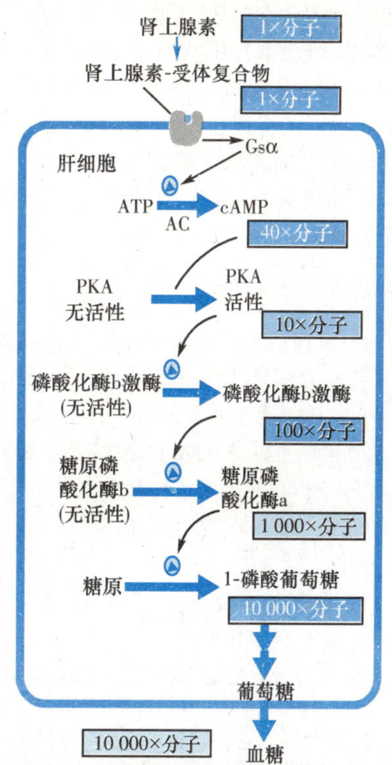

图 4-14　肾上腺素调节血糖浓度信号转导过程的级联放大效应

(五) 信号转导的复杂性

细胞信号转导不是简单的配体-受体-信号分子-效应蛋白的模式，也不是各自独立存在的。由于细胞内的特殊环境和特殊需要，有些受体介导多种信号转导途径，如生长因子受体。细胞信号转导最重要的特征是构成一个复杂的信号网络系统，目前虽然对细胞信号系统有了长足进展，但对其复杂关系的了解依然是初步的。多途径、多环节、多层次的细胞信号转导具有收敛或发散的特点。复杂的信号网络系统具有非线性特点，即“交谈”(cross talking)。如在一个哺乳细胞中可能含有 1000 种以上不同的 PK，因此不难理解 PK 的网络整合信息是不同信号转导通路之间实现 cross talking 的一种重要方式。这些广泛存在的交叉调控反应是典型的生物复杂性的体现。

第二节　受体介导的信号转导途径

不同的信号转导分子的不同组合及有序的作用结果，构成了不同的信号转导途径。信号转导都是从细胞外信号分子与细胞受体的作用开始的。细胞受体分为四种类型，每一种类型受体所介导的信号转导途径的机制有许多共同的特点。

一、细胞内受体介导的信号转导途径

目前已经确定通过细胞内受体发挥调节作用

笔记栏

的激素包括甾体激素(糖皮质激素、盐皮质激素、雄激素、孕激素、雌激素)、甲状腺素和 1,25$(OH)_2$-D_3 等。这些激素易透过细胞膜与相应的胞内受体结合。糖皮质激素的受体位于胞质内,与糖皮质激素结合后才转移入细胞核。醛固酮受体则分布在胞质及胞核。雄激素、雌激素、甲状腺素和孕激素的受体位于胞核内。

案例 4-2

患者,女,31 岁,身体健康状态良好,就诊前 12 小时与丈夫同房,且发生在月经后 16 天,同房之时未采取任何避孕措施。因李某已生育有一女,需要及时采取房事后避孕措施,故寻医帮助。病史资料表明,该患者无痛经和子宫内膜异位症和慢性妇科疾病。查体腹部无压痛。

问题与思考

1. 鉴于李某有受孕的可能,医生应采取什么办法给予预防比较适合?

2. 给予的防御措施作用的分子基础是什么?

案例 4-2 相关提示

患者系年轻女性,身体健康,确认该妇女若怀孕日数应≤7 周,且经检查排除子宫外孕,为米非司酮(RU486)适用人群。在服用 RU486 后 36~48 小时,再配合使用前列腺素加强子宫收缩,因 RU486 会对妇女的健康可能造成莫大的危害,如流产不完全,持续出血而引发感染败血症,或因不知为子宫外孕,服后大量出血等,还需要采取定时回诊追踪。

黄体酮为受精卵在子宫着床的重要激素,RU486 可与黄体酮竞争性争夺受体的配体结合区,阻碍黄体酮与受体结合而拮抗黄体酮的作用,结果使蜕膜细胞内酶性糖蛋白增多,蜕膜细胞内及细胞间的中性糖蛋白增多;并使绒毛间质的硫酸性糖蛋白减少,唾液酸性糖蛋白增多,糖蛋白分布不均,因而干扰子宫内膜的稳定性。这些变化可能是 RU486 引起胚胎变性、影响受精卵着床,妊娠中止的机制之一。故为早期终止妊娠的有效药物。

已知核受体不少于百余种,为一超家族,在细胞的生长、发育、分化过程中起重要作用。这些受体有一段保守性极为明显的区段,并且都形成锌指结构,称 DNA 结合部位。靠近 C 末端能形成特定的构象与激素结合,不同激素受体的 DNA 结合部位差异很明显。甾体激素通过其受体在两种不同的水平上影响基因的表达,即 DNA 转录水平和转录后水平。首先与激素结合的受体通过二聚体形式穿过核孔进入细胞核内,在核内与特定的基因结合,一般称基因的这一部位为激素反应元件(hormone response element,HRE)。在没有激素作用时,受体与其抑制蛋白热激蛋白(heat shock proteins,Hsp)结合,遮蔽受体与 DNA 的结合部位,使受体与 DNA 结合疏松而处于静止状态。当激素与受体结合后,受体释放出 Hsp,暴露出 DNA 结合部位使激素-受体复合物向核内转移,并结合在 HRE 上诱导相应基因的表达。

甲状腺素、维生素 D_3 和维 A 酸等激素的受体在与配体结合前,在核内位于 DNA 上的相应反应元件,使转录处于阻抑状态。一旦配体进入靶细胞后,受体活化,与 DNA 上的反应元件结合,作用于启动子的基本转录子及 RNA 聚合酶,促进相应基因的表达。

二、膜受体介导的信号转导途径

肽类、儿茶酚胺类以及生长因子等不能透过细胞膜的信息分子,只能通过膜受体将信息传入细胞内而调节细胞的生理活动,这一过程称为跨膜信息转导(transmembrane signaling)。此类信号转导途径多需要经过 G 蛋白的介导。膜受体介导的信息转导有多种途径,这些途径之间既相互独立又存在一定的联系。

(一) G 蛋白偶联受体(GPCR)介导的信号转导途径

神经递质、肽类激素、趋化因子、感觉系统信号(如味觉、视觉等)细胞外信号可通过 GPCR 接受信号并向下游传递,并在细胞生长、分化、代谢和器官的功能调控中发挥重要作用。此外,GPCR 还介导多种药物,如 β 肾上腺素受体阻断剂、组胺拮抗剂、抗胆碱能药物、阿片制剂等的作用。GPCR 一旦与配体结合可通过受体变构激活 G 蛋白,形成 G 蛋白循环,即①Gs 结合 GDP 以三聚体形式存在,无活性;②激素与受体结合时 Gs 的 GDP 被 GTP 所取代;③Gs 与 GTP 结合释出 α、βγ 亚基,Gα 活化激活 AC;④Gα 的 GTP 被 GTP 酶水解,Gα 重新与 βγ 聚合成原来的形式。

1. GPCR 介导的信号转导的基本模式 GPCR 介导的信号转导途径可通过不同的途径产生不同的效应,但其基本模式大致相同,包括:配体结合并激活受体→G 蛋白激活(G 蛋白循环)→下游效应分子(如 AC、PLC、GC 等)→小分子信使的产生或分布变化(如 cAMP、DG、IP_3 等的生成,或 Ca^{2+} 在细胞内的分布)→蛋白激酶的激活(细胞内小分子信使的主要靶分子)→效应蛋白活化(如酶、转录因子、运动蛋白等)。

2. 不同 G 蛋白及 GPCR 介导的信号转导途径 不同的 G 蛋白与不同的下游蛋白分子组成不同的信号转导途径,目前比较明确的有三种。

(1) cAMP-PKA 途径:该途径通过 cAMP 对

PKA 激活实现其信号传递的。PKA 广泛分布在哺乳动物各组织中，可催化①多种代谢关键酶的丝氨酸残基/苏氨酸残基磷酸化，从而调节细胞的物质代谢和基因表达；② PKA 可通过组蛋白 H_1、H_2A、H_3磷酸化，使其与 DNA 结合松弛而分离，解除组蛋白对基因的抑制；③使 cAMP 激活转录因子（亦称 cAMP 应答元件结合蛋白，cAMP response element bound protein，CREB）磷酸化，后者形成同源二聚体而与 DNA 上的 cAMP 应答元件（cAMP response element，CRE）结合，表现激活转录活性。

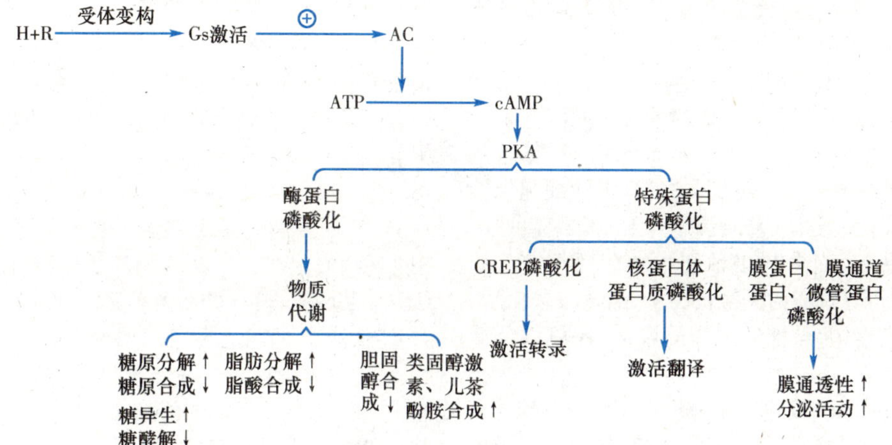

图 4-15　cAMP-PKA 信号转导途径

总之，cAMP 通过激活 PKA，再通过使多种底物蛋白磷酸化调节代谢（图 4-15）。

（2）Ca^{2+}-依赖性蛋白激酶途径：通过 Gq 蛋白激活 PLC 产生 IP_3和 DAG 的双信号途径，该系统可单独发挥作用，也可与 cAMP-PKA 及 PTK 等系统相偶联组成复杂的网络。促甲状腺素释放激素、去甲肾上腺素、血管紧张肽和抗利尿激素等可通过此途径起作用。

脂溶性 DAG 生成后在磷脂酰丝氨酸和 Ca^{2+}的配合下，共同作用于 PKC 的调节结构域而使其激活，后者引起多种蛋白磷酸化而引起生物学效应。胞质中 Ca^{2+} 正常浓度≤10^{-7} mol/L，当 DAG 与 PKC 结合后，增加了 PKC 与磷脂和 Ca^{2+} 的亲和力而使其活化。而 IP_3生成后则迅速扩散到胞质中，与肌质网和内质网膜上的特异性受体（IP_3受体）结合，使钙通道开放，Ca^{2+}进入胞质，Ca^{2+}与胞质中的 PKC 结合并聚集于细胞膜，使 PKC 激活，进而使大量底物，包括激素、递质、酶和活性因子等丝/苏氨基酸残基发生磷酸化，发挥多种调节作用（图 4-16）。①调节代谢：使膜上的钙通道磷酸化促进 Ca^{2+} 内流；使肌质网 Ca^{2+}-ATP 酶磷酸化，使 Ca^{2+}进入肌质网；使糖原合酶、HMGCoA 还原酶等代谢关键酶磷酸化，调节各代谢途径。②调节基因表达：对基因表达的调节分为早期反应和晚期反应两个阶段，使立早基因（细胞原癌基因，如 *c-fos*、*c-jun* 等）反式作用因子磷酸化而加速立早基因的表达，其表达产物寿命短暂（半寿期为 1～2h），是在胞核内传递信息的跨核膜传递功能，有“第三信使”之称，受磷酸化修饰后，最终活化晚期反应基因并导致细胞增生或核型变化。

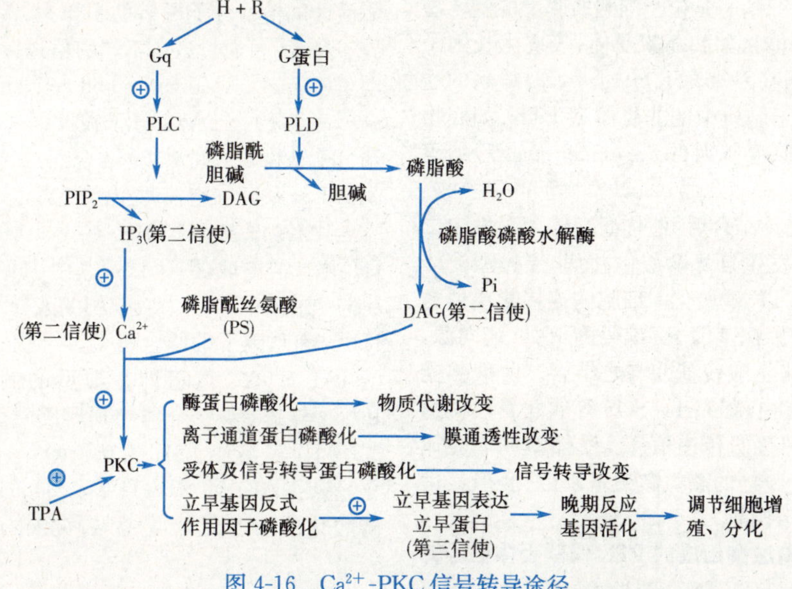

图 4-16　Ca^{2+}-PKC 信号转导途径

在 PKC 调控基因中有一段 TGAGTCA 序列，是促癌剂佛波酯(TPA)反应元件(TPA response element，TRE)，TPA 与之结合使 PKC 持久激活，引起细胞持续增生，异常分化，最终导致细胞癌变。

(3) Ca^{2+}-钙调蛋白依赖性途径(Ca^{2+}-CaM 途径)：CaM 以胞质含量较多，而胞核、线粒体、微粒体等含量较低，常受 Ca^{2+} 浓度影响。CaM 可与 Ca^{2+} 结合，当 $Ca^{2+} \geqslant 10^{-2}$ mmol/L 时，Ca^{2+} 与 CaM 结合成复合物，激活 Ca^{2+}/CaM 依赖的蛋白激酶(Ca^{2+}/calmodulin dependent protein kinase，CaM-PK)，该酶使底物蛋白 Ser/Thr 残基磷酸化，包括细胞骨架蛋白、离子通道、受体、转录因子、CREB、5-羟色胺、突触素和酶等，而参与多种细胞功能的调节。如 CaM-PKⅡ可修饰激活突触蛋白Ⅰ、酪氨酸羟化酶、糖原合成酶等，参与神经递质的合成、释放以及糖代谢等的调节。

(4) cGMP-PKG 途径：cGMP 与 GC 一起构成另一重要的环核苷酸类第二信使系统，这一系统组成包括配体、G 蛋白、GC、cGMP、PKG。心钠肽(ANP)、脑钠肽(BNP)、血管活性肽和细菌内毒素等分子通过此途径发挥调节作用。cGMP 能激活 PKG，后者催化有关的蛋白质的 Ser/Thr 残基磷酸化。

在视觉、嗅觉、味觉信号传递及无机分子的信号传递中 NO 具有重要的特殊作用。NO 过低与肥厚性幽门狭窄病儿的幽门痉挛有关。此外，NO 还参与自然免疫、抑制血小板黏附、活化与聚集。

(二) 酶偶联受体通过蛋白激激酶-蛋白激酶发挥作用

酶偶联受体指自身具有酶活性，或者自身虽无酶活性，但与酶分子结合存在的一类受体。胰岛素、生长因子以及一些细胞因子、生长激素等都是通过该途径发挥作用的。根据受体本身是否有 PTK 活性分为两种，一是位于细胞质膜上的受体型 PTK(催化型受体)，如胰岛素受体、表皮生长因子受体及某些原癌基因(*erb-B*、*kit*、*fms* 等)编码的受体；另一种是位于胞质中的非受体型 PTK，如底物酶 JAK 和某些原癌基因(*src*、*yes*、*ber-abl* 等)编码的 PTK。

当配体与受体结合后，催化型受体大多发生二聚化而被激活，发生自身磷酸化；而非催化型受体则被非受体型 PTK 磷酸化。细胞内连接物蛋白的 SH_2结构域可与原癌基因 *src* 编码的 PTK 区同源，识别磷酸化的酪氨酸残基并与之结合。磷酸化受体通过连接物蛋白，如 Grb_2、SOS 等偶联其他具酶活性的效应蛋白逐级传递信息。受体型和非受体型 PTK 虽都使底物的酪氨酸残基磷酸化，但其信息传递途径有所不同。

1. 不同蛋白激酶组成的 PTK 偶联受体信号转导的基本模式 PTK 偶联受体主要通过蛋白质的相互作用激活自身或细胞内其他的 PTK 或丝/苏氨酸激酶实现信号传递，其转导的基本模式大致相同：受体结合配体→受体二聚化/寡聚体→激活蛋白激酶(受体自身/偶联的蛋白激酶)→修饰下游信号分子→修饰酶、反式作用因子→调节代谢、基因表达、细胞运动、细胞增殖等。

2. Ras-MAPK 途径 该途径受体具有蛋白激酶催化部位、底物作用部位、ATP 结合部位。当配体与催化型受体结合后，受体发生自身磷酸化并磷酸化生长因子受体结合蛋白 2(growth factor receptor bound protin 2，GRB_2，一种接头蛋白)和 SOS (son of sevenless，一种鸟苷酸释放因子)，它们的 SH_2结构域识别并与磷酸化的受体结合形成受体-GRB_2-SOS 复合物，进而激活 Ras 蛋白，后者可激活丝裂原激活的蛋白激酶(MAPK)系统，活化的 MAPK 进入胞核使多种转录因子磷酸化而调节基因转录。MAPK 系统包括 MAPK、MAPK 激酶(MAPKK)和 MAPKK 激活因子(MAPKKK)。MAPKKK 有许多种类，如 Raf、MEKK 家族、MKK 家族、TAK、ASK 家族等。同样，MAPKK 也有许多种，如 MEK 家族、MKK 家族等。MAPK 分子 ErK 家族、JNK(c-Jun N-terminal kinase)家族。

JNK 家族是细胞对各种应激原诱导的信号转导的关键分子，参与细胞对辐射、渗透压、温度变化等的应激反应。P38MAPK 的级联激活是通过凋亡信号调节激酶(apoptosis signal regulating kinase，ASK，属 MAPKKK 成员)→MKK3/MKK6 (MAPKK)→P38MAPK。主要转导细胞应激反应的重要分子而参与炎症细胞因子、紫外辐射、凋亡相关受体(Fas 等)的信号转导。

3. JAK-STAT 途径 酪氨酸蛋白激酶 Janus 激酶(Janes kinases，JAKs)家族是一类与许多细胞生长因子和一些白介素受体的信号转导密切相关的蛋白质酪氨酸激酶，对受体分子缺乏酪氨酸蛋白激酶活性的信号分子可借助 JAK 家族实现其信号转导。JAKs 再通过激活不同的信号转导子和转录激动子(signal transductors and activator of transcription，STAT)，STATs 分子彼此通过 SH_2结合位点和 SH_2结构域(图 4-17)结合而二聚化，磷酸化的 STAT 转移到细胞核调控转录。

JAKs 没有 SH_2、SH_3 或 PH 域，而具有 JH_1、JH_2共有结构域(图 4-18)，其中 JH_1 为激酶催化区(催化功能区)，JH_2为激酶相关区(假激酶区)，JH_4-JH_7与细胞因子的结合有关。干扰素-γ(IFN-γ)激活 JAK-STAT 过程即是典型的例子(图 4-19)。IFN-γ 与其受体结合诱导其形成同型二聚体，受体与 JAKs 聚集使 JAK 相互磷酸化，并使受体磷酸化，然后 JAKs 使 STAT 单体(84、91、113)磷酸化，磷酸化的 STAT 聚集并转移到细胞核调控基因转录。

笔记栏

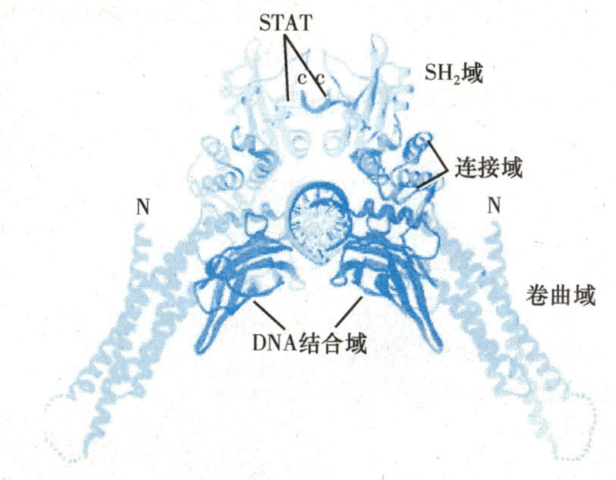

图 4-17 STAT 的域结构

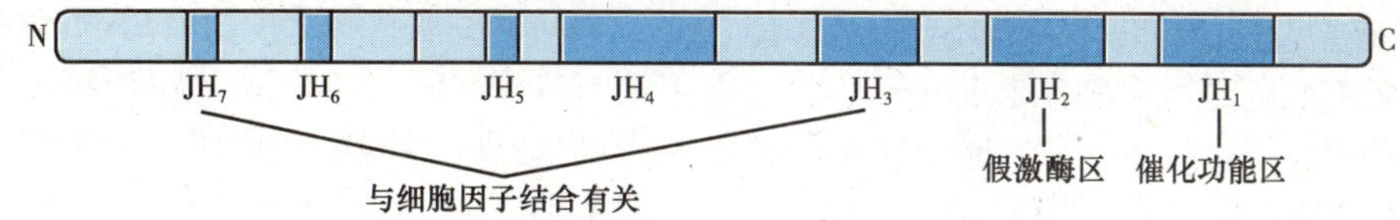

图 4-18 JAK 的结构

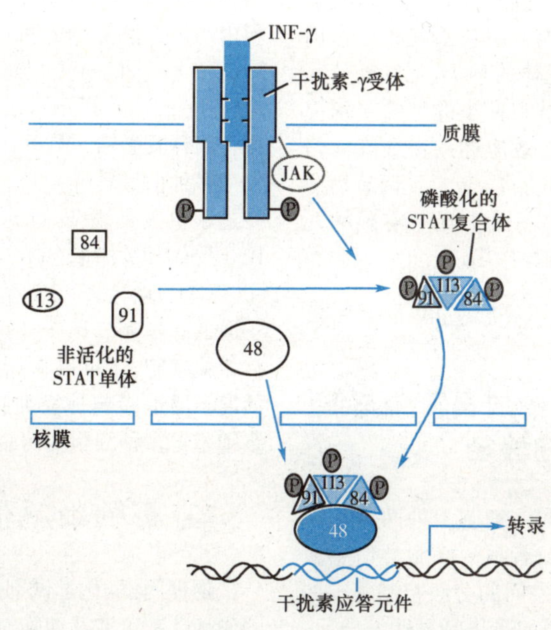

图 4-19 INF-γ 激活 JAK-STAT 的信号转导途径

4. Smads 途径 Samd 分子是转化因子家族，该途径通过不同亚型 Samd 的相互作用调节基因的表达。转化因子 β(transforming growth factor β, TGF-β)、骨形态蛋白(bone morphogenetic proteins, BMPs)和活化素等信息分子是与细胞分化和发育密切相关的细胞因子，其受体属于跨膜 Ser/ThrPK 受体。如 TGF-β 受体，当配体与受体结合后使Ⅰ型和Ⅱ型受体聚合为四聚体($Ⅰ_2Ⅱ_2$)，Ⅱ型受体活化使Ⅰ型受体胞内区发生磷酸化，进而激活 Smad 锚定蛋白(Smad anchor for receptor activition, SARA)，SARA 将结合 $Smad_2$、$Smad_3$ 并将 Smad 分子提呈给活化的Ⅰ型受体，Smad 发生丝氨酸磷酸化(SSXS—C 端)并形成 $Smad_2$、$Smad_3$ 和 $Smad_4$ 的同源或异源三聚体，转移到细胞核结合在 Smad 结合元件上，调节靶基因转录。

5. PI-3K/PKB 途径 PKB 是一种与 PKA 及 PKC 均有很高同源性的蛋白激酶，是原癌基因 *c-akt* 的产物，又称 Akt。配体与受体结合后，PI-3K (phosphatidylinositol 3-kinase, PI-3K)的 P85 亚单位与活化的受体结合，P110 亚单位被受体磷酸化，磷酸化的 P110 使 PI-3K 激活：①使磷脂酰肌醇分子中的 3 位羟基磷酸化而催化 PIP_3 生成，后者结合 PKB 的 PH 域将其锚定在质膜而活化；②可激活称为 PDK 的蛋白激酶，再激活 PKB 磷酸化多种蛋白，介导代谢调节、细胞存活等效应。该途径不仅在胰岛素调节的血糖代谢中发挥作用，还能促进细

笔 记 栏

胞存活和抗凋亡，并参与细胞变形和运动的调节。

（三）离子通道型受体介导的信号转导

已经证明，多种 GPCR 与配体结合后还能直接或间接地调节离子通道的活性。离子通道可以是阳离子通道，如乙酰胆碱、谷氨酸、5 羟色胺的受体；还可以是阴离子通道，如甘氨酸、γ 氨基丁酸的受体。离子通道受体信号转导的最终作用是导致细胞膜的电位改变，即离子通道受体是通过将化学信号转变为电信号而影响细胞的功能。

第三节 细胞信号转导的相互联系

为便于研究常把信号转导人为地划分成不同的途径，实际上它们是相互联系和影响的。换言之，某一信号传递不是局限在某一信息传递系统内，而是涉及其他系统，不同的信号转导途径都不过是细胞整个信号转导网络的一部分。一定的胞外信息可能主要通过某一特定信号系统起作用，但其产生的效应往往是细胞内各信息系统相互作用的结果。受体及其内源性配体的种类、细胞外信号物质与细胞内信使物质数量和种类的悬殊差别提示这些体系必然共用有限的效应体系和细胞内信使物质才能发挥作用。多种介质、激素及调节物质作用于同一细胞时就可以部分地归结于有限的几种细胞内信使物质之间的相互作用。

一、细胞信号转导途径之间的联系

（一）一条信息途径的成员可参与激活另外一条信息途径

当细胞外信息作用于同一细胞上的两种不同受体上，可以起促进效应；或者某一细胞外信息激活一传递系统，达到时间和空间的分级控制等。如甲状腺释放激素与靶细胞膜的受体特异性结合后，通过 Ca^{2+}-磷脂依赖性蛋白激酶系统可激活 PKC，同时细胞内 Ca^{2+} 浓度增高还可通过 Ca^{2+}/CaM 激酶对底物蛋白的磷酸化而调节 AC 和 PDE 的活性，使 cAMP 生成增多，进而激活 PKA。再如 Ras/Erk 信号转导途径与细胞增殖有关，而 Smad 介导的信号转导途径则与细胞增殖的抑制有关。在正常上皮细胞 TGF-β 占主导地位，而 EGF、HGF、Ras 等诱导细胞增殖时，可以抑制 TGF-β 的抑制增殖作用。

（二）不同的信息传递途径可共同作用于同一种效应蛋白或同一基因调控区

两种不同的信息传递途径可作用于同一种效应蛋白或同一基因调控区而协同发挥作用，如肌细胞的糖原磷酸化酶 b 激酶，该酶为多亚基蛋白质 $(\alpha\beta\gamma\delta)_4$，其 α、β 亚基是 PKA 的底物，PKA 通过催化其磷酸化而使之失活。而 δ 亚基属于 CaM，Ca^{2+} 浓度增加可与之结合，使其激活并进一步激活 Ca^{2+}/CaM 激酶。PKA 和 Ca^{2+}/CaM（δ 亚基）在细胞核内均可以使转录因子 CREB 的丝氨酸残基磷酸化而使之激活，活化的 CREB 作用于 DNA 上的 CRE 顺式作用元件，启动多种基因的转录。

（三）一种信息分子可作用于几条信息转导途径

胰岛素与细胞膜受体结合后，可激活 PI-3K、PLCγ，后者促使 PIP_2 生成 IP_3 和 DAG，增加胞内 Ca^{2+} 浓度，进一步激活 PKC，可以做 PKC 底物的有 EGF 受体、IL-2 受体、Ras、Raf_1 等。PKC 对广泛底物的磷酸化在多个环节产生直接或间接的调节作用；PI-3K 受到多种胞外刺激时，通过可明显升高其胞内的第二信使 PIP_2 和 PI-3,4,5-P_3（PIP_3）的浓度，激活依赖它们的蛋白激酶（phosphoinositide dependent kinase，PDK），后者使 PKB/Akt 蛋白质磷酸化而将其激活。另外，胰岛素还可通过激活 Ras 参与多种信号转导途径。再如 IL-1 受体后信号转导过程也极其复杂，近几年发现，IL-1 可通过包括 IL-1 受体相关激酶（interleukin-1 receptor-associated，IRAK）途径、PI-3K 途径、JAK-STAT 途径和离子通道起作用。IL-1 还可在炎症中作用于各种炎症相关细胞，还可以作用于胰岛的 β 细胞，通过激活离子通道影响神经细胞、血管平滑肌细胞、成纤维细胞等多种细胞的功能。

二、影响细胞信号转导的因素

物理因素、化学试剂、生物病原、基因突变和营养失衡等都可涉及细胞对外界改变所发生的反应，进而启动信号转导系统，当刺激达到一定时可导致信号转导异常。根据影响信号转导的发生机制将影响信号转导的因素分为三类。

（一）蛋白质信号转导分子的基因突变

基因突变可改变信号转导蛋白的结构，发生在其重要功能域的突变可导致功能异常。当突变使信号转导蛋白功能减弱或丧失、核受体的转录调节功能丧失等，导致靶细胞对特定信号不敏感。如促甲状腺素受体突变失活可使甲状腺细胞对甲状腺素不敏感，患者表现甲状腺能够减退，造成甲状腺素抵抗症。

有些信号转导蛋白突变后不仅丧失自身功能，还能抑制或阻断野生型信号转导分子的作用。还有些信号转导蛋白在突变后获得了自发激活和持续激活的能力，称为组成型激活突变。在显性遗传的甲状腺功能亢进患者有 TSHR 的激活型突变，还发现一些分泌型肿瘤（如垂体瘤）中有 Gα 基因突变，导致 Gα 亚基的 GTP 酶活性降低，使 Gα 处于持久激活的 Gα-GTP 状态。

（二）蛋白质信号转导分子的表达异常

由于信号转导蛋白质分子基因表达障碍使信号转导蛋白生成减少，或蛋白产物不能完成正确的组装或定位，或降解增多都可造成信号转导蛋白缺失或数量减少。相反，由于基因拷贝数增加或异常高表达，或突变导致信号转导蛋白分子的降解减少，则可导致数量增多。

（三）毒素或抑制剂的作用

许多毒素和抑制剂能直接或间接与信号转导分子结合，通过抑制酶活性或蛋白质之间的相互作用，或抑制蛋白质的变构而影响信号转导分子的功能。

第四节　细胞代谢异常影响信号转导的机制与疾病

一、信号转导异常的概念

正常的信息转导是人体正常代谢和功能的基础，当信息传递发生能够异常时则会导致信息传递的障碍，进而导致某些疾病的发生。由于信号转导蛋白数量或结构的改变，导致信号转导的过强或过弱，并由此引起细胞增殖、分化、凋亡和机能代谢的改变，称为信号转导异常。

二、信号转导异常发生的原因

（一）基因突变

遗传因素可致染色体异常和编码信号转导蛋白质的基因突变，常呈现异质性，有缺失、插入突变和点突变。突变可发生在基因调节序列，使信号转导蛋白数量或功能发生改变，如受体与配体结合障碍、酪氨酸蛋白激酶活性丧失、核受体的转录调节功能丧失等，导致信号转导蛋白失活或活性增强。

（二）自身免疫反应

由于一级结构改变使受体具有抗原性，或受体原来隐蔽的抗原决定簇暴露，或某一受体蛋白与外来抗原有共同的抗原决定簇，使细胞对外来抗原产生抗体和致敏淋巴细胞的同时也对相应受体产生交叉免疫反应。目前研究最多的自身免疫性受体病是重症肌无力和自身免疫性甲状腺病，是由于患者信号分子或受体成为抗原，产生自身抗体，抗体反过来使信号分子或受体失活。抗受体抗体分为刺激型和阻断型抗体。刺激型抗体可模拟信号分子或配体的作用，激活特定的转导途径而表现功能亢进，如毒性甲状腺肿（Graves 病）出现的甲状腺亢进就是甲状腺刺激性抗体能模拟甲状腺抗体（TSHR）的作用。阻断型抗体与受体结合后可阻断受体与配体的结合，从而阻断受体介导的信号转导途径和效应。

（三）生物学因素

多种病原体及其产物感染人体后可通过受体家族成员的激活影响信号转导通路，在病原体感染引起的免疫和炎症反应中起重要的作用。Toll 样受体（Toll like receptor，TLR）的胞质部分与 IL-1 受体（IL-1R）同源，在信号转导中有 IL-1R 样作用。人体感染病原释放的内毒素主要成分是脂多糖（LPS），其受体是由 TLR4、CD14 和 MD-2 组成的复合物，通过 TLR4 胞内的连接蛋白（如 MyD88）激活 IL-1R 连接蛋白（receptor associated kinase，IRAK），进而启动炎细胞内的 NF-κB、PLC-PKC、PLA_2、MAPK 家族等信号转导通路，促进炎细胞因子、趋化因子、脂质炎症介质和活性氧等因子的合成与释放，这些因子与受体作用后可导致炎细胞的进一步激活和炎症反应的扩大。

（四）继发性异常

信号的长期过多或过少使受体水平上调或下调，或使受体后信号转导过程发生改变，使细胞对特定信号的反应减弱（脱敏）或增强（高敏）。如心肌的牵拉刺激和血流切应力对血管的刺激等可通过特定的途径激活 PKC、ERK 等，适当的机械刺激可促进细胞的生长、分化和功能的维持，但当刺激过度时则造成细胞的损伤，导致心肌肥厚和动脉粥样硬化。

（五）机体内环境的影响

机体在缺血、缺氧、创伤等内环境紊乱时会出现神经内分泌的改变，并通过相应的信号转导通路导致细胞功能代谢的变化以维持内环境稳定。但当这种变化严重导致内分泌的过度变化，神经递质、激素、细胞因子等大量释放，导致某些信号转导通路的过度激活和障碍，这种变化能促进疾病的发生和发展。

三、信号转导异常发生的机制

信号的发放、接收、信号在细胞内的传递、直至作用到靶蛋白出现效应，任何一个环节出现障碍都会影响到最终的效应。单个环节或单个信号转导分子的异常多见于遗传病，而一些多基因疾病，如肿瘤与多种信号蛋白和多环节的异常有关。

（一）信号的异常

由于某些信号转导蛋白的过度表达使细胞内特定的信号转导途径过度激活，导致细胞增殖、分化、凋亡或功能代谢的异常。

案例 4-3

患者，男，36 岁。手脚肿胀，脸部有病程特征。出现额部隆起，巨舌，大鼻子，油性皮肤。体格检查：身高 190cm，手掌偏大，软组织肿胀，足跟增厚，肝、脾偏大，余正常。

初步诊断：肢端肥大症。

问题与思考

1. 肢端肥大症的分子生物学机制是什么？

2. 如何治疗此病？

案例 4-3　相关提示

生长激素（GH）分泌过多是导致巨人症（或肢端肥大症）的信号转导分子基础。分泌 GH 过多的垂体腺瘤中，有 30%～40%是由于编码 Gsα 的基因突变所致，其特征是 Gsα 的精氨酸[201]被半胱氨酸或组氨酸取代；或谷氨酰胺[227]被精氨酸或亮氨酸取代，使 GTP 酶活性抑制而导致 Gsα 持续激活，cAMP 含量增多，垂体细胞生长和分泌功能活跃。因下丘脑生长激素释放激素（GHRH）刺激 GH 合成与分泌，过多 GH 可刺激骨骼过度生长，在成年人常软组织、组织生长过渡，导致面貌丑陋；舌、心脏宽大；骨骼增厚，引起肢端肥大症，在儿童则引起巨人症。

采用 GH 或其受体拮抗剂，通过抑制 GH 的作用治疗。

上述案例说明信号增多导致信号转导异常，而调节肾脏对水重吸收与排泄的抗利尿激素（ADH）分泌减少同样也可导致异常。ADH 降低减少其与肾小管或集合管细胞膜上 2 型受体（属于 GPCR）的结合量，减弱 Gs-AC-cAMP-PKA 信号转导效应，从而使肾集合管膜对水的通透性减弱，尿液不能很好地浓缩，出现尿量增加，引起中枢性尿崩症。

笔记栏

但需要指出的是不同受体介导的信号转导通路间存在着相互联系和作用，某些信号蛋白功能丧失后能由其他的相关信号蛋白来取代，因此，不是有信号蛋白的异常就一定会导致疾病。

（二）受体的异常

在病理条件下由于受体调节异常，会出现受体数目、亲和力和特异性的异常，引起相应的信号转导途径紊乱，进而引起相关细胞代谢和功能障碍。Brown 和 Goldstein 报道了第一个受体病，家族性高胆固醇血症，该病由 LDL 受体缺陷所致。此后的研究越来越多，后来把因受体异常而发生的一类疾病称受体病。根据受体异常的原因将其分为原发性与继发性两大类。

原发性受体病是指因先天性遗传原因所导致的受体异常，如睾丸女性化综合征、家族性高胆固醇血症、胰岛素抵抗性糖尿病等。患者血激素水平及生物活性正常，无相应受体抗体，但其受体缺乏，使其不能正常发挥其调节作用，导致细胞代谢异常和相应的体征。

案例 4-4

患者，女，25 岁。经常疲劳，嗜睡，精神抑郁，以前诊断为注意力缺乏症。体格检查：身高 146cm，甲状腺肿大，T_3、T_4 以及 TSH 量偏高，T_3、T_4 及 TSH 受体抵抗阴性，但无甲亢症状。

初步诊断：甲状腺功能低下。

问题与思考

1. 发生的可能原因？

2. 发病的分子生物学机制是什么？

案例 4-4　相关提示

病人表现 T_3、T_4 水平增高，作为生长因子刺激机体大多数细胞中蛋白质的合成，其缺乏引起懒散，或引起严重的精神疾病，反应迟钝，而检测 TSH 升高，甲状腺肿大。只能解释为与 TSH、T_3、T_4 结合的靶细胞出现了抗性，而 T_3、T_4 及 TSH 受体抵抗阴性说明为非受体抵抗原因。是受体的突变等原因降低了它与激素的亲和力，导致这些激素不能正常发挥作用。而 TSH 作为甲状腺的生长因子其升高是甲状腺种出现的原因。

TSH 能通过升高 Na^+，K^+-ATP 酶转运体浓度刺激氧消耗，T_3、T_4 与 GPCR 结合后，激活 AC，随后触发一系列级联反应导致甲状腺素合成。当 TSH 受体缺乏或功能缺失，导致 TSH 与受体结合能力下降，与 DNA 启动子区域作用通常引起转录抑制，而 T_3、T_4 受体异常使甲状腺不能产生、释放足够的甲状腺素，导致细胞蛋白质合成降低，出现甲状腺功能低下。患者身材矮小,在发育期即已致影响细胞和个体生长,应为原发性甲状腺功能低下。

继发性受体病是指由于遗传缺陷或感染等后天因素引起受体异常,发生对受体的病理免疫反应导致自身免疫性疾病。甲状腺功能亢进、胰岛素抵抗型糖尿病属于此类。

(三) 受体后信号转导通路异常

受体后信号异常是指第二信使(如 Ca^{2+},NO)量的异常,信号分子结构的异常等。如高血压时肾上腺素、血管紧张素、内皮素等通过不同机制使心肌 Na^{+}、Ca^{2+}升高,当心肌细胞被拉长时,细胞膜变形,导致离子通道异常、Na^{+}内流增多,Na^{+}/H^{+}交换蛋白激活,促进 Na^{+}/H^{+}交换,使细胞内 Na^{+}浓度增高、细胞内碱化,导致心肌细胞内 RNA、蛋白质合成增多,引起心肌肥厚。但并不是受体后变化一定都致病。

四、信号转导异常的结果

(一) 细胞代谢的异常

当特定的信号转导途径减弱或阻断,如细胞不能启用另外的信号转导途径予以取代,则会造成靶细胞对该信号的敏感性降低或丧失,而引起细胞内某些代谢过程的异常而导致疾病。糖尿病,甲亢等的发生机制就是如此。

(二) 与细胞功能有关的信号转导异常

抗体介导的细胞功能异常患者体内存在抗某种受体的自身抗体,抗体与靶细胞表面的特异性受体结合从而导致靶细胞的功能异常。例如重症肌无力,是由于患者体内存在抗乙酰胆碱受体的自身抗体,此抗体与骨骼肌运动终板突触后膜的乙酰胆碱受体结合,削弱神经肌冲动的传导而导致肌肉无力。再如男性假两性畸形,雄激素具有诱导男性性分化发育及维持男性生育能力等作用,雄激素与其受体(AR)结合后与特定 DNA 序列作用。当 AR 减少或失活可导致雄激素不敏感综合征,影响男性性发育,出现程度不等的性分化障碍,严重的为睾丸女性化综合征。

(三) 细胞增殖信号转导异常

细胞增殖信号的异常包括促进和抑制细胞增殖的信号转导过强或减弱。其中,研究最多的是肿瘤,肿瘤的早期即是与增殖、分化有关的改变,造成调控细胞生长、分化和凋亡信号转导异常,使细胞出现高增殖、低分化、凋亡减弱等特征;晚期则主要是控制细胞黏附和运动的信号发生变化,使肿瘤细胞获得转移性。恶性肿瘤常伴有某些生长因子受体异常增多,PTK 受体(RTK)是与多种生长因子受体同源的癌基因产物,通过与生长因子作用发生二聚化及受体间磷酸化导致该信号转导途径的激活。

在许多肿瘤中,发现因突变导致受体的组成激活。细胞的癌变过程不仅可通过促进细胞增殖信号的转导能够发生,还可通过抑制生长因子受体的减少、丧失和受体后信号的异常产生。如 TGFβ 对多种肿瘤细胞具有抑制增殖和激活凋亡的作用。

(四) 细胞凋亡异常

大多数情况下,细胞外的细胞凋亡诱导因素作用于细胞后可转化为细胞凋亡信号,并通过不同的信号转导途径激活细胞死亡程序,导致细胞凋亡。当氧化损伤、钙稳态失衡、线粒体的损伤等,导致细胞群体稳态破坏,细胞凋亡失控。细胞凋亡不足与过度均干扰正常的细胞功能(详见第 5 章)。

近年来,信号转导异常与疾病关系的研究取得了长足进步,不仅揭示了许多疾病发生的分子机制,还为新疗法和药物设计提供了新的思路,以纠正信号转导异常为目的的生物疗法和药物设计成为一个新的研究热点,多种受体阻断剂和拮抗剂、离子通道阻断剂、蛋白激酶等已经研制出来,它们中有些已经在临床应用中取得了明确的疗效,有些已经显示出了良好的应用前景。

小　结

信号分子由细胞合成并释放,通过扩散或血液运输作用于有其相应受体的靶细胞,通过靶细胞内的信息转导体系实现其调节作用。根据其理化性质和作用特点将细胞间的信号转导分子分为内分泌信号、旁分泌信号和自分泌信号 3 类。受体有识别和结合作为信号分子的配体并将配体信号转变为细胞内分子可识别信号的功能。因此,受体是指细胞表面或细胞内能特异地识别和结合信息分子的蛋白质分子。按受体的位置分细胞膜受体和细胞内受体,膜受体可分为 GPCR、受体门控离子通道受体、单个跨膜 α-螺旋受体和 GC 活性受体,细胞内受体分为胞质受体和细胞核受体。将在细胞内传递第一信使变化信息的物质称为第二信使,目前公认的第二信使有 cAMP、cGMP、Ca^{2+}、IP_3、DAG、PIP_3等。NO、CO、H_2S 也属于第二信使。G 蛋白/小 G 蛋白常通过偶联受体与各种下游效应分子调节细胞功能,介导多种信息分子的作用。

信号转导分子通过小分子物质数量、分布变化;蛋白质的变构调节;信号转导复合物的形成实现信号转导作用。信号转导分子相互识别、相互作用构成信号转导通路和复杂的信号转导网络系统。

受体通过与配体亲和力、受体活力等调节接收细胞外信号。胞内受体转导的信号在核内与特定的基因结合，在转录和转录后水平影响基因的表达。跨膜信息转导多需G蛋白介导，根据其机制分①GPCR介导的信号转导途径，包括cAMP-PKA途径、Ca^{2+}-依赖性蛋白激酶途径、Ca^{2+}-钙调蛋白依赖性途径、cGMP-PKG途径；②酶偶联受体通过蛋白激激酶-蛋白激酶发挥作用，包括Ras-MAPK途径、JAK-STAT途径、Smads途径、PI-3K/PKB途径等；③离子通道型受体介导的信号转导，如乙酰胆碱阳离子通道，甘氨酸阴离子通道。

值得提出的是细胞信号转导是多通路、多环节、多层次和高度复杂的可控过程。信号的发放、接收、信号在细胞内的传递、直至作用到靶蛋白出现效应，任何一个环节出现障碍都会影响到最终的效应。基因突变、自身免疫反应、多种病原体及其产物感染、继发性异常和机体内环境的影响都可导致信号转导异常。

（欧 芹）

参考资料

刘景生．2003．细胞信息与调控．北京：北京医科大学中国协和医科大学联合出版社

药立波．2006．医学分子生物学．第6版．北京：人民卫生出版社

查锡良．2003．医学分子生物学．北京：人民卫生出版社

周爱儒．2004．生物化学反应．北京：人民卫生出版社

笔记栏

第5章　细胞增殖、分化与凋亡的分子机制

细胞增殖、分化与凋亡是细胞基本的生命现象，是生物体正常生长与发育的重要基础。细胞增殖是生物体生长发育、生殖与遗传的基础；细胞分化是个体发育的一个重要阶段，胚层细胞的分化导致组织形成、器官发生和系统建成；细胞凋亡是细胞自主的生理性有序消亡过程，是维持生物体平衡的重要保证。细胞增殖、分化与凋亡之间既相互区别，又密切联系。三者的有机平衡，对于多细胞生物的组织分化、器官发育、机体稳态的维持具有重要意义；平衡的打破，将诱发多种疾病的发生。例如，细胞增殖过度、分化异常或凋亡不足均会导致细胞恶性转化与肿瘤的形成。因此，正确地认识细胞的增殖、分化与凋亡之间的内在联系、三者之间的信息传递网络途径及其调控机制，不仅为理解人的生长发育与生老病死等基础理论问题具有重大意义，而且对肿瘤、心血管疾病、免疫性疾病等多种疾病的预防、诊治以及新药的研发等都具有重要的现实意义。

第一节　细胞增殖的分子机制

案例 5-1

患者，女，67岁，便血加重半月前来就诊。有既往痔疮病史，故便血症状未引起重视。近年来患者便血逐渐加重，大便变细。经直肠镜体格检查：距肛门5cm处见菜花样占位3cm×4cm，中心溃疡1.5cm×1.5cm。病理活检报告为直肠腺癌。

收住外科，行直肠癌根治性切除术，术后病理报告诊断为溃疡型直肠中度分化腺癌，行盆腔局部化疗2个月出院。3个月后B超发现肝内多发性占位病变，经肝穿刺确诊为肝转移性中度分化腺癌，再次入院治疗。

初步诊断：结、直肠癌。

问题与思考

1. 结、直肠癌的发生发展过程可能与哪些基因有关？

2. 结合本病例分析对便血患者应注意什么？

案例 5-1　相关提示

1. 目前认为肿瘤的发生不仅仅是1～2个基因突变那么简单，而是多基因协同作用的结果。细胞癌变是一个涉及多阶级、多步骤、多基因改变的复杂过程，包括原癌基因的激活、抑癌基因的失活以及错配修复基因的突变等等，在多基因的协同作用下，最终导致细胞的异常增殖的癌变。例如，结、直肠癌的发生发展过程就涉及 *FAP*、*MCC*、*K-ras*、*DCC*、*p53*、*nm23* 等多个基因的突变或缺失。

2. 结、直肠癌发病涉及多基因的作用，细胞癌变的整个过程可分为6个阶段：①上皮细胞过度增生：可能涉及 *FAP*、*MCC* 基因的突变或缺失；②早期腺瘤：可能与DNA的低甲基化有关；③中期腺瘤：涉及 *K-ras* 突变；④晚期腺瘤：涉及 *DCC* 基因丢失；⑤腺癌：涉及 *p53* 基因缺失；⑥转移癌：涉及 *nm23* 基因的突变、血管生长因子基因表达增高等。

一、细胞增殖与细胞周期概述

（一）细胞增殖的基本概念

细胞增殖（cell proliferation）指细胞通过生长和分裂导致细胞数目增加的过程，是多细胞生物生命活动的重要特征。生物的种族繁衍、个体发育、机体修复等生命过程都离不开细胞增殖。一个受精卵发育为初生婴儿，细胞数目增至10^{12}个，长至成年细胞数目可达10^{14}个。成人体内每秒钟有数百万新细胞产生，以补偿血细胞、小肠黏膜细胞和上皮细胞的衰老和死亡。

多细胞生物对细胞增殖有着精确的自我调节机制。细胞增殖通过细胞周期来实现，细胞周期的有序运行通过相关基因的严格监视和调控来保证。一旦细胞增殖出现异常，就会导致相关疾病的发生，例如恶性肿瘤的形成就是细胞无限制增殖导致的结果。细胞增殖受多种蛋白质因子的调控，涉及多种基因的表达变化和信号转导途径，其中任何一个环节失调都可能导致疾病的发生。

（二）细胞周期的基本概念

细胞周期（cell cycle）指正常连续分裂的细胞从前一次有丝分裂结束到下一次有丝分裂完成所经历的连续动态过程，整个过程所经历的时间称为细胞周期时间（cell cycle time，Tc）。在适宜条件下，同种细胞的周期时间相对稳定，不同生物、组织、细胞的周期时间长短各异。如小鼠十二指肠上皮细胞的周期时间为10小时，人胃上皮细胞为24小时，培养的人成纤维细胞为18小时，HeLa细胞为21小时，肝、肾实质细胞的周期时间则长达1～2年甚至更长。

笔记栏

(三)细胞周期时相及生物化学特点

1. 细胞周期时相 真核生物的细胞周期分为间期(interphase)和分裂期(metaphase or mitosis,M期)。通常M期经历的时间短,间期经历的时间长。间期细胞有完整的细胞核结构,染色质分散于核内,有两项重要的生物化学活动在间期完成:①在细胞质内进行蛋白质等生物大分子的合成与各种细胞器的加倍;②在细胞核内进行DNA的合成。而DNA的复制只在间期一个很短的特殊阶段进行,称为DNA合成期或称S期(synthesis phase)。

细胞有丝分裂之后,必须经过一段时间间隔才能进入S期,DNA复制完成后又必须经历一段时间才能进入下一次有丝分裂阶段,据此可将细胞周期时相分为G_1期、S期、G_2期和M期四个阶段(图5-1)。①G_1期(gap_1)指从有丝分裂结束到DNA复制开始前的间隙时间,又称DNA合成前期;②S期指DNA复制开始到结束的一段时期;③G_2期(gap_2)指DNA复制结束到有丝分裂开始之前的一段时间,又称DNA合成后期;④M期指细胞分裂开始到结束,又称D期(division)。此外,有些细胞通常情况下不进行DNA的合成,处于静止状态可达数月甚至更久;当给予某种刺激后,细胞又重新进入细胞周期。这种暂时不继续增殖但具有增殖潜力的静止细胞称为G_0期细胞(gap_0 cell)。

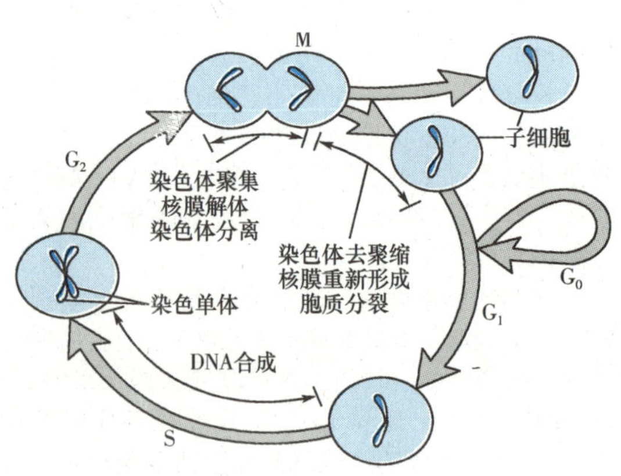

图5-1 细胞周期时相图

2. 细胞周期时相的生物化学特点 在细胞周期的不同阶段,细胞的各种生化反应具有不同特征。①G_1期:主要进行RNA和蛋白质的生物合成,G_1后期DNA合成酶的活性才大幅度增加。从G_1期进入S期与S期激活因子有关。②S期:细胞周期中最重要的生物合成期,主要进行DNA的生物合成,同时进行组蛋白及复制所需酶类的生物合成。合成的DNA和组蛋白及时组装成核小体,细胞中DNA的含量与G_0期相比增加一倍。此外,组蛋白可能还具有延长因子的作用,没有组蛋白的合成,DNA的复制就会停止。③G_2期:为DNA合成后期,主要是大量合成ATP、RNA和蛋白质如微管蛋白和成熟促进因子等,为细胞分裂进一步做好物质准备。④M期:物质合成基本停止,细胞开始分裂。主要特点是RNA合成停止,蛋白质合成减少,染色体高度螺旋化。细胞经过前期、中期、后期和末期四个阶段,使染色体凝缩、分离、平均分配到两个子细胞中,使母细胞中的DNA在子细胞中减半。

二、细胞周期的分子调控机制

(一)细胞周期调控的分子基础

细胞周期调控指各种基因顺序表达、各种调控因子依次激活/灭活与降解以及级联反应相互协同作用,使细胞周期正常启动、运转或关闭,从而保障细胞正常生长发育与增殖。参与细胞周期调控的蛋白质分子主要有:细胞周期蛋白、细胞周期蛋白依赖性蛋白激酶、细胞周期蛋白依赖性蛋白激酶抑制剂,这些蛋白的编码基因统称为细胞分裂周期基因(cell division cycle gene, cdc)。在细胞周期的网络调控中,以CDKs为调控网络的核心,Cyclins对CDKs具有正调控作用,CKIs有负调控作用,共同构成细胞周期调控的分子基础。此外,癌基因与抑癌基因对细胞周期调控也具有重要作用。

(二)细胞周期蛋白的分子调控机制

1. 细胞周期蛋白的基本概念 周期蛋白(Cyclin)指参与细胞周期调控、浓度随细胞周期变化呈周期性波动的一大类特殊蛋白质。自从1983年T Hunt和T Evans首次从海胆卵分离并命名Cyclin以来,已从芽殖酵母、裂殖酵母、动物及人类分离出30余种Cyclins。在人类,Cyclins可以分为Cyclin A、B、C、D…H等亚类,分别参与细胞周期不同时相的调节。Cyclins具有种属与组织特异性,功能各异,在细胞周期的不同时相呈规律性波动,据此可将Cyclins分为G_1期、G_2期、S期及M期周期蛋白四类。例如,Cyclin C、D、E、Cln1、Cln2、Cln3等G_1期周期蛋白,只在G_1期表达并只在G_1/S期转换过程中执行调节功能;Cyclin A、B等M期周期蛋白在间期表达和积累,但到M期才表现出调节功能(表5-1)。

表5-1 不同类型的周期蛋白

不同周期时象的激酶复合体	脊椎动物		芽殖酵母	
	Cyclin	CDK	Cyclin	CDK
G_1-CDK	Cyclin D*	CDK4、6	Cln 3	CDK1(CDC28)
G_1/S-CDK	Cyclin E	CDK2	Cln 1、2	CDK1(CDC28)
S-CDK	Cyclin A	CDK2	Clb 5、6	CDK1(CDC28)
M-CDK	Cyclin B	CDK1(CDC2)	Clb 1-4	CDK1(CDC28)

*包括D1、D2、D3各亚型Cyclin D,在不同细胞中的表达量不同,但具有相同的功效。

2. 细胞周期蛋白的分子调控机制 在细胞周期调节过程中,通常单独的Cyclin不具有调节功能,Cyclin必须与细胞周期蛋白依赖性蛋白激酶(Cyclin

笔记栏

dependent kinase，CDK）结合形成活性复合体，才能促使细胞周期相关蛋白基因的开放与表达。

不同种类的Cyclins调节细胞周期的具体机制尚不完全清楚，但通常都是在细胞周期的时相转换关卡发挥调节作用。例如，①在$G_0 \rightarrow G_1$期，首先c-Fos、c-Jun等基因开放，随后转录因子E2F、Cyclin D以及cdk1、2、4、6等基因表达，Cyclin D与CDK4/6结合，使下游蛋白质（如Rb）磷酸化，释放出活性E2F，再依次开启Cyclin E、A、CDK1及DNA合成相关酶类的基因表达。②在G_1-S期，Cyclin E与CDK2结合，促进细胞通过G_1/S限制点进入S期。同时，在S期进行DNA复制还需要Cyclin A参与。③在G_2-M期，Cyclin A、B与CDK1结合使CDK1激活，后者再去催化组蛋白H_1、核纤层蛋白等多种底物蛋白磷酸化，导致染色体凝缩、核膜解体等下游事件的发生（图5-2）。

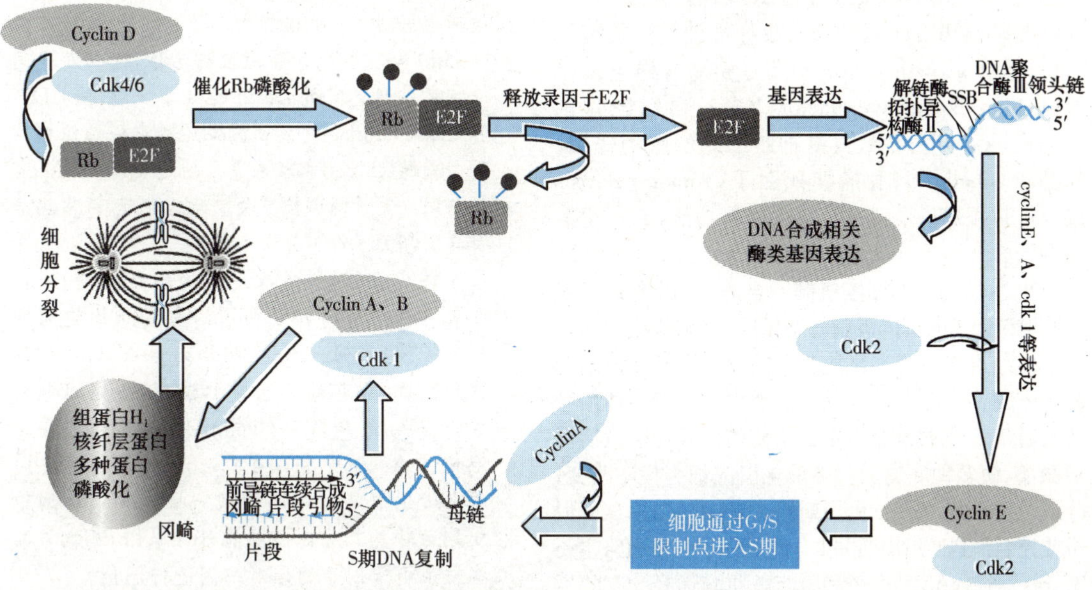

图5-2 周期蛋白对细胞增殖的调节作用

3. 细胞周期蛋白的降解 真核细胞内的蛋白质主要有两条不同的降解途径：溶酶体途径和泛素-蛋白酶体途径（ubiquitin-proteasome pathway）。泛素-蛋白酶体系高特异性地对Cyclins的降解，对于维持细胞周期的正常运转具有重要意义。

在Cyclins近N端有一个降解盒（destruction box）（图5-3），与Cyclins的降解有关。各种Cyclins在完成自身使命以后都必须降解，以维持细胞内环境的稳定性。

Cyclin E通常与CDK2形成Cyclin E-CDK2活性复合体，调控细胞通过G_1/S关卡进入S期。许多研究证明，Cyclin E过度表达反而阻碍细胞跨入S期的进程，引起染色体的不稳定性。研究发现，泛素-蛋白酶体系只降解游离的Cyclin E，不降解Cyclin E-CDK2复合体中的Cyclin E。复合型Cyclin E的降解只出现在细胞周期的特定时段，即当Cyclin E-CDK2复合体在G_1/S过渡期的使命完成之后才被降解。Cyclin E-CDK2中的Cyclin E先被蛋白激酶磷酸化、再泛素化，最后才被蛋白酶体降解。Cyclin D的降解可能是在细胞周期特定时间点消除Cyclin D的手段之一，目的是调节Rb的磷酸化或重新启动细胞，其降解过程与Cyclin E的降解相似。

此外，负调控性周期蛋白P21、P27以及E2F等的降解都是经过泛素-蛋白酶体途径。可见，泛素-蛋白酶体系在维持细胞周期的正常运转方面发挥着非常重要的作用。在细胞周期时相的顺序推进过程中，各种Cyclins依次合成与降解，推动着细胞周期时相的有序轮转。

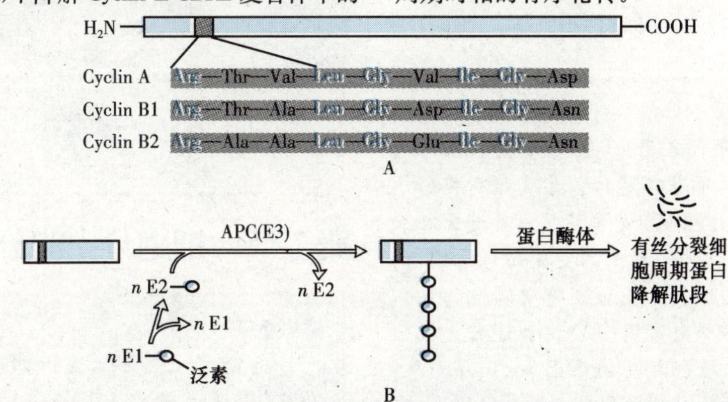

图5-3 有丝分裂细胞周期蛋白降解盒

A. 有丝分裂细胞周期蛋白降解盒；B. 有丝分裂细胞周期蛋白的多泛素化作用

笔记栏

(三) 细胞生长因子的分子调控机制

1. 生长因子分类 生长因子(growth factor, GF)是一大类与细胞增殖有关的信号分子,目前发现的生长因子多达几十种,可分为增殖促进类、增殖抑制类与双重调节功能类三个大类。多数生长因子具有促进细胞增殖的功能,如表皮生长因子(epidermal growth factor, EGF)、神经生长因子(nerve growth factor, NGF)、成纤维细胞生长因子(fibroblast growth factor, FGF)、胰岛素样生长因子(insulin-like growth factor, IGF)、白细胞介素(interleukins)等;少数具有抑制细胞增殖的作用,如抑素(chalone)、肿瘤坏死因子(tumor necrosis factor, TNF)等;个别具有双重调节功能,如转化生长因子β(transforming growth factor-β, TGF-β)等。

2. 生长因子的调控机制 虽然不同生长因子对细胞增殖调控的具体机制各不相同,但调节模式却大同小异:①生长因子与细胞膜上的生长因子受体结合使受体激活;②活化的受体再激活胞内的特异性信号传递通路;③通过细胞内第二信使的信号传递激活蛋白激酶,使多种底物蛋白磷酸化引起细胞代谢改变;④或通过开启/关闭细胞周期相关蛋白的表达,从而促进或控制细胞通过周期关卡。生长因子信号通路主要有:ras 途径,cAMP 途径和磷脂酰肌醇途径。有的生长因子通过 ras 途径,激活促分裂原活化蛋白激酶(mitogen-activated protein kinase, MAPK),促进细胞增殖相关基因的表达(图 5-4)。有的生长因子通过 cAMP 或 cGMP 途径进行信号传递。

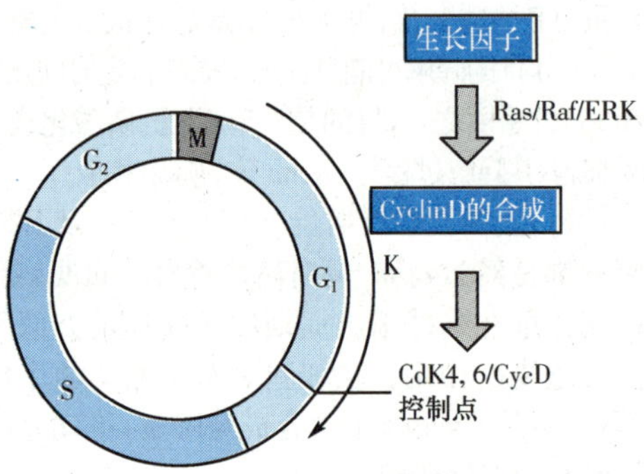

图 5-4 生长因子的作用机制

视窗 5-1

20 世纪 60 年代末至 70 年代初,哈特韦尔采用遗传学方法,用芽殖酵母作为实验材料研究细胞周期。通过温度敏感突变技术筛选出在特定细胞周期时相停滞生长的突变酵母细胞,成功地分离出上百个涉及细胞周期调控的基因,并命名为细胞分裂基因(*cdc*)。他还首先找到了与细胞周期控制相关的基因 *rad*9、*rad*17 等,在此基础上提出了细胞周期调控的依赖性调控机制——细胞周期关卡(cell cycle checkpoint)的新概念。继哈特韦尔之后,纳斯从裂殖酵母中筛选出了调控细胞周期进程的许多新基因:如 *cdc*2、*cdc*25、wee1 等,并发现裂殖酵母 *cdc*2 和人 *cdc*2 与芽殖酵母 *cdc*28 具有高度的同源性,均编码一个 34kD 的蛋白激酶($p34^{cdc2}$),其功能可以相互代偿,参与 G_1/S 和 G_2/M 转换的调控。纳斯进一步发现,$p34^{cdc2}$ 必须与细胞周期蛋白(cyclin)结合才具有蛋白激酶活性,这一发现同哈特韦尔所鉴定的 *cdc*28 的性质一致,使 CDC2 和 CDC28 成为最早发现的细胞周期蛋白依赖性蛋白激酶(CDKs)家族成员。他还发现 DNApolα 也与周期关卡的调控有关。此后发现,许多癌症都与周期关卡控制异常有关。

1983 年,亨特首次发现海胆卵受精后,在卵裂过程中有两种蛋白质的含量随细胞周期剧烈振荡,在每一轮间期开始合成,G_2/M 期达到高峰,M 期结束后突然消失,下轮间期又重新合成,故命名为 Cyclin。亨特证明了在其他物种的细胞中也存在 Cyclin,并且这类蛋白质在进化中具有高度的保守性。除了对细胞周期运转具有决定性功能外,Cyclin 还能与某些转录调节因子结合对基因进行调控。

由于勒兰德·哈特韦尔(L. Hartwell)、保罗·纳斯(P. Nurse)和蒂莫西·亨特(T. Hunt)在细胞周期调控机制研究方面的贡献,他们共同分享了 2001 年诺贝尔生理/医学奖(图 5-5)。

图 5-5 L. Hartwell, T. Hunt 和 P. Nurse

第二节 细胞分化的分子调控机制

案例 5-2

患者,女,22 岁。主诉四肢紫癜、头晕 2 个月,阴道大量出血10余天。患者于两个月前开始四肢紫癜，头晕、心慌、间有低热，关节酸痛、偶有鼻血，10多天前阴道出血、量多，经输血等治疗效果不好，乃入院治疗。

体格检查：体温38℃，脉搏98次/分，血压110/65mmHg，显轻度贫血；四肢散在性紫癜，浅表淋巴结不大，口腔双侧颊部黏膜可见小血泡，胸骨无明显压痛，余无异常。未进行妇科检查。

实验室检查：血红蛋白80g/L，白细胞1.8×10^9/L。中性杆状细胞0.05，中性分叶细胞0.40，淋巴细胞0.52，幼粒细胞0.03，血小板10×10^9/L。骨髓象：增生明显活跃，原始粒细胞0.06、早幼粒细胞0.62，后者细胞椭圆且较大，胞质丰富，可见大小不均的淡紫红色颗粒，核圆形偏于一侧、核仁1～2个，红系统受抑制，全片未见巨核细胞，血小板少见。肝肾功能正常，凝血时间（试管法）16min，凝血酶原时间25s（对照14s），凝血酶时间14s（对照11s），纤维蛋白原定量1.2g/L，3P试验（+），D-2聚体（+）。

染色体检查发现有t(15∶17)(q22∶21)异常，基因检查发现有PML/RARα融合基因。

诊断：急性早幼粒细胞白血病。

治疗方案：采用全反式维A酸诱导治疗，36～60mg/m^2·d，分三次口服，观察缓解效果。

问题与思考

1. 为什么采用全反式维A酸进行治疗？

2. 临床上采用砷剂对急性早幼粒细胞白血病治疗也有效，为什么？

案例5-2 相关提示

诱导肿瘤细胞分化是临床上治疗肿瘤的一个重要研究方向。急性早幼粒细胞白血病（acute promyelocytic leukemia，APL）是以骨髓中异常幼稚的早幼粒细胞大量增生与累积为主的急性白血病。早幼粒细胞白血病（PML）基因定位于15号染色体，维A酸受体α（RARα）基因定位于17号染色体。早幼粒细胞白血病患者常发生17、15号染色体易移位，导致PML-RARα融合蛋白表达。使野生型PML或PLZF蛋白的功能失活，干扰正常RARα的信号传导。PML蛋白具有增殖抑制与分化诱导活性，在早幼粒细胞白血病细胞中，PML以PML-RARα融合蛋白形式存在，从而干扰细胞正常凋亡，出现增殖异常。

在临床上常用维A酸和三氧化二砷治疗急性早幼粒细胞白血病，其作用机制就是通过降解在急性早幼粒细胞白血病发病中起关键作用的PML/PLZF-RARα融合蛋白，释放出PML蛋白，通过一系列信号传导最终抑制细胞增殖而诱导其分化。

一、细胞分化概述

细胞分化的基本概念

生物个体由形态不同、功能各异的多种细胞组成，构成人体的细胞类型多达250～500种。通常细胞的形态与功能是相适应的，这就构成了纷繁复杂的多细胞生物世界。细胞分化（differentiation）指在多细胞生物个体发育过程中，子代细胞与母代细胞相比在形态、结构和功能上发生差异性变化的过程。由一个受精卵通过细胞分裂产生的后代细胞，不仅出现了形态结构变化，而且各种细胞在功能上也产生了差异（图5-6）。

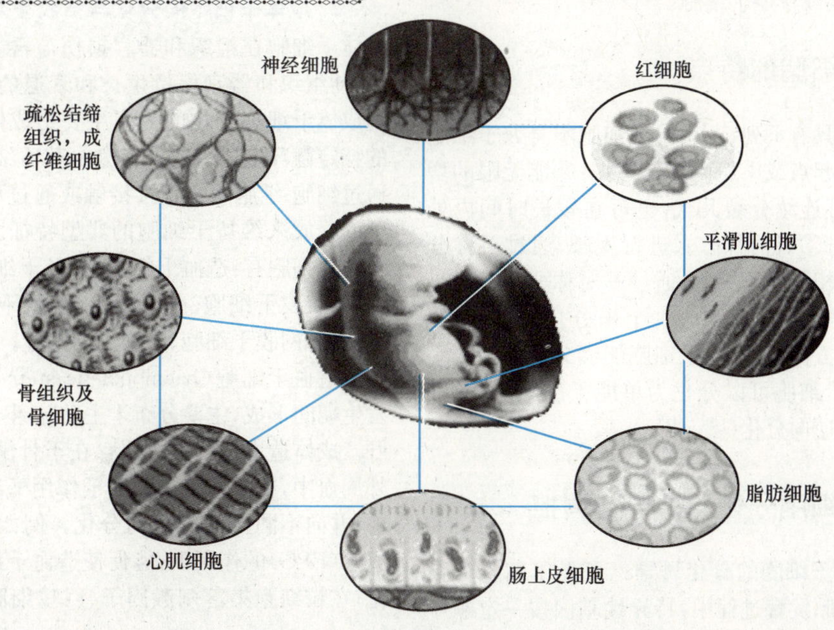

图5-6 受精卵分化为不同形态和功能的后代细胞

笔记栏

细胞分化是一种持久性的变化，不仅发生在个体胚胎发育中，也存在于人体多能干细胞的分化过程中，伴随人的一生。动物细胞分化具有时空性和不可逆性：①在时间上，一个细胞在不同的发育阶段，其形态结构与功能可以不同；在空间上，同一种细胞的后代，由于所处的环境条件不同，其形态结构与功能也可以相异。②一个细胞一旦转化为一种稳定的细胞类型之后，就不能逆转到未分状态。因为分化是细胞命运决定过程中基因顺序差异表达的结果，细胞分化意味着各种细胞内合成了不同的特异性蛋白质（如红细胞合成血红蛋白，肌细胞合成肌动蛋白和肌球蛋白等）。因此，细胞在分化之前先有决定。

二、干细胞分化的分子基础

（一）干细胞概述

干细胞（stem cell）是一类具有自我更新和分化潜能的未分化细胞。根据分化潜能的大小，可分为全能干细胞、多能干细胞与单能干细胞。全能干细胞（totipotential stem cell）具有发育成为各种组织器官的完整个体的潜能；多能干细胞（pluripotent stem cell）具有分化成多种细胞组织的潜能，但失去了发育成完整个体的能力；单能干细胞（unipotent stem cell）只能向一种类型或密切相关的两种类型的细胞分化，是发育等级最低的干细胞。干细胞还可根据来源不同，分为胚胎干细胞和成体干细胞。胚胎干细胞（embryonic stem cell，ESC）指在受精卵分裂发育成囊胚时，位于内层细胞团（inner cell mass），具有自我更新能力和分化为所有组织器官能力的未分化细胞，属于全能干细胞。成体干细胞（adult stem cell，ASC）指分布于已分化的特定组织中，具有自我更新能力与一定分化潜能的未分化细胞，属于多能或单能干细胞。

（二）干细胞的特点

干细胞具有下列特点：①干细胞本身处于细胞分化途径的起点或中途而不是终端；②能无限的增殖分裂；③可连续分裂几代，也可在较长时间内处于静止状态；④有两种方式进行生长，通过对称分裂形成两个相同的干细胞，通过不对称分裂形成一个功能特化的分化细胞与一个未分化的干细胞；⑤分化具有方向性，全能干细胞能够分化为多能干细胞，多能干细胞可以分化为单能干细胞，但通常情况下不能逆向分化（图 5-7）。

（三）干细胞分化的诱导与调控

1. 胚胎干细胞的分化诱导 胚胎干细胞分化的实质是胚胎发育过程中，特异性基因按一定顺序相继活化与表达，其定向诱导分化主要有三条途径：细胞/生长因子诱导途径、转基因子诱导途径与细胞共培养途径。

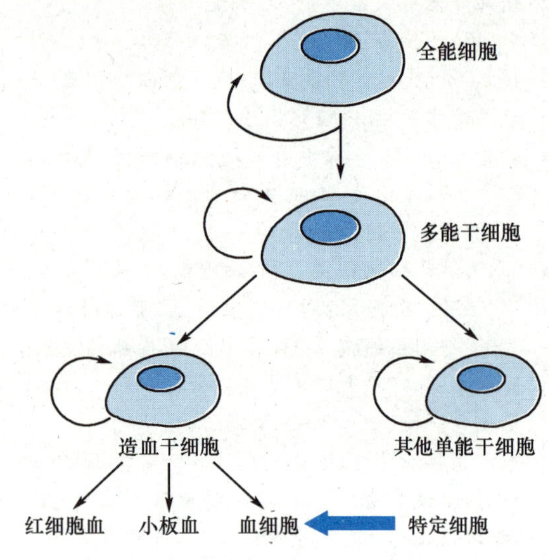

图 5-7 干细胞分化方向性

细胞/生长因子诱导途径的主要诱导因子有维A酸（RA）、骨形态发生蛋白（BMPs）、成纤维细胞生长因子（FGFs）等。转基因诱导胚胎干细胞分化途径是利用病毒作为载体，将细胞/生长因子基因或某些信号转导因子基因导入胚胎干细胞中，在细胞内诱导相应蛋白质因子表达，从而诱导转基因胚胎干细胞分化。常用的病毒载体有腺病毒、腺相关病毒等。细胞共培养诱导分化途径是将胚胎干细胞与一种诱导细胞共同培养，通过诱导细胞的作用使胚胎干细胞向特定方向分化。目前，胚胎干细胞在体外可诱导分化成多种类型的功能细胞，如造血细胞、神经细胞、心肌细胞、成肝细胞、胰岛素分泌细胞、骨骼肌细胞、脂肪细胞、原始内胚层细胞等3个胚层内所有的细胞。

2. 成体干细胞的分化与自我更新调控机制 成体干细胞在组织和器官损伤与再生中起关键作用，使组织和器官保持生长和衰退的动态平衡，影响成体干细胞分化的因素主要是成体干细胞所处的特定微环境（又称龛）。龛由基质细胞组成，它们通过细胞-细胞间的直接接触或通过可溶性细胞因子的释放来维持干细胞的典型特征。目前发现的成体干细胞有：造血干细胞、神经干细胞、间充质干细胞、表皮干细胞、肝干细胞、胰腺干细胞、心肌干细胞、视网膜干细胞、角膜干细胞等。

造血干细胞（haemopoietic stem HSC）在个体发生期间形成，主要分布于主动脉-生殖腺区域和胎肝。成体造血干细胞主要存在于骨髓，可被动员到外周血中，在不同的细胞因子作用下能够在体外扩增，并向不同血细胞定向分化。例如，在红细胞生成素（EPO）的作用下，能促使造血干细胞向红系分化；在粒细胞集落刺激因子、巨噬细胞集落刺激因

笔记栏

子和粒细胞-巨噬细胞集落刺激因子的共同作用下，可诱导造血干细胞向粒系分化；在血小板生成素的刺激下，可使造血干细胞向巨核系分化。这些研究证明造血干细胞具有多分化潜能，可以进行跨系及跨胚层分化。

神经干细胞(nerve stem cell，NSC)来源于成人及胚胎的中枢及周围神经系统，能分化为不同类型的神经元、星形胶质细胞和少突胶质细胞。

成体干细胞自我更新及分化在很大程度上受内外信号控制，这种控制作用通过细胞有丝分裂和不均等分配来实现，具体机制目前尚不清楚。例如，神经干细胞的分化就可能存在自身基因调控和外来信号调控两种机制。许多转录因子参与了神经干细胞的基因调控：如 bHLH 转录调控因子参与了神经干细胞的分化，转录抑制因子 N-CoR 阻止神经干细胞向胶质细胞分化。不对称分裂调节基因 Insc 在特定时间通过某一途径启动后，能启开或关闭下游基因的表达，决定着神经干细胞的分化命运。外来信号调控主要是神经干细胞所处的微环境、细胞因子和细胞外基质蛋白等共同作用的结果。

目前，对干细胞的研究已成为细胞分子生物学的热点。人类渴望弄清楚干细胞的分裂生长与分化发育的确切机制，以利用及引导干细胞向人类所需要的方向分化发育和生长，产生特异性的生物工程组织和器官，为组织器官的移植开辟广泛的前景。

三、细胞分化异常与肿瘤

细胞分化调控异常可发生在胚胎期细胞或成体细胞中，诱发相应疾病的产生。例如：胚胎期细胞分化调控异常可导致畸胎瘤，表皮增生失调与不完全分化能引起银屑病，细胞过度增殖及分化不足能引起细胞癌变。在正常细胞中，增殖与分化存在着紧密的偶联作用；而肿瘤细胞的增殖与分化往往存在着脱偶联倾向，使肿瘤细胞显现出低分化、去分化与趋异性分化的特点。因此，诱导肿瘤细胞分化，在临床上作为肿瘤治疗的手段一直是研究的一个热点。一些化合物如维生素类衍生物(如维 A 酸和维生素 D 衍生物)、一些极性化合物(如二甲亚砜、环六亚甲基二乙酰胺)、佛波酯类、细胞因子(如集落刺激因子、干扰素等)和一些细胞内第二信使(cAMP 衍生物)在一些实体性和非实体性肿瘤的实验研究中均呈现出不同程度的诱导肿瘤细胞分化的良好作用，在肿瘤的临床治疗上也取得了一些成功。例如，急性早幼粒细胞白血病就是临床上第一个应用诱导分化治疗取得成功和第一个针对肿瘤特异性标志分子进行治疗的人类恶性肿瘤。

急性早幼粒细胞白血病(acute promyelocytic leukemia，APL)是以骨髓中异常幼稚的早幼粒细胞大量增生与累积为主的急性白血病，起病急骤、恶化迅速，常易导致弥散性血管内凝血(DIC)，引发病人急性出血症状。临床表现为，进行性贫血、发热、出血、骨关节疼痛四大症候群。外周血白细胞减少，骨髓中早幼粒细胞异常增高(＞30%)，胞形常呈椭圆形，核偏于一侧，胞质中有大小不一的异常颗粒。常发生 17、15 号染色体易移位[t(15;17)(q22;q21)]，也有少数为 t(11;17)异常，基因检测多有 PML/RARα 融合基因。

早幼粒细胞白血病(PML)基因定位于 15 号染色体，维 A 酸受体 α(RARα)基因定位于 17 号染色体。PML 患者常发生 17、15 号染色体易移位，导致 PML-RARα 融合蛋白表达。少数早幼粒细胞白血病患者发生 t(11;17)异常，使 11 号染色体上的 PML 锌指(PLZF)基因与 17 号染色体上的 RARα 基因发生融合，表达为 PLZF-RARα 融合蛋白。PML-RARα 或 PLZF-RARα 融合蛋白可使野生型 PML 或 PLZF 蛋白的功能失活，干扰正常 RARα 的信号传导。

PML 蛋白具有增殖抑制与分化诱导活性，作用机制是通过下调 Cyclin D1、CDK2 的表达与上升 P53、P21WAF1/CIP1 的表达，使 Rb 蛋白去磷酸化，导致细胞周期阻滞在 G1 期，诱导造血细胞分化。而 PML 蛋白正常功能的发挥与它在细胞内的定位密切相关。在正常细胞中，PML 蛋白以不连续点状方式分布在细胞核内，并与核基质中的 SUMO-1、pRb、SP100、rfp、NDP55、ISG-20、SUMO-1 等多种蛋白成分结合成核体或 POD(PML Oncogenic Domain)结构，这种功能性多蛋白复合体结构通过“扣留”多种重要的细胞内调节蛋白而影响细胞增殖，诱导细胞分化。在早幼粒细胞白血病细胞中，PML 以 PML-RARα 融合蛋白形式存在，阻止了 POD 结构的形成，使细胞出现增殖异常。

POD 结构在维持细胞增殖、分化、凋亡平衡中起着重要作用，PML/PLZF-RARα 对 POD 结构及 RARα 信号传导的干扰是急性早幼粒细胞白血病发病机制的重要基础。在临床上常用维 A 酸和三氧化二砷治疗急性早幼粒细胞白血病，其作用机制就是通过降解在急性早幼粒细胞白血病发病中起关键作用的 PML/PLZF-RARα 融合蛋白，释放出 PML 蛋白，恢复 POD 结构，通过一系列信号传导最终抑制细胞增殖而诱导其分化。

第三节　细胞凋亡的分子调控机制

一、细胞凋亡概述

(一) 细胞凋亡的基本概念

细胞凋亡(apoptosis)是细胞在内、外因子的严格控制下出现的一种由基因调控的细胞生理性自主有序的消亡过程，又称程序性细胞死亡(programmed cell death，PCD)。细胞凋亡与细胞生长、

笔记栏

分裂和增殖一样是维持生物体平衡的重要环节，在多细胞生物的组织分化、器官发育、机体稳态过程中具有重要意义，在癌症、获得性免疫综合征(AIDS)、神经退行性病变、自身免疫性疾病、感染性疾病等多种疾病过程中起着重要作用。细胞凋亡是细胞的一个自主性过程，大致要经历启动、调控、执行和死亡四个阶段，涉及一系列基因的激活、表达与调控，是多细胞生物为更好地适应生存环境而主动争取的一种消亡过程。

(二)细胞凋亡的基本特征

1. 细胞凋亡的主要特征 细胞凋亡与坏死(necrosis)是两种不同的细胞学现象。细胞凋亡是一种由基因决定的细胞主动性消亡过程，细胞坏死是极端理化因素或严重病理性刺激引起的细胞死亡过程。细胞凋亡具有下列主要特征(表 5-2)：①细胞体积缩小，连接消失，并与周围细胞脱离。②细胞质凝缩，线粒体膜电位改变、通透性增加，细胞色素 C 被释入胞质；线粒体 Ca^{2+} 释放，胞质内 Ca^{2+}浓度升高，钙离子依赖性核酸内切酶被激活。③染色质凝集于核膜周围，核膜破裂、核仁解体，核酸内切酶将染色体规律性切成 180～200bp 整数倍小片段，在琼脂糖凝胶电泳中呈现出典型的梯状 Ladder。④膜内磷脂酰丝氨酸外翻，细胞膜包裹着细胞器、染色体片段等内容物以出芽方式形成许多凋亡小体。⑤半胱氨酸-天门冬氨酸蛋白酶家族、端粒酶及钙蛋白酶(Calpain)、转谷氨酰胺酶(transglutaminase)等蛋白酶活性增强。⑥凋亡小体被邻近细胞吞噬消化，无内容物释放，无炎症反应(表 5-2，图 5-8)。

表 5-2 细胞凋亡与细胞坏死的区别

区别点	细胞凋亡	细胞坏死
起因	生理或病理性	病理性变化或剧烈损伤
范围	单个散在细胞	大片组织或成群细胞
细胞膜	保持完整，一直到形成凋亡小体	破损
染色质	凝聚在核膜下呈半月状	呈絮状
细胞器	无明显变化	肿胀、内质网崩解
细胞体积	固缩变小	肿胀变大
凋亡小体	有，被邻近细胞或巨噬细胞吞噬	无，细胞自溶碎片被巨噬细胞吞噬
基因组 DNA	有控降解，电泳图谱呈梯状	随机降解，电泳图谱呈涂抹状
蛋白质合成	有	无
自吞噬	常见	缺少
线粒体	自身吞噬	肿胀
调节过程	受基因调控	被动进行
炎症反应	无，不释放细胞内容物	有，释放内容物

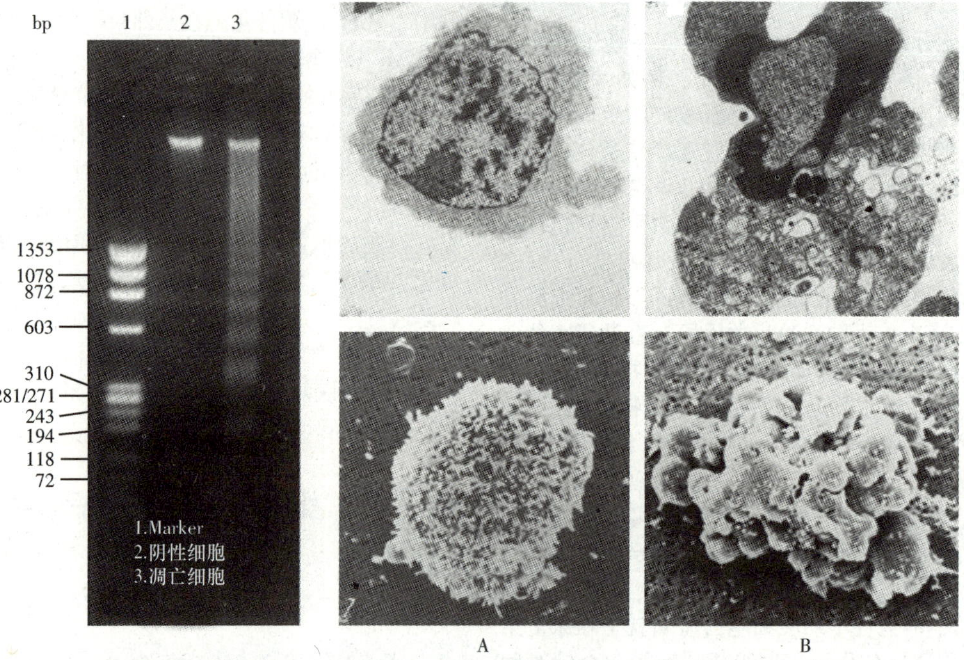

图 5-8 凋亡细胞与正常细胞形态与电泳图谱比较
A. 正常胸腺细胞；B. 凋亡胸腺细胞

2. 细胞凋亡的生物学意义 细胞凋亡的主要生物学意义在于维持多细胞生物的正常生长发育，保持内环境的稳定性，抵御外界因素对生物正常生长发育、分裂分化的干扰。通过细胞凋亡，有机体得以清除不再需要的组织细胞及被病原体感染的细胞，发育过程中的幼体器官得以缩小或退化(如

笔记栏

蝌蚪尾的消失),成熟组织中的细胞得以自然更新。据估算健康成人体内,在骨髓和肠中每小时约有10亿个细胞凋亡,每天有约5×10^{11}个血细胞通过凋亡途径被清除,以平衡骨髓中新生的血细胞。在人体胚胎发育过程中,细胞凋亡参与了手足的分化成形过程,胚胎时期手和足呈铲状,随着指或趾之间的蹼状连接逐渐发生细胞凋亡,才最终发育为成形的手和足。

细胞凋亡如不恰当的被激活或抑制,导致其失调,均会导致一系列疾病的产生,如神经退行性疾病、肿瘤、艾滋病及自身免疫性疾病等。研究显示,恶性肿瘤的发生就是由于细胞生长失控、增殖过度而凋亡不足所导致的结果。癌基因中有一大类属于生长因子家族及生长因子受体家族,这些基因的激活与过度表达,直接导致了细胞的过度生长与恶性转化。因此,从细胞凋亡的角度来设计对肿瘤的治疗方法就是要重建肿瘤细胞的凋亡信号系统,抑制肿瘤细胞生存基因的表达,诱导死亡基因的表达。许多自身免疫疾病也是由于细胞凋亡不足所致。正常情况下,被自身抗原激活的自身反应性T淋巴细胞及B淋巴细胞,可以通过凋亡机制得到清除;如果细胞凋亡机制发生障碍,识别自身抗原的免疫活性细胞就会攻击机体正常细胞,导致自身免疫疾病的产生。

二、细胞凋亡的分子基础

(一)细胞凋亡的酶学基础

凋亡过程的主要执行者是细胞蛋白酶类,凋亡发生的中心环节就是激发由蛋白酶类组成的级联反应。对线虫发育过程中的细胞凋亡研究发现,在线虫的15个死亡相关基因中,*ced*-3、*ced*-4是指令细胞死亡的基因,*ced*-9是抑制*ced*-3/*ced*-4的存活基因。在哺乳动物中也发现了上述基因的同源基因,如与*ced*-4同源的凋亡蛋白酶活化因子(Apaf-1)基因,与*ced*-9同源的B细胞淋巴瘤/白血病-2基因(*bcl*-2)家族以及与ced基因高度同源的半胱氨酸天门冬氨酸蛋白酶(Caspase)家族,这些基因在诱导细胞凋亡的分子机制中起着关键作用。

Caspase (cysteinylaspartate specific proteinase)是一组与线虫*ced*-3同源,具有相似氨基酸序列和二级结构的半胱氨酸蛋白酶。Caspase与真核细胞凋亡密切相关,并参与细胞的生长、分化与凋亡调节。人类Caspase家族成员至少有11种,根据其蛋白酶序列的同源性可分为3个亚族:Caspase-1亚族包括Caspase-1、4、5、11;Caspase-2亚族包括Caspase-2、9;Caspase-3亚族包括Caspase-3、6、7、8、10。

在正常情况下,Caspase家族成员均以酶原形式分布于细胞内,都含有QACXG(X为R、Q或G)五肽序列、原结构域(prodomain)和催化区(图5-9)。酶原活化时要切除原结构域,将剩余部分剪切成P20和P10一大一小两个亚基,再由P20/P10这两种亚基组成具有催化功能的活性酶。

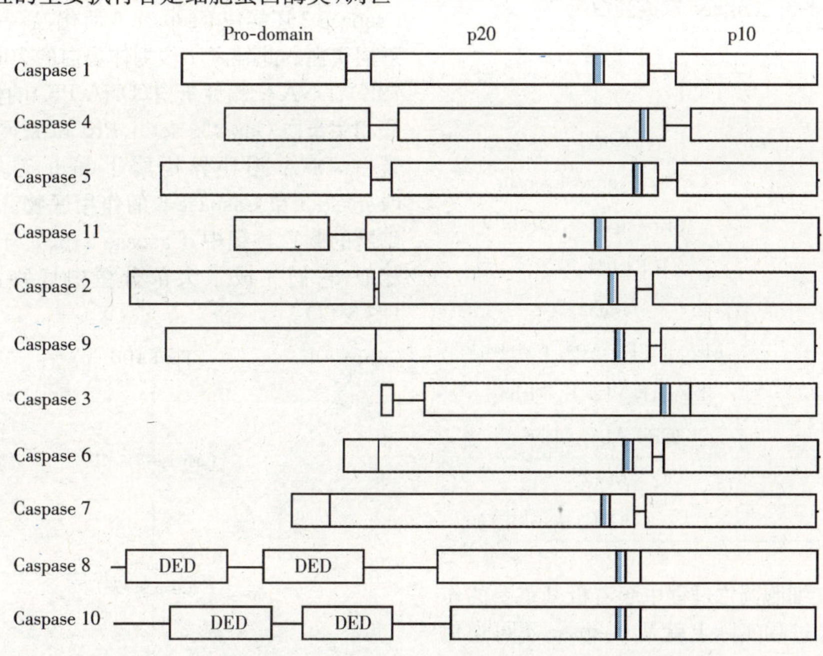

图5-9 Caspase蛋白酶家族的结构特征(阴影部分为活性中心)

根据Caspase的一级结构和原结构域情况,又可将Caspase分为启动子Caspase和效应子Caspase两大类。启动子Caspase包括Casepase-8、9、10,他们具有较长的N端原结构域,在Casepase-8

和 10 的原结构域中含两个串联的死亡效应子区(death effector domain，DED)，两个 DED 与 C 端的催化区结合，使催化区处于无活性状态。启动子 Caspase 可被上游死亡信号转导通路中的信号分子(如 Apaf-1)活化形成二聚体，通过自身催化形成由两个大亚基与两个小亚基组成的活性四聚体。效应子 Caspase 如 Caspase-3、6、7，它们能分解细胞蛋白，起凋亡执行器作用，它们的 N 端原结构域较短或缺乏。效应子 Caspase 为启动子 Caspase 的下游酶，能被启动子 Caspase 激活。例如，正常生理情况下 Caspase-3 以酶原(32kD)的形式分布于胞质中，在凋亡的早期阶段被激活，活化的 Caspase-3 由两个大亚基(17kD)和两个小亚基(12kD)组成，裂解相应的胞质胞核底物，最终导致细胞凋亡。在细胞凋亡的晚期和死亡细胞中，Caspase-3 的活性明显下降(图 5-10)。

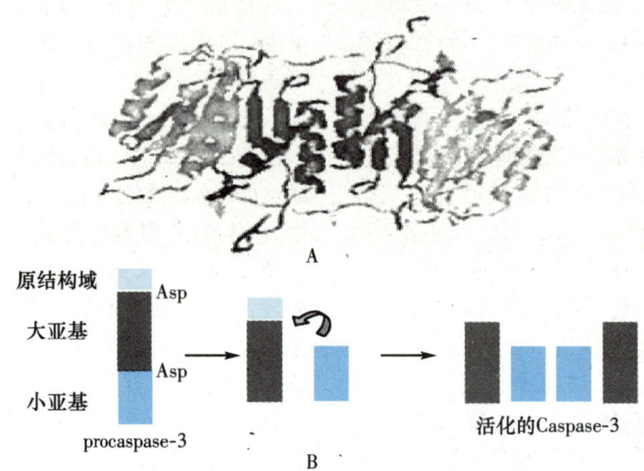

图 5-10　Caspase-3 结构模型 A 与 Caspase-3 活化过程 B

Caspase 对底物的裂解位点必须在天冬氨酸之后且至少识别切割位点 4 个氨基酸残基，这样才能发挥有效的催化作用，不同的 Caspase 识别的四肽序列有很大差异，这是不同 Caspase 生物学功能产生差异的原因(表 5-3)。

表 5-3　Caspase 家族蛋白酶

蛋白酶名称	别名
Caspase-1	ICE
Caspase-2	ICH-1
Caspase-3	CPP32，Yama，apopain
Caspase-4	ICErel-Ⅱ，TX，ICH2
Caspase-5	ICErel-Ⅲ，TY
Caspase-6	Mch2
Caspase-7	Mch3，ICE-LAP3，CMH-1
Caspase-8	MACH，FLICE，Mch5
Caspase-9	ICE-LAP6，Mch6
Caspase-10	Mch4
Caspase-11	ICH-3

Caspase 在细胞凋亡过程中起着极其重要的作用，细胞的凋亡过程实际上就是 Caspase 不可逆地部分降解底物蛋白的级联反应过程。不同 Caspase 的底物蛋白不同，介导不同类型的凋亡信号通路。例如，Caspase-8 介导死亡受体参与的凋亡过程。Caspase-8 活化后，一方面剪切活化 Caspase-3、4、7、9、10，通过这些蛋白酶部分降解底物蛋白使凋亡过程得以进行；另一方面 Caspase-8 的活性又受到 CrmA 抑制，借此成为凋亡负调控因素的作用靶点。

被 Caspase-8 激活的 Caspase-3 和 Caspase-7 能够剪切多聚(ADP-核糖)聚合酶[poly (ADP-ribose) polymerase，PARP]，引起 DNA 降解。活化的 Caspase-3 还能使 Caspase-6 活化，后者可以降解核纤层蛋白。此外，U1 核糖体蛋白的 70kD 亚基(U1-70K)、DNA 依赖性蛋白(DNA-PK)的催化亚基、微丝相关蛋白 Gas-2、β-actin、PKCd、视网膜母细胞瘤蛋白、DNA 拓扑异构酶Ⅰ和Ⅱ等均可以作为 Caspase-3 和 Caspase-6 的作用底物。在哺乳动物细胞的凋亡过程中，Caspase 3、6、7 与 CED-3 最为相似，它们完成了大部分蛋白底物的剪切作用(图 5-11)。

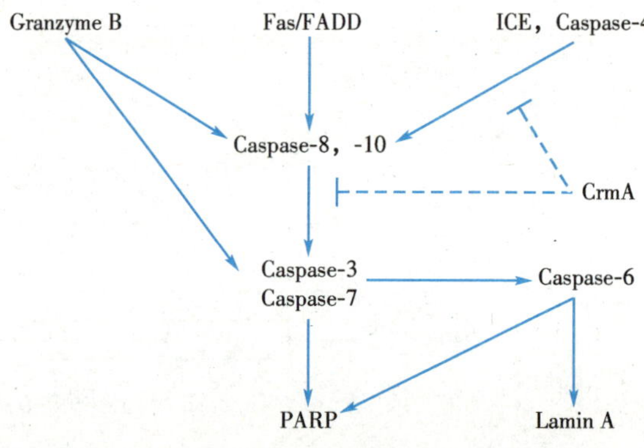

图 5-11　Caspase 蛋白酶在细胞凋亡中的活化顺序

笔记栏

（二）凋亡抑制因子与凋亡诱导因子

细胞凋亡受多种因子的影响与调控。同一组织细胞受不同因子作用，细胞反应结果不同；同一因子作用于不同组织细胞，细胞反应结果也不尽相同。对细胞凋亡影响最大的两类因子分别是凋亡抑制因子与凋亡诱导因子。

凋亡抑制因子可分为三类：①生理性抑制因子，如 *bcl*-2 原癌基因、突变型 P53、凋亡抑制蛋白、生长因子、CD40 配体、雌雄激素等；②病毒抑制因子，如腺病毒 E1B、杆状病毒、牛痘病毒 crmA 等；③其他抑制因子，如线虫 *ced*-9 基因、半胱氨酸蛋白酶抑制剂、钙蛋白酶抑制因子、促癌剂 PMA 等。

凋亡抑制蛋白（inhibitor of apoptosis protein，IAP）是一类内源性凋亡抑制因子，具有阻止细胞凋亡的作用。IAP 主要通过抑制 Caspase，参与 TNFR 介导的信号转导，并与 NF-κB 相互作用发挥抗凋亡作用。在人类已发现 8 个 IAPs 家族成员，分别是 HIAP-1、HIAP-2、XIAP、ML-IAP、Survivin、ILP-2/Ts-IAP、NAIP、BRUCEE/apollon。

凋亡诱导因子包括：①生理性诱导因子，如肿瘤坏死因子（TNF）、Fas 配体、TGF-β、神经递质（谷氨酸、多巴胺）等；②细胞损伤相关因子，如热激蛋白、细菌毒素、自由基、缺血缺氧等；③治疗相关因子，如放疗、化疗等；④其他毒性物质，如乙醇、氧化砷、β-淀粉样肽等。

AIF（apoptosis-inducing factor，AIF）是一类存在于线粒体膜间隙的保守黄素蛋白，具有双重功能。在细胞正常的生理状态下，AIF 作为线粒体内的氧化还原酶能催化细胞色素 *c*（Cyt*c*）和 NAD^+ 之间的电子传递；当细胞受到凋亡信号刺激时，线粒体膜通透性改变将 AIF 从线粒体释放到核内，与线粒体核酸内切酶 G（endonuclease G，Endo G）一起引起核染色体凝聚与 DNA 的片段化。AIF 诱导的细胞凋亡不依赖于 Caspase，但与 Cyt*c*/Caspase/CAD（Caspase-activated DNAase）诱导的凋亡通路之间存在着一定的联系：胞质中的 AIF 可使线粒体释放更多的 Cyt*c*，而活化的 Caspase 也能使线粒体释放 AIF 因子，两种凋亡通路均受到 Bcl-2 家族成员和热休克蛋白 Hsp70 的共同调控。

三、细胞凋亡的分子调控机制

（一）细胞凋亡调控基因家族

1. Bcl-2 家族 B 细胞淋巴瘤/白血病-2 基因简称 bcl-2（B-cell lymphoma/leukemia-2，bcl-2）是凋亡研究中最受重视的癌基因之一，与线虫 *ced*-9 基因具有高度同源性。Bcl-2 蛋白主要分布于线粒体外膜、核被膜和内质网膜，在胚胎组织中广泛表达。目前已发现约 24 种 Bcl-2 家族同源蛋白，它们含有 1～4 个 Bcl-2 同源结构域（BH1～4），通常羧基末端有一个跨膜结构域（transmembrane region，TM）。根据 Bcl-2 家族蛋白在细胞凋亡过程中的调节作用，可以将 Bcl-2 家族蛋白分为抗凋亡与促凋亡两个大类：①抗凋亡类型 如 Bcl-2、Bcl-X_L、Bcl-w、Mcl-1 等，它们都拥有保守的抗凋亡蛋白特征结构域-BH4 结构域；②促凋亡类型 如 Bax、Bak、Bok、Bad、Bid、Bim，它们都含有保守的促凋亡蛋白特征结构域-BH3 结构域（图 5-12）。

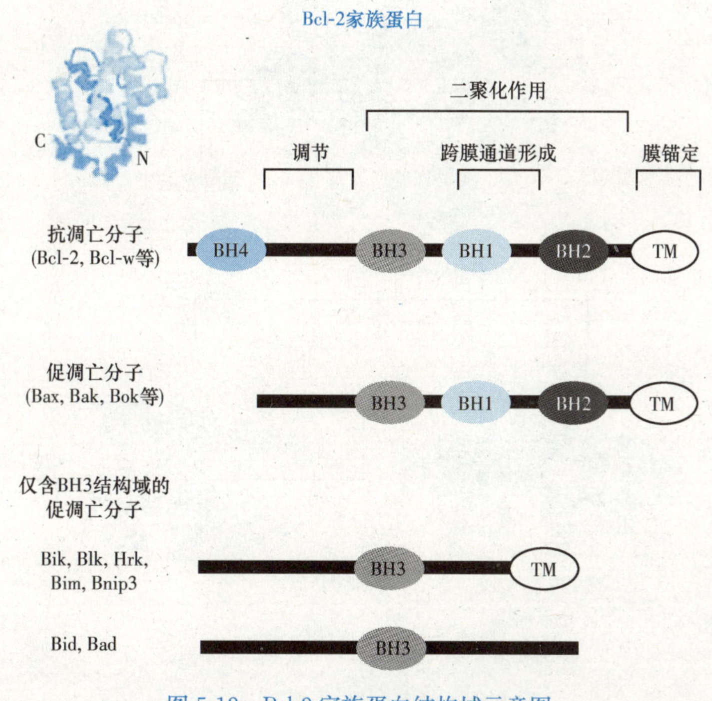

图 5-12 Bcl-2 家族蛋白结构域示意图

笔记栏

Bcl-2抗凋亡的作用机制有以下几种可能：①Bcl-2通过与其他蛋白结合及相互协同作用抑制细胞凋亡。现已证实，有多种蛋白可与Bcl-2发生结合性相互作用，如Bax、Bad等。Bcl-2具有拮抗Bax的凋亡促进作用，抑制线粒体细胞色素的释放，阻止细胞色素对Caspase蛋白酶的激活；②Bcl-2还能促进谷胱甘肽进入细胞核，改变核内氧化还原状态，阻止Caspase蛋白酶对核结构的破坏，从而抑制细胞凋亡。③Bcl-2通过参与抗氧化通路调节而抑制细胞凋亡。④高浓度的Bcl-2可以抑制正在发生凋亡的细胞内质网中Ca^{2+}的释放，而抑制凋亡。

2. *p*53基因 *p*53是人类肿瘤中最易发生突变的抑癌基因，野生型*p*53对细胞的生长有负性调节作用，50%以上的肿瘤与该基因的丢失或突变有关。人类P53蛋白存在野生型和突变型两种形式，二者均参与调节细胞凋亡。野生型*p*53是导致DNA受损细胞发生凋亡的重要调控基因，突变型P53没有肿瘤抑制作用，而具有部分促进细胞增殖的作用，使突变细胞逃避凋亡途径而发生肿瘤。一系列研究表明，野生型*p*53并非是所有的细胞凋亡过程都必需，但对DNA损伤诱发的细胞凋亡是必不可少的，研究发现P53水平随细胞DNA损伤的增加而升高。

3. *c-myc*基因 *c-myc*基因是细胞凋亡调控中的重要相关基因，其表达产物既可推进细胞周期、促使细胞转化，又能阻止细胞分化、引起细胞凋亡。*c-myc*诱导的细胞凋亡可发生在细胞周期的不同阶段，并与细胞种类、生长条件以及引起*C-myc*不当表达的原因等有关，但不是所有类型的细胞凋亡所必需。*C-myc*具有转录因子活性，主要影响细胞凋亡的启动。在介导细胞凋亡时，*C-myc*首先与细胞内的Max结合形成异二聚体，后者再与DNA核心序列结合，控制DNA转录。*C-myc*-Max异二聚体的作用就是通过调控凋亡诱导所需的mRNA转录，从而对*c-myc*介导的细胞凋亡进行调控，抗氧化剂和Bcl-2对*c-myc*诱导的细胞凋亡具有抑制作用。

4. Apaf-1 Apaf-1称为凋亡酶激活因子-1(apoptotic protease activating factor-1，Apaf-1)，在线虫中的同源物为ced-4，在线粒体参与的凋亡途径中具有重要作用。该基因敲除后，小鼠神经细胞增多，脑畸形发育。Apaf-1含有3个不同的结构域：①CARD(Caspase recruitment domain)结构域：能募集Caspase-9；②ced-4同源结构域：能结合ATP/dATP；③C端结构域：含有色氨酸/天冬氨酸重复序列，当细胞色素*c*结合到这一区域后，能引起Apaf-1多聚化而激活。Apaf-1具有激活Caspase-3的作用，而这一过程又需要细胞色素*c*(Apaf-2)和Caspase-9(Apaf-3)参与。Apaf-1/细胞色素*c*复合体与ATP/dATP结合后，Apaf-1就可以通过其CARD结构域募集Caspase-9，形成凋亡体(apoptosome)(图5-13)，激活Caspase-3，启动Caspase级联反应。

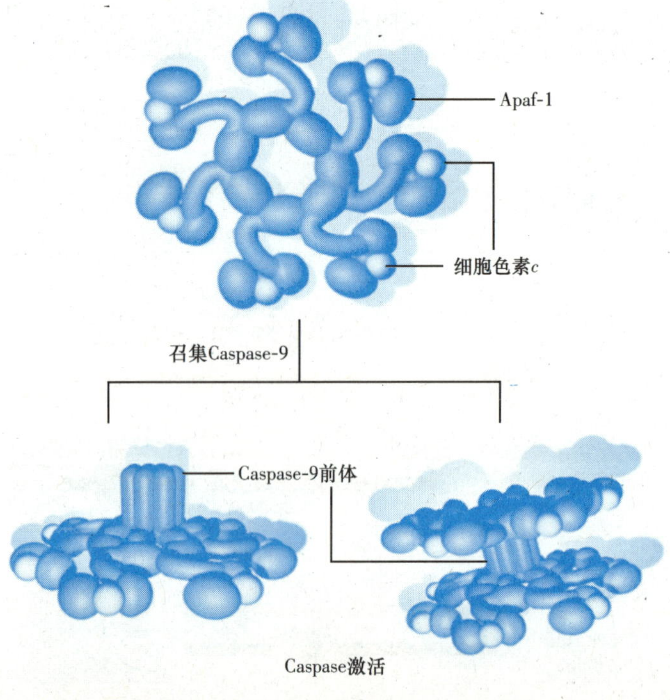

图5-13 凋亡体的形成

笔记栏

（二）细胞凋亡主要通路及其调节机制

1. 死亡受体介导的细胞凋亡途径 细胞发出的某些可引起细胞凋亡的信号称为死亡因子或死亡配体(death ligand)，细胞表面特异性与死亡配体结合的蛋白质称为死亡受体(death receptor)。死亡受体的共同特点是：在胞质区都有一段能转导死亡信号的必需氨基酸序列，由大约80个氨基酸组成，该序列与TNFR家族高度同源。死亡受体属于TNFR家族的跨膜蛋白，包括Fas(又名Apo-1或CD95)、TNFR1、DR3/WSL、DR4/TRAIL-R1和DR5/TRAIL-R2。死亡配体属于TNF家族，当死亡受体与配体结合后，死亡受体被激活。目前研究比较清楚的是Fas介导的细胞凋亡途径。

Fas具有三个富半胱氨酸的胞外区和一个死亡结构域(death domain，DD)的胞内区。Fas配体(Fas ligand，FasL)与Fas结合后，Fas三聚化使胞内死亡结构域构象改变，然后与接头蛋白FADD(Fas-associated death domain)的DD区结合。FADD由C端DD结构域和N端DED(death effector domain)结构域两部分组成，是死亡信号转录中的一个连接蛋白。当FADD的C端DD区被Fas结合后，其N端DED区就能与Caspase-8或-10前体蛋白结合，形成死亡诱导复合体(death-inducing signaling complex，DISC)，引起Caspase-8、10自身剪切激活，启动Caspase的级联反应，使Caspase-3、Caspase-6、Caspase -7激活，这几种Caspase可降解胞内结构蛋白和功能蛋白，最终导致细胞凋亡(图5-14)。TNF诱导的细胞凋亡途径与此类似(图5-15)。

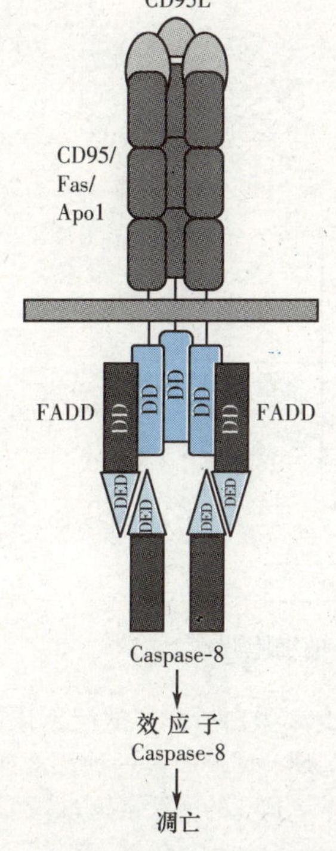

图5-14 FAS介导的细胞凋亡

Fas在胸腺、肝、心和肾等组织中表达丰富，FasL则主要在活性T细胞、自然杀伤细胞和免疫特殊部位的组织如眼和睾丸中表达。活性T细胞表面的FasL与靶细胞上的Fas结合，能启动靶细胞的凋亡信号转导，使之进入凋亡过程。Fas-FasL和穿孔素/颗粒酶途径是细胞毒T细胞杀伤靶细胞的两条主要途径。因此，Fas-FasL功能异常会导致免疫病理性改变，如Fas、FasL突变会引起自身反应性淋巴细胞和活性淋巴细胞的清除障碍，导致人类淋巴增生性疾病或自身免疫性疾病的发生。

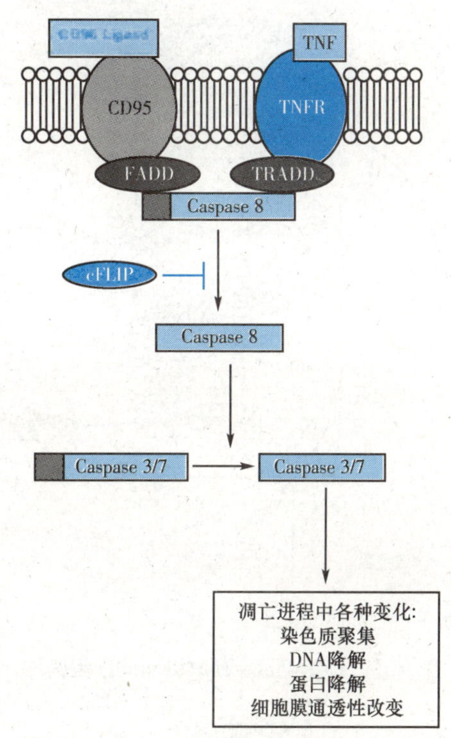

图5-15 死亡受体介导的细胞凋亡途径

研究发现，系统性红斑狼疮患者的外周血单核细胞中Fas基因存在着缺失突变，突变基因编码的Fas是一种分泌性蛋白，使患者血中的可溶性Fas增高。分泌性Fas没有诱导细胞凋亡的功能，因此不能有效地清除自身反应T细胞克隆，使大量自身反应性淋巴细胞进入外周淋巴组织，产生抗自身组织的抗体，出现系统性红斑狼疮症状对桥本甲状腺炎(HT)的研究发现，该病主要是通过Fas系统启动甲状腺细胞凋亡造成的。在HT患者的甲状腺细胞表面有Fas存在，而非HT患者对照组的甲状腺细胞表面无Fas存在，表明HT患者甲状腺的破坏与不正常的Fas表达有关。

2. 线粒体介导的细胞凋亡途径 DNA损伤、热休克和氧化应激等多种细胞应激反应或凋亡信号均能引起线粒体细胞色素*c*释放。作为凋亡诱导因子，细胞色素*c*能与Apaf-1、Caspase-9前体、ATP/dATP形成凋亡体(图5-16)，然后募集并激活Caspase-3，进而引发Caspases级联反应，导致细胞凋亡。由于大部分凋亡细胞中很少发生线粒体

笔记栏

肿胀和线粒体外膜破裂的现象，所以目前普遍认为细胞色素 *c* 是通过线粒体 PT 孔或 Bcl-2 家族成员形成的线粒体跨膜通道释放到细胞质中的。

线粒体 PT 孔(permeability transition pore)主要由位于内膜的腺苷转位因子(adenine nucleotide translocator，ANT)和位于外膜的电压依赖性阴离子通道(voltage dependent anion channel，VDAC)等蛋白质组成，PT 孔开放会引起线粒体跨膜电位下降与细胞色素 *c* 释放。Bcl-2 家族蛋白对于 PT 孔的开闭起关键性调节作用，其中促凋亡类蛋白如 Bak、Bax 等可以通过与 ANT 或 VDAC 的结合介导 PT 孔开放，而抗凋亡类蛋白如 Bcl-2、Bcl-X_L 等则通过与 Bax 竞争性与 ANT 结合，或者直接阻止 Bax 与 ANT、VDAC 的结合，抑制 PT 孔开放。Bcl-2 家族的 Bax 和 Bak 能形成二聚体或多聚体，导致线粒体膜结构中形成较大的通道，允许细胞色素 *c* 等蛋白质通过，这可能是细胞色素 *c* 释放的另一个途径。

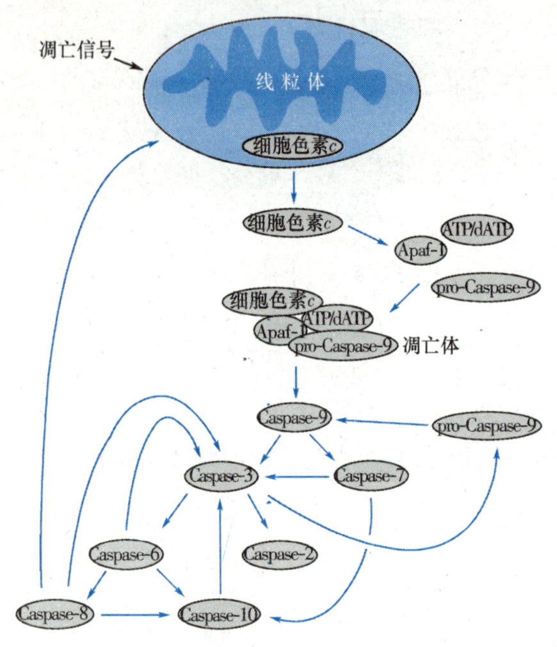

图 5-16 细胞色素 *c* 释放引起的细胞凋亡

在线虫中，ced-3 和 ced-4 的缺失突变会抑制所有发育阶段的细胞死亡。在哺乳动物中，Apaf-1 基因缺失会引起 Caspase 不能激活，导致神经细胞增多，但多数器官的发育仍然正常。原因是随细胞色素 *c* 释放到胞质中的蛋白还有 Smac(second mitochondria-derived activator of caspase)、AIF 和核酸内切酶 G。Smac 可通过 N 端几个氨基酸与凋亡抑制蛋白(IAPs)结合，解除 IAP 对 Caspase 的抑制；AIF 能引起核固缩和染色质断裂；核酸内切酶 G 可使 DNA 片段化。所以，在没有 Caspase 参与的情况下，线粒体途径仍可诱导细胞凋亡。

在 Fas 应答性细胞中，胸腺细胞等Ⅰ型细胞的 Caspase-8 本身具有足够的活性，被 Fas 激活后可导致细胞凋亡；在肝细胞等Ⅱ型细胞中，Fas 介导的 Caspase-8 活化达不到足够的水平，这类细胞中的凋亡信号需要借助于线粒体凋亡途径来放大。活化的 Caspase-8 将胞质中的 Bid 剪切，形成活性分子 tBid(truncated Bid)，tBid 进入线粒体，导致细胞色素 *c* 释放，使凋亡信号放大。

死亡受体途径(外源性途径)和线粒体途径(内源性途径)是激活 Caspase 级联反应从而导致细胞凋亡的两条主要途径(图 5-17)。

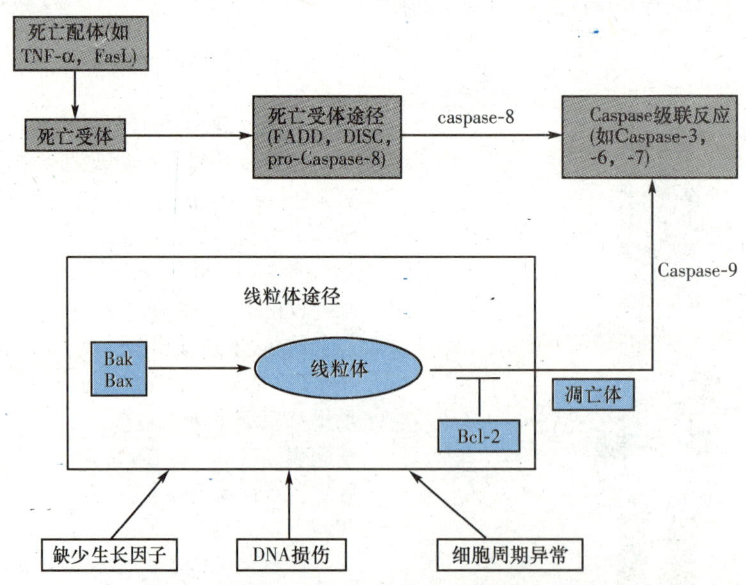

图 5-17 死亡受体途径及线粒体途径介导的细胞凋亡

3. P53 介导的细胞凋亡 P53 在 DNA 损伤性细胞凋亡中起重要作用。当细胞处于正常生理状态时，胞内 P53 蛋白水平极低，这种低水平的维持主要通过 Mdm2 蛋白所介导的泛素依赖性蛋白酶降解途径来实现。Mdm2 是一种泛素连接酶，能与 P53 结合并诱导 P53 的多泛素化，最后通过泛素-蛋

笔 记 栏

白酶体途径使 P53 降解(图 5-18)。蛋白激酶及组蛋白乙酰转移酶(histone acetyltransferase, HAT)能使 P53 的特定氨基酸残基磷酸化和乙酰化,从而阻止 P53 的降解、增加 *p*53 的转录活性。某些原癌基因产物可增加 Arf 的表达水平,Arf 能阻止 Mdm2 与结合 P53、增加 P53 的含量。P53 含量增加可导致 *waf*1/*cip*1 基因的转录增加,产生更多 P21 蛋白,阻止细胞进入 S 期;活性 P53 含量进一步增加则可导致细胞凋亡。

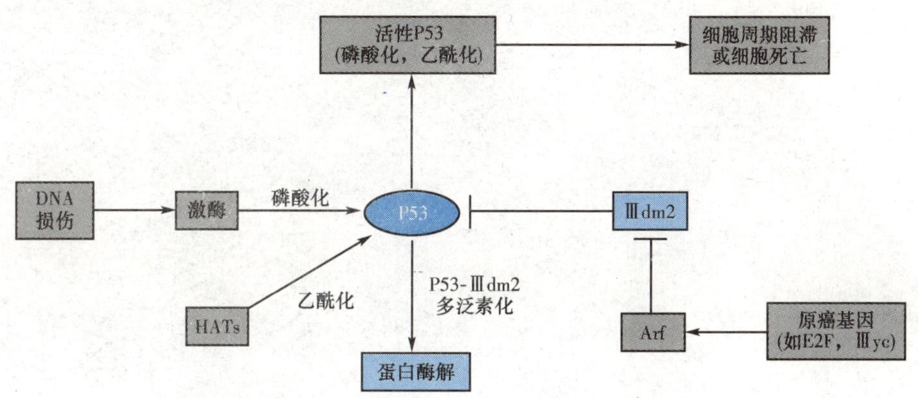

图 5-18 P53 活性的调节

P53 诱导细胞凋亡的作用可归结为以下几种方式:①激活多种凋亡相关基因的转录 P53 能增加 Bcl-2 家族中促凋亡蛋白基因的转录,从而在调节 Bcl-2 依赖性线粒体凋亡途径中发挥重要作用。②激活凋亡蛋白 近年研究显示,P53 可以直接激活细胞质中的 Bax 蛋白,通过 Bax 诱导细胞色素 *c* 的释放,启动细胞的线粒体凋亡途径。③改变线粒体外膜的通透性 有研究结果表明,P53 能够与线粒体外膜上的凋亡抑制蛋白 Bcl-2 和 Bcl-X_L发生相互作用,直接介导线粒体外膜的通透改变,引起细胞色素 *c* 的释放。

(三)细胞周期与细胞凋亡调控

在生物体中,细胞增殖和凋亡密切相关,二者相互协同维持着细胞数目的稳定与平衡,许多细胞周期调节因子如 P53、Rb 和转录因子 E2F 家族等在细胞凋亡的调控中亦起着重要作用。

P53 对细胞凋亡的调控作用此处不再缀述。Rb 蛋白是细胞生长的负性调节因子和重要的肿瘤抑制因子,它通过结合与抑制转录因子 E2F 而抑制细胞周期的进程。Rb 和 P53 在抑制细胞分裂和促进细胞凋亡方面具有一定互补性。Rb 和 Rb 类蛋白 P107、P130 在 G_1 期的中晚期被 CDK 磷酸化,将结合的 E2F 等转录因子释放,激活细胞从 G_1 期过渡到 S 期必需的基因表达。E2F-1 的过表达可以通过改变细胞生存必需的基因转录或诱导异常的细胞周期进程来诱发细胞凋亡。细胞周期素 A 是细胞从 S 期到 G_2/M 期过渡中必需的分子,它的高表达可以抑制 Bcl-2 分子,从而诱发 P53 非依赖的细胞凋亡。

(四)细胞凋亡中的信号转导途径

细胞凋亡过程受细胞内外多种信号的调控,通过多条信号传递途径的信号转导得以实现。目前的研究表明,细胞凋亡信号传递途径具有以下特点(图 5-19):①转导途径的多样性 转导途径的启动可因细胞的种类、来源、生长环境及诱因的不同而存在差异,显示出多样性;②转导途径的交叉性 凋亡的多条信号途径间存在互通的交叉部分;③转导途径的共通性 细胞凋亡的信号途径与细胞增殖、分化的途径存在一些共同通路。

事实上,细胞凋亡信号转导通路并非简单直线式,而是通过各种信号之间的交叉与会聚组成了复杂的信号网络。凋亡信号通路之间存在着密切的偶联,凋亡信号通路与细胞分裂、分化及增殖信号通路之间亦存在着广泛的联系。许多蛋白因子不仅参与了细胞凋亡的信号转导,同时也在细胞分化和分裂中发挥重要作用。目前,对于细胞凋亡的具体信号转导机制尚有许多问题有待进一步深入研究,尤其是与细胞分裂、分化和增殖分子调控机制的联系。这不仅有助于更深刻地认识细胞凋亡的调控机制,而且有助于开展针对疾病本质的治疗方案研究。随着现代各个学科不断渗入到细胞学研究领域和现代科学手段、技术的不断改进,细胞凋亡的分子调控机制将最终被阐明,并将在研究多细胞有机体的生长、发育及重大疾病的发生、发展与预防、治疗过程中发挥重大的作用。

笔记栏

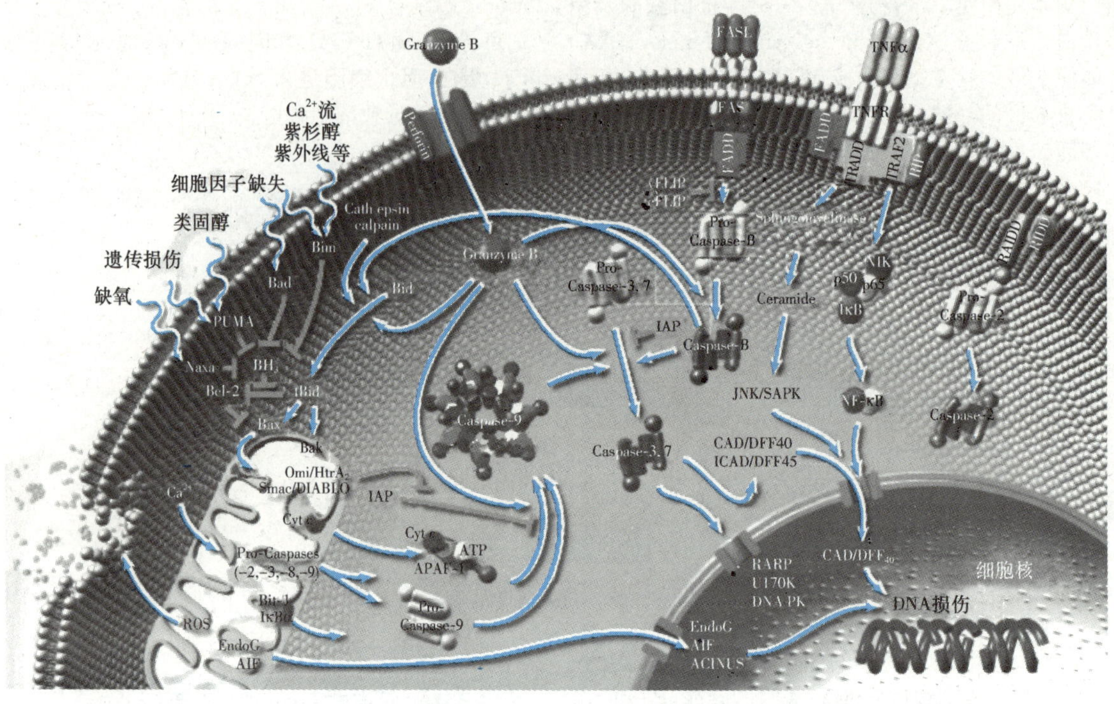

图 5-19　细胞凋亡的主要信号转导通路

小　结

生长和生殖是生物的基本特性。真核细胞的增殖经历一个称为细胞周期的过程。细胞周期的调控机制首先由酵母中获得突破，发现了细胞周期蛋白和周期蛋白依赖性蛋白激酶。细胞增殖主要受多种生长因子调控，并涉及很多基因的表达变化和信号转导途径的参与，其任何一个环节的失调都可能导致疾病的发生。

细胞分化是指胚胎细胞获得不同形态、结构和功能特征的过程，受到一系列细胞内外因素的影响和调控，从分子水平看，分化细胞间的主要差别在于合成的蛋白质种类不同，即表达的基因不同。基因的差异性表达调控和各种信号分子通过不同的途径决定了细胞特异性的基因表达和最终分化。

干细胞是一类具有复制能力的多潜能细胞，在一定条件下，他可以分化成多种功能细胞。胚胎干细胞的分化和增殖构成动物发育的基础，成体干细胞的进一步分化是组织和器官修复再生的基础。对于干细胞的研究在细胞工程和组织工程中有许多重要的应用。

细胞凋亡是机体细胞自主的生理性有序消亡过程，与细胞坏死存在根本差别。细胞凋亡的发生受到机体的严密调控，对维持多细胞生物的正常生长发育、保持内环境的稳定性起重要作用。细胞凋亡的失调，如不恰当的激活或抑制，均会导致一系列疾病的产生，如神经退行性疾病、肿瘤、艾滋病及自身免疫性疾病等。细胞凋亡的调控机制涉及一系列基因的激活、表达与调控，并由胞内蛋白酶解级联系统介导。死亡受体途径和线粒体途径是激活 Caspase 级联反应从而导致细胞凋亡的两条主要途径。

细胞增殖、分化与凋亡的有机平衡，对于多细胞生物的组织分化、器官发育、机体稳态的维持具有重要意义；三者之间有机平衡的打破，将诱发多种疾病，如细胞恶性转化与肿瘤的形成。对于细胞增殖分化及细胞凋亡的分子调控机制的研究和认识，对肿瘤、心血管疾病、免疫性疾病、老年病等多种疾病的预防、诊治与预后以及新药的研发等都具有重要的现实意义。

（陈建业　易　芳）

参考资料

王金发 . 2003. 细胞生物学 . 北京：科学出版社

药立波 . 2001. 医学分子生物学 . 北京：人民卫生出版社

Thomas M D. 2006. Textbook of Biocemistry with Clinical Correlations. 6th ed. Hoboken, New Jersey: Wiley-Liss

笔记栏

第6章 细胞免疫分子生物学

细胞免疫是机体免疫系统的重要组成部分。免疫应答过程有赖于免疫系统中多种细胞间的相互作用,包括细胞间直接接触和通过分泌细胞因子或其他活性分子介导的作用。免疫细胞间相互识别是通过细胞表面若干功能分子而实现。本章从细胞因子及受体、免疫球蛋白家族、免疫细胞表面分子和人类白细胞抗原四个方面,并结合相应的案例,介绍相关的分子生物学知识。

第一节 细胞因子及受体

案例 6-1

患者,男,32岁。乏力,食欲减退,腹胀,肝区不适或疼痛。有乙肝家族史。体检可见巩膜黄染,肝大、有压痛或叩痛。实验室检查,ALT升高,总胆红素和直接胆红素升高;HBsAg(+),HBeAg(+),抗-HBc(+);HBV DNA定量检测 5.841×10^6 copy/ml。

问题与思考

1. 该患者的临床诊断是什么?
2. 应选用哪种细胞因子进行抗病毒治疗?为什么?

案例 6-1 相关提示

1. HBV是细胞内感染的病原体。
2. 相关的细胞因子具有抗病毒活性。

细胞因子(cytokine CK)是由细胞分泌的、具有介导和调节免疫、炎症和造血过程的小分子蛋白质。细胞因子具有多种名称,如:单核因子(monokine),是由单核吞噬细胞产生的细胞因子;淋巴因子(lymphokine),是由淋巴细胞产生的细胞因子;趋化性细胞因子(chemookine),具有趋化作用的细胞因子;集落刺激因子(colony stimulating factor, CSF),可刺激骨髓干细胞或祖细胞分化成熟的细胞因子;白细胞介素(interleukin, IL)主要由白细胞产生又作用于白细胞的细胞因子。此外,干扰素、肿瘤坏死因子和生长因子也都是细胞因子。在固有免疫应答及适应性免疫应答过程中,细胞因子是在细胞间传递激活、诱导、抑制信息的生物活性分子。

特异性细胞因子的发现和初期研究始于1950年至1960年末。当时由于对传染病病原体抗原诱导免疫应答的研究,涉及细胞产生的多肽因子,如干扰素、发热原及巨噬细胞激活因子等。20世纪70年代,人类不断发现新的细胞因子,而且制备了特异性抗体用于单个细胞因子的纯化和特性研究。20世纪80年代到20世纪90年代,随着分子生物学的迅速发展,许多细胞因子得到了鉴定,并制备出特异性细胞因子抗体。在20世纪90年代,细胞因子的研究进入高潮,但多数是研究其在体外的效应,对各种细胞因子在体内的效应仍了解甚少。近年来应用重组细胞因子、特异性细胞因子的单克隆抗体、转基因动物表达的细胞因子基因,以及基因敲除(gene knockouts technology)等技术的应用推动了细胞因子的研究。细胞因子研究向分子、基因、受体水平深入,使一些感染性疾病、变应性疾病、自身免疫性疾病、免疫缺陷病、肿瘤疾病的发病机制的研究和防治提高到一个新的阶段。

一、细胞因子的特性及效应

(一) 细胞因子的共同特性

(1) 细胞因子均为低分子量(60kD)的多肽或糖蛋白,多以单体形式存在,少数如IL-5、IL-12、M-CSF等为二聚体,TNF-α为三聚体。

(2) 细胞因子是在固有免疫和获得性免疫的活化和效应阶段产生的,大多是细胞接受抗原或丝裂原等刺激活化后产生。

(3) 细胞因子的分泌是一短暂的和自身限制的过程,通过自分泌、旁分泌或内分泌等方式发挥其作用。自分泌(autocrine)是指分泌细胞是靶细胞本身或同类细胞;旁分泌(paracrine action)是指分泌细胞所分泌的细胞因子作用于邻近的细胞;内分泌(endocrine)是指类似于激素的作用方式,分泌后进入血液循环,刺激远距离的细胞。

(4) 同一种细胞可以产生多种细胞因子,同一种细胞因子也可由多种细胞产生。

(5) 需要通过与靶细胞表面相应受体结合而发挥其生物学效应。

(6) 具有高效性、多效性和网络性,细胞因子相互诱生、相互调节、相互间的叠加、协同或拮抗作用,构成交集的细胞因子网络(cytokine network)。

(二) 细胞因子的效应

1. 抗细菌作用 细菌可刺激感染部位的巨噬细胞释放IL-1、TNF-α、IL-6、IL-8和IL-12,这些细胞因子转而启动对细菌的攻击。IL-1激活血管内

笔记栏

皮细胞，促进免疫系统的效应细胞进入感染部位并激活淋巴细胞。TNF-α 增加血管的通透性，促进IgG、补体和效应细胞进入感染部位。IL-6 激活淋巴细胞，促进抗体的生成。IL-8 趋化中性粒细胞和T淋巴细胞进入感染部位。IL-12 激活自然杀伤细胞，诱导 $CD4^+$ 细胞分化成 Th1 细胞。IL-1、TNF-α和 IL-6 引起发热反应。上述错综复杂的细胞因子的复合作用构成一种重要的抗细菌防卫体系。

2. 抗病毒作用 病毒刺激机体的细胞产生干扰素(IFN-α 和 IFN-β)。并通过下述环节发挥抗病毒作用:IFN-α 和 IFN-β 通过作用于病毒感染细胞和其邻近的未感染细胞产生抗病毒蛋白而进入抗病毒状态。IFN-α/β 刺激病毒感染的细胞表达 MHCⅠ类分子，提高其抗原提呈能力，使其更容易被杀伤性 T 淋巴细胞(CTL)识别并杀伤。IFN-α 和 IFN-β 激活自然杀伤细胞，使其在病毒感染早期有效地杀伤病毒感染细胞。被病毒感染细胞激活的 CTL 分泌高水平的 IFN-γ,IFN-γ 刺激病毒感染细胞表达 MHCⅠ类分子，促进 CTL 杀伤病毒感染细胞。IFN-γ 也增强自然杀伤细胞的杀伤病毒感染细胞活性。趋化性细胞因子 MIP-1α、MIP-1β 可以和 HIV-1 竞争结合巨噬细胞趋化因子受体而表现抗 HIV 感染的活性。

3. 调节特异性的免疫反应 在细胞因子的网络中，参与特异性免疫应答的免疫细胞的激活、生长、分化和发挥效应都受到细胞因子的精细调节。

在免疫应答识别和激活阶段，有多种细胞因子可刺激免疫活性细胞的增殖，IL-2 和 IL-15 刺激 T 淋巴细胞的增生，IL-4、IL-6 和 IL-13 刺激 B 淋巴细胞增殖，IL-15 刺激自然杀伤细胞增殖，IL-5 刺激嗜酸性粒细胞增殖。也有多种细胞因子刺激免疫活性细胞的分化。IL-12 促进未致敏的 $CD4^+$ T 淋巴细胞分化成 Th1 细胞，IL-4 促进未致敏的 $CD4^+$ T 细胞分化成 Th2 细胞。B 细胞在分化过程中发生的类别转换也是在细胞因子的作用下实现的，例如，IL-4 刺激 B 细胞产生 IgE;TGF-β 刺激 B 细胞产生 IgA。从这个意义上讲，细胞因子调节了 B 细胞产生的免疫球蛋白的类别使其介导不同的效应功能。

在免疫应答的效应阶段，多种细胞因子刺激免疫细胞对抗原性物质进行清除。IFN-γ 是一种重要的巨噬细胞激活因子(MAFs)，它激活单个核吞噬细胞杀灭微生物。IFN-γ 激活细胞毒性 T 淋巴细胞(CTL)，刺激有核细胞表达 MHCⅠ类分子，从而使感染胞内寄生物(如病毒)的细胞受到强力的杀伤。IL-2 刺激 CTL 的增殖与分化并杀灭微生物尤其胞内寄生物。IL-5 刺激嗜酸粒细胞分化成杀伤蠕虫的效应细胞。

有些细胞因子如 TGF-β 在一定条件下也可表现免疫抑制活性。它除可抑制巨噬细胞的激活外，还可抑制杀伤性 T 淋巴细胞(CTLs)的成熟。分泌 TGF-β 的 T 细胞表现抑制性 T 细胞的功能。某些肿瘤细胞因分泌大量的 TGF-β 而逃避机体免疫系统的攻击。此外，IL-10 是巨噬细胞的抑制因子。

4. 刺激造血 在免疫应答和炎症反应过程中，白细胞、红细胞和血小板不断被消耗，因此机体需不断从骨髓造血干细胞补充这些血细胞。由骨髓基质细胞和 T 细胞等产生刺激造血的细胞因子调控着血细胞的生成和补充。粒细胞-巨噬细胞集落刺激因子(GM-CSF)、巨噬细胞集落刺激因子(M-CSF)和粒细胞集落刺激因子(G-CSF)刺激骨髓生成各类髓样细胞。GM-CSF 也是树突状细胞的分化因子。IL-7 刺激未成熟 T 细胞前体细胞的生长与分化。红细胞生成素(EPO)刺激红细胞的生成。IL-11 和血小板生成素(TPO)均具有刺激骨髓巨核细胞的分化、成熟和血小板产生的功能。

5. 促进血管的生成 包括 IL-8 在内的多种 CXC 趋化性细胞因子和成纤维细胞生长因子可促进血管的新生。这对组织的损伤修复有重要的病理生理意义。

二、细胞因子受体

(一) 细胞因子受体的基本特征

细胞因子通过结合细胞表面相应的细胞因子受体(cytokine receptors)而发挥生物学作用。细胞因子与其受体结合后启动复杂的细胞内分子间的相互作用，最终引起细胞基因转录的变化，这一过程称为细胞的信号转导。细胞因子和其受体结合是细胞因子介导的细胞信号转导的启动刺激。

目前已知的细胞因子受体绝大多数是跨膜蛋白，由胞膜外区、跨膜区和胞质区组成。细胞外段为识别结合细胞因子的部位，细胞内段介导受体激活后的信号转导。

(二) 细胞因子受体的分类及作用

细胞因子受体分为Ⅰ型细胞因子受体、Ⅱ型细胞因子受体、肿瘤坏死因子受体和趋化性细胞因子受体四个蛋白质家族。图 6-1 是四种细胞因子受体的模式图。

案例 6-2

X-性连锁重症联合免疫缺陷病(X-linked severe combined immunodeficiency, X-SCID)。该疾病患者在出生头几个月即经常发生腹泻、肺炎、耳炎、脓毒血症、皮肤感染等。继而发生机会性感染如白色念珠菌、卡氏肺囊虫、水痘、麻疹等感染导致死亡。血常规检查，淋巴细胞减少。免疫学检查，T 细胞缺乏或显著减少;B 细胞数量减少或正常，但功能异常，免疫球蛋白减少。

问题与思考

X-性连锁重症联合免疫缺陷病的免疫学机制是什么?

笔记栏

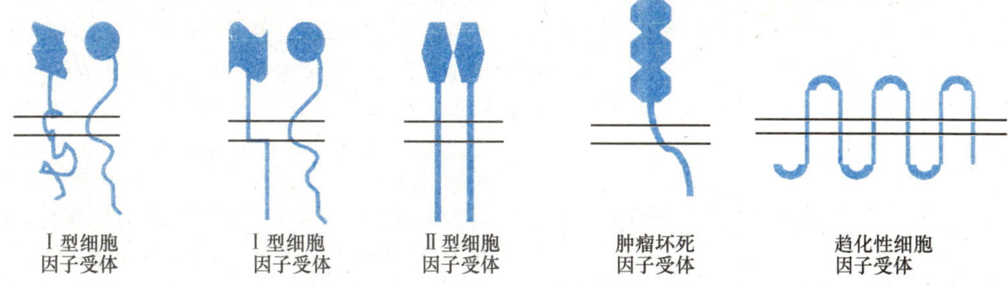

图 6-1 细胞因子受体模式图

案例 6-2 相关提示

X-染色体上的γ链基因缺陷。

1. Ⅰ型细胞因子受体 Ⅰ型细胞因子受体(class Ⅰ cytokine receptor),也称造血因子家族受体(hematopoietin family receptors)。此类受体的细胞外段有保守的半胱氨酸和 Trp-Ser-X-Trp-Ser 序列,包括 IL-2、IL-3、IL-4、IL-5、IL-7、IL-9、IL-13、IL-15、GM-CSF 和红细胞生成素等细胞因子的受体。Ⅰ型细胞因子受体家族受体的多数成员属多亚单位受体,其中一种亚单位是细胞因子结合亚单位,另一种是信号转导亚单位。多种Ⅰ型细胞因子受体有共用的信号传递亚单位。如人 IL-3、IL-5 和 GM-CSF 受体均由α和β亚单位组成,其中α亚单位是细胞因子结合亚单位,结构各异;β亚单位是这三种细胞因子共用的 150kD 的信号转导亚单位。因此,IL-3、IL-5 和 GM-CSF 在功能上有很大的重叠性,如 GM-CSF 和 IL-3 均可作用于造血干细胞,IL-3、IL-5 和 GM-CSF 均可刺激嗜酸粒细胞增殖和嗜碱粒细胞脱颗粒。IL-2、IL-4、IL-7、IL-9 和 IL-15 受体都有相同的信号转导亚单位(γ链)。位于 X-染色体上的γ链基因缺陷是 X-性连锁重症联合免疫缺陷病(X-linked severe combined immunodeficiency, X-SCID)的一种病因,这类患者由于 IL-2、IL-4、IL-7、IL-9 和 IL-15 受体介导的细胞信号转导发生严重的障碍,造成细胞免疫和体液免疫的严重缺陷。

IL-2 受体蛋白是由α、β和γ链组成的三聚体,其中β和γ链为 IL-2 和 IL-15 的共用链。静息的 T 细胞表面表达 IL-2 受体的β和γ链,此时的受体对 IL-2 亲和力低。T 细胞活化后,IL-2Rα 链快速表达,与β和γ链共同形成完整的复合物,这种完整的三聚体受体具有对 IL-2 的高亲和力。在抗原的刺激下,活化的 T 细胞分泌 IL-2 作用于自身的 IL-2 受体,通过自分泌作用促进活化细胞的增殖。

2. Ⅱ型细胞因子受体 Ⅱ型细胞因子受体家族(class Ⅱ cytokine receptor)也称干扰素家族受体(interferon family receptors),包括 IFN-α、IFN-β、IFN-γ 和 IL-10 的受体,此类受体的细胞外段有保守的半胱氨酸,但无 Trp-Ser-X-Trp-Ser 序列。

3. 肿瘤坏死因子受体(tumor necrosis factor receptor, TNFR) 肿瘤坏死因子超受体家族(TNF receptor super family, TNFSF)受体,有四个细胞外功能区,包括 TNF 受体、神经生长因子受体、CD40 分子(为激活 B 细胞和巨噬细胞的重要膜分子)和 Fas 分子(介导细胞发生凋亡)。肿瘤坏死因子受体可发挥免疫调节作用,肿瘤坏死因子受体家族的 CD40 和 Fas 蛋白具有重要的免疫调节功能。CD40 表达在 B 细胞和巨噬细胞的表面。效应性 T 细胞表达 CD40L 和 FasL。T 细胞 CD40L 结合 B 细胞的 CD40 刺激 B 细胞增生并发生免疫球蛋白的类别转换(isotype switching)。T 细胞 CD40L 结合巨噬细胞 CD40 可刺激巨噬细胞分泌 TNF。Fas 蛋白和 FasL 结合后启动表达 Fas 的细胞凋亡,表达 FasL 的 CTL 可清除表达 Fas 的淋巴细胞,这是一种重要的免疫应答的负反馈调节机制。

4. 趋化性细胞因子受体 趋化性细胞因子受体家族(chemokine receptor family)是 G 蛋白偶联受体,为 7 次跨膜的蛋白,和相应的配体结合后经偶联 GTP 结合蛋白而发挥生物学效应。IL-8、MIP-1 和 RANTES 的受体均属此类受体。CCR5 和 CXCR4 是 HIV 在巨噬细胞和 T 淋巴细胞上的辅助受体,HIV 借助它进入细胞造成原发性感染。在体外实验中,CCR5 的小分子拮抗剂可抑制 HIV 感染巨噬细胞。编码 CCR5 的基因具有多态性。某些个体的 CCR5 编码基因由于缺失了 32 个碱基而发生了移码突变,仅表达无功能的 CCR5,这种个体可在一定程度上能抵抗 HIV 的感染。

5. 细胞因子受体的可溶性形式 许多细胞因子如 IL-1、IL-2、IL-4、IL-5、IL-6、IL-7、IL-8、G-CSF、GM-CSF、IFN-γ 和 TNF 的受体有游离的形式即可溶性细胞因子受体(soluble cytokine receptor)。可溶性的细胞因子受体可作为相应细胞因子的运载体,也可与相应的膜型受体竞争配体而起到抑制作用。此外,检测某些可溶性细胞因子受体的水平有助于某些疾病的诊断及病程发展和转归的监测。

6. 细胞因子受体的天然拮抗剂 一些细胞因子的受体存在天然拮抗剂,如 IL-1 受体拮抗剂(IL-1Rα)是一种由单核巨噬细胞产生 170kD 的多

笔记栏

肽,它可以结合IL-1受体,从而抑制IL-1α和IL-1β的生物学活性。有些病毒产生细胞因子结合蛋白也是细胞因子的拮抗剂,如痘病毒产生的TNF和IL-1结合蛋白可抑制或消除TNF和IL-1的致炎症作用。

第二节　免疫球蛋白家族

案例6-3

T细胞和B细胞在表达抗原识别受体上具有"一个细胞(克隆)对应一种受体的特点。人体内T细胞和B细胞克隆总数大约在10^{12}以上,也就是说有10^{12}的特异性抗体分子和T细胞受体分子。而每个人所携带的基因总数只有3万到5万个。

问题与思考

淋巴细胞识别抗原的多样性是如何产生的?

案例6-3　相关提示

机体存在Ig和TCR基因重排。

抗体(antibody,Ab)是介导体液免疫的重要分子,是B细胞接受抗原刺激后增殖分化为浆细胞所产生的糖蛋白。主要存在于血清等体液中,能与相应抗原特异性地结合而发挥免疫功能。世界卫生组织和国际免疫学会决定,将具有抗体活性或化学结构与抗体相似的球蛋白统一命名为免疫球蛋白(immunoglobulin, Ig)。Ig单体是由两条重链和两条轻链组成的四肽链结构。重链和轻链均有可变区和恒定区,可变区一端用来特异性地识别抗原,恒定区一端用来募集数量有限的效应分子和细胞,并由此激活下游的免疫效应机制,最终消除消灭外来抗原。Ig分子以分泌型和跨膜型两种形式存在,跨膜型Ig是B细胞的抗原受体。本节从分子生物学的角度,重点介绍免疫球蛋白的基因组成和基因重排。编码抗体分子轻、重链以及TCR多肽链的基因与其他基因在基因结构上和表达程序上完全不同。Ig在基因组中以基因簇(gene clusters)的形式存在。在B细胞发育、成熟的过程中,Ig基因首先在DNA水平上进行重排(rearrangement),然后才能表达,B细胞也由此得以发育。

一、免疫球蛋白的基因组成

编码人Ig分子重链、κ链和λ链的基因簇分别位于第14、2和22号染色体上,其在染色体上的总长度为80万至200万个碱基对,是普通基因长度的50倍以上。Ig基因簇中包括V(Variable)、D(Diversity,限于重链基因)、J(Joining)和C(Constant)4种基因片段(gene segments)。根据WHO命名委员会关于Ig分子多态链及其编码基因写法规则,抗体分子重、轻链分别写为IgH、Igκ和Igλ,相应的编码基因簇分别以大写斜体*IGH*、*IGK*和*IGL*代表。*IGH*中的V、D、J和C基因片段分别写为*IGHV*、*IGHD*、*IGHJ*和*IGHC*。*IGK*基因簇中的V、J、C基因片段分别写为*IGKV*、*IGKJ*、*IGKC*。*IGL*基因簇中的V、J、C基因片段分别写为*IGLV*、*IGLJ*、*IGLC*。

人*IGH*基因总长约为1.3Mb,包括95个V基因(其中50个为功能性基因)、23个D基因、9个J基因(其中6个为功能性基因)和11个C基因(其中9个为功能性基因)。

人*IGK*基因簇总长约2Mb,包括90个V基因(其中60个为功能性基因)、5个J基因和1个C基因,但无D基因。

人*IGL*基因簇总长约880kb,包括60个V基因(其中30个为功能性基因)、7个J基因和7个C基因(其中4个为功能性基因),但无D基因。详见表6-1。

表6-1　人Ig基因片段

Ig基因	基因片段			
	V	D	J	C
IGH	95(50)	23	9(6)	11(9)
IGK	90(60)	0	5	1
IGL	60(30)	0	7	7(4)

注:表中显示各基因片段的总数,括号中为除假基因以及无效基因之外的功能基因片段数。

二、Ig的基因重排及作用机制

(一) Ig基因重排

Ig胚系基因中V、D和J片段的两端为重排信号序列(rearrangement signal sequence,RSS):即一个具有回文特征的7核苷酸序列(CACAGTG)与一个富含A(腺嘌呤核苷)的核苷酸序列(ACAAAAACC)加上两者之间的12或者23碱基对(bp)间隔序列。V基因片段的下游为12bp间隔序列RSS,J基因片段上游为23bp间隔序列RSS(图6-2)。基因重排时遵守"12～23"原则:即带有12bp-RSS的基因片段只能与带有23bp-RSS的片段相结合(图6-2),从而保证基因片段之间的正确重排和连接。来自不同种属的基因重排信号序列具有高度保守性。

笔记栏

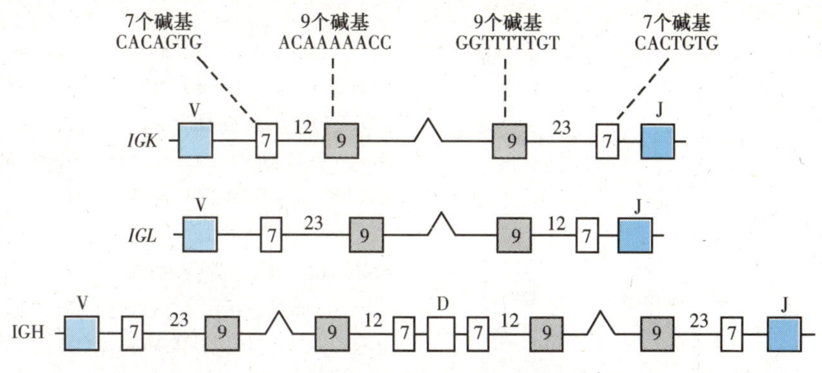

图 6-2 Ig 基因重排“12～23”原则示意图

(二) Ig 基因重排的作用机制

基因重排是抗体分子多样性产生的分子生物学基础。每个 B 细胞所携带的 Ig 基因 V、(D)、J 片段的重排具有随机性和独立性，因此每个 B 细胞克隆所表达的 BCR 均具有独特的抗原特异性。B 细胞表达抗体分子之所以具有如此显著的多样性是由以下三个原因决定的(表 6-2)：①IGH 基因 V、D、J 之间的随机组合可达 6000 余种(50×23×6)。虽然 D 片段只编码 2-6 个氨基酸，但其使用大大增加了 IgH 链的多样性。IGL 基因 V、J 片段的随机组合共有 200 余种(30×7)。②在 V-D、D-J 以及 V-J 的连接过程中，常发生接头处核苷酸丢失现象，使所得到的重链 VDJ 多样性增加至少 100 倍，轻链 VJ 多样性至少增加 30 倍；③在 V-D、D-J 和 V-J 的过程中，常发生接头处核苷酸插入的现象，使所得到的重链 VDJ 多样性增加至少 100 倍，轻链 VJ 多样性至少增加 30 倍。总之，基因重排过程中的“配件组合”以及“不准连接”等特点使得 B 细胞用大约 300 个基因片段组合产生 10^{12} 种以上具有独特抗原特异性的抗体分子。

表 6-2 抗体分子多样性

	IGH	*IGK*	*IGL*
VDJ 基因片段的组合			
V	50	60	30
D	23		
J	6	5	7
V×D×J	6900	300	210
IgH/Igκ(Igλ)链的组合	6900×(300+210)≈3.5×10^6		
不准确连接	多样性至少增加 3000 倍		
核苷酸插入	多样性增加 100 倍		
可能的组合	$10^{11}\sim10^{12}$		
Ig 重排基因 Ig 基因的高频突变	突变频率是其他基因的百万倍以上 使抗体对抗原的亲和力增加 100～1000 倍		

第三节 免疫细胞表面分子

免疫应答过程有赖于免疫系统中多种细胞间的相互作用，包括细胞间直接接触和通过分泌细胞因子或其他活性分子介导的作用。免疫细胞之间相互识别是通过细胞表面功能分子而实现的，这些功能分子包括细胞表面的多种抗原、受体和其他分子。有些细胞表面功能分子通常也称为细胞表面标志(cell surface marker)。

免疫细胞膜分子按其执行的功能，主要可分为白细胞分化抗原、受体、MHC 分子、协同刺激分子以及黏附分子等，其中受体可包括特异性识别抗原受体、模式识别受体、细胞因子受体、补体受体、NK 细胞受体，以及免疫球蛋白 Fc 受体等。有关免疫细胞表面功能分子的分类、分布及主要功能见表 6-3。

表 6-3 免疫细胞表面功能分子举例

表面功能分子种类	主要分布细胞	主要功能
受体		
T 细胞受体(TCR)	T 细胞	特异性识别抗原(抗原肽-MHC)
B 细胞受体(BCR)	B 细胞	特异性识别抗原
NK 细胞受体	NK 细胞	激活或抑制杀伤活性
模式识别受体(PRR)	吞噬细胞、树突状细胞	抗感染，感应危险信号
IgFc 受体(FcR)	吞噬细胞，树突状细胞，NK 细胞，B 细胞，肥大细胞	吞噬，杀伤，免疫调节
补体受体(CR)	吞噬细胞	免疫调节，抗感染
细胞因子受体	广泛	造血，细胞生长、分化，趋化
死亡受体(DR)	广泛	诱导细胞凋亡

笔记栏

续表

表面功能分子种类	主要分布细胞	主要功能
主要组织相容性复合体编码分子		
MHCⅠ类分子	广泛	识别抗原肽，提呈抗原
MHCⅡ类分子	APC，活化T细胞	识别抗原肽，提呈抗原
非经典 HLA-Ⅰ类分子	滋养层细胞，其他细胞	调节杀伤细胞功能
协同刺激分子	T细胞，B细胞，APC	调节T细胞、B细胞活化和信号转导
细胞黏附分子(CAM)	广泛	细胞生长、分化和迁移，炎症，凝血，创伤愈合

一、白细胞分化抗原

(一) 白细胞分化抗原的概念

白细胞分化抗原(leukocyte differentiation antigen)是指血细胞在分化成熟为不同谱系(lineage)、分化不同阶段及细胞活化过程中，出现或消失的细胞表面标记分子。显然，白细胞分化抗原除表达在白细胞上以外，还表达在红系和巨核细胞/血小板谱系。此外，白细胞分化抗原还广泛分布于非造血细胞的血管内皮细胞、成纤维细胞、上皮细胞、神经内分泌细胞等。白细胞分化抗原大都是跨膜的蛋白或糖蛋白，含胞膜外区、跨膜区和胞质区；有些白细胞分化抗原是以糖基磷脂酰肌醇(glycosyl-phosphatidylinositol，GPI)连接方式，锚定在细胞膜上；少数白细胞分化抗原是碳水化合物；也有极少数白细胞分化抗原是分泌型蛋白。

(二) 白细胞分化抗原的命名及分类

应用以单克隆抗体鉴定为主的方法，将来自不同实验室的单克隆抗体所识别的同一分化抗原(cluster of differentiation)称为CD。随着人们对CD分子的不断发现与认识，到目前为止，人的CD编号已从CD1命名至CD339，可大致划分为14个组：

1. T细胞 CD2、CD3、CD4、CD5、CD8、CD28、CD152(CTLA-4)、CD154(CD40L)、CD272(BTLA)、CD278(ICOS)、CD294(CRTH2)。

2. B细胞 CD19、CD20、CD21、CD40、CD79a(Igα)、CD79b(Igβ)、CD80(B7-1)、CD86(B7-2)、CD267(TACI)、CD268(BAFFR)、CD269(BCMA)、CD307(IRTA2)。

3. 髓样细胞 CD14、CD35(CR1)、CD64(FcγRⅠ)、CD256(APRIL)、CD257(BAFF)、CD312(EMR2)。

4. 血小板 CD36、CD41(整合素αⅡb)、CD42a-CD42d、CD51(整合素αv)、CD61(整合素β3)、CD62P(P选择素)。

5. NK细胞 CD16(FcγRⅢ)、CD56(NCAM-1)、CD94、CD158(KIR)、CD161(NKP-P1A)、CD314(NKG2D)、CD335(NKp46)、CD336(NKp44)、CD337(NKp30)。

6. 非谱系 CD30、CD32(FcγRⅡ)、CD45RA、CD45RO、CD46(MCP)、CD55(DAF)、CD59、CD252(OX40L)、CD279(PD1)、CD281-CD284(TLR1-TLR4)、CD289(TLR9)、CD305(LAIR-1)、CD306(LAIR-2)、CD319(CRACC)。

7. 黏附分子 CD11a～CD11c、CD15、CD15s(sle[x])、CD18(整合素β2)、CD29(整合素β1) CD49a-CD49f、CD54(ICAM-1)、CD62E(E选择素)、CD62L(L选择素)、CD324(E-钙黏素)、CD325(N-钙黏素)、CD326(EpCAM)。

8. 细胞因子/趋化性细胞因子受体 CD25(IL-2Rα)、CD95(Fas)、CD116-CDw137、CD178(FasL)、CD183(CXCR3)、CD184(CXCR4)、CD195(CCR5)、CD261～CD264(TRAIL-R1～TRAIL-R4)。

9. 内皮细胞 CD105(TGF-βRⅢ)、CD106(VCAM-1)、CD140(PDGFR)、CD144(VE钙黏素)、CD299(DCSIGN-related)、CD309(VEGFR2)、CD321(JAM1)、CD322(JAM2)。

10. 糖类结构 CD15s(sLe[x])、CD60a～CD60c、CD75、CDw327～CDw329(siglec6、7、9)。

11. 树突状细胞 CD85(ILT/LIR)、CD273(B7DC)、CD274～CD276(B7H1～B7H3)、CD302(DCL1)、CD303(BDCA2)、CD304(BDCA4)。

12. 干细胞/祖细胞 CD133、CD243。

13. 基质细胞 CD292(BMPR1A)、CD293(BMPR1B)、CD331～CD334(FGFR1～FGFR4)、CD339、(jagged-1)。

14. 红细胞 CD233-CD242。

注：CD分子14个组划分的特异性是相对的，实际上，许多CD抗原组织细胞分布较为广泛。此外，有的CD抗原可从不同分类角度而归入不同组，如某些属于T细胞、B细胞、髓样细胞或NK细胞组的CD抗原实际上也是黏附分子。

二、T细胞抗原受体

(一) 概述

每个T细胞分子表面约有3000～30 000个T细胞抗原受体(T cell receptor，TCR分子)。TCR分子是由二硫键连接而成的异二聚体。由α链和β

笔记栏

链组成的称为αβT细胞；由γ链和δ链组成的称为γδT细胞。αβT细胞占T细胞总数的95%左右，γδT细胞占T细胞总数的5%左右。

α和β链属于免疫球蛋白超家族成员，其分子结构和Ig分子有高度的同源性。α和β链都由胞外区、跨膜区及胞质区组成，胞外区包含一个可变区（V区）和一个恒定区（C区），其中V区是TCR识别结合抗原-MHC复合物的功能区。在C区和跨膜区之间有一个短的铰链区，TCR的跨膜区有带正电荷的氨基酸残基（如赖氨酸和精氨酸等），它们与CD3分子跨膜区中带负电荷的氨基酸间形成离子键，进而形成TCR-CD3复合物。TCR的胞质区很短，没有传导活化信号的功能。TCR识别结合抗原所产生的活化信号是由CD3分子传导到T细胞内的。

抗原与TCR结合时，TCR通过CD3分子向T细胞胞内传递活化信号。CD3分子的所有肽链胞内区都有免疫受体酪氨酸活化基序（immunorecepter tyrosine-based activation motif，ITAM）。这种基序也存在于其他一些参与细胞信号传导的膜蛋白分子的胞内区，如Igα/Igβ、FcγRⅢ和FcεRⅠ等。该基序由17个氨基酸残基组成，其中包括两个酪氨酸残基X-X-亮氨酸（X为任意氨基酸）样的保守序列，该结构中酪氨酸残基被T细胞内的酪氨酸蛋白激酶$P56^{Lck}$磷酸化后，就能与其他具有SH2结构域的酪氨酸蛋白激酶（如ZAP-70等）结合，并通过这些蛋白激酶产生活化级联反应，将活化信号传递给下游其他分子。ITAM的磷酸化及其与ZAP-70的结合是T细胞活化信号传导过程早期阶段的重要生化反应之一。

（二）TCR基因结构及其重排

TCR与抗体分子识别不同的抗原，但是两类分子编码基因的结构及其重排过程却非常相似。将来自不同T细胞克隆TCR-α和TCR-β链的V区氨基酸序列比较，发现TCR变异主要集中在3个狭窄区域内，称为高变区。高变区实际上是TCR与MHC/抗原肽直接接触的部位，故也被称作互补决定区（CDR）。来自TCR-α和TCR-β的6个CDR共同形成TCR与MHC/抗原肽结合的抗原结合部位。不同γδ-T细胞所表达的TCR-γ与TCR-δ的氨基酸序列也有类似的多样性。

人TCR基因的组成情况列于表6-4，基因结构见图6-3。编码TCR-α、TCR-β、TCR-γ、TCR-δ链的基因座分别被命名为*TCRA*、*TCRB*、*TCRG*、*TCRD*（斜体大写）。每个基因座上含有V、D（限于*TCRB*和*TCRD*基因座）、J和C基因片段，分别在基因座名之后缀以V、D、J或C表示。人*TCRA*和*TCRD*位于14号染色体长臂的14q11～q12区内，两组基因片段交叉分布，其中包括46个*TCRAV*、50～70个*AJ*、1个*AC*（编码Cα）以及4个*TCRDV*、3个DD、3个DJ和1个DC（编码Cδ）基因片段。*TCRB*（TCRβ链基因座）位于7号染色体的7q35区，共包括64个*TCRBV*、2个BD、13个BJ和2个BC（编码Cβ）基因片段。编码TCR-γ链的基因座*TCRG*位于7号染色体短臂的7p14-15区内，包括8个*TCRGV*（6个假基因除外）、2个GJ和2个GC（编码Cγ）基因片段。

表6-4 人TCR基因片段数量

TCR基因	基因片段			
	V	D	J	C
TCRA	46	0	50～70	1
TCRB	64	2	13	2
TCRC	8	0	2	2
TCRD	4	3	3	1

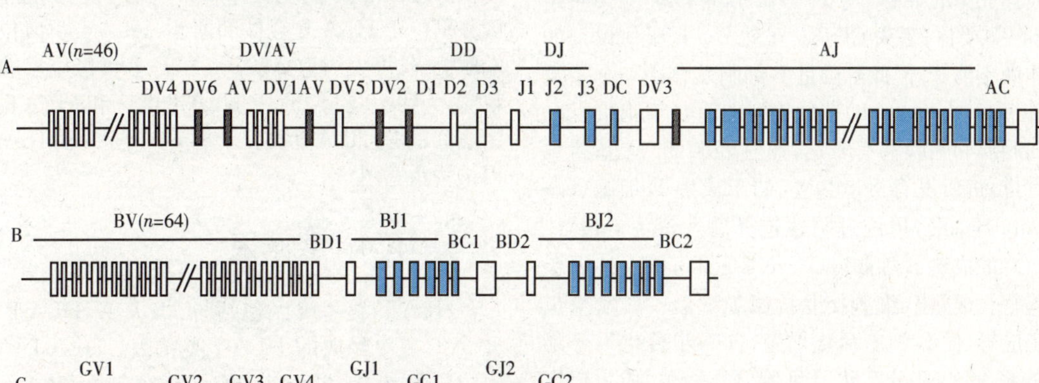

图6-3 人*TCR*基因结构示意图

*A. TCRA*和*TCRD*基因结构；*B. TCRB*基因结构；*C. TCRG*基因结构

*TCR*基因重排发生于T细胞发育的早期。一个TCRBD基因片段首先与一个TCRBJ片段重排，所产生的DJ片段再与一个BV片段连接，形成一个完整的编码TCR-Vβ区VDJ外显子。同理，一个TCRAV与一个TCRAJ基因片段重排形成编码TCR Vα区的VJ外显子。上述基因重排过程所使

用的重排信号序列与 Ig 基因相同，而且重排过程遵守 12～23 原则。VDJ 和 VJ 外显子分别与 C_β 和 C_α 基因片段共同编码 TCR-β 和 α 链。TCRG 和 TCRD 基因重排过程与此类似。

（三）TCR 库

T 和 B 淋巴细胞是由表达不同抗原识别受体的众多克隆组成的细胞群。体内的 T 细胞实际表达的不同抗原特异性 TCR 的总和称做 T 细胞受体库(T cell receptor repertoire)。根据 TCR 基因重排的原理，人的 T 细胞可能产生的 TCRBV-D-J 基因片段组合近 1600 种，TCRA V-J 组合 3000 余种。在基因重排的过程中，即使不同克隆的 T 细胞选用完全相同的 V(D)J 基因片段，V-D、D-J 和 V-J 之间的连接常有接头处核苷酸删减(deletion)或者插入(insertion)的现象，这种基因片段连接的不准确性(imprecise joining)使 TCR 多样性增加至少 1000 倍，因此人 T 细胞可能表达的 αβ-TCR 至少在 5×10^9 个以上。γδ-TCR 总数在 9×10^5 个以上。与 Ig 基因不同之处在于，TCR 基因不发生体细胞高频突变(somatic hypermutation)。

三、B 细胞抗原受体

B 细胞抗原受体(B cell receptor, BCR)以复合物的形式存在于 B 细胞表面。BCR 复合物是 B 细胞表面主要的膜分子，由识别抗原的 mIg 和传递信号的 Igα(CD79α)及 Igβ(CD79β)组成。在早期祖 B 细胞(表型为 $B220^{low}$ 和 $CD43^+$)Ig 重链可变区基因开始发生 DJ 基因重排，随后晚期祖 B 细胞发生 V-DJ 重排，到大前 B 细胞阶段由于 VDJ 重排的完成，可表达完整的 μ 链，与 λ5/VpreB 替代轻链共同组成 pre-B 受体，丢失 CD43。虽然 pre-B 受体识别的配体尚不清楚，但此阶段是 B 细胞发育中一个重要的关卡点(checkpoint)。分化到小前 B 细胞阶段，μ 链在胞质和胞膜均有表达，而且轻链的 VJ 基因发生重排，进而发育为 $mIgM^+$ 的未成熟 B 细胞(immature B cell)，再经过阴性选择后发育为 $mIgM^+$ $mIgD^+$ 的成熟 B 细胞(mature B cell)，进入外周免疫器官。成熟 B 细胞接受抗原刺激后一般发生免疫正应答，使 B 细胞活化增殖，进一步分化为分泌 Ig 的浆细胞，部分活化 B 细胞停止增殖，成为记忆 B 细胞，在再次免疫应答中发挥重要作用。

第四节　人类白细胞抗原

人类的 MHC 分子首先是用血清学方法在白细胞中发现的，所以称为人类白细胞抗原(human lymphocyte antigen)简称 HLA。

笔记栏

案例 6-4

患者，男，24 岁。腰骶部疼痛、晨僵。静止和休息时疼痛严重，活动后缓解。疼痛常常影响睡眠，表现睡眠中疼醒。有家族史。X 线检查，可见双侧骶髂关节改变，脊柱锥体方形改变，脊柱可见骨赘，脊柱呈竹节样改变等。实验室检查，类风湿因子阴性，抗“O”阴性，HLA-B27 阳性。

问题与思考

1. 该患者的临床诊断是什么？

2. HLA-B27 是强直性脊柱炎的直接致病因素还是关联因素？疾病的关联因素意义是什么？

案例 6-4　相关提示

人群中 HLA-B27 阳性者，只有 2% 的人可能患强直性脊柱炎，但是具有强直性脊柱炎家族史的 HLA-B27 阳性者得该病的几率为 20%，这说明绝大多数 HLA-B27 阳性者因为缺乏其他必要的易感基因而不发病，而具有家族史则因为他们同时具有其他相关的易感基因而更易发病。

一、HLA 的基因结构及分类

HLA 复合体位于人第 6 号染色体短臂 q21.31 和 32 之间，跨度约为 4000kb，分为 HLA Ⅰ类、HLA Ⅱ类和 HLA Ⅲ类 3 个区。与移植排斥反应和提呈蛋白质抗原功能有关的经典 HLA 基因位于 HLA 复合体的 HLA Ⅰ类区和 HLA Ⅱ类区内，只占复合体全部基因的极小部分。HLA Ⅰ类区和 HLA Ⅱ类区分别位于 HLA 复合体的两侧，HLA Ⅰ类区位于端粒侧，长度大约为 2000kb；HLA Ⅱ类区位于着丝粒侧，大约 1000kb；介于 HLA Ⅰ类区和 HLA Ⅱ类区之间的是 HLA Ⅲ类区。图 6-4 是人类 HLA 基因结构示意图。

（一）HLA Ⅰ类基因

HLA Ⅰ类基因区包括含 HLA-A、HLA-B 和 HLA-C 三个经典的 HLA Ⅰ类基因。HLA Ⅰ类区内约包含 20 个基因，其中有 3 个经典的 HLA Ⅰ类基因，即 HLA-A、HLA-B 和 HLA-C，它们分别编码 HLA-A、HLA-B 和 HLA-C 分子的 α 链。Ⅰ类区内还存在 HLA-E、HLA-F 和 HLA-G 和 MIC 等基因(图 6-4)，因为它们的编码产物的结构与经典 HLA Ⅰ类基因编码产物相似，但是功能不同，因此被称为 HLA Ⅰ类样基因(class Ⅰ-like gene)，又称为 HLA Ⅰb 基因。其中 HLA-G 和 HLA-E 分子可被NK细胞识别，HLA-H、HLA-F和HLA-J为假基因，无表达产物。

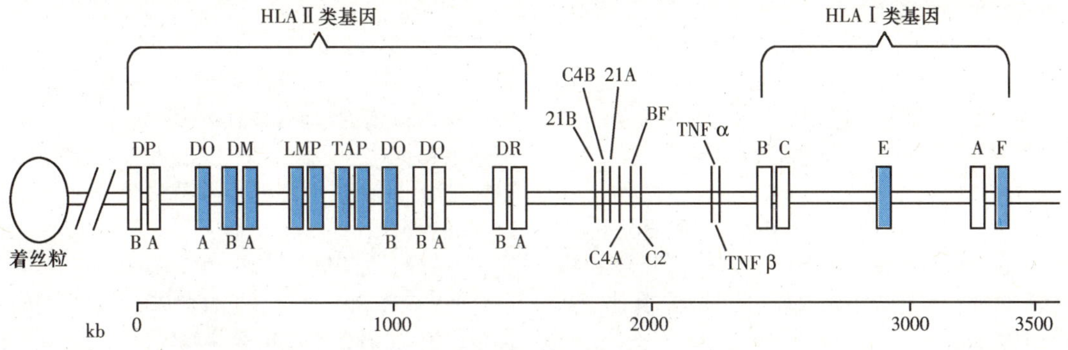

图6-4 人类HLA基因结构示意图

(二) HLAⅡ类基因

HLAⅡ类基因区包括HLA-DR、HLA-DP和HLA-DQ三个经典HLAⅡ类基因，还包括一些与抗原处理和提呈有关的基因。HLAⅡ类区包含的基因可以分为以下三类：

1. 经典的HLAⅡ类基因 位于HLAⅡ类区的D区内，D区分成DR、DP和DQ三个亚区。DP亚区和DQ亚区中的A1基因和B1基因分别为HLA-DP和HLA-DQ分子的α链和β链编码。而DR亚区内的A基因和B基因分别编码DR分子的α链和β链。

2. 抗原处理相关基因 包括HLA-DMA、HLA-DOA、HLA-DOB、TAP1、TAP2、LMP2和LMP7。除了LMP2和LMP7是多重蛋白酶体(proteasome)的亚单位外，其余的基因与经典Ⅱ类基因一样，其产物均为异二聚体。与经典Ⅱ类分子不同的是，这些二聚体不在细胞表面表达，它们位于细胞内质网或内体膜上，参与内源性抗原或外源性抗原的加工，故称为抗原处理相关基因(genes associated with antigen processing)。这些基因是经典的HLAⅠ类和HLAⅡ类分子在细胞表面表达并提呈抗原所必不可少的，如TAP1或TAP2基因缺陷可导致细胞表面HLAⅠ类分子表达缺陷。

3. 假基因 DP亚区和DQ亚区内的DPA2、DPB2、DQA2、DQB2和DQB3等均为假基因。

(三) HLAⅢ类基因

HLAⅢ类基因区内包含一群与HLA无关的、为分泌型蛋白编码的基因。在HLAⅠ类区和Ⅱ区之间有一段长度约为1000kb的序列，称为HLAⅢ类区。HLAⅢ类区包含75个基因，其中大多数基因的功能不明。有一小部分基因的编码产物属于可溶性免疫分子，是免疫系统的重要成分，如补体(C2、C4A、C4B、Bf)、细胞因子(TNF-α，TNF-β)、热休克蛋白(HSP70)等，它们在不同环节上参与免疫应答，所以有人把它们称为免疫应答相关基因(genes associated with immune response, or immune response-related genes)。有的基因产物参与代谢，如类固醇21-羟化酶(21-OHA和21-OHB)。

实际上，所谓的HLAⅢ类区内的基因及其编码产物无论在结构上还是在功能上都与上述经典的HLAⅠ类和HLAⅡ类基因及其产物完全不同，仅仅因为这一段序列位于HLA复合体内，又因为其发现晚于Ⅰ类和Ⅱ类区，所以传统上把它称为HLAⅢ类区。须知，我们平时使用“HLA基因”或“HLA分子”这两个术语时，是从不把Ⅲ类区的基因及其编码分子包括在内的，同样也不包括HLAⅠ类区和HLAⅡ类区内的非经典基因或其产物。所以，应避免将HLAⅢ类基因与经典的Ⅰ类和Ⅱ类基因混淆。

每个HLAⅠ类和Ⅱ类基因包含5～6个外显子，分别为HLA分子的各个结构域编码。通过比较各种HLAⅠ类和Ⅱ类基因的DNA序列和编码产物的氨基酸序列，发现HLA分子的各个结构域是由不同的外显子编码的。

HLAⅠ类基因编码HLAⅠ类分子的α链。从5′端开始，除了为引导链编码的L外，HLAⅠ类基因包括6个外显子，其中α1、α2、α3分别编码α链胞外段的3个同名结构域，Tm编码跨膜段，而2个C外显子编码胞内段。

HLAⅡ类分子为由一条重链(α链)和一条轻链(β链)组成的异二聚体，两条链分别由A基因和B基因编码。A链基因和B链基因分别包含4～5个外显子(L除外)。α链基因的4个外显子分别为α1、α2、跨膜段和胞内段编码。β链基因的第1和第2外显子分别编码2个同名的胞外结构域。Tm的5′端编码跨膜段，而其3′端和2个C外显子共同编码胞内段。

二、HLA分子的结构及分布

(一) HLA分子的分布

HLAⅠ类分子和Ⅱ类分子均是细胞表面的Ⅰ

型跨膜糖蛋白，因为最初是通过血清学和细胞学发现和检测的，所以 HLA 分子又称为 HLA 抗原。HLAⅠ类分子几乎表达在所有有核细胞的表面。但是，他们在不同细胞表面的表达量是不同的，以白细胞为最高，每个淋巴细胞表面 HLAⅠ类分子总数约为 5×10^5 个。成纤维细胞、肌细胞、肝细胞、神经细胞和角膜细胞上表达较低。与Ⅰ类分子相比，Ⅱ类分子的表达范围极其狭窄，正常情况下，主要表达在专职抗原提呈细胞(APC)如 B 细胞、巨噬细胞和树突状细胞等细胞表面，还表达在其他少数几种细胞表面。

HLA 分子的表达受细胞因子调节，这种调节主要作用在基因转录水平。干扰素(IFN)和肿瘤坏死因子(TNF)能够促进 HLA 分子的表达。在许多 Th1 细胞介导的自身免疫病中，各种免疫细胞产生的 IFN-γ 能够诱导原本不表达Ⅱ类分子的细胞异常表达Ⅱ类分子，有可能使这些异常表达Ⅱ类分子的细胞提呈自身抗原，使得疾病继续发展。

（二）HLA 分子的结构

1. HLAⅠ类分子的结构 HLAⅠ类分子是由一条重链和一条轻链通过非共价结合形成的异二聚体。重链又称 α 链，相对分子质量为 44～47kD。α 链由位于 HLAⅠ类区内的 HLA-A、HLA-B 和 HLA-C 基因编码。轻链称为 β_2微球蛋白(β_2 microglobulin β_2m)，相对分子质量约为 12kDa。β_2m 编码基因不在 HLA 复合体Ⅰ类区内，而是位于第 15 号染色体上。

不同等位基因产物 α 链的 α1、α2 结构域的氨基酸序列是可变的，α3 结构域中有与 CD8 分子结合的位点。HLAⅠ类分子的 α 链约含 325 个氨基酸。Ⅰ类分子全长可分为三个部分：一个位于细胞外的胞外段、一个位于细胞膜内的跨膜段和一个位于细胞内的胞内段(图 6-5)，α 链通过跨膜段和胞内段固定在细胞膜上。

胞外段包含 3 个结构域，从 N 端开始分别称为 α1，α2，α3 结构域，每个结构域约含 90～100 个氨基酸残基。α2 和 α3 结构域中都有一个链内二硫键。HLAⅠ类分子的抗原多态性是由 α 链氨基酸序列的变异引起的，氨基酸变异主要集中在 α1 和 α2 结构域内，而同一座位基因的 α3 结构域的氨基酸序列是保守的。α1 和 α2 结构域组成Ⅰ类分子的抗原结合槽(图 6-5)。跨膜段共含 25 个氨基酸残基，几乎都是疏水氨基酸，与细胞膜中脂质双层结合。胞内段约含 30 个 α 氨基酸残基。其 N 端的几个碱性氨基酸与细胞膜脂质双层内层中的磷脂头部结合，将 α 链固定在细胞膜上。

HLAⅠ类分子都是一条 α 链与一个 β_2 m 组成异二聚体。β_2 m 是 HLAⅠ类分子组成部分，而且是 HLAⅠ类分子在细胞表面表达所不可缺少的。β_2 m 基因缺陷的细胞虽然能结合 HLAⅠ类 α 链，但细胞表面缺乏完整 HLAⅠ类分子。某些肿瘤细胞就是因 β_2 m 基因突变而导致细胞表面不表达 HLAⅠ类分子。

β_2 m 不具多态性，它由 99 个氨基酸组成，含有一个链内二硫键。肽链经折叠形成一个 C1 型的 Ig 样结构域，所以它也是 Ig 超家族成员。β_2 m 不是跨膜蛋白，他通过非共价键与 α 链结合在一起。β_2 m 与 α 链胞外段的 3 个结构域都有接触，但主要与 α3 结构域结合。β_2 m 与 α 链的相互作用使得 HLAⅠ类分子与肽结合更为牢固。

抗原肽的存在是 HLAⅠ类分子的稳定表达不可缺少的。当 HLAⅠ类分子与抗原肽形成复合物时，HLA 可稳定表达在细胞膜上。空载的 HLA 分子容易从细胞膜表面脱落。因此，所有细胞表面的 HLAⅠ类分子的抗原结合槽内含有抗原肽是 HLAⅠ类分子稳定表达的结构基础。如果没有抗原肽的存在，HLAⅠ类分子的 α 链与 β_2 m 不能稳定地结合，不能在细胞表面表达。肿瘤细胞表面 HLAⅠ类分子表达下调是造成肿瘤免疫逃逸的原因之一。反过来，α 链与 β_2 m 的稳固结合，又促进 HLAⅠ类分子与肽的稳定结合。

2. HLAⅡ类分子的结构 HLAⅡ类分子是由 α 链、β 链组成的异二聚体。HLAⅡ类分子的 α 链和 β 链的编码基因均位于 HLAⅡ类区的 D 区内。α 链的相对分子质量为 32～34kD，β 链的相对分子质量为 29～32kDa。α 链和 β 链均为跨膜糖蛋白，每条链均可分为胞外段、跨膜段和胞内段三个部分。跨膜段和胞内段的结构与 HLAⅠ类分子基本相似，这里只描述 HLAⅡ类分子的胞外段。

不同等位基因产物的 α 链和 β 链的 N 端结构域的氨基酸序列是可变的。α 链和 β 链的胞外段各含 2 个结构域，从 N 端开始，分别称为 α1、α2 和 β1、β2。α1 和 β1 结构域位于远膜端，α2 和 β2 结构域位于近膜端。α1 和 β1 结构域形成抗原结合槽(图 6-5)。

与 HLAⅠ类分子一样，HLAⅡ类分子的抗原结合槽内也含有一个抗原肽，肽也是Ⅱ类分子充分折叠和在细胞表面的稳定表达所不可缺少的。

笔记栏

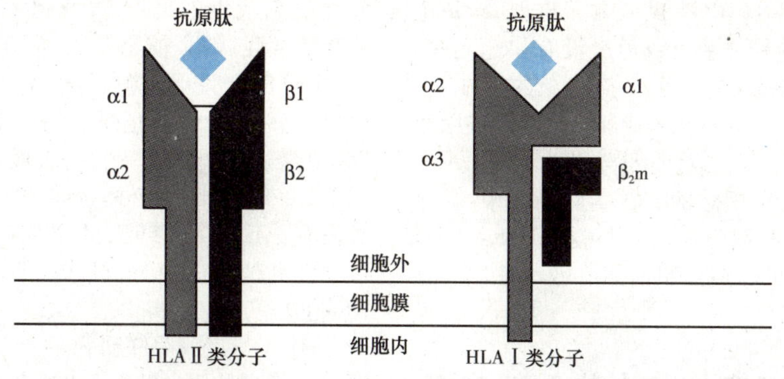

图 6-5 HLA Ⅰ类分子和 HLA Ⅱ类结构示意图

三、HLA 的作用机制

(一) HLA 的抗原提呈作用

HLA 的主要生物学功能是向 T 细胞提呈蛋白质抗原。抗原进入机体后，抗原提呈细胞(APC)首先摄取抗原，然后在细胞内降解抗原并将其加工处理成抗原肽片段，再以抗原肽-HLA 复合物的形式表达于细胞表面。APC 与 T 细胞接触时，抗原肽-HLA 复合物被 T 细胞的 TCR 识别，从而将抗原信息传递给 T 细胞，引起 T 细胞活化。HLA Ⅱ类分子和 HLA Ⅰ类分子是抗原肽的载体，分别提呈外源性抗原肽和内源性抗原肽。

从演化过程来看，HLA 的演化是与 T 细胞免疫的演化同步的。因为 B 细胞介导的体液免疫只能识别和消灭胞外寄生的病原微生物，不能消灭胞内寄生微生物，所以演化产生了 T 细胞免疫。但是 T 细胞不能直接识别位于细胞内的微生物，微生物抗原必须在细胞表面展示，才能被 T 细胞识别。HLA 的作用就是将病原体以 HLA-抗原肽的形式传递给了 T 细胞，以激活 T 细胞，产生细胞免疫，消灭胞内感染的病原体。

(二) 参与个体 T 细胞库的塑造

HLA 在胸腺水平上，参与个体 T 细胞库的塑造。胸腺上皮细胞和各种其他 APC 上的 HLA Ⅰ类和Ⅱ类分子通过提呈自身蛋白质抗原肽，参与胸腺细胞的阳性选择和阴性选择。阳性选择和阴性选择决定了 T 细胞对抗原的识别受自身的 MHC 分子的限制，阴性选择通过清除自身反应性 T 细胞产生自身免疫耐受。因此 HLA 分子参与个体 T 细胞库的塑造。

(三) 对免疫应答的影响

MHC 的多态性通过控制 T 细胞对抗原的识别而影响免疫应答。Benaceraf 和 McDevitt 等发现，对于同一种人工合成蛋白质抗原的刺激，有的品系小鼠产生强抗体应答，有的品系小鼠产生弱抗体应答，而另一些小鼠完全不产生应答。他们利用同类系小鼠(congenic mice)所做的实验证明 MHC 多态性控制动物对抗原的免疫应答。

Doherty 和 Zinkernagel 发现，某个品系的小鼠在感染了淋巴细胞脉络膜脑炎病毒(LCV)后产生的 CTL 能够杀死感染了 LCV 的自身靶细胞，不能杀死未感染病毒的正常细胞或感染了另一种无关病毒的细胞，这一事实说明，这种 CTL 细胞是抗原(LCV)特异性的。但是，该 CTL 却不能同时杀死同样感染了 LCV 的、来自于其他品系小鼠的靶细胞。这些实验结果表明，CTL 的特异性不但取决于抗原，而且还受到 MHC 多态性的限制，这就是所谓的 MHC 限制现象(MHC restriction)。MHC 限制现象还说明 T 细胞在识别抗原的同时必须识别自身 MHC 分子，即识别自身 MHC-抗原肽的复合物。MHC 限制现象从另一个角度证明了 MHC 多态性对免疫应答的控制。此外，MHC 分子还与维持外周淋巴细胞的生存以及抑制 NK 细胞对自身细胞的杀伤有关。

(四) HLA 与同种异体器官排斥反应的关系

HLA 是人类主要组织相容性抗原，是决定移植手术是否成功的主要因素。如果移植物表达受者(recipients)所不具有的 HLA 抗原，受者将会对移植物产生急性排斥反应，甚至导致移植失败。临床资料显示，移植物的存活率和存活时间与供者和受者之间的 HLA 匹配程度密切相关，即受者与供者之间错配的等位基因数越多，移植效果越差；反之效果越好。

HLA 基因是高多态性的，除了 HLA-DRA1 外，每个基因均具有大量的等位基因。人类 HLA 等位基因组合的总数为各座位等位基因数的乘积。据目前已公布的 HLA 等位基因数据计算，全人类中 HLA 等位基因组合的总数超过百

笔记栏

万亿之多。当然，按国家、民族或人群划分，每个人群实际拥有的等位基因数远远没有如此之多，只占其中的一部分；连锁不平衡现象的存在，在一定程度上减少了特定人群中 HLA 等位基因组合的总数。但是，要在无关人群中找到 HLA 相同的供体仍是十分困难的。在实际操作中，甚至是骨髓移植，一般不要求供者与受者 HLA 完全匹配，因为现有的免疫抑制剂能有效地抑制急性移植排斥反应。

（五）HLA 多态性与人体对某些疾病的易感性的关系

如果某种 HLA 基因在一种疾病患者中的频率和它在正常人群中的频率有显著差别，就称该 HLA 基因与这种疾病关联（association）。自 1967 年 Amiel 首次报道白血病与 HLA-A2 抗原关联以来，目前已发现各种类型的疾病与某种特定的 HLA 基因关联，其中包括感染性疾病、代谢性疾病、补体系统疾病、神经系统疾病，但大多数为自身免疫病。大多数疾病与 HLA Ⅱ 类基因关联，一些关节疾病和代谢病多与 HLA Ⅰ 类基因关联（表 6-5）。

表 6-5　HLA 与疾病关联举例

关联的疾病	HLA 抗原	RR
强直性脊柱炎	B27	90
血色素沉着症	A3	9.3
发作性睡眠	B14	2.3
	DR2	130
寻常型天疱疮	DR4	14
Graves 病	DR3	4
胰岛素依赖性糖尿病	DR4/DR3	20
类风湿关节炎	DR4	10
多发性硬化症	DR2	5
系统性红斑狼疮	DR3	5
重症肌无力	DR3	10

若 HLA 基因在患者中的频率高于正常人，这种关联称为正关联；反之，就称为负关联。正关联表明具有某种 HLA 基因的人对该病易感，这种 HLA 基因称为疾病易感基因（susceptible genes）。反之，负关联表明具有该 HLA 基因的人不易得该病，这种 HLA 基因称为疾病抵抗基因（resistant genes）。

某种 HLA 基因在患者和正常人之间的频率差异越大，表明该疾病与该 HLA 的关联越强。关联的强度可以用相对风险比（relative risk, RR）来表示。RR 的值等于 1，表示不相关。RR 值大于 1，代表正相关，数值越大风险越大，表明关联性越强。RR 值小于 1，表示负相关，数值越小，表明负相关性越强。HLA-DR2 与发作行睡眠的关联是迄今为止所发现的最强的关联，其 RR 值高达 130。这一数字表明，人群中一个具有 HLA-R2 基因的个体得发作行睡眠的可能性是没有 HLA-DR2 基因的个体的 130 倍。强直性脊柱炎是第二种与 HLA 关联最强的疾病，其 RR 值达 90 以上。

HLA 与疾病关联研究的历史已逾 40 年，其间提出了多种假说解释 HLA 多态性与疾病易感性之间的关系，其中包括分子模拟学说（molecular mimicry hypothesis）、连锁不平衡学说（linkage disequilibrium hypothesis）等。但是，关于 HLA 与疾病关联的确切机制至今不明。很可能各种病因不同、发病机制不同的疾病，它们与 HLA 关联的机制也是不同的，不可能用一种机制解释所有的疾病。与 HLA 关联的疾病是多因素病（multi-factorial disease），HLA 只是众多易感基因中的一种。例如，人群中 HLA-B27 阳性者，只有 2％的人可能患强直性脊柱炎，但是具有强直性脊柱炎家族史的 HLA-B27 阳性者得该病的几率为 20％，这说明绝大多数 HLA-B27 阳性者因为缺乏其他必要的易感基因而不发病，而具有家族史则因为他们同时具有其他相关的易感基因而更易发病。同卵双生子发病情况不一致，这充分说明环境因素对疾病的影响也不容忽视。

除了少数几种疾病例外，同一种疾病在不同的人群中往往与不同的 HLA 基因关联，这一事实提示，所关联的 HLA 基因产物可能不直接参与疾病的发生。连锁不平衡学说认为，真正的疾病易感基因并非是所关联的 HLA 基因，而是另一个位于 HLA 复合体内的与关联的 HLA 基因紧密连锁的基因。血红蛋白沉着症（hemochromatosis）与 HLA 的关联是连锁不平衡假说的一个很好的例子。HFE 蛋白在肠道上皮中表达，它与转铁蛋白相互作用调节铁的吸收。HFE 基因突变导致血红蛋白沉着症。该基因位于 HLA 区之外 4kb 处，但是因为它与 HLA 基因存在连锁不平衡，所以有缺陷的 HFE 基因常常与该 HLA 基因同时出现，表现为血红蛋白沉着症与 HLA 关联。

（六）HLA 的高度多态性可协助亲子鉴定和罪犯鉴定

HLA 基因是以单元型为单位遗传的，所以子女从父亲和母亲各得到一个单元型。亲子鉴定的目的是确定孩子中一条非来自母亲的单元型的归属，以判定孩子的生父。HLA 的单元型可为亲子鉴定提供高分辨的鉴别手段。同样，由于 HLA 的高度多态性，无血缘关系的人之间，HLA 全相同的几率极低，据此可协助鉴别罪犯。

小　结

本章重点介绍细胞免疫学中的分子生物学知识。包括细胞因子及受体、免疫球蛋白家族、免疫细胞表面分子和人类白细胞抗原四个部分。细胞因子是机体中的重要免疫分子，通过与细胞表面上的相应受体结合，启动复杂的细胞内分子间的相互作用，最终引起细胞基因转录的变化，通过这样的细胞信号传导而发挥生物学作用。免疫球蛋白基因重排是抗体分子多样性产生的分子生物学基础。通过免疫球蛋白基因重排，使有限的基因表达出无限的抗体分子，以应对众多的抗原物质。免疫细胞表面存在众多的承担各种功能的表面分子。细胞间的相互作用是通过细胞表面分子而实现的。其中，T 细胞抗原受体(TCR)是 T 细胞上的重要表面分子，通过 TCR 识别抗原提呈细胞(APC)提呈的抗原肽，活化 T 细胞而发挥相应的免疫功能。TCR 基因重排是 T 淋巴细胞识别众多抗原多样性的分子基础，并形成了针对不同抗原的 TCR 库。人类白细胞抗原(HLA)基因位于 6 号染色体短臂 q21.31 和 32 之间，基因结构复杂，包括 HLA Ⅰ类、Ⅱ类、Ⅲ类基因和众多相关基因。HLA 分子在细胞上分布广泛，以 HLA-抗原肽复合物的形式发挥抗原提呈作用。HLA 分子是组织相容性的物质基础，是器官移植排斥反应的重要因素，同时 HLA 与众多疾病相关联。

(宋玉国)

参考资料

陈慰峰．2005．医学免疫学．第 4 版．北京：人民卫生出版社，69～76

何维．2005．医学免疫学．北京：人民卫生出版社，103～215

邹雄．2003．分子免疫学与临床．山东．山东科学技术出版社，49～78

笔记栏

第二篇

临床疾病案例与分子生物学

第7章 遗传性疾病的分子机制

遗传性疾病(genetic disease)简称遗传病,是指由于遗传物质(染色体和基因)发生突变(或畸变)所引起的疾病,通常具有垂直传递(vertical transmission)的特征。遗传物质的突变(染色体畸变或基因突变)可以是生殖细胞或受精卵内遗传物质的结构或功能的改变,即它们只能通过两性生殖细胞结合才能按一定的方式传给后代个体。遗传物质的突变也可以是体细胞内遗传物质的结构或功能的改变,如一些肿瘤在特定组织器官内发生而形成的体细胞遗传病,将不出现个体间的垂直传递,而是通过有丝分裂向子代体细胞垂直传递。

遗传性疾病的发生是由遗传因素与环境因素共同作用的结果。环境因素不仅包括外界环境如工作、生活环境,也包括体内环境如激素水平等。对于不同的遗传性疾病,遗传因素和环境因素所占的比重各有不同。一些遗传病很难找到发病所必需的特定环境因素,几乎完全由遗传因素决定。例如单基因遗传病中的先天性成骨不全症、白化病、血友病A和一些染色体病等。而有些遗传病(多基因遗传病)的发病除了遗传因素外,还需要环境因素的作用。如唇裂、腭裂、先天性幽门狭窄等畸形,遗传度多在70%以上,说明遗传因素对这类疾病的发生较为重要,但环境因素也是必不可少的。因此,在某一具体疾病发生中,遗传因素与环境因素的相对重要性则要视不同的情况具体分析。

第一节 遗传性疾病的临床特征

一、遗传病的临床案例

案例 7-1

短指(趾)症(brachydactyly)是一种肢端发育畸形。主要症状是指骨或掌骨(或趾骨)短小或缺如,致使手指(趾)变短。这类疾病表现为典型的完全显性遗传。图7-1是一个典型的短指(趾)症家族的系谱。该家系共26人,短指症患者12人(男5女7),发病比例接近1/2。

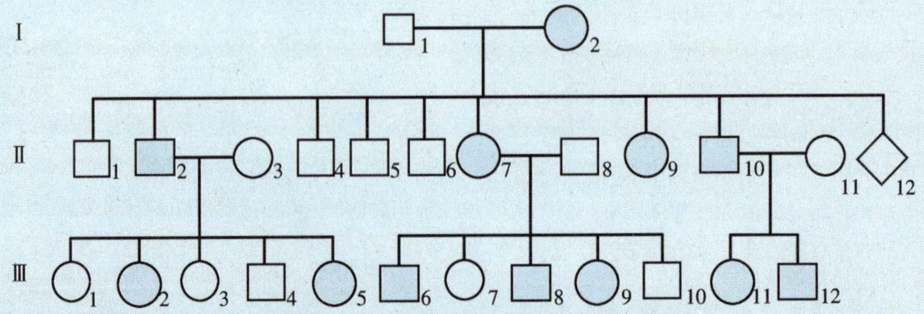

图7-1 短指(趾)症家族的系谱

问题与思考

完全显性遗传具有哪些特点及分子机制?

笔记栏

案例 7-1　相关提示

1. 致病基因位于常染色体上，遗传与性别无关，男女发病机会均等。

2. 图 7-1 系谱中可看到本病的连续遗传现象，即连续几代都可出现患者。

3. 患者的双亲中必有一个为患者，但绝大多数为杂合体，患者的同胞中约有 1/2 的几率为患者。

4. 双亲无病时，子女一般不患病，只有在基因突变的情况下，才能看到双亲无病时子女患病的病例。

近年来的研究表明，定位于 12q24 的 CDMP1（形态发生素 1，也称之为 GDF5）在早期胚胎肢芽发育中起着非常关键的作用，该因子突变可能是造成肢端畸形的原因之一。

二、遗传病的分类

根据遗传物质的结构或功能改变的不同，可将遗传病分为五大类。

（一）染色体病

染色体病（chromosome disorders）是由于染色体的结构或数量异常所引起的一类疾病。其中又可分为常染色体数目异常遗传病、常染色体结构畸变遗传病、性染色体数目异常遗传病、性染色体结构畸变遗传病等类型。

（二）单基因遗传病

单基因遗传病（signal-gene disorders）（简称单基因病）是由单基因突变所致的疾病。单基因病呈明显的孟德尔式遗传。截至 2007 年 6 月 4 日 OMIM（Online Medndelian Inheritance in Man，在线《人类孟德尔遗传》）的统计数据，与人类疾病和形状相关的基因座有 11 189 种，其中与人类疾病相关的基因座有 10 314 种。人类细胞核基因组决定的单基因遗传性状有 17 654 种，包括常染色体遗传的 16 613 种、X 连锁遗传的 985 种、Y 连锁遗传的 56 种。

（三）多基因遗传病

多基因遗传病（polygenic disorders）（简称多基因病）是由多个基因与环境因素共同作用所引起的疾病，有家族聚集现象，但不表现出明显的家系遗传特征。虽然已报道的多基因病只有 100 多种，但每一个病种的发病率都较高，如原发性高血压的群体发病率为 6%，消化性溃疡为 4%，多基因病在人群中的总发病率约为 15%～20%。

（四）线粒体遗传病

线粒体中所含的 DNA 是独立于细胞核染色体外的遗传物质，称为线粒体基因组。这类基因突变所导致的疾病，称线粒体遗传病（mitochondrial genetic disorders）或线粒体基因病，随同线粒体传递，呈母系遗传。

（五）体细胞遗传病

体细胞内遗传物质改变所产生的疾病称为体细胞遗传病。这类遗传病一般不向后代传递。肿瘤起源于体细胞内遗传物质改变的突变，尽管这种突变不会传递给个体的后代，但是，这种体细胞的突变可以在个体的体内随着细胞分裂增生而不断传给新产生的子代细胞。各种肿瘤的发生都涉及特定组织细胞中的染色体、癌基因、抑癌基因的变化，所以肿瘤被称为体细胞遗传病。另外，某些先天性畸形也属于体细胞遗传病。

三、遗传病的临床特征

（一）垂直传递

遗传病不同与传染病的水平传递，具有亲代向子代垂直传递的特点，这是由于亲代的生殖细胞或卵细胞的遗传物质发生变化的结果。但是并非在所有的遗传病家族中都可以观察到这一特性，因为有些遗传病患者特别是某些染色体病患者没有生育能力（如）或者活不到生育年龄；有的患者是家系中首发突变产生的病例。

（二）遗传物质改变

所有遗传病都有遗传物质的改变，这是遗传病发生的物质基础。遗传物质的改变包括细胞核中的基因突变和染色体畸变，以及细胞质中线粒体 DNA 的改变。

（三）先天性

大多数遗传病是婴儿出生时即显示症状，如尿黑酸尿症、血友病、Down 综合征等，又称为先天性疾病（congenital diseases）。但先天性疾病不一定是遗传病，如胎儿在宫内感染天花造成出生时脸上有瘢痕，母亲怀孕早期感染风疹病毒致使胎儿患有先天性心脏病，孕妇服用沙利度胺（thalidomide）引起胎儿先天畸形。同样，有不少遗传病出生时毫无症状，要到一定年龄才发病，如肌营养不良症到儿童期发病，Huntington 舞蹈病发病于 25～45 岁，痛风好发于 30～35 岁。

（四）家族性

遗传病往往表现为家族性，如遗传性视网膜母细胞瘤、遗传性甲状腺肿和家族性结肠息肉等，都可能发生家族聚集现象。但家族聚集性疾病也不一定是遗传病，如结核和肝炎有可能累及数名家族成员，但这是传染而不是遗传。

（五）终身性

因为遗传病的根本病因在于遗传物质的缺陷，而至今尚无纠正有缺陷的致病基因或染色体的有效办法，因此这类疾病大多数终生难以治愈。只有少数遗传疾病，若能早期诊断及治疗，可缓解症状或避免发病。如苯丙酮尿病的病人，若能在出生后3个月内确诊，6岁前坚持低苯丙氨酸饮食，就能避免智力发育迟缓的现象发生。但是随着现代科学发展的日新月异，根治遗传病在不久将来也许将变为现实。

第二节　单基因遗传病

单基因遗传病主要是指受一对等位基因所控制的疾病，即由于一对染色体（同源染色体）上单个基因或一对等位基因发生突变所引起的疾病，其遗传方式符合孟德尔定律。随着细胞遗传学、生化遗传学、免疫学与分子遗传学实验技术的发展，目前已知的单基因遗传病有7700多种。人群中约有4%～5%受累于某种单基因病，多数单基因病发生率较低，一般低于1/1000。

案例 7-2

人类病症和性状的遗传规律不能如动物或植物那样采用杂交试验方法，因而必须采取一些适合人类遗传方式的特定方法。家系调查和系谱分析是判断某种遗传病遗传方式最常用的方法。系谱分析(pedigree analysis)是指从先证者入手，追溯调查其家族成员（直系亲属和旁系亲属）的数目、亲属关系及某种遗传病（或）形状的分布等资料，按一定格式绘制成系谱。先证者(proband)是在该家系中最先被确定的患有某种遗传病的成员。根据绘制的系谱进行回顾性分析，以确定所发现的某一特定性状或疾病是否有遗传因素及其可能的遗传方式，从而对家系中其他成员的发病情况做出预测。在调查过程中，除要求信息准确外，还要注意患者的年龄、病情、死亡原因和是否近亲婚配等。对某病或性状遗传方式的判断必须进行多个系谱综合分析后方能做出准确结论。系谱分析中常用符号见图7-2。

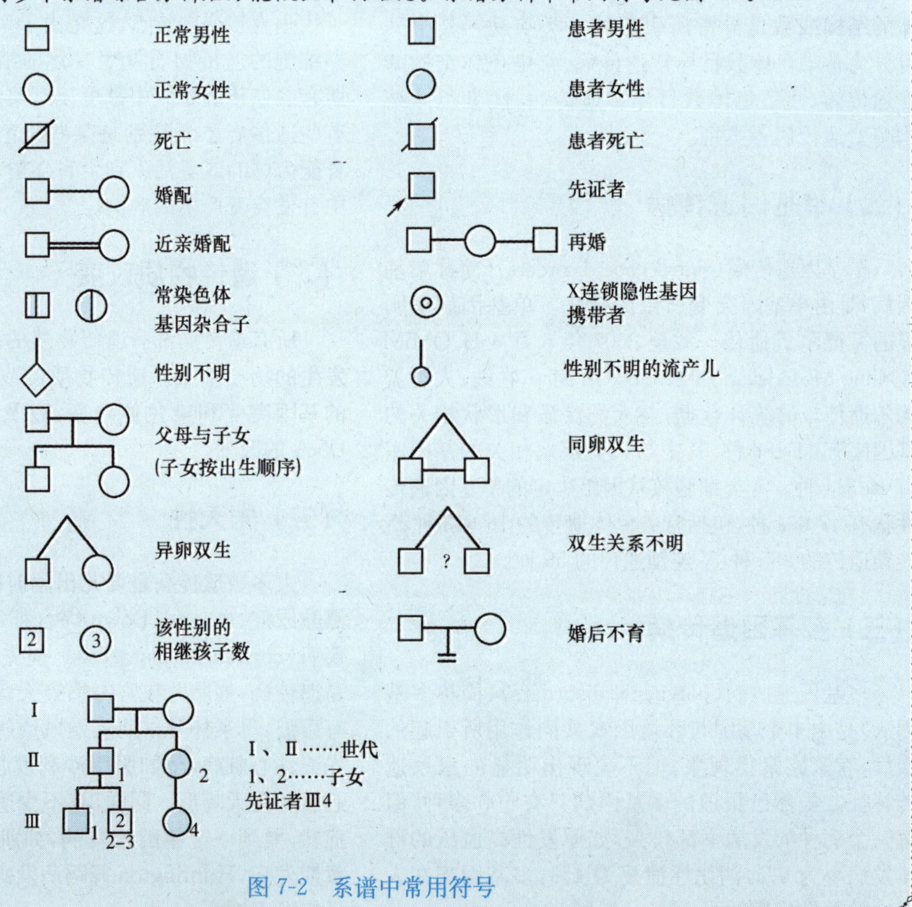

图 7-2　系谱中常用符号

一、遗传方式

根据决定单基因遗传病的基因是在常染色体上还是在性染色体上，是显性还是隐性，可将人类单基因遗传病分为：常染色体显性遗传病、常染色体隐性遗传病、X连锁显性遗传病、X连锁隐性遗传病和Y连锁遗传病等几大类。

（一）常染色体显性遗传病

常染色体（1-22号）上显性基因所控制的疾病，其传递方式是显性的，称为常染色体显性遗传（autosomal dominant inheritance，AD）病，简称常显。杂合状态下即可发病是常染色体显性遗传病主要特征。致病基因可以是生殖细胞发生突变而新产生，也可以是由双亲任何一方遗传而来的。由于杂合子有可能出现不同的表现形式，因此又将人类常染色体显性遗传病分为完全显性遗传、不完全显性遗传、不规则显性遗传、共显性遗传和延迟显性遗传等几种不同类型。常见常染色体显性遗传病致病基因的染色体定位见表7-1。

表7-1　常见常染色体显性遗传病致病基因的染色体定位

疾病名称	OMIM	致病基因染色体定位
家族性高胆固醇血症（familial hypercholesterolemia）	143 890	19p13.2
遗传性出血性毛细血管扩张（hereditary hemorrhagic telangiectasia）	187 300	9q34.1
遗传性球形红细胞症（elliptocytosis）	130 500	1p36.2-p34
急性间歇卟啉症（porphyria，acute intermittent）	176 000	11q23.3
迟发性成骨发育不全症（osteogenesis imperfecta，type Ⅰ）	166 200	17q21.31-q22
成年多囊肾病（adult polycystic kidney disease）	173 900	16p13.3-p13.12
α-地中海贫血（alpha-thalassemis）	141 800	16pter-p13.3
短指（趾）症A1型（brachydactyly，type A1）	112 500	2q35-q36
特发性肥大性主动脉瓣下狭窄（supravalvulat sorric stenosis）	185 500	7q11.2
遗传性巨血小板病，肾炎和耳聋（Fechtner syndrome）	153 640	22q11.2
Noonan综合征（Noonan syndrome 1）	163 950	12q24.1
神经纤维瘤（neureofibromatosis，type Ⅰ）	162 200	17q11.2
结节性脑硬化（tuberous sclerosis）	191 100	16p13.3，9q34
多发性家族性结肠息肉症（adenomatous palyposis of the colon）	175 100	5q21-q22
Peutz-Jeghers综合征（Peutz-Jeghers syndrome）	175 200	19p13.3
Von Willebrand病（Von Willebrand disease）	193 400	12p13.3
肌强直性营养不良（dystrophia myotonica 1）	160 900	19q13.2-q13.3

1. 完全显性遗传（complete dominance inheritance）　是指杂合子Aa患者具有与显性纯合子AA患者完全相同的表型。即在杂合子Aa中，显性基因A的作用完全显示出来，而隐性基因a的作用被完全掩盖，从而使杂合子表现出与显性纯合子AA患者完全相同的形状。例如，马凡综合征（Marfan syndrome，MS），又称为蜘蛛症，是一种常见的完全显性遗传病。该病基因定位于15q21.1，由编码微纤蛋白基因（fibrillin-1，FBN1）的突变所致。

2. 不完全显性遗传（incomplete dominance inheritance）　也称为半显性遗传，是指杂合体Aa介于纯合显性AA和纯合隐性aa之间的一种遗传方式。由于在杂合体Aa中隐性基因a的作用也有一定程度的表达，所以在不完全显性遗传病中，杂合体Aa常为轻型患者，纯合体AA为重型患者。

案例7-3

软骨发育不全症是长骨骨骺端软骨细胞形成及骨化障碍的一种骨骼病。患者在出生时即有体态异常，表现为四肢短粗，下肢向内弯曲，腰椎明显后突，头大等。

问题与思考

分析图7-3，软骨发育不全症的特点及主要分子机制？

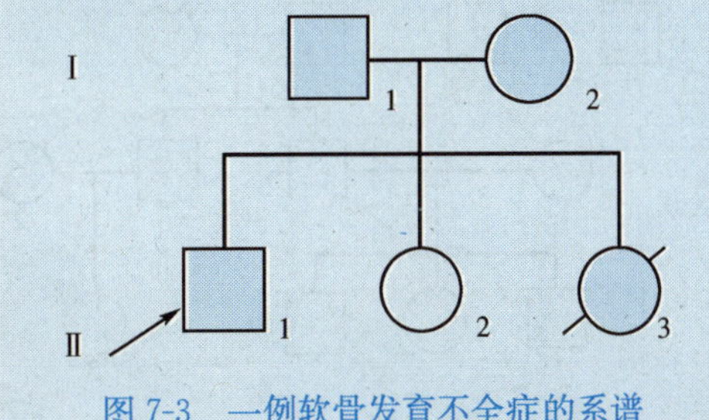

图7-3　一例软骨发育不全症的系谱

笔记栏

案例 7-3　相关提示

图 7-3 显示的家系中，患者I_1和I_2婚后生育子女中，先证者II_1为杂合子患者，病情较轻；II_2为正常人，身高正常；II_3为显性纯合子患者，病情严重，在婴儿期死亡。软骨发育不全症致病基因定位于 4p16.3，主要是由于成纤维细胞生长因子受体(FGFR-3)基因 1138 位碱基突变所致。本病纯合体 AA 患者少见，由于骨骼严重畸形、胸廓小而呼吸窘迫以及脑积水导致胚胎死亡。

3. 不规则显性遗传(irregular dominance inheritance)　在常染色体显性遗传中，杂合体 Aa 在不同条件下可以表现相应的表型；也可以不表达出相应的性状，从而导致显性性状的传递不规则，称为不规则显性遗传。影响显性基因表达的因素可以是遗传因素，也可以是环境因素。

显性基因在杂合状态下是否表达相应的症状，可用外显率来描述。外显率(penetrance)是指一定基因型的个体在特定的环境中形成相应表现型的比例，一般用百分率(%)来表示。外显率为 100%称为完全外显，低于 100%则称为外显不全或不完全外显。外显率高者，可高达 80%～90%；外显率低者，可达 10%～20%。未外显的个体称为钝挫型(formefruste)。

显性致病基因在杂合状态下除了有外显率的差异外，还有表现度的不同。所谓表现度(expressivity)，是指在不同个体间，同一种遗传病在某一个体表现的明显程度，或者说是一种致病基因的表达程度可以有轻度(mild)、中度(moderate)和重度(severe)的不同。

案例 7-4

多指(趾)症患者可以表现为指数多少的不一、桡侧多指与尺侧多指不一、手多指与脚多趾的不一，或软组织的增加程度与掌骨的增加程度不一等。而这些差异既可出现在不同个体，也可出现在同一个体的不同部分。具有同样基因型的个体，其表现型的严重程度有差别，称表现度不一致。表现度轻的患者，所生子女并非就是轻型的。

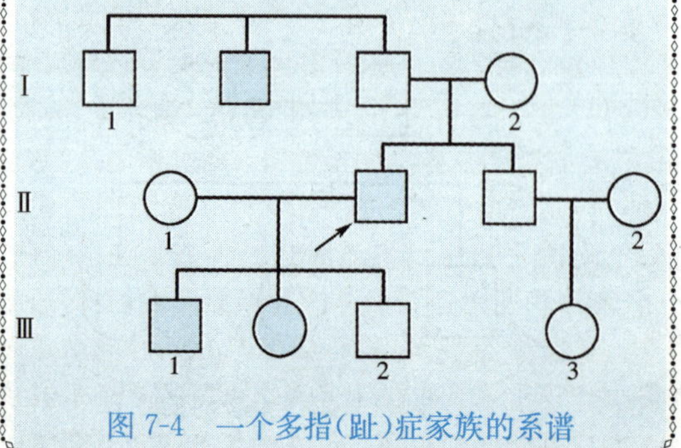

图 7-4　一个多指(趾)症家族的系谱

问题与思考

分析图 7-4，患多指(趾)症家族系谱的特点及主要分子机制？

案例 7-4　相关提示

先证者Ⅱ$_2$患多指(趾)症，其后代三个子女中有两人患病，表明先证者确实带有致病基因；然而，Ⅱ$_2$的父母Ⅱ$_3$和Ⅱ$_4$的手指均正常。那么，Ⅱ$_2$的致病基因到底来自父亲还是母亲？从系谱特点可知，Ⅱ$_2$的致病基因是来自其父亲(Ⅰ$_3$)，这可从Ⅱ$_2$的二伯父为多指患者而得到旁证。Ⅰ$_3$带有的致病基因(A)由于某种原因未能得到表达，所以没有发病，但其致病基因有 1/2 的可能性传给后代。下一代在适宜的条件下，可表现出多指症状。

造成不完全外显的原因除了致病的主基因外，杂合体患者所具有的其他基因对疾病的表型也会产生不同的影响，这些基因称为修饰基因(modifier gene)，是一些对主基因的表型效应产生加强或减弱作用的基因。携带不同修饰基因的个体的发病情况不同。此外，杂合子所处的环境也可能影响致病基因表达。

4. 共显性遗传(codominance inheritance)　一对常染色体上的等位基因彼此之间无显性和隐性的区别，在杂合状态时两种基因都能表达，分别独立地产生各自的基因产物，这种遗传方式称为共显性遗传。

案例 7-5

人类的 ABO 血型系统(MIM110300)的等位基因之间存在共显性，决定 ABO 血型的基因座位于 9q34，有 3 个等位基因：I^A、I^B和 i，这是一组复等位基因。复等位基因是指在一个群体中，一个特定的基因座位上有三种或三种以上的基因。但是每一个体只能拥有其中的任何两个等位基因，复等位基因来源于一个基因位点所发生的多次独立的突变，是基因突变多向性的表现。

表 7-2　双亲和子女之间血型遗传的关系

双亲的血型	子女中可能出现的血型	子女中不可能出现的血型
A×A	A、O	B、AB
A×O	A、O	B、AB
A×B	A、B、AB、O	—
A×AB	A、B、AB	O

笔记栏

续表

双亲的血型	子女中可能出现的血型	子女中不可能出现的血型
B×B	B、O	A、AB
B×O	B、O	A、AB
B×AB	A、A、AB	O
AB×O	A、B	AB、O
AB×AB	A、B、AB	O

问题与思考

分析表 7-2ABO 血型系统的特点及主要分子机制？

案例 7-5　相关提示

I^A决定红细胞表面有抗原 A，I^B决定抗原 B 而 i 决定红细胞表面没有抗原 A 和抗原 B。I^A、I^B对 i 为显性，I^A、I^B为共显性。故 I^AI^A和 I^Ai 基因型个体的红细胞表面具有 A 抗原，血型表现为 A 血型；$I^B I^B$和 I^Bi 基因型表现为 B 血型；隐性纯合体 ii 则表现为 O 血型；由于 I^A和 I^B无显、隐性关系，故个体基因型为 I^AI^B时，I^A和 I^B两个基因均表达的作用都表现出来，使其红细胞表面既存在 A 抗原，又存在 B 抗原，呈 AB 血型，表现为共显性遗传。

在法医学的亲权鉴定中，根据孟德尔分离律，已知双亲血型，可以推测子女可能出现的血型和不可能出现的血型；反之，已知母亲和子女的血型，也可以推断父亲可能的血型和不可能的血型。近年来的研究表明，I^A和 I^B两个基因的编码区长度相同，仅有某些碱基不同，导致合成的蛋白质（糖基转移酶）有所差异。i 基因则由于 258 位碱基 G 缺失，导致框移突变，产生无活性的蛋白质。

5. 延迟显性遗传（delayed dominant inheritance）　有一些常染色体显性遗传病，杂合体 Aa 在生命的早期，致病基因的作用并不表达，或虽表达但尚不足以引起明显的临床症状。只有到达一定年龄，致病基因才表达或才充分表达并表现出疾病的迹象，这种遗传方式称为延迟显性遗传。

案例 7-6

Huntington 舞蹈症是一种延迟显性遗传病。患者有大脑基底核变性，主要表现为进行性不自主的舞蹈样症状，常累及躯干和四肢肌肉，并可合并肌肉僵直。随着病情加重，可出现智力衰退，最终形成痴呆。图 7-5 是一个 Huntington 舞蹈症的家谱。系谱中患者$Ⅳ_1$的同胞$Ⅳ_{2\sim6}$都不满 20 岁，虽然目前都没无本病的临床症状，但仍有 1/2 的发病风险。

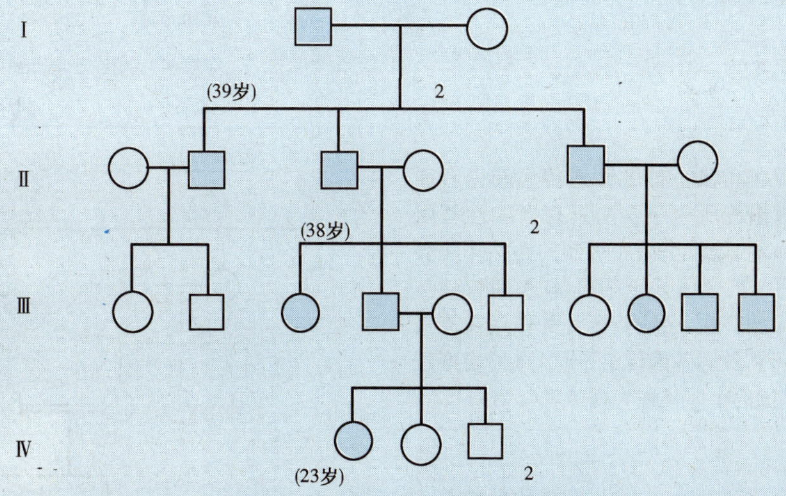

图 7-5　Huntington 舞蹈症的家谱

问题与思考

Huntington 舞蹈症的主要分子生物学机制？

案例 7-6　相关提示

现已证明定位于 4p16.3 的 *IT*15 基因可能是本病的致病基因。该基因 5′末端存在 (CAG)*n* 三核苷酸重复序列。正常人重复 9～34 次、平均 20 次。而患者重复 37～100 次、平均 46 次，其结果该基因表达产物合成后加工过程可能出现障碍而致病。该病的致病基因如来自于父亲，患者的发病年龄低，可在 20 岁

笔 记 栏

前发病且病情严重；如果致病基因是从母亲传来，则患者发病晚，多在40岁以后发病且病情较轻。这可能是由于致病基因在某一性别中受到DNA的甲基化修饰而导致的结果。所以，年龄可以作为一个重要的修饰因子，使某些显性致病基因控制的遗传性状出现延迟表达。

（二）常染色体隐性遗传病

隐性基因位于常染色体，在杂合状态Aa时不表现相应症状，只有隐性基因纯合子aa时才出现症状，这种遗传方式称为常染色体隐性遗传（autosomal recessive inheritance，AR）。由隐性致病基因纯合子所引起的疾病称为常染色体隐性遗传病。常见常染色体隐性遗传病致病基因的染色体定位见表7-3。

表7-3 常见常染色体隐性遗传病致病基因的染色体定位

疾病名称	OMIM	致病基因染色体定位
镰状细胞贫血（sickle cell anemia）	603903	11p15.5
婴儿黑矇性白痴（Tay-Sachs disease）	272800	15q23-q24
β-地中海贫血（beta-thalassemias）	141900	11p15.5
同型胱氨酸尿症（homocystinuria）	236200	21q22.3
苯丙酮尿症（phenylketonuria）	261600	12q24.1
丙酮酸激酶缺乏症（pyruvate kinase deficiency of erythrocyte）	266200	1q21
尿黑酸尿症（alkaptonuria）	203500	3q21-q23
Friedreich家族性共济失调（Friedreich ataxia）	208900	11q22.3
Bardet-Biedl综合征（Bardet-Biedl syndrome）	209900	20p12
半乳糖血症（galactosemia）	230400	9p13
肝豆状核变性（Wilson disease）	277900	13q14.3-q21.1
黏多糖累积症Ⅰ型（mucopolysaccharidosis type Ⅰ）	252800	4p16.3
先天性肾上腺皮质增生（adrenal hyperplasia，congenital）	201910	6p21.3
血浆活酶前体缺乏症（PTA deficiency）	264900	4q35
囊性纤维变性（cystic fibrosis）	219700	7q31.2
血红蛋白沉着症（hemochromatosis）	235200	6p21.3

临床上所见的常染色体隐性遗传病的患者往往是两个携带者婚配所生子女。只有当隐性基因处于纯合状态aa时，隐性基因所控制的性状才能表现出隐性遗传病。当个体处于杂合体Aa状态时，由于显性基因A的存在，致病基因a的作用被掩盖而不能表现，却可将致病基因传给子代，这种表型正常但带有杂合基因的个体又称为携带者（carrier）。

案例7-7

白化病是一种以皮肤、毛发、眼睛缺乏黑色素为特征的常见的常染色体隐性遗传病。该病患者皮肤和毛发呈白色，虹膜淡灰色，畏光、眼球震颤。该病是由于编码酪氨酸酶的基因（11q14-q21）突变，导致酪氨酸酶缺欠，不能产生黑色素所致。图7-6是一例白化病系谱。系谱中，先证者$Ⅲ_1$的双亲$Ⅱ_3$和$Ⅱ_4$表型正常，但他们生出白化病患儿，说明他们都是肯定携带者。根据孟德尔定律，他们所生的子女患白化病的概率1/4。

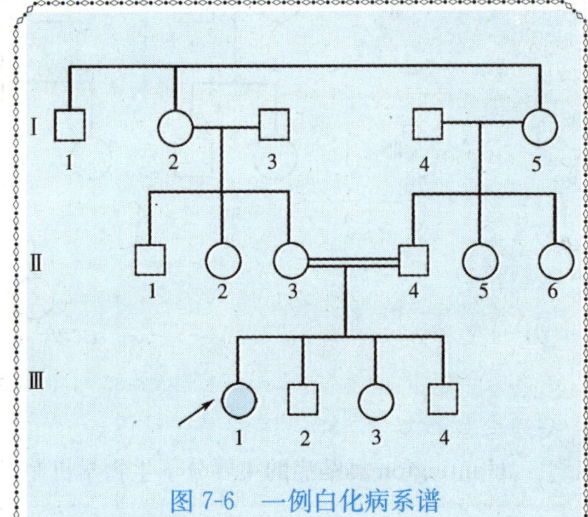

图7-6 一例白化病系谱

问题与思考

根据图7-6白化病系谱，说明常染色体隐性遗传病具有哪些特点？常染色体隐性遗传病分析时应注意哪些问题？

笔记栏

案例 7-7　相关提示

常染色体隐性遗传病具有的特点有：①遗传与性别无关，男女均可发病，机会同等；②患者父母外表正常，但都是致害基因携带者，其子女发病的危险性占25%。；③往往隔代遗传，常出现散发病人；④近亲婚配子女得病机会较多；⑤父母一方为携带者，一方正常，其子代临床表型完全正常，但其中1/2是携带者。

常染色体隐性遗传病分析时应注意的问题：①患者同胞发病比率偏高的问题。在临床上所看到的常染色体隐性遗传病家系中，往往发现患者人数占其同胞人数的比率高于理论上1/4，其原因是由于选择偏差所致。在父母均为同一致病基因携带者的家庭中，子女中有患者的家庭被统计，无患者子女的家庭将被漏掉，这称为不完全漏掉或截短确认(truncate ascertainment)。②近亲结婚增高常染色体隐性遗传病的发病风险。这是因为近亲之间具有共同基因的频率较高。以表兄妹为例，有1/8的可能性具有相同的某个基因。一般来说，隐性致病基因的频率q较低。若q为0.01，则表兄妹婚配后代发病危险率约为6.19×10^{-4}，而随机婚配仅为9.8×10^{-5}，为后者的6倍多；若q为0.001，则前者发病危险率为6.24×10^{-5}。后者约为1.0×10^{-6}，前者为后者的60多倍。也就是说，隐性致病基因的频率越低，近亲婚配产出患儿的相对危险率就越高。

(三) X连锁隐性遗传病

一种性状或遗传病有关的基因位于X染色体上，这些基因的性质是隐性的，并随着X染色体的行为而传递，其遗传方式称为X连锁隐性遗传(X-linked recessive inheritance，XR)。由X染色体上的隐性致病基因引起的疾病称为X连锁隐性遗传病。该病基本见于男性，因为男性为X染色体的半合子。在男性只要唯一的X染色体上带有隐性遗传致病基因，即可引起疾病。而女性则需两条X染色体同时带有致病基因，这种情况较少见。但也有个别例外，女性在杂合状态下也可发病，症状较轻。另外，女性患者之间的表型差异较大，而男性患者表型较一致。表7-4为常见X连锁隐性遗传病致病基因的染色体定位。

表 7-4　常见X连锁隐性遗传病致病基因的染色体定位

疾病名称	OMIM	致病基因染色体定位
色盲(colorblindness)	303800	Xq28
睾丸女性化(testicular feminization syndrome)	300068	Xq11-q12
鱼鳞癣(ichthyosis)	308100	Xp22.32
Lesch-Nyhan 综合征(Lesch-Nyhan syndrome)	300322	Xq26-q27.2
眼白化病(albinism，ocular，type Ⅰ)	300500	Xp22.3
Hunter 综合征(mucopolysaccharidosis type Ⅱ)	309900	Xq28
无丙种球蛋白血症(immunodeficiency with hyper-IgM，type 1)	308230	Xq26
Fabry 病(糖鞘脂储积症，Fabry disease)	301500	Xq22
Wiskott-Aldrich 综合征(Wiskott-Aldrich syndrome)	301000	Xp11.23-p11.22
G-6-PD 缺乏症(glucose-6-phosphate dehydrogenase)	305900	Xq28
肾性尿崩症(diabetes insipidus，nephrogenic，X-linked)	304800	Xq28
慢性肉芽肿病(granulomatous disease)	306400	Xp21.1
血友病 B (hemophilia B)	306900	Xq27.1-q27.2
无汗性外胚层发育不良症(ectodermal dysplasia 1)	305100	Xq12-q13.1

案例 7-8

图 7-7 为 X 连锁隐性遗传病假肥大型肌营养不良（DMD）的系谱。

问题与思考

根据图 7-7 系谱，说明 X 连锁隐性遗传病具有哪些特点？

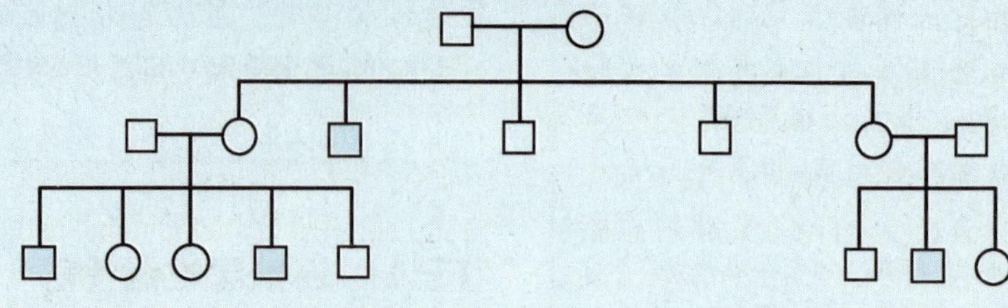

图 7-7 一例假肥大型肌营养不良的系谱

案例 7-8 相关提示

X 连锁隐性遗传病有以下几个特点：

1. 男性患者远远多于女性患者，系谱中的病人几乎都是男性。

2. 男性患者的双亲都无病，其致病基因来自携带者母亲。

3. 由于交叉遗传，男患者的同胞、舅父、姨表兄弟、外甥中常见到患者，偶见外祖父发病，在此情况下，男患者的舅父一般正常。

4. 由于男患者的子女都是正常的，所以代与代间可见明显的不连续性（隔代遗传）。

在 X 连锁隐性遗传病中会出现女性发病频率高于男性的现象，不符合孟德尔遗传规律。产生这种现象的原因可以由 Lyon 假说来解释。

Lyon 认为：在女性的每一个体细胞中，一条 X 染色体处于失活状态，另一条 X 染色体处于活化状态。这就保证了女性细胞中的 X 染色体连锁基因产物的量与男性细胞中的相等。这一效应称为剂量补偿（dosage compensation）效应。

根据这一假说，可以看出，如果致病基因所在的 X 染色体失活的细胞较多，症状相对较轻，反之则症状较重。因此，一个 X 染色体连锁隐性遗传病携带者是否会出现异常表型，主要取决于具有不同性质的两类细胞在身体内的相对比例。

（四）X 连锁显性遗传病

一些性状或遗传病的基因位于 X 染色体上，其性质是显性的，这种遗传方式称为 X 连锁显性遗传（X-linked dominant inheritance），这种疾病称为 X 连锁显性遗传病。目前所知 X 连锁显性遗传病不足 20 种。由于致病基因是显性的，并位于 X 染色体上，因此，不论男性（XAY）和女性（XAXa）只要有一个致病基因 XA 就会发病。与常染色体显性遗传不同之处是，女性患者既可将致病基因传给儿子，又可以传给女儿，且机会均等；而男性患者只能将致病基因传给女儿，不传给儿子。由此可见，女性患者多于男性，大约为男性的 1 倍，病情一般较男性轻，而男患者病情较重。常见 X 连锁隐性遗传病致病基因的染色体定位见表 7-5。

表 7-5 常见 X 连锁隐性遗传病致病基因的染色体定位

疾病名称	OMIM	致病基因染色体定位
口面指综合征（orofaciodigital syndrome Ⅰ）	311200	Xp22.3-p22.2
高氨血症（ornithine transcarbamylase deficiency）	311250	Xp21.1
Alport 综合征（Alport syndrome）	301050	Xp22.3
色素失调症（incontinentia pigmenti）	308300	Xq28

案例 7-9

抗维生素 D 佝偻病（vitamin D resistant rickets，VDRR）是一种以低磷酸血症导致骨发育障碍为特征的遗传性骨病。患者主要是肾远曲小管对磷的转运机制有某种障碍，因而尿排磷酸盐增多，血磷酸盐降低而影响骨质钙化。患者身体矮小，有时伴有佝偻病等各种表现。患者用常规剂量的维生素 D 治疗不能奏效，故有抗维生素 D 佝偻病之称。图 7-8 为抗维生素 D 佝偻病的系谱。

笔记栏

问题与思考

抗维生素D佝偻病的遗传方式具有什么特点？主要分子生物学机制？

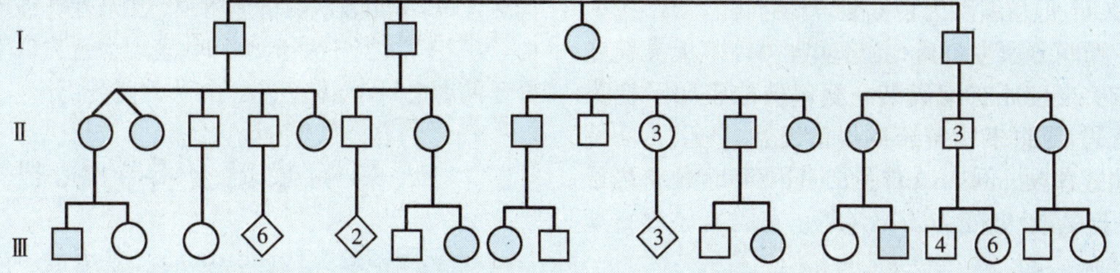

图 7-8 抗维生素D佝偻病的系谱

案例 7-9 相关提示

从图 7-8 中可以看出，X 连锁显性遗传病的遗传方式具有以下特点：①人群中女性患者多于男性，而前者病情较轻；②男患者的女儿全部发病，儿子正常；③女性患者（杂合体）的儿女中各有 1/2 的可能性是该病患者；④系谱中可看到连续传递现象，这与常染色体显性遗传一致。

该病致病基因定位于 Xp22.2-22.1，编码 749 个氨基酸。该基因缺失和单个基因置换，导致钙、磷共转运障碍，是本病发生的根本原因。

（五）Y 连锁遗传病

当控制某种性状或疾病的基因位于 Y 染色体上而随 Y 染色体传递并表现出相应的性状或疾病，这种遗传方式称为 Y 连锁遗传（Y-linked inheritance）。由 Y 染色体上的致病基因控制的疾病称为 Y-连锁遗传病。

Y 连锁遗传的传递规律比较简单，具有 Y 连锁者均为男性，亲代男方致病基因仅传递给全部儿子，女儿全部正常，即只出现男传男现象，女性不出现相应的遗传性状或遗传病，所以又称为全男性遗传，或限雄遗传（holandric inheritance）。在人类，只有少数几种遗传性状的基因位于 Y 染色体上。例如，外耳道多毛症、H-Y 抗原、睾丸决定因子等。

（六）特殊遗传方式

在单基因遗传病中，除上述 5 种基本遗传方式外，还有以下几种特殊的遗传情况：

1. 从性遗传（sex-influrenced inheritance） 从性遗传是位于常染色体上的基因，由于性别的差异而显示出男女性分布比率或基因表达程度上的差异。例，遗传性早秃（hereditary alopecia），是常染色体显性致病基因所致，一般 35 岁左右开始秃顶，男性表现早秃，即（AaXX）女性则不表现早秃。同样是纯合子（AAXY）男性比（AAXX）女性早秃严重，因而人群中男性秃头明显多于女性。研究发现，秃头基因能否表达还要受雄性激素调节。带有秃头基因的女性在体内雄激素水平提高时也可出现早秃。这一点可作为诊断女性是否患某种疾病的辅助指标。如女性肾上腺瘤可产生过量雄激素，导致秃顶基因的表达。

2. 限性遗传（sex-limited inheritance） 限性遗传是常染色体或性染色体上的基因，由于基因表达的性别差异，只在一种性别得以表现，而在另一性别完全不能表现，但这些基因都可以向后代传递。这主要是由于解剖学结构上的性别差异造成的，也可能是受性激素分泌水平差异限制。如女性的子宫阴道积水症，男性的前列腺癌等。

二、基因突变类型

基因突变是指基因内部碱基对组成或排列顺序发生了可遗传性的改变，并且导致表型的改变。基因突变可造成其编码的蛋白质或酶结构和功能发生相应的改变，从而引起一系列的生理和病理变化，严重的可表现为分子病或遗传性酶病。如血红蛋白病、血浆蛋白病、苯丙酮尿症和白化病等。

根据结构的改变方式，基因突变可分为碱基替换、移码突变和动态突变三种类型。

（一）碱基替换

碱基替换（base substitution）是指 DNA 分子上的一种碱基对被另一种碱基对所替换，从而导致遗传密码发生改变而引起的突变，也称为点突变（point mutation）。碱基替换可分为转换和颠换两种方式：一种嘌呤被另一种嘌呤取代或一种嘧啶被另一种嘧啶取代称为转换（transition）；是指一种嘌呤被另一种嘧啶取代或一种嘧啶被另一种嘌呤取代称为颠换（transversion）。碱基替换必然导致相应遗传密码的改变，从而引起以下几种不同的生物学效应。

1. 同义突变（samesense mutation） 点突变后的密码子所编码的氨基酸与原有密码子所编码的

氨基酸相同，这种突变称之为同义突变。同义突变不产生突变效应。例如，GCA 的第三位碱基 A 被 G 替换新形成新的密码子 GCG，mRNA 由 CGU 改变为 CGC，但均编码为精氨酸。

2. 无义突变（non-sense mutation） 无义突变是指点突变使原有编码某一氨基酸的密码子变为终止密码，导致多肽链合成提前终止，产生无活性的多肽链片段。例如，β-珠蛋白基因第 17 位密码子 AAG（赖氨酸）突变为 TAG（终止密码），导致 β^0 地中海贫血。

3. 错义突变（missense mutation） 由于点突变而使决定某一氨基酸的密码子变为另一种氨基酸的密码子，这种突变称为错义突变。错义突变可导致所编码的蛋白质部分或完全失活。例如，人血红蛋白 β 链的基因的第 6 位氨基酸的密码子由 CTT 变为 CAT，导致合成的第 6 位氨基酸由谷氨酸变为缬氨酸，从而引起镰刀形细胞贫血症。

4. 终止密码突变（terminator codon mutation） 终止密码突变是指由于原有的终止密码发生点突变，变成编码某一氨基酸的密码子，使肽链合成延长，直到遇到下一个终止密码，形成超长的异常多肽链。如人血红蛋白 α 链因为终止密码突变，形成比正常 α 链多 31 个氨基酸的异常多肽链。

（二）移码突变

移码突变（frame-shift mutation）是指由于 DNA 链中插入或缺失一个或几个碱基对（不是 3 个或 3 的倍数），使插入或缺失以后的所有密码组合全部发生改变，进而使编码的氨基酸种类和顺序发生变化，影响蛋白质或酶的活性。

（三）动态突变

动态突变（dynamic mutation）是指人类基因组中短串联重复序列（STR），尤其是基因编码序列或侧翼序列的三核苷酸重复序列，随世代的传递而重复次数代代明显增加，结果导致某些遗传病发生的突变方式。例如，脆性 X 综合征就是由于 FMR1 基因的 5′端非编码区 $(CCG)n$ 重复次数增加所致。当 n 小于或等于 50 时，表型正常；当 n 大于 200 时，表现为智力低下；当 n 介于两者之间，个体表型正常，称为前突变。

三、影响基因变异的机制

1. 基因多效性（pleiotropy） 基因的多效性是一个基因可以决定或影响多个性状。在生物个体的发育过程中，很多生理生化过程都是互相联系、互相依赖的。基因的作用是通过控制新陈代谢的一系列生化反应而影响个体发育的方式，从而决定性状的形成。因此，一个基因的改变直接影响其他生化过程的正常进行，从而引起其他性状的相应改变。例如苯丙酮尿症是一种遗传性代谢病，既有智力发育障碍，也有毛发淡黄，皮肤白皙，甚至汗液和尿液有特殊的腐臭味。造成这种多效性的原因，是由于基因产物在机体内复杂代谢的结果。在生物体的发育过程中，基因的作用一方面是由于基因产物（蛋白质或酶）直接或间接控制，从而影响不同组织和器官的代谢功能，即所谓的初级效应，如上述的苯丙酮尿症即属于此类。另一方面是由于在初级效应的基础上通过连锁反应引起一系列的次级效应。例如镰状细胞贫血症，由于存在异常血红蛋白（HbS）引起红细胞镰变，这是初级效应，红细胞镰变后使血液黏滞度增加，局部血流停滞，各组织器官的血管梗塞，组织坏死，导致各种临床表现，这些临床表现都是初级效应（镰变）后引起的次级效应。

2. 遗传异质性（heterogeneity） 遗传异质性是一种形状可以由多个不同的基因控制。例如，临床表现相似的视网膜色素变性是多个基因座位上 RP 基因所引起的一组具有临床亚型的视网膜退行性病变的遗传性疾病。

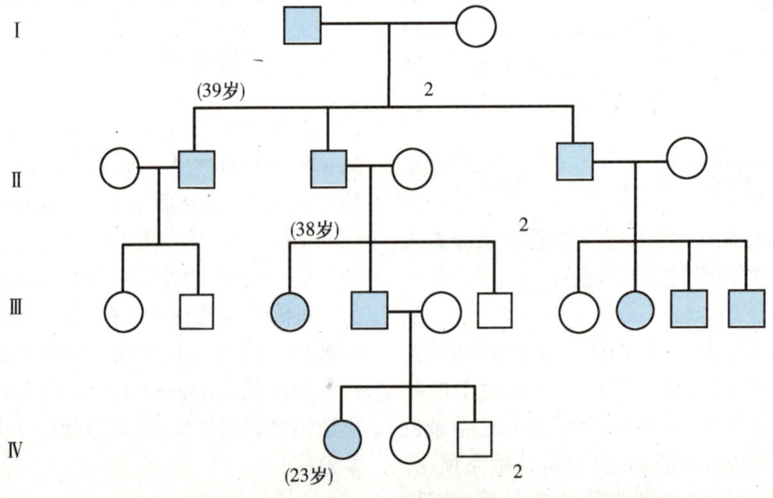

图 7-9 遗传性小脑性运动共济失调（Marie 型）的系谱

笔记栏

3. 遗传印记（genetic imprinting） 遗传印记是个体的表现因所携带突变基因的来源的不同，而表现出功能上的差异。遗传印记可能发生在生殖细胞形成阶段，主要分子机制是DNA甲基化作用。某些基因在精子形成过程中被印记，另有一些基因在卵子形成过程中被印记，凡是被印记的，它们的表达将受到抑制。如舞蹈症是一种常染色体显性遗传病，其致病基因若由母亲传递，则子女的发病年龄相似，常在40～50岁开始发病，但若由父亲传递则子女的发病年龄提早到24岁左右，且病情严重。这种发病年龄提前的父源效应经过一代传递即消失，早发型男性的后代仍为早发型，而早发型女性的后代的发病年龄并不提前。

4. 遗传早现（genetic anticupation） 遗传早现是指有些遗传病在世代传递中有发病年龄逐代提前和疾病症状逐渐加剧的现象。研究表明，遗传早现来自于不稳定，可扩展的三核甘酸重复序列。例如，遗传性小脑性运动共济失调（Marie型）综合征是一种常染色体显性遗传病，其发病年龄一般为35～40岁。临床表现早期为行走困难，站立时摇摆不定，语言不清；晚期下肢瘫痪。由图7-9可见，$Ⅱ_1$39岁开始发病，$Ⅲ_3$38岁发病，而$Ⅳ_1$23岁就已瘫痪。

第三节　多基因遗传病

一些常见的先天畸形和病因复杂的疾病，其发病率一般都超过1/1000，疾病的发生都有一定的遗传基础，并常出现家族倾向，但不遵循单基因遗传的规律，表明这些疾病有多基因遗传基础，故称为多基因遗传病（polygenic disease）或多基因病。目前已知的多基因病有100余种，如高血压、糖尿病、冠心病以及一些先天畸形像唇裂、腭裂、脊柱裂、无脑儿、先天性心脏病等。近年来研究发现这些疾病的形成除了受微效基因等位基因调节外，同时受多种环境因素影响，又称复杂遗传病（complex genetic disease）。

一、微效基因与数量性状

人类的许多遗传性状或遗传病的遗传基础不是由一对基因决定的，而是受两对或两对以上基因的控制，每对等位基因之间没有显性与隐性之分，而是共显性，相互之间并无连锁关系，对遗传性状形成的效应微小，称为微效基因（minorgene）。但这些微效基因作用积累起来，可以形成一个明显的累加效应，形成一个明显的表型效应，这种遗传方式称为多基因遗传（polygenic inheritance）。多基因遗传除受微效基因影响外，也受环境因素的影响。

单基因遗传形状决定于一对等位基因。因此，其遗传形状在群体中的分布是不连续的，其变化的个体可明显区分为2-3个群，这2-3个群之间差异明显（图7-10），中间没有过度类型，这类变异在群体中呈不连续分布的形状称为质量形状（qualitative character）。

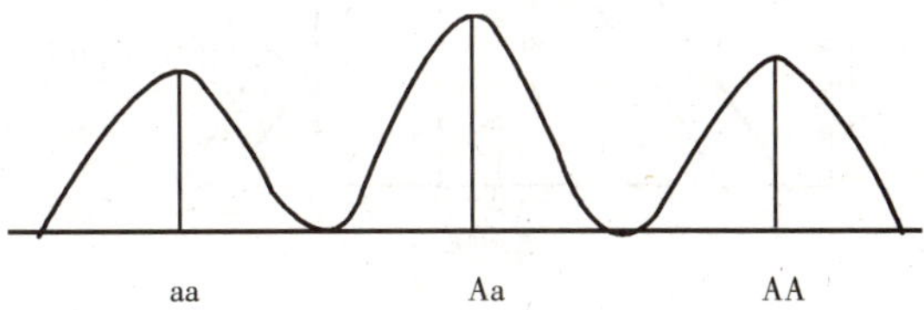

图7-10　质量性状变异分布图

多基因遗传的性状与单基因遗传的形状有本质上的区别。多基因遗传形状的变异在群体中的分布是连续的，只有一个峰，即平均值。不同个体间的差异只是量的变异，又称为数量性状（quantitative character）。例如，身高、智商、血压、肤色等。以正常人的身高为例，在一个随机样本的群体中可以看出，人的身高的变异呈现由低向高逐渐过渡，将此身高变异分布绘成曲线，这种变异呈连续的正态分布（图7-11）。

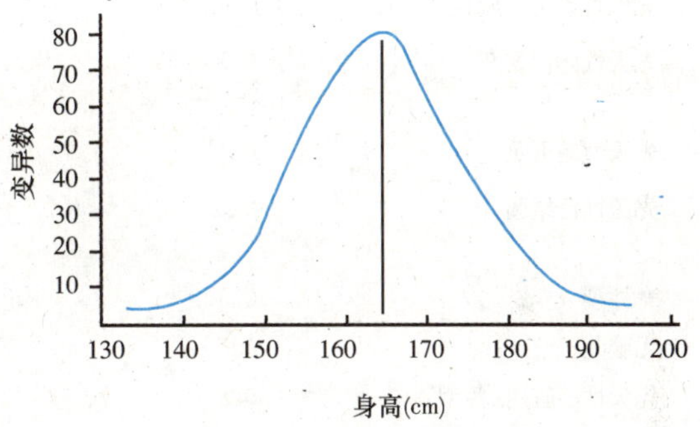

图7-11　数量性状变异分布图

二、环境与基因的相互作用

多基因病遗传病是一类在群体中发病率较高，病情复杂的疾病，无论是病因以及致病机制的研究，还是疾病再发风险的估计，都既要考虑遗传因素，又要考虑环境因素。

（一）易患性与发病阈值

多基因遗传病中，由遗传基础和环境因素的共同作用，决定了一个个体是否易于患病，称为易患性（liability）。易患性的变异在群体中呈正态分布，即群体中大多数个体的易患性近似平均值，易患性很高或很低的都很少。如果一个个体的易患性达到一定限度就要发病，这个限度称为阈值（threshold）。因此，连续分布的易患性被阈值划分为两部分：大部分为正常个体，小部分为患者（图7-12）。阈值代表了在一定环境条件下，发病所必需的，最低的易感基因数量。

笔记栏

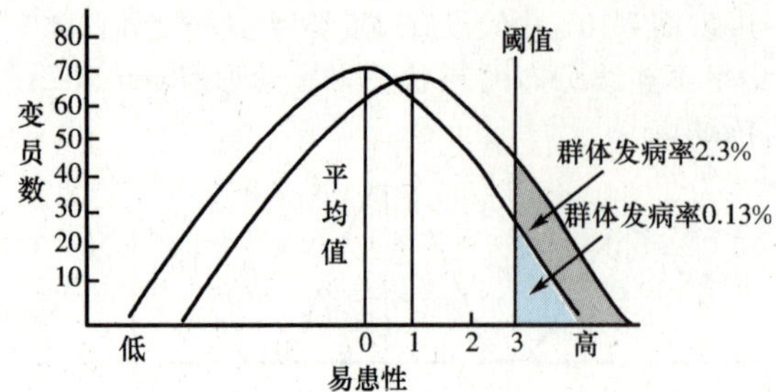

图 7-12 群体易患性、阈值和平均值距离与发病率的关系

(二) 遗传率

遗传率是指在多基因遗传病中，易患性的高低受遗传基础和环境因素的双重影响，其中遗传基础所起作用的大小称为遗传率，一般用百分率(%)来表示。一种遗传病如果完全由遗传基础决定，其遗传率就是100%，这种情况很少见。在多基因病中，遗传率可高达70%～80%，这表明其遗传基础起着重要作用，而环境因素的影响较小；遗传率为30%～40%或更低，表明环境因素在决定发病上更为重要，遗传因素的作用不显著。计算多基因遗传病的遗传率在临床实践中有重要意义。通常遗传率用符号 h^2 表示。常用的遗传率计算方法有两种：Falconer 公式法和 Holgiger 公式法(具体计算方法参看相关书籍)。一些常见的多基因病的遗传度见表 7-6。

表 7-6 一些常见多基因病的遗传率

病名	群体发病率(%)	患者一级亲属发病率(%)	男:女	遗传率(%)
唇裂±腭裂	0.17	4	1.6	76
腭裂	0.04	2	0.7	76
先天性髋关节脱位	0.1～0.2	4	0.2	70
先天性幽门狭窄	0.3	男性先证者 2 女性先证者 10	5.0	75
先天性畸形足	0.1	3	2.0	68
先天性巨结肠	0.02	男性先证者 2 女性先证者 8	4.0	80
脊柱裂	0.3	4	0.8	60
无脑儿	0.5	4	0.5	60
先天性心脏病(各型)	0.5	2.8	—	35
精神分裂症	0.1～0.5	4～8	1	80
糖尿病(青少年型)	0.2	2～5	1	75
原发性高血压	4～8	15～30	1	62
冠心病	2.5	7	1.5	65
支气管哮喘	4	20	0.8	80
胃溃疡	4	8	1	37
强直性脊柱炎	0.2	男性先证者 7 女性先证者 10	0.2	70

三、遗传疾病在临床及预防医学中的地位

(一) 遗传疾病研究的策略

多基因病如很多心脑血管疾病、老年性痴呆、糖尿病、哮喘等常见病、多发病等都有多基因遗传基础，由多个基因和外源因素共同作用而形成。因此多基因病相关基因的定位相当困难。目前，多基因病易感因子的研究主要采取双生子法、关联分析、非参数连锁分析法、群体筛查法、动物模型以及疾病组分分析等多种方法进行探索。

1. 双生子法 双生子法是通过双生儿之间的异、同对比研究遗传和环境对个体表型的相对效应的方法。它是人类遗传学研究中的经典方法，为英国学者高尔顿于 1875 年首创。

双生儿间在某一性状上表现的相同性称为一致性，不相同性称为不一致性。在相同的环境条件下把单合子双生儿和双合子双生儿之间进行一致性比率的比较，可以估计该性状(或疾病)发生中遗传因素所起作用的大小。一般可用发病一致率(同病率)来表示。

发病一致率(%)＝同病双生子对数/总双生子(单卵或双卵)对数×100

如果，单卵双生的发病一致性远高于双卵双

笔 记 栏

生，则表明这种疾病与遗传有关，如果两者差异不显著，则表明这种疾病与遗传因素没有直接关系（表7-7）。

表7-7　几种疾病单卵双生子与双卵双生子发病一致性的比较

疾病	发病一致率(%)	
	单卵双生	双卵双生
先天愚型	89	7
精神分裂症	80	13
结核病	74	28
糖尿病	84	37
原发性癫痫	72	15
十二指肠溃疡	50	14
麻疹	95	87

2. 关联分析　两种遗传上无关的性状非随机的同时出现的现象称为关联。关联分析是通过分析在染色体上已知位点的基因(标记基因)和某易感基因(目的基因)的连锁关系，从而将该易感基因在染色体上予以定位的分析方法。如O型血与十二指肠相关联等。关联的机制尚不清楚。

3. 群体筛查法　由于多基因病往往具有家族性特征，因此患者家属的发病率高于一般人群。通过广泛的病因群体特别是患者家属和一般人群的比较，可以判断疾病的类型和病因，计算遗传病的发病率。

4. 种族差异比较　种族是在繁殖上隔离的群体，也是在地理和文化上相对隔离的人群。种族的差异具有遗传学基础。不同种族的肤色、身材、血型、组织相容性抗原(HLA)类型等形态、生理和生化各方面都存在遗传学差异。

5. 疾病组分分析　疾病组分分析(component analysis)是指对待比较复杂的疾病，特别是其发病机制未完全弄清的疾病，如果需要研究其遗传因素，可以将疾病"拆开"来对其某一发病环节(组分)进行单独的遗传学研究。这种研究方法又称为亚临床标记(subclinical marker)研究。如果证明所研究的疾病组分受遗传控制，则可认为这种疾病也有遗传因素控制。

6. 动物模型　因为小鼠基因组与人类基因组具有更多的可比性，小鼠基因组研究有助于人类同源基因的克隆和鉴定通过动物模型的分析，找出与人类相近的病理生理变化的遗传基础。因此，建立动物模型是多基因病病因学研究最好的解决方法。目前，人类已成功建立了胰岛素依赖型糖尿病(IDDM)TGM模型、高胰岛素血症TGM模型等动物模型，为多基因病研究提供了重要手段。

(二) 多基因病发病风险的估计

(1) 发病风险与遗传度密切相关。在多基因遗传病中遗传度是多基因累加效应对疾病的患病性变异的贡献大小。根据群体患病率、遗传度和患者一级亲属患病率之间的关系，可以估计多基因病的发病风险率(表7-8)。

表7-8　多基因遗传畸形患者的子女受累的风险

畸形	子女受累风险(%)	一般群体发病率(%)
先天巨结肠	2.0	0.02
尿道下裂	6.0	0.8
马蹄内翻足	1.4	0.13
先天性髋关节脱位	4.3	0.8
室间隔缺损	4.0	0.2
先天性幽门狭窄	4(受累父亲) 13(受累母亲)	0.3
腭裂	6.2	0.3
脊柱裂	2.0	0.14

(2) 随亲属级别的降低，患者亲属发病风险迅速下降，在发病率低的疾病，这个特点更为明显。表7-9和图7-13说明了一些多基因病不同级别亲属发病风险的比较和根据阈值模型得出亲属级别发病风险的理论曲线。

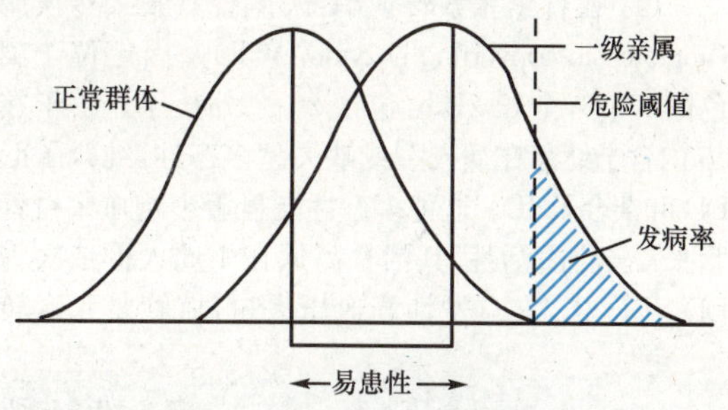

图7-13　多基因遗传阈值模型

表7-9　一些多基因病不同级别亲属发病风险的比较

疾病	群体发病率	发病风险			
		一卵双生	一级亲属	二级亲属	三级亲属
唇裂±腭裂	0.001	×400	×40	×7	×3
足内翻	0.001	×300	×25	×5	×2

笔记栏

续表

疾病	群体发病率	发病风险			
		一卵双生	一级亲属	二级亲属	三级亲属
神经管缺损	0.002		×8		×2
先天性髋关节脱臼	0.002	×200	×25	×3	×2
先天性幽门狭窄	0.005	×80	×10	×5	×1.5

(3) 一个家庭中患病人数越多,发病风险越高:一般来讲,一个家庭中患病人数越多时,意味着再发风险越高。例如一对夫妇已有一个唇裂患儿,再次生育的再发风险为4%,若又生出一个这样患者,则表明夫妇二人都带有较多的易患基因,虽然他们本人未发病,但其易患性极为接近阈值,这就是基因效应所致,再次生育的再发风险将增加2~3倍,即近于10%。

(4) 畸形越重,再现风险越大,说明遗传因素起着重要作用。

(5) 近亲婚配时,子女患病风险增高,但不如常染色体隐性遗传显著,这可能与多因子的积累效应有关。

(三) 多基因遗传病的研究进展

1. 原发性高血压 原发性高血压(essential hypertension,EH)是一种环境与遗传因素相互作用的多基因遗传性疾病,其发病率呈逐年上升趋势,成为危害人类健康的一大疾病。研究表明,人类存在的多种EH易感基因是原发性高血压发病的重要机制。因此,阐明原发性高血压的遗传机制,寻找相关基因,不仅能更好的了解高血压发生的病理生理,而且对原发性高血压进行早期诊断、预防和治疗有着重要的指导。现就几个研究较为深入的候选基因作一介绍。

(1) 血管紧张素转换酶:人血管紧张素转换酶(angiotensin-converting enzyme,ACE)基因定位于染色体17q23,全长21kb,包含26个外显子。由于在16内含子处存在插入型或缺失型多态性,纯合子II、DD和杂合子ID。这种多态性能显著影响血浆血管紧张素转化酶活性,其活性高低在不同人群依次为DD>DI>II。在自发性高血压大鼠,血管紧张素转化酶基因与血压连锁。血管紧张素转化酶基因缺失多态性与多种原发性高血压并发症有关,如动脉粥样硬化、左心室肥厚和心肌梗塞发病等。

(2) 血管紧张素原:在目前已研究的EH候选基因中,血管紧张素原(angiotensinogen,AGT)基因被认为是最有可能成为EH相关基因的。人AGT基因位于染色体1q42-43,该基因全长12kb,有5个外显子,4个内含子。研究结果证明了AGT基因型变异与高血压间的关系分子,A GT M 235T的变异率可导致A GT水平提高,并与转录起始位点上-6bp(G26A)上游的启动子突变存在连锁不平衡。但目前也有相反的报道,故该基因在EH发病中的作用有待进一步研究。

(3) 肾上腺素受体(β_2-adrenergic receptor):β_2肾上腺素受体是高血压分子发病机制中最重要的相关基因之一。该基因定位于5q32~34,含1个外显子,编码413个氨基酸残基,其基因型与盐负荷及利尿缩中舒张压的变化相连锁。该基因中Arg16Gly突变,导致与肾上腺素激动及亲和力下降,致舒血管反应降低。该基因也可能与其5′或3′调控区的另一位点或邻近的基因紧密连锁而影响血压,尤其是盐敏感型高血压。

2. 糖尿病 1型糖尿病是一种常见的复杂性疾病,发病原因既有遗传因素也有环境因素,属于多基因遗传。由于迁涉到多个基因,环境因子变异广,缺乏清晰的遗传模型,以及存在遗传异质性,因而发现易感基因较难。随着人类基因组计划的完成,目前已经鉴定了几个新的糖尿病基因座位,其中起主要作用的基因是DDM1、DDM2和DDM5(见表7-10)。但目前尚不清楚1型糖尿病的易感性是因为多个基因座位独立作用的结果,还是座位之间存在相互作用。

表7-10 1型糖尿病的易感基因

基因座位	定位	最高Iod值	相对风险	易感性(%)
IDDM1	6q21	7.3	3.1	42
IDDM2	11p15	2.1	1.3	40
IDDM3	15q26	?	?	?
IDDM4	11q13	3.4	1.3	?
IDDM5	6q24~q27	2.0	?	?

笔记栏

3. 精神疾病 精神分裂症是一种由多因子共同作用而发生的复杂疾病，目前该病的病因尚未阐明，但多项研究表明遗传因素在精神分裂症的发生中具有重要作用，且遗传度高达 80 %以上。

近年来，随着人类基因组信息的不断完善以及实验技术的快速发展，精神分裂症的遗传学研究取得了显著进展，现已发现至少 17 个染色体区域上的遗传标记与精神分裂症的传递有关。其中，6q22～24、1q21～22 及 13q32～34 是获得最多证据支持的区域；8q12～21、6q21～25、22q11～12 等区域也从大量的实验证据中得到了充分的支持。其中，8q 和 22q 是最近发表的两个独立 deta 分析中被一致确定的区域。自 2002 年以来，多个重要的精神分裂症候选基因，如 DTNBP1、NRG1、G72、DAAO、RGS4 等，被定位克隆。

4. 支气管哮喘 支气管哮喘是一种以气道高反应性为基本特征的气道慢性变态反应性炎性疾病，受遗传和环境因素等影响。该病病因复杂，患病率和病死率在很多国家均呈上升趋势。研究证实，支气管哮喘是一种多基因遗传病，呈家族聚集倾向，其遗传度为 70%～80%。随着遗传学和分子生物学的不断发展，研究表明 20 个基因组区域都包含哮喘易感性基因。

(1) 细胞因子集落基因：细胞因子集落基因在哮喘发病过程中是各种炎性细胞间的重要信息传递者，并决定炎症反应的类型和持续时间。它位于 5q31-33 区域，包括 IL(IL1、IL2、IL3、IL4、IL9 等)、GM-CSF、TNF 等。IL4 和 IL13 主要由 Th2 细胞产生，能够促进 B 淋巴细胞的分化，提高 B 淋巴细胞的活性，其基因多态性与哮喘患者发生过敏症有关。

(2) 免疫球蛋白：IgE 是介导 I 型变态反应的主要免疫球蛋白，在哮喘的发病机制中起重要作用。调控血清总 IgE 水平的基因定位主要集中在 11q 和 5q 区域。研究表明：总 IgE 水平与位于 11q13 的遗传标记显著相关。同时，也有资料提示总 IgE 水平与 5q 的多个遗传标记相关。

(3) 人类白细胞抗原：人类白细胞抗原(HLA)是迄今发现的人类最富有多态性的基因群，定位于人 6p2～3 片段，包括 HLA-Ⅰ、HLA-Ⅱ、HLA-Ⅲ 基因区。HLA-Ⅱ(包括 DP、DQ、DR)在抗原提呈过程中起重要作用，影响免疫反应的特异性。研究结果表明，在哮喘患者中 DR2(15)和 DR51 基因频率显著降低，而 DR6(13)和 DR52 基因频率显著增高，结论证实了不同的 HLA-DR 等位基因及其产物与哮喘存在明显的相关关系。

小　结

遗传性疾病(遗传病)是指由于遗传物质(染色体和基因)发生突变(或畸变)所引起的疾病。遗传病是遗传因素与环境因素共同作用的结果，具有垂直传递、遗传物质改变、先天性、家族性和终身性等临床特征。基因遗传病可分为单基因遗传病和多基因遗传病。

单基因遗传病是指一对等位基因突变造成的疾病，其遗传符合孟德尔定律，因此亦称为孟德尔式遗传性疾病。包括常染色体显性遗传病、常染色体隐性遗传病、X 连锁隐性遗传、X 连锁显性遗传和 Y 连锁遗传。除上述几种基本遗传方式外，还有从性遗传和限性遗传。

基因突变是指基因内部碱基对组成或排列顺序发生了可遗传性的改变，并且导致表型的改变。根据结构的改变方式，基因突变可分为碱基替换、移码突变和动态突变三种类型。影响基因变异的机制包括基因多效性、基因异质性、基因组印记和遗传早现等。

多基因遗传病由不同座位的多个基因共同决定，呈数量性状遗传。多基因疾病易感因子的研究主要采取双生子法、连锁分析、非参数连锁分析法、群体筛查法、动物模型以及疾病组分分析等多种方法进行探索。估计多基因遗传病发病风险时，应考虑到各种情况进行综合判断。

（王　杰）

参考资料

陈竺．2005. 医学遗传学．北京：人民卫生出版社，82～119

付四清．2006. 医学遗传学．武汉：华中科技大学，101～118

傅松滨．2006. 医学遗传学．北京：人民卫生出版社，49～66

税青林，李红智．2007. 医学遗传学．北京：科学出版社，47～64

王培林，傅松滨．2007. 医学遗传学．北京：科学出版社，50～83

第8章 肿瘤性疾病细胞的分子机制

第一节 肿瘤的临床特征

一、肿瘤的临床案例

(一) 良性肿瘤与癌症

案例 8-1

患者，男，50 岁，周身皮下长出了一些小肿块，已有十多年。大的如大拇指头，小的像黄豆大小，不痛不痒，生长很慢，稍可滑动。检查发现肿块边界清楚，质地较软，表面光滑，推之可在皮下少许移动，表面皮肤色泽正常，没有压痛，将切下标本送病理科切片检查。

诊断结果：良性多发性脂肪瘤。

案例 8-2

患者，男，55 岁，来自太行山区，吃饭时发噎、由偶尔发噎变成经常发噎，吞咽发生困难，心口上方有点疼痛，已经有三个月了。经 X 线照片检查，发现病人的食管中段长出来一个肿物，约 3cm，该部位食管通道较狭窄，使通过的食物部分受阻，食管的上段和下段正常。食管内镜检查，并从肿物上取下一小块活体组织送病理科检查。

诊断结果：食管鳞状上皮细胞癌。手术后病理诊断为食管鳞状细胞癌，细胞分化好，未见淋巴结转移。

(二) 恶性肿瘤临床病例

案例 8-3

患者，女，51 岁，5 个月前出现频繁咳嗽，抗感染以及镇咳治疗效果不明显，4 个月前出现右胸背部疼痛。CT 检查结果：肺癌肺内转移。胸部 CT：5，6 胸椎锥体右侧可见一病灶（5cm×4cm×3cm），多发占位，右胸腔少量积液。双侧肾上腺未见转移病灶，肝脏及腹膜后淋巴结未见肿大。胸水离心沉渣包埋切片提示：腺癌。抽血检查：生化全套及心功能，三大常规均正常，肿瘤标志物明显升高。

诊断结果：右肺癌晚期（肺内转移）。

案例 8-4

患者，男，53 岁，1 个月前无明显诱因出现右上腹饱胀不适伴低热，轻度腹痛、皮肤黄染、恶心、呕吐，后病情逐渐加重。B 超检查：肝内弥漫性占位，可能为肝癌。患者腹水量少，腹痛及腹胀、恶心等消化道症状主要由于肝脏增大压迫所致。腹部 CT 检查。

诊断结果：原发性肝癌。

问题与思考

1. 什么是肿瘤？临床上的癌和瘤分别指的是什么？

2. 肿瘤是如何发生的？

案例 8-4 相关提示

1. 肿瘤发生的分子机制——基因突变学说。

2. 肿瘤转移的途径及可能的分子机制。

二、肿瘤的临床分类

肿瘤是机体在各种致瘤因素作用下，局部组织的细胞在基因水平上失去对其生长的正常调控，导致克隆性异常增生而形成的新生物。习惯上将来自上皮组织的恶性肿瘤称为“癌”(carcinoma)，来自间叶组织称为“肉瘤”(sarcoma)，来源于幼稚组织及神经组织的肿瘤，以“母细胞瘤”(blastoma)命名，由多种组织成分组成或组织来源尚有争论者，则在肿瘤名前再冠以“恶性”二字。恶性肿瘤的命名原则是在瘤名前加上组织名称，再加上生长部位，如子宫颈鳞状上皮癌、胃平滑肌肉瘤等。此外，临床上还有部分沿用习惯称谓，如白血病、恶性淋巴瘤、精原细胞瘤等，或用人名命名，如将恶性淋巴瘤称为霍奇金(Hodgkin)病、肾母细胞瘤称威尔姆斯(Wilims)瘤、骨未分化网织细胞网瘤称为尤文(Ewing)瘤等。通常习惯上称为“癌症”(cancer)的，泛指所有恶性肿瘤。

肿瘤一般都是危害人类的身体健康，根据其危害程度不同，一般将肿瘤分为良性肿瘤、恶性肿瘤和介于两者之间的交界性肿瘤。

(一) 良性肿瘤

良性肿瘤的细胞在形态和功能上接近于相应

笔记栏

组织的正常细胞。肿瘤一般呈缓慢、膨胀性生长，压迫周围的正常组织，可以形成包膜，肿瘤在局部生长，产生压迫和阻塞等症状，其主要特征是分界比较清楚，瘤细胞不会从原发部位脱落、转移到其他部位而形成新的转移瘤。因此，良性肿瘤大多数可被完全切除，并且术后不复发，能完全治愈，对人体危害较小。

良性肿瘤发生在某些重要器官也可引起严重后果，例如颅内良性肿瘤(脑膜瘤、星形胶质细胞瘤)可压迫脑组织，阻塞脑室系统，导致极大的危害；又如发生在心脏的间皮瘤，仅数毫米大小，但可引起心律紊乱而导致患者猝死；良性血管瘤多无包膜，界限不清，切除后容易复发；而膀胱的乳头状瘤具有良性细胞形态，但容易复发，甚至转变成恶性肿瘤。

(二) 恶性肿瘤

恶性肿瘤的细胞结构和功能与相应正常细胞有较大的差异。肿瘤生长的速度快，常侵入周围的正常组织，分界不清。与良性肿瘤显著不同的是瘤细胞很容易从瘤体上脱落下来，通过淋巴管、血管或其他腔道转移到其他部位形成新的肿瘤。恶性肿瘤与良性肿瘤一样会引起压迫和阻塞症状，并且会引起合并出血、坏死、发热等。恶性肿瘤呈浸润性生长，难以完全切除，术后容易复发，而且肿瘤常常转移到局部淋巴结或向全身播散，难以彻底治愈，最终往往可导致患者死亡。

恶性肿瘤也并非预后皆差，如皮肤基底细胞癌生长缓慢，几乎不发生转移，经治疗后能完全治愈。肿瘤的良恶性也并非一成不变，有些良性肿瘤如不及时治疗，可转变为恶性肿瘤，例如卵巢肿瘤可恶变为卵巢癌。恶性肿瘤也可转变为良性肿瘤。例如儿童的一种恶性肿瘤神经母细胞瘤可转变为良性的。

(三) 交界性肿瘤

良性肿瘤与恶性肿瘤之间有时并无绝对界限，有些肿瘤的表现可介于两者之间，称之为交界性肿瘤(borderline tumor)。如卵巢交界性浆液性囊腺瘤和黏液性囊腺瘤。

不典型增生(atypical hyperplasia)属于癌前病变的一种，在致癌因素持续作用下，不典型增生可以发生由量变到质变，转变为恶性肿瘤。根据病变程度不典型增生分为轻度、中度及重度。一般而言，轻度病变恶变的机会不多，而重度不典型增生就等于原位癌。因此，不典型增生相当于交界性肿瘤，临床上应当将不典型增生当做交界性肿瘤来处理。

在临床上肿瘤的标准分类法是按美国抗癌联合会(The American Joint Committee on Cancer, AJCC)与国际抗癌联盟(Union Internationale Contre le Cancer，UICC)合作研究制定的国际通用的分类系统，即 TNM 分期系统。

TNM 分期——肿瘤的分期原则是根据原发肿瘤的大小，浸润的深度，范围以及是否累及邻近器官，有无局部和远处淋巴结转移，有无血源性或其他远处转移来确定肿瘤发展的程期或早晚。

T(tumor)——表示原发肿瘤的范围，随肿瘤的增大依次用 T1～T4 表示。

N(node)——表示区域淋巴结转移情况，即局部淋巴结受累积情况，淋巴结无累积时为 N0，随着淋巴结受累程度和范围加大依次用 N1～N3。

M(Metastasis)——表示肿瘤向远处转移情况，无转移者为 M0，有转移者用 M1～M2 表示。

三、肿瘤的临床特征

肿瘤引起的常见症状有：肿块及其压迫、阻塞或破坏所在器官，并伴有疼痛、病理性分泌物、溃疡、发热、黄疸，体重下降和贫血等。

(一) 肿块

体腔内深部器官的肿块可因阻塞、压迫或破坏所在器官而引起相应的继发病变症状。

1. 阻塞症状 肿块阻塞所在组织而出现的症状。如肺癌完全阻塞支气管导致肺不张，部分阻塞支气管导致肺气肿、肺部感染、肺脓肿等而出现各种呼吸道症状；食管癌引起患者吞咽哽噎感、吞咽困难；胃窦癌合并幽门梗阻时可出现恶心、呕吐、胃部膨胀感；结肠、直肠癌或小肠肿瘤阻塞肠管时，引起痛、吐、胀、闭等肠梗阻的表现。

2. 压迫症状 肿瘤压迫周围器官或组织可产生各种压迫症状。如甲状腺肿瘤压迫气管可引起呼吸困难，压迫食管可引起吞咽困难；纵隔肿瘤压迫上腔静脉时，可出现头颈部肿胀、气急、发绀，胸壁、颈部静脉怒张等；盆腔肿瘤压迫膀胱可引起尿频等症状；肿瘤压迫脑组织或脊髓可引起头痛或截瘫等。

3. 破坏症状 肿瘤组织破坏所在器官的结构和功能所产生的症状。如骨肉瘤引起的病理性骨折；胃癌溃疡穿孔；肺癌、肝癌、结肠癌等破坏所在器官血管发生咯血、便血、内出血等。

有时原发肿瘤的肿块较小，起初无任何症状，而转移的肿瘤结节却引起患者注意而就诊。所以对发生在肢体皮下的结节肿块，应注意鉴别是原发肿瘤还是转移灶。

(二) 疼痛

肿瘤早期一般不痛。疼痛往往发生于以下各

种情况：由于肿块增大而使包膜张力增加，如肝癌等；压迫邻近神经所致，肿瘤引起空腔器官如胃肠道、下泌尿道梗阻不通，发生梗阻症状；肿瘤溃烂、感染所致疼痛，如肛管癌；某些神经原性肿瘤可有顽固性疼痛；肿瘤发展到晚期所引起的疼痛主要是浸润周围神经所致，如肺癌浸润至胸膜；胃癌、胰腺癌浸润到腹膜后内脏神经丛及体壁神经；直肠癌或宫颈癌浸润到骶神经丛；肝癌自发性破裂出血或胃肠癌引起胃肠穿孔，均可发生顽固性疼痛或急性腹痛。

（三）病理性血性分泌物

肿瘤发生于口鼻、鼻咽腔、消化管、泌尿生殖道等器官，如肿块向腔内溃破或合并感染时常有血性、脓性、黏液血性或腐臭的分泌物自腔道排出，这是癌症非常重要的症状之一。例如：鼻咽癌常以鼻出血或咯出血性分泌物为首发症状；血痰可能为肺癌的征兆；血尿可能为泌尿道癌的最初症状；阴道不规则流血或接触性出血，应检查有无子宫颈癌的可能；大便带血和排便规律改变应疑为结肠、直肠癌；乳头溢液（尤其是血性分泌物），应排除乳腺癌的可能。出血往往是癌的临床表现，应引起高度重视。

（四）皮肤和黏膜的溃疡

癌症若发生于易受摩擦的皮肤（面部、四肢）、黏膜（唇、舌、外阴）以及口腔、鼻咽腔、呼吸道（喉、肺）、消化管（食管、胃、结肠、直肠、肛管）、宫颈、阴道、外阴等处，常易溃烂，合并感染，常有腥臭分泌物或血性分泌物排出。癌性溃疡的特点是边缘隆起外翻，溃疡基底凸凹不平，硬实，易出血，有腐臭味。

（五）非特异性的全身表现

发热常见于恶性淋巴瘤（尤其是霍奇金病）、肝癌、肺癌、骨肉瘤、胃癌、胰腺癌或晚期癌症。发热是由于肿瘤坏死分解产物被吸收或合并感染所致，有些癌症患者发热原因不明。消瘦、贫血、乏力为晚期癌症患者常见的症状，这时患者呈现显著消瘦、贫血、恶病质状态。消化管肿瘤如食管、胃、肝、结肠的癌症患者，往往因进食、消化、吸收障碍，发生消瘦、贫血、乏力。

第二节　肿瘤细胞增生的分子机制

肿瘤的发生跟体内基因功能发生改变密切相关，研究表明正常细胞的癌变与多种基因的作用有关。根据这些基因在肿瘤的发生和发展中的生物学作用，按其功能可分为原癌基因（proto-oncogene）、抑癌基因（anti-oncogene）两大类。这两大类基因形成一对既相互对立，又互相制约的关系，从而维持着机体细胞的精细平衡。

笔记栏

案例 8-5

RSV 与诺贝尔奖

1910 年，美国人劳斯（Peyton Rous）发现，鸡肉瘤（一种癌）细胞裂解物在通过除菌滤器以后（即病毒），注射到正常鸡体内，可以引起肉瘤，首次提出鸡肉瘤可能是由病毒引起的（后称劳斯肉瘤病毒，Rous's sarcoma virus，RSV），认为病毒引起癌症的病因。1966 年，劳斯获得诺贝尔生理医学奖。

美国人蒂明（Howard Martin Temin）发现 RSV 是一种 RNA 病毒，巴尔的摩（David Baltimore）证明了逆转录酶的存在。逆转录现象的发现，是分子生物学理论上的一个改变了观念的重大突破。1975 年，蒂明、巴尔的摩获得了诺贝尔生理医学奖。

美国人毕晓谱（J. Michael Bishop）和瓦穆斯（Harold E. Varmus）发现病毒癌基因来源于正常细胞的细胞癌基因（原癌基因），创立了癌症发生的癌基因理论。1989 年，两人获得诺贝尔生理/医学奖。

问题与思考

1. 病毒癌基因的来源？
2. 原癌基因是怎样被激活的？
3. 与癌基因相拮抗作用的基因即抑癌基因是如何保护人体健康的？

案例 8-5　相关提示

1. 逆转录病毒的致癌机制。
2. 原癌基因及抑癌基因与肿瘤发生的关系。

一、原癌基因

原癌基因又称为细胞癌基因（cell-oncogene，c-onc），是细胞内与细胞增殖相关的基因，是维持机体正常生命活动所必须的，在进化上高度保守。当原癌基因的结构或调控区发生变异，基因产物增多或活性增强时，细胞过度增殖从而形成肿瘤。

（一）原癌基因与病毒癌基因

原癌基因的发现可追溯到动物致癌病毒的研究。1911 年劳斯首先发现 RSV 在接种鸡后能诱发肉瘤。1970 年蒂明和巴尔的摩证实 RSV 是一种逆转录病毒（retrovirus）。它除含有病毒复制所需的基因（如 *gag*、*pol* 及 *env*）及长末端重复序列（long terminal region，LTR）外，还含有一种特殊的转化基因 *src*（图 8-1），即病毒癌基因（virus oncogene， vonc)，能导致培养的细胞转化癌变。第一个被发现的癌基因就是 RSV 的 *v-src*。以后又陆续从许多动物中分离出 40 余种高度致病的逆转录病毒，并从中鉴定出 30 余种病毒癌基因(表 8-1)。

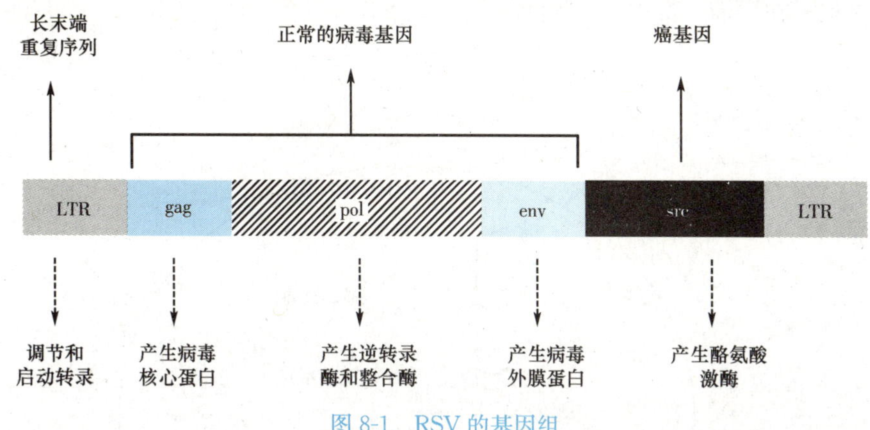

图 8-1　RSV 的基因组

表 8-1　病毒癌基因及其来源

v-onc	病毒名称	动物品种	*v-onc*	病毒名称	动物品种
abl	Abelson 白血病	小鼠	*mos*	Moloney 肉瘤	小鼠
adt	AKT8 病毒	小鼠	*mpl*	骨髓增生性白血病	小鼠
abl	Cas NS-1	小鼠	*myb*	禽类随母细胞增生症	鸡
crk	CT10 肉瘤	鸡	*myc*	禽类髓细胞瘤病	鸡
erbA	禽类成红血细胞增生症 ES4	鸡	*qin*	禽类肉瘤 31	鸡
erbB	禽类成红血细胞增生症 ES4	鸡	*raf*	3611 小鼠肉瘤	小鼠
ets	禽类成红血细胞增生症 E26	鸡	*rasH*	Harvey 肉瘤	大鼠
fes	Gardner-Arnstein 猫肉瘤	猫	*rasK*	Kirsten 肉瘤	大鼠
fgr	Gardner-Rasheed 猫肉瘤	猫	*rel*	网状内皮增生症	火鸡
fms	McDonough 猫肉瘤	猫	*ras*	UR2 肉瘤	鸡
fos	FBJ 小鼠成骨肉瘤	小鼠	*sea*	禽类成红血细胞增生症 S13	鸡
fps	Fujinami 肉瘤	鸡	*sis*	猿猴肉瘤	猴
jun	禽类肉瘤 17	鸡	*ski*	禽类 SK	鸡
kit	Hardy-Zuckerman 猫肉瘤	猫	*src*	Rous 肉瘤	鸡
maf	禽类肉瘤 AS42	鸡	*yes*	Y73 肉瘤	鸡

v-onc 是指存在于病毒基因组中的癌基因，它不编码病毒的结构成分，对病毒复制也没有作用，但可以使细胞持续增殖。*v-onc* 既然不是参与病毒复制生活周期中的组成部分，那么它们是从哪里来的呢？它们又是怎样整合到病毒基因组中去的呢？

毕晓谱和瓦穆斯等于 1976 年证实 *src* 基因的 cDNA 探针能与正常鸡细胞 DNA 中密切相关的序列杂交，并且在广泛范围脊椎动物(包括人)的正常 DNA 中亦可发现，说明它在进化中是高度保守的。由此证实逆转录病毒癌基因来源于正常细胞中的相关基因，即原癌基因(图 8-2)。

原癌基因是细胞的正常基因，其表达产物对细胞的生理功能极其重要，其编码的蛋白质(如 Src、Ras 及 Raf 等)参与调节正常细胞的生长与分化，是在控制细胞增殖的信息转导途径中起作用，从结构上看原癌基因是间断的，存在内含子，这也是真核基因的特点。只有当原癌基因发生结构改变或过度表达时，原癌基因转变为癌基因，才有可能导致细胞癌变。原癌基因既可能被转导入逆转录病毒而活化成 *v-onc*，也可因突变或异常表达而活化成癌基因，*v-onc* 和活化的癌基因能诱导细胞的异常增殖和肿瘤发生。

(二) 原癌基因的分类

大多数原癌基因编码的蛋白质都是复杂的细胞信号转导网络中的组分，在信号转导途径中有着重要的作用。较早期的分类是根据原癌基因的产物在细胞内的定位，将其区分为胞质原癌基因和核原癌基因两大类。随着癌基因数量的增加，这一分类越发显得不够完善。近年来，人们趋向于用原癌基因所编码的蛋白质的功能来分类，主要包括多肽类生长因子、生长因子受体、细胞内信号蛋白及转录因子四大类(表 8-2)。

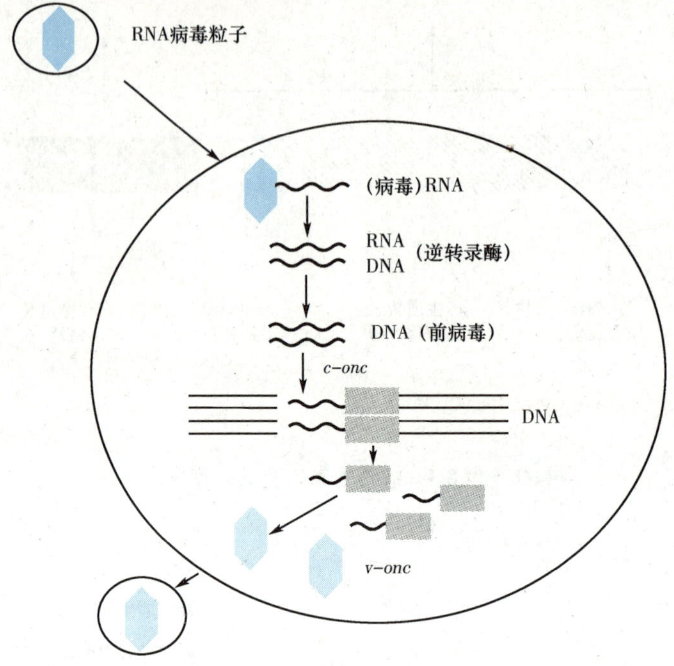

图 8-2 病毒癌基因的来源

表 8-2 人类肿瘤的代表性癌基因及其分类

原癌基因作用	癌基因	亚细胞定位	相关人类的肿瘤
生长因子			
PDGF-β链	*sis*	细胞外	星形细胞瘤，骨肉瘤，乳腺癌等
FGF	*hst*-1	细胞外	胃癌，胶质母细胞瘤
	int-2		膀胱癌，乳腺癌，黑色素瘤
生长因子受体			
具有蛋白激酶活性			
EGFR 家族	*erb*-B1	细胞膜	肺鳞癌，脑膜瘤，卵巢癌等
	erb-B2	细胞膜	乳腺癌，卵巢癌，肺部，胃癌等
	erb-B3	细胞膜	乳腺癌
csf-1 受体	*fms*	细胞膜	白血病
细胞内信号蛋白			
结合 GTP	*H-ras*	细胞质	甲状腺癌，膀胱癌等
	K-ras	细胞质	结肠癌，肺癌，胰腺癌等
	N-ras	细胞质	白血病，甲状腺癌
非受体酪氨酸激酶	*abl*	细胞质	慢性髓性及急性淋巴细胞性白血病
转录因子			
DNA 结合蛋白	*C-myc*	核内	Burkitt 淋巴瘤
	N-myc	核内	神经母细胞瘤，肺小细胞癌
	L-myc	核内	肺小细胞癌

笔 记 栏

1. 生长因子 目前已知与恶性肿瘤发生有关的生长因子主要有血小板源生长因子(PDGF)、成纤维细胞生长因子(FGF)、表皮生长因子(EGF)、转化生长因子-2(TGF-2)和类胰岛素生长因子-1(IGF-1)等。

2. 生长因子受体(细胞膜) 具酪氨酸蛋白激酶活性,如 neu,ht,met,erbB,trk,fms,ros-1 等。*erbB* 基因表达的产物为表皮生长因子受体(EGFR)。EGFR 是一个分子量为 17kD 的跨膜糖蛋白,有配体依赖性的酪氨酸激酶活性。

3. 细胞内信号蛋白 非受体酪氨酸蛋白激酶如 src 家族:src,syn,fyn,abl,lck,ros,yes,fes,ret 等;丝氨酸/苏氨酸蛋白激酶如 raf,raf-1,mos,pim-1;GTP 结合蛋白类如 ras 家族中的 H-ras,K-ras,N-ras,H-ras 和 K-ras 分别来自大鼠肉瘤病毒 Harvey 与 Kirsten 株,N-ras 来自人神经母细胞瘤(neuroblastoma)。

4. 转录因子 核内 DNA 结合蛋白如 myc 家族,fos 家族,Jun 家族,ets 家族,rel,erb A(类固醇激素受体)等。

(三)原癌基因的激活机制

原癌基因存在于正常细胞中,正常情况下并不表现出致癌性,只有在各种外因和内因作用下使原癌基因活化变为癌基因,才能导致肿瘤发生,癌基因为显性正调控基因。原癌基因激活的机制可能多种多样的,但主要的有以下 5 种:

1. 点突变 点突变(point mutation)可导致癌基因产物中单个氨基酸的替换,而改变其活性。第一个被鉴定的人类癌基因是 *ras* 基因。*ras* 基因家族的三个密切相关成员:*H-ras*、*K-ras* 和 *N-ras* 是在人类肿瘤中最常见的癌基因,它们在大约 15%的人类恶性肿瘤中被检出,包括 50% 的结肠癌和 25%的肺癌。Ras 蛋白是一种 GTP 结合蛋白,具 GTP 酶活性,是重要的信号转导分子。突变的 *ras* 癌基因表达的 Ras 蛋白对 GTP 酶活化蛋白的反应无效,结果是降低了细胞内 GTP 酶的活性,使 Ras 蛋白保持了呈活性的 GTP 结合状态,可能促进细胞增生的失调而致癌。Ras 基因 12、13、61 位密码子点突变存在于多种肿瘤(表 8-3)。

表 8-3 人肿瘤中 *ras* 基因的点突变

基因	密码子	点突变	氨基酸改变	相关肿瘤
H-ras	12	GGC→GAC	甘氨酸→天冬氨酸	乳腺癌、结肠癌
		GGC→GTC	甘氨酸→缬氨酸	膀胱癌、胃癌、鼻咽癌、宫颈癌
	61	CAG→CGG	甘氨酸→精氨酸	肾癌
		CAG→CTG	谷氨酰胺→亮氨酸	膀胱癌、肺癌、黑色素瘤
K-ras	12	GGT→CGT	甘氨酸→精氨酸	膀胱癌
		GGT→GAT	甘氨酸→天冬氨酸	胰腺癌
		GGT→GTT	甘氨酸→缬氨酸	结肠癌、卵巢癌
		GGT→TGT	甘氨酸→半胱氨酸	肺癌、肠癌、慢性髓性白血病
	13	GGC→GAC	甘氨酸→天冬氨酸	乳腺癌
	61	CAA→CAT	谷氨酰胺→组氨酸	肺癌
		CAA→CTA	谷氨酰胺→亮氨酸	肺癌
N-ras	12	GGT→AGT	甘氨酸→丝氨酸	髓性增生异常综合征
		GGT→GTT	甘氨酸→缬氨酸	急性粒细胞白血病、畸胎瘤
		GGT→GAT	甘氨酸→天冬氨酸	急性粒细胞白血病
	13	GGT→CGT	甘氨酸→精氨酸	肺腺癌
		GGT→GTT	甘氨酸→缬氨酸	急性粒细胞白血病
		GGT→GAT	甘氨酸→天冬氨酸	急性粒细胞白血病
	61	CAA→CAT	谷氨酰胺→组氨酸	横纹肌肉瘤
		CAA→CTA	谷氨酰胺→亮氨酸	早幼粒细胞白血病
		CAA→AAA	谷氨酰胺→亮氨酸	神经母细胞瘤、纤维肉瘤、黑色素瘤

2. 染色体易位 染色体易位(translocation)是染色体的一部分因断裂脱离,并与其他染色体联结的重排过程。

染色体易位可导致原癌基因表达失控,如人

笔记栏

Burkitt 淋巴瘤中 8 号染色体的一个片段易位至 14 号染色体免疫球蛋白重链的基因座上，这种易位使原癌基因 c-myc 插入到免疫球蛋白的基因座（图 8-3A），以失调节的方式表达而成为癌基因，编码转录因子，对生长因子的刺激起反应，推动细胞增生而致癌。易位也可引起原癌基因编码的序列重排，而与另一基因形成融合基因，产生一个具有致癌活性的融合蛋白，如在慢性髓性中，9 号染色体的一个片段易位至 22 号染色体，使 *abl* 原癌基因与 *bcr* 融合，产生 Bcr/Abl 融合蛋白质，其中 Abl 蛋白质的氨基端被 Bcr 的氨基酸序列替换（图 8-3B），导致 Abl 蛋白质酪氨酸激酶的异常活性和改变其亚细胞定位，导致细胞转化而致癌。

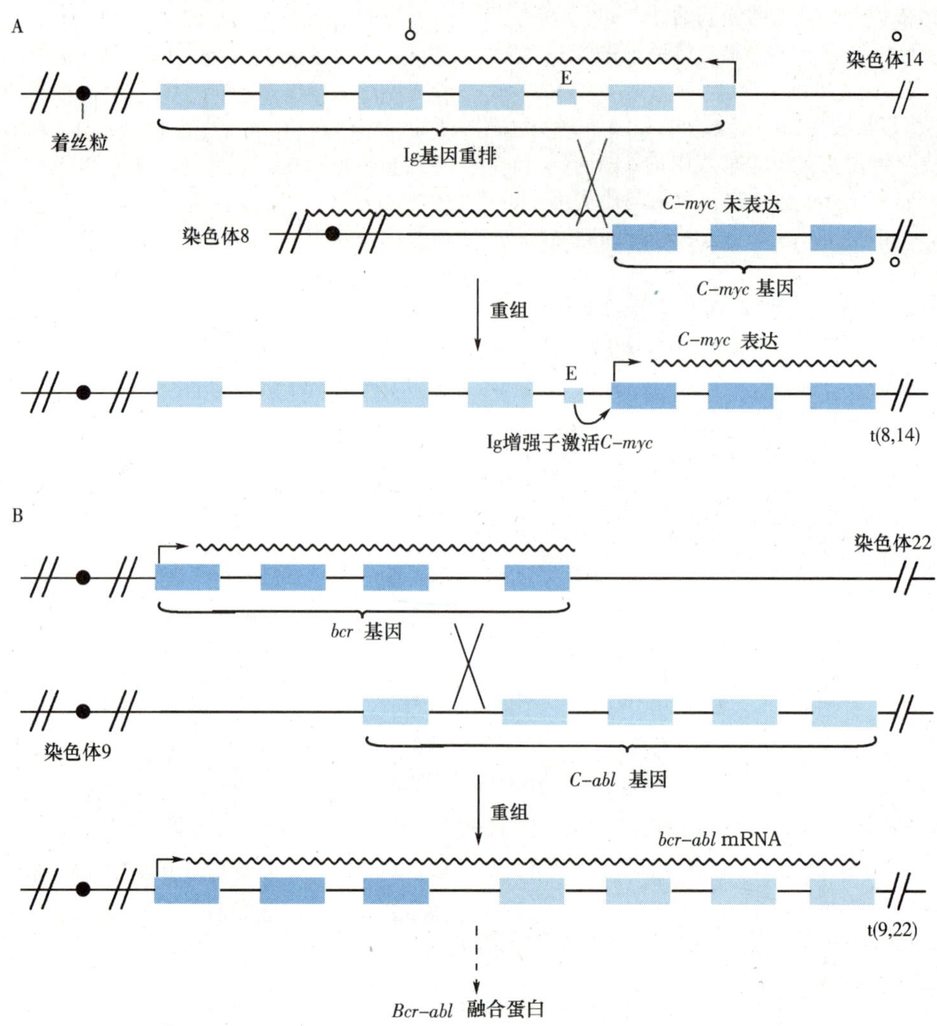

图 8-3 染色体易位诱导肿瘤的发生

3. 基因扩增 基因扩增（gene amplification）即基因拷贝数增加，原癌基因扩增使肿瘤细胞生长更快和增加恶性表型。如 HL-60 和其他白血病细胞，*C-myc* 扩增 8-22 倍。神经母细胞瘤中，*N-myc* 的扩增与快速生长及增加侵袭性有关，erb-B2 的扩增则与及卵巢癌的进展有关。

4. LTR 插入 逆转录病毒基因组两端的 LTR 含有强启动子序列。逆转录病毒中以前病毒的形式插入到宿主细胞癌基因的邻近而将其激活。如 ALV 前病毒插入到细胞癌基因的 5′端，并处于相同的转录方向，为转录提供强有力的启动子，从而产生大量的 *c-myc* 序列。在有些情况下，前病毒插入到的 3′端，则 LTR 作为增强子上调 *c-myc* 的转录（图 8-4）。

5. 基因甲基化的改变 在肿瘤细胞中发现癌基因的低甲基化或去甲基化，如胃癌细胞中*c-H-ras* 癌基因的低甲基化，而低甲基化可导致*c-H-ras*癌基因的过度表达。

笔 记 栏

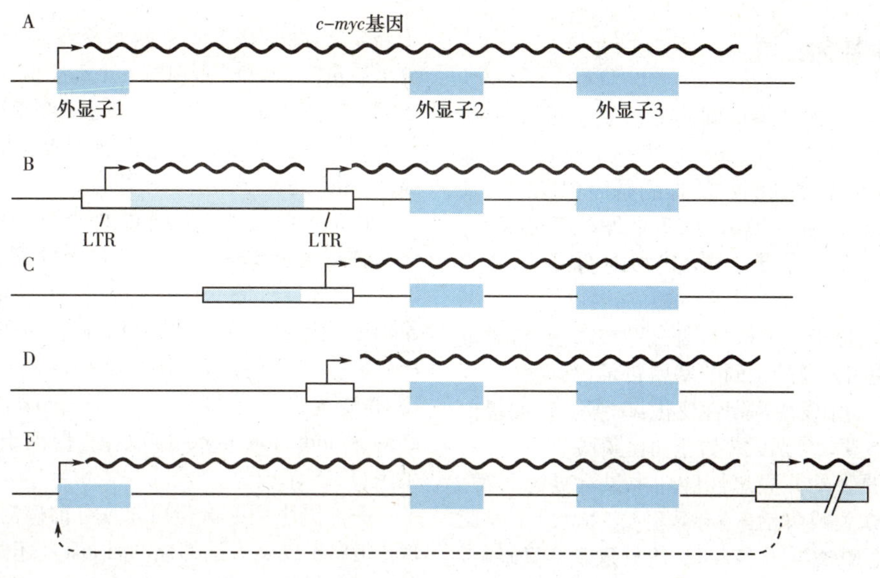

图 8-4　LTR 插入导致肿瘤的发生

A. 正常细胞　B—D. LTR 插入到 *c-myc* 的 5′端

E. LTR 插入到 *c-myc* 的 3′端

二、抑癌基因

抑癌基因也称为肿瘤抑制基因（tumor suppressor gene），是正常细胞内抑制细胞生长、增殖，促进细胞分化，具有潜在抑癌作用的基因，起负调控作用，通常认为抑癌基因的突变是隐性的。此类基因突变、缺失或失活，引起细胞恶性转化，导致肿瘤。

抑癌基因失活的途径有：①等位基因隐性作用，失活的抑癌基因之等位基因在细胞中起隐性作用，即一个拷贝失活，另一个拷贝仍以野生型存在，细胞呈正常表型。只有当另一个拷贝失活后才导致肿瘤发生，如 Rb 基因。②抑癌基因的显性负作用，抑癌基因突变的拷贝在另一野生型拷贝存在并表达的情况下，仍可使细胞出现恶性表型和癌变，并使野生型拷贝功能失活。如突变型 P53 和 APC 蛋白分别能与野生型蛋白结合而使其失活，进而转化细胞。③单倍体不足假说，某些抑癌基因的表达水平十分重要，如果一个拷贝失活，另一个拷贝就可能不足以维持正常的细胞功能，从而导致肿瘤发生。如 *DCC* 基因一个拷贝缺失就可能使细胞黏膜附功能明显降低，进而丧失细胞接触抑制，使细胞克隆扩展或呈恶性表型。

抑癌基因的表达产物包括转录调节因子，负调控转录因子，周期蛋白依赖性激酶抑制因子，信号通路的抑制因子，DNA 修复因子，与发育和干细胞增殖相关的信号途径组分等（表 8-4）。

表 8-4　常见抑癌基因的功能

抑癌基因	功能	相关肿瘤
rb	转录调节因子	RB、成骨肉瘤、胃癌、SCLC、乳癌、结肠癌
*p*53	转录调节因子	星状细胞瘤、胶质母细胞瘤、结肠癌、乳癌、成骨肉瘤、SCLC、胃癌、鳞状细胞肺癌
APC	WNT 信号转导组分	结肠腺瘤性息肉、结/直肠癌
WT	负调控转录因子	WT、横纹肌肉瘤、肺癌、膀胱癌、乳癌、肝母细胞瘤
NF-1	GTP 酶激活因子	神经纤维瘤、嗜铬细胞瘤、雪旺氏细胞瘤、神经纤维瘤
DCC	细胞黏附分子	直肠癌、胃癌
*p*21	CDK 抑制因子	前列腺癌
*p*15	CDK4、CDK6 抑制因子	成胶质细胞瘤
*BRCA*1	DNA 修复因子，与 RAD51 作用	乳腺癌、卵巢癌
*BRCA*2	DNA 修复因子，与 RAD51 作用	乳腺癌、胰腺癌
PTEN	磷酯酶	成胶质细胞瘤

笔记栏

（一）*rb* 基因

rb 基因(人视网膜母细胞瘤易感基因，retinoblastoma susceptibility gene)是第一个被克隆的抑癌基因和完成全序列测定的抑癌基因(13q14)，基因组 DNA 总长为 200kb，有 27 个外显子，编码含 928 氨基酸残基的蛋白质，其相对分子质量为 110～114kD。

Rb 蛋白位于细胞核内，是一种核磷蛋白，通过自身磷酸化和去磷酸化调节基因转录，其磷酸化程度在细胞周期中发生周期性变化：G_0 期、G_1 期蛋白未磷酸化，S 期、G_2 期大多数蛋白已磷酸化。

Rb 瘤是婴幼儿眼恶性肿瘤中最常见的一种。Rb 基因的缺失或失活，是导致肿瘤发生的主要原因。散发性 Rb 瘤发生较晚，一般只危及一只眼睛，遗传性 Rb 往往危及双眼，3 岁左右发病形成多个肿瘤。在 G_1 期 Rb 与 E2F 结合，抑制 E2F 的活性，在 G_1/S 期 Rb 被 CDK2 磷酸化失活而释放出转录因子 E2F，促进蛋白质的合成(图 8-5)。

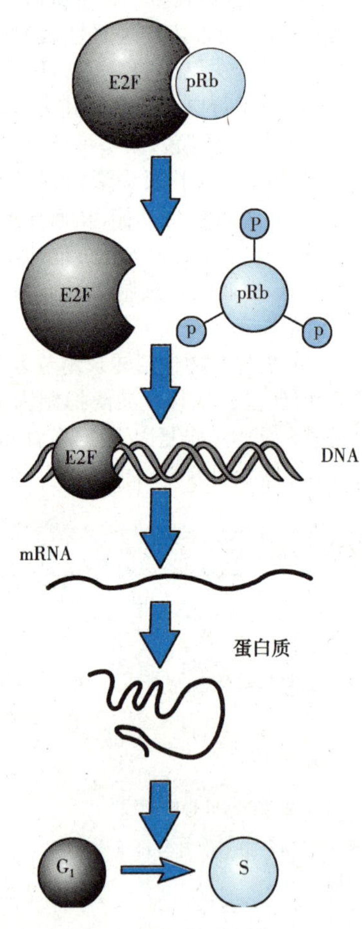

图 8-5　*rb* 基因的作用

（二）*p53* 基因

p53 基因是迄今发现与人类肿瘤相关性最高的基因，定位于 17p13.1，基因全长 16～20kb，有 11 个外显子，编码含 393 个氨基酸残基的蛋白，相对分子质量为 53kD。蛋白有 5 个高度保守区，分别位于第 13～19、117～142、171～192、236～258 及 270～282 密码子区域。基因突变大多数发生于外显子，与上述保守区基本相符。

P53 蛋白是 G_1/S 检查站的分子警察(正常 p53，称野生型 p53)，活性形式为同源四聚体(图 8-6)。P53 蛋白是一个转录因子，其 N 端可以与转录辅助活化因子 p300/CBP 结合，促进靶基因转录。P53 蛋白的靶基因有细胞周期抑制蛋白基因 *p21*，DNA 修复蛋白 GADD45(growth arrest-and DNA damage-inducible gene 45)基因，促细胞凋亡 *BAX* 基因、*FAS* 基因等。

只有野生型 P53 蛋白才具有抑癌活性，突变型 P53 蛋白不仅丧失了抑癌活性，而且还能与野生型 P53 蛋白结合使其丧失抑癌功能。因此，当一个 *p53* 等位基因发生突变时，就足以使细胞呈现恶性表型，这一点与必须两个等位基因同时失活不同，说明 *p53* 基因突变的遗传型是显性的。这一特殊的遗传学现象称之为显性负效应(dominant negative effect)。

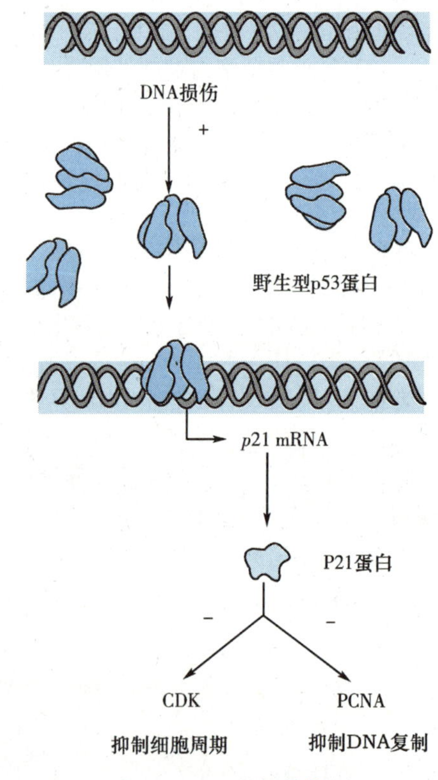

图 8-6　*p53* 基因的作用

（三）*APC* 基因

APC 基因最初是在结肠腺瘤样息肉(adenomatous polyposis coli)病人中发现的，并以此命名。*APC* 基因是家族性腺瘤样息肉病(familial adenomatous polyposis，FAP)的易感基因，定位于染色体

笔记栏

5q21-22，有15个外显子，编码2842个氨基酸残基的蛋白，相对分子质量为500kD，属于Wnt信号途径的负调控因子，APC蛋白可与β-catenin连接，促进β-catenin降解，而β-catenin在细胞内积累后，可进入细胞核，与T细胞因子结合，促进相关基因的表达。

(四) *WT1* 基因

*WT*1(Wilms tumors type 1)基因为Wilms瘤(肾恶性胚胎瘤)的易感基因，定位于染色体17p13，基因全长约59kb，编码345个氨基酸残基的蛋白。该蛋白含4个锌指结构，显示与特异性DNA结合的特性，能同上皮细胞生长因子受体EGFR-l启动子区域的CGCCCCCGC序列结合，从而抑制其转录活性。

(五) *NF1* 基因

NF1(neurofibromatosis type l)基因是多发性神经纤维瘤的易感基因，定位于染色体17q11.2。基因全长约60kb，编码2485个氨基酸残基的蛋白。NF1蛋白同ras族癌基因编码的GTP酶活性蛋白有一定的同源性。NF1蛋白表现为对Ras p21蛋白的负调节和阻止ras介导的有丝分裂信号传递。NF1失活导致良性的神经纤维瘤发生，但在恶变时可能还有别的基因参与。

(六) *p21* 基因

*p*21基因编码的P21蛋白是目前已知的具有最广泛激酶抑制活性的细胞周期抑制蛋白。根据其功能给予了不同的命名，如CDK相互作用蛋白(CDK interacting protein 1，Cip 1)，野生型 *p*53活化的片段(wild type p53-activated fragment 1，WAF 1)等。*P*21基因定位于染色体6p21.2，基因组DNA长度为85kb，由3个外显子组成，编码由164个氨基酸残基的蛋白。在 *p*21编码区上游24kb和大于8kb处有2个p53结合区，P21蛋白定位于细胞核中，能与多种Cyclin/CDK复合物和增殖细胞核抗原(proliferating cell nuclear antigen，PCNA)结合，通过多种途径对细胞周期进程起抑制作用。

三、DNA修复基因

遗传物质的突变是导致人类许多疾病(包括肿瘤)的主要原因，而引起遗传物质突变的直接诱因是不同类型的DNA损伤。DNA修复是一系列与恢复正常DNA序列结构和维持遗传信息相对稳定有关的细胞反应。DNA修复基因在进化上高度保守，且与许多疾病有关，例如：着色性干皮病(xerodermap pigmentosum，XP)、共济失调性毛细血管扩张症(ataxia telangiectasia，AT)、遗传性非息肉结肠癌(hereditary nonpolyposis colon cancer，HNPCC)和乳腺癌等。

(一) 错配修复基因

错配修复(mismatch repair，MMR)是DNA复制后的一种修复机制，主要是修复新合成的DNA上的错误。这一过程有3个主要的步骤来调控：错配识别、修复蛋白的聚集和修复。在人的细胞里参与错配修复的基因有 *hMSH*2(human MutS homologue 2)、*hMSH*3、*hMSH*6、*hMLH*1 (human MutL homologue 1)、*hMLH*3、*hPMS*1 (human postmeiotic segregation 1)、*hPMS*2，它们与大肠埃希菌和酵母的 *MMR* 基因同源。*hPMS*1的功能主要是结合MUTS (mutations)-双螺旋复合物，*hPMS*2与 *hMLH*1集合成异源二聚体然后与MUTS-双螺旋复合物结合；*hMSH*2与 *hMSH*3/*hMSH*6协同作用识别错配；*hMSH*6可与G/T错配结合，并与 *hMSH*2形成异源二聚体。*hMLH*3与哺乳动物微卫星不稳定有关。

错配修复缺陷主要与肠癌、子宫内膜癌、卵巢癌有关。如在遗传性非息肉结肠癌中常见hMLH1和hMSH2的突变，从而导致复制差错阳性，表现为微卫星DNA不稳定的出现。

(二) 碱基切除修复基因

碱基切除修(base excision repair，BER)是一个多种修复复合体参与的多功能修复系统，参与BER修复的酶和基因主要有XRCC1 (X-ray repair cross complementing gene 1)、DNA连接酶、APE (apurinic endonuclease)等。其中XRCC1是第一个从哺乳动物中分离出来的对电离辐射敏感的基因，定位于19q13.2，大小为32kb。XRCC1缺陷的细胞对DNA损伤事件敏感，单链断裂增加，姊妹染色体互换率水平比正常细胞高约10倍。XRCC1还参与基因的转录调节，其多态性可能与肺癌和食管癌的发生有关。

(三) 核苷酸切除修复基因

人类的核苷酸切除修复(nucleotide excision repair，NER)基因系统非常复杂，参与这一过程的蛋白有XP A～G (xerodermap pigmentosum group A～G)、复制蛋白A(replication protein A，RPA)、复制因子C(replication factor C，RFC)、PCNA和转录因子TFⅡH(transcription factor ⅡH)等。修复过程分4个阶段：损伤识别、内切、填补缺口和连接。XPA和RPA的复合物是损伤识别因子，确定DNA的损伤部位；XPB可形成损伤识别复合物，在转录与修复耦联中起作用。XPD的多态性与非小

笔记栏

细胞肺癌发生的危险性有密切关系。XPG 有 3 种核酸酶活性：单链特异的外切活性，5′和 3′端的外切活性和 FEN(flap endonuclease)活性。XPF 有 5′内切活性，可能参与重组修复。NER 中了解最少的是 XPC 和 XPE。NER 与人类疾病的关系主要是 XP 病人的癌症易感性，NER 缺陷的 XP 病人患皮肤癌的危险性比正常人高约 1000 倍。

（四）DNA 双链断裂修复基因

DNA 双链断裂（double strand break repair，DSB）可因 DNA 代谢、电离辐射和活性氧损伤等原因而产生。如果 DSB 不能被及时修复，DNA 的复制和转录将被阻断。因此 DSB 的有效修复对维护基因组的完整性和基因的表达是必须的。目前已克隆到的双链断裂修复基因有 *XRCC2*～7、*BRCA1*（breast cancer gene1）和 *BRCA2*、*ATM*（ataxia telangiectasia mutated）等。

1. *XRCC2*～7 人 *XRCC2* 和 *XRCC3* 基因在染色体上的定位分别是 7q36 和 14q32.3，在同源重组的 DNA 修复中起作用。近来的研究发现 *XRCC3* 的多态性与非小细胞肺癌发生有关。*XRCC4* 定位于 5q13-14，*XRCC4* 突变体对电离辐射比 *XRCC2* 和 *XRCC3* 突变体更加敏感，但对 DNA 交联事件的敏感性较低。*XRCC5* 编码的蛋白为 80kD(Ku80)，*XRCC6* 的 70kDa(Ku70)，通常二者称为 Ku 蛋白。Ku 在体外还能激发 DNA 连接酶的活性，与 DNA 连接酶共同修复 DSB。*XRCC7* 的主要作用是聚集其他的修复复合物到损伤位点或通过磷酸化调控其他蛋白的活性。

2. *BRCA1* 和 *BRCA2* *BRCA1* 和 *BRCA2* 是遗传性乳腺癌易感基因，在遗传性乳腺癌病人中一半显示 *BRCA1* 和 *BRCA2* 的遗传性突变。*BRCA1* 和 *BRCA2* 分别编码 1863 个和 3418 个氨基酸的肿瘤抑制蛋白，通过参与重组修复、转录链优先修复和双链断裂修复来维护基因组的稳定性。*BRCA1* 和 *BRCA2* 是早期胚胎正常分化所必须的，*BRCA1* 和 *BRCA2* 的丢失易导致肿瘤的发生。

3. *ATM* *AT* 病是一种人类常染色体隐性遗传病，其淋巴、造血组织细胞的肿瘤发生率比正常人群高 250 倍以上。*AT* 基因突变细胞对电离辐射高度敏感，DNA 修复忠实性显著低于正常细胞，细胞周期 G_1 和 G_2/M 监视点异常。研究表明 *ATM* 基因编码产物为 3056 个氨基酸组成的蛋白，属于编码磷脂酰肌醇-3-激酶同源基因家族。这些蛋白作为启动信号，调控细胞 DNA 损伤修复和激活周期监视作用，如 *ATM* 是 P53 蛋白的上游调节因子。

（五）直接修复基因

直接修复主要有两类酶，一类是光复活酶类在有光的条件下可直接与损伤的 DNA 结合来修复紫外线或化疗药物引起的 DNA 损伤。另一类是甲基鸟嘌呤甲基转移酶（methylguanine DNA methyltransferase，MGMT），MGMT 对修复甲基化损伤非常重要。20%的人类肿瘤细胞系中 MGMT 的活性是降低的。

修复系统一种酶的缺陷而引起的损伤开始可能觉察不到，随着时间的延长可能会导致癌症的发生，因此这些酶的基因可能是癌症或其他疾病的潜在标志物。同时许多 DNA 修复酶不止有一种功能，往往参与多种修复系统和细胞事件。编码这些蛋白的基因缺陷后的生物学后果呈多样性，很难单独从 DNA 修复缺陷来预测表型。

第三节　血管生成的分子机制

案例 8-6

患者，女，47 岁。因右上腹剧痛 1 天入院。体检肝区有明显叩痛。肝右叶大片异常血管团块，动脉期血管增多。

诊断：肝右叶巨块型肝癌，肝癌中央型破裂出血。

问题与思考

1. 为什么多数肿瘤组织会出现丰富的血管？
2. 肿瘤血管是如何增生的？如何治疗？

案例 8-6　相关提示

1. 肿瘤生成的血管理论。
2. 肿瘤血管纤维化。

一、血管生成

（一）血管系统的形成

血管系统的形成分为血管发生（vasculogenesis）、血管生成（angiogenesis）和动脉生成（arteriogenesis）三个阶段。

1. 血管发生 是指在胚胎发育阶段，中胚层源的成血管细胞（angioblast）迁徙、聚集，相互联结形成早期原始的血管结构。在原肠胚形成后（约胚胎形成的 20 天），中胚层细胞受纤维细胞生长因子（fibroblast growth factor，FGF）诱导分化为成血管细胞，它具有多能性，可分化为血细胞，也可在血管内皮生长因子（vascular endothelial growth factor，VEGF）及其特异受体 VEGFR-1 的作用下分化为内皮细胞。内皮细胞的进一步分化、管腔化、基膜至血管壁的形成涉及多种生长因子，包括 VEGF、促血管生长素家族(angiopoietins,Ang)、细胞黏附分子等其他促血管生长因子。

2. 血管生成 在已有的血管基础上,内皮细胞以出芽的方式扩增、迁移并相互联结形成血管内膜腔,进而塑形成为新的血管称为血管生成。血管生成形成人体的中、小血管及毛细血管。

血管出芽是血管生成起始步骤,并由此向无血管组织延伸。血管生成是一个由多种细胞因子和多种细胞成分参与的、动态的、协调的复杂过程,其起始的中心环节是血管内皮细胞或基质干细胞的迁移、分裂、分化,以及随后的管腔化,受到血管生成诱导因子和抑制因子的精密调节。生理学上的血管形成多见于伤口愈合,或月经周期中子宫内膜的血管生成,但在肿瘤、动脉硬化、银屑病、糖尿病性视网膜病及子宫内膜异位症等一些过程中则是一种病理性现象。

3. 动脉生成 是指已存在的血管丛侧支小血管扩大形成较大血管的过程,不仅内皮细胞,平滑肌细胞也同时扩增。

(二) 血管生成的主要影响因子

血管生成是由多种细胞因子和细胞参与的动态的、协调的过程。目前已发现有大约十几种促血管生长因子和上百种血管抑制剂。

1. 促血管生长因子

(1) 血管内皮生长因子(VEGF):VEGF 即 VEGF-A,目前已发现有五个同源体,VEGF-B、VEGF-C、VEGF-D、VEGF-E 及胎盘生长因子(Placenta growth factor,PlGF),连同 VEGF,构成 VEGF 家族。

VEGF 是在胚胎血管发育中生成的第一个控制血管生成和发育的因子,促进内皮细胞的分裂和血管生成。VEGF 的作用由其内皮细胞表面受体 VEGFR-1(flt)和 VEGFR-2(flk)调节。VEGFR-1 由一个具有七个免疫球蛋白 G 样配体结合域、一个跨膜结构域和一个细胞内酪氨酸激酶功能域。其功能主要是调节内皮细胞的功能而非扩增。VEGFR-2 结构与 VEGFR-1 相似,是内皮细胞主要的 VEGF 受体,在血管发育和内皮细胞扩增方面起主要作用。

(2) 促血管生长素家族(Ang):Ang 与其特异的内皮细胞表面受体 Tie-2 结合调节血管生成。目前发现的血管生成素家族共四个成员,其中 Ang-1 和 Ang-2 研究较多。Ang-1 作用主要是血管重塑、成熟及稳定。基因敲除 Ang-1 和 Tie-2 小鼠胚胎血管不能重塑、成熟,超微结构分析显示内皮细胞与细胞外基质及周围支持细胞连接障碍。过表达 Ang-1 则诱导较大较多的血管分支。Ang-1 无内皮细胞扩增及管腔化的作用,但可促进血管出芽,与 VEGF 联合可增加血管的大小和数目,减少液体外渗。Ang-2 与 Ang-1 的作用相反,主要诱导内皮细胞的凋亡和血管的退化。与 VEGF 共表达可促进内皮细胞的扩增、迁移,表明 Ang-2 使血管失稳定以利于血管出芽。

(3) 成纤维细胞生长因子(FGF):FGF 至少有 9 种形式,组成一个生长因子家族,都对肝素有高度的亲和力,能诱导形成毛细血管样结构并显示出血管生成的活性。酸性和碱性的 FGF 都可以与内皮细胞的跨膜酪氨酸激酶类受体结合,并与信号转导级联反应相偶联,促进内皮细胞的分裂。

(4) 转化生长因子-β(TGF-β):TGF-β 是一同源二聚体蛋白,与特异的丝氨酸/苏氨酸激酶受体结合,调节血管发生。TGF-β 抑制内皮细胞的扩增和迁移,但可刺激平滑肌细胞扩增。目前认为 TGF-β 主要作用是调节血管的成熟及稳定。作为单核细胞趋化因子,TGF-β 作用在于调节动脉生成。

(5) 肿瘤坏死因子-α(TNF-α):TNF-α 是一种分泌蛋白,主要由活化的巨噬细胞和一些肿瘤细胞合成,最初认为它能引起实体肿瘤的坏死和蜕变。TNF-α 像 TGF-β 一样,有矛盾的血管生成活性:在体外,TNF-α 能抑制内皮细胞的增殖,在体内,又能诱导血管生成。但 TNF-α 在体内促血管生成的活性同样是双向的,低浓度时,TNF-α 可诱导血管生成,包括血管生成和内皮细胞增殖;高浓度时,TNF-α 抑制血管生成。一些学者认为这种不同的反应可能是由于运送 TNF-α 至内皮细胞的方式不同而造成的。

(6) 血小板源性内皮生长因子(PDGF):PDGF 最初被认为是血小板中与血管生成有关的一个新的因子。PDGF 被克隆和测序后,发现与人胸腺嘧啶磷酸化酶的基因类似。因此,认为胸腺嘧啶磷酸化酶也是一个与血管生成有关的酶。现在已知参与血管生成的分子并不是酶本身,而是胸腺嘧啶磷酸化酶作用胸腺嘧啶后的产物。PDGF 是一个与血管生成有关的酶,而不是经典的生长因子,与正常组织相比,它在大多数的实体瘤中表达都特别高。

(7) 转化生长因子-α(TGF-α)和表皮生长因子(EGF):TGF-α 和 EGF 有 40%的同源性,且都可与 EGFR 结合。TGF-α 在巨噬细胞和许多肿瘤细胞中表达,且与 EGF 类似,在体外能刺激内皮细胞的增殖。在体外这两种因子都能诱导转移,而在体内都能形成毛细血管样管状结构并诱导血管生成,但 EGF 的作用略弱。

(8) 其他血管生长因子 在血管生成过程中,其他生长因子也具有相当的作用。基质金属蛋白酶(metalloproteases,MMPs)降解围绕在血管外的细胞外基质,以利于内皮细胞出芽、迁移。蛋白酶抑制物,如纤维蛋白酶原激活抑制剂-1(plasminogen activator inhibitor-1,PAI-1)使细胞外基质的分泌增加,促进新生血管的成熟。整合素 $\alpha_V\beta_3$ 或 $\alpha_V\beta_5$

参与维持新生血管与基质间相互连接。

2. 血管生成的抑制因子 许多细胞因子具有抑制血管生成的作用，如激活的血小板、内皮细胞、纤维细胞分泌的血栓素-1 和-2，血小板聚集产生的血小板因子-4 均有抑制血管生成的功能。如此多的血小板源因子是人们认识到血小板可能对血管生成有非常重要的作用。

二、肿瘤血管生成

Folkman 等在 20 世纪 70 年代初发现，实体瘤的发展有赖于新血管的形成。这一理论开创了肿瘤治疗的新纪元。控制肿瘤新生血管的形成是目前最有前途的药理学干预方法之一。

Folkman 认为，肿瘤一旦出现，在其体积增加之前必然伴随汇聚于肿瘤的新生血管的增加。肿瘤血管生成是近年来肿瘤研究的热点，抑制肿瘤血管生成的方法可以作为抗肿瘤的辅助治疗，一些实验也证实抑制肿瘤新生血管的生成，可以有效地抑制肿瘤的生长。现在，临床上已经把肿瘤血管生长作为恶性肿瘤预后评价的指标。随着肿瘤血管生长抑制剂研究的蓬勃发展，相信抑制肿瘤血管生长将成为肿瘤治疗的有效方法。

现在人们都认识到肿瘤若没有新的血管供应，就不可能生长超过 $1mm^3$。肿瘤细胞控制着新血管生成，它可分泌血管生长因子作用于内皮细胞，活化的内皮细胞产生生长因子，以旁分泌的方式作用于肿瘤细胞。肿瘤细胞和内皮细胞间的这种相互作用是肿瘤血管生成的主要特征之一。另一个特征就是在血管生成中内源性诱导因子和抑制因子存在精确的平衡。正常细胞分泌少量的诱导因子和大量的抑制因子，然而在细胞恶变时，这种平衡被破坏，细胞转换为表达血管生成的表型。

血管生成在肿瘤发展和转移的过程中的重要作用，及肿瘤中正、负调控因子的平衡表明，在肿瘤的血管生成过程中有一个血管生成的开关。在细胞恶变的进程中，细胞会转变为血管生成的表型，而且这种转换通常发生在细胞恶变之前。在体内，这种转换是以一种逐级发展的方式，经过几个阶段完成。如黑色素瘤，首先观察到在从阳性痣发展到恶性肿瘤的过程中，血管总量有了显著的增加。从浅表放射状到深层黑色素瘤发展中，血管总量的进一步增加与复发、转移和死亡的高危险性密切相关。同样，在乳腺肿瘤中，首先在原位导管癌发现有新血管生成，并且也是发生在侵袭性肿瘤之前的阶段。此外，转基因鼠模型的研究也证实了血管生成开关的激活是在实体瘤出现之前的早期阶段。所有这些证据都表明，血管生成开关激活、细胞表达生成血管的基因，在肿瘤的发展中是一个独立事件。

笔记栏

大多数肿瘤的血管都是从已有的血管组织中萌生出来的，因此它们是从正常宿主细胞而来。虽然它们是由正常细胞组成，但与临近正常组织的血管相比仍有明显的不同：肿瘤新生血管的管壁易渗漏，在形状和大小上都有些异常。肿瘤血管生成通常发生在 3 个分化阶段：诱导-起始、增殖-浸润和成熟-重塑。在第一个阶段，血管生成的诱导因子，如生长因子或细胞因子。有肿瘤细胞本身释放或由移动到这一位置的辅助细胞释放；第二阶段，这些因子刺激血管细胞增殖、浸润，并向肿瘤实体生长，细胞浸润最重要的后果就是细胞黏附分子的改变能使 EC 在它增殖和浸润的任何位置都能与其周围基质相互作用，反过来，黏附分子介导的信号系统又能使细胞存活、增殖、浸润；在第三个阶段血管生成的晚期，在细胞增殖、分化中有一个停滞，管状结构和内腔的形成产生血管循环，基底层被进一步修饰，新形成的血管则被分化的外膜细胞和平滑肌细胞包围。

许多肿瘤细胞都存在 bFGFR 的高表达，通常比正常细胞高 10 倍以上，有的肿瘤细胞（神经胶质瘤、横纹肌肉瘤、白血病、肺癌、黑色素瘤、肝癌等）既表达 bFGF 又表达 bFGFR，bFGF 可通过分泌和（或）旁分泌作用直接刺激肿瘤细胞，bFGF 除了对肿瘤细胞有促进增殖作用外，还有促进肿瘤血管生成的作用，并可能参与肿瘤病例过程的主要途径，具有重要的研究价值。

血管生成是肿瘤的生长的限速因素。无血管的肿瘤组织因氧气、养料、细胞代谢产物的扩散距离（约 100～200mm）的限制而生长、扩散缓慢，常限制在 1～2mm。当肿瘤组织细胞产生因子诱导血管生成，肿瘤生长进入进展期。通过抑制或阻断肿瘤血管生成，达到阻止肿瘤的生长、转移，甚至导致肿瘤细胞的凋亡，从而治疗肿瘤这一顽疾。

肿瘤的快速增殖、转移与血管生成关系密切。通过抑制肿瘤血管生成，阻断肿瘤的血液供应，可杀死肿瘤细胞，或者抑制其快速增殖和转移，为其他治疗手段创造条件。基因治疗由于靶向性强，局部表达、副作用小，无反复用药、无耐药性等优点，而具有良好前景。导入血管生成抑制基因或将凋亡基因导入内皮细胞，可抑制肿瘤血管生成，达到治疗肿瘤的目的，这在实验中已得到证实。

三、血管纤维化的分子机制

血管纤维化主要指动脉硬化，是血管的一种增生性病变，主要由于感染、高血脂、高血糖等慢性损伤因素，导致血管壁发生炎症损伤，激活免疫系统，在损伤—修复的反复过程中，抑纤维化因子分泌减少，致纤维化因子生成增多，促进纤维组织增生和钙质沉着，管壁增厚、僵硬而失去弹性和管腔狭窄，从而导致血管壁发生组织纤维化。

血栓形成的三大要素为血管壁损害、血流停滞及血液抗凝系统异常。内皮细胞在正常情况下发挥抗血栓形成作用,维持血液流动性,但在血管壁受损等外部因素作用下,组织因子(tissue factor, TF)被激活,内皮细胞抗血栓能力减弱,血栓就容易在血管壁内形成。在某些病理情况下,如内毒素的释放,细胞素等的刺激,亦可活化组织因子,引发弥散性血管内凝血(disseminated intravascular coagulation,DIC)。心肌梗死,脑梗死等疾病也是由于血管内皮的破损、脱落而引发血栓。这些情况都与血管内皮细胞抗血栓作用下降有关。

血管内皮细胞抗血栓作用的机制主要表现为:①合成和分泌抗凝因子,如分泌凝血调节蛋白(thrombomodulin)、肝素样物质和组织因子通路阻抑因子(tissue factor pathway inhibitor, TFPI);②合成和分泌促进纤溶因子,如组织纤溶蛋白激活因子(tissue plasminogen activator, tPA);③合成和分泌抑制血管扩张和血小板凝集的因子,如分泌前列腺环素(prostacycline)。内皮细胞分泌的平滑肌松弛因子(endothelial-derived relaxing factor, EDRF)。这些因子共同作用,使血液保持流通状态,阻止血栓形成。

(一)纤溶系统的活化因子

纤溶系统的活化是由特异的 tPA 使血纤溶酶原转变为纤溶酶(plasmin),纤溶酶能降解纤维蛋白,纤维蛋白在纤溶酶作用下先从分子的 B_{β}链上裂解出一小肽,然后又在 A_{α}链上裂解出碎片 A、B、C 和 H,留下的片段为即 X(M=240kD~260kD),后者再在纤溶酶作用下不断裂解,先后产生 Y(M=150kD),D(M=100kD)及 E(M=50kD)片段。它们统称为纤维蛋白原降解产物。这一过程可分别被体内存在的 PAI 和 α_2纤溶酶抑制物(α_2-plasmin inhititor, α_2-PI)所抑制。尿激酶(urokinase, UK)可直接作用纤溶酶原使之活化为纤溶酶。当组织损伤时,尤其是内皮细胞受到血流切力、凝血酶等因素刺激会大量释放 tPA, tPA 与纤维蛋白有很高的亲和力,一旦结合,通过构型改变与纤溶酶原结合形成 tPA-纤维蛋白-纤溶酶原三联体复合物激活纤溶酶原,纤溶酶原被激活后激发启动纤溶系统。

(二)硫酸肝素

肝素样物质(硫酸类肝素)也存在于内皮细胞表面,是一类蛋白聚糖,其中的糖链多含硫酸肝素(heparin sulfate)。血液中抗凝因子-抗凝血酶一旦与肝素样物质结合,能使凝血酶及其活性凝血因子 $Ⅸ_{\alpha}$、$Ⅻ_{\alpha}$、$ⅩⅣ_{\alpha}$迅速失活(活性下降约 1000 倍),显示极强的抗血栓形成作用。肝素样物质与凝血调节蛋白一样也能被 IL-1 和肿瘤坏死因子等细胞因子所抑制。这种凝固与抗凝固平衡一旦被打破会导致全身血管内血液发生凝固或出血。动脉硬化后血管局部易形成血栓,这与内皮细胞抗血栓作用减弱密切相关。

(三)组织因子通路阻抑因子

组织因子通路阻抑因子(tissue factor pathway inhibitor, TFPI),相对分子质量为 38kD,由一条肽链构成,又被称为脂蛋白相关凝血抑制因子(lipoprotein associated coagalation inhibitor, LACI)或外源通路抑制因子(extrinsic pathway inhibitor, EPI)。人的 TFPI 由血管内皮细胞合成,以结合方式存在于内皮细胞表面。TFPI 与 $Ⅶ_a$结合后阻止 $Ⅹ_a$与 $Ⅶ_a$的结合,从而阻止外源性凝固系统的凝血激活反应。但血栓患者血中 TFPI 值异常的报告不多,这可能主要是由于 TFPI 不容易被测定。

(四)前列腺环素

前列腺环素(prostacycline)是内皮细胞、平滑肌细胞合成和分泌的生物活性物质,具有极强的破坏血小板凝集功能。其机制是拮抗血栓素 A_2的作用,从而抑制血小板的凝集。此外,前列腺环素促使 cAMP 含量增加,抑制血小板的黏附能力,同时抑制平滑肌细胞的增殖。这些作用都是抗动脉硬化的,当血管内皮受损时,前列腺素合成减少,会增加动脉硬化形成的可能性。前列腺环素的生成量随高密度脂蛋白、炎症介质(组胺等)的增加而增加,随低密度脂蛋白、阿司匹林等抗炎药物以及抽烟、老龄等因素增加而减少。

(五)平滑肌松弛因子

平滑肌松弛因子(endothelial-devived relaxing factor, EDRF)由内皮细胞合成和分泌,它能促使 cGMP 水平升高,引起血管扩张,同时能抑制血小板聚集和对内皮细胞的附着。它与前列腺环素在体内相辅相成共同对血小板的活性发挥抑制作用。

小　结

肿瘤是机体在各种致瘤因素作用下,局部组织的细胞在基因水平上失去对其生长的正常调控,导致克隆性异常增生而形成的。危害人体健康的肿瘤分为良性肿瘤和恶性肿瘤。临床上将肿瘤按 TNM 分期系统对恶性肿瘤进行分期。肿瘤在临床表现的症状常见的有:肿块及其压迫、阻塞或破坏所在器官的征象、疼痛、病理性分泌物、溃疡、发热、黄疸,体重下降和贫血等。研究表明,肿瘤的发生与体内存在原癌基因的功能改变有关。这些原癌基因来源于病毒的癌基因,当原癌基因的结构或调控区发生变异,则形成肿瘤。体内同时也存在一类

笔记栏

抑癌基因如 *RB* 和 *P*53 等，抑癌基因功能的缺失，是发生癌症的主要原因，抑癌基因的突变通常是隐性的。遗传物质 DNA 的稳定依赖 DNA 的修复基因，这些基因的突变，往往一起恶性肿瘤。肿瘤一般表现为病灶体积增大，血管丰富。实体瘤的发展有赖于新血管的形成，目前已经发现包括 VEGF 和 Ang 在内的很多血管生成促进因子，所以控制肿瘤新生血管的形成，是治疗肿瘤的有效方法。

（李艳丽）

参考资料

陈丙莺等．2000. 分子生物学基础与临床．南京：东南大学出版社

马文丽等．2003. 分子肿瘤学．北京：科学出版社

沈同．1990. 生物化学．第 2 版．北京：高等教育出版社

吴乃虎．1998. 基因工程原理．第 2 版．北京：科学出版社

伍欣星．1996. 医学分子生物学．武汉：武汉大学出版社

曾益新．2003. 肿瘤学．第 2 版．北京：人民卫生出版社

笔 记 栏

第9章 感染性疾病的分子机制

感染性疾病(infectious diseases)是特定的病原体侵入机体后所产生的一类疾病。这些病原体包括细菌、病毒、衣原体、支原体、立克次体、螺旋体、放线菌和寄生虫等。不同病原体所致疾病的发病机制各不相同,这主要取决于病原体与机体两方面因素,体现在个体、细胞、分子等多层面上,本章仅从疾病产生的分子生物学角度,结合临床典型案例主要探讨感染性疾病中病原菌致病基因和病毒致病基因以及致病基因表达产物与宿主相互作用的关系。

第一节 感染性疾病的临床特征

一、病原菌和病毒致病

案例 9-1

慢性胃炎

患者,女,41 岁。胃部不适间断隐痛 5 年,加重 2 个月。胃镜检查,可见黏膜粗糙不平,有出血点;活组织病理学检查可检出幽门螺杆菌。

诊断:慢性浅表性胃炎。

问题与思考

1. 慢性胃炎的临床类型?
2. 慢性浅表性胃炎发病的分子生物学机制?

案例 9-1 相关提示

1. 慢性胃炎(chronic gastritis)是由各种病因引起的胃黏膜慢性炎症。根据病理组织学改变和病变在胃的分布部位,结合可能病因,将慢性胃炎分为 3 类:浅表性、萎缩性和特殊类型。

2. 幽门螺杆菌感染是慢性胃炎最主要的病因。由于幽门螺杆菌可分泌空泡细胞毒素A(vacuolating cytotoxin,VacA)其细胞毒素相关基因蛋白能引起强烈的炎症反应,如果长期存在可导致胃黏膜的慢性炎症。

案例 9-2

慢性病毒性肝炎

患者,男,52 岁。肝炎病史 10 年。近半年常有全身不适、食欲减退、腹胀、失眠、低热、肝区有压痛及叩痛等。实验室检查,血清 ALT(谷丙转氨酶)127U/L;AST(谷草转氨酶)32U/L;Alb(白蛋白)46.2g/L;血清总胆红素 15.4μmol/L;HBsAg(+)、HBeAg(+)、HBcAb(+);HBV DNA 阳性。

诊断:慢性乙型病毒性肝炎活动期。

问题与思考

1. 慢性病毒性肝炎的主要病因?
2. HBV 感染的分子机制?

案例 9-2 相关提示

1. 乙型肝炎病毒(HBV)和丙型肝炎病毒(HCV)是慢性病毒性肝炎的主要病因。少数 HBV 重叠丁型肝炎病毒(HDV)感染,可使慢性肝炎加重。甲型肝炎病毒(HAV)和戊型肝炎病毒(HEV)感染不演变为慢性病毒性肝炎。

2. 乙型肝炎病毒是 DNA 病毒。在 HBV 复制过程中需要依赖 RNA 的 DNA 聚合酶参与,此酶缺乏校正功能,使得该病毒变异率较高,这些变异可引起病毒的生物学特性改变,导致 HBV 感染发病机制的变化、血清学检测指标的改变及耐药等,给 HBV 的临床诊断、治疗、预后及防治等方面带来了许多复杂的问题。

二、病原菌致病的临床特征

以慢性胃炎、细菌性肺炎、肺结核为例概略介绍病原菌致病的临床特征。

1. 慢性胃炎 幽门螺杆菌(helicobacter pylori,HP)为革兰阴性菌,是引起慢性胃炎的主要病原菌。多数患者被感染后有上腹痛或不适等消化不良症状,胃镜检查可见红斑、黏膜粗糙不平或出血点,活组织病理学检查可检出幽门螺杆菌。

2. 细菌性肺炎 细菌性肺炎是最常见的肺炎,也是最常见的感染性疾病之一。细菌性肺炎的症状变化主要决定于病原菌和宿主的状态。常见症状为咳嗽、咳痰,多数患者有发热,重症患者可有呼吸频率增快、鼻翼煽动、发绀。实验室检查,如发现典型的革兰染色阳性、带荚膜的链球菌,即可初步判断肺炎链球菌感染;如革兰染色阳性、凝固酶实验阳性,即可初步判断葡萄球菌感染。

3. 肺结核 结核分枝杆菌是引起结核病的病

笔记栏

原菌。咳嗽、咳痰是肺结核最常见症状,多数患者有少量咯血,结核累及胸膜时可表现胸痛。全身以发热为最常见症状,部分患者有倦怠乏力、盗汗、食欲减退和体重减轻等。影像学检查可判断病变性质、有无空洞等。实验室痰涂片及痰培养检查,可检出结核分枝杆菌。

三、病毒致病的临床特征

病毒除引起急性感染外,与其他的病原微生物相比,导致持续性感染比较多见。所谓持续性感染是指在原发感染之后病毒不能从宿主中被清除,并且继续存留在特异性细胞中。病毒在机体内可持续数月至数年,可出现症状,也可不出现症状而长期带毒,成为重要的传染源,如 HIV、HBV 等。导致持续性感染的原因可能有:①机体免疫功能弱,不能完全清除病毒;②病毒存在受保护部位,可逃避宿主的免疫作用;③某些病毒的抗原性太弱,机体难以产生免疫应答将其清除;④有些病毒在感染过程中产生缺损性干扰颗粒,干扰病毒增殖,因而改变了病毒感染过程,形成持续感染;⑤病毒基因整合在宿主细胞的基因组中,长期与宿主细胞共存。持续性病毒感染有三种类型,即潜伏性感染,慢性感染和慢发病毒感染。潜伏性感染是指在疾病复发的间期检测不到传染性病毒。慢性感染是指在急性的原发性感染之后,病毒呈慢性的低水平复制。慢发病毒感染是指长潜伏期病毒所致的进行性疾病。

以慢性乙型病毒性肝炎、人类免疫缺陷病毒感染(HIV)的艾滋病为例概略介绍病毒致病的临床特征。

1. 慢性乙型病毒性肝炎 多数患者无明显急性肝炎病史,起病缓慢或隐匿,青壮年男性较多。感染 HBV 的年龄影响临床结果,母婴传播 90%会慢性化,1～5 岁时感染则 25%～50%慢性化,成人感染慢性化少于 5%。患者常见症状为乏力、全身不适、食欲减退、肝区不适或疼痛等;常见体征有肝大、压痛及叩痛、多数患者有脾大等。实验室检查肝功能异常的程度随慢性肝炎病情变化而改变。血清学检查,血清中 HBsAg、抗 HBc 持续阳性,活动期抗 HBc-IgM 可阳性。在病毒复制时,HBV-DNA、DNA 聚合酶及 HBeAg 阳性。

2. 艾滋病 艾滋病又称获得性免疫缺陷综合征(acquired immunodeficiency syndrome, AIDS),由人类免疫缺陷病毒(human immunodeficiency virus, HIV)引起的慢性传染病。HIV 既嗜淋巴细胞,又嗜神经细胞,主要感染 $CD4^+$ T 细胞、单核/巨噬细胞、B 淋巴细胞、小神经胶质细胞和骨髓干细胞。所以,艾滋病的特征是周围神经系统和中枢神经系统均可受到高度损害。艾滋病的潜伏期平均 9 年,临床分为四期:急性感染期、无症状感染期、全身淋巴结肿大期和艾滋病。

笔记栏

第二节 病原菌致病的分子机制

病原菌(pathogenic bacterium)一般是指能引起人类疾病的细菌。病原菌致病的物质基础是毒力,它包括侵袭力和毒素,通常统称为毒力因子(virulence factor)。侵袭力(invasiveness)是病原菌突破宿主免疫防御机制,进入宿主体定居、繁殖和扩散的能力;毒素(toxin)是细菌在生长繁殖中产生和释放的毒性成分,可直接或间接损伤宿主细胞、组织和器官,干扰其生理功能。病原菌致病基因(virulence gene)是指在机体感染的发生发展过程中,编码决定病原菌致病性物质表达的基因,如病原菌的外毒素和耐药相关基因等,掌握这些基因以及这些基因表达产物的结构和功能特点,将有助于病原菌致病分子机制的研究。

一、病原菌毒素基因

在病原菌致病机制中起重要作用的是外毒素和内毒素,编码外毒素的基因是病原菌的主要致病基因。这里主要讲述编码细菌外毒素基因的结构和功能。细菌外毒素基因不仅存在于细菌染色体中,而且也存在于染色体外的遗传物质中,如质粒、噬菌体或转座元件中。

(一)细菌染色体 DNA 编码的细菌外毒素

细菌外毒素(exotoxin)主要是由革兰阳性菌和部分革兰阴性菌产生并释放到菌体外的毒性蛋白质。外毒素可分为:神经毒素、细胞毒素、肠毒素三大类。多数细菌外毒素蛋白是由 A、B 两个亚单位组成,称为 A-B 毒素或 A-B 多肽链结构。A 链(或 A 亚单位)是毒素的活性中心,决定毒素的致病性和作用方式;B 链(或 B 亚单位)无致病作用,但能与敏感细胞膜上特异性受体结合,即介导外毒素分子与靶细胞结合,决定毒素对宿主细胞的选择性和亲和性,并协助 A 亚单位进入宿主细胞。下面简单介绍幽门螺杆菌染色体 DNA 携带的毒素基因。

幽门螺旋杆菌(helicobacter pylori, HP)感染可引发慢性胃炎和胃溃疡。其主要致病因子是空泡毒素(vacuolating cytotoxin, VacA)和细胞毒素基因相关蛋白(cytotoxin associating gene protein, CagA)。这两个重要的致病因子在 HP 的致病过程中起重要作用。所有的 HP 都有 VacA 基因,其编码产物为空泡毒素即 VacA 蛋白,但并非所有的 HP 都表达 VacA 蛋白。临床研究表明,CagA 基因仅存在于 60%的 HP 中,即大约 60%的 HP 表达 CagA 蛋白。没有 *CagA* 基因的 HP 不产生 CagA 蛋白,此蛋白虽不能直接介导 VacA 活性,但可起到加工运输作用。所以CagA蛋白对VacA蛋白活性的产生有一定的作用。

*VacA*基因和*CagA*基因的特点：

(1) *VacA*基因由3864bp组成，编码1287个氨基酸。在*VacA*基因中存在相当数量的重复序列，其长度为10～13bp左右。目前发现人类HP存在5种不同的*VacA*基因亚型。在VacA编码基因结构中存在信号序列区(s区)和中间区(m区)。s区和m区以不同形式编码VacA基因的5种嵌合体，即sla/m1、sla/m2、slb/m1、slb/m2和s2/m2。不同基因型编码的VacA毒力差异较大，如sla/m1型菌株毒力最大，而s2/m2型菌株的毒力最小。

(2) *CagA*基因全长为4821bp，编码1181个氨基酸。*CagA*基因在不同的HP菌株中是有差异的，这种差异是基因组中内在的重复序列造成的，它也是产生*CagA*基因多样性的原因之一。HP菌株中*CagA*基因约60%～70%位于染色体上的致病岛。所谓致病岛是指病原菌染色体上编码毒力相关蛋白的外源插入性DNA片段，大小在20～100kb之间，其两侧常含有重复序列或插入序列。致病岛可完整地通过转化、转导、接合或溶原性转换转移至不含致病岛的无毒力菌株中，使其成为毒力菌株。CagA蛋白由*CagA*基因编码，相对分子质量约128kD，位于细胞膜表面，具有很强的免疫原性，能诱导宿主胃黏膜局部产生多种细胞因子，促进中性粒细胞的聚集和活化，进而启动炎症过程。

(二) 细菌质粒基因编码的细菌毒素

质粒(plasmid)存在于细胞质中，是细菌染色体以外的闭合环状小分子双链DNA，具有自主复制的能力。细菌质粒基因编码的细菌毒素也具有致病作用，以志贺菌和炭疽菌为例介绍质粒基因编码的细菌毒素。

1. 志贺菌质粒基因编码的细菌毒素

案例 9-3

细菌性痢疾

患者，女，27岁。突然高热，腹痛和水样腹泻，粪便镜下检查：脓细胞成堆，红白细胞满视野。一天之后由水样腹泻转变为脓血黏液便，并伴有里急后重下腹部疼痛等症状。

诊断：急性细菌性痢疾。

问题与思考

1. 细菌性痢疾的病原菌及类型？
2. 细菌性痢疾发病的分子生物学机制？

案例 9-3 相关提示

1. 志贺菌属(*Shigella*)是人类细菌性痢疾的病原菌，通常称痢疾杆菌。细菌性痢疾是一种常见病，主要流行于发展中国家。志贺菌属感染有两种类型，急性细菌性痢疾和慢性细菌性痢疾。

2. 志贺菌含有一个毒力大质粒，毒力大质粒可以编码一系列毒力因子，包括侵袭力和毒素。

志贺菌属(*Shigella*)是一类具有高度传染性和严重危害性的革兰阴性肠道致病菌，是人类细菌性痢疾的病原菌。临床感染可导致细菌性痢疾，其症状以发热、脱水和便血为特征。

志贺菌最突出的特点是含有一个毒力大质粒(large virulence plasmid)，其致病性与此毒力大质粒有密切关系，该质粒约220kb大小，可以编码一系列毒粒因子(virulence factor)，并构成志贺菌大质粒的全部表型。致病过程主要包括细菌到达结肠黏膜，侵入黏膜上皮细胞并在细胞内繁殖，同时扩散到相邻细胞，引起程序性细胞死亡(programmed cell death)，由于结肠黏膜上皮细胞的广泛侵袭及坏死，最终造成肠黏膜水肿、破坏并脱落。

毒力大质粒中的基因主要包括：与细菌毒力有关的基因，与调控有关的基因，与质粒的维持、稳定和DNA代谢有关的基因以及转座酶编码基因。志贺菌毒力大质粒的毒力一般受双重调控，即质粒DNA上的调节基因和细菌染色体上的调节基因，同时还与环境因素密切相关。

2. 炭疽菌质粒基因编码的细菌毒素

案例 9-4

炭疽(anthrax)是炭疽杆菌引起的动物源性传染性疾病。临床上主要表现为局部皮肤坏死及特异的黑痂，有的表现肺部、肠道和脑膜的急性感染，有的伴有炭疽杆菌性败血症。

问题与思考

炭疽杆菌的毒力因子？

案例 9-4 相关提示

炭疽杆菌的毒力因子是炭疽毒素。此毒素能引起出血、坏死、水肿性淋巴结炎和毒血症，进入血液循环引起败血症。

导致动物和人类炭疽病的炭疽杆菌的毒力因子是炭疽毒素。炭疽毒素有两种，即水肿毒素(edema toxin，ET)和致死毒素(lethal toxin，LT)。ET和LT是由保护性抗原(protective antigen，PA)、水肿因子(edema factor，EF)、致死因子(lethal factor，LF)3个组分组合形成的有活性的毒素。炭疽毒素的结构属于A-B模式。ET的A亚

笔记栏

单位是效应亚单位 EF，B 亚单位是结合亚单位 PA；LT 的 A 亚单位是效应亚单位 LF，B 亚单位是结合亚单位 PA。

编码炭疽毒素的基因位于炭疽杆菌中的 pOX1 质粒上，3 个组分的基因分别是 cya（编码 EF）、pag（编码 PA）和 left（编码 LF）。这三个基因不位于单一操纵子内，每个基因由独自的启动子所启动。炭疽杆菌的荚膜是由质粒（pOX2）编码。如果丢失编码毒素或荚膜的质粒，细菌即成为减毒株，如果两种质粒均丢失，则成为无毒株。

（三）细菌噬菌体基因编码的细菌毒素

有些细菌的噬菌体可携带毒素基因，如霍乱弧菌、白喉棒状杆菌、志贺样毒素等。

1. 霍乱弧菌的噬菌体携带毒素基因

案例 9-5

霍乱弧菌（*V. cholerae*）为革兰阴性菌，是引起烈性传染病霍乱的病原体。典型病例一般在吞食细菌后 2～3d 突然出现剧烈腹泻和呕吐，腹泻物呈米泔水样，如未经及时治疗处理，病人可在 12～24h 内死亡，死亡率高达 25%～60%。

问题与思考

霍乱弧菌致病的分子基础？

案例 9-5　相关提示

霍乱弧菌致病涉及染色体上多个基因，主要包括霍乱肠毒素基因、血凝-蛋白酶基因等。

霍乱的最主要致病因子是霍乱肠毒素。完整的霍乱毒素（cholera toxin，CT）由 1 个 A 亚单位（相对分子质量 27.2kD）和 5 个 B 亚单位（每个亚单位相对分子质量为 11.7kD）组成一个热不稳定多聚体蛋白。霍乱毒素是由霍乱毒素操纵子 ctx-AB 编码，该操纵子含有 *ctxA* 和 *ctxB* 基因。*ctxAB* 操纵子并不是位于霍乱弧菌的染色体 DNA，而是位于溶原性噬菌体（lysogenic phage）的基因组中，此噬菌体基因组因含有主要的毒力基因而称为 *CTXϕ*。含有 *CTXϕ* 的霍乱弧菌可以产生毒素，不含 CTXϕ 的霍乱弧菌则不能产生毒素。*CTXϕ* 基因组分为两部分：4.6kb 的核心区和 2.4kb 的 RS2 区。核心区至少有 6 个基因，包括 *ctxAB*（编码 CT 的 A 亚单位和 B 亚单位）、*zot*（编码小带联结毒素）、*cep*（编码核心菌毛）、*ace*（编码辅助肠毒素）和 *orfU*（编码产物功能不清）。RS2 区包括 *rstR*、*rstA2* 和 *rstB2* 基因，其中 *rstR* 编码抑制蛋白 RstR，RstR 的持续表达维持了 *CTXϕ* 在霍乱弧菌染色体上的溶原整合状态。

案例 9-6

白喉是白喉棒状杆菌引起的急性呼吸道传染病。临床以局部灰白色假膜和全身毒血症状为特征，严重者可并发心肌炎和周围神经麻痹。

问题与思考

白喉棒状杆菌致病的分子机制？

案例 9-6　相关提示

白喉棒状杆菌分泌的外毒素是致病的主要物质。外毒素的强烈毒性可引起细胞破坏，纤维蛋白渗出，白细胞浸润。大量渗出的纤维蛋白与白喉性坏死组织、炎症细胞、细菌等凝结形成特征性白喉假膜，假膜覆盖于病变表面。

2. 白喉外毒素　白喉棒状杆菌是人类白喉（diphtheria）的病原体。白喉棒状杆菌的主要致病物质是白喉外毒素，白喉外毒素是由 β-棒状杆菌噬菌体的毒素基因（tox^+）编码。当 β-棒状杆菌噬菌体侵袭白喉杆菌后，在溶原阶段，*tox* 基因整合到宿主染色体，成为毒性白喉棒状杆菌。此毒素含 535 个氨基酸，相对分子质量约为 58kD，由 A、B 两个肽链经二硫键连接组成。A 肽链是白喉毒素的毒性功能区，其作用是抑制易感细胞蛋白质的合成；B 链上有一个受体结合区和一个转位区，B 链本身无毒性，但能与心脏细胞、神经细胞等表面受体结合，协助 A 链进入这些易感细胞内。

3. 志贺样毒素　志贺样毒素（SLT）的结构基因 a 和 b 位于温和噬菌体上。两个基因的读码框架彼此重叠。含有两个核糖体结合位点、两个信号肽编码区及一个终止子结构。此类噬菌体侵入宿主菌，通过溶原性转换，使之产生志贺样毒素，导致腹泻。

二、细菌外毒素对宿主细胞的影响

外毒素的化学成分是蛋白质，毒性作用强。大多数外毒素对组织器官具有选择性毒害效应，通过与靶细胞表面受体结合，引起特异性病变。这里主要阐述细菌外毒素对宿主细胞的影响。

（一）对宿主细胞通道的影响

细菌外毒素能在宿主细胞膜上形成孔道。例如，大肠埃希菌溶血素 A（*E. coli* hemolysin，HlyA）是大肠埃希菌致病的主要外毒素之一，其可在红细胞膜形成疏水性孔道，使红细胞受到胶体渗透压休克而溶解。这类毒素分子的 N 一端存在保守的 10 个螺旋结构，可能与通道的形成有关。在革兰阴性菌中广泛存在这类毒素，如变形杆菌、鲍特菌属、巴斯德菌属、放线菌属等。

笔记栏

（二）对宿主信号转导系统的影响

细菌毒素可直接作为宿主信号转导途径中的一些重要酶分子或间接激活细胞内信号转导分子，导致细胞功能紊乱。简介炭疽毒素、霍乱毒素和肠毒素对宿主信号转导系统的影响。

1. 炭疽毒素 炭疽毒素中的水肿因子（EF）是腺苷酸环化酶前体，进入细胞后，被钙-钙调素所激活，增加细胞内 cAMP 的产生，诱导 IL-6 mRNA 表达和释放。炭疽毒素的另一个组分，致死因子（LF）的毒性作用比 EF 强，具有蛋白水解酶活性，可能是金属蛋白酶，可水解 MAPKK 或 MEK 家族的 N-末端，使之灭活。在致死毒素（LT）的作用下巨噬细胞产生大量 IL-1 和 TNF-α，导致动物死亡。

2. 霍乱毒素 霍乱毒素的作用机制与炭疽毒素不同，进入小肠黏膜细胞后，霍乱毒素可以作用于 Gs 蛋白使之发生 ADP-核糖化反应。ADP-核糖化的 Gs 将持续处于活化状态，经腺苷酸环化酶通路，使 cAMP 水平升高，抑制小肠上皮细胞对 Na^+ 和 Cl^- 吸收，主动分泌 Cl^-、HCO_3^-，水被动分泌，导致水分和电解质大量进入肠道，引起严重腹泻。

3. 热稳定毒素 热稳定性毒素（heat-stabile toxin，ST）是大肠埃希菌产生的外毒素之一，它分为 STa 和 STb 两种类型，其中 STb 与人类疾病无关。STa 是由 72 个氨基酸组成的低分子量多肽，对热稳定（100℃加热 20 分钟仍不失活性），裂解后产生具有活性的 18 或 19 肽。此种小肽结合细胞受体，激活内源性鸟苷酸环化酶，促进第二信使分子 cGMP 的产生。已证实内源性配体鸟苷蛋白（guanylin）可刺激小肠细胞产生 cGMP，引起氯离子分泌而导致腹泻。

（三）对宿主基因表达的影响

许多细菌毒素都具有阻止宿主细胞蛋白质合成的作用，使宿主细胞基因表达受到影响，最终导致宿主细胞的死亡。

1. 白喉、霍乱毒素和绿脓杆菌外毒素 这类外毒素是 ADP-核糖转化酶，可对宿主细胞内的蛋白质合成中的延长因子 2（EF-2）进行共价修饰，生成 EF-2 的腺苷二磷酸核糖衍生物，使 EF-2 失活，抑制宿主细胞的蛋白质翻译，致细胞死亡。

2. 志贺毒素 志贺菌属产生的志贺毒素（ST）属于 RNA 糖苷酶，有内毒素和外毒素两种。内毒素是引起全身反应，如发热、毒血症和休克的重要因素；外毒素可引起麻痹又称为志贺神经毒素。纯化的志贺毒素含 1 个 A 亚基和 5 个 B 亚基。B 亚基可与小肠黏膜上皮细胞的鞘糖脂受体（主要是 Gβ3）结合。A 亚基具有糖苷酶活性，可使核糖体大亚基的 28s rRNA 失活而抑制蛋白质合成，使细胞死亡。

细菌致病因子除细菌毒素外，黏附性结构物质，如菌毛、黏附性蛋白及其他成分也在致病过程中起重要作用。

三、抗药基因形成的分子机制

细菌对于药物产生耐药性的过程也就是染色体或质粒上基因的表达过程。由于临床上抗生素的广泛使用，迫使病原菌发生遗传进化改变，产生耐药。细菌产生耐药性可以通过产生钝化酶、改变药物作用的靶位、改变细胞壁通透性和主动外排机制，改变代谢途径，实现对抗生素的耐药。

（一）钝化酶的产生

细菌可以通过耐药菌株产生一种或多种钝化酶（modified enzyme）来水解或修饰进入细菌细胞内的抗菌药物，使药物在作用于菌体前即被破坏或失效，使之失去抗菌活性。如，耐药质粒广泛存在于革兰阳性和革兰阴性细菌中，它们通过接合、转导和转化途径在细菌之间传播耐药基因编码的钝化酶。另外，转座子（transposon，Tn）也是常见的传递耐药基因的遗传物质。转座子的两端侧翼序列是两个反向重复序列，含有转座酶基因和耐药基因等。携带耐药基因的转座子可在细菌的染色体、质粒和噬菌体基因组之间转移，导致耐药基因的播散。重要的钝化酶有以下几种：

1. β-内酰胺酶 有些耐药质粒能编码 β-内酰胺酶，也称灭活酶（inactivated enzyme）。β-内酰胺酶可以特异性的打开青霉素类和头孢菌素类抗生素分子结构中的 β-内酰胺环，使其完全失去抗菌活性。

2. 氨基糖苷类钝化酶 质粒介导的耐药菌株可产生磷酸转移酶，使氨基糖苷类抗生素（链霉素、卡那霉素等）羧基磷酸化，导致抗菌药物钝化失活；另外，有些菌株还能产生乙酰转移酶或腺苷转移酶，也能使氨基糖苷类抗生素乙酰化或羧基腺苷酰化，使这类药物的分子结构发生改变，失去抗菌作用。现已发现氨基糖苷类钝化酶种类较多，由于氨基糖苷类抗生素结构相似，所以有交叉耐药现象。

3. 氯霉素乙酰转移酶 此酶由质粒编码，使氯霉素乙酰化而失去抗菌活性。

4. 甲基化酶 此酶是由金黄色葡萄球菌携带的耐药质粒编码产生的，可对红霉素有耐药作用。

（二）药物作用靶位的改变

抗生素主要通过抑制细胞的某些酶类、相关蛋白质或核糖体等而产生抑菌或杀菌作用。如果抗

笔记栏

生素所针对的这些靶蛋白的编码基因发生突变，将导致所产生的蛋白质与抗菌药物的亲和力下降；或药物作用靶位改变，使抗菌药物不能与其结合，这样就产生了细菌对抗生素的耐药性。

1. 链霉素 链霉素主要通过抑制细菌核糖体的功能，达到杀菌的目的。细菌对链霉素的抗性是由于基因突变而形成的。当编码16SrRNA的基因发生碱基突变，或编码核糖体蛋白S12的基因发生突变，都将导致链霉素不能作用于核糖体而使细菌产生耐药性。

另外，结核杆菌耐药基因的主要机制也是由于结核杆菌药物靶蛋白编码基因发生突变产生的。结核杆菌的染色体突变是药物选择压力的结果，具有耐药程度高、回复突变率低、转化频率低和药物靶位结构改变等特点。

2. 青霉素 靶蛋白与抗生素亲和力下降是葡萄球菌产生甲氧西林抗性的主要机制。细菌中青霉素结合蛋白(penicillin-binding protein, PBP)是一种膜结合的转肽酶，此酶能催化细菌细胞壁肽聚糖交联的转肽反应。β-内酰胺类抗生素能特异性结合PBP并使之丧失酶活性，从而导致细菌死亡。甲氧西林抗性葡萄球菌的染色体DNA获得了一段外来DNA片段，此片段中某个基因的编码产物是青霉素结合蛋白PBP2a，PBP2a与正常的PBP具有相同功能，但与甲氧西林的亲和力低，因而在高浓度的抗生素存在时，正常的PBP失活，此时PBP2a可以代替正常PBP的功能，细胞壁肽聚糖的合成，从而使细菌表现出对甲氧西林的耐药性。

此外，磺胺药是由于有的细菌可改变靶位酶，使其不易为抗生素所作用，如细菌可改变其体内的二氢叶酸合成酶，使该酶与磺胺药的亲和力大为降低而引起对磺胺药耐药。

(三) 细胞壁通透性的改变

耐药菌株通过改变细胞壁的通透性，使抗生素无法进入菌细胞内达到作用的靶位而发挥抗菌效能从而产生耐药性。如，革兰阴性菌细胞壁黏肽层外面存在着类脂双层组成的外膜，外层为脂多糖(LPS)，由紧密排列的碳氢分子组成，阻碍了疏水性抗菌药进入菌体内。另外，革兰阴性菌细胞壁外膜屏障作用是由一类孔蛋白所决定的。当细菌发生突变可以造成孔蛋白的丢失或降低其表达，也可导致细菌耐药。

(四) 主动外排机制

某些细菌具有消耗能量的主动转运机制，利用流出泵将已经进入细菌菌体的抗菌药物迅速泵出菌体，使抗菌药物主动从细胞内排出细胞外，这也称为主动外排机制。例如，绿脓杆菌对多种常用抗生素的耐药，主要是由于外膜存在着独特的药物泵出系统；大肠埃希菌的多重耐药机制也是由膜上的主动外排蛋白和外膜通道协同完成的。

笔记栏

四、抗药基因转移

细菌的抗药性(drug resistance)也称细菌的耐药性，是指细菌对药物所具有的相对抵抗性。有的细菌表现为同时耐受多种抗菌药物即多重耐药性。细菌抗药基因可以发生转移，既可发生在不同的菌株之间，也可发生在不同的DNA(如质粒和染色体DNA)之间。抗药基因的转移主要通过接合、转化及转导途径实现，并与多种基因重组机制有关，包括：传统意义上的重组机制，主要发生在具有广泛同源性的重组基因之间；通过转座子进行抗药基因的转移，该方式可发生在重组片段无同源性的基因之间；位点特异的基因重组，即通过整合子使抗药基因盒发生扩散。

第三节 病毒致病的分子机制

病毒(virus)是一种非常微小的专性细胞内寄生的生物，具有个体小、结构简单、仅在活细胞内复制增殖、耐冷怕热、对干扰素敏感、但对抗生素不敏感等特性。病毒基因组只含有一种类型核酸(DNA或RNA)。病毒进入宿主细胞后，利用宿主细胞的各种蛋白质复制形成子代病毒颗粒。病毒颗粒的主要功能是产生DNA或RNA基因组，再侵入下一个宿主细胞或生物体。

人类的许多疾病，如肝炎、脑炎、肺炎、脊髓灰质炎、流行性感冒、狂犬病、艾滋病等，都是由病毒引起的。在病毒引起疾病的研究中，病毒基因产物对感染细胞的毒性作用、宿主对病毒基因表达产物的各种应答反应、病毒基因对宿主细胞基因的作用(如整合、抑制或激活部分基因)等均是病毒致病机制的重要部分，本节将从病毒感染宿主细胞的机制及病毒感染对宿主细胞造成的损伤两方面阐述病毒致病的分子机制。

一、病毒对宿主细胞的作用机制

(一) 病毒感染宿主细胞的机制

从病毒受体、研究病毒受体的方法、病毒结合细胞受体等方面讲述。

1. 病毒受体的概念 病毒受体(virus receptor)是指位于宿主细胞膜表面，由宿主基因组所编码、控制和表达的一组能参与识别病毒及结合过程从而引起病毒感染的蛋白质组分。病毒受体的分布与病毒对宿主细胞的感染范围有关，有的受体可在多种不同种属的宿主细胞上存在。

目前已发现的病毒特异性受体，在确定各种病毒在人细胞表面的受体方面是非常重要的。表 9-1 列举了部分已经发现的病毒受体。

表 9-1 部分病毒的受体

病毒	感染细胞	受体
乙型肝炎病毒	肝细胞	IgA 受体
艾滋病病毒	T 淋巴细胞	CD4、CCR5
脊髓灰质炎病毒	HeLa	免疫球蛋白超家族
麻疹病毒	HEK	CD46
EB 病毒	B 淋巴细胞	2 型补体受体(CR2、CD21)
鼻病毒	HeLa	黏附因子 ICAM-1
狂犬病病毒	横纹肌	乙酰胆碱受体
流感病毒 C	MDCK	乙酰神经氨酸膜辅蛋白因子
流感病毒 A 与 B 型和副黏病毒	红细胞	糖蛋白或神经节苷脂 9-O-乙酰-*N*-乙酰神经氨酸

2. 病毒受体的研究方法 目前用于确定病毒受体的方法有 8 个方面：①利用人工合成的特异性肽段与病毒受体进行竞争性结合或封闭细胞表面的病毒受体；②利用细胞表面蛋白的特异性单克隆抗体阻断病毒与受体的结合；③利用酶的作用去除细胞表面的病毒受体；④分离和纯化细胞的病毒受体复合物；⑤利用抗独特型抗体纯化病毒受体；⑥利用转基因方法使受体缺陷性细胞获得特异性受体；⑦在细胞表面表达特异性受体；⑧利用噬菌体展示 (phage display)技术筛选病毒受体。

3. 病毒结合细胞受体 病毒结合细胞受体主要是通过病毒吸附蛋白(viral attachment protein，VAP)吸附到宿主细胞表面分子上。VAP 是病毒表面的决定簇，是一类具有识别宿主细胞特异受体并与之结合的糖蛋白。对于有包膜的病毒来讲，VAP 是指病毒包膜外表面伸出的刺突，如 HIV 表面的糖蛋白 gp120 是主要的病毒吸附蛋白，具有吸附辅助性 T 细胞表面 CD4 抗原决定簇的特性；对于无包膜病毒来讲，VAP 是指病毒衣壳蛋白，如脊髓灰质炎病毒表面主要成分是衣壳蛋白 VP1，VP1 是宿主细胞受体吸附的部位。

(二) 病毒感染宿主细胞的步骤

病毒复制周期是指从病毒进入宿主细胞开始，经过基因组复制，到最后释放出子代病毒，称为一个病毒复制周期(replication cycle)。这个病毒复制过程主要包括吸附、穿入、脱壳、生物合成及装配释放五个步骤。

1. 吸附(adsorption) 病毒吸附于宿主细胞上的受体，并发生紧密联结。

2. 穿入(penetration) 病毒吸附在宿主细胞膜上，通过不同方式进入细胞内，称为穿入。指病毒核酸或感染性核衣壳穿过细胞膜进入细胞质的过程。主要有三种方式：①融合(fusion)方式。病毒囊膜与细胞膜融合，核衣壳进入细胞质。副黏病毒类常以融合方式进入，如麻疹病毒、腮腺炎病毒囊膜上有融合蛋白，带有一段疏水氨基酸，介导细胞膜与病毒囊膜的融合。②胞饮(viropexis)方式。当病毒与受体结合后，在细胞膜的特殊区域与病毒一起发生内陷，形成膜性囊泡进入细胞质。病毒在细胞内仍被胞膜覆盖。某些囊膜病毒，如流感病毒借助病毒的血凝素完成与质脂膜间的融合，囊泡内的低 pH 环境使 HA 蛋白的三维结构发生变化，从而介导病毒囊膜与囊泡膜的融合，核衣壳进入细胞。③直接进入方式。某些无囊膜病毒，如脊髓灰质炎病毒与受体接触后，衣壳蛋白的多肽构象改变并对蛋白水解酶敏感，病毒核酸可直接穿越细胞膜到细胞质中，而大部分衣壳蛋白仍留在胞膜外，这种进入的方式较为少见。

3. 脱壳(uncoation) 是指病毒基因组在转录和翻译中部分或全部除去蛋白衣壳的过程。病毒体必须脱去蛋白质衣壳后，核酸才能发挥作用。多数病毒穿入细胞后，随即有细胞溶酶体的作用，使衣壳蛋白质水解，释放出基因组核酸。有些病毒脱壳十分简单，如脊髓灰质炎病毒，在吸附穿入细胞的过程中病毒 RNA 即可直接释放到胞质中；而有些病毒则十分复杂，如痘苗病毒复杂的核心结构进入细胞后，病毒体要先发生多聚酶活化，合成病毒脱壳所需要的酶，才能完成脱壳。

4. 生物合成(biosynthesis) 病毒基因组一旦从衣壳中释放后，就进入病毒复制的生物合成阶段，即病毒利用宿主细胞提供的低分子物质大量合成病毒核酸和结构蛋白。根据病毒基因组含有的核酸种类，病毒生物合成过程基本包括：双链 DNA 病毒的复制、单链 DNA 病毒的复制、单链正链

RNA 病毒的复制、单链负链 RNA 病毒的复制、双链 RNA 病毒的复制及逆转录病毒的复制。

5. 装配与释放(assembly and release) 新合成的病毒核酸和病毒结构蛋白在感染细胞内组合成病毒颗粒的过程称为装配(assembly),而从细胞内转移到细胞外的过程为释放(release)。大多数 DNA 病毒,在宿主细胞核内复制 DNA,在细胞质内合成蛋白质,再转入核内装配成熟。病毒装配成熟后释放的方式有:①宿主细胞裂解,病毒释放到周围环境中,见于无囊膜病毒,如脊髓灰质炎病毒见图 9-1;②以出芽的方式释放,见于有囊膜病毒,如疱疹病毒在核膜上获得囊膜;流感病毒在细胞膜上获得囊膜而成熟,然后以出芽方式释放出成熟病毒。也可通过细胞间桥或细胞融合感染邻近的细胞。

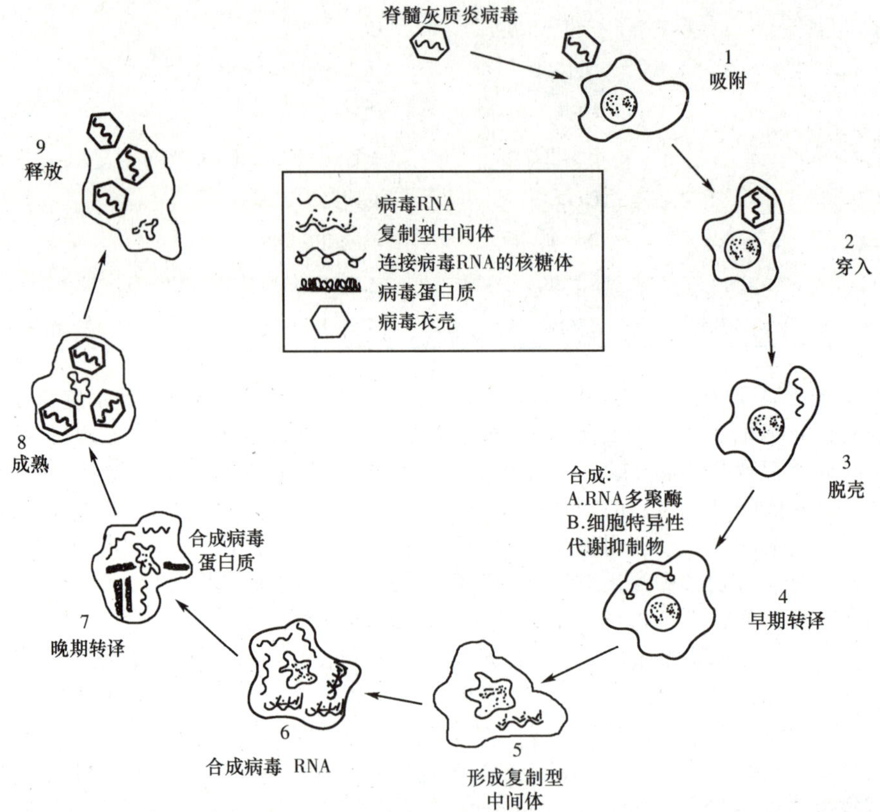

图 9-1 脊髓灰质炎病毒基因组复制周期示意图

案例 9-7

脊髓灰质炎(poliomyelitis)是由脊髓灰质炎病毒(poliovirus)引起的急性传染病。该病主要损害脊髓前角运动神经细胞,引起肢体迟缓性瘫痪,因多见于儿童,故俗称"小儿麻痹"。此病毒以隐性感染多见,占流行期的 90%以上,而瘫痪型病例少于 1%。临床主要表现发热、咽痛和肢体疼痛,少数病例发生肢体瘫痪,严重者因呼吸瘫痪而死亡。本病在我国过去发病率较高,20 世纪自 50 年代末大面积应用脊髓灰质炎疫苗以来,发病已完全控制。

问题与思考

脊髓灰质炎病毒致病的分子机制?

案例 9-7 相关提示

脊髓灰质炎病毒是微小核糖核酸病毒科,肠道病毒属的一种。病毒基因组为单链正链 RNA 病毒,基因组有 7 个基因编码 7 种蛋白质。病毒可经淋巴进入血液循环,形成病毒血症。感染的病毒量大,毒力强则病毒可通过血脑屏障,侵入中枢神经系统,引起脊髓灰质炎。轻者不引起瘫痪,重者可引起瘫痪。

(三)病毒对宿主细胞的作用方式

根据病毒感染后宿主细胞的表现,可将病毒对宿主细胞的直接作用方式分为三类:溶(杀)细胞感染方式、稳定态感染方式和整合感染方式。

1. 溶(杀)细胞感染(cytolytic infection)方式 许多真核生物病毒,特别是溶细胞病毒(cytocidal virus)具有干扰细胞大分子合成的能力。它们主要是通过以下 3 个途径发挥作用:①抑制宿主细胞 DNA 的复制。抑制方式可能包括:细胞 DNA 复制的有关蛋白转向合成病毒 DNA;细胞 DNA 的正常复制位点被取代;细胞 DNA 被降解。②抑制宿主

笔 记 栏

细胞的转录。许多病毒感染都可以通过竞争宿主RNA聚合酶Ⅱ和细胞转录因子(TF),而抑制编码细胞蛋白质的基因转录。③抑制宿主细胞的翻译。病毒感染细胞后,能够通过降解宿主细胞的mRNA,或高亲合力地竞争有限的核糖体等形式,达到抑制宿主细胞mRNA翻译的目的。

2. 稳定态感染(steady state infection)方式 不具有杀细胞效应的病毒所引起的感染称稳定态感染。某些病毒进入细胞后能够复制,却不引起细胞裂解、死亡。常见有包膜病毒,如流感病毒、疱疹病毒等。病毒以出芽方式释放子代,其过程缓慢,不阻碍细胞的代谢,也不破坏溶酶体膜,因而不使细胞溶解死亡。

3. 整合感染(integrated infection)方式 某些病毒的全部或部分核酸或某些RNA病毒的基因组经逆转录产生的cDNA结合到宿主细胞染色体上的过程,称为整合。整合可引起细胞的遗传性状发生变化或引起细胞转化。例如,产生顺式激活作用。当病毒基因组整合在癌基因相邻位点时,这段插入的特定核苷酸序列,将起到启动子或增强子作用,引起癌基因的激活。

二、病毒对宿主细胞的功能影响

(一)病毒蛋白对宿主细胞的作用

1. 直接损伤宿主细胞 某些病毒的衣壳蛋白具有直接杀伤宿主细胞的效应。这主要是一类杀伤性较强的病毒感染所引起的,如流行性出血热病毒对心肌细胞具有直接损伤作用。

2. 增加细胞膜的通透性 某些病毒感染宿主细胞后,可使宿主细胞膜的通透性增高,不能保持细胞内外的离子平衡,影响细胞营养物质的摄入和废物的排出。例如使钠离子内流增多,增加细胞内钠离子的浓度。但有些病毒mRNA的翻译比宿主细胞mRNA更能耐受高浓度的钠离子,因此宿主细胞膜通透性的增加更有利于病毒mRNA的翻译。此外,细胞内表达的病毒糖蛋白也能迁移至细胞表面,引起两个相邻细胞的融合,结果导致病毒从一个细胞扩散到另一个细胞。

3. 促进细胞骨架纤维系统降解 很多病毒感染细胞后能促使细胞骨架纤维系统的解聚,从而导致细胞形态发生变化。例如痘病毒和水泡性口炎病毒的感染能明显减少肌动蛋白内的微丝,而呼肠孤病毒的感染则引起含有微毛细管壁收缩细胞的中间纤维解聚。

4. 影响细胞溶酶体及细胞器的功能 有些病毒感染后可以扰乱细胞的基本代谢,代谢紊乱往往会导致细胞膜系统通透性增高,进而使得溶酶体内的各种酶扩散到细胞质中,从而引起细胞自溶。此外有些病毒还能影响内质网、高尔基复合体的功能,抑制细胞内各种物质的正常转运。

5. 对宿主细胞凋亡的影响 病毒感染细胞后通过关闭或干扰宿主细胞正常合成代谢诱发细胞凋亡(apoptosis),或者由病毒编码的蛋白因子直接作用于凋亡相关因子及蛋白水解酶而诱发细胞凋亡。感染早期,局部被感染的细胞的凋亡可抑制病毒的繁殖与传播,对整个机体起到保护作用,因此细胞凋亡可能是宿主在细胞水平上防御病毒感染的一种机制。但为了生长和繁殖,部分病毒在进化过程中获得了凋亡抑制基因,这些基因在感染早期表达,抑制宿主细胞凋亡,帮助病毒完成复制周期。

6. 阻止宿主细胞大分子合成 合成宿主细胞大分子所需的各种酶类和蛋白质因子,常常能被一些杀细胞病毒编码的早期蛋白所利用,使宿主细胞RNA和蛋白质的合成受到抑制,继而影响其DNA的合成,使细胞正常代谢紊乱,最终导致细胞死亡。例如,HCV在肝细胞内复制干扰细胞内大分子的合成,增加溶酶体膜的通透性使细胞病变。

(二)病毒感染的免疫病理损伤

病毒抗原刺激宿主的免疫应答对机体造成的损伤称病毒感染的免疫病理损伤。这种损伤是宿主为清除病毒而付出的代价。诱发免疫病理反应的病毒特异性抗原可以是暴露在病毒体表面的包膜或核衣壳(无包膜病毒)抗原,也可以是在病毒体内部的基质、核蛋白等。

1. B淋巴细胞介导的病理损伤 当病毒复制迅速,免疫系统无法及时清除,或无法到达病毒的感染部位时,病毒就会与特异性抗体结合形成复合物。这种免疫复合物长期存在于血液之中,可在不同部位对机体造成损害。例如,乙肝病毒抗原与相应抗体形成的免疫复合物可沉积在肾毛细血管基膜上,激活补体诱发Ⅲ型超敏反应,损害局部组织,引起蛋白尿、血尿等症状;该免疫复合物若沉积在关节滑膜部位,则形成关节炎。

另外有些病毒(特别是有包膜的病毒)侵入细胞后,能在细胞表面呈现新抗原。这种抗原与特异性抗体结合,在补体存在的情况下引起细胞破坏。登革热病毒感染机体后导致的细胞损坏就是一个典型的例子:登革热病毒进入机体后,在红细胞和血小板表面呈现病毒抗原,相应抗体与之结合后激活补体,造成红细胞和血小板破坏,从而出现出血和休克综合征。

2. T淋巴细胞介导的病理损伤 针对病毒的细胞免疫应答在一定条件下也可以对机体造成损伤。如HBV感染所致的严重肝损伤就是由$CD8^{+}$T淋巴细胞介导的免疫反应引起的。细胞毒性T淋巴细胞(cytotoxic lymphocyte,CTL)首先识别病毒抗原,然后与受感染的肝细胞结合并释放出各种细胞因子,使中性粒细胞和单核细胞等效应细胞聚集到肝脏,破坏受感染的肝细胞。另外,$CD4^+$ T淋巴细胞比$CD8^+$ T淋巴细胞能产生更多的细胞因子和趋化因子,因此能使更多的非特异性效应细胞聚集和活化,由此引起迟发超敏反应,导致免疫病理损伤。

3. 诱发自身免疫疾病 有些病毒感染机体后,病毒新抗原与细胞抗原结合,改变细胞膜表面结构使之成为"非己物质";还有些病毒感染后能使正常情况下隐蔽的抗原暴露或释放出来。机体针对这些"非己物质"会产生免疫应答,发挥免疫系统"清除异己"的效应,对其进行破坏,从而发生自身免疫病。此外,某些病毒蛋白与宿主细胞的某些蛋白间存在共同的抗原决定簇,从而诱发自身免疫应答。例如,目前较有力的支持证据是疱疹病毒感染引起的基质角膜炎。另外,麻疹病毒引起的脑炎以及乙肝病毒引起的慢性肝炎可能是该种自身免疫应答导致的。

4. 病毒超抗原的作用 一些病毒蛋白是非常有效的T细胞刺激物,称为超抗原(superantigen)。它们能结合抗原提呈细胞上的MHCⅡ类分子,然后直接激活T细胞,避开了将抗原降解为多肽再由MHCⅡ类分子递呈给T细胞这一环节,从而缩短了抗原提呈路径。超抗原的活化能产生大量T细胞,将破坏免疫系统的协同性,从而引发多种疾病。超抗原大多是病毒产物,如狂犬病毒的核蛋白、巨细胞病毒、HIV病毒编码的某些蛋白质等。

第四节　病原微生物基因组

随着各种微生物基因组测序工作的不断完成和序列信息的积累,微生物基因组研究的重点已由结构基因组学向功能基因组学转移。微生物功能基因组学研究不仅要阐明微生物基因组内每个基因的作用和功能,还要研究基因的调节及表达谱,从整个基因组及其全套蛋白质产物的结构、功能、机制等层次上了解微生物生命活动的全貌。进而通过比较基因组学及微生物与宿主相互作用的研究,更加深入了解病原微生物的致病机制,并为有效药物的筛选及疫苗的研制奠定理论基础。

一、病原微生物基因组研究的范围及意义

(一) 病原微生物致病机制的研究

病原微生物致病性研究是微生物功能基因组学研究的重要领域。对病原微生物的致病性研究,过去比较重视对微生物本身的研究分析,研究主要集中在少量的毒力因子和传统的致病基因方面。目前,病原微生物研究的重点已转移到微生物与宿主的关系研究。利用微生物基因组和人类基因组的研究成果,开展病原微生物的致病性研究。主要策略有:以微生物基因组序列为基础,应用表型分析、比较基因组学、蛋白质组学技术、体内表达技术、信号标签诱变技术、免疫学技术等寻找新的病原体毒力基因和毒力相关基因以及研究病原菌与宿主的相互作用来揭示病原微生物的致病机制。

(二) 病原微生物基因功能的研究

以微生物结构基因组为基础,应用生物信息学理论和技术,通过高通量数据的对比、分析、结合试验科学对基因组序列进行研究和分析,确定基因的功能,发现未知新基因或已知基因的新功能。高通量的鉴定方法主要是生物信息学技术、基因芯片技术和蛋白质组学技术等。其中,利用生物信息学技术研究未知功能的基因,主要依靠两个途径:一是在DNA层面上进行同源性对比分析,根据该基因与已知功能基因的同源性,初步判断基因的功能;二是比较该基因编码产物(蛋白质)的序列和结构,对基因进行功能分类。基因芯片技术主要是通过检测环境因素对未知功能基因表达的影响推测基因的可能功能。蛋白质组学技术主要是研究未知蛋白的物理特性和在不同生长条件下的蛋白表达的变化,对未知功能的基因进行初步的功能分类。此外,基因敲除分析也是当今阐明基因功能的主流方向。

(三) 病原微生物药物靶位及疫苗抗原的研究

通过微生物功能基因组学和蛋白质组学研究还能发现新的药物靶位和疫苗抗原。对药物靶位研究的主要技术路线:应用生物信息学技术寻找微生物的保守基因,再从保守基因中寻找微生物生长必需基因,以此作为候选药物靶标,最后应用蛋白质-蛋白质相互作用技术结合大规模功能分析在细胞真实代谢途径下进行筛选和优化。对疫苗抗原的研究也是以微生物基因组为平台,主要应用蛋白质组学技术寻找或预测病原菌的保护性抗原,并对其进行高通量的克隆、表达及纯化,然后再进行体内、体外评价,筛选出保护性抗原进行疫苗研究。

二、SARS冠状病毒

SARS冠状病毒(SARS coronavirus,SARS-Cov)是严重急性呼吸综合征(severe acute respiratory syndrome,SARS)的病原体。SARS是2002年底至2003年上半年在世界上流行的一种急性呼吸道传染病,又称传染性非典型肺炎。2003年4月16日WHO正式宣布SARS的病原体是一种新的冠状病毒,称为SARS冠状病毒。关于SARS的深入

笔记栏

研究及如何防止 SARS 的再流行将是一项长期而艰巨的研究课题。

(一) SARS 冠状病毒基因组的结构

SARS 冠状病毒基因组为单链正链 RNA 病毒,基因组全长序列约 29.7kb,基因组共有 11 个开放读码框架。SARS 冠状病毒其核心是由螺旋状排列的 RNA 及衣壳蛋白组成的核壳体,其外为包膜。病毒核酸除编码 RNA 聚合酶外,编码的主要结构蛋白为:核衣壳蛋白(N)、刺突蛋白(S)、基质膜蛋白(M)、包膜蛋白(E)。N 蛋白是 SARS 病毒重要结构蛋白,在病毒转录、复制和成熟中起作用。病毒包膜有 E 蛋白,表面有两种糖蛋白,即 S 蛋白和 M 蛋白。S 蛋白其功能是与细胞受体结合,使细胞发生融合,是 SARS 冠状病毒侵染细胞的关键蛋白。M 蛋白为跨膜蛋白,参与包膜形成(图 9-2)。

图 9-2 SARS 冠状病毒基因组结构示意图

ORF1a 和 ORF1b:编码非结构蛋白;S:刺突蛋白;E:包膜蛋白;M:膜蛋白;N:核衣壳蛋白

(二) SARS 病毒致病的临床特征

案例 9-8

传染性非典型肺炎是由 SRAS 冠状病毒引起的急性呼吸系统传染病,又称为严重急性呼吸综合征-SARS。主要通过短距离飞沫、接触患者呼吸道分泌物及密切接触传播。临床以起病急、发热、头痛、肌肉酸痛、乏力、干咳少痰、腹泻、白细胞减少等为特征,严重者出现气促或呼吸窘迫。

诊断:传染性非典型肺炎。

问题与思考

SRAS 冠状病的生物学特征?

案例 9-8 相关提示

SARS-Cov 对外界的抵抗力和稳定性较强,对温度敏感,随温度升高抵抗力下降,4℃可存活 21 天,37℃可存活 4 天,56℃ 90min 或 75℃ 30min 可使病毒灭活。SARS-Cov 对乙醚、氯仿、甲醛、紫外线等敏感。

(三) SARS 病毒药物靶点研究方法简介

药物作用靶点(target)即广义的受体,是生物体的细胞膜上或细胞内的一种特异性大分子结构。药物和信息分子能与有关受体大分子的关键部位特异性结合,生成可逆性复合物,并进一步启动功能性变化,如开启细胞膜上的离子通道,或激活特殊的酶,从而导致机体代谢的改变。药物作用的靶点有多种,如受体、酶、离子通道、抗原、核酸、糖类大分子及脂质等。在目前 SARS 冠状病毒基因组序列完整测序的基础上,通过对 SARS 冠状病毒基因组序列及其他冠状病毒基因组序列的比较,并对该病毒的复制过程进行分析,使得对该病毒的治疗药物研究成为热点,并分别从小分子药物、多肽和蛋白药物、单抗药物及基因药物等方面提出对 SARS 的治疗策略。如,从病毒复制过程中的功能蛋白的方面寻找抗 SARS 冠状病毒药物的作用靶点,例如一些小分子药物可以作为病毒复制相关蛋白酶的抑制剂。另外,还可寻找一些对 SARS 有效的小分子药物,即通过体外感染 SARS 病毒的细胞系,建立 SARS 疾病动物模型,筛选最理想的途径。这些都为病毒复制过程中的功能蛋白的结构分析和预测提供了药物合理设计或计算机辅助设计的理论依据。

小 结

感染性疾病(infectious diseases)是特定的病原体侵入机体后所产生的一类疾病。本章从疾病产生的分子生物学角度,结合临床典型案例主要探讨感染性疾病中病原菌致病基因和病毒致病基因以及致病基因表达产物与宿主相互作用的关系。

病原菌致病的分子机制主要从病原菌毒素基因和细菌外毒素对宿主细胞的影响两方面进行分析。病原菌毒素基因包括:细菌染色体 DNA 编码的细菌外毒素、细菌质粒基因编码的细菌毒素、细菌噬菌体基因编码的细菌毒素。细菌外毒素可对宿主细胞通道、信号转导系统、基因表达过程等方面产生重要影响。另外,细菌耐药性的形成还可通过产生钝化酶、改变药物作用的靶位、改变细胞壁通透性和主动外排机制,改变菌体代谢途径,实现细菌对抗生素的耐药。

在病毒引起疾病的研究中,病毒基因产物对感染细胞的毒性作用、宿主对病毒基因表达产物的各种应答反应、病毒基因对宿主细胞基因的作用(如整合、抑制或激活部分基因)等均是病毒致病分子机制

笔 记 栏

的重要部分。病毒抗原刺激宿主的免疫应答对机体造成的损伤有:B淋巴细胞介导的病理损伤;T淋巴细胞介导的病理损伤;诱发自身免疫疾病;病毒超抗原的作用等。根据病毒感染后宿主细胞的表现,可将病毒对宿主细胞的直接作用方式分为三类:溶(杀)细胞感染方式、稳定态感染方式和整合感染方式。病毒对宿主细胞的功能影响主要有:直接损伤宿主细胞;增加细胞膜的通透性;促进细胞骨架纤维系统降解;紊乱细胞溶酶体及细胞器的功能;影响宿主细胞的凋亡及阻止宿主细胞大分子的合成。

(张吉林)

参考资料

冯作化.2005.医学分子生物学.北京:人民卫生出版社,236~253
来茂德.2001.医学分子生物学.北京:人民卫生出版社,230~236
王得新.2000.神经病毒学.北京:人民卫生出版社,52~61
药立波.2004.医学分子生物学.第2版.北京:人民卫生出版社,168~179
周正任.2004.医学微生物学.第6版.北京:人民卫生出版社,158~206

笔记栏

第10章　炎症的分子机制

炎症(inflammation)是机体对各种致炎因子或损伤刺激所发生的以防御为主的应答性反应，是常见的重要的基本病理过程。机体的各种器官、组织皆可发生炎症，其基本病变是局部组织的变质、渗出和增生。临床上炎症的局部表现为红、肿、热、痛、功能障碍；全身性反应为发热、白细胞增多、单核-吞噬细胞系统增生和功能增强等。在各种传染病和寄生虫病时，虽然其病理变化特点不同，但其最基本病理变化都是以炎症为基础的，是一系列内源性化学因子介导实现的炎症反应过程，并涉及复杂的信号转导过程，这些内源性化学因子称为炎症介质，可影响到整个炎症过程。因此，应用分子生物学理论和技术研究炎症过程的分子机制是防止炎性疾病的重要理论基础，同时也有助于精确引导和控制炎症过程的发生及发展。

第一节　炎症性疾病的临床特征

一、炎症性疾病的临床分类

炎症的种类很多，可按照炎症的发生部位、发病的缓急、病程长短和病变性质进行分类。根据发病部位可分为脑炎、肺炎、肝炎、肠炎等；根据病程可分为超急性炎症(数小时至数天)、急性炎症(数天至一个月)、亚急性炎症(1～3个月)及慢性炎症(半年以上)；按炎症的病变性质，从形态学角度可分为变质性炎、渗出性炎和增生性炎(表10-1)。

表10-1　炎症的临床分类

分类(形态学角度)	定义	亚类
变质性炎	变质性炎是以变质变化为主、渗出和增生变化表现轻微的炎症。	常发生在实质器官，如心、肝、肾、脑和脊髓等器官实质性炎。
渗出性炎	渗出性炎是以渗出性病变为主，而以变质、增生性病变表现轻微的炎症。	浆液性炎、纤维素性炎、化脓性炎和出血性炎。
增生性炎	增生性炎是以增生为主，而变质、渗出性变化表现轻微的一种炎症。	非特异性增生性炎和特异性增生性炎。

(一)变质性炎

变质性炎是以变质变化为主、渗出和增生变化表现轻微的炎症。常发生在实质器官，如心、肝、肾、脑和脊髓等器官，故又称实质性炎。多由病毒或毒素引起，如病毒性肝炎、乙型脑炎、脊髓灰质炎，白喉杆菌外毒素引起的心肌炎、伤寒杆菌内毒素引起的伤寒肉芽肿。严重的变质性炎可继发腐败菌的感染，使坏死组织腐败分解，状似牙膏，色灰绿，味恶臭，称为腐败性炎或坏疽性炎。

(二)渗出性炎

渗出性炎是以渗出性病变为主，而以变质、增生性病变表现轻微的炎症。临床常见，多呈急性过程。由于血管壁通透性改变的程度不同，渗出的成分各异，根据炎性渗出物成分不同，可分为浆液性炎、纤维素性炎、化脓性炎和出血性炎。

1. 浆液性炎(serous inflammation)　浆液性炎以浆液渗出为特征，其成分以血浆成分为主，渗出液中含少量小分子蛋白。多发生在浆膜、黏膜、皮肤和疏松结缔组织。浆液性炎发生最早，损伤最轻，预后最好。

2. 纤维素性炎(fibrinous inflammation)　以纤维蛋白原渗出为主的炎症，称为纤维素性炎。随血管通透性的逐渐增高，大量纤维蛋白原渗出，在血浆凝固酶的作用下形成纤维素。多发生在黏膜、浆膜和肺组织。纤维素性炎发生部位不同，形态各异。

3. 化脓性炎(purulent inflammation)　以大量中性粒细胞渗出为主，并伴有不同程度的组织坏死和脓液形成的炎症，称为化脓性炎。多由化脓菌(如葡萄球菌、链球菌、脑膜炎奈瑟菌、大肠埃希菌)感染所致，亦可由化学物质(如松节油、巴豆油)引起无菌性化脓。由中性粒细胞释放的蛋白溶解酶溶解液化坏死组织的过程，称为化脓。所形成的液体，称为脓液(pus)，其成分由变性坏死的中性粒细胞即脓细胞、坏死组织碎屑、浆液和细菌混合而成，颜色呈黄色、黄绿色，黏稠或稀薄，其特点由化脓菌的类型所决定。

笔记栏

4. 出血性炎(hernorrhagic inflammation) 渗出物中含有大量红细胞的炎症,为出血性炎。出血性炎并非是独立性炎症,而是炎症反应剧烈,血管壁受损严重的象征。常见于由毒力强的细菌引起的烈性传染病,如炭疽、鼠疫、流行性出血热及重症流行性感冒等。

(三) 增生性炎

增生性炎(proliferative inflammation)是以增生为主,而变质、渗出性变化表现轻微的一种炎症。依其病理组织学特点可分为非特异性增生性炎和特异性增生性炎。

1. 非特异性增生性炎 炎区组织表现为细胞数目增多。增生的成分取决于受损组织的类型和损伤程度。

(1) 急性增生性炎:以增生为主的急性炎症比较少见,如急性毛细血管内增生性肾小球肾炎,肾小球毛细血管内皮细胞和系膜细胞增生,使肾小球内细胞数目增多,滤过功能降低。伤寒时全身单核-吞噬细胞系统增生,形成"伤寒小结"。

(2) 慢性增生性炎:由于致炎因子持续存在,损伤与抗损伤反应迁延活动,炎区内呈不同程度的血管反应、炎性水肿、大量慢性炎细胞浸润,实质细胞和上皮增生,甚至组织结构改变,如慢性肝炎的肝细胞结节状再生,黏膜上皮和腺体增生形成的炎性息肉(鼻息肉、宫颈息肉),以及在眼眶和肺发生的炎性增生形成的境界清楚的肿瘤样团快即炎性假瘤、慢性扁桃体炎时淋巴组织增生引起扁桃腺肥大等。

2. 特异性增生性炎 特异性增生性炎也叫肉芽肿性炎(granulomatous inflammation)。本型炎症的特异表现是肉芽肿的形成。由于巨噬细胞及其演化的细胞增生,而形成的境界清楚的结节状病灶,称为"肉芽肿"(granuloma)。这是一种特殊类型的慢性炎症,由病原生物体引起的肉芽肿称为感染性肉芽肿,如结核、麻风、梅毒等传染病和真菌及寄生虫感染;由异物引起的肉芽肿称异物性肉芽肿,可见于手术缝线、石棉和滑石粉等异物存在的组织内。

二、炎症性疾病的临床特征

炎症局部组织发生的一系列代谢、功能和形态学的改变,它们是有序的发生,又彼此关联,相互影响,形成一个复杂的动态病理过程。

(一) 炎症局部表现

炎症的局部表现为红、肿、热、痛和功能障碍。一般在体表和可视黏膜的急性炎症最明显。

1. 红 在炎症初期,局部呈鲜红色。由于炎性充血,氧合血红蛋白含量增多所致;后期呈暗红色,使充血转变为瘀血,还原血红蛋白含量增多的结果。

2. 肿 指炎区局部肿胀。炎症初期,由于充血、渗出,细胞增多变性坏死所致。炎症后期或慢性炎症时,是局部组织细胞增生的结果。

3. 热 指局部组织温度升高。是局部炎性充血、代谢旺盛,产热增多所致。

4. 痛 指局部疼痛。是因局部组织肿胀,压迫或牵张感觉神经末稍以及代谢产物和炎症介质刺激局部感受器所致。

5. 功能障碍 由于局部组织肿胀、疼痛和组织损伤所致。

(二) 炎症全身反应

炎症全身反应为发热、血液中白细胞增多、单核/巨噬细胞系统变化和实质器官变化等。

1. 发热 在某些细菌毒素和组织细胞分解产物作用下,使中性粒细胞和单核细胞等释放内生性致热原,经血流作用于丘脑下部的体温调节中枢,使产热增多,散热减少,引起体温升高。炎症时,发热是一种防御反应。一定程度的发热可增强白细胞的吞噬机能和免疫活性细胞抗体形成以及肝脏解毒机能。但长期高热将导致各组织器官功能障碍。

2. 血液中白细胞增多 感染性炎症时,细菌毒素和炎区代谢产物入血,刺激骨髓,使造血机能增强,大量白细胞被释放入血,此时白细胞数量增多。由于致炎因子和炎症发展阶段不同,血液中白细胞成分也有所变化。在炎症发展过程中,如果白细胞总数和白细胞分类逐渐恢复正常,是炎症好转的表现。某些感染,如病毒性疾病或伤寒、机体抵抗力极度下降的情况下,外周血白细胞计数可无明显增高甚至减少。

3. 单核/巨噬细胞系统变化 生物性致炎因子引起炎症时,单核/巨噬细胞增生,吞噬功能增强。急性炎症时,炎区周围淋巴结肿大,淋巴窦扩张,窦腔内充满具有吞噬能力的单核/巨噬细胞。当全身严重感染时,出现全身淋巴结肿大,甚至脾脏增大的症状。

4. 实质器官变化 重度炎症时,由于细菌毒素和炎性分解产物被吸收及发热等作用下使心、肝、肾等实质器官发生变性、坏死等,并导致相应机能障碍。

案例 10-1

患者,男,50 岁。主诉酒后持续性上腹胀痛 2 周。2 周前饮酒后觉上腹部持续性钝痛,逐渐加重,伴恶心、呕吐。翌日腹痛遍及全腹。伴腹胀、不排气,无发冷、发热。在当地医院禁食、补液、抗感染治疗,腹部疼痛无明显缓解,且腹胀逐渐加重,伴腰痛。近 3 天体温在 37.8～38.2℃之间。

笔记栏

体格检查：体温 37.8℃，脉搏 118 次/min，呼吸 24 次/min，血压 130/70mmHg(17.3/9.3kPa)。神志清楚、精神萎靡，巩膜轻度黄染。两肺呼吸音清。心律齐，心脏各瓣膜区未闻及杂音。肝区无叩痛。腹部膨隆，全腹轻度肌紧张，伴压痛、反跳痛，移动性浊音阳性，肠鸣音弱。

实验室检查：

(1) ①血常规：WBC 17.9×10^9/L，N 0.85，L 0.13，RBC 3.21×10^{12}/L，Hct 0.28L/L；②血淀粉酶 260U/L，脂肪酶 1200U/L；③尿淀粉酶 2560U/L。

(2) 立位腹平片：膈下未见游离气体，小肠袢扩张，积气，未见液平。

(3) 腹部超声：肝脏回声均匀，肝外胆道轻度扩张，胆囊胀大，胆道内未见结石。胰腺弥漫性肿大，回声减低、呈递增性增强，胰腺被膜不清，胰管未见扩张。肝下方、右肾下极的前方、相当于腋中线平脐水平，腹腔内可见 15.24cm×7.26cm 无回声区，内有强回声分隔。开大增益可见不典型的网状结构。

(4) 腹部 CT：肝外胆道轻度扩张，胆囊胀大。胰腺正常形态消失，弥漫肿大，胰管轻度扩张，胰腺与周围器官界限不清。增强扫描：胰腺内密度不均，可见大片低密度灶。

问题与思考

(1) 根据上述临床表现，可考虑为哪些疾病？应做哪些检查有助于确定诊断？

(2) 依据检查，可初步诊断为何种疾病？

(3) 该病发生的分子机制？

案例 10-1　相关提示

患者以“腹痛”为主要症状。腹痛可以由许多疾病所产生。由不同疾病引起的腹痛特征不同外，还伴有原发病的特殊临床表现。如肺炎或胸膜炎引起放散性腹部疼痛，伴有呼吸系统的症状及全身反应；心绞痛引起上腹疼痛，伴有心音减弱、心律不齐等表现。该患者饮酒后发病。饮酒多伴有暴饮暴食，可促发一些消化系统疾病的发生，如胆囊炎、胆石症、消化性溃疡穿孔、急性胰腺炎、肠梗阻等。一般来讲，腹痛的开始部位或疼痛显著的部位往往是原发病的部位。故胆囊炎、胆石症的疼痛，多为右上腹的绞痛，伴有黄疸和发热；消化性溃疡穿孔的疼痛开始于上腹部，后波及全腹。

该患者为酒后上腹部持续性钝痛，伴有发热，可判定病变器官是胃、胆道或是胰腺；是一个炎症性疾病。可先行血常规检查判断炎症的程度，并可通过 RBC、HCT 的改变，推断是否合并有脱水的存在。常规的影像学检查可以为对病变进行定位提供线索。

诊断：患者白细胞明显增高，证实为一炎症性疾病。血、尿淀粉酶明显增高，胰腺弥漫肿大，右侧腹腔包裹性积液，提示为急性胰腺炎。

临床上表现的腹胀系胰腺炎的继发改变。超声与 CT 均显示胰腺肿大，正常形态消失，胰腺周围有渗出。增强 CT 扫描，胰腺内部密度不均，可见大片低密度灶，提示胰腺坏死。肝外胆道轻度扩张，胆囊胀大，胆道内未见结石。可考虑为肿大的胰腺压迫胆道，引起的胆道梗阻。综合临床症状及辅助检查，该患者可诊断为急性胰腺炎。

该炎症发生的分子机制是什么呢？以炎症为基础的基本病理变化，是一系列内源性化学因子介导实现的炎症反应过程，并涉及复杂的信号转导过程，这些内源性化学因子称为炎症介质，可影响到整个炎症过程。

第二节　细胞炎性反应的因子

一、影响细胞发生炎症的因子

炎症的发生主要决定于致炎因子和机体内在因素两个方面。关于机体内在因素包括机体的防御机能、应激机能、反应性和遗传性等，对炎症的发生、发展起主要作用。影响细胞发生炎症的致炎因子包括两类：

（一）外源性致炎因子

外源性致炎因子包括物理性致炎因子（如烫伤、烧伤等），化学性致炎因子（酸、碱腐蚀），生物性致炎因子（细菌、病毒等病原微生物）和机械性致炎因子（创伤等）。

（二）内源性致炎因子

内源性致炎因子指机体内部产生的具有致炎或促进炎症发展的因子，包括组织细胞坏死分解产物、某些代谢产物和免疫反应中形成的抗原抗体复合物等引起炎症的必需条件，在机体抵抗力降低的情况下，可引起炎症。

二、参与炎症反应的炎细胞的种类及功能

炎症时，炎区血管内大量白细胞从血管逸出，称为白细胞渗出。渗出的白细胞也称为炎细胞。

笔记栏

以中性粒细胞为主的炎细胞向血管壁移动聚集，与内皮细胞发生黏附，毛细血管的通透性增加，炎细胞渗出，随后在趋化性细胞因子(chemokine)的引导下定向运动，聚集到炎症局部组织间隙内，此现象称为炎细胞浸润(infiltration)，是炎症反应的重要形态特征。炎细胞受到炎症介质刺激后的定向运动称之为趋化性迁移。炎细胞的趋化过程主要包括黏附、游出、聚集、吞噬和杀灭四个阶段。

炎细胞的种类不同在炎症反应中的作用也有明显的不同。

1. 中性粒细胞 小圆形，核呈2～5个分叶，胞质内有丰富的溶酶体，富含酸性水解酶、髓过氧化物酶、阳离子蛋白、中性蛋白酶、磷脂酶和溶菌酶等。有较强的吞噬能力和游走能力，它可吞噬化脓菌、小的组织碎片及抗原-抗体复合物。在急性炎症或化脓性炎症时，中性粒细胞大量渗出，构成细胞防御的第一道防线，故有急性炎细胞之称。中性粒细胞吞噬了毒性较强的细菌后，发生变性坏死变成脓细胞。中性粒细胞还能释放致热原，引起发热。当中性粒细胞功能障碍或数量不足时可发生反复严重感染。

2. 单核细胞(monocyte) 血液中单核细胞是单核-吞噬细胞系统的重要成员，炎区的巨噬细胞主要来自单核细胞，体积大，核呈肾形或扭曲的不规则形，胞质丰富，有大量溶酶体。单核细胞的吞噬能力很强，随吞噬物质的性质不同，可发生形态改变。此外，单核细胞还能释放干扰素、前列腺素、血小板活化因子、白介素等生物活性物质，给淋巴细胞传递信息等。单核细胞的增多或浸润，代表着急性炎症后期、慢性炎症、非化脓菌感染、病毒感染和原虫感染等，故有慢性炎细胞之称。

3. 嗜酸粒细胞(eosinophilic leukocyte) 体积较中性粒细胞略大，核分两叶，胞质内有粗大的嗜酸性颗料，含多种水解酶，只能吞噬抗原抗体复合物。变态反应性炎症或寄生虫感染时，嗜酸粒细胞明显增多，亦可见于亚急性炎症。

4. 嗜碱粒细胞(basophilic leukocytes)和肥大细胞(mast cess) 这两种细胞形态相似，功能相同，特点均为胞质内含粗大的嗜碱性颗粒。嗜碱颗粒细胞来自血液，肥大细胞主要在全身的结缔组织和血管周围。炎症时，这两种细胞脱颗粒释放组胺、嗜酸粒细胞趋化因子(ECF-A)、5-羟色胺(5-HT)、血小板活化因子等。

5. 淋巴细胞和浆细胞(lymphocyte and piasma cell) 淋巴细胞的特点是体积最小，核大而圆，胞质极少。T细胞和B细胞通过各自的途径履行细胞免疫和体液免疫功能；浆细胞形态独特，体积大，卵圆形核染色质呈轮辐状排列，胞质多，略呈嗜碱性。淋巴细胞、浆细胞多见于病毒感染，属于慢性炎细胞的类型。

总之，参与炎症反应的细胞来源、特点及功能各有不同，其所释放的炎性介质也有差别(表10-2)，通过不同的炎性介质的参与，引发组织的炎症(表10-2)。

表10-2 参与炎症反应的细胞及其作用

细胞种类	释放的炎性介质	主要作用
中性粒细胞	蛋白酶、酯酶	吞噬化脓菌、小的组织碎片及抗原-抗体复合物
单核/巨噬细胞	干扰素、前列腺素、血小板活化因子、白介素等多种炎症介质	吞噬病原微生物、杀伤靶细胞、辅助T细胞活化、提呈抗原
嗜酸粒细胞	IL-1、IL-6、IL-8、TNF-α、TGF-β、TGF-α、GM-CSF、IL-3、白三烯和血小板活化因子	吞噬抗原抗体复合物；刺激其他白细胞活化
嗜碱粒细胞	组胺、5-羟色胺、蛋白聚糖、趋化因子	小动脉扩张、小静脉收缩、血管通透性增加、致痛、刺激其他白细胞活化
肥大细胞	组胺、5-羟色胺、蛋白聚糖、趋化因子	小动脉扩张、小静脉收缩、水管通透性增加、致痛、刺激其他白细胞活化
淋巴细胞	各种细胞因子、血小板活化因子	履行细胞免疫和体液免疫功能；活化巨噬细胞
血管内皮细胞	各种细胞因子、血小板活化因子	与白细胞相互作用，协助白细胞的迁移

第三节 炎症反应的分子机制

一、参与炎症反应的炎症介质

炎症介质又称化学介质，是指炎症过程中产生并参与引起炎症反应的化学物质，也叫化学介质。它们的主要作用是扩张细动脉和细静脉(小血管)、使毛细血管通透性增加、致痛和发热、白细胞趋化作用及组织损伤等作用。

炎症介质可来源于细胞和血浆：来自细胞者或以细胞内颗粒的形式存在于细胞内，或在某些致炎

笔记栏

因子的刺激下而新合成；来自血浆者以前体的形式存在，经蛋白酶裂解后才能激活。炎症介质被激活或被分泌到细胞外后，生存期很短，很快衰变，或被酶解灭活，或被拮抗分子抑制或清除。

（一）细胞源性炎症介质

1. 血管活性胺 主要有组胺和5-羟色胺。

组胺(histamine)是最早发现的一种炎症介质，由左旋组氨酸脱羧后生成。组胺生成后储存于肥大细胞和嗜碱粒细胞颗粒中。组胺在颗粒中以肝素结合的形式存在，当通过脱颗粒作用释放到细胞外时，组胺与肝素分离，发挥其活性作用。引起组胺释放的因素很多，创伤、寒冷、神经多肽等理化因素都可诱导组胺的释放。

在细胞表面存在有三种组胺受体：H_1、H_2和H_3，分别介导不同的反应。组胺是炎症反应中最重要的血管活性介质，其作用包括扩张血管、收缩血管内皮细胞使血管通透性增强、使非血管平滑肌收缩、募集嗜酸细胞和阻断T淋巴细胞功能等。

5-羟色胺(5-HT)存在于血小板和内皮细胞。血小板释放5-HT是在血小板与胶原、凝血酶和抗原-抗体复合物等结合引起血小板凝集后发生的。它对细动脉扩张，使细静脉壁内皮细胞收缩导致细静脉通透性升高。

2. 花生四烯酸的衍生物 前列腺素(PG)和白细胞三烯(LT)。

在炎症因素的作用下，细胞内的磷脂酶被激活，膜上的磷脂类分子水解产生花生四烯酸，后者是细胞内两大类小分子炎症介质的重要中间产物，在环加氧酶的作用下，花生四烯酸生成环状结构的前列腺素(prostaglandin，PG)；在脂氧化酶作用下，花生四烯酸生成线状结构的白三烯(leukotrienes，LTs)系列衍生物。

前列腺素分成多种，与炎症有关的重要前列腺素有PGE_2、PGD_2、PGF_2、PGI_2等，在炎症中具有较强的舒张血管作用；还可致支气管、胃肠和子宫平滑肌收缩；并增强腺体分泌作用。

LTs主要有LTB_4、LTC_4、LTD_4和LTE_4。LTs可引起强烈的血管收缩、血管通透性增加，促进平滑肌收缩和黏液分泌，是引起支气管哮喘的主要原因。

花生四烯酸的重要衍生物——血栓素-2(TXA_2)也是一种炎症相关分子。

3. 溶酶体成分 急性炎症时中性粒细胞溶酶体释放的多种物质如阳离子蛋白、中性蛋白酶等，在促炎过程中起着极为重要的作用。

在慢性炎症时，上述物质也可由单核细胞和吞噬细胞的溶酶体释放。

4. 细胞因子(cytokine，CK) CK是由一些特定的细胞产生分泌的可溶性蛋白分子，为细胞间可溶性化学信号之一，通过靶细胞表面的受体，经由特有的信号转导过程，调节细胞的基因表达状态和其他功能，可通过激活淋巴细胞增殖分裂、活化巨噬细胞、趋化各种炎细胞，刺激造血等改变细胞的行为。依据CK在炎症发展中的作用，可分为促炎细胞因子和抗炎细胞因子两大类。

促炎细胞因子主要由活化的巨噬细胞产生，包括肿瘤坏死因子-α(TNF-α)、白介素-1(IL-1)、IL-6、IL-11、α-干扰素(IFN-α)、IFN-β以及趋化因子等。抗炎细胞因子主要由T细胞产生，可以抑制炎症反应的进一步发展。这类细胞因子包括IL-4、IL-10和IL-13等。抗炎细胞因子的作用主要是通过抑制促炎细胞因子的产生而实现的，临床上可用于炎症性疾病的治疗。

最重要的促炎细胞因子是TNF-α和IL-1。

TNF-α可以促进炎症细胞的聚集、活化和炎症介质的释放，还可直接刺激发热中枢引起发热，加重炎症症状。在许多炎症性疾病中都可检测到TNF-α水平的升高。给动物注射TNF-α，可直接诱导某些炎症现象。TNF-α在炎症反应中有提高中性粒细胞的吞噬能力、增加过氧化物阴离子产生、刺激细胞脱颗粒和分泌过氧化物酶的作用。它还可以通过提高内皮细胞MHC I类抗原和细胞间黏附分子1 (ICAM-1)的表达，促进IL-1和IL-8的分泌，从而促进中性粒细胞与内皮细胞的黏附。此外，TNF-α还促进肝细胞合成急性期反应蛋白。TNF-α是一种典型的具有双向作用的细胞因子，在局部作用时，有重要的调节作用和抗肿瘤活性；但是超过一定浓度时，则出现内毒素休克、恶液质及其他严重疾病。

IL-1家族包括IL-1α、IL-1β、IL-1γ，主要由单核和巨噬细胞产生，具有致热和介导炎症两方面的作用。可刺激单核细胞和巨噬细胞产生IL-6和TNF；通过单核细胞和巨噬细胞产生IL-8介导对中性粒细胞的趋化作用；诱导内皮细胞活化；刺激中性粒细胞释放炎症介质；促进肝细胞合成急性时相蛋白等。

TGF-β可以抑制促炎细胞因子IL-1、IL-6和TNF-α的生成，因此可以认为属于抗炎细胞因子。不过，TGF-β本身亦有促炎细胞因子的活性，包括对T淋巴细胞和中性粒细胞的趋化作用等。因此，TGF-β在体内兼具有促炎和抗炎双重作用。全身给药时，常表现为抗炎作用，而局部给药则表现为促炎作用。TGF-β可以促进新生血管的生成和结缔组织细胞的增殖，在瘢痕形成和组织愈合中都极为重要。但是，TGF-β对于其他细胞如内皮细胞、平滑肌细胞、胎肝细胞、髓母细胞、红系细胞和淋巴细胞则具有抗增殖的作用。

5. 趋化性细胞因子(chemokine) 趋化性细胞因子是趋化性迁移的关键调节者，在炎症反应的启动和进程中具有至关重要的作用。趋化因子可以

笔记栏

与内皮细胞表面的硫酸肝素糖蛋白结合，对黏附在血管内皮细胞上的白细胞发挥趋化作用。

诱导趋化因子产生的内源性因子主要是在炎症反应早期产生的 IL-1、TNF-α、IFN-γ 等促炎细胞因子，趋化因子被认为属于次级炎症细胞因子。

6. 血小板活化因子 血小板激活因子（platelet activating factor，PAF）属于一种磷脂类介质，源自血小板、肥大细胞、嗜碱粒细胞、中性粒细胞、单核细胞和血管内皮细胞等，因有激活血小板的能力而命名。

另外，一氧化氮（NO）通过抑制重要的炎症分子前体的产生，改变中性粒细胞黏附能力和抑制各种黏附分子的表达而减少中性粒细胞的聚集和浸润，也具有扩张血管、传导疼痛的作用（表 10-3）。

表 10-3 参与炎症反应的细胞源性炎症介质及作用

细胞源性炎症介质	作用
血管活性胺（组胺、5-羟色胺）	两者的共同作用都是对人类的细动脉扩张，使细静脉内皮细胞收缩，导致细静脉通透性升高。组胺对嗜酸粒细胞有阳性趋化作用
前列腺素（PG）	扩张血管；致热和致痛
白细胞三烯（LT）	收缩血管；对支气管平滑肌也有收缩作用；趋化作用
溶酶体成分（包括阳离子蛋白、酸性水解酶、中性蛋白酶）	酸性水解酶是吞噬溶酶体内降解细菌和细胞碎片的一种酶，在酸性环境中能分解蛋白。中性蛋白酶：具有分解胶原、基膜物质、纤维素等作用，可直接造成血管壁通透性增强
细胞因子（IL-1、IL-4、IL-10、IL-13、TNF-α、IL-6、IL-11、IFN-α、TNF-β 以及趋化因子）	可以激活淋巴细胞增殖分裂、活化巨噬细胞、趋化各种炎细胞、刺激造血等，从而改变细胞的行为
血小板活化因子	活化血小板、扩张血管、增加血管壁的通透性、促进白细胞黏附、促进趋化作用和致痛等
一氧化氮（NO）	具有扩血管、传导疼痛的作用

（二）血管源性炎症介质

炎症时，血浆中的凝血、纤溶、激肽和补体系统先后被激活，而产生炎症介质。

1. 感觉神经肽 感觉神经肽是一组由感觉神经末梢释放的肽类物质，主要包括 P 物质（substance P，SP）、神经激肽 A（neurokininA，NKA）和 NKB、降钙素基因相关肽（calcitonin gene-related peptide，CGRP）等。

感觉神经肽类物质具有明显的促炎作用，能通过轴突反射机制引起神经源性炎症及加重炎症反应。CGRP 对人的皮肤是一种很强的血管扩张剂，大剂量时可引起血管壁通透性增加，并形成荨麻疹。而 SP 除能引起血管扩张外，更是一种极强的致水肿因子。在致炎因子的作用下，从感觉神经末梢释放的 SP，能使邻近的肥大细胞释放组胺，而组胺和激肽等炎症介质又可刺激感觉神经末梢释放 SP。

2. 补体系统 是指存在于血清或组织液中的一组具有酶活性的蛋白组成，包括 30 种以上的糖蛋白，是参与和影响炎症过程的重要介质。炎症组织中的补体主要由巨噬细胞产生。血流中的补体成分是以非活化形式存在的，可通过三种方式被激活。补体被激活后可以在靶细胞膜上形成攻膜复合体，最终导致细胞溶解；另外，补体系统中 C3 和 C5 是最主要的炎症介质，补体的裂解碎片如 C3a、C5a 在炎症中的作用主要是促使肥大细胞释放的组胺增多，导致血管壁通透性增强。另外，C5a 对中性粒细胞和单核细胞都有极强的阳性趋化作用，并能激活中性粒细胞表面的整合素受体的亲和力，促使白细胞与血管内皮黏附。

3. 激肽系统 炎症细胞颗粒中存在的多种酶类介质在细胞脱颗粒时释放出来，激肽原酶是肥大细胞和嗜碱粒细胞颗粒中含有的酶类之一，释出后可活化激肽生成系统，并将血浆中的激肽原转变为激肽。是血液中除补体外的第二大介质形成系统，其多种中间产物与补体系统互有联系，终产物主要是缓激肽（bradykinin）。缓激肽通过与其受体结合引起细动脉扩张、内皮细胞收缩、致痛和刺激其他炎症介质的合成。

4. 凝血和纤溶系统 炎区组织损伤，可激活Ⅻ凝血因子，启动凝血系统和激活纤维蛋白溶解系统，凝血酶可促进中性粒细胞的黏附和趋化作用，纤维蛋白多肽和纤维蛋白的降解产物（FDP）都有扩张血管、增高通透性、趋化中性粒细胞的作用。

此外，在急性炎症过程中产生的急性期蛋白在炎症过程中对于损伤部位的恢复和维持内环境的稳定发挥重要的生物学作用。重要的急性期反应蛋白有：C-反应蛋白、脂多糖结合蛋白和血清淀粉样蛋白 A（表 10-4）。

表 10-4 参与炎症反应的血管源性炎症介质及作用

血管源性炎症介质	作用
感觉神经肽	有明显的促炎作用，能通过轴突反射机制引起神经源性炎症及加重炎症反应；引起血管扩张并传导疼痛的作用
补体系统	扩张血管和趋化作用
激肽系统	缓激肽通过与其受体结合引起细动脉扩张、内皮细胞收缩、致痛和刺激其他炎症介质的合成
凝血和纤溶系统	产生的纤维蛋白多肽和纤维蛋白的降解产物（FDP）都有扩张血管、增高通透性、趋化中性粒细胞的作用

二、炎症反应中白细胞趋化过程的分子机制

急性炎症发生于组织损伤后极短的时间内，局部的小血管扩张和血管内前列腺素、组胺、NO 等炎症介质释放，血管通透性增强，随后以中性粒细胞为主的白细胞向血管壁移动聚集，而后与内皮细胞发生黏附，白细胞游出、聚集和发挥吞噬作用。白细胞的趋化过程主要包括黏附、游出、聚集、吞噬和杀灭四个阶段。下面介绍一下白细胞的趋化过程所涉及的一些分子及其作用机制。

（一）黏附分子

白细胞穿过血管壁的过程与黏附分子（ashesion molecule，AM）的作用密切相关。AM 是一类介导细胞与细胞、细胞与细胞外基质间黏附的膜表面糖蛋白，可以增强一些原本比较弱的细胞表面分子的相互作用，使白细胞可以借助与血管内皮细胞间的相互作用，克服血流动力而贴附在血管壁表面。参与炎症反应的黏附分子超家族有即选择素（selectin）、整合素（integnin）和免疫球蛋白超家族（immunoglobulin super-family，IGSF）。

选择素家族包括白细胞选择素（L-选择素，L-selectin）、内皮细胞选择素（E-选择素，E-selectin）和血小板选择素（P-选择素，P-selectin）。L-选择素表达于白细胞表面，与炎症反应时白细胞和内皮细胞的黏附与此后向炎症组织的游走有重要作用，其抗体或其配体的类似物可以减轻白细胞对组织的炎性损伤；另外，L-选择素又被称为淋巴细胞归巢受体，因为它通过与外周淋巴结定居素（PNAd）的结合而促进淋巴细胞向外周淋巴结的回归。E-选择素表达于内皮细胞表面，主要介导白细胞与内皮细胞黏附，当内皮细胞受到内毒素或 TNF、IL-1 等细胞因子刺激后 1 小时，即有 E-选择素在其表面。P-选择素存储于巨噬细胞和血小板的 α 颗粒或内皮细胞的 Weibel-Palade 小体，当受到凝血酶、组胺、白三烯或其他炎症介质诱导后，这些颗粒或小体内的 P-选择素通过质膜融合而表达，参与白细胞与内皮细胞之间的黏附反应以及凝血和血栓形成的过程。

选择素的胞内区与骨架蛋白结合，L-选择素的胞内区直接与 α 辅肌动蛋白结合，当胞外区受体与抗体结合后，其胞内区发生磷酸化，通过 Ras 和 Rac2 激活 MAPK。L-选择素与配体还可以使胞内 Ca^{2+} 浓度增高，并诱导整合素 Mac-1 的表达，提示了在白细胞活化时黏附因子信号之间的整合作用。

整合素是一组细胞表面糖蛋白，是由 α 亚单位和 β 亚单位构成的异源二聚体，其中 α 亚单位的相对分子质量为 120～180kD，β 亚单位的相对分子质量为 90～110kD。表达于白细胞表面的整合素不同于其他广泛存在的整合素，被称为白细胞整合素。白细胞整合素主要有三种异源二聚体分子，每一种二聚体分子都含有相同的 β 亚单位，这三种白细胞整合素分别称为淋巴细胞功能相关抗原-1（lymphocyte function-associated antigen-1，LFA-1）、补体受体 3（complement receptor 3，CR_3）和Ⅳ型补体受体（CR_4）。

LFA-1 主要存在于淋巴细胞、单核细胞、巨噬细胞、粒细胞及其他一些细胞，配体是 ICAM-1，为免疫球蛋白超家族成员；CR_3 和 CR_4 主要在髓系细胞表达，可以与补体片段结合，从而协助吞噬细胞吞噬已经被补体包被的颗粒。

免疫球蛋白超家族成员的黏附分子有 ICAM-1、ICAM-2、ICAM-3、血管细胞黏附分子（VCAM-1）等。

免疫球蛋白超家族黏附分子主要表达于内皮细胞上，其配体多为免疫球蛋白超家族中的黏附分子或整合素家族的黏附分子，在这种情况下，相互识别的一对 IGSF 分子或整合素-免疫球蛋白超家族黏附分子实际上是互补的配体关系。免疫球蛋白超家族黏附分子与细胞上相应的受体结合后，参与细胞的游走、外渗以及淋巴细胞的增殖激活等过程。ICAM-1 、ICAM-2 是整合素 LFA-1 的配体。

白细胞穿过血管壁的过程与这些黏附分子的作用密切相关。在急性炎症反应的起始阶段，血循环中的白细胞可以被炎症介质，例如，补体 C5a、

IL-1、IL-8、INF-α、LPS 等激活，血管内皮细胞亦发生活化。在组胺、凝血酶和血小板激活因子(PAF)的作用下，被激活的内皮细胞释放的选择素 E 在细胞表面和白细胞表面的受体结合，使两种细胞发生黏附。白细胞被趋化因子激活后，通过 LFA-1 分子构型发生改变，使其与 ICAM-1 的亲和力增加，同时，IL-1 和 TNF-α 等促炎细胞因子的释放可增强 ICAM-1 的表达，使两种细胞更紧密地黏附。白细胞与内皮细胞发生黏附，虽然受多种因素影响，但 LTB4 和补体 C5a 被证明是白细胞黏附的主要炎症介质(表 10-5)。

表 10-5　参与炎症过程的黏附分子种类、分布及功能

类型及成员		分布	功能
选择素类	选择素 P	活化的内皮细胞、血小板	介导白细胞与内皮细胞、血小板黏附
	选择素 E	细胞因子活化的内皮细胞	主要介导白细胞与内皮细胞黏附
	选择素 L	中性粒细胞、单核细胞	对白细胞的趋化作用
整合素	LFA-1	淋巴细胞、白细胞	与 ICAM-1 结合，介导黏附。
	CR3	髓系细胞	可以与补体片断结合，协助巨噬细胞发挥吞噬作用。
	CR4	髓系细胞	
免疫球蛋白超家族	ICAM-1	主要表达于内皮细胞上，	免疫球蛋白超家族黏附分子与白细胞上相应的受体结合后，参与细胞的游走、外渗以及淋巴细胞的增殖激活等过程
	ICAM-2		
	ICAM-3		
	VCAM-1		

(二) 趋化因子及其作用机制

白细胞和内皮细胞稳定黏附后，选择素 L 迅速从白细胞表面脱落，白细胞和内皮细胞的黏附作用减弱并分离，白细胞伸出伪足，向内皮下潜入，到达内皮下，穿过基膜进人血管外组织间隙，白细胞穿过血管壁进入组织间隙的过程，称游出(emigmon)。接着白细胞在趋化因子的引导下，向炎症部位聚集，这是炎症反应的重要标志。白细胞依靠其膜上的特异性受体“识别”趋化因子并与之结合。白细胞的运动方向主要取决于其表达的趋化因子受体类型和它们所处的趋化因子浓度梯度顺序。趋化因子按一定的浓度梯度分布于炎症组织中，白细胞沿浓度差由低到高运动，最终到达浓度最高的损伤病灶中心(图 10-1)。

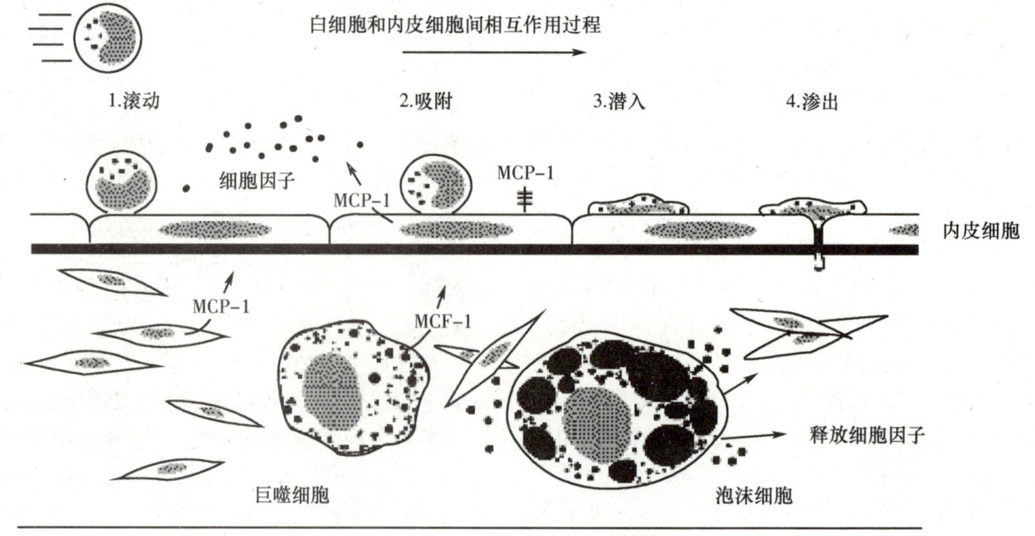

图 10-1　白细胞的趋化过程

趋化性细胞因子在结构上具有相似性，依据其结构中有两个相连的半胱氨酸或在两个半胱氨酸之间间隔一个或多个其他氨基酸分为“C-X-C”(X 代表任意氨基酸)、“C-C”、“C”三个亚族。它们都可以与内皮细胞表面的硫酸肝素糖蛋白结合，对黏附在血管内皮细胞上的白细胞发挥趋化作用。趋化因子的相对分子质量在8～11kD之间，作用浓度在1～100ng/ml，由多种类型细胞所产生。

趋化性细胞因子通常聚集在内皮细胞表面，当白细胞在选择素介导下沿着血管内皮滚动时激活白细胞，使白细胞停止滚动，相对紧密地贴附在内皮表面，趋化因子在血管内皮表面可以形成浓度梯度，引导黏附的白细胞向着高浓度趋化因子方向移动；当白细胞渗出血管，迁移到组织间隙，在血管外仍然朝向高浓度趋化因子方向移动。

诱导趋化因子产生的内源性因子主要是在炎症反应早期产生的IL-1、TNF-α、IFN-γ等促炎细胞因子。因此，趋化因子被认为属于次级炎症细胞因子。与IL-1、TNF-α等在炎症早期产生的关键细胞因子(初级炎症细胞因子)不同，它们在炎症中的作用相对比较专一，而IL-1、TNF-α等作用则相对广泛，尤其是在诱导其他细胞因子的产生方面。

"C-X-C"家族的趋化因子主要由激活的单核细胞、内皮细胞、纤维母细胞、巨噬细胞产生，主要作用于噬中性粒细胞。这一家族的代表性成员是IL-8。IL-8是由72个氨基酸残基组成的多肽。IL-8在炎症反应中的作用是诱导中性粒细胞全方位活化，包括表面黏附分子的表达、溶酶体酶的释放及活性氧的产生等，最后发生导向迁移。

"C-C"类趋化因子多由活化的T细胞产生，主要吸引并活化单核细胞亚群，诱导分泌IL-1、IL-6等前炎症分子和表达黏附分子。这一家族的代表性成员是单核细胞趋化蛋白-1(monocyte chemoattractant protein-1，MCP-1)，MCP-1是单核细胞趋化因子，最适作用浓度为9～10mol/L。在抗原作用于机体24～48小时，导致单核细胞的聚集，并致敏淋巴细胞。MCP-1还可以使嗜碱细胞发生脱颗粒，释放组胺。

"C "类趋化因子，主要对淋巴细胞发挥激活和趋化作用。如淋巴细胞趋化素(lymphotactin)单核细胞趋化蛋白-1(monocyte chemoattractant protein-1，MCP-1)、淋巴细胞趋化素(lymphotactin)(表10-6)。

表10-6　趋化性细胞因子的种类及作用

分类	作用细胞	代表性成员	在炎症反应中的作用
"C-X-C"类	中性粒细胞	IL-8	诱导中性粒细胞全方位活化，包括表面黏附分子的表达、溶酶体酶的释放及活性氧的产生等，最后发生导向迁移
"C-C"类	单核细胞、嗜碱粒细胞、淋巴细胞等	MCP-1	诱导分泌IL-1、IL-6等前炎症分子和表达黏附分子。导致单核细胞的聚集，并致敏淋巴细胞。MCP-1还可以使嗜碱细胞发生脱颗粒，释放组胺
"C "类	淋巴细胞	Lymphotactin	主要对淋巴细胞发挥激活和趋化作用

第四节　炎症反应相关的信号传导机制

在炎症反应过程中，不同的炎症刺激可引起炎细胞内不同信号途径的激活；而对于不同细胞，同一种刺激也可能会引起不同信号途径的激活。目前对于炎细胞接受各种刺激信号的分子基础已有了一些认识，这些分子多属于细胞膜表面的受体。受体激活后，再通过一些细胞内信号途径来调节细胞的炎症反应。根据对多种炎症过程的研究发现，生物性致炎因素的主要受体是TLR受体家族。

人的Toll蛋白被称为Toll样受体(Toll like receptor，TLR)，它能识别病原体，并在病原体入侵机体的早期启动天然免疫，触发炎症反应，发挥抗病原微生物的作用。

在Toll样受体家族中，至今已发现TLR家族有12位成员，即TLR-1～TLR-12，其中TLR-1～TLR-5的结构已经被确定，但仅有TLR-2和TLR-4的功能被部分揭示。TLR属于I型跨膜蛋白，其胞外区结构由富含亮氨酸的重复序列组成；其胞内区结构与IL-1受体1(interleukin-1 receptor 1，IL-1R1)的胞内区相似，称为TIR区(TLR/IL—R1 homologousregion)。TLR-2、TLR-4、TLR-5分布于除T细胞、B细胞及NK细胞以外的免疫细胞胞膜上，TLR的主要配体为病原体相关分子模式(pathogen-associated molecular pattern，PAMP)，如脂多糖(lipopolysaeeharide，LPS)、磷壁酸、肽聚糖、甘露糖和葡聚糖等，这些分子结构可被非特异性免疫细胞所识别。

TLR-4的结构及其参与促炎反应、促进免疫细胞成熟分化及调节免疫应答等方面研究的较为清楚，TLR-4主要识别LPS及一些具有保守类脂A结构的衍生物，还可识别活结核杆菌的某些成分。LPS介导的细胞炎症反应是一个典型的病原体与机体相互作用的过程。LPS刺激细胞能够激活TLR-4的信号转导通路，并进一步激活丝裂原活化蛋白激酶(mitogen-activated protein kinase ，MAPK)、核因子NF-κB通路等信号通路，影响多种转录因子的活性，从而调节包括TNF、IL-1、IL-6、IL-8等多种细胞因子在内的基因的表达(图10-2)。

不同的致炎因子可以激活不同的炎细胞，并释放各级炎症因子，炎症过程中被激活的信号通路可归纳如下：

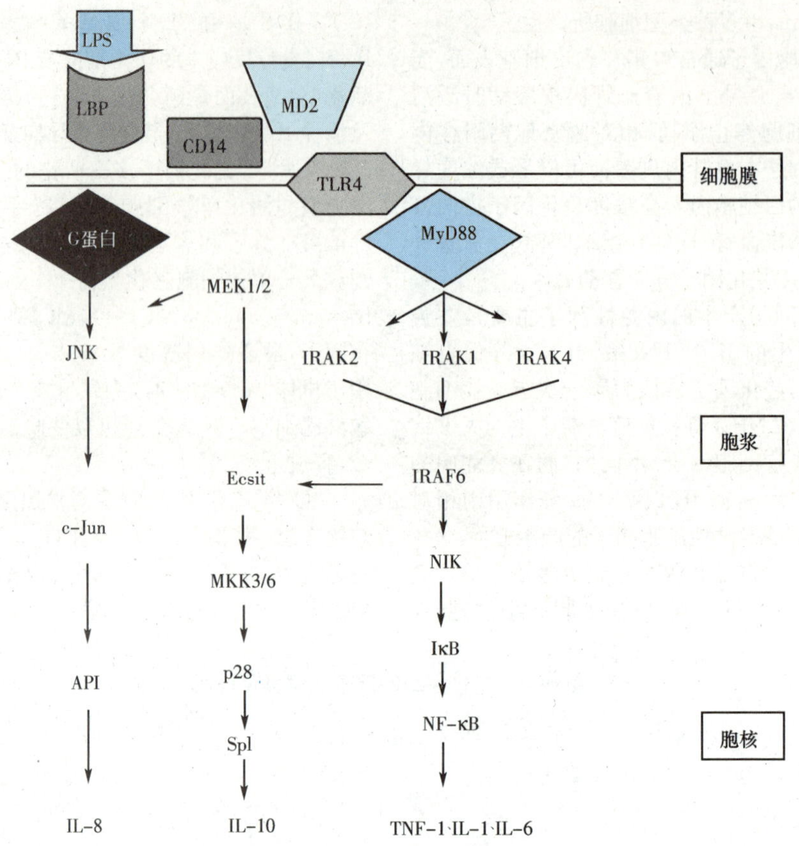

图 10-2 TLR 受体介导的信号转导及细胞效应

脂多糖(LPS):1ipopolysaeeharide;脂多糖连接蛋白(LBP):LPS binding protein;TLR:Toll like receptor;髓样分化蛋白 2(MD-2):myeloid diferentiatial protein 2;接头蛋白(MyD88):myeloid differentiation antigen 88;白细胞介素-1 受体相关激酶(IRAK):IL-1 receptor assoclated Kindase;肿瘤坏死因子受体相关因子 6(TRAF-6):TNF-αreceptor association factor-6;有丝分裂原结合蛋白激酶(MAPK):mitogen activated protein kinase;NF-κB 诱导激酶(NIK):NF-κB inducing kinase;转录激活因子(AP1):activating protein 1

(一) 多种炎症因子激活多个 MAPK 信号通路

丝裂原活化蛋白激酶(mitogen-activated protein kinase ,MAPK)是介导细胞反应的重要信号系统,在哺乳动物细胞中已发现和克隆了细胞外调节蛋白激酶(ERK)、c-Jun 氨基末端激酶(JNK)、*p*38、ERK5/BMK1 四个 MAPK 亚族。这些 MAPK 能被多种炎性刺激所激活,并对炎症的发生、发展起重要调控作用。

1. ERK 通路 ERK 亚族至少包括两个亚型:ERK1 和 ERK2。可溶性葡萄球菌肽聚糖(solubl peptidoglycan,sPGN)强烈激活 ERK1 和 ERK2,中度激活 JNK,仅轻微地激活 *p*38;这与脂多糖(lipopolysaccharide ,LPS)的作用不同,LPS 能强烈地激活所有这些 MAPKs。

2. JNK 通路 除了被生长因子激活外,JNK 通路还能被 LPS、肿瘤坏死因子 α(TNF-α)、白细胞介素 1(IL-1)等激活。TNF-α 和 IL-1 等致炎细胞因子可以激活 JNK,JNK 被激活后,转而磷酸化转录因子 c-Jun 的氨基末端的特定位点。c-Jun 是序列特异性转录激活因子 AP-1(activatingprotein 1)的成分之一。磷酸化的 c-Jun 通过诱导同源或异源二聚体形成,与 AP-1 位点的顺式作用元件结合而启动某些效应基因的转录。

3. p38 通路 LPS、生血细胞因子如红细胞生成素(erythropoietin,EPO)和白细胞介素 3(IL-3)、致炎细胞因子、细菌成分等刺激都能激活 p38 通路这条通路。研究发现了 4 个 p38 亚型,即 p38α,p38β,p38γ,p38δ。4 种 p38 亚型在炎症条件下的激活具有各自不同的特性。譬如,MKK3 和 MKK6 能激活 p38α 和 p38δ,IL-1 则能激活内皮细胞中的 p38α 和 p38β。这提示,在炎症反应中,p38α 可能起主要作用。对细胞内 p38 的定位及其对刺激的反应进行的研究发现心肌细胞、内皮细胞等在静息状态下,p38 主要散在分布于胞质内,LPS 刺激后,p38 被激活并移位入核,这提示转录因子可能是 p38 MAPK 的重要作用目标。p38 通路的激活可以产

笔记栏

生炎症因子如 IL-1、TNF-α、IL-6；诱导在病理状态下控制结缔组织重塑的酶类，如 COX-2；诱导黏附蛋白以及其他炎症因子的表达。

4. ERK5/BMK 通路 至今只发现一个 ERK5/BMK1 亚型能被 TNF-α、细胞外高渗等刺激激活，说明该通路可能也参与某些条件下的炎症反应调节。p38 MAPK 和 BMK1 在 TNF-α 诱导 c-jun 表达中的调控作用的研究，发现 p38 和 BMK1 在 TNF-α 诱导 c-jun 转录的调控中具有协同作用。

（二）多种炎症因子激活核因子-κB (NF-κB)信号通路

核因子-κB 是一种广泛存在于体内多种细胞的核转录因子，目前已发现多种因素可以诱导 NF-κB 的活化，包括 TNF-α、IL-1β、LPS、病毒及其代谢产物等。在静息状态时，NF-κB 通常与其抑制物 IκB 结合形成三聚体以无活性的复合物形式存在于细胞质，当细胞受到细胞外信号刺激时，IκB 降解从而使 NF-κB 与 IκB 发生解离，并迅速从细胞质易位到细胞核，在胞核内与相应基因上的 κB 位点发生特异性的结合，调控细胞因子、趋化因子、黏附分子等相关基因的表达。

大部分趋化因子受体、血小板活化因子属于 G 蛋白偶联型受体，前列腺素 E_2 的受体也属于 G 蛋白偶联型受体，因此它们的信号转导作用主要是通过活化的异源三聚体 G 蛋白中的 Gα 亚基及其下游分子完成的。趋化性细胞因子等炎症介质和 G 蛋白耦联受体(GPCR)结合，提高细胞内 Ca^{2+} 浓度而使内皮细胞渗出增加，同时 IP_3 激活 IP_3 受体，释放 Ca^{2+} 入胞质，进一步提高 Ca^{2+} 浓度，也增加了内皮细胞渗出和 NO 产生。在正常情况下，细胞膜上不存在自由 DG，G 蛋白耦联型受体可以通过 PKC 途径激活 MAPKs，PKC 活化后可使 IκB 磷酸化而脱离 NF-κB，后者向核内移动，启动转录过程(图 10-3)。

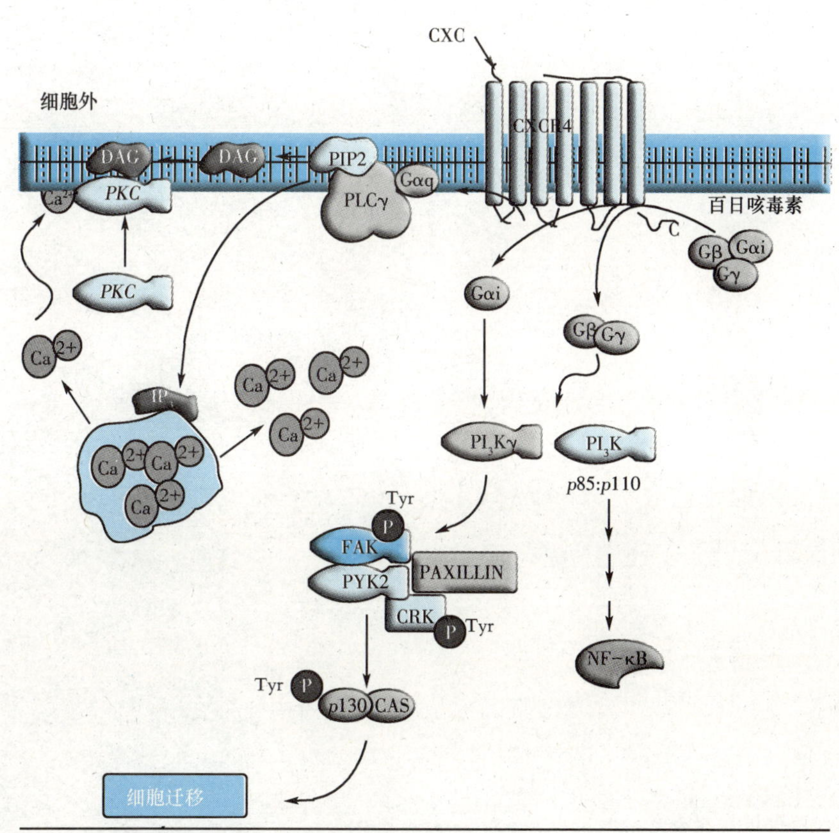

图 10-3 趋化因子受体介导的信号转导通路

磷脂酰肌醇-3 激酶(PI_3K)：phosphoinositide-3-kinase；黏着斑激酶(FAK)：focal adhesion kinase；富含脯氨酸激酶-2(PYK2)：proline-rich tyrosine kinase 2；接头蛋白 CRK)：transforming oncogene v-crk of avian sarcoma virus CT10；Paxillin 属于 CRKL 结合蛋白：means' small stake or peg in Latin as a protein tethered to the membrane at focal ashesio；接头蛋白 Crk 相关的物质(CAS)：Crk-assiciated substrate

致炎刺激引起多条信号转导途径被激活，炎症过程中信号途径之间的相互作用及其调控机制还有待于进一步研究。

小 结

炎症是机体在致炎因子的作用下所发生的一

种以防御为主的复杂反应。参与炎症反应的细胞接受刺激信号后，将信息转导入细胞内，细胞再释放出各种细胞因子或小分子化学物质，使组织炎症反应得以放大，以清除损伤性刺激因素。肥大细胞是天然炎症反应的最初反应细胞，通过释放组胺、TNFα 等炎症介质活化中性粒细胞和巨噬细胞。在多种白细胞黏附因子及受体的帮助下，白细胞在趋化因子释放而形成的浓度梯度指导下通过内皮细胞的间隙穿过血管壁基膜，进入组织间隙发挥作用。

炎症反应早期产生初级炎症细胞因子如 IL-1、TNF-α、PDGF、IFG-γ 等促炎细胞因子，趋化因子属于次级炎症细胞因子。小分子炎症介质包括组胺、前列腺素、白三烯等；另外补体系统、感觉神经肽、血小板激活因子等也参与了炎症反应过程。

各种致炎和抗炎因子通过不同的信号转导途径决定炎症反应的细胞效应。TLR4 介导的 LPS 信号转导通路、TGF-α 受体介导的信号转导通路、趋化因子受体介导的信号转导通路都是十分重要的炎症相关反应通路。

（张春举）

参考资料

黄文林，朱孝峰．2005．信号转导．北京：人民卫生出版社，241～252

李玉林．2002．分子病理学．北京：人民卫生出版社，210～239

药立波．2006．医学分子生物学．北京：人民卫生出版社，180～200

笔记栏

第11章 心血管疾病的分子机制

心血管系统是一个向细胞和从细胞运送物质的器官系统，是一个完整的封闭的循环管道，它以心脏为中心通过血管与全身各器官、组织相连，血液在其中循环流动。心脏是一个中空的肌性器官，它不停地有规律地收缩和舒张，不断地吸入和压出血液，保证血液沿着血管朝一个方向不断地向前流动。血管是运输血液的管道，包括动脉、静脉和毛细血管。动脉自心脏发出，经反复分支，血管口径逐渐变小，数目逐渐增多，最后分布到全身各组织，成为毛细血管。毛细血管呈网状，血液与组织间的物质交换在此进行。毛细血管汇合成为静脉，小静脉汇合成大静脉，最后返回心脏，完成血液循环。

心血管系统疾病是人类最常见的一类疾病，已成为当今世界人口的第一大死因。在我国，随着人口老龄化加速，人民生活水平提高，生活节奏加快，饮食习惯向高热、高脂发展，人群中高血压、高血脂、心力衰竭、脑卒中等心血管系统疾病也已成为危害人群健康及生命的严重疾病之一。

第一节 心血管疾病的分类和特征

一、心血管疾病的分类

心血管疾病是一类与心脏和血管（包括动脉和静脉）有关的疾病。这类疾病包括：动脉硬化、冠状动脉疾病、心肌病、心律失常、心瓣膜疾病、心衰、正立性血压过低、休克、心内膜炎、主动脉及其分支疾病、外周血管病、先天性心脏病等。

二、心血管疾病的主要特征

心脏病没有单一的特异症状，只是某些症状能提示心脏病存在的可能性。心脏病症状主要包括：胸痛、气促、乏力、心悸、头晕目眩、晕厥等。

(1) 胸痛：心肌不能获得足够的血液和氧（称为心肌缺血）以及过多代谢产物堆积都能导致痉挛。在不同的个体之间，这种疼痛或不适感的类型和程度都有很大的差异。有些患者在心肌缺血时，可能始终没有胸痛发生，称为隐匿性心肌缺血。

(2) 气促：气促是心力衰竭的常见症状，是液体渗出到肺脏中肺泡间质的结果，称为肺充血或肺水肿，类似于溺水。随着心衰的加重，轻微活动时也可发生气促，直至静息状态下都出现气促。

(3) 乏力：当心脏泵血能力下降时，活动期间流向肌肉的血液不足以满足需要，此时患者常感到疲乏与倦怠。但这些症状常难以捉摸，不易引起患者的重视。

(4) 心悸：心悸与其他症状如气促、胸痛、乏力和倦怠、眩晕等一道出现时常提示有心律失常或其他严重疾病存在。

(5) 头晕和晕厥：由于心率异常、节律紊乱或心泵功能衰竭导致的心输出量减少可引起头晕和晕厥。这些症状也可由大脑或脊髓疾病引起。强烈的情绪波动或疼痛刺激神经系统也可导致头晕和晕厥。

三、心血管疾病的案例及临床表现

（一）动脉粥样硬化的临床案例与临床特征

案例 11-1

患者，男性，63 岁，因阵发性胸闷，心悸，头晕，乏力就诊。病史：确诊为冠心病心绞痛 12 年，急性前间壁心肌梗死 2 年余。胸闷憋气，气短自汗，心绞痛时时发作，尤以天阴或晚间为著。每次发作需吸氧，含服硝酸甘油。近半月来心绞痛发作频繁，含服硝酸甘油不能缓解，并伴有室性期前收缩，房室二度一型传导阻滞。体格检查：血压 19.5/13.5kPa（146/102mmHg），心率 78 次/分，律不齐，心界不大，第一心音低钝。肝肋下触及，脾未触及。辅助检查：心电图示Ⅱ、Ⅲ、aVF、V_5、V_6 导联 ST 段下移1.0～1.5mV，房性或室性期前收缩、右束支传导阻滞、Ⅱ度房室传导阻滞、房室交界性心律。脑血图示轻度血管阻力增大，弹性减退。胆固醇 8.28mol/L（320mg/dL），三酰甘油 2.71mol/L（240mg/dL）。

诊断："冠状动脉疾病"、"阵发性房颤"。

问题与思考

1. 动脉粥样硬化的病因及发生发展机制？

2. 家族性高胆固醇血症的分子遗传机制？

3. 高脂血症和炎症与动脉粥样硬化的关系？

笔记栏

案例 11-1 相关提示

动脉粥样硬化临床特征

急性冠脉综合征（acute coronary syndrome，ACS）是以冠状动脉粥样硬化斑块不稳定为基本病理生理特点、以急性心肌缺血为共同特征的一组综合征，按照 ST 段是否抬高来划分，ACS 包括：不稳定性心绞痛（UA）、无 ST 抬高的心肌梗死（NSTEMI）、ST 抬高的心肌梗死。ACS 具有发病急、变化快、死亡率高但可救治的基本特点，且在急性胸痛就诊者所占比例较大。

急性心肌梗死患者的胸痛多表现为更严重，持续时间更长（数小时或数天），常发生于清晨，多无明显诱因，可伴有烦躁不安、大汗、恐惧或濒死感，休息或含服硝酸甘油不能缓解。少数患者可表现为无痛性心肌梗死，严重者可以休克或心力衰竭为首发表现。其全身表现尚有发热、心动过速、胃肠道症状，体格检查可发现心率失常、低血压、心功能不全、房或室性奔马律、心包摩擦音及收缩期杂音等。

（二）心肌肥厚的临床案例与临床特征

案例 11-2

患者，女，38 岁。因活动后心悸、气短，眼发黑入院。病史：心悸、气短 8 年，加重伴反复眼发黑 2 年。既往史：其母亲死于肥厚型心肌病，1 个妹妹患肥厚型心肌病。体格检查：血压 106/66mmHg（14/8.8kPa），心界向左下扩大，心前区无震颤，心律不整齐，有期前收缩，心尖部可闻及 3/6 级收缩期吹风样杂音，传导不明显。辅助检查：心电图示窦性心律，左房扩大，完全性右束支传导阻滞，房性期前收缩，室性期前收缩，短阵室速。超声心动图示左房内径 52mm，左室舒张期内径 61mm，室间隔 13mm，左室后壁 11mm，LVEF 49%，心功能四级，二尖瓣中等量返流，主动脉瓣、三尖瓣少量返流。

诊断："肥厚型心肌病"，"心功能四级"。

问题与思考

1. 肥厚性心肌病的细胞病理生理学基础？

2. 导致心肌肥厚的刺激因素和应答基因？

3. 心肌肥厚发生发展的细胞内信号转导途径？

案例 11-2 相关提示

心肌肥厚的临床特征

肥厚型心肌病（hypertrophic cardiomyopathy，HCM）病因不明确，HCM 可呈家族性发病，也可呈散发性发病，据流行病学调查资料散发的约占 2/3，有家族史者占 1/3，男女比例为 2∶1。遗传方式以常染色体显性遗传最常见，同一家族中的 HCM 心肌肥厚分布的主要部位可不同。HCM 的猝死主要原因多为心律失常。

HCM 的突出特征是不对称性进行性心肌肥厚。根据心肌肥厚的部位和程度的不同，分为两种类型：①以室间隔肥厚为主致流出道阻塞的称为肥厚梗阻型心肌病；②心肌肥厚而无流出道阻塞的称肥厚非梗阻型心肌病。主要临床表现为呼吸困难、心绞痛、晕厥、心悸、乏力、心脏扩大、心尖部和胸骨左缘第 3 及第 4 肋间收缩期粗糙的喷射性杂音。

（三）心律失常的临床案例与临床特征

案例 11-3

患者，女，27 岁，主诉咳喘 1 周，心慌气短，不能平卧入院。病史：患者 10 年前体检胸透时发现心脏扩大，9 年前在某医院诊断为"先天性心脏病"。1 年前安静时自觉胸闷气短，心悸，活动后加重，夜间不能平卧。1 个月后，上述症状进一步加重，并出现尿少和双下肢水肿。一周前因受凉感冒，又出现心慌气短，半天来症状加重，遂急诊收住院。既往史：无结核病和风湿病史；其母患高血压病，姑母患"心脏病"早年亡故，两个弟弟有心脏病，均有心脏杂音，其中一人摄 X 线胸片见心脏扩大。体格检查：体温 37.4℃，脉搏 200 次/分，血压 100/70mmHg（13.2/9.27kPa）。两颊紫红，口唇发绀，颈静脉怒张；两肺未闻啰音，叩诊心界向两侧扩大，心率 200 次/min，呈奔马律。腹软，肝大，下界在右肋下 6cm，质中等，有压痛，脾未触及；双下肢明显水肿。生理反射存在，病理反射未引出。辅助检查：心电图示室上性心动过速。X 线胸片示心脏向两侧极度扩大，呈球形，两肺门不清晰；超声心动图未见心包积液。血、粪常规，血沉，尿素氮，肝功能，HBSAg，A/G 比值和血电解质均正常。血浆二氧化碳结合力 36.7 vol%，尿蛋白（++）。

临床诊断："心律失常"，"阵发性室性心动过速"。

笔记栏

问题与思考

1. Q－T 间期延长综合征的细胞分子机制？

2. 引起 Q－T 间期延长综合征的相关基因？

3. 引起遗传性心律失常的常见基因突变？

案例 11-3 相关提示

心律失常的临床特征

由于各种原因引起心脏节律或频率的异常称为心律失常。也就是指心搏起源部位，心搏频率与节律以及冲动传导前任何一项异常，均称为心律失常。

心律失常多见于各种器质性心脏病，其中以冠心病、心肌疾病和风心病为多见，尤其在发生心力衰竭或急性心肌梗死时。主要表现为心慌，头晕，胸闷憋气，脉率不齐，有间歇，严重时失去知觉，血压下降，心跳停止。心律失常有些人为阵发性的，平时发作很厉害，但到医院做心电图检查时又正常了，这种情况往往要做 24 小时连续、动态心电图进行观察，才可得到较为可靠的结果。

第二节 动脉粥样硬化的分子机制

动脉粥样硬化（atherosclerosis，As）是指动脉某些部位的内膜下有脂质沉积，同时有平滑肌细胞增殖和纤维基质成分蓄积，逐步发展形成动脉硬化性斑块，斑块部位的动脉壁增厚、变硬，斑块内部组织坏死后与沉积的脂质结合，形成粥样物质，故称粥样硬化。

动脉粥样硬化性疾病包括：

(1) 动脉粥样硬化性心脏病：冠心病，心绞痛，缺血性心脏病，心肌梗死，急性冠脉征侯群，心律紊乱，心力衰竭。

(2) 动脉粥样硬化性脑血管病：脑血栓形成，脑卒中，脑梗死，血管性痴呆。

(3) 动脉粥样硬化性外周血管病：闭塞性肢体缺血，闭塞性肾动脉缺血，闭塞性内脏缺血，腹主动脉瘤。

一、动脉粥样硬化的危险因素与发病机制

（一）动脉粥样硬化的危险因素

包括传统危险因素、新显现的危险因素和潜在的危险因素。

(1) 传统危险因素：血脂异常、高血压、吸烟、糖尿病、肥胖、代谢综合征等。

(2) 新显现的危险因素：脂蛋白(a)、三酰甘油、高同型半胱氨酸血症、凝血和纤溶功能异常、感染、炎症反应、氧化应激等。

(3) 潜在的危险因素：饮食、年龄和性别、体力活动、心理社会因素、遗传因素等。

（二）动脉粥样硬化的发病机制

动脉粥样硬化是以动脉壁脂质沉着并伴有纤维性增生为特征的病理改变。

1. 脂质浸润入动脉内膜主要有以下三条途径

(1) 血液脂质的主要成分胆固醇和三酰甘油均与载脂蛋白结合以脂蛋白形式在血浆中转运，它们非选择性地随血浆其他成分一起浸润入动脉壁，这条途径主要是通过细胞间隙的超滤作用，血浆中脂蛋白成分多数通过这条途径进入动脉壁。

(2) 脂蛋白颗粒通过内皮细胞受体介导的入胞途径，由被覆陷窝、被覆小泡被运输至溶酶体，胆固醇被利用以合成自身的膜。

(3) 血浆中脂质由内皮细胞血管腔面的胞膜小泡摄取，通过穿胞作用进入内皮下间隙。这种穿胞作用可能是低密度脂蛋白（low density lipoprotein，LDL）通过动脉内皮细胞的主要途径之一。当滞留于内皮下的 LDL 经过氧化修饰形成氧化低密度脂蛋白（Ox-LDL）之后，Ox-LDL 再通过清道夫受体介导进入细胞并大量聚积，导致泡沫细胞形成。

2. 高脂血症、炎症和氧化应激参与动脉粥样硬化发生发展 在 As 发生过程中最早出现的变化是内皮对脂蛋白及血浆其他成分的通透性增高，细胞黏附分子分泌增多，促使血小板、粒细胞、单核细胞等细胞黏附于血管内皮，释放多种生物活性因子，触发炎症反应。后续出现的脂质条纹的形成是 As 病变形成的重要病理过程。脂纹的细胞成分中最初只包含单核巨噬源性泡沫细胞及 T 细胞，后来平滑肌细胞吞噬大量脂质转变成泡沫细胞，成为构成脂质条纹的主要细胞成分之一。这一阶段包括平滑肌细胞的迁移，T 细胞的活化，泡沫细胞的形成和血小板的黏附与聚集。趋化因子对脂纹形成过程中巨噬细胞的趋化和聚集有着重要作用。

高血脂时体内自由基产生和清除平衡被破坏，许多自由基清除剂（如 SOD、CAT）活性降低，产生大量的脂质过氧化物（lipid peroxide，LPO），LPO 直接损伤内皮细胞，导致内皮细胞的退行性变化和通透性改变，LPO 的产物丙二醛（MDA）极易修饰 LDL，成为 MDA-LDL 后，致炎性细胞浸润并释放各种生长因子，刺激中膜平滑肌细胞移行于内膜增生，吞噬及分泌大量间质成分，形成 As 病变；LPO 引起前列环素/血栓素 A2（PGI_2/TXA_2）失调，血小板聚集性加强，释放 5-羟色胺（5-HT）等，并增强凝血活性。这些因素相互影响，相互作用，从而促进

病变的形成。

二、高脂血症致动脉粥样硬化机制

(一)细胞胆固醇的转运途径(图 11-1)

细胞对胆固醇的摄取途径是通过细胞对脂蛋白的摄取再转交给溶酶体,这是最经典的途径。除此之外,细胞还可经其他途径摄取胆固醇,如通过吞噬、胞饮和非特异性吸收内吞小体。实际上,除了肝细胞和类固醇生成细胞,其他细胞通过非LDL-R途径的胆固醇摄取是最本质的,即使在肝脏,当LDL血浆水平高时也是一种非常重要的途径。一旦被摄取进入溶酶体,脂蛋白核心的胆固醇酯可被溶酶体内的一种相对分子质量为41kD的酸性溶酶体胆固醇酯水解酶水解为非酯化(游离的)胆固醇和游离脂肪酸。胆固醇酯(cholestryl ester,CE)来源的游离胆固醇(free cholesterol,FC)以及来自脂蛋白颗粒的游离胆固醇从溶酶体输出。虽然细胞摄取胆固醇的溶酶体途径占主导,但细胞膜表面的胆固醇摄取途径在细胞内胆固醇的代谢过程也起到非常重要的作用。此外,存在一种高容量低亲和的经细胞膜表面从LDL摄取游离胆固醇的途径,该途径主要存在于缺乏LDL-R的细胞,而且,进入细胞后的游离胆固醇,极容易被酯化为胆固醇酯。在肝细胞和类固醇生成细胞,还存在一种经高密度脂蛋白受体SR-BI选择性摄取胆固醇酯的途径。细胞还能够摄取非脂蛋白胆固醇,该途径主要存在于小肠黏膜细胞对膳食源和胆汁源胆固醇的摄取过程。膳食中的胆固醇酯被胰腺分泌的胆固醇酯水解酶水解成为游离胆固醇,而胆汁源胆固醇均为游离型。

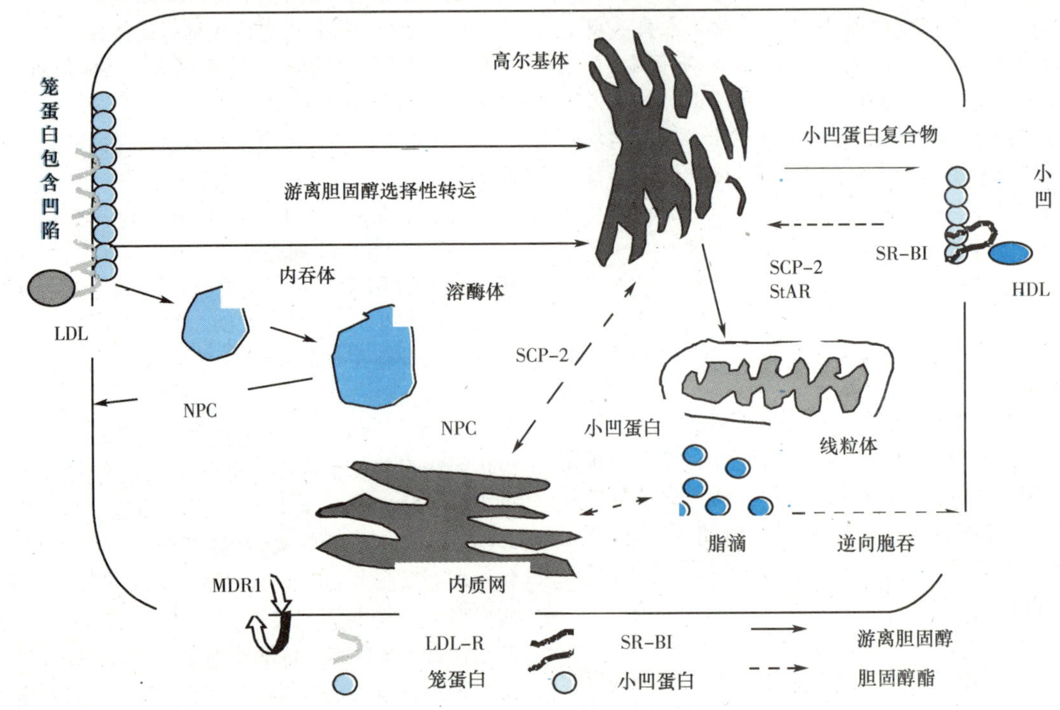

图 11-1 细胞内胆固醇转运代谢示意图

LDL:低密度脂蛋白;SR-BI:B类I型清道夫受体;StAR:类固醇急性调节蛋白;HDL:高密度脂蛋白;SCP-2:固醇运载蛋白2;NPC:C型尼曼皮克蛋白;MDR:多药耐药(膜蛋白)。低密度脂蛋白(LDL)经受体(LDL-R)途径结合于细胞膜,在笼形蛋白作用下形成凹陷,LDL与其受体一同被内化形成内吞体,与溶酶体融合形成次级溶酶体,脂蛋白被降解,受体被循环利用。在NPC作用下,胆固醇与其他成分被分拣。细胞内被酯化胆固醇在胞质内脂滴形成蛋白协助形成脂滴耳蓄积。胆固醇运出细胞的途径主要有被动弥散、异化扩散、转运体介导(如ABCA1、ABCG5/8等)。游离胆固醇及胆固醇酯在细胞内可进行重分布,多种蛋白和酶类参与这一过程,如小凹蛋白,固醇转运蛋白等。多药耐药膜蛋白(MDR1)可介导胆固醇的快速细胞穿梭,满足某些细胞对胆固醇的利用

(二)动脉壁泡沫细胞及动脉粥样硬化病变的形成(图 11-2)

1. 低密度脂蛋白的氧化性修饰及细胞内脂质蓄积 当血浆LDL超过正常水平,LDL就会蓄积在内膜而且会被氧化修饰,形成氧化型LDL,然后能通过表达黏附分子结合到白细胞的同源性配体促发炎症,在化学趋化因子的作用下促进白细胞渗透到血管外。同时,在血管壁,M-CSF刺激单核细胞表达清道夫受体并且吞噬修饰的脂质微粒,这样就形成了泡沫细胞,即As的早期损害。

2. 细胞黏附性增加及炎症性反应 一旦与内皮细胞发生黏附后,白细胞即开始向内膜下迁移,

笔 记 栏

在这一过程中趋化分子起重要的作用。例如，MCP-1可以使单核细胞直接进入内膜下；T细胞趋化因子家族可以促进淋巴细胞向内膜下迁移。单核细胞迁移入内膜下，形成巨噬细胞。之后，一些炎症介质如M-CSF能增加巨噬细胞表面清道夫受体的表达，使巨噬细胞吞噬脂蛋白形成泡沫细胞。M-CSF等炎症介质还能促进巨噬细胞的免疫应答。在各种炎症因子的作用下，大量中膜平滑肌细胞及肌源性泡沫细胞穿过内弹力板进入内膜下。

3. 平滑肌细胞被激活与斑块的生长 当血管平滑肌细胞释放基质，纤维性组织变性便开始了，原来静止的中层平滑肌细胞会迁移到血管内形成纤维性脂斑，即As的中期损害。如果持续危险因素存在，损害会进一步增加，血管内会聚集白细胞发生炎症过程。T细胞会通过结合CD40配体激活巨噬细胞，激活后的巨噬细胞会分泌大量的炎症介质，如MMP-1等。MMP-1能降解斑块的保护性纤维帽和基质大分子，使斑块易破裂。破裂的斑块能进一步释放组织因子激活凝血酶原而产生血栓和急性心肌梗死。

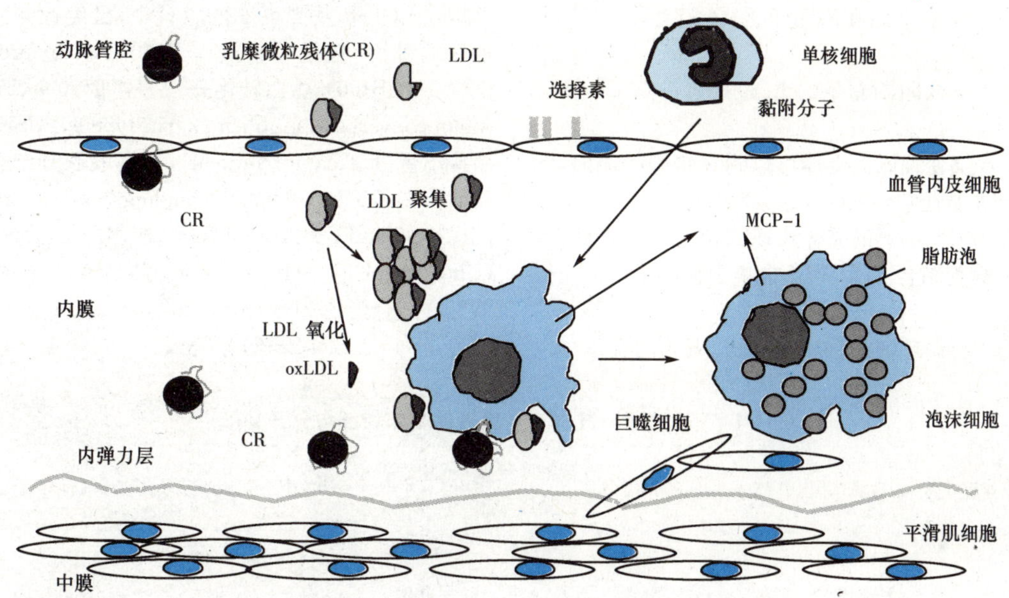

图 11-2 动脉壁泡沫细胞的形成过程示意图

循环血液中脂蛋白乳糜微粒残体(CR)和低密度脂蛋白(LDL)通过血管内皮受体和非受体途径穿过内皮层进入内皮下间隙，滞留于内膜下间隙的CR可直接被游走至内膜下间隙的单核/巨噬细胞摄取，LDL则可形成聚合体，被巨噬细胞清除，LDL可被氧化形成氧化修饰的LDL。受损伤血管内皮细胞被诱导表达黏附分子，如VCAM-1、ICAM-1等，和选择素，如E-选择素、P-选择素等，促使循环血液内炎症细胞，如单核细胞的黏附，穿过内皮移行至内皮下间隙，无反馈地大量吞噬被氧化修饰的LDL(OxLDL)后，成为荷脂很高的细胞，即所谓的泡沫细胞。这些吞噬氧化修饰脂质的巨噬细胞同时被激活，释放多种细胞因子，包括促中层平滑肌细胞移行至增生内膜的生长因子类细胞因子，移行至内膜的血管平滑肌细胞可发生细胞增殖反应，分泌大量细胞外基质，释放生长因子、细胞因子、吞噬脂质成为泡沫细胞，与巨噬细胞一起，引起动脉壁局部的炎症反应和脂质蓄积病变，是动脉粥样硬化的基本病理事件

(三) 家族性高胆固醇血症的分子遗传机制

家族性高胆固醇血症(Familial hypercholesterolemia，FH)是一种最为常见且最为严重的常染色体单基因显性遗传性疾病，也是最早被明确其临床和基因特征的脂代谢紊乱疾病。该病纯合子患者血浆LDL大幅度增高，多部位肌腱黄色瘤和早发性As，严重者青少年时期可发生冠心病甚至心梗死亡。

1. 家族性脂蛋白异常的原因

(1) 基因缺陷引起的高胆固醇血症：家族性高胆固醇血症、家族性载脂蛋白B100缺陷症、家族性植物固醇血症、常染色体隐性高胆固醇血症。

(2) 基因缺陷引起的高三酰甘油血症。

(3) 基因缺陷引起的混合型高脂血症：Ⅲ型高脂蛋白血症、家族性混合型高脂血症。

(4) 基因缺陷对血清高密度脂蛋白胆固醇水平的影响：鱼眼病、Tangier氏病、apoAⅠ异常症、CETP缺乏症。

2. 低密度脂蛋白受体基因 FH发病的分子机制主要是LDL-R缺陷。LDL-R基因定位于19p13.1-p13.3，全长约45kb，共有18个外显子，其转录产物mRNA约5300nt长度。受体的配体结合区，由5个外显子编码(2～6外显子)，EGF前体同源区，由8个外显子编码(7～14外显子)。糖基化

部分，由第15外显子编码。跨膜区，由第16外显子和部分17外显子编码。胞浆内的尾部，由部分17外显子和18外显子的一部分编码。LDL-R在内质网合成，再经过高尔基复合体时糖基化，相对分子质量为160kD，是嵌合于细胞膜的整合膜蛋白。

在家族性高胆固醇血症中，已鉴定了770余种不同的LDL-R突变，并发现有多种突变和高度的等位基因异质性。多数突变为受体基因不同等位基因杂合子，既复合杂合子。大多数为点突变，其余为大片段缺失或重排。

3. LDL-R基因突变功能类型

(1) 突变发生在启动子区，不产生mRNA和蛋白。

(2) 突变阻断新生的LDL-R蛋白从ER转运到GO。

(3) 突变编码的受体可以到达细胞的表面，但不能与正常地结合配体。

(4) 突变编码的受体可以到达细胞的表面，也能与正常地结合LDL，但不能集中在网络蛋白包被小窝。

(5) 再循环缺陷型突变，突变编码的受体可以结合并内在化LDL，但不能释放内含体中的受体，回到细胞的表面。

4. FH样表型的致病基因 FH是一种异质性非常高的疾病，主要表现在：临床症状严重程度不同、对降脂治疗反应性不同、LDL-R基因突变存在多样性、突变遍布整个基因、同一位点的突变发生在不同患者、临床表现差异较大。大约20%～35%临床确诊的FH患者检测不到LDL-R基因突变。FH遗传方式包括显性和隐性两种遗传方式。LDL-R是主要的致病基因，其他可引起LDL清除障碍的基因突变也可导致严重的FH样表型。在已排除LDL-R基因突变的患者中，已经检测到多种致病基因，包括载脂蛋白B100(Apolipoprotein B100, ApoB100)、蛋白转化酶-枯草溶菌素9(Proprotein convertase, subtilisin/kexin type 9, PCSK9)、衔接子蛋白(Adaptor protein)、三磷酸腺苷结合盒转运蛋白G5和G8(ATP binding cassette transporter G5 and G8, ABCG5/G8)、胆固醇7-α-羟化酶(Cholesterol-17-α-Hydroxylase, CYP7A1)、固醇调节元件结合蛋白-2(Sterol regulatory element binding protein-2, SREBP-2)等(表11-1)。

表11-1 不同类型FH样表型患者的临床特征与分子基础

亚型	致病基因	定位	遗传类型	低密度脂蛋白受体功能	胆固醇水平	黄色瘤	冠心病	其他表型
FH	LDL-R	19p13.1	显性	缺陷	非常高	有	早发	
FDB	ApoB100	2p23	显性	无	很高	有	迟发	ApoB100缺陷
FH3	PCSK9	1p32	显性	肝细胞	很高	有	早发	
FH4	ARH	1p35	隐性	肝细胞	很高	大	迟发	
CYP7A1缺陷	CYP7A	18q12	隐性	表达下调	很高	有	早发	胆结石
胆固醇血症	ABCG5	2p21	隐性	表达下调	很高	有	早发	植物固醇水平很高
	ABCG8	2p21	隐性	表达下调	很高	有	早发	
	SREBP-2	22q13	隐性	不明	高	有	早发	

三、炎症致动脉粥样硬化机制

动脉粥样硬化的发生机制并不单纯是脂代谢紊乱。实际上，As是由多种炎症细胞因子参与的慢性炎症性疾病，炎症细胞因子参与As发生发展的全过程。某些脂类如溶血磷脂、氧固醇、血小板活化因子样磷脂等作为信号分子，与细胞的受体结合后可激活基因表达，生成许多促进炎症的细胞因子。例如，内皮细胞表达许多黏附分子使血流中的单核细胞，T淋巴细胞黏附于受损内皮表面，单核细胞趋化蛋白-1(MCP-1)使单核细胞迁移入内皮下。T淋巴细胞也有其相应的趋化诱导因子，单核细胞在巨噬细胞集落刺激因子(M-CSF)作用下分化成巨噬细胞，单核/巨噬细胞及T淋巴细胞是主要的炎症细胞。参与As免疫细胞包括巨噬细胞、T细胞、$CD8^+$细胞、树突状细胞、肥大细胞等。促As的炎症介质主要包括CD40与CD40配基、MCP-1、γ干扰素、IL-1、IL-18等。与As有关的病原体包括肺炎衣原体、巨细胞病毒、疱疹病毒、幽门螺杆菌等。参与动脉粥样硬化发生发展的细胞因子既有促As的(pro-atherogenic)，也有抗As的(anti-atherogenic)，主要因子及其功能总结见表11-2。

(一) 炎症与早期动脉粥样硬化的发生

在As发生的早期，最主要的变化是动脉内皮功能的紊乱。这种内皮功能紊乱的一个重要原因就是血管壁的慢性炎症刺激。在不同的As动物模

笔记栏

型中，炎症反应总是出现于动脉壁上脂质聚集的部位。正常的血管内膜通常不发生白细胞的黏附，但在As的早期阶段，随着内皮细胞的损伤，在一氧化氮（nitric oxide，NO）、前列环素 I_2（prostacyclin，PGI_2）、血小板源性生长因子（platelet derived growth factor，PDGF）、血管紧张素Ⅱ（angiotensin Ⅱ，ATⅡ）和内皮素（endothelin，ET）等的介导下，内皮细胞开始表达黏附分子，包括E-选择素（E-selectin）、P-选择素（P-selectin）、细胞间黏附分子-1（intercellular adhesion molecule，ICAM-1）、血管细胞黏附分子-1（vascular cell adhesion molecule，VCAM-1）。

内皮黏附分子能与白细胞上的配体即白细胞黏附分子相结合，促进内皮与单核细胞、淋巴细胞及血小板的黏附。单核细胞也会被单核细胞集落刺激因子（monocyte-colony stimulating factor，M-CSF）所刺激，然后在丝裂原的协同作用下转变成为泡沫细胞。T细胞也会产生炎症介质，比如干扰素（interferon，IFN）和肿瘤坏死因子（tumor necrosis factor，TNF），这些因子同样会刺激巨噬细胞沉着血管壁，促使血管内皮细胞和平滑肌细胞的增殖。此外，这些炎症细胞因子的刺激能导致细胞外基质的形成，从而导致As的发生和形成（图11-3，表11-2）。

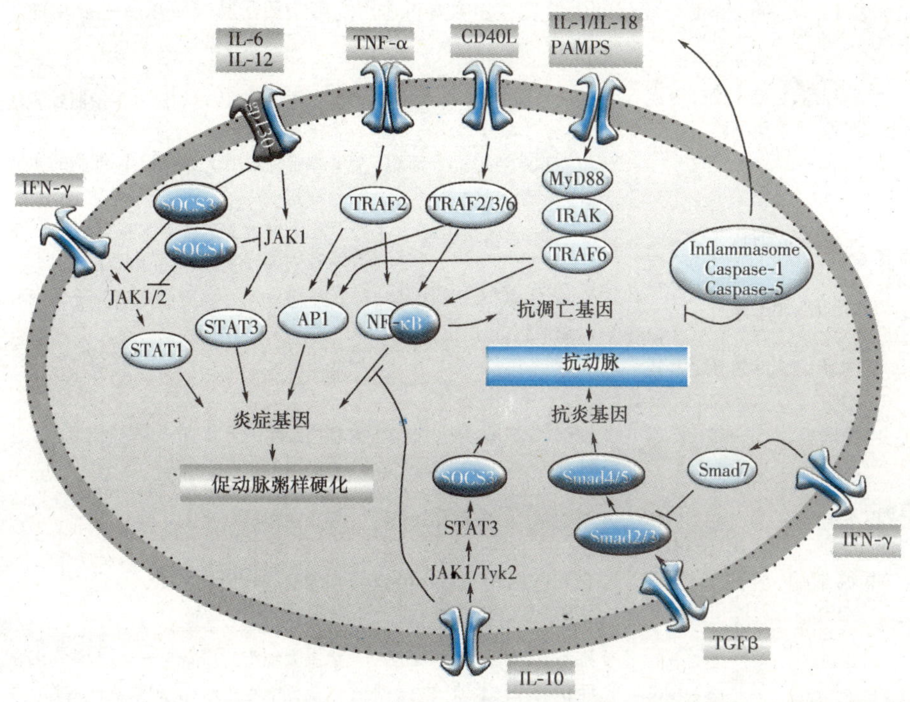

图11-3 促动脉粥样硬化与抗动脉粥样硬化细胞因子的相互作用及其细胞内信号途径

IFN：干扰素；TNF：肿瘤坏死因子；ECM：细胞外基质；NF-κB：核因子-κB；TNF：肿瘤坏死因子；TRAF：TNF受体相关因子；PAMPs：病原相关分子基序；SOCS：细胞因子信号传递蛋白抑制物；MyD88：中幼粒细胞系分化原始应答基因；STAT：信号转导与转录激活物；AP1：激活物蛋白1；Sp1：信号蛋白1；JAK：双面守护神激酶；TyK：酪氨酸激酶；IRAK：白细胞介素-1受体相关激酶；Smads：抗短腹形成基因小母源蛋白。具有促动脉粥样硬化作用的促炎细胞因子包括IL-1、IL-6、IL-12、IL-18、CD40L、TNF-α和IFN-γ等。这些因子经受体途径激活炎症基因表达的细胞内信号途径及相关转录因子如图中所示。具有炎症抑制作用的Smads，例如IFN-γ信号传递下游分子Smad 7，受激活的受体作用，干扰Smad2和Smad3的结合。虽然抗炎细胞因子IL-10与IFN-γ一样也能够激活JAK和/或STAT蛋白，但IL-10与其受体IL-10R的相互作用通过激活JAK1和Tyk2从而使STAT3和SOCS3激活，这正是巨噬细胞内IL-10产生抗炎作用的核心所在。此外，炎小体（inflammasome）在病理条件下可能是联系凋亡与炎症的中心环节。NF-κB在动脉粥样硬化发生发展过程可能具有双向作用，即可通过其促炎性质而促动脉粥样硬化发生，也可通过其抗凋亡作用而抗动脉粥样硬化的发生

（二）炎症在进展期斑块形成中的作用

血管壁持续的炎症反应导致巨噬细胞及淋巴细胞数目增多，这些细胞激活后会释放各种细胞因子、化学趋化因子及生长因子，又可以进一步加重损伤，最终形成进展期斑块。激活的炎细胞和动脉壁上的固有细胞合成胶原，使斑块的外层包上一层纤维帽，从而形成纤维斑块。

在As部位，发现IL-18及其受体表达有级联免疫和信号转导功能。IL-18不仅能诱导巨噬细胞和T细胞表达IFN，而且能协同IL-12诱导平滑肌

细胞分泌 IFN。在颈动脉斑块内，$CD4^+$ T 细胞和 TH1 T 细胞大量产生 IL-1，进而促使斑块增厚。内皮细胞和平滑肌细胞在其他炎症细胞因子的刺激下能产生迁移抑制因子（migration inhibitory factor，MIF），MIF 能刺激巨噬细胞产生其他炎症细胞因子如 TNF-α、NO、IL-1β、IL-8 等。CD40 配体能诱导巨噬细胞产生组织因子（TF），组织因子是斑块凝血酶原激活的关键因子。同时 CD40 配体具有激活胱天蛋白酶-1（caspase 1）的作用，caspase 1 是触发凋亡的酶原。而且，CD40 配体也会诱导内皮细胞、平滑肌细胞、巨噬细胞表达基质金属蛋白酶-1（matrix metalloproteinase-1 MMP-1），MMP-1 在 As 的进一步损害中有重要作用。CD40 配体通过其受体能使血管细胞和巨噬细胞产生大量的致炎细胞因子，CD40 配体会诱导血管内皮细胞和平滑肌细胞释放 IL-6，IL-8 及 IL-1β。CD40 配体诱导内皮细胞表达一系列的内皮黏附分子，包括 E-选择素（CD62），VCAM-1（CD106）以及 ICAM-1（CD54）；在巨噬细胞内，CD40 配体还增加 CD54、CD80、CD86，主要组织相容性复合物 2（MHC2）以及 CD40 的表达。这些炎症细胞因子的高表达促进 As 的发生发展（图 11-3，表 11-2）。

表 11-2 在动脉粥样硬化发生发展过程中具有作用的细胞因子其来源以及主要功能

细胞因子	产生的细胞	靶细胞	主要功能
IL-1α IL-1β	巨噬细胞、淋巴细胞、内皮细胞、平滑肌细胞	多种类型的细胞	促炎症、刺激内皮细胞和平滑肌细胞活化
IL-2	激活的 T 细胞	巨噬细胞、T 细胞、B 细胞、NK 细胞	T 细胞生长因子、刺激 NK 细胞的激活、刺激 Treg 细胞
IL-3	T 细胞、肥大细胞	肥大细胞、造血祖细胞	促肥大细胞和造血细胞系（粒细胞、单核细胞、巨核细胞）的增殖与分化
IL-4	Th2 细胞、肥大细胞	T 细胞、B 细胞、肥大细胞、巨噬细胞、造血祖细胞	B 细胞和 Th2 细胞的增殖与分化，刺激 VCAM-1 的产生
IL-5	T 细胞、肥大细胞、内皮细胞	B 细胞	刺激 B 细胞的生长与分化，Ig 转换作用
IL-6	巨噬细胞、内皮细胞、平滑肌细胞、T 细胞	T 细胞、B 细胞、肝细胞、内皮细胞、平滑肌细胞	髓样细胞的分化，诱导急性相蛋白的生成、平滑肌细胞增殖
* IL-7	血小板	单核细胞、T 细胞、B 细胞	促炎症作用
IL-8	单核细胞、内皮细胞、T 细胞	中性粒细胞、T 细胞、单核细胞	促炎症，促白细胞滞留
IL-9	Th2 细胞	T 细胞、B 细胞、肥大细胞、嗜伊红细胞、中性粒细胞、表皮细胞	促肥大细胞的增殖与分化，刺激 IgE 的产生，抑制单核细胞的活化、刺激单核细胞产生 TGF-β
IL-10	巨噬细胞、Th2 细胞、Treg 细胞、B 细胞、肥大细胞	巨噬细胞、T 细胞、B 细胞	抗炎作用，抑制 Th1 细胞的应答，促进调理性 T 细胞的增殖与分化
IL-11	内皮细胞	造血祖细胞	血细胞生成
IL-12	Th1 细胞	T 细胞、巨噬细胞	促炎症，促进 NK 细胞和细胞毒淋巴细胞的活性，诱生 IFN-γ
* IL-13	Th2 细胞	B 细胞	Ig 的转录激活
* IL-14	内皮细胞、淋巴细胞	B 细胞	B-细胞生长因子
* IL-15	内皮细胞、巨噬细胞	T 细胞、B 细胞、NK 细胞、单核细胞	增强中粒细胞造血因子的生成、细胞骨架的重排、胞吞作用，延缓细胞凋亡
* IL-16	肥大细胞、$CD4^+$ 和 $CD8^+$ 细胞	$CD4^+$	$CD4^+$ T-细胞生长因子，促炎作用，增强淋巴细胞的化学趋化作用以及黏附分子、IL-2 受体和 HLA-DR 的表达
* IL-17	人记忆细胞、小鼠 αβTCR $CD4^-$ $CD8^-$ 胸腺细胞	成纤维细胞、角质细胞、表皮细胞、内皮细胞 F	促IL-6、IL-8、PGE_2、MCP-1 和 G-CSF 的分泌，诱导 ICAM-1 的表达、T-细胞增殖

笔记栏

续表

细胞因子	产生的细胞	靶细胞	主要功能
IL-18	巨噬细胞	T细胞、NK细胞、中幼粒细胞、单核、红细胞、巨核细胞系	促炎症，诱生IFN-γ和其他Th1细胞因子，促进Th1的发育和NK细胞的激活
*GM-CSF	巨噬细胞、内皮细胞、淋巴细胞	造血干细胞、中性粒细胞、巨噬细胞	粒细胞、巨噬细胞的生长与分化
*M-CSF	巨噬细胞、内皮细胞、淋巴细胞	造血干细胞、中性粒细胞、巨噬细胞	巨噬细胞的生长与分化
TNF-α	巨噬细胞、T细胞、B细胞、NK细胞、平滑肌细胞	多种细胞类型	促炎症、发热、中粒细胞的活化、骨吸收、抗凝血、肿瘤坏死
TGF-β	血小板、巨噬细胞、Th3细胞、Treg细胞、B细胞、平滑肌细胞	多种细胞类型	抗炎症，粗纤维变性，促进创口愈合，血管生成，抑制Th1和Th2细胞的免疫应答
IFN-γ	Th1细胞、NK细胞、平滑肌细胞(β)	巨噬细胞、淋巴细胞、NK细胞、内皮细胞、平滑肌细胞	促炎症，促进Th1细胞的免疫应答/Th1相关细胞因子的分泌，抑制平滑肌细胞合成细胞外基质
CD40L	血小板、T细胞、NK细胞、内皮细胞、平滑肌细胞	巨噬细胞、淋巴细胞、NK细胞、内皮细胞、平滑肌细胞	促炎症，促进Th1细胞的免疫应答/Th1相关细胞因子的分泌，刺激MMP的分泌

*表示这些细胞因子在动脉粥样硬化中的作用尚不是很明确

(三) 炎症与晚期动脉粥样硬化并发症

炎症促进脂质沉积，脂质又可以增强炎症反应。脂质核心越大，炎症反应越强，使粥样斑块增大易于破裂。单核/巨噬细胞可分泌MMPs，使细胞外基质(extracellular matrix，ECM)降解，纤维帽削弱。斑块中多种细胞成分分泌的细胞因子可抑制平滑肌细胞增生、促进平滑肌细胞凋亡或抑制平滑肌细胞内胶原蛋白合成，使斑块中平滑肌细胞减少，纤维帽修复能力或抗破裂强度减低。上述作用的结果均使As斑块易于破裂。

随着病变的进展，动脉壁的中膜层也受到破坏，因此血管壁的机械强度降低，在血流的长期冲击下，血管壁局部变薄、膨出形成动脉瘤。炎症细胞可以分泌具有促凝血功能的组织因子，一旦斑块发生破裂，就会启动凝血过程形成血栓。As部位的炎症刺激长期存在以及炎症细胞分泌的多种生长因子可以诱导新生血管的形成。这些新生血管发育不成熟，血管壁多由单层内皮细胞构成，细胞间连接不紧密，血管壁周围缺少结缔组织的包绕，所以极易破裂导致斑块内出血。慢性炎症反应的损伤部位反复机化、纤维化，再加上斑块部位的钙盐沉着，长期作用就会形成斑块的钙化(图11-3，表11-2)。

第三节　心肌肥厚的分子机制

心肌肥厚是心肌工作超负荷的一种适应性反应，以心肌细胞蛋白合成增加和细胞体积增大为主要特征，是引起多种心血管疾病的重要危险因素，一些主要心脏病的发病率和死亡率可因左心室肥厚的存在明显增加。心肌肥厚的发生与多种因素有关，如年龄、体重增加、心脏负荷过重等目前研究认为，心肌肥厚的发生机制主要分为细胞外信号机制和细胞内分子机制两方面。心肌肥厚是心肌细胞对生长因子的一种应答反应，是机体基因表达异常的结果。心肌肥厚时不仅心肌细胞体积增大，表型亦由成熟型向胚胎型转化，同时还伴有心肌细胞和间质细胞的增生。这些过程是由细胞内DNA的复制、RNA的转录、蛋白质合成、有丝分裂和胞质变动引起的，而以上变动则受控于癌基因等多种基因的转录和表达异常。

从细胞和分子水平上看，心肌细胞肥大的分子机制主要包括三个环节：细胞外的刺激信号、细胞内的信号转导和细胞核内基因重排、活化。其中，胞内的信号转导通路是胞外刺激与核内基因活化的偶联环节，起到重要作用。

一、心肌肥厚应答的起始与调控

无论是在正常的还是在失调的循环状况，为了适应生理需要，心肌必须能够适时地做出生长性应答。而这种引起心肌生长的刺激信号最终转导到细胞核，引起相关基因表达的改变。可引起心肌细胞生长的刺激信号即可来自局部组织，也可来自体循环。这类刺激还包括机械性牵张。这些因子分别为自分泌因子、旁分泌因子和内分泌因子。

引起心肌肥厚的细胞外刺激信号呈现出多样

笔记栏

性，其本质是被刺激细胞的生长性反应。这些刺激信号主要包括以下方面：心肌细胞受到的机械性牵张，心肌细胞相关的肌节病、内分泌激素（如生长激素、甲状腺素）、细胞因子（如 IL-1、TNF-α）、脂溶性维生素（如维生素 D、视黄醇类）、gp-130 糖蛋白、心房尿钠肽等。图 11-4 概括了一些重要的参与心肌细胞生长的主要因子（图 11-4）。

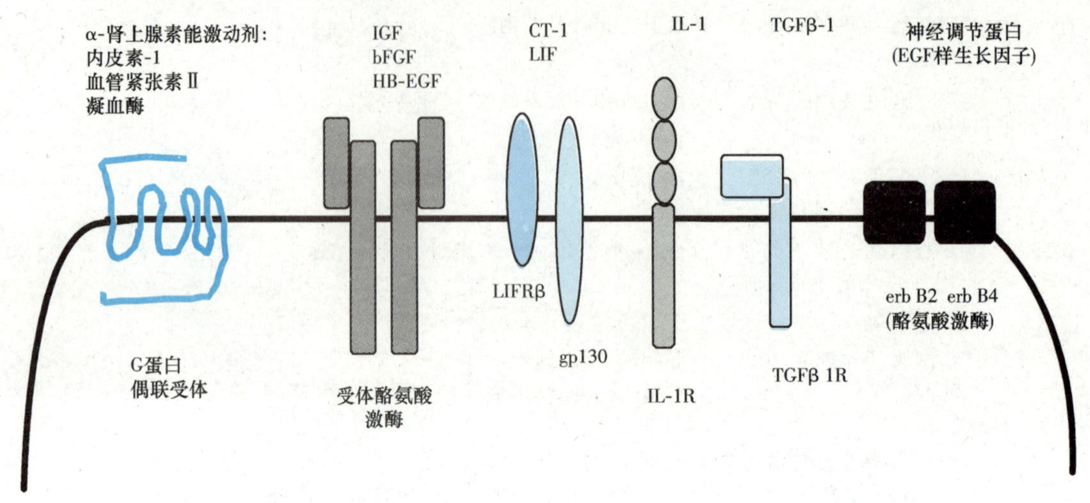

图 11-4 与心肌肥厚发生有关的生长因子及其受体

IGF：胰岛素样生长因子；FGF：成纤维细胞生长因子；HB-EGF：肝素结合 EGF 样生长因子；LIF：白细胞抑制因子；CT：心肌营养素；TGF：转化生长因子。六种类型引起心肌肥厚的刺激信号及其受体

二、肥厚心肌细胞基因转录谱的变化

心肌肥厚的细胞分子机制涉及多种基因的转录表达调节。在受到各种不同的心肌肥厚刺激后，某些基因受到选择性的上调表达，尤其是在转录水平。虽然 mRNA 水平基本能够反映其对应编码蛋白的功能水平，但转录后的选择性剪接和翻译后的修饰作用亦不可被忽视。表 11-3 列举了在受到各种不同的心肌肥厚刺激后，在基因表达转录水平发生改变的基因。

心肌收缩受复杂的信号途径调节，部分取决于钙的利用度。激动剂与 β-肾上腺能受体结合导致 G 蛋白的激活，后者激活腺苷环化酶，产生 cAMP 并激活依赖于 cAMP 的蛋白激酶 A。1 型血管紧张素Ⅱ受体和 α_1 肾上腺素能受体刺激通过激活蛋白激酶 C 以及其下游关键靶蛋白如 L-型钙离子通道的磷酸化增加心肌的收缩力。通过使 β-肾上腺素能受体磷酸化，PKA、PKC 和 β-肾上腺素能受体激酶诱导去敏作用。心肌细胞收缩的抑制也是通过腺苷酸和蝇蕈碱胆碱能受体的活化，该受体与 Gi 偶联，并导致腺苷环化酶的抑制（图 11-4，图 11-5）。

表 11-3 在转录水平受到心肌肥厚刺激调控的心肌基因

不被诱导表达的基因	被诱导表达的基因	被抑制表达的基因
心脏 α-肌动蛋白	转录因子类：UBF、jun、junB、fos、myc、Egr-1、nur-77、TEF-1、Id-1、GATA-4、Sp1/3	SERCA2、Ca^{2+} 释放通道蛋白
肌球蛋白	尿钠肽：ANP、BNP	受磷蛋白、Kv1.5
MLC2v	肌节蛋白类：βMyHC（啮齿类）、MLC1a（人类）、MLC2a（啮齿类）、平滑肌 α-肌动蛋白（啮齿类）、骨骼肌 α-肌动蛋白（啮齿类） 生长因子类：ET-1、IGF-1、HB-EGF、TGFβ1 其他类：肌纤维膜 Na^+-Ca^{2+} 交换蛋白、肌醇 1,4,5 三磷酸受体、Kv1.4、Na^+-H^+ 反向转运蛋白、血管紧张素转换酶、微管蛋白、βARK	β 烯醇酶、L-型钙通道蛋白

笔记栏

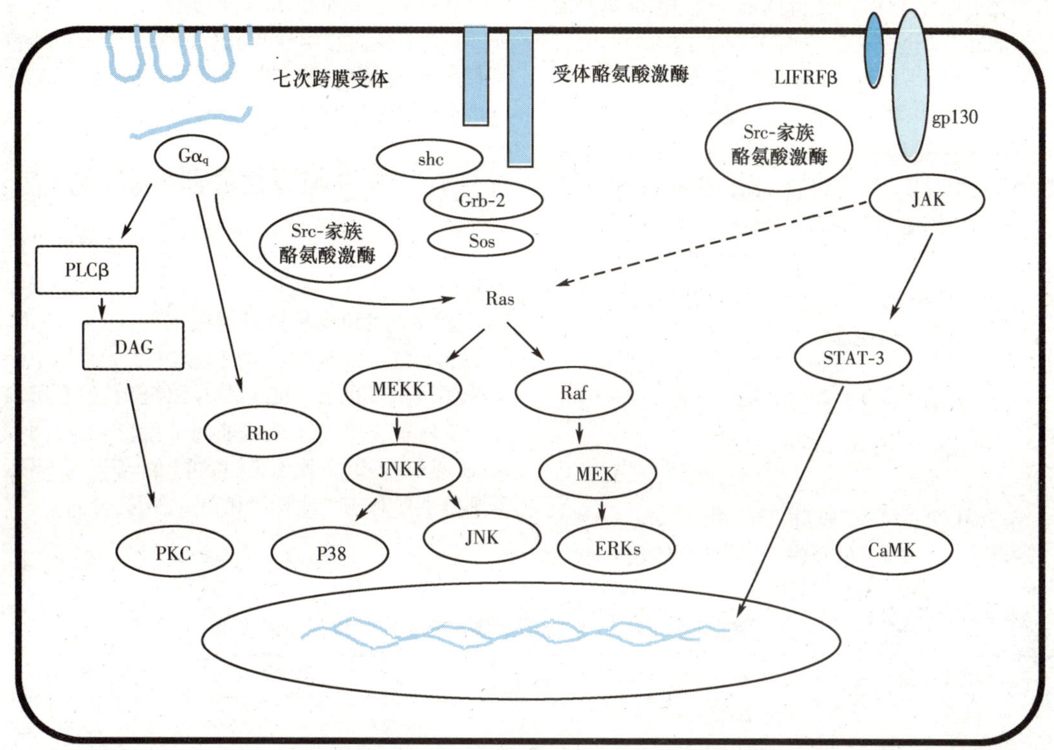

图 11-5 与心肌肥厚有关的主要细胞内信号转导途径

JNK:c-Jun N-末端激酶;MAPK:丝裂原活化蛋白激酶;MEKK:MAPK/ERK 激酶激酶;PKC:蛋白激酶 C;CaMK:钙调蛋白激酶;PLC:磷脂酶 C;DAG:二酰甘油。与 G 蛋白偶联的 7 次跨膜受体受 α-肾上腺素能激动剂、内皮素-1、血管紧张素 II、凝血酶等刺激后,可以三种分支途径传递生长信号。以 RAS 为轴心的细胞内信号通路关联多种来源的细胞生长刺激信号,包括 G 蛋白偶联受体途径、受体酪氨酸蛋白激酶途径和 Src 家族酪氨酸激酶途径。生长因子,如 IGF、bFGF、HB-EGF 是引起心肌细胞生长的强信号,一些炎症相关细胞因子,如 IL-1,也能够引起心肌细胞的生长反应

三、心肌肥厚的细胞内信号转导途径

(一) 小分子三磷酸鸟苷结合蛋白途径

小分子 G 蛋白调控许多胞内信号通路,如细胞构架的改建、基因表达、细胞的增殖、渗入、分化和凋亡,而异戊二烯化是这些分子膜定位和发挥生物学作用所必需。胆固醇合成通路中的甲羟戊酸是几种类异戊二烯衍生物的前体,包括焦磷酸法尼酯(farnesyl pyrophosphate,FPP)和焦磷酸牻牛儿基牻牛儿酯(geranyl geranyl pyrophosphate,GGPP)。FPP 和 GGPP 是一些蛋白如,Ras 和 Ras 样的 Rac、Rab、Rho 家族翻译后异戊二烯化所必需。类异戊二烯化作用产物 FPP 和 GGPP 减少,阻碍了小分子 G 蛋白的异戊二烯化,使其与浆膜结合的激活的小分子 G 蛋白减少,阻止其发挥生物学活性,抑制心肌肥厚。

(二) 丝裂素活化蛋白激酶及其介导的信号转导途径(图 11-5)

丝裂素活化蛋白激酶(mitogen-activated protein kinase,MAPK)家族可分为 3 大类:胞外信号调节激酶(Extracellular signal regulated kinases,ERKs)、应激活化蛋白激酶(stress activated protein kinase,SAPK)、c-Jun 氨基端激酶(c-JunN-terminal kinase,JNK)和 p38 激酶。ERK 是一族相对分子质量为 40~60kD 的蛋白质丝氨酸/苏氨酸激酶,可对许多细胞外刺激发生反应而被快速激活。激活的 MAPK 通过核转位调节核内转录因子,引起细胞增殖和生长反应(详细请参见第 4 章)。

(三) 细胞核内的基因转录调控

过氧化酶体增殖物激活型受体(peroxisome proliferator-activated receptors,PPARs)是核受体超家族中的一类配体依赖的核转录因子,包括 α、β/δ、γ、三种亚型,参与调节过氧化物酶体增殖、能量代谢、细胞分化、炎症反应等。PPARα 能够调控编

码出生后心肌线粒体大部分脂肪酸氧化(FAO)的核基因表达。PPARα 激活剂可抑制由 ET-1 诱导的心肌肥厚。PPARγ 的表达在脂肪组织中占优势,与 PPARα 一样可在新生大鼠心肌细胞表达。将吡格列酮或曲格列酮加入培养的心肌细胞中能抑制 Ang 诱导的心房钠尿肽(atrial natriuretic peptide,ANP)基因和骨骼肌 α 肌动蛋白基因的表达和细胞表面积的增加。噻唑烷二酮类 PPARγ 配体可以抑制压力负荷增加引起的心肌肥厚,说明激活 PPARγ 可抑制心肌肥厚。

四、家族性肥厚性心肌病的分子机制

家族性肥厚型心肌病(familial hypertrophic cardiomyopathy,FHCM)是一种常染色体显性遗传性疾病,具有多种临床表现,预后不一,但已明确 HCM 是年轻人心源性猝死(sudden cardiac death,SCD)最常见的病因,尤其对竞技性运动员,SCD 可以是唯一首发表现。

(一)家族性肥厚性心肌病基因突变

迄今已确定 10 个编码肌节蛋白基因的 100 多种突变被确定可引起 FHCM,另外发现 2 个编码非肌节蛋白基因和线粒体基因组突变亦与 FHCM 有关(表 11-4)。10 种肌节蛋白基因突变导致肌节蛋白病变,引起单纯肥厚型心肌病(不伴有其他心脏表现和心脏外表现)。2 个编码非肌节蛋白(电压门控性 K^+ 通道和 AMP 依赖性蛋白激酶 Aγ 亚基)的基因突变则分别伴有先天性耳聋和 W-P-W 综合征。

表 11-4 家族性肥厚型心肌病的致病基因和突变位点及发生率

符号	基因	染色体位置	发生率(%)
MYH7	β-肌球蛋白重链(β-MyHC)	14q12	~30
MYBPC3	肌球蛋白结合蛋白 C(MyBP-C)	11p11.2	~20
TNNT2	肌钙蛋白 T(cTnT)	1q32	~20
TPM1	α-原肌球蛋白(α-Tm)	15q22.1	~5
TNNI3	肌钙蛋白 I(cTnI)	19p13.2	~5
MYL3	肌球蛋白必需轻链(MLC21)	3p21.3-p21.2	<5
MYL2	肌球蛋白调节轻链(MLC22)	12q23-q24.3	<5
ACTC A2	肌动蛋白(cardiacA2actin)	11q	<5
KCNQ4	电压门控性 K 通道	1p34	<5
TTN	蛋白激酶 AC2 亚基	2q24.1	罕见
PBKA	G2 肌联蛋白(Titin)	7q22-q31.1	?
MYH6	A2 肌球蛋白重链	14q	罕见
MTTI	线粒体 DNA	线粒体	罕见

(二)肌小节的构成和功能(图 11-6)

肌小节是横纹肌收缩单位,由粗肌丝和细肌丝组成,每一个肌小节长约 22μm,通过 Z 盘与相邻的肌小节连接。粗肌丝由 β-肌球蛋白重链(β-MyHC)连接肌球蛋白结合蛋白-C(MyBP-C)蛋白和肌球蛋白轻链-1(MLC-1)、MLC-2 蛋白组装而成,β-MyHC 蛋白占全部肌纤维蛋白的 1/3 左右,是肌小节的动力单位,它有一个球状头端,其中有肌动蛋白及 ATP 结合区。MyBP-2C 是细胞内免疫球蛋白超家族成员,通过肌小节的 A 带与肌球蛋白分子连接。它有 10 个功能区,第 10 区 C-端最后 102 个氨基酸是肌球蛋白结合区,C8-C10 区可与肌联蛋白(titin)结合。MyBP-C 与肌球蛋白及 Titin 的结合可进一步稳定肌小节的结构。心脏 MyBP-C 的第 1-2 区,还有一个独特的 N-端基序,是 cAMP 依赖性,也就是 Ca^{2+}/钙调蛋白依赖性蛋白激酶的磷酸化作用位点,参与调节肌肉收缩。MLC-1、MLC-2 蛋白均属于 EF-手蛋白家族,MLC-1 结合于 β-MyHC 的颈部,精细调节肌纤维的收缩和舒张,而 MLC-2 上有一个镁离子结合位点,参与调节肌动蛋白-肌球蛋白相互作用时收缩力的产生。细肌丝是由肌动蛋白(actin)、肌钙蛋白(troponin,Tn)复合体(TnT、TnI、TnC)和 α-原肌球蛋白(tropomyosin,α-Tm)按 7∶1∶1 的比例组合而成,不但参与肌肉收缩时力量的产生,还可以将力量向周围传递。cTnI 是心脏特异性蛋白,为肌钙蛋白-肌球蛋白复合体的抑制结构,调节 Ca^{2+} 激动的肌纤蛋白与 ATPase 的相互作用。cTnT 将肌钙蛋白复合体连接在 α-Tm 上,后者为一卷曲成杆状的螺旋,覆盖在肌动蛋白上。心肌的 α-肌动蛋白为一 38kD 的蛋白,它与 β-MyHC 相互作用使肌肉收缩产生力量,并通过与肌联蛋白和营养不良素的相互作用将收缩力由肌小节传至固定的细胞骨架。肌联蛋白的两端分别连于 M 线和 Z 盘，跨约半个肌节长度，在肌小节装备上起一个重要作用，且包含数个卷曲能够维持肌细胞的静止张力，并参与肌肉收缩时能量的产生和转换。Ca^{2+} 与肌动蛋白-原肌球蛋白复合体结合，解除了 cTnI 的抑制作用，β-MyHC 分子的球状头端摆动，使细肌丝移动，肌小节缩短，肌肉收缩。

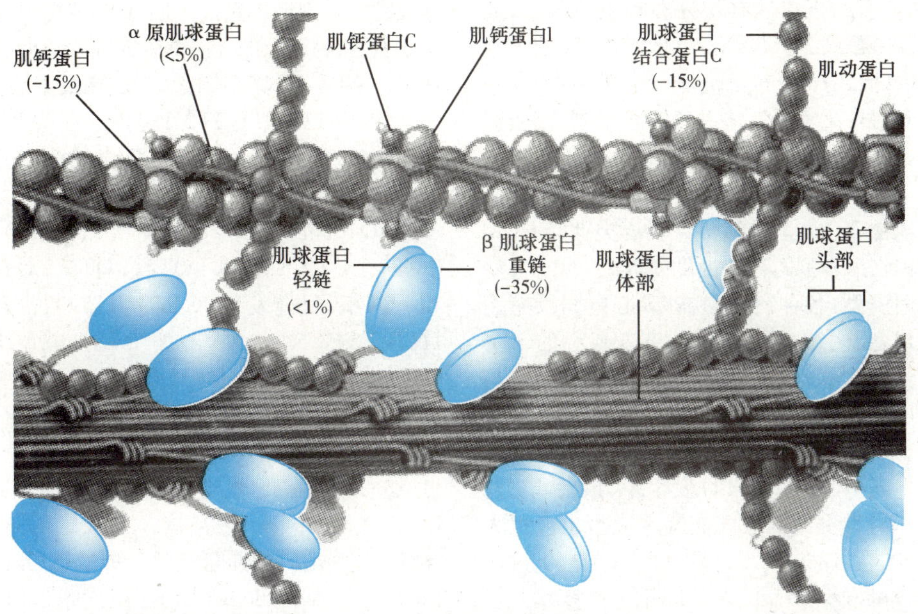

图 11-6　肌小节的结构及肌节蛋白

当钙结合于肌钙蛋白复合物(肌钙蛋白 C、I 和 T 亚基)以及 α-原肌球蛋白，肌球蛋白与肌动蛋白发生相互作用。肌动蛋白刺激肌球蛋白头部 ATP 酶活性，产生沿肌动蛋白丝的滑力。肌小节中横向排列的肌球蛋白结合蛋白 C 与肌球蛋白结合，当发生磷酸化时调节收缩。在肥厚型心肌病，突变可能损害上述收缩机制或其他蛋白质的相互作用，导致心肌细胞肥厚和排列紊乱。图内百分数表示因该基因突变而引起肥厚型心肌病的发生频率

(三) 突变肌节蛋白对肌小节结构和功能的影响

肌小节和肌纤维的形成是一个严密调节的协调一致的过程，很容易受到基因突变引起的肌节蛋白结构改变的影响。FHCM 患者一般都有肌小节和肌纤维排列紊乱，且是 FHCM 的特征性病理表现。已证实多数突变肌节蛋白掺入肌小节和肌纤维中，少数如 MYBPC3 突变产生截断蛋白，通过单体型功能不足机制影响肌小节的结构。基因突变引起肌小节蛋白功能区域的氨基酸改变，导致蛋白功能异常，包括肌小节机械功能异常，如，粗肌丝和细肌丝的横桥运动、肌纤凝蛋白(actomyosin)相互作用和最大收缩力下降。生化缺陷包括 ATPase 活性和 Ca^{2+} 敏感性下降。*β-MyHC* 突变影响球状头端的 ATP 分解位点和与肌动蛋白的结合位点，降低肌动蛋白激活的 ATPase 活性及肌球蛋白与细肌丝的结合亲和力，心肌兴奋-收缩偶联能力受抑制，收缩单位运动能力下降。*cTnT* 突变主要影响肌纤维对 Ca^{2+} 的敏感性，分离的 *cTnT-Q92* 突变转基因鼠心肌细胞的收缩装置对 Ca^{2+} 调节活动的敏感性明显下降，心肌细胞缩短速率和峰值缩短速率降低。*α-Tm* 突变对松弛状态(pCa9)的肌动-肌球蛋白相互作用无影响，而增加活动状态(pCa5)细肌丝移位率，总的收缩力不变，提示 *α-Tm* 突变使肌小节对 Ca^{2+} 敏感性增加，通过高收缩状态引发心肌肥厚，亦导致舒张功能不全。

(四) 遗传因素与非遗传因素的相互关系

HCM 最终的临床表型不仅取决于致病的突变基因，还取决于遗传背景(调节基因)和非遗传因素(环境)。*ACE*-1 基因、ET-1 和 TNF-α 对 HCM 的心脏表型有调节作用。左右心室都有突变肌节蛋白表达，因左室压力高，容量负荷重，HCM 的心肌肥厚主要局限于左室。HCM 患者的骨骼肌中也有突变 β-MyHC 蛋白表达却没有明显的症状。年轻人生长发育高峰期肥厚程度增加。HCM 患者经室间隔消融术消除流出道压力阶差后左室肥厚可以逆转。以上结果表明非遗传因素如压力、容量负荷等也参与调节 HCM 的心脏表型。

突变肌节蛋白在心肌细胞中的表达首先损害细胞收缩功能，后出现肌小节和肌纤维排列紊乱。而心肌肥厚是心肌对各种形式的负荷和损害的共同反应。FHCM 患者肌小节蛋白突变使机体产生

笔记栏

刺激因素，激活心脏的遗传程序，代偿性触发肥厚反应，这同其他原因引起的心肌肥厚的方式一样。在肌节蛋白突变和 FHCM 最终表型之间最关键的环节是心肌细胞收缩和舒张功能异常，使肌细胞张力增加，激活压力反应性有丝分裂和肥厚因子，如 AngⅡ、TGFβ-1、IGF-1、BNP/ANP、ET-1 及信号激酶，且原癌基因 *c-fos*、*c-myc*、*c-jun* 表达增加。这些肥厚因子和信号激酶激发体内的转录机制，使蛋白合成增加，引起心肌肥厚、间质纤维化和其他心脏表型。

同其他常染色体显性遗传性疾病类似，FHCM 的基因型和临床表型间存在高度变异性，没有突变特异性基因表型，各种突变的临床、心电图及超声心动图表现各异。*β-MyHC* 基因突变所致的 FHCM 与 *MyBP-C* 和 *α-Tm* 基因突变相比，疾病外显率高，心肌肥厚程度重，发病年龄小，SCD 发病率高。纯合子致病基因和混合突变已被证实可导致严重的病理表型、较高的 SCD 发生率、预后差。同一个基因不同类型突变之间的临床表型也有很大的差异，例如在 *β-MyHC* 基因突变中，Arg403Gln、Arg453Cys 和 Arg719Trp 突变的病情重、疾病外显率高、发病早、SCD 发生率高。另外，同一突变类型在不同种族、人群的外显率和临床表现亦有很大的异质性。

第四节　心律失常的分子机制

心律失常可因原发性的心肌传导异常或再极化异常引起，也可因结构性心脏病而引起。家族性心律失常虽然并不常见，但为深入认识心律失常的分子机制提供了很好的范例。Q—T 间期延长综合征、家族性室性心动过速、先天性窦结节功能不良、家族性房室阻滞、家族性房颤等。本节将主要阐述遗传性心律失常的临床特征以及细胞分子机制。

一、遗传性心律失常

遗传性心律失常是环境因素和遗传因素共同作用的结果，包括原发性心电疾病和致心律失常性心肌病，前者指无器质性心脏病的一类以心电紊乱为主要特征的疾病，如长 Q—T 综合征、Brugada 综合征、家族性房颤等，后者是心脏病伴发室性心动过速，包括致心律失常性右室心肌病、扩张性心肌病、肥厚性心肌病。

（一）Q—T 间期延长综合征（long Q—T syndrome，LQTS）的分子遗传机制（图 11-7，图 11-8）

长 QT 综合征（LQTS）是指心电图上有 Q—T 间期延长、T 波异常、易产生室性心律失常，尤其是尖端扭转性室速，患者易发生晕厥和猝死的一种心脏病。LQTS 并非常见病，但由于该病发病突然、猝死率高、又多以青少年发病以及近年来对该疾病基因型和表现型关系的阐明，使得 LQTS 成为近年来心血管疾病领域的一个研究前沿。目前已经发现了 7 基因与 LQTS 有关，但临床最常遇到的还是前 3 种，即 LQT1、LQT2、LQT3。在基因筛查结果出来之前，根据心电图特点可以对病人进行初步分型。

LQTS 至少包括 8 种类型（表 11-4），分别为 LQT1、LQT2、LQT3、LQT4、LQT5、LQT6、LQT7 和 LQT8。目前发现 *KCNQ*/*KVLQT*1、*KCNH*2/*HERG*、*SCN5A*、*ANKB*、*KCNE*1/*minK*、*KCNE*2/*MiRP*1、*KCNJ*2/*RyR*2、*Cav*1·2 基因突变分别与上述 8 种 Q-T 间期延长综合征有关。

LQT1 的相关基因 *KCNQ*1 位于染色体 11p15.5，为编码缓慢延迟整流钾通道（Iks）α 亚基；LQT2 相关基因 *HERG*（*KCNH*2）位于染色体 7q35-36，为编码快速延迟整流钾通道（Ikr）α 亚基；LQT3 相关基因 *SCN5A* 位于染色体 3q21-24，为编码钠通道 α 亚基；LQT4 相关基因定位在染色体 4q25-27，为编码 Ankyrin-B 蛋白；LQT5 相关基因 *KCNE*1 位于染色体 21q22，为编码 Iksβ 亚基；LQT6 相关基因 *KCNE*2（*MiRP*1）也位于染色体 21q22，为编码 Ikrβ 亚基；LQT7 罕见，相关基因 *KCNJ*2 位于染色体 17q23.1-24.2，为编码内向整流钾通道（Ik1）亚基；LQT8 相关基因是 *Cav*1·2，为编码 L-型钙通道 α 亚基。

LQT1 和 LQT5 相关基因突变导致 Iks 减弱；LQT2 和 LQT6 相关基因突变导致 Ikr 减弱，两者均导致动作电位复极延缓，Q—T 间期延长；LQT3 相关基因突变使心肌细胞膜 Ina 电流不能完全失活，动作电位复极延缓，Q—T 间期延长；LQT4 相关基因突变导致锚蛋白 Ankyrin-B 功能异常，引起 Ca^{2+} 动力学异常；LQT7 相关基因突变导致 Ik1 电流减弱，动作电位复极延缓，Q—T 间期延长；LQT8 相关基因突变导致 L-型钙通道失活延缓，Q—T 间期延长。引起 LQT1 的基因 *KCNQ*1 的突变热点和引起 LQT2 的基因 *KCNH*2 的突变热点分别在图 11-7 和图 11-8 中标示。

先天性 LQTS 是一种遗传性心脏病，其体表心电图表现为 Q—T 间期延长，尖端扭转性室性心动过速及室颤，部分患者有特征性的 ST—T 改变，临床上以反复发作的晕厥及常导致的猝死为特征。传统上将其分为两种类型：①常染色体显性遗传的 Romano-Ward 综合征（RW），较常见，不伴有先天性耳聋，呈家族性发病。②常染色体隐性遗传的 Jervell-Lange-Nielsen 综合征（JLN），亦称心耳综合征、聋-心综合征，较少见，伴有先天性耳聋（表 11-5）。

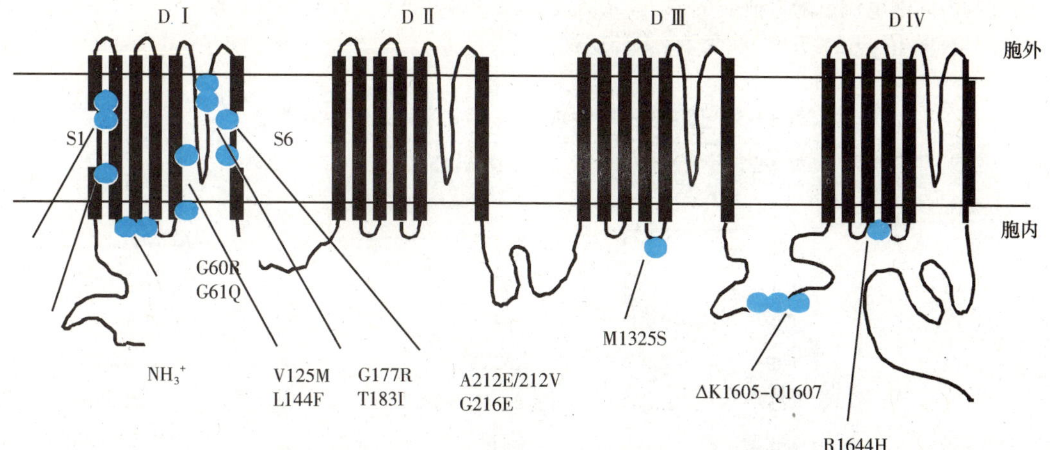

图 11-7　KCNQ1 基因 编码蛋白 KVLQT1 的结构以及部分突变示意图

离子通道膜蛋白 KVLQT1 的结构具有 6 次跨膜片段，分别表示为 S1-S6，以及一个膜孔 P。图中每一个小圆点表示一个氨基酸残基，部分已知的基因突变位点所对应的膜蛋白位置，用●表示突变的氨基酸。数字表示氨基酸的位次，数字前后大写英文字母表示氨基酸，如 F38W 表示第 38 位苯丙氨酸突变为色氨酸。Δ 表示缺失

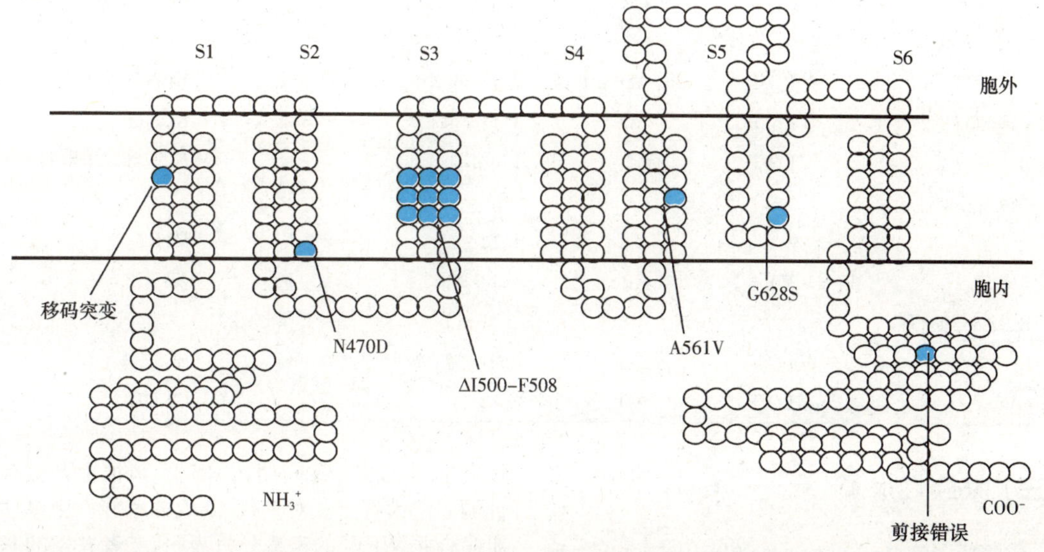

图 11-8　KCNH2 基因编码 HERG 蛋白的结构以及部分突变示意图

离子通道膜蛋白 KVLQT1 的结构具有 6 次跨膜片段，分别表示为 S1-S6，以及一个膜孔 P。图中显示的是部分已知的基因突变位点所对应的膜蛋白位置，用●表示突变的氨基酸。数字表示氨基酸的位次，数字前后大写英文字母表示氨基酸，如 N470D 表示第 470 位天冬酰胺突变为天冬氨酸。Δ 表示缺失

（二）Brugada 综合征

Brugada 综合征（Brugada syndrome）是常染色体显性遗传的一种病症，1992 年由 Brugada 兄弟首先报道。其心电图基本特征为右束支阻滞，右心前导联（V1～V3）ST 段抬高，典型的心脏事件如多形性室性心动过速或室颤及猝死等常发生在休息或睡眠状态中。这类患者一般超声心动图、心室造影、运动试验、冠脉造影等检查均正常，男性的发病比例明显高于女性，具有家族遗传倾向。其病因及发病机制与瞬间外向钾电流（transient outward potassium current，Ito）异常所致的动作电位改变有关。Brugada 综合征发生 VT/VF 的电生理原因为 2 相复极不均构成了 2 相折返，主要由于 Ito 在 1 相末占优，使离子通道功能改变造成跨膜离子流失衡导致。钠通道障碍是造成心律失常的又一因素，这种离子流的改变可能是与基因异常或突变有关。已经确定 Brugada 综合征的关联基因是 SCN5A，位于 3 号染色体，是心肌细胞电压门控型钠离子通道 α 亚单位的编码基因。此基因突变改变了钠通道蛋白，造成了通道功能丧失或降低，通道失活加速，复活减慢，动作电位复极时间延长，激活电压升高，还可导致通道蛋白转运功能破坏，钠通道无功能，导致心律失常。SCN5A 基因还是 LQTS 的突变基因，但与 Brugada 综合征作用机制不同的是，LQTS 是由于基因变异导致钠通道失活延迟，从而引起一

笔 记 栏

个持续性的内向钠电流。随着研究的深入，人们发现的多个不同位点的基因突变有：R1512W、A1924T、A5471G、C5607T 等。

表 11-5 遗传性心律失常分类、相关基因及其功能类型

分型	心律失常	遗传模式	突变基因位点	离子通道	突变基因
长 Q—T 综合征(RW)					
LQT1	TdP	AD	11p15.5	I_{Ks}	*KCNQ1*
LQT2	TdP	AD	7q35-36	I_{Kr}	*KCNH2*,*HERG*
LQT3	TdP	AD	3p21	I_{Na}	*SCN5A*
LQT4	TdP	AD	4q25-27	I_{Ks}	*ankyrin-B*,*ANK2*
LQT5	TdP	AD	21q22.1-22.2	I_{Ks}	*KCNE1*,*minK*
LQT6	TdP	AD	21q22.1	I_{Kr}	*KCNE2*,*MiRP1*
LQT7	TdP	AD	17q24.3	I_{Kr}	*KCNJ2*,*Kir2.1*
LQT8	TdP	AD	12p13	I_{Ca}	*CACNA1A*,*Cav2.1*
长 Q—T 综合征(JLN)					
	TdP	AR	11p15.5	I_{Ks}	*KCNQ1*
	TdP	AR	21q22.1-22.2	I_{Ks}	*KCNE1*,*minK*
短 Q—T 综合征					
SQT1	VT/VF	AD	7q35-36	I_{Kr}	*KCNH2*,*HERG*
SQT2	VT/VF	AD	11p15.5	I_{Ks}	*KCNQ1*
SQT3	VT/VF	AD	17q24.3	I_{Kr}	*KCNJ2*,*Kir2.1*
儿茶酚胺多型性室速					
	VT	AD	1q43	I_{Ca}	*RYR2*
	VT	AR	1p13.3-p11	I_{Ca}	*CASQ2*
Brugada 综合征					
	VT/VF	AD	3p21	I_{Na}	*SCN5A*
	VT/VF	AD	3p22.3	I_{Na}	*GPD1L*

(三) 家族性房颤

家族性房颤(familial atrial fibrillation)为一种常染色体显性遗传病，是一种罕见的遗传性疾病，将其致病基因定位于染色体 10q22～24 区域。在一个中国家系中首次发现了位于染色体 11p15.5 的 *KCNQ*1(KVLQT1)为家族性房颤的致病基因。*KCNQ*1 基因的 S140G 突变使介导 Iks 的钾通道功能增强，心房肌细胞动作电位和有效不应期缩短，从而易引起和维持房颤。在 28 个中国家族性房颤家族，分离筛选了 8 个钾通道基因，最终确定 *KCNE*2 基因的 R27C 突变为与家族性房颤有关的又一突变，这一基因可能是家族性房颤的潜在易感性基因，同时不能忽视环境因素在发病过程中起到的重要作用。

(四) 预激综合征(Wolff-Parkinson-White，WPW 综合征)

WPW 心电图呈现预激表现，临床上有心动过速发生，即以短 PR 间期，QRS 宽，R 波上升支有粗钝的 δ 波为特点。对三代 43 人的家族性肥厚性心肌病合并 WPW 的家系分析表明，二者并发的基因定位于染色体 7q3D7S688～D7S483 间。另外 2 个家族性肥厚性心肌病家系的 PRKAG2(AMP 激活蛋白酶 γ2 调节亚单位的编码基因)发生突变，表明此基因可能与 WPW 有关。

二、获得性心律失常

获得性心律失常比较多见，其病因多种多样，包括药物、电解质紊乱、缺血性心脏病、结构性心脏发育不全等。许多药物包括抗心律失常药，都有致心律失常作用，药物通过阻滞 HERG 和 SEN5A 离子通道，阻滞 Ikr 和使内向钠电流 I_{Na}降低，Iks 发生变异，致心肌细胞动作电位复极延迟，传导阻滞，诱发心律失常。其他原因所致的获得性心律失常大多也是通过改变心脏基因表型，使心肌发生重塑促使心律失常基因表型的表达而导致心律失常的发生。

笔记栏

(一) 窦性心律失常

超极化激动阳离子(Hyperpolarization-activated cation,HCN)通道被认为与心脏起搏点去极化的发生相关。对 HCN2 通道缺陷鼠的研究表明,HCN2 亚单位是决定规律心律的膜静息电位的重要通道,它的缺失可导致窦性心律失常(sinus dysrhythmia)。在一特发性房颤患者中发现 HCN4 基因的第五个外显子 1631delC 突变,该基因突变可以导致窦房结功能异常。在对病窦综合征的研究中发现,病窦综合征虽然常发生在患潜在心脏病的患者,尤其是老年人中,但它也可发生在无明显病因的婴儿和儿童中,所以人们估计病窦综合征是先天性的心脏疾患。*SCN5A* 基因变异或功能缺失可使心脏激动性下降,与病窦综合征发病有关。

(二) 房性心律失常(atrial dysrhythmia)

房颤的重要离子流基础有 L-型钙电流 ICa-L,乙酰胆碱敏感性钾电流 Ik-Ach 和 Ito,细胞电生理研究表明在持续性或永久性房颤患者中,电流 ICa-L、Ito 和快速激活无失活的延迟整流钾电流 IKur 显著减小,同时 Ik-Ach 电流也下降,但内向整流钾电流 Ikl 增加。激活乙酰胆碱敏感钾电流 Ik-Ach 能导致房颤的发生,而 Ik-Ach 失活则能防止其发生,提示 Ik-Ach 在房颤中起作用。另一种十分罕见的心律失常称为心房静止,其特点是心房的电机械活动停止,其心电图特点是心动过缓,P 波缺失和一个窄的形状复杂的逸搏心律,*SCN5A* 基因突变和心房特异的 *Cx40* 基因突变协同作用致此疾病。利用微卫星标记的方法将房颤致病基因定位于 10 号染色体 10q22~q24。在一个中国家族性房颤家系中发现了 *KCNQ1* 基因。在对一个美国房颤家系进行连锁分析时,发现了一个新的房颤位点,位于 6 号染色体 6q14~16,D6S286~D6S1021 间的 25cM 区域内。

(三) 室性心律失常(ventricular arrhythmias)

电压依赖性钠通道可驱动心脏潜在起搏点的早期除极,在心脏的兴奋和传导中起关键作用,如果心脏钠通道基因 *SCN5A* 缺失或丧失功能,会导致各种心律失常,如心律减慢、房室传导阻滞、室颤等。电压依赖性钾通道可控制心脏复极,钾通道基因的变异可致心律失常和先天性长 QT 综合征而猝死。心肌细胞储钙蛋白基因 *CASQ2* 的变异可导致由运动或情绪激动引起的心律失常及猝死。CASQ2 是心肌细胞肌质网储存和释放钙离子能力的重要的决定性因素,CASQ2 可迅速的诱导 Ca2+的储存和释放,它还可充当活跃的 Ca^{2+}缓冲剂以调节肌质网 Ca^{2+}释放通道局部的钙依赖小腔的闭合,如果 *CASQ2* 基因变异,Ca^{2+}释放通道从不应期中异常恢复,则可引起室性心律失常。*KCNQ1* 和 *KCNH2* 基因以外的基因才是家族性阵发性房室交界折返性心动过速的致病基因。一种进行性家族性心脏阻滞的心电图表现为束支阻滞或完全性心脏阻滞伴宽 QRS 波,其相关基因定位于染色体 19q13.2~13.3。另外很多心脏疾患包括左室肥厚、心律失常等与线粒体 DNA 变异 3243A>G 有关,心电图、超声心动图、Hoter、ApaI 限制性片段分析等一系列分析研究表明在 3243A>G 患者中都存在心脏结构和功能异常现象。基因 *NKX2~5*(编码心脏同源转录因子)在心脏发生和维持房室结功能上起着重要作用,其变异也与伴有先天性心脏异常如房间隔缺损、室间隔缺损等的房室传导阻滞有关。

小　结

心血管疾病是一类与心脏和血管(包括动脉和静脉)有关的疾病。这类疾病包括:动脉硬化、冠状动脉疾病、心肌病、心律失常等。本章介绍动脉粥样硬化、肥厚性心肌病和家族性心律失常的分子机制。

动脉粥样硬化是动脉某些部位的内膜下有脂质沉积,同时有平滑肌细胞增殖和纤维基质成分蓄积,逐步发展形成动脉硬化性斑块,斑块部位的动脉壁增厚、变硬,斑块内部组织坏死后与沉积的脂质结合,形成粥样斑块。滞留于内皮下的 LDL 经过氧化修饰形成 Ox-LDL 之后,Ox-LDL 再通过清道夫受体介导进入细胞并大量聚积,导致泡沫细胞形成。在 As 形成过程中单核起源的巨噬细胞和 T 细胞的增殖与平滑肌细胞的增殖同样重要,这几种细胞产生细胞因子和生长因子的能力直接关系到病变形成过程中细胞的损伤和修复。

心肌肥厚是引起心血管疾病发生率和死亡率显著升高的独立的危险因素,它主要表现为心肌细胞的肥大和间质成分的改变。从细胞和分子水平上看,心肌细胞肥大的分子机制主要包括三个环节:细胞外的刺激信号、细胞内的信号转导和细胞核内基因重排、活化。其中,胞内的信号转导通路是胞外刺激与核内基因活化的偶联环节,起到重要作用。

心律失常可因原发性的心肌传导异常或再极化异常引起,也可因结构性心脏病而引起。遗传性心律失常是环境因素和遗传因素共同作用的结果,包括原发性心电疾病和致心律失常性心肌病,前者指无器质性心脏病的一类以心电紊乱为主要特征的疾病,如长 QT 综合征、Brugada 综合征、家族性房颤等,后者是心脏病伴发室性心动过速,包括致

笔记栏

心律失常性右室心肌病、扩张性心肌病、肥厚性心肌病。

本章介绍的三类心血管疾病相互间有着密切的联系，动脉粥样硬化导致的心脏严重缺血以及严重的肥厚型心肌病均可导致继发性的心律失常，本章着重介绍这三类疾病发生发展的细胞分子机制。

（易光辉）

参考资料

杨永宗．2004．动脉粥样硬化性心血管病基础与临床．北京：科学出版社．82～107

Chien KR. 2004. Molecular Basis of Cardiovascular Disease. 2nd ed. Singapore: Harcourt Asia Pte Ltd. 191～409

Nader A, Massumi A, Cheng J, et al. 2007. Inherited Arrhythmic Disorders Long QT and Brugada Syndromes. Tex Heart Inst J. 34(1): 67～75

Tedgui A, Mallat Z. 2006. Cytokines in Atherosclerosis: Pathogenic and Regulatory Pathways. Physiol Rev. 86: 515～581

Thiene G, Basso C, Calabrese F, et al. 2005. Twenty years of progress and beckoning frontiers in cardiovascular pathology: Cardiomyopathies. Cardiovascular Pathology. 14: 165～169

笔记栏

第12章 内分泌及代谢病的分子机制

内分泌系统(endocrine system)由内分泌腺(胚胎中胚层和内胚层发育而来的细胞群)和分布于其他器官的内分泌细胞组成。它们分泌微量化学物质——激素——通过血液循环到达靶细胞,与相应的受体相结合,影响代谢过程而发挥其广泛的全身性作用。内分泌系统与由外胚层发育分化的神经系统相配合,维持机体内环境的平衡、为了保持平衡的稳定,内分泌系统间有一套完整的互相制约,互相影响和较复杂的正负反馈系统。当外界条件有不同变化时,与神经系统共同使内环境仍能保持稳定,这是维持生命和保持种族延续的必要条件。任何一种内分泌细胞的功能失常所致的一种激素分泌过多或缺乏,均可引起相应的病理生理变化。例如糖尿病,原发性肾上腺皮质功能减退症等。

第一节 内分泌代谢病的临床特征

细胞的新陈代谢是机体重要生命特征之一。新陈代谢包括物质的合成代谢和分解代谢两种过程,机体的一切生理或病理变化都直接或间接影响细胞的新陈代谢。因而,新陈代谢的变化反映了细胞的不同机能状态,新陈代谢的速率、代谢产物的种类及其浓度水平等,常常是临床上很多疾病的重要诊断指标,也是生物化学和分子生物学中的重要研究线索。另一方面,由于某一代谢通路的障碍,造成代谢产物过少或堆积,甚至产生异常的代谢产物,又可影响机体的其他代谢通路,甚至损害细胞的生物学功能,导致病理变化。因此,无论是机体的病理变化导致细胞代谢的改变,或由于代谢异常造成机体的病理变化,都可以从细胞的代谢改变中了解其致病的分子机制。

代谢病(metabolic disease)是一类由于物质代谢通路异常而导致的病理变化。代谢病的致病因素可以是代谢通路中的某个功能蛋白质(如转运蛋白)或酶的缺陷,或是内分泌腺或与物质代谢密切相关的重要器官(如肝脏)的功能障碍。这些致病因素的直接后果,可导致代谢通路中某些中间产物堆积或代谢产物缺乏,或出现分流反应产物的毒性作用。同时,代谢产物或中间产物水平的不正常还可引起反馈调节紊乱,进一步加速病理变化并导致相应的临床表现。通常情况下,每种代谢病都有多种不同的表现特征,如发病年龄、患病程度以及遗传方式等可因不同的个体而异,因而给代谢病的早期临床诊断造成一定的困难。很多遗传性代谢病可根据家族史和有针对性通过绒毛细胞检查或羊水细胞培养检查做产前诊断,但多数非遗传性代谢病不容易早期发现,必须在发病以后才能做出诊断。

一、内分泌代谢疾病的案例

案例 12-1

原发性慢性肾上腺皮质功能减退症

患者,男,48 岁。5 年来无明显诱因一直有疲劳、乏力、头晕、眼花、多眠及食欲不振等症状,并发现面部皮肤逐渐变黑。多次就医,无明确诊断。近 4 个月来,明显消瘦,时有恶心、呕吐。并先后在四肢伸侧及后背部发现大小不等的白色斑块 10 余处。1 周前着凉后上述症状明显加重。昨日突然腹胀、腹痛,呈持续性、较为剧烈而来院。发病来无腹泻。体格检查:体温 36.2℃,脉搏 86 次/min,呼吸 16 次/分,血压 96/64mmHg,神志清楚,消瘦体质,慢性病容,面部皮肤暗黑,在肘部及乳头处皮肤有色素沉着。后背部及四肢皮肤可见 2.0~9.0cm 大小不等白斑 10 余处,不突出皮肤表面,无压痛,压之无颜色变化。头发稀疏。甲状腺不大。两肺检查无异常。叩诊心浊音界略缩小,心率 86 次/min,心音低钝,无杂音,心律规整。腹部平软,全腹轻度压痛,无固定压痛点。肝脾未触及,双肾区无叩击痛,双下肢无凹陷性水肿。

辅助检查:①血常规:WBC 4.8×10^9/L,N 0.54,L 0.46,Hb 103g/L。②尿常规:未见蛋白与红、白细胞等。③血钾 5.4mmol/L,血钠 113mmol/L,血氯 102mmol/L。空腹血糖 3.2mmol/L。血皮质醇:早 8 时 132 mmol/L,晚 4 时 15.6mmol/L。心电图 Ⅱ、Ⅲ、aVF、$V_{2\sim5}$导联 ST 段下移 0.075mV。

诊断:原发性慢性肾上腺皮质功能减退症(又称 Addison 病)。

案例 12-1 相关提示

原发性慢性肾上腺皮质功能减退症又称阿狄森病。因双侧肾上腺皮质破坏,肾上腺糖皮质激素(皮质醇)和盐皮质激素(醛固酮)分泌缺乏引起。主要原因是肾上腺皮质萎缩(与自体免疫有关)和肾上腺结核,其他如双侧肾上

笔记栏

腺切除，真菌感染，白血病细胞浸润和肿瘤转移等引起者少见。发病率为 4/10 万，多见于成年人。起病缓慢，早期表现易倦，乏力，记忆力减退，逐渐出现皮肤色素沉着，全身虚弱，消瘦，低血糖，低血压，直立性晕厥，心脏缩小，女性腋毛和阴毛稀少或脱落。在应激（外伤、感染等）时容易产生肾上腺危象。经血生化、肾上腺皮质储备功能试验，定位检查可明确诊断。治疗上为激素替代治疗及对因治疗。

案例 12-2

患者，女，40 岁，因咽痛 2 周就诊。体格检查：一般状况较好，心肺腹部正常；口咽部黏膜轻度充血，双侧扁桃体轻度肿大，表面未见脓性分泌物，咽后壁黏膜可见一约 1cm×1cm 大小溃疡。间接喉镜下见杓状突处轻度充血水肿，双侧声带、喉室带无充血水肿，活动度良好，双侧梨状窝无积液。拟诊为急性咽喉炎。经庆大霉素 8 万 U＋糜蛋白酶 4000U＋地塞米松 5mg 雾化吸入，每日 1 次；青霉素 480 万 U 静滴，每日 2 次及维生素 B_2 100mg 静滴，每天 1 次。治疗 1 周后，患者诉疼痛向右侧颌下及耳后放射，体温 37.5～38℃，颈部呈不对称性隆起，甲状腺右叶部位可触及 1.5cm×1.5cm 大小的单个结节，质坚硬，触痛明显。

实验室检查：WBC 12×10^9/L，T_3 2.8nmol/L，T_4 168nmol/L，TSH 6mU/L，ESR 30mm/h，甲状腺摄 ^{131}I 率 0.098。加用地塞米松 10mg 静滴 3 天后减为 5mg 静滴 3 天，患者精神、食欲明显好转，体温恢复正常，颈部结节显著缩小，触痛基本消失。诊断为"亚急性甲状腺炎"。患者出院后口服泼尼松片维持治疗，随访 3 个月无复发。

诊断：亚急性甲状腺炎。

案例 12-2　相关提示

急性甲状腺炎与病毒感染有关。起病前常有上呼吸道感染。发病时，患者血清中对某些病毒的抗体滴定度增高，如流感病毒、柯萨奇病毒、腺病毒、腮腺炎病毒等。临床上较常见。多见于 20～50 岁成人，女性多见，3～4 倍于男性。早期受累甲状腺滤泡有淋巴细胞与多形核白细胞浸润，滤泡细胞被破坏，胶质逐渐减少或消失，并有多核巨细胞出现与肉芽组织形成，逐渐纤维化，病变逐渐恢复滤泡再生，恢复正常甲状腺结构。起病急，之前常有上呼吸道感染。首先出现乏力与全身不适，并出现甲状腺部位疼痛，可放射至下颌，耳部或枕骨部。同时出现全身症状，包括畏寒，发热，食欲下降等。体检发现：甲状腺轻度肿大，常有结节出现，有明显压痛。本病大多持续数周，可自行缓解，但可复发。整个病程一般持续 2～3 个月。早期：红细胞沉降率明显增快，甲状腺摄碘率明显降低，但血清 T_3、T_4 可有一过性增高，血清甲状腺球蛋白也可增高。后期血清 T_3、T_4 降低，TSH 增高，并随病情好转逐渐恢复正常。根据其临床表现与实验室检查。患者有甲状腺肿大、结节、疼痛与压痛，伴有全身症状，红细胞沉降率明显加速，甲状腺摄碘率明显降低>10%，即可确诊。

笔记栏

二、内分泌代谢疾病的特征

（一）慢性肾上腺皮质功能减退症 (chronic adrenalcortical insufficiency)

当两侧肾上腺绝大部分被破坏，出现种种皮质激素不足的表现，称肾上腺皮质功能减退症（adrenalcortical insufficiency）。可分原发性及继发性。原发性慢性肾上腺皮质功能减退症又称 Addison 病，比较少见；继发性可见下丘脑-垂体功能低下患者，由于 CRF 或 ACTH 的分泌不足，以致肾上腺皮质萎缩。

临床特征：

1. 发病缓慢　可能在多年后才引起注意。偶有部分病例，因感染、外伤、手术等应激而诱发肾上腺危象，才被临床发现。

2. 色素沉着　皮肤和黏膜色素沉着，多呈弥漫性，以暴露部，经常摩擦部位和指（趾）甲根部、瘢痕、乳晕、外生殖器、肛门周围、牙龈、口腔黏膜、结膜为明显。色素沉着的原因为糖皮质激素减少时，对黑色素细胞刺激素（MSH）和促肾上腺皮质激素（ACTH）分泌的反馈抑制减弱所致。部分病人可有片状色素脱失区。继发性肾上腺皮质功能减退症患者的 MSH 和 ACTH 水平明显降低，故均无色素沉着现象。

3. 乏力　乏力程度与病情轻重程度相平行，轻者仅劳动耐量差，重者卧床不起。系电解质紊乱，脱水，蛋白质和糖代谢紊乱所致。

4. 胃肠道症状　如食欲不振、恶心、呕吐、上腹、右下腹或无定位腹痛，有时有腹泻或便秘。多喜高钠饮食。经常伴有消瘦。消化道症状多见于病程久，病情严重者。

5. 心血管症状　由于缺钠，脱水和皮质激素不足，病人多有低血压（收缩压及舒张压均下降）和直立性低血压。心脏较小,心率减慢,心音低钝。

6. 低血糖表现 由于体内胰岛素拮抗物质缺乏和胃肠功能紊乱,病人血糖经常偏低,但因病情发展缓慢,多能耐受,症状不明显。仅有饥饿感、出汗、头痛、软弱、不安。严重者可出现震颤、视力模糊、复视、精神失常甚至抽搐,昏迷。本病对胰岛素特别敏感,即使注射很小剂量也可以引起严重的低血糖反应。

7. 精神症状 精神不振、表情淡漠、记忆力减退、头昏、嗜睡。部分病人有失眠,烦躁,甚至谵妄和精神失常。

8. 肾上腺危象 病人抵抗力低下,任何应激性负荷如感染、外伤、手术、麻醉等均可诱发急性肾上腺皮质功能减退性危象。

9. 原发病表现 如结核病,各种自身免疫疾病及腺体功能衰竭综合征的各种症状。

10. 其他 对麻醉剂,镇静剂甚为敏感,小剂量即可致昏睡或昏迷。性腺功能减退,如阳痿,月经紊乱等。

(二) 亚急性甲状腺炎

亚急性甲状腺炎(Subacute thyroiditis)又称巨细胞性甲状腺炎、肉芽肿性甲状腺炎、假性结节性甲状腺炎、De Quervain 甲状腺炎等,由 De Quervain 于 1904 年首先描述。

临床特征:

患者多起病急剧,全身症状主要有发热,盗汗,疲乏无力,食欲不振,起病初期可出现轻度的甲亢症状:心慌、怕热、多汗、震颤及神经紧张等。

甲状腺部位疼痛,可为剧痛或隐痛,并可沿颈部向颌下,耳根及枕后放射,亦有放射至前胸与肩部的。

少数病人可有头痛、耳鸣、恶心与呕吐。女性患者可伴有月经异常,经量稀少。在疾病恢复期偶有甲状腺机能减退的症状。

甲状腺肿大多呈双侧性,少数为单侧。甲状腺区压痛,表面光滑,质地韧实,可随吞噬运动,与周围组织无明显粘连及固定。压迫随甲状腺肿大的情况而定,一般不明显。

本病病程长短不一,可自数周至数月,甚至反复发和迁延至 1～2 年。

实验室检查:白细胞计数及中性粒细胞正常或偏高,红细胞沉降率增速,血清蛋白结合碘或血清 T_3、T_4、FT_3 与 FT_4 浓度升高,甲状腺摄碘率降低,甲状腺扫描可见甲状腺肿大,但图像显影不均匀或残缺,亦有完全不显影的。蛋白电泳呈现为白蛋白减少,球蛋白增加,主要是 r 和 α1 球蛋白增高。

三、内分泌代谢疾病的分类

由于代谢病的种类繁多,病理过程和临床表现复杂,目前对代谢病尚没有理想的分类方法。比较常见的分类有两种,一是根据致病因素的不同,将代谢病分为遗传性和获得性两大类;另一种是根据受影响的代谢物大小,将代谢病分为小分子代谢病和大分子代谢病两大类。

(一) 遗传性和获得性代谢病

1. 遗传性代谢病(inherited metabolic disease)

遗传性代谢病是由于基因突变导致蛋白质的结构或数量异常,从而影响相关的物质代谢而致病。遗传性代谢病的概念最早由英国医生 Sir Archibald Garrod 于 1908 年提出,将这类代谢病统称为 inborn errors of metabolism。虽然各种遗传性代谢病的发病率较低,但病种繁多,目前遗传性代谢病的总患病率约为 1/5000。迄今发现的遗传性代谢病有数千种,其中能检测到的缺陷基因有 500 多种,遗传性代谢病已经成为人类致死的主要疾病之一。

按基因改变情况不同,遗传性代谢病可分为单基因(monogenic)遗传性代谢病和多基因(polygenic)遗传性代谢病。

(1) 单基因遗传性代谢病:是由于某个基因的突变导致代谢通路中的某个酶或蛋白质的缺陷或缺失,从而影响某些代谢产物或中间产物的生成。多数单基因遗传性代谢病属于常染色体隐性遗传。例如 6-磷酸葡萄糖脱氢酶缺乏症(glucose-6-phosphate dehydrogenase deficiency)是一种单基因遗传性代谢病,患者由于 6-磷酸葡萄糖脱氢酶(G-6-PD)基因缺陷,红细胞中的 G-6-PD 活性降低甚至缺乏,磷酸戊糖通路障碍,不能产生足够的 NADPH,使红细胞的抗氧化能力降低而造成溶血。由于大多数单基因遗传性代谢病具有孟德尔遗传特点,症状典型,因而诊断比较明确。

(2) 多基因遗传性代谢病:是由于多个基因具有不同程度的缺陷,无显性和隐性之分。每个基因作用较小,但有累积效应,并与环境因素共同作用,造成以某个代谢通路障碍为主的疾病。如 2 型糖尿病,由于有关受体(如胰岛素受体 IR)或细胞信号转导分子(如胰岛素受体底物 IRS)基因的突变,导致血管内皮对胰岛素的敏感性降低,血糖过高,体内糖代谢障碍而产生一系列病理变化。因此,一些基因的缺陷导致个体对某种疾病的易感性增加,这些基因称为该疾病的易感基因(susceptibility genes 或 predisposing genes)。在某种情况下,一个或几个缺陷基因是引起发病的关键因素,称为“触发基因”(triggering genes),故多基因遗传性代谢病不具孟德尔遗传特点,其遗传概率不能以简单的方法计算,但具有显著的家族聚集性,症状常常不典型,诊断比较困难。单基因和多基因两种遗传性代谢病的比较如表 12-1。

笔记栏

表 12-1 单基因遗传性代谢病与多基因遗传性代谢病的比较

单基因遗传性代谢病	多基因遗传性代谢病
符合孟德尔遗传律	不符合孟德尔遗传律
一个基因突变	多个基因突变
具有明确的表型	无明确的表型
可由简单的遗传学方法诊断，易检测	用复杂的遗传学方法诊断，不易测
可用突变的基因解释发病率和发病程度	发病率及程度变化大，受多种因素影响

根据 Cederbaum 和 Donnell 提出的分类方法，遗传性代谢病可分为七种，即：小分子代谢病（包括糖、氨基酸、有机酸等代谢病）、溶酶体蓄积病（包括黏多糖、黏脂、鞘脂、糖蛋白等蓄积病）、能量代谢异常（包括生物氧化异常、脂肪动员及代谢异常、糖原累积病等）、过氧化物酶异常、转运异常、嘌呤和嘧啶代谢缺陷、受体缺陷。临床上常常采用这种分类法，便于诊断和治疗（表 12-2）。

表 12-2 部分人类遗传性代谢病

名　称	缺　陷
小分子代谢病	
苯丙酮尿症（phenylketonuria）	丙酮酸羟化酶
白化病（albinism）	酪氨酸酶
葡萄糖-6-P 脱氢酶缺乏症（G6PD deficiency）	葡萄糖-6-P 脱氢酶
半乳糖血症（galactosemia）	半乳糖-1-磷酸尿苷转移酶
肺气肿（pulmonary emphysema）	α-1-抗胰蛋白酶能量代谢异常
糖尿病（diabetes mellitus）	单基因或多基因缺陷
卡恩斯-塞尔综合征（Kearns Sayre syndrome）	线粒体 DNA 部分缺失过氧化物酶异常
溶血性贫血（hemolytic anemia）	谷胱甘肽过氧化物酶
甲状腺激素合成缺陷（thyroid hormone synthesis deficiency）	脱碘酶转运异常
肝豆状核变性（hepatolenticular degeneration）	ATP7B 蛋白
耳聋性肾小管酸中毒（kidney tubular acidosis with deafness）	碳酸酐酶嘌呤和嘧啶代谢缺陷
自毁容貌综合征（Lesch-Nyhan syndrome）	次黄嘌呤鸟嘌呤磷酸核糖转移酶
痛风（gout，primary）	次黄嘌呤磷酸核糖转移酶受体缺陷
家族性高胆固醇血症（familial hypercholesterolemia）	LDL 受体
维生素 D 依赖性佝偻病Ⅱ型（vitamin D-dependent rickets Ⅱ）	维生素 D 受体

2. 获得性代谢病（acquired metabolic disease） 获得性代谢病是由于后天因素的作用而引起的物质代谢混乱或障碍，可分为内分泌代谢病、营养性代谢病和其他获得性代谢病，其中以内分泌代谢病较为常见。与遗传性代谢病相比，获得性代谢病常常同时影响更多种物质代谢通路，但诊断和治疗往往比较容易。

（1）内分泌代谢病：内分泌代谢病是由于与代谢调节密切相关的内分泌腺的异常分泌作用所致。由于激素的作用范围很广，内分泌代谢病通常影响多种组织器官的代谢。如甲状腺病是一种比较常见的代谢病，影响全身组织器官的物质代谢。甲状腺素不仅促进细胞的能量代谢，对糖、脂类和蛋白质代谢有重要的调节作用，还与生长发育有密切关系，甲状腺素分泌异常势必造成多方面的病理变化。

（2）营养性代谢病：营养性代谢病在发展中国家的发病率较高，是由于某种营养因子（如维生素等）的缺乏，导致相关的代谢通路障碍而致病。如维生素 D 缺乏导致钙磷代谢障碍，受影响的器官包括肾、小肠和骨骼等。

其他获得性代谢病包括由于某种组织器官的病变直接造成代谢障碍，如慢性酒精中毒引起的脂肪肝，使肝脏的脂肪代谢发生紊乱，表现为三酰甘油合成增加，脂肪酸的 β-氧化障碍，三酰甘油的外运能力下降等。

部分内分泌疾病和营养缺乏病具有遗传性，因而被归类于遗传性代谢病。如 1 型糖尿病（胰岛素依赖性糖尿病）与 HLA（人类白细胞抗原）基因有着密切关系，约 50%的遗传危险性可归于 HLA-Ⅱ类基因（DR、DQ、DP）。又如共济失调伴选择性维生素 E 缺乏症（ataxia with vitamin E deficiency，AVED），是一种常染色体隐性遗传病，又称家族性单纯维生素 E 缺乏症[familial isolated vitamin E (FIVE) deficiency]，但患者表现为明显的维生素 E 缺乏伴共济失调症状。该疾病基因被定位在染色体的 8q13.1-13.3，是由于 α-生育酚转移蛋白基因突变，引起维生素 E 缺乏，导致细胞过氧化产物的蓄积而损伤，特别是神经组织的病理变化。

（二）小分子代谢病和大分子代谢病

小分子代谢病是由于小分子物质的代谢障碍所致。例如氨基酸代谢病、有机酸代谢异常、糖类和脂类代谢病等，这类代谢病的特点是起病比较早。由于体内的小分子物质通常在体液中的溶解度较高，这些物质的代谢异常一般都在血液、组织液或尿液中反映出来。

大分子代谢病又称沉积症，由于分子量大，或溶解度小，这些分子主要在某些组织器官中蓄积而影响器官的正常功能或导致病变。例如糖原病、黏多糖病、糖蛋白病等，其特点是在较大婴儿或儿童期起病，病程多为慢性、进行性。

第二节　内分泌代谢病的分子机制

内分泌代谢病是由于与代谢调节密切相关的内分泌腺的异常分泌作用所致。由于激素的作用范围很广，内分泌代谢病通常影响多种组织器官的代谢。如甲状腺病是一种比较常见的代谢病，影响全身组织器官的物质代谢。甲状腺素不仅促进细胞的能量代谢，对糖、脂类和蛋白质代谢有重要的调节作用，还与生长发育有密切关系，甲状腺素分泌异常势必造成多方面的病理变化。

单基因遗传性代谢病通常是代谢通路中的某个酶缺陷造成，因而其代谢通路中的各中间产物变化情况和致病机理比较明确。多基因遗传性代谢病的分子病理机制则比较复杂，可以是酶或转运蛋白的缺陷，也可以是调节代谢的信号分子的缺陷，而且是几种遗传缺陷同时存在，导致代谢中间产物的变化多样性和病理变化的多系统性。

一、遗传性代谢疾病的分子机制

根据缺陷基因产物在物质代谢通路中的不同作用部位，可将遗传性代谢病的分子机制归纳为三种类型：代谢物质转运缺陷、代谢物质反应通路缺陷和代谢调节缺陷。

（一）代谢物质转运缺陷

1. 家族性高胆固醇血症（familial hypercholesterolemia，FHC）　家族性高胆固醇血症是由于细胞膜上的LDL受体缺乏所致。家族性纯合子高胆固醇血症的血浆胆固醇水平可高达13～26mmol/L（500～1000mg/dl），而杂合子患者血浆胆固醇中度升高，通常为7.8～13mmol/L（300～500mg/dl）。由于LDL受体基因缺陷，正常功能的LDL受体数量很低甚至缺乏，受体介导的LDL进入细胞的机制受损，LDL在血浆中堆积而导致血浆胆固醇代谢障碍。

2. 肉毒碱脂酰转移酶Ⅰ（carnitine acyltransferase Ⅰ）缺乏症　存在于线粒体外膜外侧的肉毒碱脂酰转移酶Ⅰ（carnitine acyltransferase Ⅰ）缺乏症是一种遗传性代谢病。该酶缺陷导致长链脂肪酸（如棕榈酸）不能正常地被转运进入线粒体内氧化产能，细胞的能量代谢障碍，从而造成肌无力等症状。实际上，与肉毒碱作为载体转运脂肪酸进入线粒体有关的酶缺陷都能造成上述代谢障碍，如肉毒碱脂酰转移酶Ⅰ和Ⅱ，以及脂酰肉毒碱转位酶（acyl carnitine translocase）。这些酶的缺陷通常造成肌肉、肾和心脏的功能损害，甚至可造成死亡。

3. 糖原贮积症（glycogen-storage disease）　糖原贮积症是一种遗传性代谢病，是由于6-磷酸葡萄糖转运蛋白（glucose 6-phosphate transporter）缺乏所致。正常情况下，位于内质网膜上的6-磷酸葡萄糖转运蛋白将细胞质中的6-磷酸葡萄糖转运到内质网内，再由内质网膜内表面上的葡萄糖6-磷酸酶（glucose 6-phosphatase）催化分解成葡萄糖和磷酸（图12-1）。当6-磷酸葡萄糖转运蛋白缺乏时，糖原分解产生的6-磷酸葡萄糖不能进入内质网内分解成葡萄糖，糖原分解受抑制，大量糖原在细胞内贮积而造成糖原贮积症。另一方面，内质网内产生的磷酸必须由磷酸/焦磷酸转运蛋白（phosphate/pyrophosphate transporter）转运出内质网，使6-磷酸葡萄糖的分解反应得以继续。若该转运蛋白缺乏，将严重抑制内质网内6-磷酸葡萄糖的分解，同样造成细胞内糖原的贮积。糖原贮积症主要累及肝和肾脏，表现为肝肿大、发育受阻、严重低血糖、酮症等症状。

4. 胱氨酸病（cystinosis）　胱氨酸病（cystinosis）是一种常染色体隐性遗传性代谢病，分为婴儿型、儿童型和成人型三种，其中婴儿型占95%，出生婴儿患病率约为1/20万。胱氨酸病是由于溶酶体膜的胱氨酸转运蛋白（cystinosin）缺陷所致，其缺陷基因CTNS定位于染色体17p13，多为第十外显子及其附近的片段缺失。由于胱氨酸不能转运出溶酶体而结晶并大量蓄积在溶酶体内，致使溶酶体胀大甚至破裂，从而损害细胞的功能。胱氨酸结晶在肾脏蓄积可损坏近曲小管对小分子（如氨基酸、葡萄糖等）的重吸收功能，导致范康尼综合征（Fanconi syndrome），患儿出现进行性肾功能不全、生长迟缓；因胱氨酸在眼组织中结晶可表现怕光或角膜损伤。

（二）物质代谢中的反应通路缺陷

这是最常见的遗传性代谢病，主要是由于代谢反应通路中的某种酶的缺陷造成，故又称为遗传性酶病。Garrod提出的假说认为，在物质代谢中，一系列的反应由不同的酶催化，如果某种酶异常或缺乏，势必造成正常的代谢产物减少，而上游的中间产物堆积或代谢途径转向，甚至生成有害的旁路代谢产物而损害细胞的功能(图 12-2)。

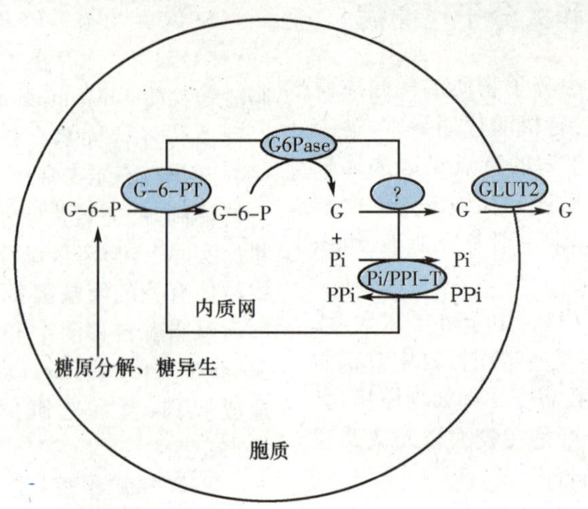

图 12-1 糖原分解和糖异生产生的 6-磷酸葡萄糖(G-6-P)经转运蛋白(G-6-PT)转运到内质网内，再由葡萄糖 6-磷酸酶(G6Pase)分解成葡萄糖(G)和磷酸(Pi)。磷酸/焦磷酸转运蛋白(Pi/PPi-T)将磷酸转运出内质网，葡萄糖转运蛋白 2 (GLUT2)将葡萄糖转运出细胞外

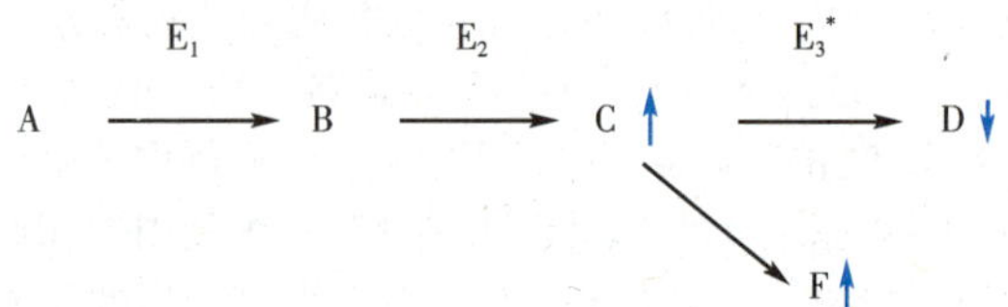

图 12-2 Garrod 假说中的物质代谢反应通路中的酶(E_3)异常造成代谢产物减少(D)、上游的中间产物(C)堆积或生成有害的旁路代谢产物(F)

造成酶缺陷的直接原因是基因突变，引起酶的活性异常降低或增加，导致代谢病的发生。基因突变的可能结果包括：①结构基因突变，导致酶的活性改变(如酶与底物或调节物的亲和力改变)或酶的稳定性改变(如酶的降解速率加快或减慢)；②调节基因突变，导致酶的合成速率加快或减慢。在这些突变结果中，以酶的活性缺乏最为常见，其致病机理包括：中间产物堆积、代谢底物堆积、代谢终产物缺乏和旁路代谢产物增多而引起的代谢病。此外，酶的活性增高也可引起代谢病。

1. 代谢中间产物堆积引发代谢病 某种酶缺乏致使其催化反应的上游中间产物大量堆积，造成对机体的毒性作用。例如半乳糖血症 I 型是由于半乳糖-1-磷酸尿苷转移酶缺乏引起，是一种比较少见的常染色体隐性遗传病。该酶与 UDP-己糖 4-表构酶共同催化半乳糖-1-磷酸转变成葡萄糖-1-磷酸，促进体内半乳糖的代谢(图 12-3)。体内半乳糖-1-磷酸尿苷转移酶缺乏导致半乳糖-1-磷酸在组织器官中大量堆积而发生病理变化，例如在肝脏堆积可造成肝肿大、肝功能损害甚至肝硬化，在脑中堆积可造成运动及智力障碍等。同时，半乳糖还原产物-半乳糖醇，在细胞内高浓度，如贮积于晶体，将吸收水进入晶体，造成晶体肿胀、混浊，引起白内障。

2. 代谢底物堆积引发代谢病 当某种酶缺乏时，其催化的底物因不能正常代谢而在体内堆积。若底物的溶解度高，则该底物在血和尿中的浓度增高；若溶解度低，则该底物在组织中贮积。如糖原贮积症是由于肝内葡萄糖 6-磷酸酶(glucose-6-phosphatase)缺乏引起，由于肝脏 6-磷酸葡萄糖不能分解为葡萄糖，引起逆向合成大量糖原而贮积。

3. 代谢终产物缺乏引发代谢病 代谢通路中的某一酶缺乏将导致代谢终产物的缺乏而引起代谢病。如白化病(albinism)是一种常染色体隐性遗传病，分全身型及局部型，原因是酪氨酸酶缺乏，使黑色素细胞不能将酪氨酸转变成黑色素，病人因缺乏黑色素而白化，表现为皮肤呈白色，毛发银白或淡黄色，虹膜及瞳孔呈淡红色，视网膜无色素，怕光，眼球震颤等。

4. 旁路代谢产物增多引发代谢病 当主要代谢途径由于酶的缺乏受阻断时，该酶的底物或其上游的中间产物发生堆积，可能通过另一旁路代谢而产生副产物，如果旁路产物或其分解产物具有毒性，即可能引起代谢病。如苯丙酮尿症(phenylketouria，PKU)是由于体内缺乏苯丙氨酸羟化酶(phenylalanine hydroxylase)所致。该酶催化苯丙氨酸转变成为酪氨酸，当苯丙氨酸羟化酶活性缺乏时，苯丙氨酸不能正常代谢而堆积，过多的苯丙氨酸通过转氨酶作用生成苯丙酮酸，后者还可转变为苯乳酸和苯乙酸等异常产物。这些旁路代谢产物对脑代谢具有毒性作用，影响脑细胞的发育及其功能，使病儿出现智力发育不全等症状。

笔记栏

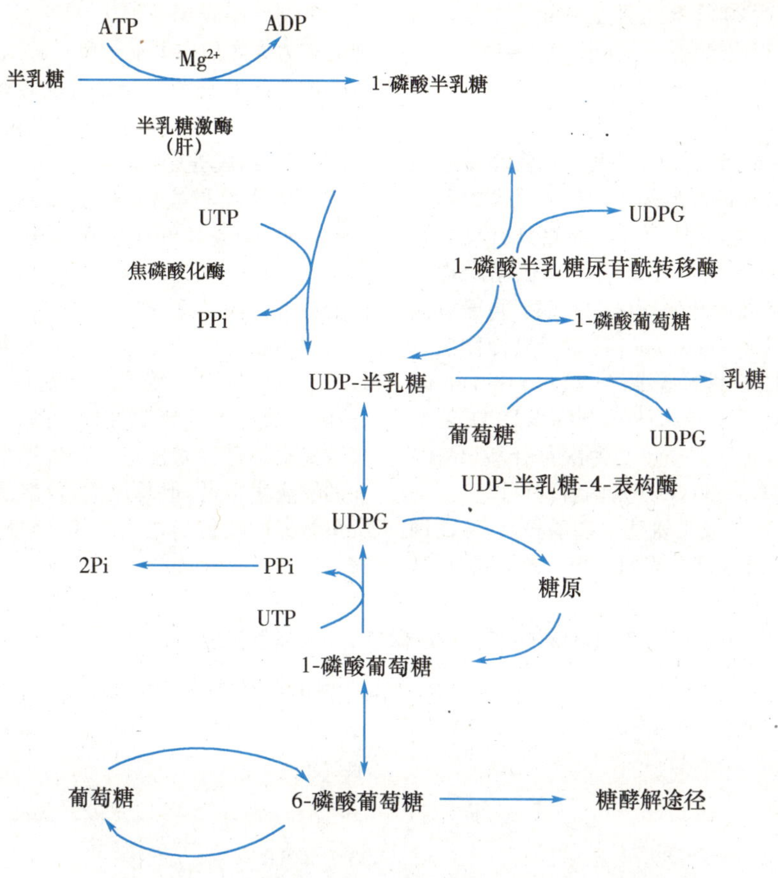

图 12-3 半乳糖代谢途径

5. 酶活性增高引发代谢病 在某种情况下，基因突变也可造成酶的活性增高，致使其代谢产物增多而引起代谢病。如磷酸核糖焦磷酸合成酶（phosphoribosyl pyrophosphate synthetase，PRPS）是催化嘌呤从头合成的关键酶，如果该酶的分子结构发生遗传变异，引起其活性大大升高，则体内的嘌呤合成加快，其代谢终产物尿酸的生成过多，可导致痛风症的发生。

6. 多种酶缺陷引发代谢病 在反应通路障碍引起的遗传性代谢病中，大多数是由于某一种酶的缺陷造成，但在少数情况下可发生不只一种酶的缺陷。例如先天性蔗糖不耐受症（congenital sucrose intolerance），患者同时存在异麦芽糖酶和蔗糖酶缺乏，致使蔗糖不能正常消化吸收。枫糖尿症（maple syrup urine disease）患者体内则同时缺乏缬氨酸脱羧酶、亮氨酸脱羧酶和异亮氨酸脱羧酶。出现这种现象的可能解释是：①有缺陷的几种酶均具有一条共用的多肽链，当编码这条多肽链的结构基因发生突变时，使含有这条共同多肽链的各种酶蛋白结构改变而失活；②由于某个酶的缺乏，致使由该酶催化生成的代谢物缺乏，因此由它诱导的各种酶也相应缺乏；③由于一个调控基因发生突变，关闭了邻近几个结构基因，使这些结构基因编码的酶不能正常产生。

（三）代谢调节缺陷

物质代谢受多种因素调节，包括神经、激素调节，代谢物及代谢产物的调节等。这些调节因素可以直接改变酶的活性，如代谢产物的反馈调节和酶的化学修饰等，也可以通过影响基因的表达水平而改变细胞内酶的含量，如一些激素的调节作用。这一类型的代谢调节缺陷主要是由于与代谢调节有关的内分泌腺遗传病所致，又称为遗传性内分泌代谢病。在这些激素的调节通路中，任何环节出现障碍都可能导致代谢异常。例如：

1. 受体基因突变引发代谢病 胰岛素受体底物（insulin receptor substrate，IRS）是细胞中的一种接头蛋白（adaptor），包括 IRS-1 和 IRS-2，在胰岛素信号通路中起关键作用。IRS 基因的异常突变，无疑将减弱胰岛素对糖代谢的调节作用，包括葡萄糖的跨膜转运减慢、磷酸果糖激酶、丙酮酸激酶的表达下降等，造成组织细胞对葡萄糖的利用障碍。

中性脂质贮积症（Chanarin-Dorfman· syndrome，CDS）是一种由于 CGI-58 基因缺陷而导致的脂肪分解代谢障碍，患者全身组织发生脂肪积累。CGI-58 基因是编码一种具有激活脂肪组织三酰甘油酶（adipose triglyceride lipase，ATGL）的蛋白质，属于酯酶家族，广泛分布于脂肪细胞中脂肪小滴的表面上。在正常情况下，这种 CGI-58 蛋白与 ATGL 相互作用而

笔 记 栏

使后者活性增加达20倍，防止脂肪在组织中过度储存。中性脂质贮积症患者的CGI-58基因突变，CGI-58蛋白不能与ATGL结合，以致ATGL活性过低而造成脂肪分解代谢障碍。

2. 遗传性酶缺陷引发代谢病 在代谢反应通路中，代谢产物的反馈调节是控制物质代谢的重要方式。某些代谢产物对整个反应通路具有反馈调节作用，如果某种酶的活性缺陷使该代谢产物减少，则其反馈调节功能减弱而可能致病。自毁容貌综合征（lesch-nyhan syndrome）是由于遗传性次黄嘌呤鸟嘌呤磷酸核糖转移酶（hypoxanthine-guanine-phosphoribosyl transferase，HGPRT）缺乏所引起。该酶催化次黄嘌呤转变为次黄苷酸（IMP）和鸟嘌呤转变为鸟苷酸（GMP），两者均可以反馈抑制磷酸核糖焦磷酸生成1-氨基-5-磷酸核糖，从而调节IMP的从头合成速度。当HGPRT缺乏时，这种反馈抑制作用减弱或消失，嘌呤合成速度加快，尿酸生成大大增加。由于尿酸对脑组织的毒性作用，以致病孩智力发育不全和出现舞蹈样动作及强迫性自残行为，同时伴有高尿酸血症、尿酸尿、血尿、尿路结石、痛风等症状。

溶酶体贮积症（lysosomal storage disorders，LSDs）是一组遗传性代谢病，是由于溶酶体内的酶（主要是酸性水解酶）、激活蛋白、转运蛋白及溶酶体蛋白加工校正酶的缺乏，引起溶酶体功能缺陷，代谢物不能被有效地消化，因而在组织中贮积所导致的疾病。迄今已确定的溶酶体贮积症有50多种，除少数为X连锁隐性遗传外（如Fabry病），大多数属常染色体隐性遗传。虽然单个溶酶体贮积症的发病率很低，但总体而言，溶酶体贮积症是人类最常见的遗传病之一。部分溶酶体贮积症见表12-3。

表12-3 部分溶酶体贮积症及其基因定位

命名	缺陷酶或蛋白	染色体定位
胆固醇酯累积病	酸性脂酶	10q24-q25
胱氨酸病	胱氨酸转运蛋白	17 p13
Fabry病	α-半乳糖苷酶A	Xq22
岩藻糖贮积症	A-岩藻糖苷酶	1p34
半乳糖唾液酸贮积症Ⅰ，Ⅱ型	组织蛋白酶A	20q13.1
糖原贮积病Ⅱ型	α-葡萄糖苷酶	17q25.2-25.3
GM1神经节苷脂累积病Ⅰ，Ⅱ，Ⅲ型	β-半乳糖苷酶	3p21-3pter
黏脂贮积症Ⅱ，Ⅲ型	磷酸转移酶	4q21-q23
黏多糖病Ⅰ型	α-L-艾杜糖苷酶	4p16.3

二、糖尿病的分子机制

糖尿病是由于胰岛素分泌绝对缺乏或（和）胰岛素的生物效应降低引起的以高血糖为特征的一组代谢病。持续的高血糖会引起多器官（眼、肾脏、心脑血管、神经等）的损害、功能异常或衰竭。

（一）糖尿病的分型

随着近年来对糖尿病流行病学、病因学、发病机制及临床研究的不断深入发展，1996年12月9日至13日WHO在英国召开了糖尿病及其并发症诊断标准及分型咨询委员会议，建议糖尿病分型基于病因而不是根据其临床表现，将糖尿病分为四大类型：

1. 1型糖尿病 又称为胰岛素依赖型（insulin dependent diabetes mellitus，IDDM），占糖尿病患者5-10%，为胰岛B细胞破坏导致胰岛素绝对缺乏。1型糖尿病又分为自身免疫性（autoimmune）和特发性（Idiopathic）两种亚型，分别称为1A型和1B型。1A型可急性发病或缓慢发病，青少年通常为急性发病，而成人发病较缓慢，又称为“成人隐匿性自身免疫糖尿病”（Latent autoimmune diabetes in adults，LADA）。LADA曾称为“1.5型糖尿病”和“缓慢发病1型糖尿病”（slow onset type 1 diabetes）。LADA具有以下特点：①多在30岁后发病，发病半年内不依赖胰岛素，无酮症发生；②发病时多为非肥胖型；③体内胰岛B细胞抗体（ICA）、谷氨酸脱羧酶抗体（GAD）和胰岛素自身抗体（IAA）等多持续阳性；④具有1型糖尿病的易感基因（如HLA-DR3、HLA-DR4、BW54及DQ-131-57-Non-Asp等）；⑤常伴有甲状腺和胃壁细胞等器官特异性抗体阳性。1B型占少数，病因不明，体内缺乏胰岛B细胞自身免疫的证据，但具有强烈的遗传倾向。1B型多见于非洲和亚洲人，多为长期胰岛素缺乏并容易发生酮症。

2. 2型糖尿病 又称为非胰岛素依赖型（non-insulin dependent diabetes mellitus，NIDDM），以胰岛素抵抗为主伴胰岛素分泌不足，或胰岛素分泌不

笔记栏

足为主伴或不伴胰岛素抵抗。患者虽然胰岛素分泌量可能正常甚至偏高，但相对于高血糖水平仍然不足，发病年龄较大，但也可发生于青少年。这一类型占所有糖尿病患者的 90%以上，病因不明，一般认为由多基因遗传和环境因素共同促发，种族、家族史、肥胖（尤其是腹型肥胖）、高脂血症和糖耐量减退是其主要的危险因素。

3. 特异性糖尿病 是一些病因比较明确或继发性糖尿病，又分为：①胰岛 B 细胞功能基因异常，如年轻起病成人型糖尿病（maturity-onset diabetes of the young，MODY）和线粒体糖尿病；②胰岛素受体基因异常，如 A 型胰岛素抵抗、脂肪萎缩性糖尿病等；③内分泌疾病，如皮质醇增多症、嗜铬细胞瘤、甲状腺功能亢进症等；④胰腺疾病，如胰腺炎、外伤或胰腺切除、肿瘤或肿瘤浸润等；⑤药物或化学制剂所致，如肾上腺糖皮质激素、甲状腺素、噻嗪类利尿剂、苯妥英钠等；⑥感染，如先天性风疹及巨细胞病毒感染等；⑦非常见型免疫调节糖尿病，如胰岛素自身免疫综合征，黑棘皮病Ⅱ（胰岛素受体抗体），“Stiff Man”综合征等；⑧其他遗传病伴糖尿病，如 Down 综合征、Friedreich 共济失调、Turner 综合征、Wolfram 综合征等。

4. 妊娠糖尿病 妊娠期间发生或首次发现的糖尿病。患者在孕前没有糖尿病，但在怀孕的中晚期，由于胎盘分泌了过多的生糖激素，本身有一定的缺陷，以致血糖升高而出现糖尿病。部分人在分娩以后血糖恢复正常，另一部分人可能成为 1 型或 2 型糖尿病。

（二）糖尿病的分子机制

1. 1 型糖尿病的分子机制 1 型糖尿病的发病机制迄今不完全清楚，可以确定的是该病具有明显的遗传倾向和受环境因素影响。1 型糖尿病患者的自身免疫作用是胰岛 B 细胞被破坏的主要原因，患者常出现一些标志性的自身抗体，包括抗胰岛细胞抗体（islet cell autoantibodies，ICA）、抗胰岛素抗体（insulin autoantibodies，IAA）、抗谷氨酸脱羧酶抗体（autoantibodies to glutamic acid decarboxylase，GAD）等。在 1 型糖尿病患者中，约有 85%～90% 被检出这些自身抗体中的一种或多种，而且这些病人也容易发生其他自身免疫疾病如突眼性甲状腺肿（Graves' disease）、桥本甲状腺炎（Hashimoto's thyroiditis）、肾上腺皮质功能不全（Addison's disease）、重症肌无力（myasthenia gravis）、恶性贫血等。

1 型糖尿病的发病与第 6 号染色体短臂上位于组织相容性抗原（major histocompatibility complex，MHC）区，即人类白细胞抗原（human leukocyte antigen，HLA）区的基因有关。HLA 基因主要编码细胞表面蛋白质，在细胞的自我识别和向 T 淋巴细胞显示抗原的过程中起关键作用。IDDM 的遗传易感性与 HLA 基因位点有明确的关联性，其中包括 HLA-DR，-DQ 和-DP 位点（图 12-4）。

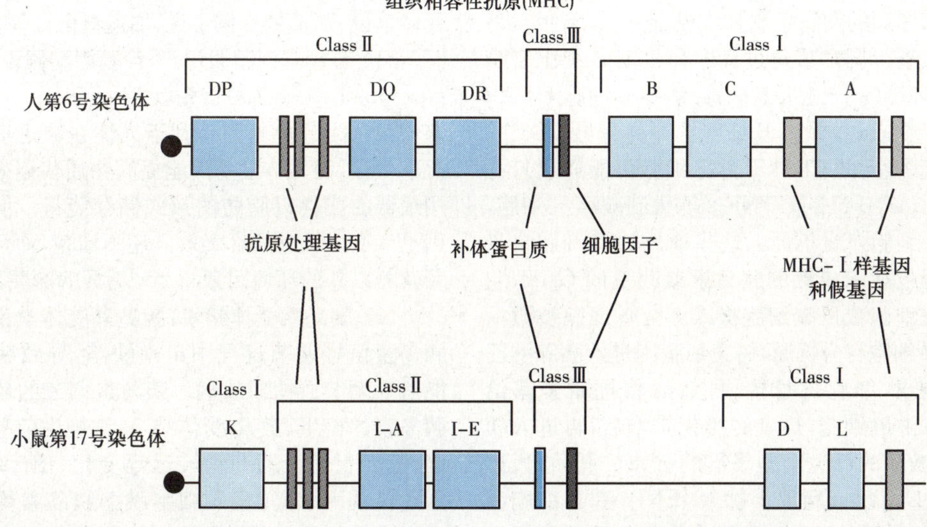

图 12-4 染色体组织相容性抗原（MHC）区基因结构示意图

由于易感基因位点主要与 1A 型（相当于 IDDM 型）的敏感性相关，故命名为 IDDM。已有 17 种 IDDM 位点被发现，其中 IDDM14 和 IDDM16 尚未在染色体上清楚定位（表 12-4）。

关于 1 型糖尿病的发病机制目前归纳为环境因子启动假说（environmental triggers hypothesis）和最近提出的炎症模型（inflammatory model）。

（1）环境因子启动假说（environmental triggers hypothesis）：环境因子（主要是病毒和食物因子）使胰岛 B 细胞破坏并释放出自身抗原（autoantigen），通过巨噬细胞处理后再刺激 $CD4^+$ Th 淋巴细胞，导致细胞因子 IL-1 产生，同时激活 $CD8^+$ 细胞毒性 T 淋巴细胞，激活的 T 淋巴细胞和细胞因子共同作用，导致胰岛 β-细胞的大量破坏而致 1 型糖尿病。

笔记栏

上述假说的前提是患者带有易感基因，如胰岛细胞HLA-Ⅱ基因在正常情况下不表达，但易感者胰岛细胞的HLA-Ⅱ基因可被激活，导致细胞因子的产生和T淋巴细胞的活化。

表12-4　1型糖尿病易感基因位点

基因位点	染色体定位	易感基因或微卫星
*IDDM*1	6p21	HLA-DQ\DR
*IDDM*2	11p15	*INS* VNTR
*IDDM*3	15q26	D15s107
*IDDM*4	*11q13	*MDU*1, *ZFM*1, *RT*6, *FADD/MORT*1, *LRP*5
*IDDM*5	6q24-27	*ESR*, *MnSOD*
*IDDM*6	*18q12-q21	D18s487, D18s64, JK (Kidd locus)
*IDDM*7	2q31	D2s152, *IL*-1, *NEUROD*, *GALNT*3
*IDDM*8	6q25-27	D6s264, D6s446, D6s281
*IDDM*9	*3q21-25	D3s1303
*IDDM*10	10p11-q11	D10s193, D10s208, D10s588
*IDDM*11	*14q24.3-q31	D14s67
*IDDM*12	2q33	*CTLA*-4, *CD*28
*IDDM*13	2q34	D2s137, D2s164, *IGFBP*2, *IGFBP*5
*IDDM*14	?	NCBI ＃ 3413
*IDDM*15	6q21	D6s283, D6s434, D6s1580
*IDDM*16	*?	NCBI ＃ 3415
*IDDM*17	*10q25	D10s1750-D10s1773

(2) 炎症模型(inflammatory model)：Bergholdt等人最近提出了炎症模型(inflammatory model)解释1型糖尿病的发病机制。该模型认为，新生胰岛B细胞在进行凋亡重建过程中释放出B细胞自身抗原，或环境因子(主要是病毒)诱导B细胞HLA-I型基因产物表达，并将B细胞抗原暴露给$CD8^+$ T淋巴细胞，激活的$CD8^+$ T淋巴细胞可能通过打孔素(perforin)、IFN-β或TNF-β等机制破坏B细胞，释放出β-细胞自身抗原。这些释放的B细胞自身抗原可能包括未成熟的胰岛素或改变的GAD，它们被树突细胞或巨噬细胞摄入。巨噬细胞被激活并处理B细胞自身抗原，树突细胞则进入胰腺淋巴结后处理B细胞自身抗原，然后将抗原暴露给$CD4^+$ Th淋巴细胞，后者经孵化扩增后，再进入胰岛，接受激活的巨噬细胞暴露的抗原的刺激，通过Fas/Fas-L系统或释放干扰素IFN-γ使B细胞凋亡。同时，激活的巨噬细胞产生毒性细胞因子IL-1和TNF-α也促进B细胞凋亡(图12-5)。

2. 2型糖尿病的分子机制　2型糖尿病比1型糖尿病的发病机制复杂，同样由基因和环境两种因素造成，两者都是与胰岛素的缺陷有关。2型糖尿病是由于胰岛素抵抗造成胰岛素相对不足，伴随着胰岛细胞的代偿功能下降引起，如图12-6。

关于胰岛素分泌相对不足和胰岛素抵抗的分子机制有多种假说，包括节俭基因型假说、胰岛素受体学说、葡萄糖受体学说、加速器假说等。

(1) 节俭基因型假说：节俭基因型假说(Thrifty genotype hypothesis)首先由Neel于1962年提出，该假说认为节俭基因有利于人体在缺乏食物的情况下生存，因为节俭基因能提高物质代谢效率和利用最低的能耗以脂肪的形式储存能量。但节俭基因是什么以及它的真实效应还不清楚，而且不能解释营养以外的环境因素与2型糖尿病的关系。

(2) 胰岛素受体学说：胰岛素受体学说认为在胰岛素信号调节过程中出现缺陷，导致胰岛素不能有效调节血糖而致病。胰岛素调节的环节包括胰岛素的产生、激素-受体结合、细胞内信号转导通路、基因表达及葡萄糖转运等变化(图12-7)。由于遗传基因缺陷，病人细胞膜上胰岛素受体数目减少或结构异常，导致受体与胰岛素结合只约为正常人的40%，胰岛素不能充分发挥其正常的生理效应。肥胖型糖尿病人由于脂肪增多，体内胰岛素受体数目显著减少，产生胰岛素抵抗，同样影响胰岛素的生物效应。另外，饮食过多可造成高胰岛素血症，加重胰岛细胞负担，最后导致胰岛素相对不足。

笔记栏

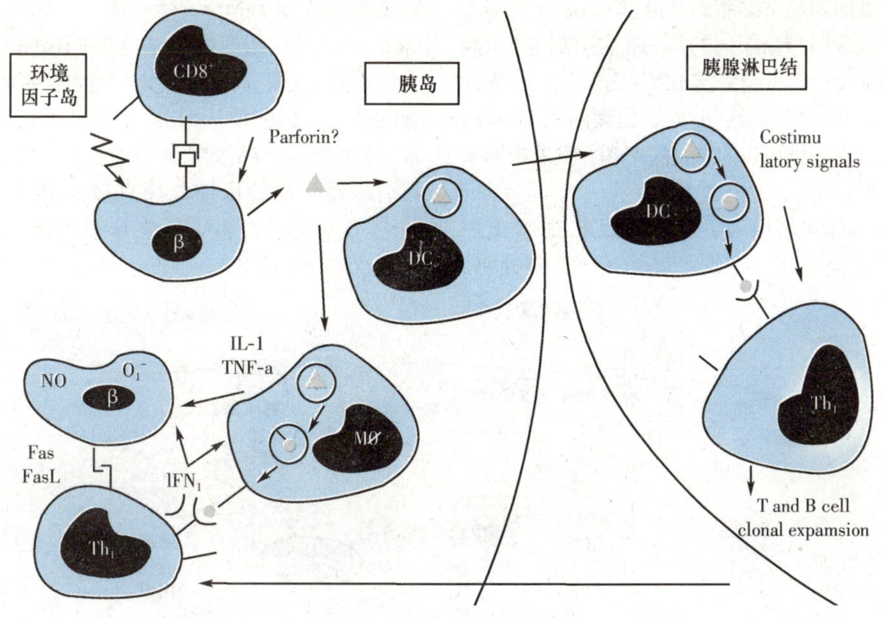

图 12-5　Bergholdt 等人最近提出的炎症模型示意图

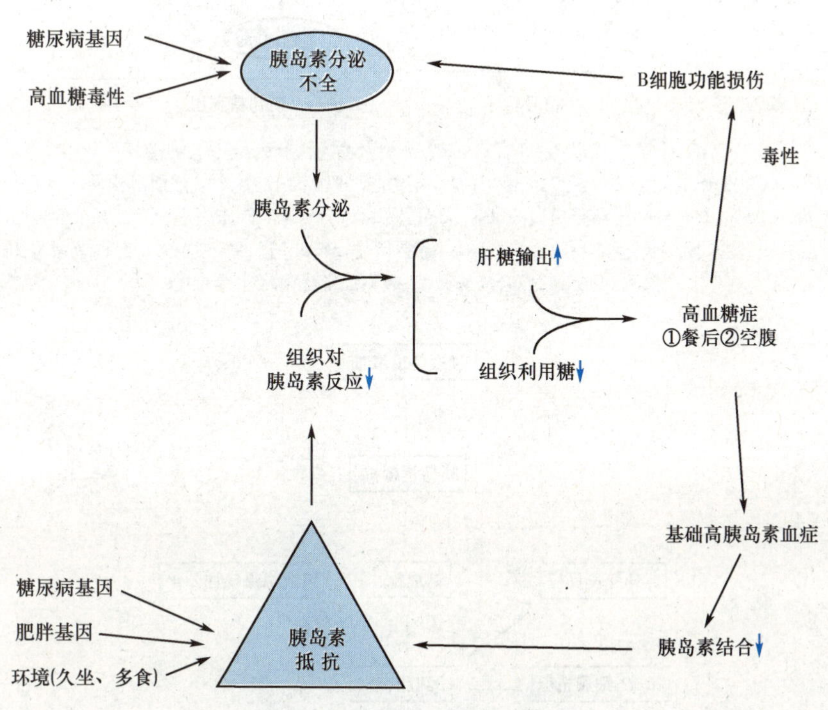

图 12-6　2 型糖尿病的分子机制

胰岛素受体是一种跨膜糖蛋白，由两个 α 亚基和两个 β 亚基组成。胰岛素与细胞 α 亚基特异性结合后引起受体构型改变，导致 β 亚基胞内部分的酪氨酸激酶活化，再将下游信号分子活化而发生胰岛素效应。胰岛素受体基因突变可造成胰岛素的抵抗，继之引起胰岛 B 细胞的分泌能力下降，胰岛素相对不足。

属于胰岛素调节中的信号分子的胰岛素受体底物(IRS) 也与 2 型糖尿病密切相关，它是胰岛素/类胰岛素生长因子信号系统的关键介导者，在维持细胞生长、分裂和代谢中起着重要作用。目前已鉴定出 IRS 四个成员：IRS-1、IRS-2、IRS-3 和 IRS-4，其中 IRS-1 和 1RS-2 在很多组织细胞中起着重要的信号转导作用。由于 IRS 介导的胰岛素信号通路与很多其他信号通路有交叉，这些信号通路都可能干扰胰岛素效应，导致胰岛素抵抗而引发糖尿病。

(3) 加速器假说：加速器假说(accelerator hypothesis)是最近提出的糖尿病发病机制。血糖浓度失调可以是因为胰岛 B 细胞分泌胰岛素不足，或组织细胞对胰岛素的抵抗，或两者皆存在，而这些问题都可发生于 1 型和 2 型糖尿病，两者都具有胰岛素抵抗和使胰岛 B

笔 记 栏

细胞分泌过度而加速B细胞的衰退,特别是当B细胞分泌不足已成为两型糖尿病的共同特征,两型糖尿病在病因学和临床上变得越来越难以区分。加速器假说可以解释1型和2型糖尿病的界线模糊问题,也可以解释在发达国家中糖尿病的高发病率和在发展中国家中的快速上升的现象。

该假说以体重增加为关键诱发因素,并提出加速器的三个基本元素:组成性(constitution)分泌、胰岛素抵抗(insulin resistance)、自身免疫(autoimmunity)。其中组成性分泌是β细胞的基本功能,因个体而异。这三种因素都能不同程度地加速B细胞的凋亡。该假说认为,体重增加引起细胞的胰岛素抵抗增加,结果减弱血糖的控制而致高血糖,后者通过葡萄糖的毒性作用直接引起B细胞凋亡。同时,B细胞凋亡加速释放B细胞抗原,诱发自身免疫反应(图12-8)。

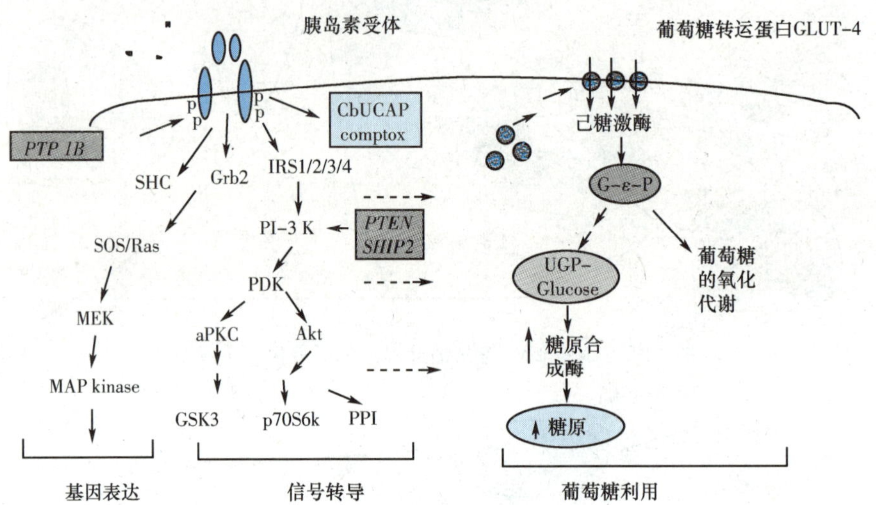

图12-7 胰岛素的信号转导通路及葡萄糖转运蛋白示意图

IRS:胰岛素受体底物;Akt:蛋白激酶B;PI-3K:磷脂酰肌醇-3-激酶;3-磷酸肌醇依赖的蛋白激酶;MAPK:有丝分裂激活蛋白激酶;PKC:蛋白激酶C;SHC:含有Src同源区2(Sh2)的蛋白质;Grb:生长因子受体结合蛋白;SOS/Ras:急救信号;MEK MAPK:细胞外信号调节激酶的激酶;GSK:糖原合成酶激酶;PPI:肽-脯氨酸顺反异构酶

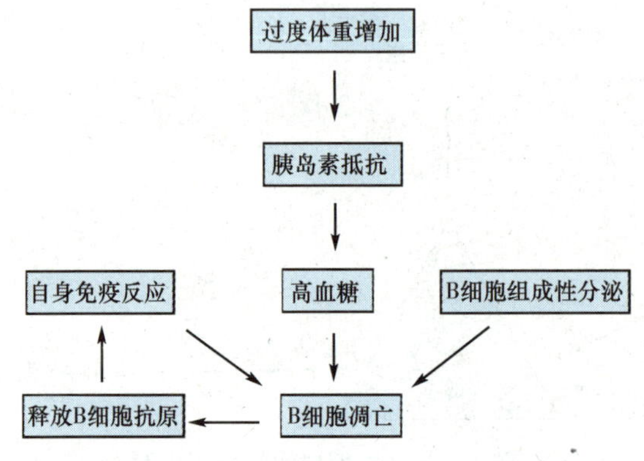

图12-8 加速器假说示意图

3. MODY型糖尿病的分子机制 年轻起病成人型糖尿病(MODY)是一种常染色体显性遗传的单基因遗传病。

主要是由于胰岛B细胞功能障碍所致,约占全部糖尿病患者的2%~5%。MODY的特征是:一般在25岁以前,症状出现缓慢,不肥胖,无酮症,亦无B细胞的自身免疫反应,患者通常不需注射胰岛素。在WHO的最新糖尿病分型中,MODY被归类为特殊型糖尿病中的B细胞功能缺陷糖尿病亚型之一。目前发现MODY至少有6种突变基因,分别命名为*MODY*1至*MODY*6(表12-5)。

表12-5 MODY的突变基因定位及其效应

MODY	染色体基因定位	基因突变及效应
*MODY*1	20q12-13.1	肝细胞核因子*HNF*-4α基因突变,B细胞对糖刺激反应减弱

笔记栏

续表

MODY	染色体基因定位	基因突变及效应
MODY2	7p13-15	葡萄糖激酶基因突变,胰岛素分泌减少
MODY3	12q24.2	肝细胞核因子 *HNF*-1α 基因突变,B细胞发育障碍,肾糖阈降低
MODY4	13q12.1	胰岛素启动子-1 基因突变,胰岛素基因表达障碍
MODY5	17cen-q21.3	肝细胞核因子 *HNF*-1β 基因突变,伴多囊肾和功能障碍
MODY6	2q32	神经源性分化因子 *NeuroD*1 基因突变,B细胞胰岛素分泌减少

综上所述,所有 MODY 基因均在胰岛 B 细胞中表达,并在 B 细胞生长发育、葡萄糖转运和代谢、胰岛素生成和分泌等细胞活动中发挥重要作用(图 12-9)。因此,MODY 可能与很多基因有关,其类型也应不止 6 种,有待进一步研究和发现。

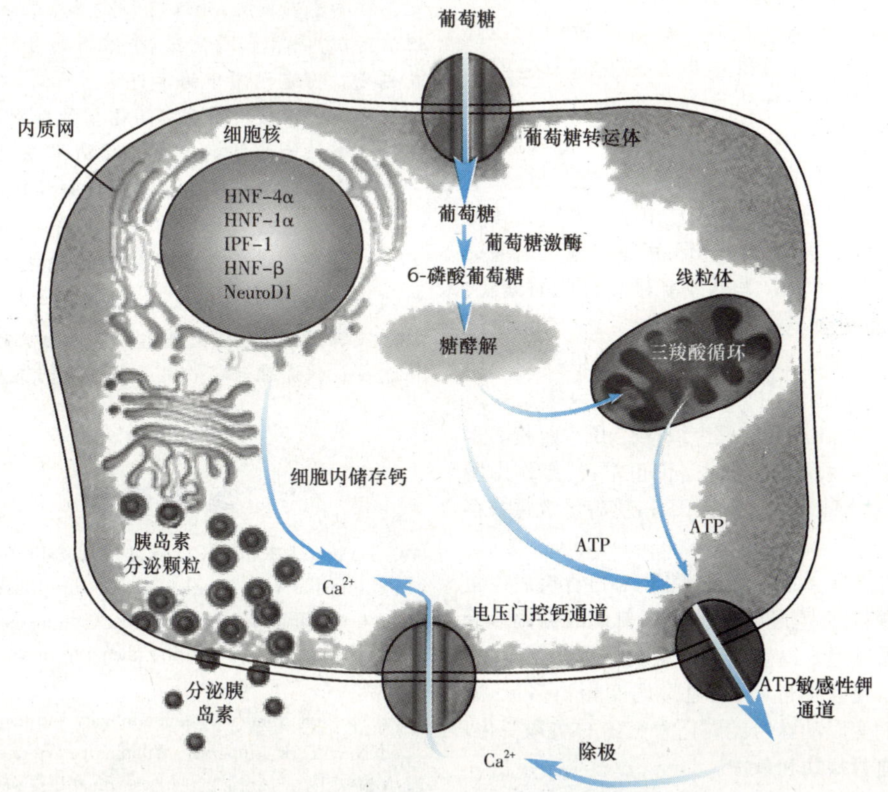

图 12-9　与 MODY 有关的代谢通路及调节因子

三、代谢综合征

随着社会经济的发展和生活方式的改变,以肥胖、糖脂代谢紊乱和高血压聚集为一体的代谢综合征(metabolic syndrome, MS) 发病率急剧升高,由 MS 导致的心血管损害也明显增多。MS 已成为一种新的慢性病和公共卫生问题。

(一) 关于代谢综合征的定义和诊断标准

Reaven 在提出代谢综合征(X 综合征)之前,即有死亡四重奏的名称,即肥胖、高血压、高血糖与高血脂构成对心血管的威胁,以后 DeFronzo 提出胰岛素抵抗综合征,之后将代谢综合征与胰岛素抵抗综合征两者等同起来。近年,Reaven 认为代谢综合征的基础是胰岛素抵抗与高胰岛素血症,胰岛素抵抗综合征所包含的内容更广泛,它还包括脂肪肝、睡眠呼吸暂停、多囊卵巢综合征及某些恶性肿瘤的发生等,故认为两种综合征不完全相同,代谢综合征的提出比较切合实际。国际上对代谢综合征的定义和诊断标准尚未统一。

WHO 的诊断标准强调将胰岛素抵抗作为基本要求并列入微量白蛋白尿测定,这显然不适用于群体筛查和流行病学调查工作。美国胆固醇教育计划(ATPⅢ)则规定,腹型肥胖、高血压、血三酰甘油升高、高密度脂蛋白胆固醇降低和空腹血糖受损 5

项指标中只要≥3 项即可诊断为代谢综合征，不必测定胰岛素水平和微量白蛋白尿，更适合于群体筛查和临床应用。

（二）MS 的发病机制

MS 的发病机制研究主要集中在以下几方面。

（1）腹型肥胖和脂毒性的作用：研究显示腹型肥胖和血脂代谢异常是 MS 最重要的病理生理基础，也是导致胰岛素抵抗（IR）的重要原因，腹内脂肪堆积释放非酯化脂肪酸（NEFA）增多，造成三酰甘油（TG）在肌肉和肝脏异位沉积，产生 IR。但也有学者认为仅用脂毒性作用解释 MS 的病理生理特征过于简单，炎症反应、氧化应激、PPARs、AMPK、瘦素和皮质醇等也在 MS 发病中起重要作用。

（2）IR：传统上认为 IR 是 MS 的中心环节，许多研究者认为 IR 在 MS 发病机制上的重要性大于肥胖，由于 IR 与肥胖密切相关，因此，区别二者的因果关系十分困难。IR 和 MS 其他成分之间的关联程度也有所不同，IR 与致动脉硬化性脂质紊乱、肥胖、糖代谢和前炎症状态密切相关，但与高血压和血栓前状态的关联相对较弱。不同组织和不同病理状态下所产生的 IR 也有所差别，呈现出一定的异质性，如在胰岛素敏感组织存在 IR，而胰岛素非敏感组织的胰岛素信号通路仍正常，甚至作用增强。因此，对 MS 而言，存在 IR 和胰岛素敏感共存现象。

（3）代谢综合征代表着一系列心血管疾病危险因子的集聚状态，它还包括糖尿病前期的糖调节受损和糖耐量减退。超重、肥胖、血脂异常相当常见，高血压又常见于肥胖，因而血管病变相当多见，尤其大血管病变以动脉粥样硬化为突出的病理变化，导致心脑血管疾病和事件。

代谢综合征的防治已是当务之急，它似乎在无影无踪地侵害我们的肌体，防治应重视其发病机制和病理生理基础，虽然发病与遗传背景有关，有节俭基因和多基因的协同作用，但要改变基因使其按需表达实非易事，当前尚不可能达到，故防治着重于改变环境因素。我国大庆糖尿病防治研究证明，饮食控制、增加运动或两者结合可防止糖耐量减退患者转变为 2 型糖尿病，该研究深受国际关注。

小　结

内分泌与代谢疾病的发生有着密切的联系，内分泌代谢疾病中的物质转运、代谢反应通路及其调节组成了代谢病的分子机制。

掌握单基因或多基因的表达异常与内分泌代谢疾病的关系。代谢物质转运缺陷中，6-磷酸葡萄糖转运蛋白缺乏导致糖原代谢异常，半乳糖-1-磷酸尿苷转移酶缺乏，导致半乳糖-1-磷酸在组织器官中大量堆积而发生病理变化。造成酶缺陷的基因突变①结构基因突变，导致酶的活性改变或酶的稳定性改变；②调节基因突变，导致酶的合成速率加快或减慢。物质代谢中酶活性调节而导致的溶酶体贮积症。遗传性代谢病溶酶体蓄积症对能量代谢，物质代谢转运异常的关系。溶酶体在胞内将生物大分子水解成小分子而被细胞代谢再利用。

糖尿病的临床特征与 1 型糖尿病易感基因的关系。自身免疫作用是胰岛 β 细胞被破坏的主要原因，包括抗胰岛细胞抗体、抗胰岛素抗体、抗谷氨酸脱羧酶抗体等。2 型糖尿病中胰岛素受体信号传导途径。代谢综合征的定义及可能的发病机制。

（德　伟）

参考资料

Aula P, Autio S, Raivio K O, et al. 1979. Salla disease: a new lysosomal storage disorder. Arch. Neurol, 36: 88～94

Hales C N, Barker D J. 1992. Type 2 (non-insulin-dependent) diabetes mellitus: the thrifty phenotype hypothesis, Diabetologia, 35: 595～601

Lavin N. 1998. Manual of endocrinology and metabolism. 2nd ed. New York: Lippincott Williams & Wilkins

LDA Newsletter April. 2000. Lysosomal Diseases Australia, www.LDA.org.au

Meikle P J, Hopwood J J, Clague A E, et al. 1999. Prevalence of Lysosomal Storage Disorders, JAMA, 281: 249～254

Stryer L. 2006. Biochemistry. 6th ed, New York: W. H. Freeman & Co

笔 记 栏

第13章 免疫性疾病的分子机制

第一节 免疫性疾病的临床特征

免疫(immunity)是机体接触“抗原性异物”或“异己成分”的一种特异性生理反应,其作用是识别和排除抗原性异物以维持机体的内环境稳定。免疫应答(immmune response)即机体受抗原刺激后,免疫系统抗原特异性淋巴细胞对抗原分子的识别、活化、增殖、分化、免疫分子形成和失去活化潜能,并表现出生物学效应的过程。健康个体的免疫系统能对各种外来抗原产生免疫应答,正常的免疫应答有赖于免疫系统各成分和免疫机制的正常,能够保护机体免受细菌病毒等病原微生物的侵袭,同时,正常成熟的免疫系统能辨别“自我”(self)与“非我”(non-self),不针对自身组织产生免疫应答。机体通过复杂细微的免疫系统调控使免疫应答处于适当的强度,当免疫系统因原发或继发的各种因素导致免疫系统功能紊乱或者功能不全而发生机体对外来抗原不应答或过度应答或对自身组织应答都会导致免疫性疾病的病理过程。由此可见,免疫应答不一定都由病原因子引起,免疫功能也不仅限于抗感染,免疫应答也不总是对机体产生有利后果。

一、免疫性疾病的临床特征

免疫性疾病的发病机制大多涉及个体主要组织相容性复合体(major histocompatibility complex,MHC),基因突变和缺陷、基因表达异常。发病原因主要是机体对免疫应答调控失效;或维持自身耐受的功能障碍不能辨别“自我”与“非我”;或是免疫系统发育、分化、成熟障碍或淋巴细胞的激活、抗原处理与递呈等过程异常。各种免疫性疾病共同的临床特征是一般都有免疫系统异常的表现,根据免疫性疾病所导致的临床病变和发病机制不同,可将免疫性疾病分为不同的类别,各类疾病又具有各自不同的临床特征。

(一) 超敏反应性疾病

超敏反应(hypersensitivity reaction)是机体受相同抗原物质再次刺激后表现出的一种异常或病理性的免疫应答。免疫应答正常生理功能的执行包括炎性细胞激活、趋化、聚集、释放炎症介质、溶酶体酶、细胞介导的细胞毒性作用、抗原抗体反应激活补体系统等过程,因此常常伴有局部组织的炎症,如炎症控制在适度的范围内,不致造成严重的组织损伤,如果免疫应答过强,多种炎症介质失控性释放,将引起严重的炎症反应,造成机体生理功能紊乱,组织细胞破坏等病理性损伤,即为超敏反应。超敏反应的临床特征为局部炎症和过敏毒素反应,如发热、气喘和湿疹等。

(二) 自身免疫性疾病

免疫系统具有辨别“自我”与“非我”的能力,正常情况下对自身组织处于免疫耐受状态,免疫耐受是免疫系统对自身抗原的生理性不反应状态,是免疫系统在不同层次上对部分T和B淋巴细胞进行删除或者调控的结果。但在某些遗传背景下,机体受到自身抗原结构改变、微生物感染引入交叉抗原、非特异性T、B细胞多克隆激活剂、超抗原等外部因素的影响时,自身耐受的机制和调控被破坏,从而对自身组织产生免疫应答,造成组织和器官的病理损伤,即自身免疫性疾病(autoimmune disease)。虽然不同类型的自身免疫性疾病具有各自的特征性临床表现,但常可见到相似的临床表现和病理变化,即自身免疫性疾病的共同临床特征:

(1) 发病有性别倾向,多为女性,发病率随年龄增加而升高。

(2) 原因多不明确,病程长,往往迁延反复,难以彻底痊愈。

(3) 呈现遗传倾向,多数疾病与HLA相关联。

(4) 易伴发免疫缺陷病或恶性肿瘤。

(5) 体内有多种高滴度的自身抗体及致敏淋巴细胞。

(6) 病变部位有淋巴细胞和浆细胞浸润,免疫炎症、损伤范围与相应抗原分布相对应。

(7) 血清免疫球蛋白高于正常水平,多数患者血清中可查到抗核抗体(ANA)。

(8) 血清自身抗体有重叠和差异现象,即不同的自身免疫性疾病可检测到相同的自身抗体,相同的自身免疫性疾病自身抗体不一定完全相同。

(9) 可以在实验动物中复制出相同的疾病模型。

(10) 应用肾上腺皮质激素治疗或免疫抑制剂治疗可有一定疗效。

(三) 免疫缺陷病

对侵入机体的致病微生物产生免疫应答,抗感染免疫是免疫系统最重要最基本的功能,任何原因

笔记栏

导致免疫器官或免疫细胞发育不全，以及重要免疫分子基因的突变或者表达障碍均可导致免疫功能缺陷，机体免疫应答和免疫功能低下，即免疫缺陷病，先天性免疫缺陷病可由于遗传基因突变或是免疫器官发育过程障碍所致。继发性免疫缺陷病的病因多为严重感染，尤其是直接侵犯免疫系统的感染如艾滋病病毒(HIV)感染、恶性肿瘤或应用免疫抑制剂等。不论是何种原因引起的免疫缺陷病，都有一个最重要的临床特征就是患者对各种病原微生物易感性增加，反复发生感染，并常常是死亡的主要原因。另外，常伴发自身免疫性疾病和肿瘤、有遗传倾向、临床表现和病理损伤多样化、原发性免疫缺陷多在婴幼儿期即开始发病等也是本病的临床特征(详见本章第2节)。

(四) 免疫增殖性疾病

免疫细胞受到特异性抗原刺激增殖、分化，正常情况下增殖、分化扩增的免疫细胞克隆受机体一系列反馈机制调控，增生的免疫细胞被控制在适度数量，若免疫细胞在增殖、分化、发育成熟的过程中发生失控性增生和恶性病，即为免疫增生病(immunoproliferative disease)。临床特征为淋巴细胞数量增加和(或)免疫球蛋白水平增高，而免疫功能低下。多种血液细胞增殖性疾病属于血液病学的范畴，与分子免疫学关系密切的是B细胞异常增殖、免疫球蛋白异常的免疫增殖性疾病。如多发性骨髓瘤(multiple myeloma)，系骨髓浆细胞恶性增生，患者血和尿中出现特征性的M蛋白，相应类别的血清免疫球蛋白升高，可比正常高出很多倍，其他类别的免疫球蛋白水平明显降低。

二、免疫性疾病的分类

根据发病机制和临床病变不同一般将免疫性疾病分为免疫缺陷病、免疫增殖性疾病、超敏反应性疾病和自身免疫性疾病。根据病因、发病机制和临床特征或细胞表面标志(如免疫增殖病)又细分为更多的类别(图13-1)。

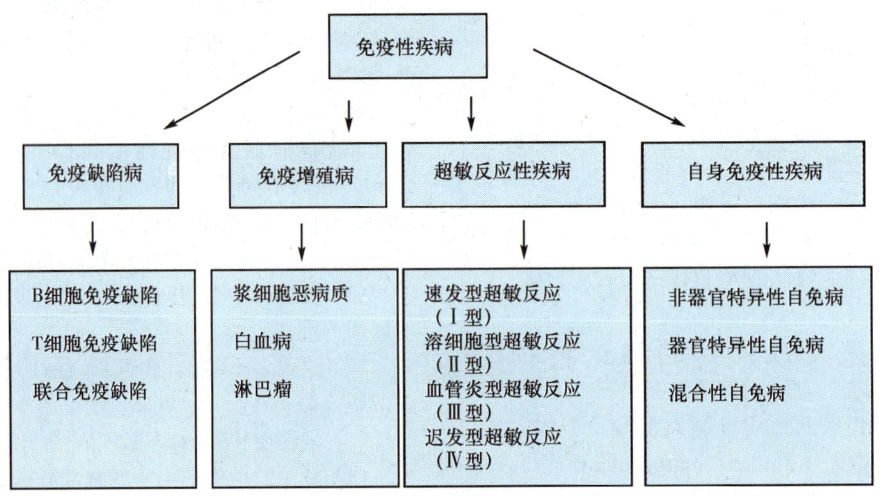

图13-1 免疫性疾病的分类

第二节 免疫性缺陷的分类

一、概念和分类

机体对病原微生物感染和其毒性产物的有效防御依赖于免疫系统执行正常功能，免疫器官或者免疫细胞的发育不良以及重要免疫分子基因的突变或者表达障碍均可导致T、B淋巴细胞、吞噬细胞及补体等免疫系统重要成分的功能缺陷，导致机体免疫应答和免疫功能低下，由此引起的疾病统称为免疫缺陷病(immunodeficiency disease, IDD)。由遗传因素或先天性免疫系统发育不全而引起的免疫缺陷称为先天性或原发性免疫缺陷(congenital or primary immunodeficiency)，由后天因素所造成的免疫缺陷称为获得性或继发性免疫缺陷(acquired or secondary immunodeficiency)，应用免疫抑制剂、糖尿病、癌症放射治疗和化疗等原因都可能继发免疫缺陷，HIV感染是最重要的继发性免疫缺陷病。也可根据免疫缺陷所涉及的成分分为：天然免疫缺陷(吞噬细胞和补体成分缺陷)和特异性免疫缺陷(T、B细胞发育、活化功能障碍)。这一节主要介绍原发性的免疫缺陷病。

二、免疫缺陷病的临床特征

(一) 感染

对各种病原微生物易感性增加是各种免疫缺陷病的一个共同特征，感染是免疫缺陷病最常见和最主要的临床表现，感染反复发生，难以治愈。往往是造成死亡的主要原因。年龄越小的患者越容易发生感染，病情也越严重。感染的部位以呼吸道最常见。感染的病原体种类主要取决于免疫缺陷的类型，如体液免疫缺陷、吞噬细胞和补体功能缺陷时感染的病原体主要以细菌为主，如葡萄球菌、链球菌和肺炎链球菌等感染。临床表现为气管炎、肺炎、中耳炎、脓皮病和化脓性脑膜炎等。细胞免疫缺陷时的感染主要由病毒、真菌、胞内寄生菌和原虫等引起。免疫缺陷者还容易发生机会性感染，正常情况下在体内寄生的正常菌群以及空气、土壤和水中无致病力或致病力很弱的微生物，如大肠埃希菌、铜绿假单胞菌、变形杆菌等也容易使其遭受感染。

（二）恶性肿瘤

原发性免疫缺陷尤其是T细胞免疫缺陷和联合免疫缺陷患者，恶性肿瘤的发病率比同龄正常人群高许多倍，以上皮细胞癌、肉瘤、白血病和淋巴系统肿瘤等常见。

（三）自身免疫性疾病

原发性免疫缺陷者尤其是T细胞免疫缺陷患者常并发自身免疫性疾病和过敏性疾病，正常人群自身免疫性疾病的发病率约0.001%～0.01%，而免疫缺陷者可高达14%，SLE、类风湿关节炎和恶性贫血等是免疫缺陷患者常见伴发的自身免疫性疾病。

（四）遗传倾向

多数原发性免疫缺陷病有遗传倾向，以常染色体遗传常见（约1/3），其次为性染色体隐性遗传（约1/5），性别比例以男性占大多数（>80%）。

（五）临床表现和病理损伤的多样性

免疫缺陷病在临床和病理表现上都具有高度异质性，免疫系统不同组分缺陷引起的病理损伤不同，临床表现各异，同样的免疫缺陷病不同患者表现也不相同。不同的免疫缺陷可涉及相同的细胞和分子，也可同时累及多个系统和器官。

（六）发病年龄

原发性免疫缺陷约半数以上在婴幼儿期即开始出现异常症状，如DiGeorge综合征出生后24～48小时即发病，严重联合免疫缺陷病出生6个月内即发病，性联锁低丙球蛋白血症生后6～8个月即开始发病。

三、B细胞免疫缺陷

原发性B细胞免疫缺陷是由于先天性或遗传性的原因造成B细胞发育缺陷或对T细胞传递的信号不能产生有效应答而致抗体生成障碍。其缺陷可源于其成熟阶段即前B细胞发育至B细胞（pre-B cell to B cell）阶段发生障碍，或在B淋巴细胞应答抗原时抗体重链种型转换阶段发生障碍，此缺陷可致IgG和IgA缺乏，IgM血清水平增加。此外Th细胞识别外来抗原和分泌细胞因子异常也会对B细胞的抗体生成产生不利影响。B细胞免疫缺陷导致血清免疫球蛋白（immunoglobulin，Ig）水平低下或缺失，而机体许多抗病原微生物的免疫应答都需要Ig（抗体）介导，抗体生成障碍使得患者容易发生感染尤其是反复发生化脓性感染。不同的免疫缺陷发病机制和临床表现特征各不相同（表13-1）。

表13-1 常见原发性B细胞免疫缺陷分子机制

疾病	致病机制	遗传规律	Ig及B细胞改变
X连锁无丙种球蛋白血症	Btk编码基因突变缺陷，B细胞胞内信息传递障碍，前B细胞向B细胞分化障碍	XL(Xg21.3-22)	各类Ig降低，B细胞减少
选择性IgA缺陷	产生IgA的B细胞终末分化缺陷	AR或DR	IgA1、2减少。IgG和IgM正常或升高，B细胞数正常
婴儿暂时性低丙种球蛋白血症	分化障碍，Th细胞成熟延迟	不详	IgG，IgA减少，B细胞数正常
性联伴IgM增多的Ig缺陷	CD40L基因突变，重链同型转换缺陷（heavy chain class-switching defect），B细胞分化停留在表达IgM水平	XL(Xg26-27)	IgG及其亚类，IgA及其亚类和IgE减少，IgM增多，IgD正常或增多
选择性IgM缺陷	Th功能不足或B细胞对Th细胞反应无能（inactive），B细胞终末分化缺陷	家族性	IgM减少，IgG、IgA正常，B细胞数正常
选择性IgG亚类缺陷	B细胞终末分化缺陷，Ig亚型转换受阻	不详	一种或多种IgG亚类减少，Ig总量正常

续表

疾　病	致病机制	遗传规律	Ig及B细胞改变
抗体缺陷但Ig正常	抗原特异性抗体产生缺陷	家族性	Ig血清水平正常
Ig重链缺失	Ig重链基因缺陷	AR(14q32.33)	IgG1、IgG2或IgG4缺如，有时伴有IgA或IgE的消失，B细胞正常
R键缺失	2p11点突变，Ig轻链k缺陷，Ig不能合成	AR(2p11)	Igk缺乏
λ链缺陷	λ5替代轻链缺陷，B细胞分化障碍	AR(22q11.2)	Igλ链缺乏
μ链缺陷	Ig重链μ缺陷，B细胞分化障碍	RA	不详
伴胸腺瘤的免疫缺陷	不明，可能为抗体应答障碍	不详	各类Ig血清水平降低B细胞减少
变异型免疫缺陷	B细胞原发性分化障碍。B细胞成熟功能缺陷，淋巴因子产生缺陷，信号转导障碍，B细胞产生Ig缺陷，部分病人可见抗T、B细胞自身抗体	AR或AD	多种Ig不同程度减少，B细胞正常或减少

注：AR(autosomal recessive)：常染色体隐性遗传；AD(autosomal dominant)：常染色体显性遗传；XL(X-linkage)：X连锁遗传(性连锁遗传)；Btk(B cell tyrosine kinase)：B细胞酪氨酸激酶

四、免疫分子缺陷

(一) X连锁无丙种球蛋白血症

X连锁无丙种球蛋白血症(X-linked agammaglobulinemia，XLA)是第一个被认识的体液免疫缺陷病，1952年由Bruton发现，故又称Bruton丙球蛋白缺乏症(Bruton's agammaglobulinemia)。是常见的B细胞免疫缺陷病。这是一种遗传方式为X-连锁隐性遗传的疾病，定位于X染色体长臂Xq22。男性发病。这种基因缺陷如由女性(XX)携带，因另外的一条染色体正常将无异常表现，若为男性患者(XY)可因X染色体的异常而出现血清抗体缺乏。

患者骨髓中前B细胞数量正常，但由于X染色体上与B细胞分化所必需的酪氨酸磷酸化酶(PTK)中的ptk基因缺陷或突变，使前B细胞向膜Ig阳性B细胞的成熟过程受阻，外周血和淋巴组织中B细胞减少和缺如，淋巴器官缺乏生发中心，SIg^{+}B细胞显著下降，几乎检不到浆细胞，血清中各型免疫球蛋白均处于极低水平或检测不到。T细胞数量和功能正常。

患儿在出生后半年至一年内，因胚胎期母体的IgG可穿过胎盘进入胎儿血液，因而起到保护患儿免受细菌感染的作用，随着母体的IgG逐渐被代谢和消耗。患儿容易发生细菌感染，对肺炎球菌、链球菌、葡萄球菌等致病菌普遍易感，因而反复出现细菌感染，常患肺炎、支气管炎、副鼻窦炎和脑膜炎等疾患，肠道病毒感染也较常见。应用丙种球蛋白周期性治疗可取得良好效果。

案例 13-1

患儿，男，1岁，因发热、咳嗽、气促就诊。母亲主述患儿出生后6个月内很少有感冒发热等感染症状，近几个月反复发生感染性疾病，已多次入院治疗，前一周还因支气管炎入院治疗。既往有荨麻疹病史。体格检查：呼吸67次/分，右肺下部可听到细湿啰音。免疫球蛋白检测：IgG 2.1g/L，IgA 0.31g/L，IgM检测不到。

诊断：X连锁无丙种球蛋白血症。

问题与思考

1. 免疫性疾病发生的分子机制？
2. B细胞免疫缺陷的临床特征？
3. X连锁无丙种球蛋白血症的分子机制？

案例 13-1　相关提示

原发性免疫缺陷病多由于先天性的原因导致免疫系统发育不良，免疫机能的某一方面缺陷。T、B细胞功能缺陷的分子机制不同，表现出来的临床特征也不一样，B细胞免疫缺陷常表现为Ig减少或缺如。免疫缺陷病患者常发生反复感染，并常伴有过敏性疾病，这些在本案例中都有表现。

(二) 选择性免疫球蛋白缺陷病

选择性Ig缺陷(selective immunoglobulin deficiency)通常指一类或几类Ig减少或缺如，其他类免疫球蛋白正常或增多。

1. 选择性IgA缺陷　选择性IgA缺陷(selective IgA deficiency)是最常见的原发性免疫缺陷。

遗传方式为常染色体显性或隐性遗传。胚胎期风疹病毒感染或接触药物也可能是某些病人的致病原因。该病的发病机制可能与B细胞分化异常有关。患者α重链基因和膜IgA表达正常，但表达膜IgA的B细胞向浆细胞分化受阻。体外实验B细胞经PWM(美洲商陆)刺激不能合成IgA。选择性IgA缺陷可伴有IgM和(或)IgG升高，IgG2和IgG4缺乏，IgG1和IgG3升高，IgG2和IgG4两个亚类在总IgG中只占很小的比例，常规检测IgG总量时可以无明显异常，IgG1和IgG3升高会使IgG总量升高。约半数患者伴IgE缺乏。

该病的临床表现多样化且半数以上患者可以完全无症状，患者IgA水平通常低于0.05g/L，T细胞数量和功能正常。分泌性IgA缺陷使肠道较易吸收膳食中的大分子物质，可增加过敏原自肠黏膜吸收，因此常伴有高水平的抗体和循环免疫复合物。血清IgA缺陷几乎总伴有分泌性IgA缺陷，同时因为IgG亚类的缺乏患者对病原微生物的易感性增高，表现为反复呼吸道感染。但反复严重的呼吸道感染少见，呼吸道感染也可并发于自身免疫性疾病、腹部疾病、过敏性疾病等其他病患。

IgA缺陷的预后较好，少部分患者甚至能自行恢复合成IgA的能力。本病患者一般不用丙种球蛋白治疗，因约有30%～50%的患者血清中存在抗IgA抗体，输注富含IgA的免疫球蛋白不但起不到治疗效果还会引致严重或致死性过敏反应。这类患者输血时也应输注洗涤的压积红细胞或IgA缺陷者的全血。

2. IgG亚型缺陷症 IgG亚型缺陷常伴有选择性IgA缺陷，如为IgG2和IgG4缺陷因这两个亚类在总IgG中所占比例较小常规检测不容易发现。当有抗体缺陷综合征的临床表现而血清Ig水平正常时应注意是否存在IgG亚型缺陷。我国儿童IgG亚类缺陷以IgG 3为主，可无症状或表现为反复呼吸道感染。IgG亚型缺陷特别是IgG2和IgG4联合缺陷时，患者对多糖抗原的抗体反应性降低，容易遭受多糖夹膜菌的侵袭，对流感嗜血杆菌、肺炎链球菌等易感。该病用丙种球蛋白治疗可取得较好效果。

由于Ig各亚型的基因位点编码是单独的，可同时见到下列典型缺陷的发生率增加：IgG1和IgG3缺陷；IgG2和IgG4缺陷和可能伴有IgA2缺陷。

3. 伴IgM增多的Ig缺陷 遗传方式为X-连锁隐性遗传，绝大多数见于男性患病，染色体定位为Xq24-27，近年有少数女性患者的报道，提示常染色体隐性遗传也有可能致病。发病机制可能是：T细胞CD40配体(CD40L)发生框架转移等遗传性缺陷，不能激活B细胞表面的CD40，因而IgM/IgD^+B细胞转换为同种型免疫球蛋白的过程受阻，B细胞分化停留在表达IgM水平，患者血中仅发现$\mu^+ a^- \gamma^-$的B细胞，个别病人也可检出$a^+\gamma^+$，但不能分化成产生Ig的浆细胞。该病的特征是血清中无或仅有少量IgG、IgA和IgE，同时伴有多克隆IgM增高。外周血T、B细胞数正常，无生发中心，细胞免疫功能可正常。病人反复发生化脓性感染如扁桃体炎、中耳炎、副鼻窦炎等。对细菌和多种条件致病菌易感。用免疫球蛋白替代治疗是其主要治疗方法。

4. 选择性IgG、IgM缺陷及IgA分泌片缺陷 三种类型均少见。IgA分泌片缺陷患者由于分泌片缺乏，局部产生的IgA不能分泌到黏膜表面，血清IgA正常，但sIgA(分泌型IgA)缺乏和减少，其临床表现与选择性IgA缺陷相似。选择性IgM缺陷患者极易发生败血症和脑膜炎双球菌性脑膜炎。选择性IgG、IgM缺陷常常是反复化脓性感染的主要原因。

五、T细胞免疫缺陷

原发性T细胞免疫缺陷病主要是由于T细胞发生、分化、成熟和功能障碍的先天性缺陷，胚胎期胸腺发育不全致T细胞数目减少或功能障碍占T细胞原发性免疫缺陷病的5%～10%。T细胞免疫缺陷主要影响细胞介导的免疫应答功能，但真正单一的T细胞免疫缺陷病少见，T细胞免疫缺陷也影响单核-巨噬细胞和B细胞。因为$CD4^+$T细胞的减少，体液免疫应答功能也遭到损害，血清免疫球蛋白可处于正常水平，但对于外来的侵入性抗原不能产生特异性抗体，表现出体液免疫功能缺陷。T细胞免疫缺陷病实验室检查可发现T淋巴细胞总数减少，尤其当其缺陷是由于T淋巴细胞在胸腺发育阶段异常或发育不全所致时，血液中T细胞减少或缺如是其特征。T细胞免疫缺陷病患者在受到抗原刺激时T淋巴细胞数量的增加比正常人群少得多，体外组织细胞培养用促有丝分裂原(PHA)刺激可观察到T淋巴细胞增殖反应低下或无反应。T细胞发育缺陷共同的临床表现是容易发生移植物抗宿主病(GVHD)，容易感染病毒和真菌，易合并恶性肿瘤和自身免疫性疾病。DiGeorge综合征或先天性胸腺发育不全是这类免疫缺陷病的典型例子。

虽然T细胞免疫应答异常的分子基础和临床意义尚未完全明了，但其异常可基本确定由以下三方面的原因引起：T细胞表面受体缺陷；细胞因子产生缺陷；细胞之间的信号转导受阻。原发性T细胞免疫缺陷分子机制(表13-2)。

笔记栏

表 13-2 原发性 T 细胞免疫缺陷分子机制

疾 病	致病机制	遗传规律	T 细胞及抗体
DiGeorge 综合征	胚胎第三、四咽腭囊发育障碍致胸腺发育不良。T 细胞成熟缺陷	22q11	T 细胞数量极低，Ig 正常
PNP 缺陷	PNP 缺乏，毒性代谢物蓄积，T 细胞 DNA 合成及细胞增殖障碍，T 细胞分化抑制	AR(14q13.1)	T 细胞数量减少，功能障碍，Ig 正常或减少
慢性皮肤黏膜念珠菌病	T 细胞功能轻度或不完全性缺陷	不详	不详
$CD8^+$ T 细胞缺陷	Iap-70 激酶基因突变	AR(2p12)	$CD4^+$ 正常 $CD8^+$ 减少
TCR 信号转导缺陷	TCR-CD3 复合物表达缺陷。CD3、CD3r 转录缺陷，IL-2、IFN-r 等细胞因子产生不足	AR	T 细胞活性下降 CD4T 细胞计数可正常，但对 PHA 反应低下。血清 Ig 正常

（一）DiGeorge 综合征

是由于胚胎期第Ⅲ、Ⅳ咽囊发育不全而致胸腺发育异常使得 T 细胞成熟障碍。心脏大血管、甲状旁腺、唇、耳等器官也来源于第Ⅲ、Ⅳ咽囊，因此本病患者还常常并发与之相关联的其他器官发育不良，如先天性心脏病等。患儿面部特征表现为眼间距宽，耳朵位置偏低和鱼状唇。该病的致病基因尚未明确，遗传方式可能是 22q11.2 片段缺失或转位。

DiGeorge 综合征的缺陷特征是血液中 T 细胞减少或缺如，B 细胞及抗体水平通常正常，但由于 $CD4^+$ T 细胞数量减少或缺如，使细胞介导的免疫应答障碍，患者体液免疫应答缺陷，尤其是 IgG 抗体应答障碍。患儿对病毒、真菌和原虫都十分易感，接种卡介苗、麻疹等可引致全身感染甚至死亡。该病的严重程度取决于胸腺发育的缺陷程度。

（二）TCR 信号转导缺陷

该病患者的 T 细胞对抗原和 PHA 刺激无反应或反应低下，表现出激活功能缺陷，主要原因是 TCR 信号转导缺陷，其机制可能为① TCR 通过 CD3 复合分子（$r\gamma^-$、δ^-、ε^- 和 ζ^- 链）和胞质蛋白 ZAP-70 等向胞内转导活化信号，编码 CD3γ 和（或）CD3ε 链以及 ZAP-70 的基因突变、缺失和表达异常均可导致 TCR-CD3 复合物表达缺陷或 TCR-CD3 复合物信号传递异常；②IL-2、IFN-γ 等细胞因子产生不足；③IL-1 和 IL-2 受体表达缺陷。ZAP-70 基因突变患者 $CD4^+$ T 细胞计数虽然正常，但对 PHA 反应低下，且几乎不能产生 IL-2。

六、联合免疫缺陷

联合免疫缺陷病（combined immunodeficiency disease，CID）同时涉及 T 和 B 细胞的免疫功能异常，体液免疫和细胞免疫联合缺陷。可因原发性淋巴细胞发育不良或伴随其他先天性疾病而发生。其发病机制复杂多样，可能的发病机制有：T 和 B 淋巴细胞成熟缺陷使得 T 和 B 细胞数量减少和血清免疫球蛋白水平降低；T 和 B 淋巴细胞代谢的相关酶缺陷导致毒性产物堆积；骨髓干细胞成熟异常导致 T、B 细胞和其他免疫相关细胞数量减少，血清免疫球蛋白水平降低。

联合免疫缺陷是对人体免疫系统影响最大的免疫缺陷病，尤其是严重联合型免疫缺陷病对免疫系统的损伤最为严重。联合免疫缺陷病临床表现各异，治疗效果不佳，共同的临床特征有：患者对细菌、病毒和真菌都易感，并且一经感染症状严重，持续时间长。患者在婴幼儿期内多因无法控制的反复感染而致命。各种机会性感染如口腔、皮肤的白色念珠菌感染和轮状病毒、肠道细菌引起的顽固性腹泻也常在这类患者中发生。若接种某些减毒活疫苗，可引起全身严重感染而死亡。早期骨髓移植能起到一定的治疗作用，若未接受骨髓移植治疗，患儿多在出生后一年内死亡。

七、吞噬细胞功能缺陷

吞噬细胞功能缺陷可以是吞噬细胞遗传性的代谢途径缺陷或是一些相关成分如抗体、补体成分或是黏附分子、细胞因子等其他因素的缺陷而导致。遗传性的吞噬细胞功能缺陷由于不能有效破坏病原微生物，患者免疫功能低下，对感染性疾病的易感性增加，例如年幼时发生细菌和真菌感染为特征的代谢紊乱性疾病-慢性肉芽肿等。

血液循环中的吞噬细胞主要是单核细胞和中性粒细胞，这两类细胞的吞噬杀灭细菌能力低下、运动功能不足、数目过低都会造成吞噬细胞功能缺陷，吞噬细胞功能缺陷是涉及趋化作用、吞噬作用和杀伤作用等功能缺陷的一组疾病。

（一）慢性肉芽肿病

目前发现的慢性肉芽肿病（chronic granulomatous disease，CGD）病例中约三分之二为 X 连锁隐性遗传，发病原因是位于 X 染色体 p21 区内的细胞

笔记栏

色素 b_{558}基因突变或缺失，其余病例为常染色体隐性遗传。本病主要由于中性粒细胞缺乏 NADH（烟酰胺腺嘌呤二核苷酸）或（烟酰胺腺嘌呤二核苷酸磷酸，NADPH）氧化酶造成氧代谢过程中不能生成足量的活性氧（如超氧阴离子等），使氧依赖性杀菌功能低下。NADPH 氧化酶由 $gp22^{phox}$、$gp47^{phox}$、$gp67^{phox}$、$gp91^{phox}$ 4 个亚单位组成，其中任何一个亚单位基因突变和缺失都可导致本病的发生。$gp47^{phox}$基因 NCF1 突变约占本病的 25%，$gp22^{phox}$基因 CYBA 突变和 $gp67^{phox}$基因 NCF2 突变各占 5%。遗传方式为常染色体隐性遗传。$gp91^{phox}$基因 CYBB 突变约占 65%，CYBB 突变的基因定位于 X 染色体 p21.1，遗传方式为 X 连锁隐性遗传。X 连锁遗传的病人致病原因主要是细胞色素氧化酶缺陷。

呼吸爆发（respiratory burst）是指吞噬细胞在吞噬异物之后出现有氧代谢活跃，氧耗激增、细胞内过氧化氢、O_2^-、次氯酸水平增高的现象。辅酶Ⅱ（NADPH）是呼吸爆发过程中的关键酶，它是由 4 条多肽链组成的酶复合体，4 条多肽链中任何一条缺失或者突变均可导致酶复合体功能缺陷，使呼吸爆发过程中的电子传输链障碍。正常情况下，NADPH 诱发的呼吸爆发使氧分子（O_2）还原为超氧阴离子（O_2^-），O_2^- 经超氧化物歧化酶作用转变为过氧化氢，O_2^-、过氧化氢等活性氧代谢产物释放于吞噬小体内，对于杀伤吞噬细胞所吞噬的病原微生物十分重要，当呼吸链代谢障碍时，细菌、真菌等病原微生物不能被吞噬细胞杀死反而形成细胞内保护，躲避了抗体、补体和抗菌素等的杀伤作用，病原微生物在细胞内繁殖，巨噬细胞不断释放细胞趋化因子，趋化其他细胞进入炎症局部，大量吞噬细胞浸润、聚集形成肉芽肿。在吞噬细胞内繁殖的病原微生物还可能随吞噬细胞游走而引起感染播散，形成反复发作的化脓性感染。反复感染、皮肤脓肿、慢性肺炎、脓毒血症是本病特征性的临床表现。患者多于出生后数月内发病，甚至早至新生儿期，多在幼年期死亡。

IFN-γ 具有促进吞噬细胞产生过氧化氢的作用，用于治疗 CGD 有一定效果。骨髓移植和基因治疗重建吞噬细胞的氧化杀菌功能已获成功，为本病的有效治疗带来了希望。

（二）白细胞黏附缺陷

白细胞黏附缺陷（Leukocyte adherence deficiency，LAD）的遗传方式为常染色体隐性遗传，目前发现的病例有两种类型，LADI 和 LADⅡ，二者的分子基础不一样，LADI 是由于编码 CD18β 链的基因突变使 CD18 分子表达障碍。LADⅡ是岩藻糖代谢紊乱导致 E 选择素受体 Sialyl-Lewis X（sleX，CD15S）缺陷。

白细胞穿越血管向炎症部位移行过程中与血管内皮细胞的相互作用、白细胞聚集、趋化、吞噬、中性粒细胞和 NK 细胞以及 T 细胞介导的胞毒作用等都属于白细胞黏附依赖性功能。免疫细胞所表达的黏附分子（adhesion molecules）在介导细胞与细胞之间、细胞与细胞外基质间黏附作用中发挥着重要功能。CD18 分子作为一种黏附分子可参与白细胞与其他细胞的黏附作用。整合素家族主要包括：ICAM-1、ICAM-2、LFA-1、LFA-2、LFA-3 和一些补体受体等，整合素为由 α、β 亚单位通过非共价键连接起来的异二聚体。CD18 是重要的整合素 β 链之一，分别与 CDlla、CDllb 和 CDllc 组成 LFA-1、补体受体 CR3 和 CR4。CDl8 基因突变使这三种黏附分子的表达缺陷，导致白细胞黏附功能异常。

LADI 患者的临床表现特点为皮肤黏膜反复细菌性感染，外周血中性粒细胞数增多，但炎症部位或组织损伤部位缺少白细胞浸润。中性粒细胞 CD18 表达缺陷的严重程度与病情的严重程度密切相关，若 CD18 表达率＜1%，患儿常在婴儿期即死亡。CD18 表达率为 2.5%～30%的患者病情轻、预后好，常可存活至成年。LADⅡ患者的感染症状较 LADⅠ轻，临床表现主要有智力发育障碍，短臂和特殊面容等。

（三）中性粒细胞移动和趋化功能异常

原发性中性粒细胞移动功能缺陷较少见，可发生于 Chediak-Higashi 综合征、肌动蛋白无能症（actin dysfunction）和懒白细胞综合征（lazy leukocyte syndrome），因此白细胞趋化缺陷又称懒白细胞综合征，发病原因是趋化因子受体基因突变或缺失，中性粒细胞对趋化介质 C3a、C5a 等无反应，不能及时移动浸润到炎症部位，患者表现为反复发作的齿龈炎、胃炎、中耳炎等化脓性细菌感染。

（四）Chediak Higashi 综合征（CHS）

本病的遗传方式为常染色体隐性遗传，双亲多为近亲婚配。导致 CHS 的突变基因 CHS1 定位于 1q42-43，CHS1 蛋白的功能主要与蛋白质在细胞间的转运有关，其异常造成防御素等分子的分泌和免疫细胞内抗原提呈出现缺陷。患者中性粒细胞胞质内存在巨大溶酶体颗粒，妨碍细胞通过狭小间隙。中性粒细胞中 cAMP 浓度是正常人的 7～8 倍，但 cGMP 仅为正常人的 1/3 左右，白细胞趋化性仅为正常人的 40%，杀菌功能明显下降，自然杀伤细胞活性低下。临床表现为反复化脓性细菌感染，眼和皮肤白化病、羞明等，本病预后不良，仅 15%的病例可活到成年，多数患儿因感染或出血在幼年期即死亡。治疗一般采取抗感染等对症治疗，用维生素 C 降低 cAMP 水平有一定的治疗效果，目前已有骨髓移植治疗成功的报道。

第三节　自身免疫性疾病的分子机制

一、免疫与免疫耐受

免疫是机体免疫系统(immunity system)对自我和非我的识别和应答,免疫系统通过执行免疫防御、免疫自稳、免疫监视等生理功能达到识别和清除抗原性异物,维持机体平衡和稳定的作用。机体免疫系统对入侵的病原微生物和其他外来抗原物质能够发起多层次的免疫应答,对自身抗原则处于生理性无反应状态,这就是自身免疫耐受(self immunology tolerance),免疫耐受分为天然免疫耐受和获得性免疫耐受,前者在出生时就存在,后者常由于人为地用非己抗原反复诱导而形成。自身耐受是对分布在身体各部分的细胞和组织自身抗原的一种非应答状态,自身抗原耐受机制使得T淋巴细胞群能够区别自身和非自身抗原,T细胞的这一功能是在长期进化过程中形成的,它对于免疫应答的主要调节机制以及个体的发育和生存都是至关重要的,通常,T淋巴细胞的前身T细胞克隆潜在的抗自身分子的反应细胞主要在胸腺被清除(delete)或灭活(inactivate),这种对自身反应性T细胞克隆的清除或灭活功能防止了免疫系统对自身抗原的免疫应答。自身免疫性疾病的发生与"自我耐受"机制的破坏密切相关,关于自身免疫耐受的分子机制目前比较认可的主要有以下几种学说和理论:

(一) 中枢免疫耐受

中枢免疫器官骨髓和胸腺内发育的淋巴细胞在发育的早期阶段随机的表达对外来抗原或自身抗原的特异性受体,胸腺DN细胞向皮质深层迁移的过程中发生阳性选择,即DN细胞的TCR^{β}能高亲和力结合胸腺基质细胞表面MHC-Ⅰ或MHC-Ⅱ类分子可被选择而继续发育,否则发生凋亡。经历阳性选择的SP细胞如不能识别树突状细胞或上皮细胞的MHC分子自身抗原肽复合物可继续发育为成熟的T细胞,能识别者即发生凋亡,即阴性选择,经过阳性选择和阴性选择,表达自身抗原的特异性受体的T细胞和B细胞被清除,胸腺细胞获得对自身抗原的耐受性。

(二) 外周免疫耐受

一些自身抗原如肌红蛋白等在中枢免疫器官未表达,使得其自身抗原特异性受体的细胞未被清除而发育成熟进入外周,成为自身免疫潜能细胞(potentially autoreactive lymphocytes,PAL),调控PAL不产生自身免疫应答,形成免疫耐受的机制主要是通过活性封闭、膜型抑制性分子的表达、Th控制的耐受、PAL活动范围的限制以及调节性T细胞的作用。PLA在一定条件下被激活成为自身反应性淋巴细胞是产生自身免疫性疾病的基本条件。

笔记栏

(三) 独特型网络的作用

机体对抗原的应答不只是针对某一抗原反应细胞的应答,而是一个庞大的免疫网络整体反应,独特型(idiotype,Id)/抗独特型(anti Id)网络作用在其中扮演着重要角色。在耐受性的形成和自身耐受的维持方面也起着重要作用。独特型决定簇可存在于抗体的V区或TCR及BCR的V区,在体内形成独特型/抗独特型免疫网络,并可能通过以下机制起作用:针对某一抗原的特异性抗体达到一定量时将引起抗免疫球蛋白分子独特型的免疫应答而产生抗抗体(抗独特型抗体),该抗独特型抗体能特异性地破坏免疫反应细胞膜上具有独特型抗原决定簇的细胞从而耗竭独特型阳性B细胞;抗独特型抗体可与B细胞上的抗原受体结合使针对抗原的特异性抗体产生受抑制,大量抗独特型抗体还可诱导Ts(抑制性T细胞)抑制体液免疫应答;抗独特型抗体可识别T、B细胞上的独特型抗原决定簇并与之作用使T、B细胞耐受。淋巴细胞与抗体分子所组成的网络结构可简要描述为:一组淋巴细胞表面抗原受体分子可被另一组淋巴细胞表面抗独特型抗体分子所识别,一组抗体分子上独特型决定簇可被另一组抗独特型抗体分子所识别,抗体分子在识别抗原的同时其本身也被其他抗体分子当作抗原而(所)识别。这一网络结构使受抗原刺激增殖的克隆受抑制,使免疫应答限制在一定范围内。

二、自身免疫反应和自身免疫性疾病

自身免疫反应和自身免疫性疾病是两个不同的概念,正常人血清中可以存在多种针对自身成分的自身抗体或自身反应性效应T细胞。但不损伤机体的组织和器官,它们对于机体清除衰老蜕变的细胞维持机体内环境稳定还起着良好作用。这可称为自身免疫反应。当自身免疫反应达到一定强度对自身组织和器官造成病理性损伤并引起相应的临床症状时,即为自身免疫性疾病。

正常的免疫应答通过可溶性物质如抗体,细胞因子以及细胞之间的相互作用,相互制约的反馈(feedback)机制来调节(regulation),这种调节通过增加或减少对于入侵微生物的免疫应答使其处于

一个适中的、必要的范围内，同时，此机制还允许免疫应答在适当的时间关闭而回到自身稳定的正常状态。

在某些情况下这种调节机制可能失效，变为失去控制的过度的免疫应答，发生超敏反应或自身免疫。使调节机制（regulation mechanisms）失效，促使自身免疫应答发生发展的主要局部和系统因素有：

（一）淋巴细胞的改变与自身免疫应答潜能细胞的激活

当以下情况发生时，淋巴细胞的改变可发生在B淋巴细胞、T淋巴细胞或涉及T、B两群淋巴细胞，或使自身免疫应答潜能细胞激活。

1. 淋巴细胞的异常选择 T淋巴细胞在胸腺和B淋巴细胞在骨髓的成熟阶段中自身反应克隆的清除和灭活失效。

2. 细胞因子（cytokines）产生增加 T淋巴细胞通过$CD4^+$和$CD8^+$亚群产生大量可在细胞之间进行信号转导（cell-to-cell signals）的细胞因子引起迟发型过敏反应。

3. 淋巴细胞的多克隆刺激 这种类型的淋巴细胞刺激将诱导非特异性（非抗原依赖性）在发育期间未被清除的自身反应淋巴细胞应答并产生多克隆抗体，这些抗体与非特异性的自身免疫性疾病密切相关。

4. 共同抗原（shared antigens）的交叉反应 某些微生物所携带的抗原与自身抗原有交叉反应，可能活化自身反应性T细胞，现在已经认识到这些活化的自身反应T细胞能够识别自身抗原并与之作用，例如：风湿性心肌炎的发生就是因为链球菌感染喉部组织后，抗链球菌抗体与病人的心肌蛋白发生交叉反应而致。

5. T-B细胞之间的旁路激活 B细胞通过BCR识别外来抗原并通过MHC Ⅱ将其中的T细胞表位肽提呈于细胞表面，Th细胞通过TCR识别B细胞表面的MHC Ⅱ抗原肽复合物，为B细胞提供活化所必须的信号，使B细胞转化为其终末形式-浆细胞并开始分泌抗原特异性抗体，此过程中，Th细胞必须通过TCR识别B细胞表面抗原肽复合物才能够帮助B细胞活化，而B细胞只有其BCR识别的抗原才能有效的处理和提呈，因此，T-B细胞之间相互协助的纽带是它们共同识别的抗原。如病毒感染等因素诱导B细胞表达新的或原本沉默的基因并合成新的蛋白质，此蛋白质多肽链中的T细胞表位肽被MHC-Ⅱ分子提呈于B细胞表面；或某些有机、无机化合物能“修饰”MHC分子使其获得新的抗原性。此时相互协助的T、B细胞并不识别同一抗原，T、B细胞之间的旁路激活。T、B细胞之间旁路激活的另一解释是：T、B细胞在形成免疫耐受时并不同步，T细胞快而持久，B细胞产生耐受慢且持续时间短，造成了T细胞耐受而B细胞敏感的机体免疫耐受不同步状态。但对于胸腺依赖抗原（Thymus dependent antigen，TD-Ag）而言，B细胞敏感仍不足以引起免疫应答，在T、B细胞相互作用形成免疫应答时，T细胞识别抗原的载体，B细胞识别半抗原决定簇，因此当共同的半抗原决定簇与另一载体结合时即可激活T-B细胞之间的旁路途径，诱发B细胞活化，破坏自身免疫耐受状态。

（二）免疫应答调节机制失效与自身免疫

自身免疫应答的发生往往是以下因素的结果：

（1）不适当的免疫应答控制或调节失效。

（2）维持自身抗原耐受的机制失灵。

（3）辨别自我和非我抗原无能。

（三）隐蔽抗原释放

机体的一些组织成分由于解剖位置特殊，正常情况下终身不与免疫系统接触，称为隐蔽抗原，机体对这些隐蔽抗原无免疫耐受，但在外伤、手术或感染等情况下，可能会释放先前隐蔽的抗原成分，免疫系统与之接触便可能诱导相应的自身免疫应答。

（四）自身细胞或组织改变

一些理化或生物学因素如照射X线或紫外线或服用某些药物；组织损伤或病毒感染、炎症等可直接引起自身组织抗原性改变或改变细胞代谢过程的基因表达，免疫系统将把这种改变了的抗原结构作为非自我抗原来识别，诱导自身免疫应答而导致自身免疫性疾病。

（五）遗传与环境的作用

动物模型和人类的大量实例研究表明自身免疫性疾病的发生有遗传因素参与。例如遗传了特殊组织相容性复合体（MHC）基因HLA-DR4的个体容易患天疱疮；与SLE易感性相关联的遗传易感基因则包括了HLA基因、补体系统、Fc受体及*FcR*基因，*TCR*基因、凋亡相关基因等多种遗传基因。HLA是第一个被发现与疾病有明确关联的遗传系统，近年的大量研究也进一步证实HLA基因与人类自身免疫性疾病的易感性密切相关，在遗传因素与自身免疫性疾病发病机制的研究中，MHC-Ⅱ类分子表达异常与自身免疫性疾病的密切关系受到特别关注，如HLA与糖尿病的关联性研究一直以来都是该领域的热点。

笔 记 栏

大多数自身免疫性疾病都与MHC-Ⅱ类基因相关，也有少部分与MHC-Ⅰ类基因和MHC-Ⅲ类基因相关，自身免疫性疾病与MHC-Ⅰ类分子相关性的研究中，结论最肯定的是HLA-B27与强直性脊柱炎（ankylosing spondylitis，AS）的关系。该病的遗传易感决定因素占90%以上，且其中大约36%的基因是HLA连锁基因，B27阳性者患病的几率是B27阴性者的200～300倍。B27存在多个等位基因，到2000年2月，WHO正式命名的B27亚型达到了20个。由于B27等位基因多态性而形成了HLA-B27的多种不同亚型。不同人种间HLA-B27亚型构成差异较大，HLA-B2704和B2705是中国汉族的2种主要亚型，白种人以HLA-B2705亚型为主（占96%），非洲黑人以HLA-B2703为主（占61%）。值得注意的一个现象是HLA-B27亚型的分布频率在不同人种之间有差异，但AS的临床表现却无明显不同，提示HLA-B27与AS相关联的不是各亚型的特异基因，而是各亚型共有的特异性结构。

MHC-Ⅲ类分子包括C2、C4A、C4B、BF、TNF及热休克蛋白（heat shock protein70，HSP70）等与免疫应答相关的蛋白分子，这些免疫分子与内源性抗原的加工提呈相关，也参与炎症和应急反应，其基因异常与系统性自身免疫性疾病发生有相关性。缬氨酰tRNA合成酶、类固醇21羟化酶等也属于MHC-Ⅲ类分子，但与免疫反应无明显关系。

MHC基因间的连锁不平衡及MHC基因与邻近基因间的连锁不平衡也参与自身免疫性疾病的发生。自身免疫性疾病的发生还有其他遗传因素参与。免疫球蛋白同种型和独特型基因亦与系统性自身免疫性疾病相关。某些类风湿关节炎、系统性红斑狼疮病人与免疫球蛋白重链基因的缺失有关。许多系统性自身免疫性疾病都有补体基因的缺陷。

自身免疫性疾病的发生与遗传因素密切相关，但环境因素也起着重要作用，疾病发生发展是患者所携带的易感基因与环境因素相互作用的结果。

三、自身免疫性疾病组织损伤的机制

自身免疫反应与自身免疫性疾病的本质区别是后者对自身组织和器官造成了程度不等的病理性损伤，其机制主要有以下几个方面：

（一）自身抗体造成的组织损伤

(1) 抗体介导的细胞毒性，如Ⅱ型超敏反应引起的链球菌感染后肾小球肾炎，肾小球基膜的抗原结构可因链球菌感染而改变，由此诱导产生自身抗体，抗体与肾小球基膜的抗原结合激活补体，形成C3a、C4a、C5a、和$C\overline{567}$等有中性粒细胞趋化作用的活性介质，吸引中性粒细胞聚集，释放溶酶体酶，造成周围组织的损伤。

(2) 抗原特异性自身抗体作用。在自身免疫应答过程中产生的抗原特异性自身抗体即自身抗体，这些自身抗体（IgG和IgM类）直接作用于特定的组织和细胞引起组织损伤，如发生细胞溶解等细胞毒性超敏反应（图13-2）。

（二）免疫复合物沉积（Ⅲ型超敏反应）

当抗体与相应的特异性抗原相遇即可形成免疫复合物，正常情况下这些免疫复合物可被吞噬细胞从血液循环中清除。自身免疫性疾病时，免疫复合物不能有效的清除而沉积于各种组织和器官，引起组织损伤，其机制见图13-3所示。

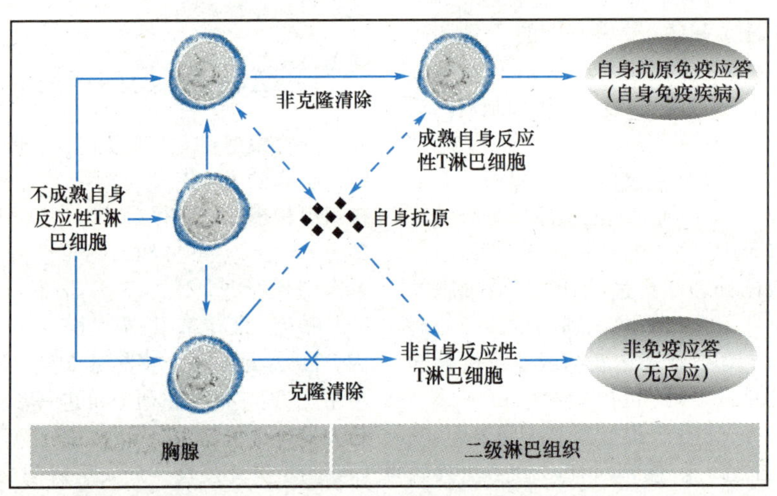

图13-2　机体对自身抗原产生免疫应答的机制

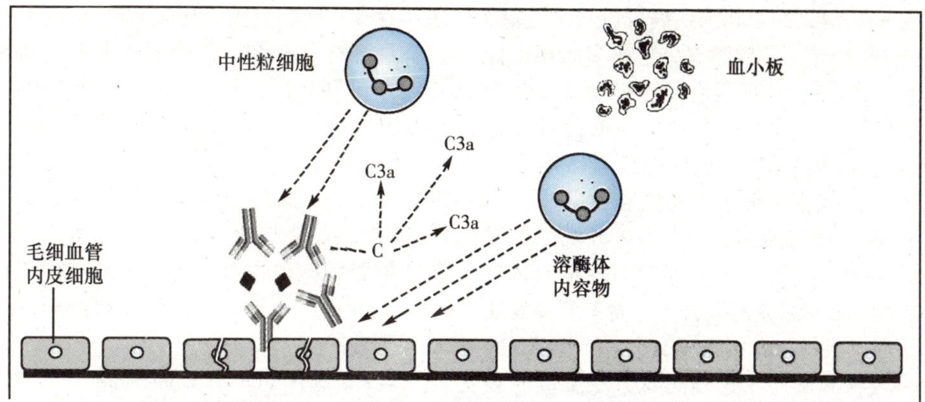

图 13-3　组织损伤图示(Ⅲ型超敏反应)

(三) 细胞介导的免疫应答或抗原特异性T淋巴细胞介质毒性作用

(1) T淋巴细胞具有识别自身和非自身抗原的能力,在维持自身抗原耐受方面起着至关重要的作用,然而,自身免疫反应中的T淋巴细胞丧失了对自身抗原的识别和耐受能力,与自身组织发生免疫反应,损伤机体组织。如细胞毒性T细胞(cytotoxic T cell,Tc)可直接攻击相应的靶组织造成损伤。

(2) 当特异性的外来蛋白抗原定位于机体组织的细胞表面时,T细胞与其发生自身免疫应答损伤机体的组织细胞。

(3) 在执行其功能如介导细胞间的免疫应答时所分泌的细胞因子产生细胞毒性作用损伤组织。如Th细胞通过辅助Tc细胞及释放细胞毒性淋巴因子TNF-β,或释放促进其他炎性细胞聚集和激活的淋巴因子直接和(或)间接造成组织损伤。

(4) 自身免疫性个体患有一种以上的自身免疫性疾病,在不同的疾病之间存在重叠,引起多种组织和器官损伤,如SLE的临床表现就是如此。

四、自身免疫疾病的分类及发病机制

自身免疫性疾病根据自身抗体所针对的自身抗原的分布和病变组织的范围,可分为器官特异性免疫性疾病和器官非特异性免疫性疾病,但这并不是十分严格的划分,两者之间常有交叉和重叠,血清学检查时常常会发现某一器官特异性免疫性疾病还可检出其他抗体,如自身免疫性甲状腺炎属于器官特异性免疫性疾病,但患者血清中除检出抗甲状腺抗体外还可检出类风湿因子、胃黏膜抗体等其他抗体,又如原发性胆汁性肝硬化(primary biliary cirrhosis of the liver)炎性细胞浸润的主要靶组织是肝脏的胆小管,但血清中的主要自身抗体却是抗线粒体抗体。还有一类自身免疫病是混合了器官特异性和非器官特异性的自身免疫性疾病。

(一) 器官特异性自身免疫性疾病

器官特异性自身抗体所产生的免疫反应针对的抗原首先直接定位在特定器官(表 13-3),甲状腺、肾上腺、胰腺和胃等器官常常是免疫反应的靶器官,病变也常局限于该靶器官,如毒性弥漫性甲状腺肿、Graves 病、1 型糖尿病等。器官特异性自身免疫性疾病(organ specific autoimmune disease)一般预后较好。

1. Graves 病　自身免疫性甲状腺疾病最常见的是毒性弥漫性甲状腺肿(Graves 病、GD)和慢性淋巴细胞性甲状腺炎(桥本病)。有学者提出它们均与人类白细胞抗原密切相关,并且具有较高的家族遗传性。目前普遍认为 Graves 病与桥本病之间存在着密切关系,这两种疾病可发生在同一个家族中,也可以同时存在于同一个甲状腺中。Graves 病常表现为甲状腺功能亢进而桥本病常表现为甲状腺功能低下。2 种疾病都有甲状腺间质的淋巴细胞浸润;甲状腺组织中都有免疫球蛋白存在;患者的血清中多数可以检测出甲状腺自身抗体。

表 13-3　组织特异性自身免疫疾病

疾　病	病变涉及器官	病变组织	临床表现
Addison 氏病	肾上腺	肾上腺皮质	肾上腺机能衰退
甲状腺毒症	甲状腺	TSH 受体	甲状腺机能亢进
重症肌无力	骨骼肌或心肌	乙酰胆碱受体(神经肌接头处)	肌无力
Goodpasture 综合征	肾脏	肾小球基膜	肾小球肾炎
1 型糖尿病	胰腺	朗格汉斯多核巨细胞岛	胰岛素依赖性高血糖症

笔记栏

Graves 病是常见的甲状腺疾病，约占甲状腺疾病的 80%，是一种伴甲状腺激素分泌增多的器官特异性自身免疫性疾病，其病因与发病机制尚未完全阐明。现在的研究认为本病的发生与遗传密切相关，在此基础上因感染、精神创伤等应激因素作用于免疫系统，可引起 Ts 细胞的功能和数量减低而加重器官特异性 Ts 细胞的损害，从而减低了对甲状腺辅助性 T 淋巴细胞(Th)的抑制。特异性 B 淋巴细胞在特异性 Th 细胞的辅助下合成了多种异质性免疫球蛋白。大量自身抗体 TSAb 和 TSBAb 的作用引起甲状腺激素产生过多同时甲状腺抗原表达增强而发生本病。

(1) 遗传背景：临床上 Graves 病可见到家族遗传性。患者及其亲属常伴发其他自身免疫性甲状腺疾病，如特发性黏液性水肿、桥本病等；也可同时发生其他自身免疫性疾病如 1 型糖尿病、恶性贫血、重症肌无力等。目前认为 Graves 病与特定 HLA 的遗传易感性有关，但研究者所采用的研究方法、选取的研究人群及地域不同，所得出的结论也不尽相同。据文献报道中国人、新加坡华人和日本人 Graves 病患者与 HLA 均有关联，高加索人 Graves 病与 HLA 强烈相关联。

(2) 分子生物学及免疫学机制

1) 自身抗体的作用：Graves 病在免疫学方面最突出的特点是患者血清中可以检测出针对促甲状腺激素-TSH 受体的自身抗体(TSH-receptor antibodies，TRAb)。TRAb 包括两种，一种是甲状腺刺激性抗体(thyroid stimulating antibodies，TSAb)；另一种为甲状腺刺激阻断型抗体(TSH-binding antibody，TSBAb)，其阻止 TSH 与自身的受体结合，从而阻断了 TSH 的作用。在分子生物学方面，TSAb 主要与 TSH 氨基酸特异性结合，TSBAb 则与 TSH 受体胞外羧基端结合。TSAb 作用于 TSH 受体，起到 TSH 样的作用。人类 TSH 受体是和 G 蛋白偶联的受体超家族中的一员，其基因位于第 14 号染色体长臂，本质为糖蛋白，被激活的 TSH 受体在甲状腺内通过腺苷环化酶-cAMP 和(或)磷脂酰肌醇-Ga^{2+} 两个级联反应途径而产生生物学效应，使 T_3T_4 合成、分泌增加而导致甲状腺功能亢进。

2) Ts 细胞功能的缺陷：多种自身免疫疾病都存在 T 细胞亚群紊乱，提出抗原特异或非特异性 Ts 细胞的数量和(或)功能不足将使机体不能抑制针对自身免疫组织的免疫反应，因此导致了自身免疫性疾病的发生。研究发现 Graves 病患者外周血及甲状腺中 T 淋巴细胞数量和功能均有变化；外周血中淋巴细胞绝对值和百分比增高，伴淋巴结、胸腺和脾脏淋巴组织增生；肿大甲状腺组织中有大量淋巴细胞及浆细胞浸润；Graves 病患者甲状腺静脉血中 TSH 受体抗体活性较外周静脉血中高，而 TSH 结合抑制活性主要来自甲状腺，结果提示 Ts 细胞存在功能的缺陷。还发现 Graves 病患者甲状腺体局部有合成和分泌 TSH 受体抗体的淋巴细胞浸润及聚集。上述几点均证明了产生 Graves 病器官特异自身抗体的主要场所是甲状腺。

笔记栏

3) 交叉反应原理：有研究认为 Graves 病可能与感染有关。某些微生物与机体的组织有共同的抗原性，感染某些微生物后，机体所产生的抗体和致敏淋巴细胞也会对自身组织产生免疫应答。这种“分子模拟”学说被认为是自身免疫性疾病的发病机理之一。

2. 1 型糖尿病分子免疫学机制

(1) 启动自身免疫反应：某些环境因素可启动针对胰岛 B 细胞的自身免疫反应，病毒和某些蛋白诱发自身免疫反应的机制目前比较得到公认的是分子模拟学说：某些食物蛋白和病毒与胰岛 B 细胞表面的某些蛋白有相同的氨基酸序列，如牛白蛋白与胰岛细胞中的 ICA_{69}(胰岛细胞抗体)有同源性，又如柯萨奇 B_4 病毒的一段氨基酸序列与谷氨酸脱羧酶(GAD)相似，机体产生抗异性蛋白和抗病毒抗体及效应性 T 细胞以清除异性蛋白和病毒的同时，也会因交叉反应攻击损伤胰岛 B 细胞。

(2) 产生自身抗体：胰岛 B 细胞膜蛋白、谷氨酸脱羧酶(GAD_{65})和胰岛素都是自身免疫反应性 T 细胞识别的靶抗原，并产生相应的自身抗体，1 型糖尿病发病之前或发病初期血清中可检测到，胰岛细胞抗体(islet cell antibody，ICA)在发病初期阳性率为 70%～80%，以 IgG 型为主，阳性率随病程延长逐渐减低。胰岛素自身抗体(insulin autoantibody，IAA)发病初期阳性率为 40%～50%，并有 ICA 阳性 IAA 阳性率也高的规律，约 5% 的患者还存在 IgM 型抗胰岛素受体的抗体。但是胰岛素抗体并不是 1 型糖尿病的特异性抗体，其他自身免疫性疾病也可出现。

(3) 细胞因子和 Th 细胞的作用：1 型糖尿病患者胰岛内可见大量淋巴细胞浸润，Th1 细胞可促进炎性细胞因子如肿瘤坏死因子(tumor necrosis factor，TNF)和白介素(interleukin，IL)1、2 等的分泌，激活细胞毒 T 细胞、产生氧、氮自由基等细胞毒性物质，破坏胰岛 B 细胞。干扰素可增强胰岛 B 细胞的 MHC-Ⅰ类抗原表达，如与 TNF 协同作用还可诱导 MHC-Ⅱ类抗原表达。IL-1β 低浓度可促进胰岛素分泌，高浓度则抑制胰岛素分泌，与 TNFa 联合作用可增加对胰岛 B 细胞的损害。

(4) HLA Ⅱ类抗原的作用：1 型糖尿病的发病机制与 HLA 紧密相关，其机制可能有 HLA 多态性的间接作用；激活 T 细胞和诱导胸腺发育中某些特定 TCR 的 T 细胞克隆表达；免疫调节失控等。

案例 13-2

患者，女，34 岁，3 年来常感疲乏无力、怕热多汗、多食、体重逐渐减轻，大便稀，次数增多。近日因感觉焦虑失眠、烦躁、手部振颤而来医院就诊。体格检查：颈部肿大，心率118次/分，可听到早搏。肺部听诊正常。肝脾触诊不大。手指末端增大。实验室检查：血清TT_3、FT_3、FT_4增高，甲状腺刺激性抗体TSAb检测阳性。

诊断：毒性弥漫性甲状腺肿(Graves病)。

问题与思考

1. 自身免疫性疾病发生的分子机制？
2. Graves病发生的分子机制？
3. Graves病的临床特征？

案例13-2 相关提示

器官特异性自身免疫性疾病的特点是所产生的自身抗体是针对特定器官和组织的，该病例患者血清中甲状腺特异性抗体TSAb阳性，有助于Graves病的诊断。

(二) 非器官特异性自身免疫性疾病

非器官特异性自身免疫性疾病(non-organ specific autoimmune disease)又称全身性或系统性自身免疫性疾病，自身抗体所产生的免疫应答可能针对机体多个器官和组织的共有抗原成分(细胞核成分、线粒体等)，而不显示器官特异性，例如系统性红斑狼疮(systemetic lupus erythematosus，SLE)，虽然其主要靶器官是肾脏，但血清中的抗体是针对细胞核的抗核抗体(anti-nuclear antibodies，ANA)，在95%以上的SLE病例都可检测到，同时这种ANA也可以出现于其他自身免疫性疾病，可以与多种器官和组织的细胞核反应(表13-4)。

表13-4 与特异性自身免疫疾病相关的自身抗体

特异性自身抗体	疾　病	作用机制	临床表现
ANA，抗dsDNA抗体，抗Sm抗体	系统性红斑狼疮	免疫复合物介导的组织损伤(Ⅱ型超敏反应)	多器官受累
抗IF抗体	恶性贫血(维生素B_{12}吸收不良)	IF阻断受体	非正常红细胞生成
抗TSH受体抗体	甲状腺功能亢进症(Graves病)	TSH受体受阻	甲状腺激素增加
红细胞膜抗体	自身免疫性溶血性贫血	补体介导的细胞溶解	红细胞溶解(溶血)
抗基膜抗体	肾小球肾炎	激活补体-吸引中性粒细胞-释放溶酶体酶	肾功能衰竭

SLE是一种累及多器官、多系统的小血管及结缔组织的慢性炎症性自身免疫性疾病，其发病是遗传、环境和性激素等因素相互作用、共同影响的结果。特征为多克隆淋巴细胞的非特异性异常活化、自身抗体产生和免疫复合物清除障碍等免疫调节异常，出现多样的病理性自身免疫现象。临床常表现出多个系统和脏器损害的症状，活动期的主要临床表现有发热、面部红斑、血沉加快、免疫球蛋白水平增高，多种血清自身抗体阳性等。

1. 遗传背景 SLE发病有很强的家族聚集倾向，SLE患者的第一代亲属中发病率约为3%～5%，家庭成员患SLE的几率可高达13%。同卵双生子共同患病几率为25%～69%，明显高于异卵双生子(1%～2%)。目前已知多种遗传基因与SLE易感性有关联，其中与SLE发病密切相关的基因包括参与抗原提呈的基因如MHC基因、影响免疫复合物清除的基因如补体基因与免疫耐受相关的基因和调控炎症反应的基因以及与细胞凋亡相关的基因如IL-10基因等。通过全基因扫描的方法，在多个染色体上均发现SLE的易感区，每一基因位点只是在SLE免疫及病理变化的某一阶段起作用。SLE发病与多种HLA等位基因相关，其发病存在遗传异质性，不同种族不同地区的SLE与HLA关联不同，其中以亚洲人及美国黑人发病率较高，SLE与HLA-Ⅰ类抗原基因、HLA-Ⅱ类抗原基因及HLA-Ⅲ类抗原基因的关联国内外均有报道。

2. 分子免疫学机制

(1) 补体缺陷与IC清除障碍：IC清除障碍是SLE的发病原因之一。SLE是一种典型的抗体介导的自身免疫性疾病，患者体内有过量的针对自身抗原的自身抗体，这些抗体与相应抗原特异性结合，形成大量的免疫复合物(IC)，IC既可沉积在组织中，也可游离于血液中，血液中的IC即称为循环免疫复合物(CIC)，IC可激活补体，使体内补体的某些组分大量消耗，尤其是C3、C4的水平下降极为显著，由于补体水平的降低，影响了补体溶解和清除免疫复合物的活性。补体缺陷的个体对IC的调理作用降低，CIC的清除能力受损，IC沉积于血管壁造成广泛的血管损伤从而导致其易患SLE和其他血管性疾病。

(2) 淋巴细胞亚群不平衡及细胞因子：Th1和Th2淋巴细胞亚群间的不平衡以及由此产生的多种细胞因子(IFN-γ、TNF-a、IL-2、4、6、10、12)的异常在SLE尤其是狼疮性肾炎患者普遍存在。IL-10通过刺激B淋巴细胞增殖和分化，抑制B淋巴细胞凋亡和促进炎症发生以及刺激单核细胞产生抗

笔记栏

DNA 自身抗体等自身免疫生物效应使狼疮性肾炎进一步发展。

目前已有较成熟的检测自身抗体的检验技术，如 ANA，抗双链 DNA(dsDNA)，抗中性粒细胞胞浆抗体(ANCA)，抗线粒体抗体(AMA)抗胰岛 B 细胞抗体等的检测都可在普通实验室开展，能够为自身免疫性疾病提供可靠的实验室诊断依据。

小　结

免疫是机体接触“抗原性异物”或“异己成分”的一种特异性生理反应(免疫应答)，其作用是识别和排除抗原性异物以维持机体的内环境稳定。正常的免疫应答可以保护机体免受细菌病毒等病原微生物的侵袭，同时，正常成熟的免疫系统能辨别“自我”与“非我”，不对自身组织产生免疫应答。免疫系统因原发或继发的各种因素导致免疫系统功能紊乱或者功能不全而发生机体对外来抗原不应答或过度应答或对自身组织应答都会导致免疫性疾病的病理过程，发生免疫性疾病。免疫性疾病的发病机制主要是：机体对免疫应答调控失效，正常的免疫应答通过可溶性物质如抗体，细胞因子以及细胞之间的相互作用，相互制约的反馈机制来调节，在某些情况下这种调节机制可能失效，变为失去控制的过度的免疫应答，发生超敏反应或自身免疫；维持自身耐受的功能障碍不能辨别“自我”与“非我”；或是免疫系统发育、分化、成熟障碍或淋巴细胞的激活、抗原处理与递呈等过程异常。

根据免疫性疾病所导致的临床病变和发病机制不同，可将免疫性疾病分为：超敏反应性疾病；自身免疫性疾病；免疫缺陷病；免疫增殖性疾病。超敏反应性疾病是机体受相同抗原物质再次刺激后产生一种异常或病理性的免疫应答所引起；自身免疫性疾病则是由于自身耐受的机制和调控破坏，从而对自身组织产生免疫应答，造成组织和器官的病理损伤；任何原因导致免疫器官或免疫细胞发育不全，以及重要免疫分子基因的突变或者表达障碍均可导致免疫功能缺陷，机体免疫应答和免疫功能低下，即免疫缺陷病；免疫细胞在增殖、分化、发育成熟的过程中发生失控性增生和恶性病，即为免疫增生病。

(杨红英)

参考资料

毕爱华. 1997. 医学免疫学. 北京：人民军医出版社，147～160，206～233

曹孟德. 2000. HLA 分子生物学及临床应用. 郑州：河南医科大学出版社，143～152，174～203

高晓明. 2001. 医学免疫学基础. 北京：北京医科大学出版社，218～230，246～263

药立波. 2005. 医学分子生物学. 北京：人民卫生出版社，229～244

Hannah D Z. 2001. Theoretial and Practical Concepts in Laboratory Medicine. New York: W. B. saunders company, 148～171

Lothar, TM. 1998. Clinical Laboratory diagnostics. Berlin: Frankfurt, 731～733, 807～820

第14章　衰老的分子机制

衰老是生命的一种现象，是生物发展的普遍规律，一切生物个体都会逐渐老化、衰老直到死亡，人类也无一例外地遵循这一规律。虽然如此，无限地延长生存时间，提高生存质量始终是各个时代的人们孜孜追求的梦想，自古代的炼丹术、养生术到今天的老年医学、衰老的分子生物学都在为达到这一目标而努力，本章主要介绍与衰老有关的分子机制。

第一节　衰老的临床特征

一、概　　述

（一）衰老的概念

衰老（senescence）是生命发展的一个阶段，是一个渐进的过程，人的一生经童年、青年、壮年到老年，到一定年龄时就会出现一系列的衰老征象。至于老年从什么年龄开始，至今全世界尚未统一，一般按世界卫生组织的规定，60岁以上为老年，西方发达国家多以65岁以上为老年。但无论60岁还是65岁，当今这一年龄段的老年人，健康状况良好，因此有些人提出将40～60岁，称为渐衰期，60～74岁为近老年期，75～89岁为老年期，90岁以上就是长寿者。当然，由于人的体质情况和平均寿命不同，单凭年龄来划分衰老分期，是不够科学的，还应结合衰老的特征来划分衰老分期，这样比较灵活、实际。事实上人体的衰老是一个逐渐发生的过程，不但不同的人衰老开始的年龄各不相同，而且同一个人各个器官结构和功能退化的年龄也不一致。也就是说，衰老可能提早，也可能推迟。在生物学年龄存在着极为普遍的个体差异。

国际上对什么叫衰老，至今还没有统一的定义，其中一种比较通俗易懂而又比较切合实际的说法是："衰老是指随着年龄的增长机体各器官功能普遍的、逐渐的降低的过程。"亦有人认为，"衰老是一种多环节的生物学过程，是机体在退化时期功能下降和紊乱的综合表现"。如一个老年人与青年人相比，其最重要的差别就是各器官功能的普遍降低。从分子水平上，"衰老是在分子水平上出现 微小变化的综合表现，是基因突变积累的结果"。

老化与衰老有着密切的关系，但又有不同的含义，老化是衰老的动态过程，衰老则是老化的结局。

（二）衰老的机制

关于衰老的机制具有许多不同的学说，概括起来主要有两大类，环境因素及遗传因素。前者强调衰老是由于细胞中的各种错误积累引起的，后者强调衰老是遗传决定的自然演进过程，即衰老的发生具有分子生物学基础。尽管有很多研究，但至今对于衰老如何发生仍无确切答案，以下从不同角度提出几种衰老学说。

1. 程序性衰老学说　程序性衰老学说（programmed senescence）认为，生物的生长、发育、衰老和死亡都由基因程序控制的，衰老是机体固有的，随时间演进的退化过程，是遗传上程序化的过程。好像有个"生物钟"支配着生命现象循序展开，实验证明这个"生物钟"在细胞核内，即核内DNA控制着个体的衰老程序。但DNA如何控制衰老尚无统一认识。近来又有实验证明衰老细胞的胞膜上存在某种DNA抑制因子，可抑制DNA的合成。统计学资料表明，子女的寿命与双亲的寿命有关，各种动物都有相当恒定的平均寿命和最高寿命，由此来看物种的寿命主要取决于遗传物质。

2. 自由基学说　自由基是一类瞬时形成的含不成对电子的原子或功能基团，普遍存在于生物系统。1956年美国加利福尼亚大学的Harman认为在体内的自由基团引起的不良变化可能与老年的变化有关，首先提出了自由基学说（free redical theory），其机制是自由基破坏组织细胞，并导致组织细胞再生减少，进而引起机体的细胞老化——衰老。脂褐质和蜡样质等老年色素在细胞中大量堆积，是老化现象的重要指标，而脂褐质的生成与自由基有关。

3. 端粒学说　细胞增殖次数与端粒DNA长度有关。Harley等1991发现体细胞染色体的端粒DNA会随细胞分裂次数增加而不断缩短。细胞DNA每复制一次端粒就缩短一段，当缩短到一定程度时，则向细胞发出信号以停止其分裂，导致不可逆地退出细胞周期，走向衰老与死亡。端粒的长度还与端粒酶（telomerase）的活性有关，有人研究发现，在人体细胞内，端粒酶一般是不表达的，因此，人体细胞大多随端粒缩短而衰老。而大多数长寿细胞内端粒酶活性较高，端粒的DNA合成活跃，端粒的长度一般不随细胞分裂而缩短。由此可见，端粒酶在延缓衰老和延长寿命方面具有一定的潜力，有待进一步的研究与证实。

4. 代谢废物积累　细胞代谢产物积累至一定量后会危害细胞，引起衰老，哺乳动物脂褐质的沉

笔记栏

积是一个典型的例子，脂褐质是一些长寿命的蛋白质、DNA 和脂类共价缩合形成的巨交联物，次级溶酶体是形成脂褐质的场所，由于脂褐质结构致密，不能被彻底水解，又不能排出细胞，结果在细胞内沉积增多，阻碍细胞的物质交流和信号传递，最后导致细胞衰老，如老年性痴呆（AD）就是由 β-淀粉样蛋白沉积引起的。

5. 差错灾难学说 奥格尔（Orgel）提出细胞在合成结构蛋白过程中完全有可能随机地发生错误，包括掺入氨基酸的种类或氨基酸的排列位置的错误。如果是与信息传递有关的 DNA 或 RNA 聚合酶出现错误，则会产生有差错的 DNA 或 RNA，由此会导致下一轮的合成错误。如果重复，导致错误按指数增加，造成灾难，使细胞乃至个体衰老、死亡。

6. 交联学说 这一学说是 20 世纪 60 年代初由布约克斯坦提出，认为机体中的核酸、蛋白质等大分子可能通过共价键联结成难以分解的聚合物，从而使这些生物大分子不能在体内发挥正常的功能。某些氨基酸、铝、镁、铜等金属，以及某些有机酸都可引起大分子交联。促使交联随增龄而增多的体内主要因素有自由基等，体外因素有高温等因素。在体内发生的生化反应中，只要发生了极少量的交联、干扰，就对细胞产生严重影响，如引起组织理化 性质改变、酶活性降低、蛋白质合成障碍、细胞营养受限、毒物积累等，最终将导致细胞衰老。

二、衰老的临床特征

（一）衰老的表现

1. 外貌及体型上的衰老 约 40 岁前后皮肤逐渐出现皱纹，在眼周、耳前、前额、眉间、口周等处相继出现。由于毛囊中合成黑色素所需的多巴过氧化酶及酪氨酸酶的含量随年龄的增长而减少，毛发由两翼开始斑白直至白发苍苍。老年性色素斑常分布手背、脸面、上臂等处。80 岁以后表现老态龙钟，面貌改变停止，容貌固定，因此有人称之为"定型面貌"老年人全身骨质疏松，体内水分减少，椎间盘及脊椎缩短，脊柱逐渐弯曲，身高下降，体重减轻。

2. 器官及组织的衰老 老年人器官及组织实质细胞数量均减少，细胞间质增加，脂肪组织增加，结缔组织的胶原及弹力硬蛋白变性。由于以上改变，骨骼肌萎缩，心、脑、肺、肾、胃肠等器官的生理功能下降，多数腺体的分泌功能下降，例如，性腺功能降低，妇女在 40 岁以后雌激素的分泌下降，而垂体的卵泡雌激素分泌增加。感觉器官的退化如视力老花约在 45 岁以后出现，听力障碍出现早期为高音耳聋，60 岁以后听力愈来愈差。老年人对外界刺激的反应迟钝。近记忆减退，远记忆仍可保持。有遗忘性失语。

3. 脑的衰老 从中年期开始，脑组织逐渐萎缩，脑重量日趋减轻，脑室和蛛网膜下腔扩大。脑动脉硬化，脑血流量减少，脑代谢水平降低，脑细胞中的脂褐素发生增龄性的增加，严重影响脑细胞的正常功能。由于各种感受器、效应器的衰老退变，神经纤维传导速度减慢以及中枢神经调控功能降低，使机体的自稳态和适应环境的能力减弱，甚至引起各种疾病。

4. 细胞及分子的改变 细胞是构成人体各种器官的基本生命单位，而物质代谢是一切生命活动的基础。任何一种组织或器官，它的生活机能都是通过细胞和组织的物质代谢来实现的，在正常生理条件下，人体的各种细胞、组织不断地进行新陈代谢。细胞一方面逐渐衰老、死亡，一方面又不断再生更新，从而维持人体各系统、组织的正常生命活动。在人体全部生命过程中，不同器官的细胞寿命是不同的。有的细胞更新较快，如小肠绒毛上皮细胞的分裂相很常见，生命期约为二天；而第二性征器官的细胞。只有在青春期才开始进人核分裂活动期，中枢神经系统的神经细胞，在出生后是不分裂的，也就是说，高级哺乳动物的神经细胞缺乏再生能力。出生后有些能分裂及再生的细胞逐渐停止有丝分裂，出生后不分裂的细胞如神经元逐渐退化死亡。

一般认为，细胞的衰老与其生命限的长短是相关的。生命期短、容易再生的细胞是容易衰老的细胞；生命周期长、不容易再生的细胞是不易衰老的细胞，人体各种细胞再生、更新的能力，与其分化程度正好相反，分化越高，功能越专门化的细胞，再生能力就越高。

（二）衰老的分类

1. 生理性衰老 生理性衰老是指生物随着时间的推移而形成不可避免的自然衰退、老化、消亡的过程。生理性衰老有很大的个体差异，有的人 40 岁便开始衰老，而有的人 60～70 岁还没有衰老。

2. 病理性衰老 由疾病所引起的，病理性衰老较生理性衰老出现要早得多，临床表现也较生理性衰老突出。因此，从医学角度防治疾病，阻止病理性衰老的发生，对延长寿命有着极其重要的意义。但是很多慢性病如何促进衰老的进程，目前还很难弄清，这也正是老年医学所要解决的问题。

人类早老症也是一种病理性衰老。由于衰老出现的年龄较早，因而很容易被识别。这种早老症包括两类疾病，一种叫郝秦生-吉福德综合征，衰老征象出现较早，往往未满周岁就表现出老态，生长发育缓慢，没有性成熟，故多矮小，皮肤有皱纹、脱发、全身严重动脉粥样硬化，早夭，病因可能为常染

笔记栏

色体上的隐性基因的所致(图 14-1)。另一类叫沃纳综合征,衰老一般出现在发育中的青春后期,因而身材并不矮小,仅在成熟期前即已白发、秃发、皮肤皱纹及色素沉着,并有白内障、骨质疏松、动脉粥样硬化、大脑皮层萎缩等(图 14-2)。

9岁　　　　8岁

图 14-1　正常儿童(左)和婴幼儿早衰症患者(右)

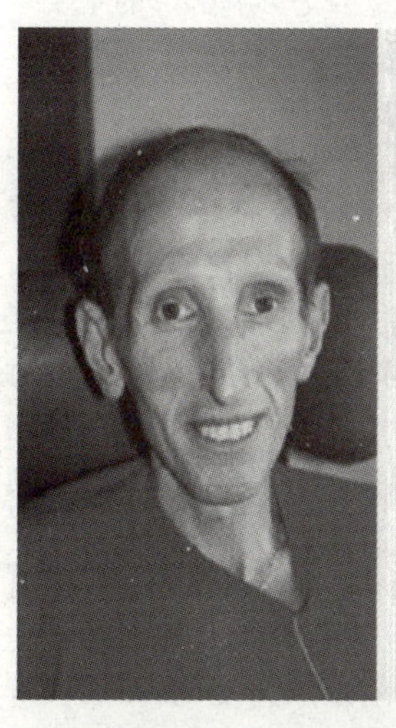

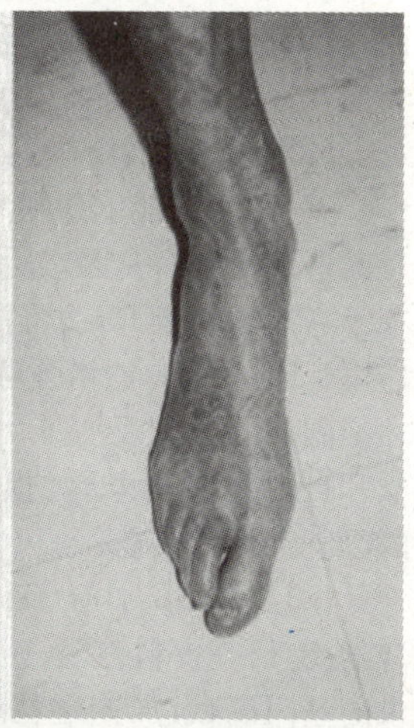

图 14-2　一个 37 岁的成人早衰症患者

第二节　衰老的分子机制

案例 14-1

老年性痴呆

患者,男,76 岁,工人,嗜烟酒,2002 年初,家人发现老人出现记忆力减退,如:说过的话转眼就忘了;去市场买菜经常丢菜篮子;老人经常坐立不安,好像很忙碌,脾气大、易发火、说话也变得反复。2003 年后,行动变得迟缓,面无表情,说话不清楚,看上去有些呆傻,而且经常走丢。现在老人已经瘫痪在床,面部无表情、完全丧失语言能力、不能做吞咽动作,身边的人也不认识,神志不清,四肢不能动,生活完全不能自理。

辅助检查:脑 CT 检查显示脑萎缩。

诊断:老年性痴呆。

问题与思考

1. 衰老的分子生物学特征?

2. 老年性痴呆的分子生物学特征?

案例 14-1　相关提示

1. 衰老与长寿的可能分子机制。

2. 与老年性痴呆有关的 APP 基因的突变。

3. 载脂蛋白 E 与老年性痴呆的发生。

4. 其他与老年性痴呆有关的分子生物学改变。

一、衰老与长寿基因

大量研究资料证明物种的平均寿命和最高寿命是相当恒定的,四膜虫 4 小时,果蝇 37 天,鼠类最高寿限约为 3 年,猴约为 28 年,犬约为 34 年,大象约为 90～100 年,而人类为 115～120 年。所以,物种的寿命显然是在一定程度上受遗传基因控制的,因而这里自然涉及所谓的"衰老基因"和"长寿基因"的概念。根据现有资料,衰老基因(ageing gene)和长寿基因(longevity gene)都应是一个广义概念,绝不是指某个基因而言,是泛指那些具有引起或延缓衰老作用的基因。

(一) 衰老相关基因

1. 真菌　有人用真菌进行衰老基因的研究,一般选用粗糙脉孢菌(*N. crassa*)的分生孢子(conidia)为研究对象,它是复制后的分化细胞,在一定条件下,它不能进行细胞分裂,但可以存活。Munkres 选择了平均寿命不等的分子孢子进行研究,其中野生型(age^0)平均寿命 22 天,短寿突变种细胞(age^-)平均寿命为 7 天。对 28 株 age^- 突变细胞的突变位点分析表明,27 株突变发生在 7 条染色体中的一条染色体的一端,其 17 基因中的 16 个集中在一起,统称为 age^- 复合子,其平均长度为 4.9±1.1Kb。研究还发现,age^- 突变细胞与光线有密切关系,在有光的情况下才表现出短寿现象,因而提示细胞衰老可能是光化学反应生成的自由基介导的。

2. 线虫　线虫(*C. elegans*)是研究寿限衰老基因的良好模型。线虫的寿命一般为 20 天,而野生型线虫在 25℃环境中的寿命约为 9 天。

研究发现,线虫的衰老始于发育完成之后,当生殖能力减退后,线虫的衰老日趋严重。*Age* 基因、*Clk*-1 基因和 *daf*-2 基因均与线虫的寿命有关,当线虫 *Age* 单基因突变时,其平均寿命可提高 65%,最长寿命提高 110%。*Clk*-1 基因为 1996 年

笔记栏

发现的基因家族。此类基因可能影响染色体结构以至功能而起作用，它们似与生物钟有关，故又称生物钟基因（clock gene, clk）。*Clk*-1 突变株 C. elegans 发育较慢，细胞周期延长，代谢速率减慢，紫外线耐受能力增强，线虫的寿命可由 8.5 天增至 49 天。*daf*-2 基因是线虫发育相关信号传递中某些蛋白质分子的基因，*daf*-2 突变的 C. elegans 的寿命为野生型的 5 倍。*Daf*-2 基因能提高识胰岛素受体的能力，通过胰岛素样信号传导来延长线虫的寿命期。说明 *Daf*-2 与 *clk* 基因家族是与衰老相关即有促使衰老作用的基因。而衰老基因的突变可使物种寿命明显延长。

3. 哺乳类动物 在高等生物细胞中，除 mtDNA 外，还存在染色体外环状 DNA（extrachromosomal circular DNA, eccDNA）。老年大鼠淋巴细胞中的 eccDNA 比年轻大鼠多，老年大鼠每个淋巴细胞中约有 200 个 eccDNA，而年轻大鼠仅有 100 个。而且随着年龄的增加，DNA 环随之增大。eccDNA 的这种老年性改变的原因与衰老的关系尚待进一步研究。

4. 人类 在人类细胞方面，衰老相关基因的研究近年也有较大进展。例如，用细胞与细胞的融合技术，将永生化细胞与正常细胞重组，表明永生化是衰老相关基因隐性缺陷所致。用这一技术研究表明，至少有 4 套基因或基因通路与衰老有关。已知人第 4 号染色体可使永生化的 HeLa 细胞发生衰老。国外学者报道人第 1 号染色体长臂与 X 染色体含有促进细胞衰老的基因。目前认为人染色体 1、4、6、7、11、18 与 X 皆存在与衰老有关基因。

（1）衰老协同基因：衰老协同基因（senescence associated gene, SAG）在多种组织中存在，最早来自人二倍体成纤维细胞，研究表明 *SAG* 在衰老细胞中的表达比年轻细胞高 3 倍，而且它的增高程度与细胞生长能力的降低密切相关。有可能是引起其细胞生长停滞的原因。

（2）DNA 合成抑制蛋白：DNA 合成抑制蛋白（senescent cell-derived inhibitor of DNA synthesis, SDI）相对分子质量为 21kD，*SDI* 基因在人衰老成纤维细胞中的表达比在年轻细胞中的表达高。其表达产物 SDI 具有抑制 DNA 复制的作用，从而可能促进衰老的发生。

（3）生长停滞蛋白：生长停滞蛋白（statin）存在于衰老细胞的胞核中，但并非衰老细胞所特有，可阻止 DNA 合成及细胞 G_1 期进入 *S* 期。

（4）“*WRN*”基因：某些与疾病有关的基因，亦可看作衰老基因。“*WRN*”基因是一种与疾病相关的基因。由 Werner 早老综合征患者定位并分离。Werner 早老综合征是一种隐性遗传性疾病，患者的 DNA 损伤修复、转录等都有异常表现。1996 年发现 Werner 早老综合征患者细胞内解旋酶存在突变，该酶由 1432 个氨基酸残基组成，酶基因位于 8 号染色体短臂，称为“*WRN*”基因。该基因的突变为何引起 Werner 综合征的原因还不清楚，它可能只影响分裂组织或细胞（如肝、肾、皮肤），不影响不分裂的组织或细胞（如神经、骨骼肌）。“*WRN*”基因可能类似于 *p*53，也是一种抑癌基因。Werner 早老综合征的衰老虽有别于正常人的衰老，但是 WRN 基因是首次鉴定的与人类衰老有关的基因。

*ApoE*4 也是与疾病有关的基因，编码的蛋白 *ApoE*4 水平升高时发生冠状动脉硬化性心脏病与阿茨海默（AD）病的可能性增高，由此也可影响寿命。

（二）长寿相关基因

机体内存在一些与长寿或抗衰老有关的基因，可以统称为长寿基因。衰老基因和抗衰老基因是矛盾的统一。许多基因突变都能够使寿命延长，虽然这些延长寿命的突变中大多数都会产生副作用。

1. 酵母 目前研究发现，影响酵母寿命的基因主要有几种。

（1）*lag*1 基因：*lag*1 基因是影响酵母的主要基因，它负责编码完整的膜蛋白，如果 *lag*1 基因发生突变，可使酵母的寿命缩短。

（2）*ras* 基因：*ras* 基因分为二类。*ras*1 基因和 *ras*2 基因，前者能缩短酵母寿命，而后者可延长酵母的寿命。*ras*2 基因之所以能够延长酵母的寿命，在于它能够调节 Ras2 蛋白和腺苷酸环化酶的相互作用。Ras2 蛋白能增强酵母的营养状态，提高其对环境因素的应激反应能力，降低紫外线照射、热刺激和自由基等对酵母的损伤。若 *ras*2 基因缺失，则酵母就会提前衰老。

（3）*sir*（*silent information regulator*）基因复合物：有研究资料表明，*sir* 基因复合物能使端粒转录的基因沉默，加速端粒缩短的速度，从而加快酵母细胞的衰老。

2. 线虫 遗传学研究表明，线虫发育成熟后，衰老也就开始了。同时发现，在线虫基因组的特定区域上有多个长寿相关基因。

（1）*age*-1 基因：*age*-1 基因突变能延长线虫的寿命 1 倍以上。age-1 基因突变并不影响线虫的发育，但能显著提高它的抗环境温度、抗自由基损伤及紫外线照射等应激能力。

（2）*daf*-2 基因：*daf*-2 基因突变对线虫有明显的延寿作用，一般可使线虫成虫期寿命延长约 2 倍。*daf*-2 基因突变体能提高识别胰岛素受体的能力，通过胰岛素样信号传导来延长线虫的寿命期。

（3）“生物钟”基因（clock gene, clk）：*clk* 基因突变能够减慢线虫的发育，延长细胞分裂的周期，并能调节线虫的成虫行为和活动，从而发挥延长寿命的作用。

（4）*spe*-26 基因：*spe*-26 基因是一类比较特殊

笔记栏

的等位基因，其基因编码的蛋白是精子发生所必需的。研究结果表明，*spe*-26 基因突变能明显延长线虫的寿命，且对寿命的影响有基因特异性作用。

3. 果蝇 2000 年，康涅狄格大学的分子遗传学家 Stephen Helfand 等发现一个突变的"*Indy*"基因，能将果蝇的寿命延长到约 10 天。"*Indy*"基因的突变可以控制产生 INDY 的蛋白质，而这种蛋白质可以延缓体内储藏的碳水化合物、脂肪及蛋白转化成能量，从而延长果蝇的寿命。

在转基因果蝇体内，Cu、Zn 超氧化物歧化酶与过氧化氢酶基因，按一定比例表达，这个品系的果蝇平均寿命延长 30%。死亡率明显低于一般果蝇。

4. 哺乳动物 *Kl*(*Klotho*)基因是根据传说中掌握人生命线的希腊女神命名的，它与哺乳动物的抗衰老作用相关。研究人员发现在和人类一样具有衰老表现的老鼠体内，*klotho* 基因中存在缺陷，称为 *klotho* 小鼠，此种小鼠短寿（仅 8～9 周），不育，易患动脉粥样硬化，而该基因超量表达则能延长老鼠的生命。

酵母菌的 *sir2* 基因在哺乳动物中的同源体被称为 *sirt1*(sirtuin type 1)。它所编码的 Sirt1 蛋白具有和 Sir2 相同的酶活性，但 Sirt1 还具有去除细胞核和细胞质中蛋白质的乙酰基的活性。许多由 Sirt1 去乙酰基的蛋白质都控制着细胞重要的生理活动，包括细胞凋亡、细胞防卫及新陈代谢。因此延缓细胞死亡或许就是 Sir 促进健康和长寿的一种途径。

P66shc 是长寿基因 *p66shc* 编码的蛋白，是细胞质中酪氨酸激酶的底物。参与细胞信号从酪氨酸激酶到 Ras 蛋白的传递。*p66shc* 基因纯合缺失，能抵抗体内细胞和组织的氧化反应，减少凋亡，因而能促使小鼠的长寿。

5. 人类 人类的寿命与基因有关，体内有多个基因主宰着你的生命长短。了解这些基因的运作机制，或许可以帮助我们找到消除老年疾病、延长人类生命的秘诀。近几年来，虽然有关人类的长寿基因也做了大量的研究，但至今尚寺未见人类"长寿基因"的肯定报告。不过，某些研究发现了与人类长寿有关的基因位点。华东医院通过对 90 岁以上长寿老人研究发现，人类白细胞抗原(human leukocyte antigen，HLA)基因在第 6 号染色体上的某些位点($HLA\text{-}A_9$)的频率明显高于一般成年人，而 $HLA\text{-}A_{30}$ 却低于后者，这表明 $HLA\text{-}A_9$ 等位基因可能是与人类长寿有关的基因。

二、线粒体 DNA 与衰老

（一）线粒体 DNA 的生物学特征

mtDNA 与质粒 DNA 一样，也是双链的超螺旋环状分子（原生动物中的草履虫及四膜虫的 mtDNA是双链线性分子。碱基的组成也是 A、T、G 和 C。mtDNA 的分子量多在$(1\sim200)\times10^6$之间，一般来说，动物 mtDNA 较小，约为 10×10^6，植物的 mtDNA 较大，约为$(70\sim200)\times10^6$。mtDNA 的复制属于半保留复制，可以是 θ 型复制，或滚环复制。另一种比较突出的特点是所谓 mtDNA 的 D 环复制，即二条 DNA 链不同时开始复制，而是一条在前，一条在后，因而在复制进行中生成 D 环。

（二）线粒体 DNA 突变与衰老

mtDNA 的三种突变方式，即点突变，DNA 片段的缺失和 DNA 重排都可导致人和动物的衰老。甚至导致某些疾病的发生。

1. mtDNA 缺失与衰老的关系 mtDNA 的缺失随年龄的增加而增多。35 岁以前几乎测不出 mtDNA 的缺失，35 岁以后 mtDNA 的缺失逐渐增多，63～74 岁时 mtDNA 片段缺失比 35 岁增加 14 倍，80 岁又比 63～74 岁增加 4 倍。

2. 自由基生成增加导致 mtDNA 损伤与衰老的关系 1956 年 Harman 提出了自由基衰老学说，认为随着年龄的增长，体内抗氧化酶活性减低，自由基反应水平增高，细胞过氧化损伤而引起机体的细胞衰老。

自由基生成增加可以引起 DNA 的损伤，其中 mtDNA 更易受到自由基的攻击。这是因为人类的线粒体 DNA 本身是裸露的，缺少组蛋白和其他 DNA 结合蛋白的保护，在复制过程中又缺乏有效的校正阅读和 DNA 修复体系，并且线粒体 DNA 至少存在瞬间靠近线粒体内膜的机会，这些都表明线粒体 DNA 容易受到来自内膜呼吸链产生的活性氧和自由基的不断攻击。从而导致线粒体 DNA 的氧化损伤或突变。

Hayakawa 等研究了心肌细胞 mtDNA 突变、氧化损伤和年龄的关系，发现随着年龄的增加，心肌细胞 mtDNA 中脱氧鸟嘌呤更易受羟自由基的损伤，形成 8-羟脱氧鸟苷(8-OH-dG)，通过 PCR 测定发现，受损的心肌细胞 mtDNA 多缺失 7.4Kb，且随增龄 8-OH-dG 含量由 1.5%上升到 7.0%。此后，它的研究又证明 8-OH-dG 的含量与 mtDNA 片段缺失存在明显的正相关，因而提示 mtDNA 的氧化突变是导致机体衰老的重要原因之一。

3. mtDNA 的突变与衰老的关系 mtDNA 的突变，以及由此引起的氧化磷酸化功能下降等与衰老有密切关系。衰老时，mtDNA 突变明显增加，尤其是在脑、肌肉等高氧的组织内表现更为突出。采用多聚酶链式反应(PCR)检测人类骨骼肌，发现 40 岁以下的 mtDNA 突变发生率非常低，而 50 岁以上 mtDNA 则发生广泛的突变。突变也可见于脑内，研究表明 75 岁以上老年人基底节及皮层不同脑区广泛存在着 5kb 的缺失突变。

笔记栏

目前认为 mtDNA 缺失随增龄的积累是衰老的重要因素之一。已有大量研究证实人类或动物的各种组织细胞中 mtDNA 缺失均随增龄而增加，其中 4977bp 缺失研究最多。大量研究发现，在人类各种组织细胞中（肝、肾、皮肤、脾、肺、脑、心肌等）均可发现 mtDNA 4977bp 缺失。mtDNA 突变增加，可影响 mtDNA 编码的与氧化磷酸化有关的蛋白的合成，导致 ATP 合成减少，当组织内生物能量供应不足时，即可表现出衰老的症状。

（三）mtDNA 的突变与线粒体疾病

线粒体是真核细胞的重要细胞器，是动物细胞生成 ATP 的主要地点。具有复杂的膜结构。线粒体基质的三羧酸循环酶系通过底物脱氢氧化生成 NADH。NADH 通过线粒体内膜呼吸链氧化，与此同时合成 ATP。合成的 ATP 进入细胞质后参与细胞的各种需能过程。

1987 年首次提出线粒体病概念，目前已经发现 100 多种疾病与 mtDNA 突变有关。线粒体疾病是指病变发生在细胞的线粒体内，是 mtDNA 和（或）nDNA（核基因组）中编码线粒体蛋白的基因变异引起的线粒体结构和氧化磷酸化功能的损伤，而引起的疾病。线粒体病通常表现为 ATP 能量减少、活性氧自由基增多和乳酸中毒等造成细胞损伤或细胞凋亡等（表 14-1）。

表 14-1　mtDNA 突变相关的疾病

疾病名称	临床表现	突变类型
老年性痴呆	进行性丧失认知能力	点突变
慢性进行性眼外肌麻痹	眼肌麻痹和线粒体肌病	点突变/重排
Leber 遗传性眼神经病	眼神经损伤引起永久性或暂时性失明	点突变
线粒体肌病	肌无力，退化，肌内有充满异常 线粒体的粗糙红纤维（特殊染色检测）	点突变/缺失
非胰岛素依赖性糖尿病	高血糖，有不同并发症	点突变
Kearns-Sayre 综合征	视网膜病变，心脏病，听力丧失，糖尿病和肾衰竭	缺失/重排
Pearson 骨髓-胰腺综合征	儿童期骨髓功能障碍，血细胞死亡，脾衰竭	缺失/重排

三、老年性痴呆与帕金森病的分子机制

（一）老年性痴呆

老年性痴呆也称阿尔茨海默病，是一种以临床和病理为特征的进行性退行性神经病，主要临床表现为痴呆综合征。

1. 老年性痴呆临床特征　本病的临床症状是隐袭起病，持续进行性的智能衰退而无法缓解。其典型的临床特征分为三个阶段：①记忆障碍与减退，②出现失语、失用及失认，③智能严重衰退，呈现完全性缄默。四肢强直，尿便失禁，常因继发感染而死亡。老年性痴呆的病理学改变是：神经细胞内出现神经原纤维缠结、细胞外有老年斑、神经元内颗粒空泡变性、神经元丧失。受累神经元进行性变性，蛋白合成活性降低，神经细胞传递受损，神经元功能、细胞连接性和突触的关系被破坏，患者出现持续性的智能损害而致痴呆。

2. 老年性痴呆相关基因　目前认为阿尔茨海默病的发生是多种因素相互作用的结果，其中包括遗传因素、环境因素和代谢因素等。随着分子生物学技术的发展，人们对 AD 的认识及了解都进入了一个新的阶段，一些与 AD 有关的基因相继得到分离与鉴定，并发现了一些新的与 AD 有关的分子生物学改变，为我们进一步认识 AD 的本质，揭示该病的病因提供了新的思路。

（1）*APP* 基因：APP 基因定位于 21 号染色体，含 19 个外显子，具有基因多态性。由于基因转录后剪接的不同，所得的 mRNA 可翻译生成数种不同大小的蛋白分子，如 APP695，APP751，APP770，APP714，APP563 等，总称淀粉样前体蛋白（amyloid beta precursor protein，APP），皆为跨膜糖蛋白。AD 患者的老年斑的核心成分，β 淀粉样多肽（β-amyloid peptide，Aβ）即为其酶解产物。

Aβ 是老年痴呆病理特征中淀粉斑的主要成分，由 β-分泌酶和 g-分泌酶水解淀粉样前体蛋白得到，一般包含 39～43 个氨基酸。在正常生理条件下，人体内存在极少量的 Aβ，但是在一些特定的条件下，由于淀粉样前体蛋白和早老素基因等发生错义突变，导致 Aβ 大量产生并聚集，继而引发老年痴呆的一系列病变反应。

虽然在散发的 AD 病人中未发现 *APP* 基因突变，但可见于家族性 AD 患者。目前已发现 *APP* 基因至少有 6 种点突变。1991 年 Goat 等首先在早发型 AD 家族中发现了 *APP* 的点突变，发生在 *APP* 第 17 外显子上的 717 位密码子上，由 Ile 取代了 Val。接着 1994 Suzuki 等研究发现 717 位的 Val 可分别被 Phe 及 Gly 取代。最著名的两个"瑞典家族"突变发生在 *APP*670，671 位点，Lys 与 Met 分别被 Asn 与 Leu 取代。位于 692 位密码子也可发生点突变。

转基因研究表明，不同点突变的 *APP* 转基因小鼠的共同特点是 Aβ 表达速度增加，主要是长型 Aβ 增加，引起 Aβ 沉积，加速神径元退变与死亡。虽然 *APP* 转基因小鼠不能出现神径元纤维的病变，即不是典型的 AD 模型，但是 Aβ 沉积可引起老年性痴呆。

笔记栏

(2) 早老蛋白-1与早老蛋白-2基因：早老蛋白-1(presenilin-1,PS-1)与早老蛋白-2基因表达产物PS-1与PS-2,它们都是跨膜蛋白,可在细胞中与APP形成复合物,参与APP的转运及合成后加工。有人报告野生型PS-1与PS-2有抗凋亡作用,而突变型的PS-1与PS-2易被半胱氨酸蛋白酶(caspase)裂解,且可使神经元中Aβ增多。

PS-1由467个氨基酸残基组成。其基因的染色体定位在14号染色体上(14q24.3),有10个外显子。1995年克隆了该基因。由于所研究的家族呈早年发病,故名早老蛋白基因。应用定位克隆技术证实,*APP*基因突变的AD患者仅占1%~3%,而*PS*-1基因突变的患者则高达40%~50%。遗传连锁研究发现,家族性早发型AD病例75%有此基因异常,多为点突变。因此认为,*PS*-1基因突变是早发性AD最主要的遗传病因。

目前已在不同人种的家族性AD中检出了41种基因突变,散发性的AD的*PS*-1基因无突变,但是AD患者脑和正常脑组织均存在mRNA的不同拼接及*PS*-1的变异体。因此也不排除散发性AD中有*PS*-1基因突变。该基因的缺陷可影响APP转运和酶切加工。

1996年Wragg等发现*PS*-1基因多态性与晚发相关。在美国白种人群中,*PS*-1基因1/1型的频率明显高于对照组,其风险率是1/2和2/2基因型的2倍。马崔等对中国汉族人群中*PS*-1基因8号内含子多态性与晚发AD进行关联分析,认为中国南方汉族人群中*PS*-1和*ApoE*基因多态性与晚发AD之间也有密切相关性。

PS-2与PS-1结构相似,两者有很高的同源性(67%),尤其是跨膜区序列更相似(80%)。由467个氨基酸残基组成,其基因位于1号染色体。*PS*-2基因长23.7kb,由12个外显子组成。前2个外显子为5′非编码区,后10个外显子具有编码功能。*PS*-2基因编码的蛋白PS-2约为54kDa,降解时需泛素化(polyubiquitinated),可由内肽酶水解成2个片断,20kDa的C片断与34×kDa的N片断,其中前者与细胞骨架调控有关。

在家族性AD中非常少数病例发现其2种误义突变(141位Asn→Ile;239位Met→Val)。据报道检出*PS*-2基因缺陷的个体均会患有AD。

(3) *ApoE*基因:*ApoE*基因位于19q13.2,全长3597bp,含有4个外显子,3个内含子,是目前唯一广泛得以认同的家族性AD的相关基因。其编码的载脂蛋白ApoE分子量34Kda,由299个氨基酸残基组成。

*ApoE*基因具有多态性,有Apoε2、Apoε3、Apoε4三种主要的等位基因,分别位于112和158位密码子,各等位基因的区别在于ε2的112位密码子编码Cys,158位密码子编码Cys;ε3的112位密码子编码编码Cys,158位密码子编码Arg;ε4的112位密码子编码Arg,158位密码子编码Arg。*ApoE*4基因正常人群存在,是常见AD的主要易感基因(major susceptibility gene)。与AD发病有"剂量效应"之说,即含ε4纯合子比杂合子或不含ε4基因的人发病要早,危险性大。研究表明,ε4基因与约50%晚发AD相关,是主要的风险因子,且与散发性和家族性均相关。等位基因*ApoE*2与*ApoE*3使AD发病率降低,发病年龄延迟。载脂蛋白ApoE4水平升高时,发生AD与冠心病的可能性增高。AD病人的*ApoE*4等位基因出现频率为38%,远高于正常人。ApoE4与Aβ在体外共同保温,可产生沉淀。因而ApoE4或可促淀粉样斑块形成。相反,ApoE3具有保护作用,可抑制老年斑和神经纤维缠结的形成。

(4) 其他与AD相关基因:以上与AD相关基因难以概括AD病例所有遗传危险因素。因而有人致力于寻找新的AD相关基因。①低密度脂蛋白受体相关蛋白(low density lipoprotein receptor-related protein,LRP)基因定位于12q13.1-q13.3,全长92kb,由89个外显子组成。中枢神经系统中,*ApoE*的主要受体是低密度脂蛋白受体相关蛋白(LRP),且LRP与ApoE及APP共存于AD的病理特征老年斑中,并调节着二者的代谢。②α_1-抗糜蛋白酶(Alpha-1-antichymotrypsin,AACT)是由神经胶质细胞分泌并参与淀粉样纤维生成和沉积的一种色氨酸蛋白酶抑制剂,广泛分布于AD病理特征老年斑区域。有人认为,*AACT*基因多态性与家族性迟发型AD有关,但未能充分证实。③A_2M基因定位于12q13.3-q12.3,具有基因多态性,编码α_2-巨球蛋白(alpha-2-macroglobulin,A_2M)。A_2M作为脑内清洁工能结合神经元间隙的毒性蛋白(如Aβ),并与周围表面的*apoE*受体结合,将这些毒性蛋白运入细胞内降解。突变的A_2M失去清扫功能,从而导致Aβ沉淀和神经细胞死亡。ApoE4蛋白可竞争结合apoE受体,阻止A_2M-Aβ复合物进入细胞内降解,导致AD。

3. 线粒体DNA突变与AD AD与mtDNA基因突变有关。线粒体DNA损伤缺失可影响线粒体的功能,影响能量的产生和供给。人脑随增龄有线粒体中细胞色素氧化酶基因DNA片段丢失现象。脑细胞中细胞色素氧化酶基因突变,可使线粒体中氧自由基生成增多,细胞膜受损,APP增多,脑细胞破坏。这一现象在AD患者中较为常见,以致有人将有关基因称为线粒体的AD相关基因。研究发现AD患者细胞色素氧化酶基因的突变率比同龄老人高32%,约有20%的AD病人有细胞色素氧化酶基因的缺陷。

4. 其他因素 AD的发生为多种因素相互作用的结果,这些因素包括遗传因素、环境因素和代谢因素等方面。任何单一的因素都不足以解释AD的发病机制。

（二）帕金森病

案例 14-2

帕金森病

患者，男，63 岁，教师，2 年前出现左侧肢体不自主抖动，近 1 年右上肢亦出现明显震颤，动作缓慢，肢体灵活性差，穿衣、系扣、系鞋带均受到不同程度的影响，且伴有行走困难，身体前倾，步距小，拖步，面具脸。

辅助检查：头 MRI 示老年性脑改变，局部脑沟增宽。

诊断：帕金森病。

问题与思考

帕金森病的分子生物学特征？

案例 14-2　相关提示

1. 帕金森病的相关基因的突变。
2. 线粒体 DNA 突变与帕金森病。

1. 帕金森病临床特征　大部分 PD 患者在 60 岁以后发病。起病隐袭，缓慢发展，逐渐加剧。主要症状包括 ①静止性震颤(tremor)：常为首发症状，多由一侧上肢远端(手指)开始，逐渐扩展到同侧下肢及对侧肢体。②肌强直(rigidity)：肌强直表现为屈肌和伸肌同时受累，被动运动关节时始终保持增高的阻力，类似弯曲软铅管的感觉，故称"铅管样强直"；部分患者因伴有震颤，检查时可感到在均匀的阻力中出现断续停顿，如同转动齿轮感，称为"齿轮样强直"(cogwheelphenomenon)。③运动迟缓(bradykinesia)：表现随意动作减少，包括始动困难和运动迟缓，并因肌张力增高，姿势反射障碍而表现一系列特征性运动症状；面部表情肌活动减少，常常双眼凝视，瞬目减少，呈现"面具脸"(masked face)。手指做精细动作如扣钮、系鞋带等困难；书写时字越写越小，呈现"写字过小征"(micro-graphia)。④姿势步态异常：站立时呈屈曲体姿，步态障碍甚为突出。行走时上肢的前后摆动减少或完全消失；转弯时，平衡障碍特别明显。患者自坐位、卧位起立困难，出现慌张步态(festination)。PD 的病理改变主要位于黑质、苍白球、纹状体和蓝斑内。黑质致密区具有黑色素的神经元严重缺失，部分神经元变性坏死(图 14-3)。

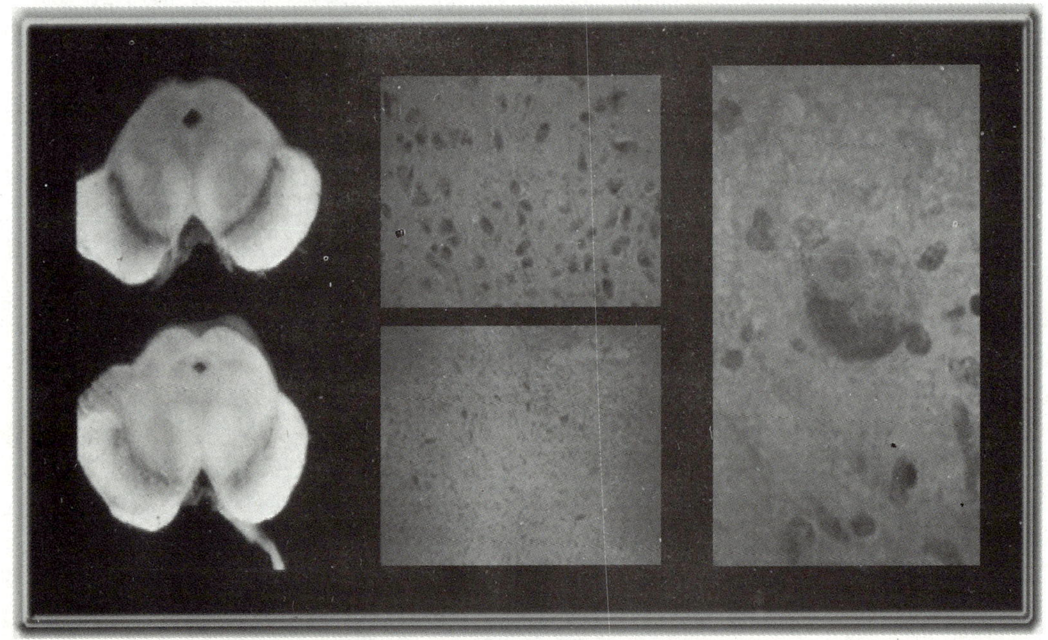

图 14-3　含色素的黑质致密部 DA 能神经元变性/缺失

2. 帕金森病相关基因

(1) α-共核蛋白：α-共核蛋白(α-synuclein)基因，也称 *PARK*1 基因，1996 年 Polymeropoulos 等对 1 个源于意大利常染色体显性遗传的 PD 家系进行连锁分析，将引起该家族性 PD 的相关基因定位在染色体 4q21～23；通过基因重组技术确定此区包含突变的 α-共核蛋白基因，该基因在此 PD 家系中有 Ala53Thr 突变，但仅在一小部分家族性 PD 中发现，由于它所表达的蛋白质 α-synuclein 蛋白是 Lewy 小体的主要组成成分，表明该突变很可能是导致家族性 PD 的原因。

正常时 α-synuclein 蛋白是一种天然不折叠并可溶的蛋白质，但基因错义突变改变了分子的空间结构，打破其原来 α-螺旋结构并使 β-折叠延长，使其易发生自身异常沉积。若沉积过度，超过细胞自身蛋白酶的抗聚集能力，异常的 α-synuclein 蛋白则聚集成丝状结构并最终形成 Lewy 小体及 Lewy 轴突。α-synuclein 蛋白的不溶性的异常堆积和其不

笔记栏

能正常地被降解都会导致神经性退化。α-synuclein蛋白的纤维化和积聚是帕金森病人神经元死亡和神经功能障碍的重要原因。线粒体复合物Ⅰ的功能紊乱和氧化应激都会使促进 α-synuclein 蛋白堆积。

(2) *Parkin* 基因：*Parkin* 基因，也称 *PARK*2 基因，是从一个日本的常染色体隐性遗传的青春型PD(autosomal recessive juvenile parkinsonism，AR-JP)的家系中发现的。*Parkin* 基因被定位于6q25.2-q27上，全长500kb，有12个外显子，在ARJP病人中存在Parkin基因的多种缺失突变和点突变。

Parkin 基因编码的Parkin蛋白由465个氨基酸组成，在正常人的大脑中特别是黑质区有丰富表达，而ARJP患者脑内却缺乏Parkin蛋白的表达。Parkin蛋白具有独特的分子结构，其N末端有泛素样的结构域，在C端有几个锌指结构，与其他有锌指结构域的蛋白一样，它也具有E3-泛素蛋白连接酶的活性，参与细胞内异常蛋白的降解。大量研究发现，50%ARJP患者有 *Parkin* 基因的病理性突变，而且其突变类型多种多样。在中国和日本，最常见的突变形式是外显子丧失；而在欧洲，点突变是其主要形式。*Parkin* 基因突变常导致Parkin蛋白缺失，功能障碍，酶活性减弱或消失，造成细胞内异常蛋白的累积，最终导致多巴胺能神经元细胞死亡。

(3) 与第2号染色体相连锁的 *PARK*3 基因：最近，对于具有家族性常染色体显性遗传规律而且脑黑质有Lewy体的PD的又一个致病基因定位在染色体2q13，这种病人的临床特性类似散发性PD，发病年龄平均为59岁。统计发现该位点外显率为40%左右，多数病例与德国北部和丹麦人有血缘关系。但是目前对于该基因的更精确定位和克隆还没有完成。

(4) *DJ-I* 基因：*DJ*-1 基因突变首先是在荷兰和意大利2个常染色体隐性遗传的早发帕金森病家系中发现。*DJ*-1 基因定位于染色体1q36，长24kb，含8个外显子。是继 *Parkin* 基因发现之后另一个常见的帕金森病遗传性致病基因。在荷兰家系中发现 *DJ*-1 基因的一种14kb的大片段缺失，缺失范围涵盖了1～5号外显子。在意大利家系中发现 *DJ*-1 基因的1个L166P的点突变。*DJ*-1 基因编码含189个氨基酸的DJ-1蛋白，DJ-1蛋白是氢过氧化物反应蛋白，参与机体氧化应激反应。

到目前为止，已发现的 *DJ*-1 突变有11种，包括点突变和大片段缺失。但 *DJ*-1 的突变频率还是相当低，在散发性早发帕金森病中的突变频率为1%左右，晚发帕金森病中尚未发现 *DJ*-1 突变。DJ-1基因突变后DJ-1蛋白水平下降，导致氧化物质对神经元的损伤增加。

(5) *UCH-L*1 基因：1998年Leroy等对72个帕金森家族的 *UCH-L*1 基因研究时，在一个德国常染色体显性遗传的帕金森家系中发现 *UCH-L*1 基因C277G的错义突变，导致93位点上异亮氨酸(Ile)变为蛋氨酸(Met)，产生了一个新的BsmF1位点。*UCH-L*1 基因定位于染色体4q14，共有9个外显子，全长10kb，所编码蛋白质包含212个氨基酸。UCH-L1是一种脑中含量最丰富的蛋白质它属于泛素C端水解酶家族，水解泛素分子和其他蛋白质之间的肽键。UCH-L1既具有泛素水解酶活性，也具有泛素-泛素连接酶活性。免疫组化显示，UCH-L1高度特异性地分布于神经元。Northern印迹分析发现 *UCH-L*1 在所有脑区均有表达，尤其见于黑质。*UCH-L*1 基因突变后其水解泛素间肽键的能力下降，往往导致蛋白水解通路不畅，异常蛋白质聚集，进而引起神经元变性。

3. 线粒体DNA突变与PD mtDNA具有高度的多态性，它编码呼吸链复合体上41个亚单位中的7个，该基因组突变会导致复合体Ⅰ发生缺陷。有证据表明PD患者的黑质存在复合体Ⅰ的特定缺陷，并表现出中枢神经系统黑质在解剖组织学具有选择性以及对PD的疾病特异性。动物实验证实1-甲基-4-苯基-1，2，3，6-四氢吡啶(1-methyl-4-phenyl-1,2,3,6-tetrahydropyridine，MPTP)的毒性作用机制是甲基-苯基-吡啶离子选择性抑制了黑质线粒体呼吸链中复合体Ⅰ的活性，使ATP合成障碍，最终导致细胞变性死亡。

一些研究结果表明，PD患者mtDNA突变频率高于正常对照者，包括tRNA基因上4336bp位点、NDI基因3397bp位点、5460bp位点点突变以及12sRNA中956bp-965bp之间的5核苷酸的插入突变。然而也有研究发现PD患者mtDNA突变频率与正常人的差别无统计学意义。由此可见，mtDNA异常导致的线粒体功能障碍可能参与PD的发病机制。但迄今为止，并未发现与PD相关的mtDNA特异性突变。

4. 其他因素 环境毒素与PD：经常接触工农业毒物的人群患病率高，但多数同样接触这些毒物的人并未出现PD，提示对PD的易感性存在个体差异。饮食与PD：饮食与PD可能存在一定的相关性，摄入富含多种维生素、鱼肝油的人群PD发病率相对较低，而摄入大量动物脂肪、坚果、豆类的人群PD发病率较高。

小　结

衰老是生命的一种现象，是生物发展的普遍规律，是生物体随着年龄的增长而发生的退行性变化的总和。衰老过程发生在生物界的整体水平、种群水平、个体水平、细胞水平以及分子水平等不同的层次。

近年来，由于遗传学与分子生物学的结合，确定了一些与寿限相关的特异性基因。其中包括线虫的 *age*-1 基因、*daf*-2 基因和 *clk* 基因；酵母中的

笔记栏

sir-2 基因、*ras* 基因和 *lag*1 基因等，哺乳类动物与人类也存在一些与衰老相关基因。

自由基生成随年龄的增加而增多，累及到一定程度可以引起 DNA 的损伤，mtDNA 由于缺少组蛋白和其他 DNA 结合蛋白的保护，在复制过程中又缺乏有效的校正阅读和 DNA 修复体系，使 mtDNA 更容易受到来自内膜呼吸链产生的活性氧和自由基的攻击。从而导致线粒体 DNA 的氧化损伤或突变。mtDNA 突变的方式有点突变、DNA 片段的缺失和 DNA 重排。mtDNA 的突变可影响 mtDNA 编码的与氧化磷酸化有关的蛋白的合成，导致 ATP 合成减少，当组织内生物能量供应不足时，即可表现出衰老的症状。

AD 是一种以临床和病理为特征的进行性退行性神经病，主要临床表现为记忆力及认知功能的进行性减退。病理学改变包括神经细胞内出现神经原纤维缠结、细胞外有老年斑。与 AD 发病有关的基因已确定的有四个，分别是①*APP* 基因：定位于 21 号染色体上②*PS*-1 和 *PS*-2 基因：定位于 14 号染色体上③*ApoE* 基因：定位于 19 号染色体上。上述基因仅见于部分遗传性 AD 患者，难以概括 AD 病例所有遗传危险因素。有待发现更多与 AD 有关基因。mtDNA 的突变也与 AD 有关。

PD 是发生于中年以上人的黑质纹状通路变性的疾病。临床主要特征为进行性运动迟缓、肌强直、震颤及姿势反射障碍。PD 的病理改变主要位于黑质、苍白球、纹状体和蓝斑内。黑质致密区具有黑色素的神经元严重缺失，部分神经元变性坏死。与 PD 发病有关的基因包括 α-共核蛋白基因，也称 *PARK*1 基因，定位在染色体 4q21～23；*Parkin* 基因，也称 *PARK*2 基因，定位于 6q25.2-q27；*UCH-L*1 基因，定位于染色体 4q14；*DJ*-1 基因定位于染色体 1q36 等。mtDNA 异常导致的线粒体功能障碍可能参与 PD 的发病机制，但迄今为止，并未发现与 PD 相关的 mtDNA 特异性突变。

（昝玉玺）

参考资料

金惠铭. 2002. 细胞分子病理生理学. 河南：郑州大学出版社

盛树力. 1999. 老年性痴呆. 北京：科学出版社

宋今丹. 2002. 医学细胞分子生物学. 北京：人民卫生出版社

夏云阶. 2001. 衰老与抗衰老学. 北京：学苑出版社

药立波. 2001. 医学分子生物学. 北京：人民卫生出版社

Charles RS, Arthur LB, William SS et al. 2001. The Metabolic & Molecular Basis of Inherited Disease. eighth edition. Now York：McGraw-Hill

第三篇

医学分子生物学常用技术及应用

第15章 基因的检测及克隆

人体共有约3万个基因，而人类基因组只有一套，目前世界各国投入巨资寻找基因的研究实为一场"基因争夺战"，科学家们对这些基因逐个探索，谁破译的基因多，谁就将在人类基因的商业开发方面(包括基因药物、基因诊断、基因治疗等)争得先机。由于cDNA是基因工程制药的基础，具有巨大的商业价值，因此成为"基因争夺战"的焦点。许多国家投入巨资进行cDNA的克隆和测序，再经功能鉴定，进行基因的"圈地"运动。本章将介绍基因的检测及克隆，这是基因功能研究的基础。

对一个已知或未知基因的研究，我们首先需要了解该基因的组成，这就需要进行基因的DNA序列测定；如果目的是检测基因在基因组上的拷贝数，可进行Southern Blot；如果基因表达水平是关注对象，Northern Blot是最常用的方法，逆转录实时PCR(RT-real time PCR)是最精确的方法。总之，可以根据研究目的的不同采用不同的技术方法实现对基因的定性和(或)定量分析。

在对感兴趣的基因进行一般的定性、定量分析后，我们往往根据其不同的特性和实验目的将其连入某种类型载体中，通过载体将其导入宿主细胞，在宿主细胞中复制、扩增，以获得单一DNA分子的大量拷贝，即进行基因克隆，便于进行其功能研究。

第一节 基因检测的方法

一、DNA的定性和定量分析

大多数生物的基因和基因组都是DNA分子，因此，通过DNA定性和(或)定量分析方法可从遗传信息水平深入分析人类生、老、病、死的原因。

(一) DNA序列测定

DNA序列测定是分析基因结构的最重要的方法。20世纪七十年代，英国科学家F. Sanger创建了双脱氧终止法，与此同时，美国科学家A. Maxam和W. Gilbert创立了化学裂解法测定DNA序列。两种测序方法开始都很受欢迎，但由于终止法容易实现自动化以及引入噬菌体M13 DNA为克隆载体使单链DNA制备很容易，因此终止法还是DNA测序的主要方法。

1. 双脱氧核苷酸末端终止法 双脱氧核苷酸末端终止法简称为Sanger法或末端终止法，该技术的高明之处在于引入了双脱氧核苷三磷酸(2′,3′ddNTP)作为链终止剂。与普通dNTP不同的是2′,3′ddNTP在脱氧核糖的3′位置缺少一个羟基，所以，虽然它可以在DNA聚合酶作用下通过其5′三磷酸基团掺入到正在延长的DNA链中，但由于缺乏3′羟基，2′,3′ddNTP无法同后续的dNTP形成磷酸二酯链，于是，DNA链的合成嘎然而止。如果在DNA合成体系的4种普通dNTP中加入少量的一种ddNTP，链延伸将与偶然发生但却高度特异的链终止展开竞争，结果就形成了一系列长短不一的核苷酸链，其长度取决于从用以起始DNA合成的引物末端到出现过早链终止的位置之间的距离。在4组独立的DNA合成体系中分别采用4种不同的ddNTP，就可以产生4组寡核苷酸，每组将产生以一种特异性的ddNTP为末端的不同长度的核苷酸链。经PAGE电泳分离和放射自显影，即可读出被测定的DNA的全部顺序(图15-1)。

笔记栏

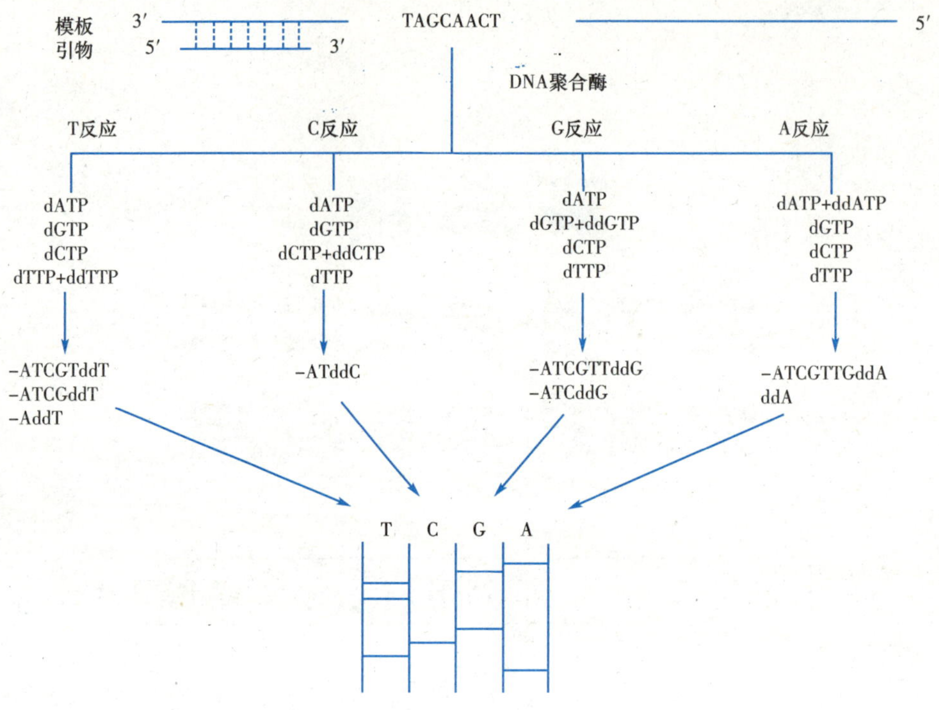

图 15-1 双脱氧核苷酸末端终止法原理

随着 PCR 技术与测序的联合使用，不需 M13 亚克隆的步骤，因此称为直接测序法。近年来，自动测序仪的发展使测序法更为快速简便。如循环测序法的建立，即模板扩增与测序同步进行，这是在 PCR 反应中加入双脱氧终止物实现的。此法所需模板量极少，不需制备单链，但引物需用同位素或荧光素标记。进一步的改进是用四种不同荧光染料分别标记四种 ddNTPs，再进行循环测序，这可避免测序引物的使用。

2. 化学裂解法 1977 年，A. M. Maxam 和 W. Gilbert 首先建立了 DNA 片段序列的测定方法，其原理为：将一个 DNA 片段的 5′端磷酸基做放射性标记，再分别采用不同的化学方法修饰和裂解特定碱基，从而产生一系列长度不一而 5′端被标记的 DNA 片段，这些以特定碱基结尾的片段群通过凝胶电泳分离，再经放射线自显影，确定各片段末端碱基，从而得出目的 DNA 的碱基序列。

（二）Southern Blot 杂交检测基因拷贝数变化

Southern Blot 杂交是分子生物学的经典实验方法。其基本原理是将待检测的 DNA 样品固定在固相载体上，与标记的核酸探针进行杂交，在与探针有同源序列的固相 DNA 的位置上显示出杂交信号。通过 Southern Blot 杂交可以判断被检测的 DNA 样品中是否有与探针同源的片段以及该片段的长度。

通过 Southern Blot 杂交对基因拷贝数分析有两个关键步骤：DNA 的酶切消化和探针的标记。DNA 的酶切消化要适度，必须保持基因片段的完整性。需要进行拷贝数定量分析的都是已知基因，因此在进行酶切消化时，可根据检测基因的序列，选择基因内部不含相应切点的限制性内切酶。在杂交后，如果膜上不同位置出现杂交信号，说明该基因拷贝数不止一个。探针序列和探针信号的选择也是需要考虑的关键问题，序列要选那些保守性高的或相对稳定的区段，标记物可选同位素、化学发光标记及荧光标记，虽然同位素存在放射性污染问题，但其产生的杂交信号清晰，因此是首选。

在进行杂交前有一个预杂交的过程，预杂交液不含探针，但其中有鲑鱼精子 DNA（其与哺乳动物 DNA 同源性极低，不会与探针杂交）和牛血清白蛋白等，这些大分子可以封闭膜上所有非特异性结合位点。转印后的膜在预杂交液中孵育 4～6 小时，即可加入同位素标记的探针进行杂交反应。

目前，该项技术广泛被应用在遗传病检测、DNA 指纹分析和 PCR 产物判断等研究中。但由于该技术的操作比较烦琐、费时，所以现在有些其他的方法可以代替 Southern Blot 杂交。但该技术也有它的独特之处，是目前其他方法所不能替代的，如限制性酶切片段的多态性（RFLP）的检测等。

（三）聚合酶链反应

1983 年，美国 PE Cetus 公司的 Kary Mullis 建立了聚合酶链反应（polymerase chain reaction，PCR）技术，使人们通过试管内数小时反应将特定的 DNA 片段扩增数百万倍。其原理与细胞内 DNA 复制相似，通过对温度的控制，实现 DNA 模

笔 记 栏

板解链、引物与模板结合、DNA 聚合酶催化新生 DNA 的合成(引物延伸),以上三步为一个循环,每一循环的产物作为下一个循环的模板,经过 25～30 个循环,可以得到特异性扩增产物。但传统的 PCR 不适宜做基因拷贝数分析,实时荧光定量 PCR 技术是一种较新的 DNA 定量方法。其定量的基本原理是在 PCR 反应体系中加入非特异性的荧光染料(如:SYBR GREEN Ⅰ)或特异性的荧光探针(如:Taqman 探针),实时检测荧光值的变化,获得不同样品达到一定的荧光信号(阈值)时所需的循环次数:CT 值(Cycle Threshold);通过将已知浓度标准品的 CT 值与其浓度的对数绘制标准曲线,就可以准确定量样品的浓度。荧光定量 PCR 技术具有简便、快捷的优点,能够有效扩增低拷贝的靶片段 DNA,对每克样品中 20pg 至 10ng 的转基因成分进行有效检测。同时,与 Southern 法相比,荧光定量 PCR 技术可对外源基因的不同序列进行扩增,因此能实现对转基因品系中的基因重组的检测。

二、RNA 的定性和定量分析

RNA 的定性、定量分析可从转录水平揭示基因的一级结构变化、基因的转录活性和基因可能的表达情况等。Northern Blot 可以对 RNA 进行定性分析,RT-PCR 是最常用的定性或定量分析 RNA 的方法,近年来发展起来的实时 RT-PCR 是备受推崇的定量分析 RNA 的方法。

(一) Northern Blot 杂交

Northern Blot 杂交是常用的 mRNA 定性方法,但当对不同标本总 RNA 或 mRNA 定量后在进行杂交反应时可以半定量分析特定的 RNA。其基本原理和基本过程与 Southern Blot 杂交基本相同,只是在以下几点有所不同。

(1) 靶核酸:Northern Blot 检测的是 RNA。RNA 很容易被环境中 RNA 酶降解,因此制备样品时,需要特别注意防止 RNA 的降解。

(2) 电泳:Northern Blot 分析需要在电泳凝胶中加入变性剂(如乙二醛、甲醛等),防止 RNA 分子形成二级结构,维持其单链线形状态。

(3) 转膜:电泳结束后,Northern Blot 分析不需要再进行变性和中和,直接采用毛细管虹吸法将 RNA 转移到膜上,也可以采用电转移或真空转移法。

(二) 逆转录 PCR

以 mRNA 为模板进行的 PCR 反应称为逆转录 PCR(reverse transcription-PCR, RT-PCR)。首先将 mRNA 逆转录生成 cDNA,然后再进行 PCR 反应。反应体系中含有 RNA 酶抑制剂、缓冲液、4 种 dNTP、$MgCl_2$、DTT、寡聚胸腺嘧啶核苷酸引物、RNA 模板、逆转录酶及去 RNA 酶的 DEPC 水。由于该方法的高度灵敏性,操作中要严格避免样本的污染。

第二节　基因克隆的基本程序

基因工程的目的就是外源基因的克隆与表达,因此我们要借助一定的手段获得所要克隆的目的基因。基因克隆的基本过程包括几个基本步骤:①制备目的基因和相关载体;②将目的基因与相关载体进行连接;③将重组 DNA 导入受体细胞;④DNA重组体的筛选和鉴定;⑤DNA 重组体的扩增和表达。

一、目的基因的获取

(一) 从基因组 DNA 中分离

基因是包含了生物体某种蛋白质或 RNA 完整遗传信息的一段特定的基因组 DNA 序列。因此我们可以使用一定的方法,直接从基因组中得到基因,主要分基因的随机断裂方法和限制性内切酶降解两种方法。

基因的随机断裂方法是采用一定的理化方法将基因组 DNA 随机断裂,可以得到大小基本一致的 DNA 片段。限制性内切酶降解一般多采用"鸟枪法",即限制性内切酶部分酶解法。限制性内切酶降解所产生的片段的长短与其识别序列的长短直接相关。理论上讲,一个识别几个碱基的限制酶位点在基因组的分布几率为$(1/4)^n$,因此采用基因组 DNA 进行限制酶的不完全酶解,可以得到长短不一的片段。将每一 DNA 片段都与一个载体分子拼接成重组 DNA,将所有的重组 DNA 分子都引入宿主细胞并进行扩增,得到分子克隆的混合体,这样一个混合体称为基因文库(genomic library)。完成 DNA 重组后可通过杂交筛选获得特定的基因片段。

(二) 通过 RNA 合成 cDNA

借助逆转录酶,以 mRNA 为模板,进行酶促反应合成相应的 cDNA 是获得真核细胞结构基因的最常用和最主要的方法。也可以用逆转录生成的 cDNA 构建 cDNA 文库。由 mRNA 逆转录合成 cDNA 基本过程如下:

1. 提取 mRNA　这是构建一个完整的 cDNA 文库的关键部分。提取的 mRNA 必须尽可能完整,也不能有 DNA 污染。mRNA 的提取以 oligo (dT)-纤维素柱层析法最为常用。提取过程中首先是获得总 RNA,然后根据克隆细胞的 mRNA 具有 3′端 poly(A)尾巴的特性,用 oligo(dT)琼脂糖亲和

笔 记 栏

层析分离 mRNA。

2. cDNA 的酶促合成 在逆转录酶的作用下，采用 oligo(dT)引物或随机引物，以 mRNA 为模板，合成 cDNA 的第一条链，得到 DNA—RNA 杂合分子，随后采用 RNaseH、大肠埃希菌 DNA 聚合酶Ⅰ和 T4 DNA Ligase 联合作用，以单链 cDNA 为模板合成双链 cDNA。

（三）基因的化学合成

由于核酸的化学合成技术不断完善，DNA 的人工合成发挥着越来越重要的作用。DNA 合成仪不仅可以提供克隆的连接子、测序引物、杂交探针等寡核苷酸片段，有些已知序列的基因，完全可以化学人工合成，先分段合成各片段，随后再连接组装成完整的基因进行克隆。

（四）用聚合酶链反应（PCR）方法扩增目的基因片段

聚合酶链反应（PCR）是一种在体外模拟天然 DNA 复制过程的核酸扩增技术，由美国 PE-Cetus 公司的人类遗传研究室 Mullis 等人于 1985 年发明。它的基本原理类似于 DNA 在细胞内的复制过程。利用 PCR 技术可以直接从染色体 DNA 或 cDNA快速简便地获得待克隆的目的基因片段，快速地进行外源基因的克隆操作。PCR 技术扩增目的基因的前提是必须知道目的基因片段两侧或附近的 DNA 序列，并据此合成扩增引物。

二、载体的选择和制备

λ 噬菌体和黏性质粒适用于构建基因组文库，pUC 系列质粒适合构建 cDNA 文库和克隆 DNA 小片段，M13 噬菌体用于克隆带测序的 DNA 片段。选择载体主要根据构建克隆的目的，同时要考虑载体中合适的限制性酶切位点。如果构建目的是要表达一个特定的基因，还要选择合适的表达载体。

三、目的基因与载体的连接

将目的基因插入载体，主要靠 DNA 连接酶，具体连接有以下几种方式。

（一）黏性末端连接

如果目的序列两端有与载体上相同的限制性核酸内切酶位点，则用同一个限制性内切酶切开载体与外源片段，二者产生相同的黏性末端，互补结合后在 DNA 连接酶催化下，目的基因就能与载体 DNA 链相连接（图 15-2）。即使不同的限制性内切酶，如果产生的 DNA 的黏性末端相同，也同样可用此法连接，如识别 6bp 序列的 BamH Ⅰ和识别 4bP 序列的 Sau3a Ⅰ切割 DNA 后都产生 5′突出黏性末端 GATC，因此可以互补结合连接。如果在连接的两个 DNA 片段没有能互补的黏性末端，也可用末端核苷酸转移酶催化添加单核苷酸到 DNA 的 3′端，例如一侧 DNA 3′端加上 polyC，另一侧 DNA 加上 polyG，这样人工在 DNA 两端做出能互补的核苷酸多聚物黏性末端，退火后能互补结合。

（二）平末端连接

T4 DNA 连接酶也能催化 DNA 平末端的连接，如果目的基因和载体上没有相同的限制性内切酶位点可供利用，用不同的限制性内切酶切割后的黏性末端不能互补结合，则可用适当的酶将 DNA 突出的末端削平或补齐成平末端，再用 T4 DNA 连接酶连接，但平末端连接要比黏性末端连接的效率低得多。另外在进行定向连接时，不可采用平末端连接。

四、将外源 DNA 导入宿主细胞

将重组 DNA 或其他外源 DNA 导入宿主细胞，常用的方法有以下几种：

1. 转化 转化是指将质粒或其他外源 DNA 导入处于感受态的宿主细胞，并使其获得新的表型的过程。转化常用的宿主细胞是大肠埃希菌。大肠埃希菌悬浮在 $CaCl_2$ 溶液中，并置于低温（0～5℃）环境下一段时间，钙离子使细胞膜的结构发生变化，通透性增加，从而具有摄取外源 DNA 的能力，这种细胞称为感受态细胞。在感受态细胞悬液中加入质粒 DNA（重组的或非重组的），使其进入细胞内。42℃热休克 90s 后，在不含抗生素的培养基中培养 30～60 分钟，使质粒 DNA 得到复制，并使抗生素的抗性基因得以表达。随后，再将转化的细菌接种在含有关抗生素的琼脂平板上，过夜生长，从而得到转化的菌落。

在合适条件下，细菌大约每 20 分钟分裂一次，一般只需十几个小时，琼脂平板上便出现肉眼可见的菌落。每个细菌菌落都是单一细菌的后代，因此，在一个菌落中，所有细菌都具有相同的遗传组成，称为细菌的克隆。在一个克隆中，所有的细菌含有相同的外源 DNA 插入片段，如将这样的一个菌落从琼脂平板上挑出来，转移至另一琼脂平板上培养，以后生长出的菌落均含有相同的外源 DNA 序列，这一过程便是克隆化。应用这一方法，可使某一特殊的重组 DNA 片段扩增至数百万个拷贝。

由于黏性质粒带有一个复制起点和一个药物抗性标志，黏性质粒也能由标准的转化方法导入大肠埃希菌，并像普通质粒一样增殖。

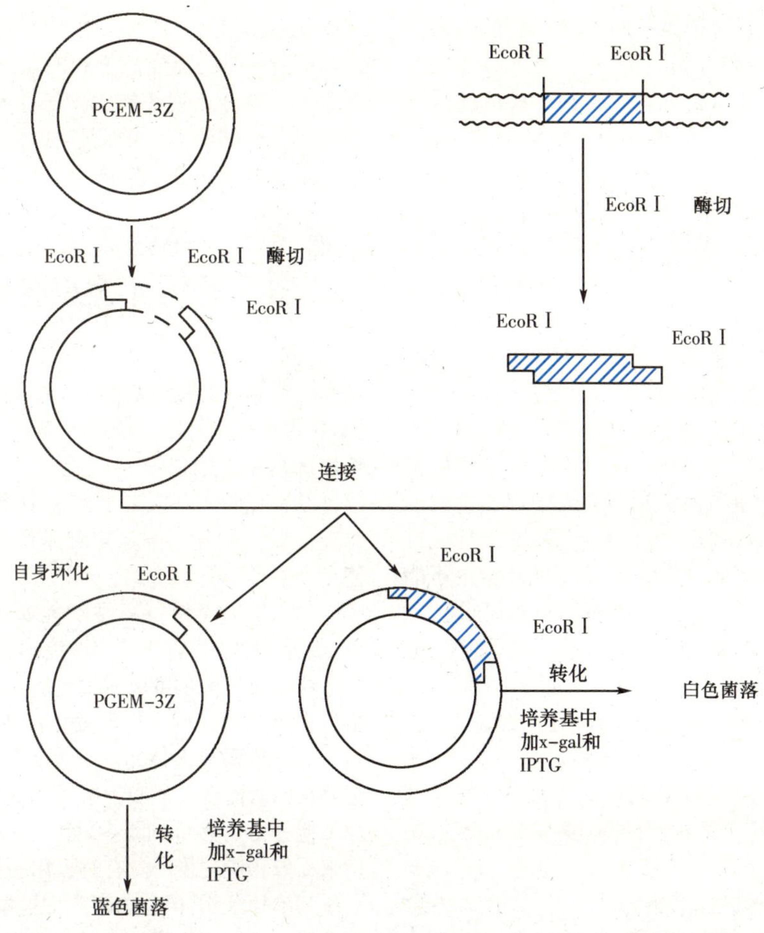

图 15-2 目的基因与载体的连接

x-gal：5-溴-4 氯-3-吲哚-β-*D*-半乳糖苷；IPTG：异丙基 β-*D*-硫代半乳糖苷

感受态细胞可以悬浮于 50%甘油中，−80℃保存 6 个月而不丧失活性。

另外，电穿孔法也是一种将外源 DNA 导入大肠埃希菌细胞的常用方法之一。将外源 DNA 与大肠埃希菌混合于电穿孔杯中，在高频电流的作用下，细胞壁出现许多小孔，使外源 DNA 能进入大肠埃希菌细胞，无需制备感受态细胞。

2. 感染 以 λ 噬菌体、黏性质粒和真核细胞病毒为载体的重组 DNA 分子，在体外包装成具有感染能力的病毒或噬菌体颗粒，才能感染合适的细胞，并在细胞内扩增。由噬菌体和细胞病毒介导的遗传信息转移也称为转导。

为了使 λDNA 重组体能够感染大肠埃希菌，需要在体外将 λDNA 重组体与 λ 头部及尾部蛋白混合，使 λDNA 重组体被埋入头部蛋白外壳中，使之成为完整的噬菌体，才有感染力。λ 的琥珀诱变株 Dam 的宿主溶菌物中含有大量头部蛋白，另一诱变株 Eam 的宿主溶菌物中含有大量的尾部蛋白，将这两种溶菌物和 λDNA 重组体进行混合，即可包装成完整的噬菌体，用来感染大肠埃希菌。

黏性质粒含有 λDNA 的 cos 区，也可用包装 λDNA 相同的方法，体外包装成 λ 噬菌体，再感染大肠埃希菌。感染效率远远高于转化效率。黏性质粒也可经由转化程序，将 DNA 导入宿主细胞，但其转化的效率非常低。

3. 转染 转染是由转化和感染两个词组成的新词，指真核细胞主动摄取或被动导入外源 DNA 片段而获得新的表型的过程。进入细胞的 DNA 可以被整合进宿主细胞的基因组中，也可以在染色体外存在和表达。用这种方法，可以从基因组中筛选出具有某种功能的基因。例如，将癌细胞 DNA 转染 NIH3T3 细胞，得到转化灶，再从中克隆有关的癌基因。从转化的 NIH3T3 细胞基因组中已经鉴定出一系列与转化有关的基因。

五、目的克隆的筛选与鉴定

由于实验本身的原因，连接反应不可能 100%正确，总会出现未连接的、外源片段自体连接的、载体自体连接的等等。这就需要对重组子进行筛选和鉴定。一般一个载体只携带某一段外源 DNA，一个细胞只接受一种重组 DNA 分子，最后培养出来的细胞群中只有一部分甚至只有很小一部分是转入正确连接的重组体。将目的重组体筛选出来才是真正获得了克隆，所以筛选是基因克隆的必要步骤。在构建载体、选择宿主细胞、设计克隆方案

笔记栏

时都必须认真考虑筛选的问题。以下就常用的筛选技术基本原理加以介绍。

1. 根据重组载体的标志作筛选 载体携带的标志最常见的是抗药性标志，如抗氨苄西林(Amp^r)、抗四环素(Ter^r)、抗卡那霉素(Kan^r)、氯霉素(Chl^r)等。当培养基中含有抗生素时，只有携带相应抗药性基因的细胞才能生存增殖，这就把未能接受载体的细胞全部筛除掉了。如果外源目的序列插入在载体的抗药性基因中使抗药性基因失活，这个抗药性标志就会消失。例如质粒 pBR322 含有 Amp^r 和 Ter^r 两个抗药基因，若将目的序列插入 Ter^r 基因序列中，转化大肠埃希菌，让细菌放在含氨苄西林或四环素培养基中，凡未接受质粒 DNA 的细胞都不能生长；凡在含氨苄西林和四环素中都能生长的细菌是含有质粒 pBR322 的，但其 pBR322 未插入目的序列，凡在氨苄西林中能生长，而在四环素中不能生长的细菌就很可能是含有目的序列的重组质粒。

含有 lacZ 的载体可用蓝白筛选法，这是筛选重组子的常用方法。例如将目的序列插入前面所述的质粒 pUC19 的多克隆位点中，转化大肠埃希菌，放入含氨苄西林、IPTG、X-gal 的培养基中培养，凡能生长并呈白色的菌落(图 15-2)，其细菌中就很可能含有插入目的序列的重组质粒，这样就很容易获得目的序列的克隆。

根据重组载体的标志来筛选，可以筛选去大量的非目的重组体，但还只是粗筛，例如当有极小的片段(几个 bp 至几十个 bp)插入时，也会有白斑产生。所以挑出的白斑还需要进行酶切鉴定。

2. DNA 限制性内切酶图谱分析 这是在上述筛选后的进一步分析。目的序列插入载体会使载体 DNA 限制性酶切图谱发生变化，例如一个长 600bp 的目的序列利用它两端的 EcoR Ⅰ和 Sal Ⅰ切后的黏性末端连接插入 pUC19 的多克隆点，则重组质粒就增大为 3.3kb，用 EcoR Ⅰ和 Sal Ⅰ双酶切后台出现 600bp 和 2.7kb 两个 DNA 片段，提取转化细菌的质粒 DNA 作酶切后做电泳观察其酶切图谱，就能分析得出结果。

3. PCR 法 PCR 技术的出现给克隆的筛选增加了一个新手段。如果已知目的序列的长度和两端的序列，则可以设计合成一对引物，以转化细胞的 DNA 为模板进行扩增，若能得到预期长度的 PCR 产物，则该转化细胞就可能含有目的序列。也可以利用质粒多克隆位点两侧的通用引物进行插入片段的扩增，凡扩增片段长度与预期片段长度相符者，极可能为目的克隆。利用通用引物扩增的优点是通用性强，不必每一种插入片段设计一对引物，还可防止假阴性；因为通用引物本身扩增长度可以有几十个 bp，当无 PCR 产物时，可以认为反应无效，当只有几十个 bp 时，可以认为无插入片段，当产物长度为预期长度加几十个 bp 时，可以认为是目的克隆。

笔记栏

4. DNA 序列测定 目的克隆的最终确定是 DNA 序列测定。已知序列的核酸克隆要经序列测定确证所获得的克隆是否准确无误；未知序列的核酸克隆要测定序列才能确知其结构、推测其功能，用于进一步的研究。因此核酸序列测定是分子克隆中必不可少的鉴定步骤。

第三节 基因克隆和 DNA 分析在医学上的应用

自 DNA 重组技术诞生以来，他的每一次革命都为医学的发展做出了巨大的贡献。在医学上，DNA 重组技术主要用于生产重组药物和鉴定遗传性疾病相关基因以及基因治疗。本节主要讲如何通过基因克隆和分析来生产重组药物，该技术在遗传性疾病相关基因的鉴定和基因治疗方面的应用将在后面两章详细介绍。

当人体缺乏维持正常功能所需要的某种蛋白质，或者这种蛋白发生功能改变时，将导致疾病的发生。这些疾病大多可以通过给病人补充相应的正常蛋白来治疗，所以，人们需要生产大量的相关蛋白。当只能通过调节人体蛋白来治疗某种疾病时，获取足够量的所需蛋白便成为解决问题的关键。我们往往不能获得足够量的蛋白，除非有足够的捐赠血液用来提取相应的蛋白。有时也用一些有效的动物蛋白作为治疗药物，但它总会产生过敏反应等副作用，而且还有大量的疾病不能通过动物蛋白治疗。那么如何通过基因克隆和分析技术来制备药物蛋白呢？

一、在大肠埃希菌中合成人生长激素

人的促生长抑制素和生长激素这两种蛋白在人体内共同调节生长过程，一旦产生故障，将会导致肢端肥大症(骨骼生长失控)和侏儒症等疾病，令患者非常痛苦，并且丧失某些能力。

促生长抑制素是在大肠埃希菌中合成的第一种人的蛋白质。促生长抑制素是一种很短的蛋白质，仅由 14 个氨基酸组成，因而非常适合利用人工的方法合成它的基因。合成的方法包括将基因插入到 lac Z 载体(图 15-3)，合成融合蛋白，然后利用溴化氰剪切。

合成生长激素则比较难，生长激素由 191 个氨基酸组成，也就是说，它的基因片段长 600bP。即使利用今天的 DNA 合成技术，做起来也相当困难。实际上，人们将人工合成 DNA 与互补 DNA (cDNA)克隆联系到一起，以获得生产生长激素的大肠埃希菌菌株。首先，从人体内垂体腺内获得生长激素的 mRNA，克隆 cDNA 文库。cDNA 含有一个限制性内切酶 Hae Ⅲ的酶切位点，可将 cDNA 切为两段(图 15-4A)。较长的一段 cDNA 由 24 到 191 号密码子组成，被保留并插入到重组质粒中；较短的

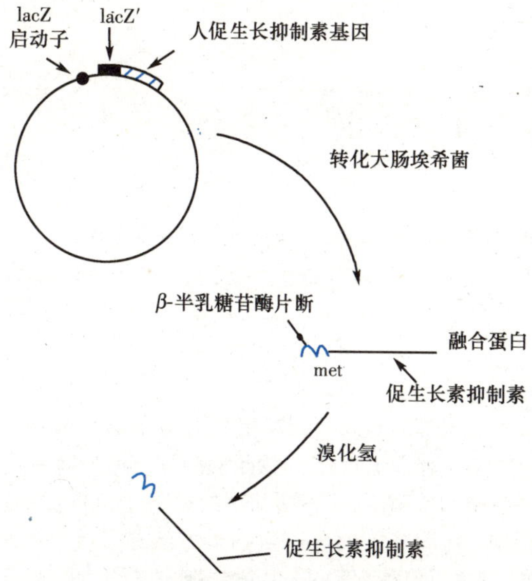

图 15-3 促生长素抑制素的合成
lac:乳糖;met:蛋氨酸(起始密码子)

一段由人工合成的 DNA 替代,重新合成起始序列,使生长激素能够在大肠埃希菌中正确翻译(图 15-4)。最后,将修饰过的基因插入含有乳糖启动子的载体上。

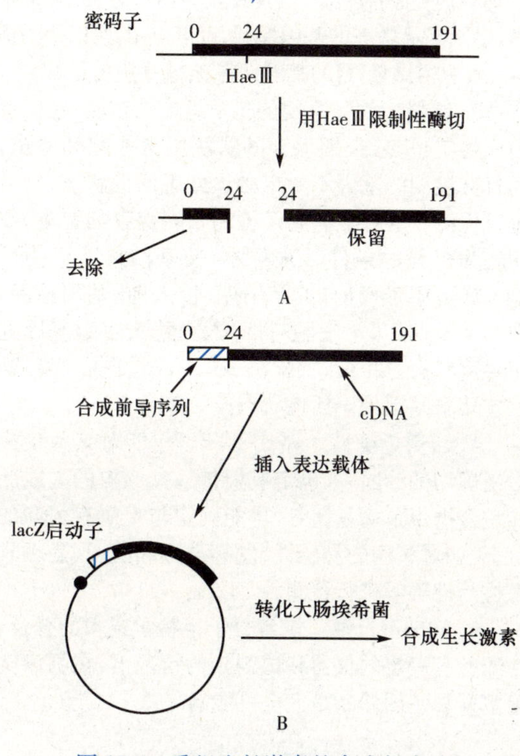

图 15-4 重组生长激素的合成与表达
A. 生长激素 cDNA 片断的准备;B. 表达

二、其他蛋白质

通过 DNA 重组技术,越来越多的人类蛋白质被合成,当体内某种蛋白质发生故障而导致疾病时,可以替换或补充这种蛋白质,以治疗疾病。大量的生长因子(例如干扰素和白介素)有望被用来作为治疗癌症的药物。这些蛋白质在体内的合成量非常有限,因此重组技术是获得临床用量的可供选择的唯一方法。其他蛋白质,比如血清白蛋白,虽然比较容易获得,但通过微生物大量生产仍然是更吸引人的选择。

小 结

重组 DNA 技术,也被称作基因工程(genetic engineering),其核心就是基因克隆,它们的出现标志着对遗传学深刻研究的伟大时代的到来。由基因工程发展而来的快速有效的 DNA 测序技术使得个体基因的结构确定成为可能,而这一切发展因为大规模基因组测序计划的出现而达到了顶峰。而由基因工程发展出来的研究个体基因调控的方法,也使得分子生物学家们了解到基因调控的失常将有可能导致一系列的人体疾病,比如癌症。由重组 DNA 技术衍生出的生物工程学,使得利用基因生产蛋白质及其他医药和工业过程所需的化合物变成了现实。

聚合酶链反应(PCR)这项非常简单的技术,作为基因克隆的完美补充,在分子生物学的发展上发挥了关键的作用。基因工程的目的就是外源基因的克隆与表达,因 PCR 相对于许多传统的基因克隆方法,把可能实现但相当困难的实验变得相对简单。它通过目的基因的获得、目的基因与载体连接、转入宿主细胞、筛选与鉴定、表达目的蛋白等流程,完成外源基因的克隆与表达。它拓展了 DNA 分析的研究范围,使得分子生物学在其传统的应用领域如医学之外找到了新的位置,就像分子生态学、生物分子考古学以及 DNA 法医学应用一样,很多新兴学科都随着 PCR 的诞生而出现,并且分子生物学家们正在设计一些新的利用 DNA 的方法,来解释人类进化以及外界环境变化对生物圈的冲击等问题。

(杜培革)

参考资料

布劳沃. 2003. 基因克隆和 DNA 分析. 北京:高等教育出版社

范维珂. 1999. 分子生物学基因工程的原理与技术. 重庆:重庆大学出版社

冯作化. 2005. 医学分子生物学. 北京:人民卫生出版社

顾晓松,谭湘陵,丁斐. 2002. 分子生物学理论与技术. 北京:北京科学技术出版社

王琳芳,杨克恭. 2001. 医学分子生物学原理. 北京:高等教育出版社

Nicholl, DST. 2000. An introduction to genetic engineering. London:Cambridge University Press

笔 记 栏

第16章 基因诊断

随着分子生物学和分子遗传学的发展，越来越多的证据表明，绝大多数疾病的发生、发展都与患者遗传物质结构和遗传物质功能改变有关，所以临床上越来越有必要检查这种变化。这种用分子生物学方法检测患者体内遗传物质的结构或表达水平的变化而做出的或辅助临床诊断的技术，称为基因诊断。基因诊断的探测目的物应包括 DNA 和 RNA，前者分析基因的结构，后者分析基因的功能。目前基因诊断的原理和技术不仅适用于遗传病，而且已广泛应用于感染性疾病、法医、肿瘤等方面。这些是分子生物学在临床应用方面迅速发展的一个领域。

第一节 基因诊断的基本原理和方法

一、基因诊断的概念

基因诊断是近年来分子生物学与分子遗传学取得巨大进展，且与临床医学相结合的典范。它是在人们对正常与疾病时基因的结构、功能与表达、调控等认识日益加深，以及分子生物学技术不断完善推广的基础上产生的。出于基因诊断属于全新内容、全新技术和全新概念的诊断方法，开创了疾病诊断学的新篇章。

传统的疾病诊断方法大致有四种：临床或物理学诊断；细胞或病理学诊断；血清或免疫学诊断；生化或生物物理学诊断。以上的诊断方法都是以疾病的表型改变为依据的。表型的改变在很多情况下不是特异的，出现的时间往往较晚，因此造成了不能明确诊断或延误病情的困难。决定物种特性的物质基础是基因，它通过编码的蛋白质表现出机体的生命活动。基因的改变会导致各种表型的改变，进而引起疾病的发生。因此，直接探查基因的存在和缺陷，从而对人体状态和疾病做出诊断，这就是基因诊断。基因是由 DNA 构成的，所以亦称 DNA 诊断或 DNA 探针诊断。它的问世使遗传病的诊断从传统的表型诊断进入了基因型诊断的新阶段。它是通过对受检者细胞中的某一特定基因(DNA)或其转录产物(RNA)进行分析而对疾病进行诊断的新技术。1978 年 Kan 首先以羊水细胞为材料用基因探针对胎儿地中海贫血进行诊断成功，是为第一例产前基因诊断。在以后短短的十余年中，由于分子生物学的迅速发展，目前已在众多的遗传病、感染性疾病、肿瘤、内分泌病、血液病、法医鉴定、性别鉴定乃至多基因疾病中得到应用。

二、基因诊断的特点

基因诊断与表型诊断相对比，它有以下特点：

1. 高特异性 基因诊断检测的目标是基因，它是原始的致病因素，不同基因的碱基序列是各不相同的。检测基因的分子生物学方法亦是高度特异的，因之可以测出 DNA 片段的缺失、插入、重排，甚至单个碱基的突变，因其严格按照碱基配对，其结果可以阐明有无外源性病原体的感染、何种病原体的感染。在遗传病基因诊断中可以说明某一致病基因是否存在是致病基因的携带者、杂合子还是纯合子。

2. 高灵敏度 单拷贝基因虽然很小，难以检测，但目前已有使基因或其片段高度扩增的 PCR 技术，以及高灵敏度的基因探针，可以应用，所以待测标本往往只需微量，目的基因只需 pg 水平就已足够。

3. 高稳定性 基因的化学组成是核酸，它比蛋白质稳定得多，长期保存的蜡块中常能顺利检出。而且被检测的基因不一定必须处于活性状态，仍可进行检测。这一点有利于检测长期保存的标本，或用较为粗暴的条件处理标本，使基因诊断仍为可能。亦可用于产前(或孕早期、植入前)基因诊断，因为孕早期(几个细胞时期)人类绝大多数基因处于封闭状态。相反，如检测 RNA 或蛋白质(酶)则一定要求基因处于活性状态。

4. 应用广泛性 基因诊断不仅能对某些疾病做出确切的诊断，如确定有遗传病家族史的人或胎儿是合携带致病基因等，也能确定与疾病有关联的状态，如对疾病的易感性、发病类型和阶段、是否具有抗药性等等进行检测。

5. 临床可行性 随着分子生物学技术的普及，在配备有一定的仪器和试剂盒的情况下，在临床实验室开展基因诊断是完全可能的。

三、基因诊断方法

基因诊断的主要方法包括异常基因的直接检测和间接检测(基因连锁分析)两类。

(一) 异常基因的直接检测

1. 基因缺失、插入、重排的检测 在这些情况

笔记栏

下，DNA的变化较大，常可用Southern印迹杂交方法或PCR方法进行检测。

2. 点突变的检测 在PCR方法问世以前，检测基因点突变以及少数核苷酸的缺失或插入，主要靠DNA顺序测定，而进行DNA测序的前提是获得基因克隆，这对大量样品的基因诊断几乎是不可能的。在PCR基础上发展的若干其他技术，有力地促进了这些突变的检测。下面介绍一些常用的方法。

(1) PCR和限制内切酶酶解：当突变涉及某个限制性内切酶识别位点改变时，可对被测样品PCR产物用适当限制性内切酶酶切后进行电泳分离，根据酶切片段长度判断突变是否存在。

(2) PCR产物的寡聚核苷酸探针杂交及反向杂交：对被测样品PCR产物进行等位基因特异的寡聚核苷酸探针杂交，是检测点突变最常用的方法，基本上适用于任何情况的点突变。

(3) 等位基因特异的PCR：设计一个引物，使突变点正好处于引物3′末端。由于PCR过程中引物延伸是从引物3′端开始的，如3′末端碱基与DNA模板互补，PCR正常进行，得到特定长度的扩增片段。如3′末端碱基不与DNA模板互补，则不能得到特定长度的扩增片段。

(4) 变性梯度凝胶电泳：这一方法是用含浓度递增的变性剂(如尿素或甲醛或二者并用)的聚丙烯酰胺凝胶进行DNA片段的电泳分离。在某一变性剂浓度下，DNA的一个区域(结构域)发生变性，局部双螺旋解离成单链，迁移速度明显下降。由于不同碱基顺序的片段在不同部位发生变性，两个具有相同长度但具有不同碱基组成的DNA片段可以彼此分开。如果变性剂的梯度平缓，这一技术的灵敏度足以将相差一个碱基对的DNA片段分开。

(5) PCR和单链构象多态性(single stranded conformation polymorphism, SSCP)分析：把PCR后获得的双股DNA加热变性后形成单链DNA，相同长度的DNA单链由于碱基顺序不同，它们在中性聚丙烯酰胺凝胶中可有不同的构象而导致电泳速度的不同，这种现象称为单链构象多态性。

PCR产物变性后经由SSCP分析，可能有效地检出DNA顺序变异。不过，不是所有的核苷酸序列改变都引起单链构象的改变，因此SSCP方法并不能鉴别所有的突变。

(6) PCR和双脱氧指纹法(dideoxy fingerprinting, DDF)：双脱氧指纹法是将双脱氧末端终止法与SSCP结合起来的分析技术。其方法是用一侧引物对PCR产物进行双脱氧末端终止法测序反应，用一个ddNTP参入反应，产生长短不一的单链DNA，然后进行SSCP分析。可分别使用两侧的PCR引物，获得一端平齐的长度不等的DNA单链。DDF方法克服了SSCP分析时因DNA长度影响SSCP显示的困难，通过一种双脱氧核苷酸产生异质性的单链DNA，使其中长度合适的DNA片段显示SSCP改变。

(二) 基因的间接诊断——多态性连锁分析

在一些情况下，直接检测基因突变具有一定困难，如①某些遗传病具有多种突变类型；②一些疾病相关基因只知其在染色体上的位置，但尚未克隆分离，对基因结构及导致疾病的分子机制尚不清楚；③致病基因尚未确定。这时可采用连锁分析进行间接的基因诊断。

连锁是指同一条染色体上相邻近的基因一起被遗传，可以作为遗传标志，这样只要鉴定后者的存在，就可以判断受检者是否带有致病基因，如G8与Huntington舞蹈病。但是用DNA多态性连锁分析进行基因诊断也有一定局限性，常常需要一些先决条件：①父母中至少应有一个是某一多态性的杂合状态；②子代中需有一个是致病基因的纯合子或正常(如不具备此条件，则需一个较大的家系分析)；③单独使用一组多态性往往不能区分等位片段与致病基因的关系，常需多组多态性；④受检亲代必须为生物学意义上的亲代。此外，利用连锁分析进行基因诊断也有一定的错误率。除了人为的错误外，由于减数分裂过程中一对染色体的某一区域发生交换重组而使原先共同遗传的基因与多态性标记发生分离的可能性也是存在的。多态性位点与基因距离越近越可靠。

目前较常用的遗传标记有限制性片段长度多态性、微卫星DNA序列和单核苷酸多态性(SNP)等。遗传标记的选择是影响间接基因诊断可靠性的重要因素，为了增加基因诊断的可靠性，遗传标记的选择一般遵守两条基本原则，一是多标记原则，二是近距离原则。多标记原则要求选择多个与致病基因连锁的遗传标记，这样可以增加信息量，提高间接诊断结果的可靠性。近距离原则要求首选位于基因内的遗传标记，基因外遗传标记由于离致病基因较远，有可能发生基因重组而影响判断的可靠性。总之，间接基因诊断的遗传标记越多，离致病基因越近，杂合性越强，信息量越大，结果的判断也越可靠。

间接基因诊断是检测连锁遗传标记，而不是直接检测DNA的遗传缺陷，实质是在家系中进行连锁分析，确定个体来自双亲的同源染色体并确定其中哪一条带有致病基因，从而判断该个体是否带有该致病染色体，即估计被检者患病的可能性。

第二节 基因诊断应用

一、遗传病的临床诊断

在基因诊断发展过程中，最早通过基因来诊断的疾病就是遗传病。目前，不仅那些发病分子机制清楚，已找到致病基因的疾病可以进行基因诊断，一些机制不明、致病基因不清的疾病也可以通过连锁分析来进行基因诊断。典型的例子是血红蛋白病、杜氏肌营养不良症、苯丙酮尿症等。

（一）采用基因诊断技术诊断血红蛋白病

血红蛋白病（hemoglobinopathy）是以血红蛋白合成异常所致的遗传性血液病。常分为异常血红蛋白病和地中海贫血两大类。前者表现为珠蛋白肽链结构的改变，主要是由于突变导致重要部位的氨基酸的置换，影响到血红蛋白的溶解度、稳定性及生物学功能；而后者的特征是珠蛋白肽链合成速率的降低，导致 α 链和非 α 链合成的不平衡，结果多余的珠蛋白链沉积在红细胞膜上，改变了膜的通透性和硬度，导致溶血性贫血（简称地贫）。地贫可分为 α-地贫（α-珠蛋白链合成减少）和 β-地贫（β-链合成减少）。

1. 人镰状细胞贫血症的基因诊断 镰状细胞贫血症的基因诊断的原理在于它的血红蛋白中的 β-珠蛋白基因发生了突变，其谷氨酸残基（密码子 GAG）变为缬氨酸（密码子 GTG）。基于 A→T 的变换，改变了限制性内切酶的位点，因此在酶解正常人 DNA 和患者 DNA 后再用标记的 β-珠蛋白基因为探针作 Southern 杂交时，就会出现不同的 DNA 条带，限制性内切酶切割的序列是 CCTNAGG（其中 N 是任何一种核苷酸），切割正常 DNA 产生 1.1kb β 珠蛋白的 DNA 片段；若切割患者 DNA 时，由于 A→T 破坏了 Mst Ⅱ 的位点，便形成 1.3kb β 珠蛋白的 DNA 片段。

2. α-地贫的基因诊断 1978 年，Kan 首先从羊水细胞中提取 DNA，用标记的 α-珠蛋白探针进行液相杂交，根据杂交率来推测 α-珠蛋白基因的缺失程度。但是液相杂交技术不够灵敏，需要在体外培养大量羊水细胞。所以以后改用了内切酶酶切分析技术，从酶切图谱上观察。特异的 DNA 片段的有无便可以鉴定 α-珠蛋白基因的缺失情况。如用内切酶 Bgl Ⅱ 酶切分离的 DNA。Bgl Ⅱ 对两个 α 链基因的中间与二端都有切点，与 α 基因探针杂交后，可出现 12.5 与 7.7kb 两个自显影条带。若正常条带消失或出现异常条带，则表示 α-珠蛋白基因缺失或异常。

PCR 技术的应用使诊断方法更为简便、快速与灵敏。已常规应用于产前诊断。由于 α1、α2 基因 3′端的序列存在着差异，故设计与合成相应引物进行 PCR，即可鉴别 α1、α2 基因的缺失。

不管是由于基因缺失还是点突变所致的 α 地贫，其共同的特点是 α-珠蛋白 mRNA 含量的减少，因此测定患儿红细胞中的珠蛋白 mRNA 的水平是另一有效途径。最近采用 RT-PCR 法，更加具有灵敏快速简便的优点，并可进行定量。

3. β-地贫的基因诊断 β-地贫患者的 β-珠蛋白基因通常并不缺失，而是由于基因点突变或个别核苷酸的丢失或插入，这些突变往往不涉及基因的限制酶切位点的改变，所以不能像 α-地贫那样应用 DNA 点杂交或酶切分析来直接检测基因的缺失，而是用 RFLP 连锁分析间接地检测 β-地贫基因，或者应用寡核苷酸探针直接检测或鉴定 β-地贫基因。特别与 PCR 技术结合，更为有效。

案例 16-1

患者，男，47 岁，因"发现贫血 27 年，多饮、多尿、体重下降 3 个月"入院。27 年前偶然发现贫血，按"缺铁性贫血"治疗数年无效。20 年前始面色青灰。3 个月前出现多饮、多尿、体重下降。空腹血糖 3.9g/L。血常规：Hb 59g/L，RBC 2.55 $\times 10^{12}$/L，WBC 2.7 $\times 10^{9}$/L，BPC 236 $\times 10^{9}$/L，网织 0.016；骨髓象：骨髓增生明显活跃，红系 52.5%，中幼红细胞增高，成熟红细胞明显大小不等，畸形红细胞多见，部分红细胞中心浅染区扩大，粒、红细胞数量比为 0.7∶1，全片见 38 个巨核细胞；细胞外铁（++），细胞内铁阳性率 0.63。

家系：先证者兄弟 2 人及其家系 3 代共 9 个成员，其中第 1 代 1 人，第 2 代 6 人，即先证者兄弟 2 人及其配偶 1 人，先证者之弟、妹 2 人及其配偶 1 人；第 3 代 2 人，其中之一为患者之子。均进行血常规、血清铁，铁蛋白、总铁结合力测定，血涂片检查，第 1 代母亲无贫血但红细胞呈双形性。第 2 代中患者兄弟 2 人均以糖尿病为首发症状，血清铁高，均在 20 岁左右出现低色素、小细胞贫血，骨髓可见大量环形铁粒幼细胞，血清铁明显增高。第 2 代另外 4 名成员和第 3 代 2 名男性后代正常。

诊断：通过进行基因分析诊断证明为家族性铁粒幼细胞贫血。

问题与思考

我们如何对该家系进行基因分析？

案例 16-1 相关提示

铁粒幼细胞贫血（SA）包括一组铁利用障碍所致的贫血性疾病，患者由于骨髓红细胞系统生成障碍，出现严重程度不等的贫血，血清铁升高，骨髓出现大量铁颗粒，形成环形铁粒幼细胞。遗传性 SA 主要为 X 连锁性铁幼粒细胞贫血（XLSA），其发病可能是由于红细胞系统特异性 δ 氨基 γ 酮戊酸合成酶 2（ALAS2）基因突变所致。这个 3 代铁粒幼细

笔记栏

胞贫血家系，4 兄妹中有 2 个兄弟发病。我们用与 *ALAS2* 距离小于 1.7Mb 的微卫星做连锁分析以了解该家系的遗传方式；克隆患者及正常人 *ALAS2* 基因的 cDNA 全编码区并测序。发现患者 *ALAS2* 基因存在一种新的突变，第 5 外显子 A523G 突变，导致苏氨酸变为丙氨酸。

（二）采用基因诊断技术诊断杜氏肌营养不良症

杜氏肌营养不良症（Duchenne muscular dystrophy，DMD）是一种常见的性连锁隐性遗传病，约65%的杜氏肌营养不良症患者有 X 染色体 Xp 21.22-21.3 区抗肌萎缩蛋白基因内部 DNA 片段的缺失和重复，由此导致移码突变，用针对 Xp 21 区各不同部分的多种 DNA 探针，内切酶酶谱分析，多重 PCR 等方法均可诊断出抗肌萎缩蛋白基因的异常。

（三）苯丙酮尿症的诊断

苯丙酮尿症（phenylketonuria PKU）是一种常见的常染色体隐性遗传病，其病因的分子基础是苯丙氨酸羟化酶基因点突变，可针对突变的类型应用 PCR 方法与 RFLP（限制片段长度的多态性分析）联合检测。

二、疾病易感性分析

在生物医学领域，包括人体的身高、体重、血压和血糖水平等在内的许多重要的性状的决定因素比较复杂，不仅受多个基因的影响，还受环境因素的影响，并且这种性状的遗传方式也具有复杂性，它不同于人类单基因性状那样的基因型与表型“一对一”的简单对应关系，而往往表现为一种基因型可能产生若干不同的表现型，或一种表现型可能由若干种基因型所影响。这种由遗传和环境相互作用所决定的生物性状称为复杂性状。复杂性状疾病也称多基因病（polygenic disease），定义为由两对或两对以上的多基因遗传因素与环境因素共同作用引起的疾病。它包括先天性畸形和人类常见病两大类，前者如唇裂、腭裂、无脑儿、神经管缺陷等常见的出生缺陷症，后者包括高血压、糖尿病、动脉粥样硬化、老年痴呆、精神分裂症等严重危害人类健康的常见疾病。复杂性状疾病的“致病”基因称为易感基因或疾病易感基因。易感基因是一些微效基因，它决定的不是疾病本身而是对疾病的遗传易感性，是否发病取决于多遗传因素的积累和环境的相互作用。

对于大多数多基因病而言，其表型是遗传与环境因素相互作用的复杂表现，其确切生化机制大多不甚清楚，因此试图通过功能克隆法搜寻、识别和克隆易感基因的难度极大，很少有成功的例子。目前常用的策略包括候选基因法（candidate gene approach）、定位克隆法（positional cloning）以及定位候选克隆（positional candidate cloning）等方法。

（一）候选基因克隆

该方法根据遗传病可能相关的生理特征、生化代谢机制或通路，从已知基因中挑选一个、数个或更多基因作为研究对象，通过连锁分析和关联研究，在这些候选基因上寻找与疾病表型可能相关的数据，以确定这些基因是否与疾病相关和定位易感基因。

候选基因法的基本步骤包括：

（1）确定与疾病和性状有关的候选基因。

（2）利用家系或亲属对成员，对候选基因座位或邻近的 DNA 遗传标记与疾病或性状作连锁分析，以确定候选基因与疾病间是否存在连锁关系。

（3）基因多态包括单核苷酸多态（SNP）与疾病间的关联分析。

（4）筛查该候选基因的多种突变体。

（5）如有连锁和关联存在，进一步开展传递不平衡检验（transmitted disequilibrium test，TDT），以确定候选基因座等位基因或单体型与疾病的关系。最后进行疾病相关基因功能的研究，从而明确易感或致病基因导致发病的生理生化机制。

使用候选基因策略研究多基因病易感基因方法比较简单易行，有较强的针对性。但如果多基因病某易感基因的相关生理和生化功能尚未识别，该易感基因就不能列为候选基因进行研究，因此该方法带有一定的片面性，而且受到许多尚未克隆的可能相关候选基因的限制。

在高血压易感基因研究中，在参与血压调节的生理生化代谢通路中的交感活性、血管舒缩、脂质和糖代谢、水和电解质平衡以及离子转运等有关的基因中选择高血压候选基因展开了许多研究。

（二）定位克隆法

定位克隆法也称基因组扫描。定位克隆是在不知道疾病相关基因功能信息如蛋白质序列及相应抗体的条件下，通过遗传连锁或细胞遗传学定位技术将基因定位于某一染色体区域，再通过该区域的精细物理图谱和表达图谱分析，寻找候选基因并进行突变检出，从而确定疾病易感或致病基因的方法。该方法在本质上区别于传统的从已知基因的表达产物再进行定位和克隆的功能克隆法。定位

笔记栏

克隆或基因组扫描往往首先(第一阶段)采用微卫星DNA成套试剂盒,利用DNA多态性标记,对这些标记引物进行PCR扩增,将扩增产物在测序仪上进行聚丙烯酰胺凝胶电泳,对结果进行图像和数据处理,就可分析判断各微卫星位点等位基因大小和频率。选择一定量样本的多基因疾病家系或同胞对进行全基因组扫描及微卫星标记与多基因疾病的连锁分析,有可能将易感基因定位于某染色体区域内,分辨率可达10cM。然后(第二阶段),在该区域内进一步利用多态性标记包括微卫星和SNP进行精细定位,将可能使易感基因定位缩小到1cM以内。然后利用已公布的人类基因组DNA序列和基因定位资料了解位于这一狭窄区域内50～100个左右可能基因的有关生物信息,并进行有针对性的候选基因研究,或直接大规模DNA测序,分离并克隆疾病的易感基因。定位克隆法的成效,取决于多方面的因素,包括疾病易感基因的数目、易感基因相对危险性的大小、家系和同胞对样本量及提供信息的质量,所使用微卫星和SNP标记的数量和覆盖程度等。该研究方法和候选基因法相比,不需要明确相关或候选基因的功能信息,可筛查整个基因组,最大优点在于能够发现染色体上尚未认识的疾病相关新位点。但该法存在工作量大,花费相对昂贵等问题,因此,也有利用部分基因组扫描的方法,以求用较少的经费达到较好的研究结果。

(三) 定位候选克隆法

目前基因组框架图已完成,约4万个人类基因已被精确定位于染色体的各个区域,一旦利用连锁图谱,通过连锁分析将易感基因定位于染色体的某些区域后,即可以通过人类基因组数据库查出定位区域内所有基因,并从中遴选出结构、功能相关基因进行筛选和确认,从而找到多基因疾病易感基因,此即为"定位候选克隆"。20世纪90年代以来,采用定位克隆法先后成功发现了包括囊性纤维化、亨廷顿舞蹈病、遗传性结肠癌、早发性乳腺癌以及先天性乳光牙等一批疾病的致病基因;2000年又发现和确认了多发性慢性结肠炎多基因病的有关易感基因。定位候选克隆法是定位克隆和候选基因等方法的发展和融合,它将大大提高发现多基因病易感基因的效率,具有良好的发展前景。

目前多基因病的遗传研究大都基于两种方法:一是分析DNA变异,可用于跟踪家系内的遗传——连锁分析;二是比较病例人群和对照人群中等位基因及单体型频率有否差异——关联研究。随着2003年可以获得人类基因组的完整序列,和大量单核苷酸多态(SNPs)标记的使用,以及DNA芯片和微阵列快速发展和应用,将进一步促进对DNA变异的分析和大多数多基因病易感基因定位和克隆研究。

笔记栏

三、基因诊断在恶性肿瘤中的应用

虽然肿瘤与多种因素有关,发病过程复杂,表现多种多样。但从根本上讲,其发生发展和演进均与某些基因的变化密切相关,基因诊断仍有用武之地。目前已在以下几方面显示了潜在的应用价值:①高危易感人群中患癌危险性预测和肿瘤病人的筛查;②肿瘤的早期诊断和鉴别诊断;③肿瘤分期分级和预后判断;④微小病灶或转移病灶的识别;⑤治疗效果的评价和监测。

肿瘤基因诊断的策略主要包括:

(1) 肿瘤标志物基因的检测:已知不少肿瘤尤其是淋巴造血系统肿瘤中,染色体易位及由此产生的融合基因可作为其特异性标志物。临床对白血病有时单凭组织形态学和组织化学染色很难确定诊断,而融合基因作为特异性标记物不仅可用于诊断,对分型预后判断和微小转移或残留病变的检测都很有帮助。对融合基因检测一般采用PCR技术,例如用分别位于*bcr*和*abl*基因的一对特异引物做PCR,只有当*abl*基因易位至*bcr*基因附近时才能获得扩增产物。

(2) 肿瘤相关基因的检测:大多数人类肿瘤组织中已检测到癌基因和或抑癌基因的缺失或点突变等改变,并已证明癌基因的激活及抑癌基因的失活与肿瘤发生发展有密切关系。因而对癌基因(特别是*ras*)和抑癌基因(特别是*p*53)进行检测是目前肿瘤基因诊断的一个重要方面。

(3)肿瘤相关病毒的检测:多种病毒与肿瘤有关。人类免疫缺陷病毒(HIV)、人类乙型、丙型肝炎病毒(HBV、HCV)、EB病毒(EBV)、人乳头瘤病毒(HPV)、人T细胞白血病病毒(HTLV)等均已被证实与人类肿瘤直接相关。对这些肿瘤相关病毒基因的检测,显然将有助于肿瘤的临床诊断,并对疗效监测、预后判断等具有重要参考价值。

四、基因诊断在感染性疾病中的应用

感染性疾病系外源病原体入侵机体所致,一般通过病原体培养或血清学方法进行病因诊断。这些传统方法在检测的速度、特异性、灵敏度和诊断的正确、早期性方面存在明显不足。例如病原体感染要一定时间后才出现抗体,血清学方法难以做出及时诊断,而且血清学检查只能确定是否接触过病原体,不能确定是否有现行感染。近年来对多种病原体的基因序列做了大量分析工作,已能针对病原体特异的核苷酸序列设计特异探针进行分子杂交,或通过PCR扩增病原体基因的保守序列,从而对大多数感染性疾病做出早期、明确的病原学诊断,还可检出带菌者和潜在性感染,并能对病原体进行分类、分型鉴定。

案例 16-2

患者，女，47 岁，间断性咳嗽 45 年，高热，咳脓痰 5 天，入呼吸内科。患者 45 年前患麻疹后肺炎而出现间断性咳嗽，咳白色黏痰，经 X 线胸片及碘油造影诊断左下支气管扩张，长期使用抗生素治疗，病情时好时坏，冬重夏轻，2 年前开始呈经常性咳嗽、黄痰、喘息，自行静滴抗生素好转。入院前 5 天症状加重并出现高热(39℃)、胸痛、气短、咳黄色脓性臭痰(每日约 50～100ml)，静滴抗生素和地塞米松无好转而入院。X 线胸片示：左肺中下野大片致密阴影，上缘弧形突出且不清，侧位阴影致密，内有多发小透光区。

诊断：通过基因检测确定致病菌诊断为左肺下叶支气管扩张合并急性感染。

治疗：给予包括泰能在内的多种抗生素治疗 2.5 个月病情稳定。

问题与思考

我们如何通过基因检测确定致病菌以达到更好的治疗效果？

案例 16-2 相关提示

耐药机制与细菌基因组的随机突变有关。耐药基因可在细菌间传递，从而使未突变的细菌获得耐药基因。大多数耐药基因是表达的，倘若细菌携带某药的耐药基因，就意味着该菌会表现出对该药的耐药性，于是就可用基因检测(DNA 探针或 PCR)方法测定细菌的耐药基因，从而推知被测细菌是那种耐药菌。临床上耐药基因的检测，通常要先提取病原体的 DNA 和 RNA，然后以探针直接与靶序列杂交，或将靶序列扩增后再与探针杂交，从而检出耐药基因。扩增后，靶基因的序列分析，主要用来确定与耐药有关的点突变。多用于氟喹诺酮、抗结核药和抗病毒药的耐药检测。例如，耐异烟肼、耐利福平和耐链霉素的基因就与一系列的点突变有关，故必须进行序列分析。

五、基因诊断在法医学中的应用

常用 DNA 指纹分析技术来进行刑事案件中的物证来源鉴定，及民事案件中的亲子鉴定。1983 年 Jeffreys 在人体基因组 DNA 中发现了高度可变的小卫星区域，在同一酶解物的 Southern 印迹图上同一个体的不同组织来源的 DNA 的谱带完全一样，而不同个体之间(除非同卵双生)的谱带都不相同，如同人的指纹具有高度个体特异性一样，因此这种 Southern 印迹图被称为 DNA 指纹(DNA fingerprinting)。小卫星 DNA 是由头尾相连的串连重复序列组成，因其重复次数不同而有很大的差别，因而被命名为 VNTR(variable number of tandem repeats)。所用的小卫星 DNA 探针为来源于基因组 DNA 或人工合成的寡核苷酸的多聚体。经标记后应用，若加用 PCR 扩增，则可提高灵敏度。亲子鉴定中，应能从父母的 DNA 指纹图谱中找到相应条带。而在法医物证鉴定中，则需对现场检材(如毛发、精斑、血迹、唾液等)与嫌疑对象的 DNA 指纹进行对比。若条带数量、位置和强度完全一致，即可视为同一个体。

案例 16-3

2003 年 10 月，某区发生一起伤害致死案。死者尚某，男，19 岁，被人用水果刀刺死。现场位于一工厂门口，发案时间在下夜班高峰，尚某被刺后就倒地死亡，但在嫌疑人逃跑方向的水泥地面有滴落状血迹，同时尚某左鞋跟外侧有一滴状血迹，地面上的血迹已经被人踩踏过，覆盖有灰尘等异物。

问题与思考

现有嫌疑人一名，如何运用 DNA 分析技术确定其是否为凶手？

案例 16-3 相关提示

提取血迹标本，将该生物物证送公安部(局)物证鉴定中心进行检验，通过 PCR 扩增技术，检测 Amelogenin 及 15 个 STR 基因座(D8S1179、D21S11、D7S820、CSF1PO、D3S1358、TH01、D13S317、D16S539、D2S1338、D19S433、vWA、TPOX、D18S51、D5S818、FGA)，PCR 扩增产物用遗传分析仪检测，通过 GeneScanAnalysis 和 Genotyper 软件进行检测分型。如果现场提取的血痕经以上方法检验，与嫌疑人的 DNA 分型一致，可认定嫌疑人作案。

小 结

基因诊断是用分子生物学方法检测患者体内遗传物质的结构或表达水平的变化而做出的或辅助临床诊断的技术，探测目的物包括 DNA 和 RNA，前者分析基因的结构，后者分析基因的功能。

基因诊断的特点：①高特异性；②高灵敏度；③高稳定性；④应用广泛性；⑤临床可行性。

基因诊断的主要方法包括异常基因的直接检测和间接检测(基因连锁分析)，异常基因的直接检测：①基因缺失、插入、重排的检测。②点突变的检测，常用方法：PCR 和限制内切酶酶解；PCR 产物的寡聚核苷酸探针杂交及反向杂交；等位基因特异的 PCR；变性梯度凝胶电泳；PCR 和单链构象多态性;PCR和双脱氧指纹法。基因的间接诊断——多态性连锁分析,在一些情况下,直接检测基因突变具有一定困难,如某些遗传病具有多种突变类型;一些疾病相关基因只知其在染色体上的位置,但尚未克隆分离,对基因结构及导致疾病的分子机制尚不清楚;致病基因尚未确定。这时可采用连锁分析进行间接的基因诊断。连锁是指同一条染色体上相邻近的基因一起被遗传,可以作为遗传标志,这样只要鉴定后者的存在,就可以判断受检者是否带有致病基因。

基因诊断应用:①遗传病的临床诊断如采用基因诊断技术诊断血红蛋白病、杜氏肌营养不良症、苯丙酮尿症等;②疾病易感性分析,常用的策略包括候选基因法定位克隆以及定位候选克隆;③基因诊断在恶性肿瘤中的应用,肿瘤基因诊断的策略主要包括:肿瘤标志物基因的检测;肿瘤相关基因的检测;肿瘤相关病毒的检测。

基因诊断在感染性疾病中的应用:近年来对多种病原体的基因序列做了大量分析工作,已能针对病原体特异的核苷酸序列设计特异探针进行分子杂交,或通过PCR扩增病原体基因的保守序列,从而对大多数感染性疾病做出早期、明确的病原学诊断,还可检出带菌者和潜在性感染,并能对病原体进行分类、分型鉴定。

基因诊断在法医学中的应用:常用DNA指纹分析技术来进行刑事案件中的物证来源鉴定,及民事案件中的亲子鉴定。

(杜培革)

参考资料

范维珂. 1999. 分子生物学基因工程的原理与技术. 重庆:重庆大学出版社

冯作化. 2005. 医学分子生物学. 北京:人民卫生出版社

王琳芳,杨克恭. 2001. 医学分子生物学原理. 北京:高等教育出版社

吴冠芸,方福德. 1992. 基因诊断技术及应用. 北京:北京医科大学、中国协和医科大学联合出版社

第17章 基因治疗

随着分子生物学的发展和基因定位及功能的鉴定，遗传病的病因逐渐被确定——由于某个或某些基因缺陷而导致。这使人们认识到：如果用正常基因去修补缺陷基因就可治疗遗传病，于是就产生了基因治疗的理论和实践研究。在人类基因组计划的完成和基因功能定位迅速发展的促进下，科学家对基因治疗研究给予了更大的热情。因此，基因治疗的范围正在扩展，从过去的单基因遗传病扩展到多基因遗传病。在病种上也从遗传病扩大到恶性肿瘤、心脑血管病、神经系统疾病、代谢性疾病、自身免疫性疾病等等。

第一节 基因治疗的基本原理和过程

一、基因治疗的概念

早期的基因治疗(gene therapy)是指将人的正常基因通过一定方式导入人体靶细胞以纠正基因的缺陷，从而达到治疗疾病目的的生物医学技术。

目前，基因治疗的定义已经扩大。凡是采用分子生物学技术和原理，在核酸水平上展开的疾病治疗都可纳入基因治疗范围。因此广义的基因治疗为：将人的正常基因或有治疗作用的基因导入人体靶细胞，以纠正缺陷的基因或者发挥治疗作用；或采取特定方式关闭、抑制异常表达基因，达到治疗疾病的方法。

疾病机理的深入研究，使人们对致病基因有了详细的了解。新的分子生物学方法的不断出现，也引起基因治疗所采用的方法和策略在不断地发展。目前开展的基因治疗方案中主要采取了以下一些策略。

1. 基因置换(gene replacement)或基因矫正(gene correction) 既用正常的基因置换DNA上的突变(或错误)基因。对于由于某一单个基因突变引起的遗传病，采取这种方法进行突变基因的原位置换，既不破坏整个基因组的结构，又达到了治疗疾病的目的，这是最理想的基因治疗策略。但是目前基因打靶(gene targeting)的技术，即基因定点同源重组(homologous recombination)技术，还不能达到理想的效果。

2. 基因添加或称基因增补(gene augmentation) 不删除突变的致病基因，而在基因组内某一位点上额外插入致病基因的正常基因，这时致病基因并没有被原位置换，只要求治疗的正常基因在体内表达出功能正常的蛋白质，弥补致病的突变基因表达缺陷，从而达到治疗疾病的目的。这是目前大多采用的基因治疗策略。通常的做法是在体外将正常基因转移到患者的宿主细胞，然后再将接受了正常基因的细胞移植到病人体内。另一方法是向靶细胞中导入靶细胞本来不表达的基因，利用其表达产物达到治疗疾病的目的。

3. 抑制有害基因表达或过度表达的基因 有些疾病是由于某一或某些基因的过度表达引起的，抑制这些基因的表达就可以治疗这类疾病。因此向患者体内导入有抑制作用的核酸，如反义RNA(antisense RNA)、核酶(ribozyme)、小干扰RNA(small interference RNA)、肽核酸(peptide nucleic acid)等抑制过度表达的基因或降解对应的mRNA，从而达到治疗疾病的目的。例如某些肿瘤就是细胞内一些癌基因的过度表达所引起。通过该方法抑制癌基因的表达，可以抑制肿瘤细胞过度增殖。

4. 增强机体免疫能力的基因治疗 患有肿瘤的病人，其机体免疫系统常不能识别或杀死肿瘤细胞。因此将肿瘤抗原的抗体、细胞因子(肿瘤坏死因子 tumor necrosis factor、干扰素α或β和白细胞介素-2(interleukin，IL-2)等的基因导入体内，以激活体内免疫细胞的活力，作为抗肿瘤治疗中的辅助治疗而达到治疗肿瘤的目的。不论是直接还是间接提高患者机体的免疫力，都会对抗病带来积极作用。

二、基因治疗的基本过程

基因治疗的基本过程包括四方面：①选择治疗基因；②利用载体把目的基因导入到受体细胞表达；③选择基因治疗的靶细胞；④治疗基因表达的检测。

(一) 治疗基因的选择

大多数基因治疗的目的就是用正常基因代替或弥补错误基因的缺陷，以在细胞内产生有正常功能的蛋白质。因此，人类的野生或正常基因均可作为治疗基因加以选择。目前许多分泌性蛋白质如生长因子、多肽类激素、细胞因子、可溶性受体，以及许多非分泌性蛋白质如受体、细胞内酶、转录因子、细胞周期调控蛋白、原癌基因产物及抑癌因子等，它们的正常基因都可作为治疗性基因。简言

笔记栏

之，只要清楚引起某种疾病的突变基因是什么，就可用其对应的正常基因做治疗基因。

(二) 利用载体将治疗基因导入细胞或体内表达

如何有效地将外源治疗基因导入到受体细胞中是基因治疗的一个重要环节。因为大分子 DNA 是不能主动进入细胞内的，即使进入也可能被细胞内的酶水解掉。因此选定治疗基因后，怎样把治疗基因安全有效地导入细胞内表达是基因治疗的关键。目前已发展的基因转移系统主要有两大类：第一类是基因转移(gene transfer)的非病毒学方法或称非生物学方法，包括物理方法(显微注射、电穿孔及基因枪技术等)和化学方法(磷酸钙沉淀法、DEAE-葡聚糖法、脂质体融合法)以及受体介导的内吞作用；第二类是基因转移的生物学(病毒学)方法。由于病毒具有可感染性和在宿主细胞内寄生性两大特点，所以其转移基因的效率高，容易成功。为利用病毒主动感染宿主细胞的这种能力，科学家们将某些野生的病毒经过人工改造去除致病的基因后，用做携带治疗基因的载体，介导基因的转移。

在基因治疗的临床实施中，以病毒载体为主。具体方法将在下面阐述。

在基因治疗实施中把治疗基因导入病人体内的方式有两种：一种是体内疗法(in vivo)，即将携带有治疗基因的载体直接导入体内有关的组织器官，使其进入相应的细胞并进行表达。另一种是体外疗法(ex vivo)，即先把待接受治疗基因的靶细胞从体内有关组织中取出，在体外培养，这期间把携带有治疗基因的载体导入培养的细胞内，经过筛选把接受了治疗基因的细胞挑选出来，繁殖扩大后再将这种基因修饰过的细胞回输体内有关组织中，使带有治疗基因的细胞在体内表达相应产物，以达到治疗的目的。

(三) 基因治疗的靶细胞

基因治疗所采用的靶细胞通常是体细胞，也包括病变组织细胞或正常的免疫功能细胞。理论上生殖细胞是最理想的治疗先天性遗传病的基因治疗靶细胞，但因为人类生殖生物学极其复杂，目前对许多问题还没有研究清楚，技术方面有障碍。另外，有关伦理道德问题，也不允许使用生殖细胞。因此基因治疗的原则是仅限于患病的个体，而不能涉及人类的下一代，生殖细胞不能作为基因治疗的靶细胞。

人类的体细胞有 200 多种，目前还不能对大多数体细胞进行体外培养，因此能用于基因治疗的体细胞十分有限。目前能成功用于基因治疗的靶细胞主要有：

笔 记 栏

1. 造血干细胞 造血干细胞(hematopoietic stem cell，HSC)是骨髓中具有高度自我更新能力的、能永久重建造血的细胞，同时它能进一步分化为其他血细胞，并能保持基因组 DNA 的稳定，在体外经过扩增后已成为基因治疗最有前途的靶细胞之一。但由于造血干细胞在骨髓中含量很低，难以获得足够的量用于基因治疗。人脐带血细胞是造血干细胞的丰富来源，它在体外增殖能力强，移植后抗宿主反应发生率低，是替代骨髓造血干细胞的理想靶细胞。目前已有脐带血基因治疗的成功病例。

2. 皮肤成纤维细胞 皮肤面积大、易采集、可在体外扩增培养，易于移植等优点，是基因治疗有发展前途的靶细胞来源，带有治疗基因的逆转录病毒载体能够高效地感染原代培养的成纤维细胞，将它再移植回受体动物时，治疗基因可以稳定表达一段时间，并通过血液循环将表达的蛋白质送到其他组织。

3. 肝细胞 正常肝细胞是终末分化的细胞，不能再分裂。许多严重的肝病或源于肝的遗传性疾病，只有通过肝移植才能达到治疗效果。因为供体肝来源困难，使这种有生存希望的手术难以进行。因此，科学家们一直致力于肝细胞基因治疗的研究。

4. 肌细胞 将裸露的质粒 DNA 注射入肌组织，发现重组在质粒 DNA 上的基因可实现长达几个月甚至一年的表达，这对于 Duchenne 肌营养不良症(DMD)是一个理想的基因治疗方案。由于肌细胞有特殊的 T 管系统与细胞外可直接相通，使注射的质粒 DNA 内吞进入细胞内，而且肌细胞内的溶酶体和 DNA 酶含量也很低，质粒 DNA 以环状形式在胞质中存在不整合入基因组 DNA，能在肌细胞内较长时间保留，因此骨骼肌细胞是基因治疗的一个很好的靶细胞。

可用于基因治疗实验研究的靶细胞还有血管细胞、中枢神经系统细胞、上皮细胞以及肿瘤细胞等。

(四) 治疗基因表达的检测

在体外培养细胞中，基因转染效率很难达到 100%，故需利用载体中的标记基因对转染细胞进行筛选。在较多的表达载体中都有 *neo* 标记基因存在，若向培养基中加入药物 G418(Geneticin)进行筛选，最后只有转化细胞存活下来。也可用 HAT 培养基进行筛选。在筛选出转化细胞后仍需检测转化细胞中外源基因的表达情况。只有稳定表达外源基因的细胞在病人体内才能发挥治疗效应。

三、目的基因转移导入细胞的方法

目前用于基因治疗的载体有两种：病毒载体和

非病毒载体，基因转移方法分为病毒法和非病毒法，即生物学方法和非生物学方法。非生物学法主要可分为物理和化学法，随着研究的进展，近年来又出现了受体介导的内吞基因转移法和新型纳米材料等多种非生物法。物理化学方法携带的遗传物质在细胞内易受核酸酶降解，而且不容易稳定地存在细胞基因组中，但是这些方法不存在野生型病毒污染，比较安全。病毒方法的特点是基因转移效率较高，但是安全性问题需要重视。

（一）基因转移的非生物学方法

基因治疗中所用的非病毒导入法转移的外源治疗基因，采用普通哺乳动物细胞表达载体，在真核细胞中的表达是暂时性的，因为它们不会整合入靶细胞的基因组中，所以比病毒载体携带的基因转移要安全。但是它们在靶细胞中存在时间有限，会被靶细胞内的一些机制降解而排除掉，因此需要像其他药物一样反复应用。

1. 基因转移的物理方法 包括裸露 DNA 直接注射，显微注射，基因枪法，电穿孔等。

(1) 直接注射法(direct injection)：裸 DNA 注射法是将目的基因连接在真核表达载体(多为质粒)上，然后将含有裸 DNA 的质粒溶液直接注射入肌组织，在其中表达并向全身释放表达的蛋白质产物，时间可长达数月甚至一年以上。该法优点是对机体无毒无害，操作简便。但此方法仅限于在肌组织中表达，并需要注射大量的 DNA，转入效率低也是目前难以克服的困难。

另一种是应用特制玻璃微管，将携带基因片段的载体直接显微注射到靶细胞的细胞核，然后再把细胞移植到体内表达。这种方法又称为显微注射法(microinjection)，但其操作难度大，只能用在易固定且个体较大的细胞上，可转移 250kb 以内任何大小的外源 DNA 片段。

(2) 基因枪法：又被称为生物弹道技术(biolistic technology)或微粒轰击技术(particle bombardment technology)。其基本原理就是采用一种微粒加速装置，使裹着外源基因的微米级的金或钨(比重大，且化学性质很稳定)颗粒获得足够的能量后产生快速运动，就如同由枪激发子弹那样打入靶细胞或组织。基因枪应用于基因治疗具有如下优点：操作简便、DNA 用量少(仅为肌内注射用量的 1/2500～1/250)、效率高、无痛苦、适宜在体操作，尤其适于将 DNA 疫苗导入表皮细胞，获得理想的免疫反应，是基因免疫以及基因治疗领域一种极具潜力的基因转移方法。但是仍有一些不足之处，如对于内脏器官的在体操作，基因定位转移不易控制等。有人用内镜式基因枪将外源基因导入到小鼠的肝脏。利用基因枪技术，将携带有前脑啡肽原基因的质粒转染到用辣椒碱诱导的膀胱癌小鼠模型中，可有效的抑制膀胱的伤害性疼痛，从而可以用这种方法来治疗临床上的膀胱癌或一些内脏癌。

(3) 电穿孔法：电穿孔是在直流脉冲电场作用下使细胞膜出现微孔(105～115nm)，这种通道能维持几毫秒到几秒，在此期间生物大分子如裸质粒 DNA 可通过这种微小的通道进入细胞，然后自行恢复。电场取消后不会因微孔关闭而对细胞造成任何影响。活体电穿孔法(*in vivo* electroporation)可将外源基因有效导入靶组织或器官，导入效率较高，并且可在多种组织器官上应用。其特点主要为：①基因可选择性地导入靶器官；②电穿孔法对导入的外源基因片段的大小没有限制，甚至可导入 100～2000kb 的 *YAC*、*BAC* 基因；③电穿孔的时间只有几秒钟，对细胞损伤不严重，而且 DNA 片段无需经特殊的纯化处理。但也存在难以避免的缺点：外源基因表达持续的时间很短。虽然外源基因导入后，最快可在 2.5 小时有表达，但大多 1～2 月后表达量降至很低；活体电穿孔法与应用病毒载体法相比对外源基因表达效率仍偏低。转染时必须经过多次实验找到能使核酸有效进入而又不杀死靶细胞的最佳条件。

2. 基因转移的化学方法 包括磷酸钙共沉淀法、脂质体转染法、DEAE-葡聚糖等化学试剂转移方法。目前基因治疗研究中运用较多的是脂质体介导的基因转移。

脂质体(liposome)是由磷脂和相似的两性脂所形成的微囊，脂质体的脂双层在结构上与细胞膜相似，可形成具有双层膜的封闭式粒子，携带极性大分子 DNA 或 RNA 穿透细胞膜，进入细胞。根据脂质体包裹 DNA 的方式不同，有阳离子脂质体、阴离子脂质体等。与病毒载体介导的基因转移相比，脂质体具有以下优点：①它与细胞膜融合将目的基因导入细胞后，即被降解，对细胞无毒副作用，可反复给药；②不激活癌基因和产生免疫反应；③与基因的复合包被过程容易；④DNA 或 RNA 均能得到有效保护，不至于在胞内被灭活或被核酸酶降解；⑤操作简单快速、重复性好。该方法被认为是最有前途的基因导入方法之一，尤其是适用于恶性肿瘤基因治疗，现在已被美国癌症协会批准为临床基因治疗的第一方案。但也存在一些不足：如体内基因转染效率低，表达时间短，易被血液中的网状内皮细胞吞噬等，从而限制了它的应用。

3. 受体介导的基因转移 受体介导的基因转移(receptor-mediated gene transfer)是利用细胞表面受体特异性识别相应配体并将其内吞的机制，将与配体结合的外源基因转移至特定类型的细胞。无论是遗传性疾病还是恶性肿瘤的基因治疗，靶向性是非常重要的，特别是应用到体内时，既要考虑对靶细胞的治疗，又要注意对正常细胞的保护。理论上受体介导的基因导入系统，只要有相应的配体或抗体便可以将外源基因导入任何具有特异性受

笔 记 栏

体的细胞。受体介导的基因转移系统与目前应用于基因治疗的基因转移系统相比具有诸多优势：①DNA不整合到宿主细胞染色体，不需要导入细胞处于分裂期；②对转移的外源基因大小无限制，可同时携带多种基因或靶向多种受体；③导入系统本身无潜在的感染性，并具安全性，低免疫原性。该法的缺点是：①瞬时表达，如体内应用，需重复注射；②表达水平低，因为被细胞内吞的复合体可能在内吞小泡与溶酶体融合后被降解，影响外源基因的表达。但某些病毒的外膜蛋白质具有使内吞小泡破裂释放其内容物的能力，如复制缺陷型腺病毒、流感病毒血凝素的膜融合区，均可辅助外源基因逃逸溶酶体的降解，从而提高外源基因的表达效率。把这些分子与配体连接，受体介导的基因转移系统在基因治疗中有较好的优势和发展前景。

（二）基因转移的生物学方法

由于治疗基因不能主动有效地进入细胞，即使有部分 DNA 能进入细胞内，也会被宿主细胞内的核酸酶识别为外来物而被水解掉，因此科学家们致力于寻找一种合适的载体。

病毒是一种非细胞形态的生物体，它具有靶细胞定向感染性和宿主细胞寄生性两大特征。1968 年，Rogres 和 Pfuderer 最早将病毒载体用于基因转移的实验。

DNA 病毒和 RNA 病毒都可以作为基因治疗的载体。野生型病毒基因组的编码区基因主要为其衣壳蛋白、酶和调控蛋白编码，而非编码区中则含有病毒进行复制和包装等功能所必需的顺式作用元件。野生型病毒必须经过改造，以确保其在人体内的安全后才能作为基因治疗的载体。改造的目的是切除病毒复制必需的基因和致病基因，原有必需基因的功能改由辅助病毒或包装细胞提供。另外，野生型病毒插入外源基因的大小不能超过自身基因组大小的 105%～110%，所以必须去除病毒本身的序列后，腾出位置为治疗基因的插入提供空间。经过改造的病毒，保留了感染性，去除了致病性，成为介导治疗性基因进入细胞的良好载体。

目前用作基因转移载体的病毒有逆转录病毒（retrovirus）、腺病毒（adenovirus）、腺相关病毒（adeno-associated virus，AAV）、单纯疱疹病毒（herpes simplex virus，HSV），以及新近发展起来的埃巴氏（Epstein-Barr，EB）病毒和痘苗病毒（Vaccinia virus）等。不同类型的病毒载体在治疗应用中具有不同的优势和缺点，可依据基因转移和表达的不同要求加以选择。下面分别介绍常用的病毒载体。

1. 逆转录病毒载体（retrovirus vector） 逆转录病毒是正链 RNA 病毒，其基因组中有编码逆转录酶和整合酶（integrase）的基因。在这些酶的作用下病毒基因组 RNA 被逆转录成双链 DNA，然后随机整合在宿主细胞的染色体 DNA 上，并长期存在于宿主细胞基因组中，这是逆转录病毒作为载体区别于其他病毒载体的最主要优势。科学家们利用这一特性，将逆转录病毒复制所需要的基因除去，代之以治疗性基因，构建成重组的逆转录病毒载体。目前在所有基因治疗中，70%以上应用的是逆转录病毒作载体。

（1）逆转录病毒的基因组结构：逆转录病毒的基因组是两条相同的单链正义 RNA，长度在 8～11kb 之间，其 5′端有 $m^7G^5ppp^5GM$“帽子”结构，3′端有（polyA）尾；紧靠 5′端和 3′端内侧的是一段长末端重复序列（long termination repeat sequence，LTRs），其中含有启动子、增强子及病毒转录所需要的起始和终止信号；其内部序列主要为编码核心蛋白和内膜蛋白的 *gag* 基因，编码逆转录酶、整合酶和其他酶的 *pol* 基因及编码包膜糖蛋白和跨膜蛋白的 *env* 基因（图 17-1）。

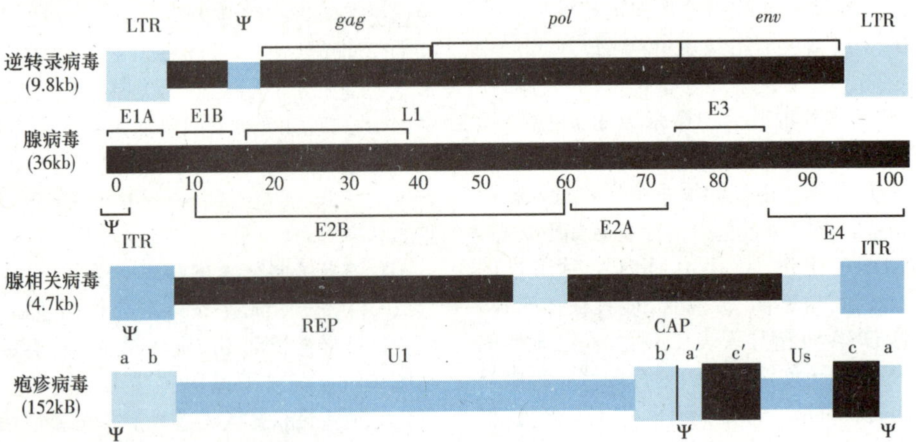

图 17-1 常见野生型病毒载体的基因结构

Ψ：病毒的包装信号序列；LTR：长末端重复序列；E1～E4 和 L1：腺病毒的基因结构；U1 和 Us：HSV 特异序列；a，b，c，a′，b′和 c′：HSV 重复序列；ITR：末端反向重复序列；REP 和 CAP：AAV 结构基因

笔 记 栏

（2）逆转录病毒载体的特点：目前基因治疗中采用的逆转录病毒载体绝大多数来源于莫罗尼鼠白血病病毒（MoMuLV）。这种逆转录病毒能感染鼠、人和其他动物细胞。该病毒通过其外膜蛋白与靶细胞表面的磷酸转运载体结合而感染进入细胞。在构建逆转录病毒载体（图 17-2A）时，由于大部分病毒的必需基因和包装信号被治疗基因取代，这样产生的重组前病毒不能表达病毒结构蛋白，因此这种病毒载体已无能力复制和包装成成熟的病毒颗粒。重组的已插入治疗基因的逆转录病毒载体必须先在体外一个临时性细胞中复制并包装，获得足量的重组病毒后再用于基因治疗。这种临时性细胞就是包装细胞（packaging cell）（图 17-2B），它是经过特殊改造和修饰的细胞，已经转染和整合了缺陷型病毒（辅助病毒）基因组，可以表达 *gag*、*pol* 和 *env* 等病毒基因编码的蛋白，为逆转录病毒载体包装成重组病毒提供全部的病毒蛋白，但它不能转录产生编码完整病毒的基因组 RNA，而且也不产生可能被包装到重组子代病毒中的 RNA，因此，包装细胞本身也不产生任何形式的病毒颗粒。

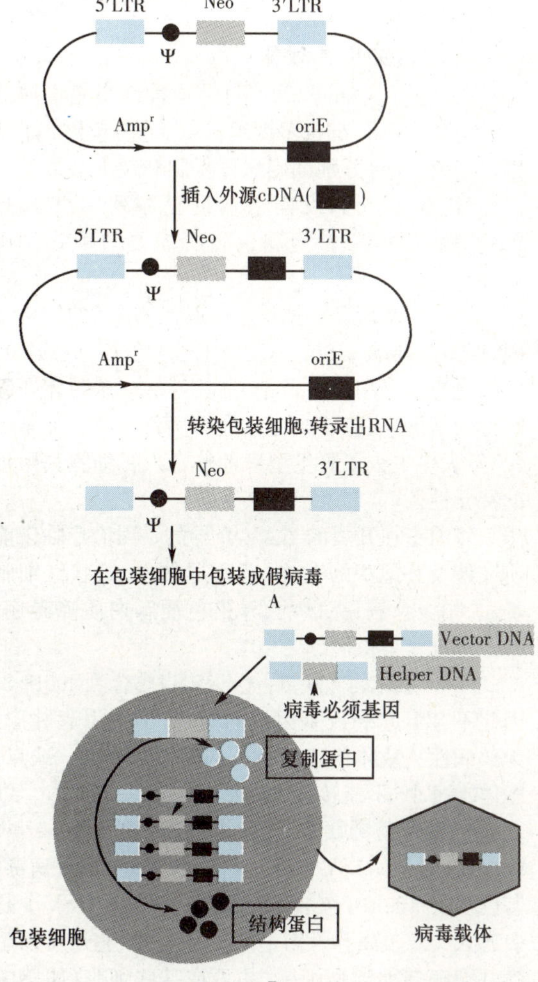

图 17-2　逆转录病毒载体 A 和包装细胞 B（含辅助病毒载体 Helper DNA）
A. Vector DNA；B. Packaging cell

用插入了治疗基因的逆转录病毒载体转染包装细胞系，包装成为含有治疗基因的具有一次性感染能力的病毒颗粒，这种病毒又称为假病毒即可用于基因治疗。

假病毒颗粒中所包含的 RNA 与逆转录病毒基因组比较，目的基因和标记基因取代了病毒的结构基因。假病毒感染靶细胞的过程与逆转录病毒一样。感染细胞的效率非常高，但只能感染处于增殖期的细胞。

（3）逆转录病毒载体的优缺点

1）优点：①基因转移的效率高。②细胞宿主范围较广泛。③DNA 整合效率高于其他病毒载体。

2）缺点：主要是安全性问题。①病人体内万一有逆转录病毒感染的可能，如在体内注射了假病毒后，就会有重组产生有感染性病毒的可能。②逆转录病毒在靶细胞基因组上的整合是随机的，这有可能插入到细胞正常生长的必须基因/抑癌基因中，从而破坏细胞的必须基因/抑癌基因，引起肿瘤。③假病毒的 LTR 会激活原癌基因。④假病毒的插入会引起染色体重排激活原癌基因。

（4）逆转录病毒载体介导的基因治疗的流程：使用逆转录病毒进行基因治疗的基本步骤：①将治疗基因克隆到选定的逆转录病毒载体中；②通过物理或化学方法将重组的逆转录病毒载体转移到选定的包装细胞中；③根据载体上的筛选标志筛选出转化的细胞；④体外扩大培养转化细胞株，从上清中获得重组病毒颗粒，经纯化后分装－70℃冻存备用；⑤用重组病毒感染靶细胞以进行基因治疗。

2. 腺病毒载体　腺病毒（adenovirus）是一种 DNA 病毒，可引起人上呼吸道和眼部上皮细胞的感染。人的腺病毒共包含 50 多个血清型，并根据其凝血特性分为 A～F 6 个亚类，其中 C 亚类的 2 型和 5 型腺病毒（Ad 2 和 Ad 5）在人体内基本上不致病，因此适合作为基因治疗用载体。

（1）腺病毒的基因组结构及其作为基因治疗载体的改造：人腺病毒基因组为 36kb 双链线状 DNA 分子（图 17-1），两端各有一个 100～160bp 的反向末端重复序列（inverted terminal repeat，ITR），ITR 的内侧为病毒包装信号，是病毒包装所需要的顺式作用元件。编码区包含早期活动基因 E1～E4 基因和晚期活动基因 L1、L2、L3、L4、L5。其中 E1、E2 和 E4 编码病毒 DNA 复制所必需的调节蛋白，而 E3 介导宿主对腺病毒感染的反应。

Ad 载体由 5 型和 2 型构建而来，其基因组结构见图 17-1。Ad 载体大多缺失 E1 和 E3 区，代之以外源目的基因。

由于腺病毒基因组太大、酶切位点复杂，不易直接重组，因此常用同源重组的方法进行构建（图 17-3）。首先构建含有目的基因（如 *lac* Z 基因）的质粒：在质粒中，目的基因 5′端连接 Ad 的 ITR 序列（0～1mu），3′端为约 2kb 的 Ad 序列（9～16mu）。

笔　记　栏

其次,用限制性酶 *Cla* Ⅰ切割野生型 Ad5 DNA,除去5′端 0～2mu 的 E1 区,E1 区调节转录与复制,酶切后可获得复制缺陷(缺失 E1 区)的缺陷型 Ad5。将质粒切成线性,与缺陷型 Ad5 共转染人胚肾细胞系 293 细胞,只有发生了同源重组后形成的重组病毒 DNA 才具有转录和复制的能力,同时也携带有目的基因。重组病毒在 293 细胞内繁殖扩增,以 293 细胞空斑形成单位计算滴度。缺陷型 Ad5 进入细胞后,如果不与线性质粒发生重组,则不能在细胞内增殖。

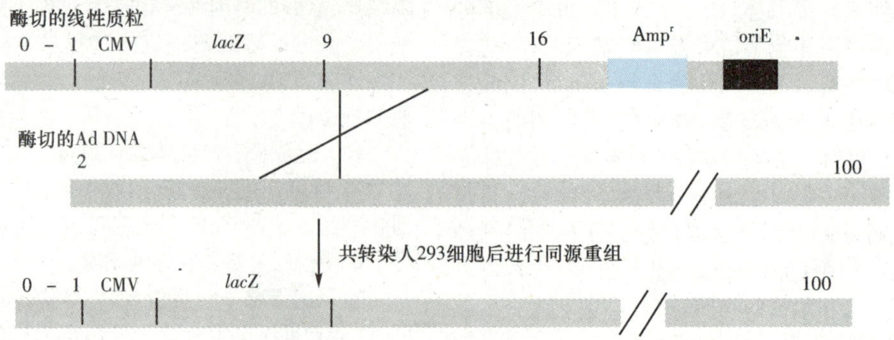

图 17-3　重组腺病毒的制备

在第一代腺病毒载体中,野生型腺病毒的 E1A、E1B 和 E3 基因被部分去除,代之以外源基因,它们的功能由共同转染包装细胞(如人胚肾 293 细胞)的辅助病毒提供。这种载体基因转移和表达的效率很高,但容易引起宿主细胞针对病毒蛋白的免疫反应。第二代腺病毒载体在此基础上又将 E2A 基因突变或缺失,并在该基因上引入一个温度敏感的突变,降低了载体的免疫原性。第三代腺病毒载体再将 Ad5 的 E1 和 E4 基因去除,消除了病毒复制危险,基因表达持续时间长,但它需要辅助病毒提供转录调节、病毒 DNA 复制、病毒颗粒的装配等功能。近年来又出现了"无内脏"腺病毒载体,该载体缺失了腺病毒的所有编码区,仅含有反向末端重复序列(ITR)、病毒包装信号 *psi* 和外源基因。

(2) 腺病毒载体的临床应用:由于腺病毒载体的基因转移效率较高,治疗基因瞬时水平表达高,因此在临床基因治疗中有着广泛的应用。以腺病毒为载体的第一个基因治疗方案是用于纠正囊性纤维化中的 CFTR 基因缺陷;随后,腺病毒载体被用于将鸟氨酸转氨甲酰酶基因转移入高氨血症患者的肝细胞,使血中该酶的浓度接近正常水平;此外,腺病毒载体还被用于心血管疾病的基因治疗,选用的目的基因包括 VEGF 和 FGF 等,以促进血管生成或改善局部缺血症状;由我国研制的重组人 p53 腺病毒注射液,也已在 2003 年获准用于肿瘤治疗。

(3) 腺病毒载体的优缺点

1) 优点:转染效率高,病毒滴度高。由于腺病毒载体不能将外源基因整合到染色体基因组,不会引起病人染色体结构的破坏,安全性较肯定。对 DNA 包被容量大,对静止或慢分裂细胞都具有感染作用。

2) 缺点:Ad 基因组较大,构建载体较复杂。由于腺病毒载体不能将外源基因整合到染色体基因组,故外源基因易随着细胞分裂或死亡而丢失,治疗基因不能长期表达,为短暂表达。此外该病毒的免疫原性比较强,注射到机体后很快会被机体的免疫系统排斥掉。

3. 腺相关病毒载体(adeno associated virus, AAV)　腺相关病毒(AAV)是一种细小病毒属的单链 DNA 病毒,病毒基因组长 4600bp,包含 2 个基因,*rep* 和 *cap*,分别编码病毒复制和装配必需的蛋白,基因组两端为反向末端重复序列(ITR),是 AAV 病毒复制、整合和包装所需要的顺式作用元件。

用外源基因及其调控序列取代 AAV 的结构基因,保留其两端 145bp 的反向末端重复序列(ITR),可构建成治疗用重组腺相关病毒载体,该载体在腺病毒的帮助下,包装成为成熟的病毒颗粒。但重组 AAV 大多失去了野生型病毒整合入靶细胞基因组的特异性。

目前正在开展的 AAV 介导的基因治疗临床前研究涉及 β-地中海贫血、范康尼贫血、镰状红细胞贫血、帕金森病、高歇病、异染色质脑白质障碍症、囊性纤维化等疾病。

AAV 载体的优缺点:优点:定点整合到 19q13.3,因此不会引起病人基因组的破坏,不会引起肿瘤。无致病性。载体构建简单。基因表达稳定。缺点:载体本身小,不能转移大的基因(2kb 左右)。

4. 疱疹病毒载体　Ⅰ-型单纯疱疹病毒(herpes simplex virus, HSV-1)是一种线状双链 DNA 病毒,基因组长 152kb,包含 70～80 个基因。HSV-1 是引起人类反复发作性唇疱疹的致病原,它还可以感染并裂解多种类型细胞,并可在某些细胞(如感觉神经元)中进入潜伏感染,潜伏期可持续终生。因此用它构建载体关键是要考虑安全性。

HSV 载体在遗传病和癌症的基因治疗中应用

笔 记 栏

较多，而且由于HSV具有天然的向神经性，因此它在神经系统疾病的基因治疗中具有独特的作用。在帕金森病动物模型中，将酪氨酸羟化酶基因插入到HSV载体得到的重组病毒感染纹状体神经元，发现目的基因可以在神经细胞中表达较长时间，但载体的毒副作用较大。将HSV的病毒复制相关基因和神经毒性基因（如HSV-*tk*等）突变，得到弱化病毒，这种病毒在正常神经细胞中不复制，而在活跃分裂的肿瘤细胞中则大量复制，并导致细胞裂解。目前，应用HSV载体进行的神经胶质母细胞瘤的基因治疗已经进入临床试验。

埃巴二氏病毒是近年来开发的另一种用作基因转移载体的疱疹病毒，它可用于插入和转移大的DNA片段和完整的基因组基因，所携带的基因在染色体外独立表达。由于该病毒具有B细胞亲嗜性，因此可用于B细胞淋巴瘤等肿瘤细胞的基因转移。

疱疹病毒载体的特点：具有在神经细胞长期存活的特性，适合于神经系统疾病的基因治疗。病毒滴度高，外源基因容量大，30kb。可感染非/分裂期细胞。不整合，可长期存在，稳定表达。缺点：细胞毒性。

5. 其他病毒载体 痘病毒载体，痘苗病毒载体的主要特点是外源基因的容量大，约为25kb。由肿瘤特异性抗原、细胞因子或病毒致癌蛋白的基因和痘苗病毒参与构建的重组疫苗，在临床应用中能够有效地激发机体的抗肿瘤免疫反应。但是，由于痘苗病毒的结构和生物学特性较为复杂，因此其临床应用的安全性问题尚有待进一步探讨。可用作外源基因转移和表达的载体病毒还包括：辛培斯病毒（sindbis virus，SIN）、Semliki forest 病毒（SFV）、venezuelan equine encephalitis（VEE）病毒等，另外人巨细胞病毒载体、流感病毒载体等也在开发中。

6. 嵌合病毒载体 由于现有病毒载体在基因转移中都有不尽如人意之处，因此，将两种或两种以上的病毒载体加以组合，充分利用这些病毒的优点，可以提高基因转移和表达效率。目前正在研究之中的有腺病毒或逆转录病毒嵌合载体、腺病毒或腺相关病毒嵌合载体、单纯疱疹病毒或腺相关病毒嵌合载体和单纯疱疹病毒或埃巴氏病毒嵌合载体等。

尽管病毒载体介导的基因转移在临床上已经取得了一定的疗效，但它还存在一些亟待克服的缺陷。这些缺陷包括宿主谱窄、基因导入效率低、外源基因表达不够长期稳定、表达缺乏有效调控、感染的靶向问题以及对机体的毒性问题等。图17-4表示逆转录病毒和腺病毒以及非生物学载体的基因转移途径。

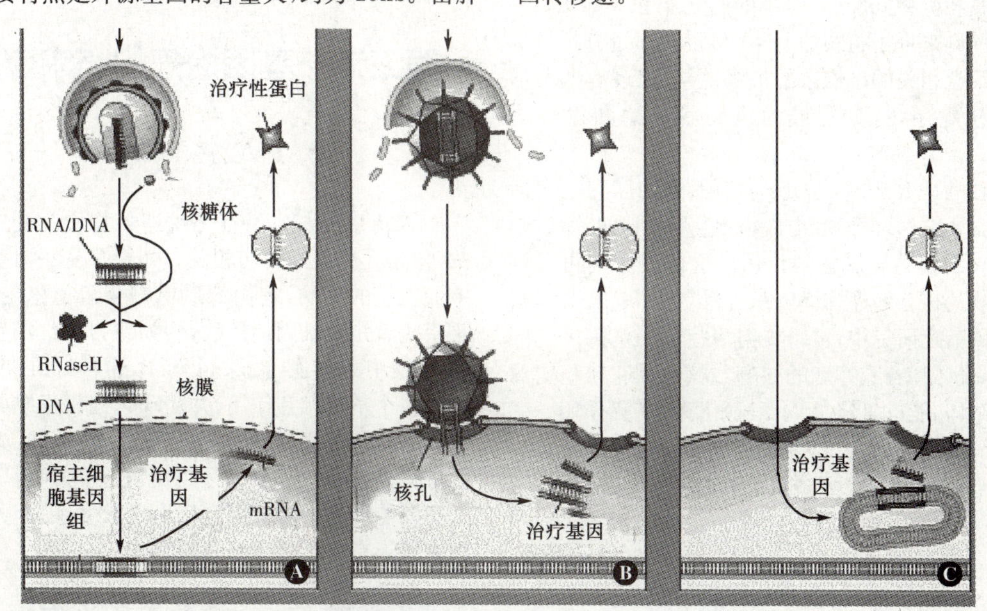

图17-4 逆转录病毒和腺病毒以及非生物学载体的基因转移途
A. 逆转录病毒；B. 腺病毒；C. 非生物学方法（如脂质体）

四、基因干预就是抑制某些特定基因的表达

基因干预作为基因治疗的主要策略之一，目前越来越多受到人们关注。基因干预是指采用特定的方式，抑制某个基因的表达，或者通过破坏某个基因的产物，以达到治疗疾病的目的。此类基因治疗的靶基因往往是过度表达的癌基因或者是病毒复制周期中的关键基因。常见的基因干预方法有以下几类：

1. 反义RNA（antisense RNA）技术 反义RNA是一段能与靶mRNA序列相互补的一段RNA序列，互补结合后形成二聚体阻止靶mRNA

的翻译。通过反义RNA结合细胞中特异mRNA，使之不能发挥作用，从而抑制一些有害基因的表达或者失控基因的过度表达。无论是在细胞水平，还是整体水平，反义RNA的调节作用都已得到证实。因此被广泛用于阻止癌基因的过表达。在基因治疗的设计中，可以合成15～30个碱基的靶mRNA序列的反义寡核苷酸，用于封闭各种基因的表达。

反义RNA的应用方法有两种：一种是体外合成反义RNA，直接作用于培养细胞，RNA被细胞摄取后发挥作用。另一种是构建一些能转录反义RNA的重组质粒，将这些质粒转入细胞中转录出反义RNA而发挥作用。

反义RNA抗RNase的能力不强，一旦反义RNA被注射到体内，机体中的RNase就会使反义RNA迅速降解，其稳定性问题成为将其用于基因治疗的主要障碍。另外，即使未降解的也被分散到全身，无法集中到病灶处，也不易获得定向靶组织的反义药物。所以直接注射反义RNA无法得到很好的效果。通过寡核苷酸的末端修饰，如硫代磷酸化修饰的寡核苷酸达到增强其在细胞内稳定的作用，但成本较高。

2. 核酶(ribozyme)技术 具有催化功能的RNA被称为核酶。目前已发现了数十种核酶，有些是真核生物mRNA前体的内含子和snRNA，另外一些则来自于植物的RNA病毒。通过分析核酶中与活性相关的结构域的二级结构，发现有两种形式的核酶存在，分别成为锤头状核酶和发夹式核酶。

核酶是RNA分子，分子中保守的序列是酶活性的必要结构，而两端与底物RNA互补的片段，则起着识别和结合底物的作用。这两段序列可以根据底物的核苷酸序列而随意变动(图17-5)。因此，在基因治疗研究中，可以根据治疗的靶基因序列的特点，设计和合成特定的核酶。核酶具有较稳定的空间结构，能够抵御体内RNA酶的降解作用。一个核酶切割完一分子底物RNA后，又可结合切割下一个底物RNA，可多次起作用，效果好。因此，

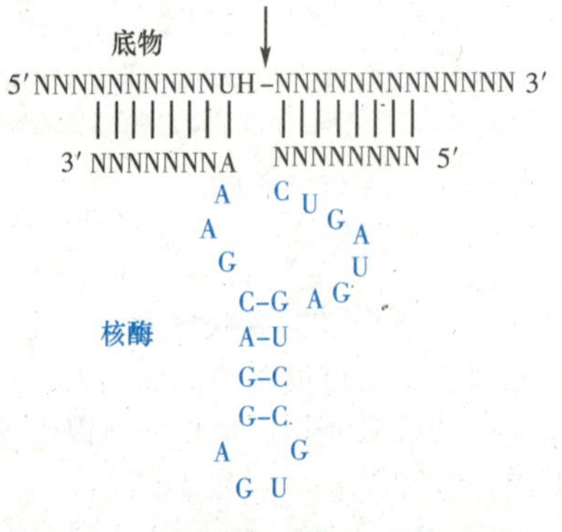

```
底物              ↓
5′NNNNNNNNNNNUH–NNNNNNNNNNNNN 3′
   ||||||||    ||||||||
3′ NNNNNNNA    NNNNNNNN 5′
        A    C U
       A        G A
        G         U
           C-G  A G
核酶       A-U
           G-C
           G-C
          A   G
           G U
```

图17-5 人工设计的锤头状核酶的结构和切割方式
上部位被切割的底物RNA分子，箭头为切割点；下部为核酶的结构和形状

笔记栏

比起反义RNA来说，更具有应用前景。

核酶导入细胞有两种方法：外源导入和内源导入。外源导入方法多采用脂质体法，将体外转录的核酶通过脂质体包裹后，导入细胞，效率高。内源导入就是通过将核酶的DNA插入真核表达载体，然后导入体内使之在细胞内转录而产生核酶。

3. 小RNA干扰技术 RNA干涉(RNA interference，RNAi)是细胞内一些小的双链RNA可以高效地引起相同序列的mRNA降解的一种细胞反应过程，因此可阻断体内特定基因的表达，诱使细胞表现出特定基因缺失的表型，又被称为RNA转录后基因沉默(PTGS)。RNAi现象广泛存在于线虫、果蝇、斑马鱼、真菌及植物等大多数真核生物中。RNAi在控制外来基因表达中起到进化上保守的细胞防御作用。这些真核生物利用RNAi来抵御病毒的感染，阻断转座子的作用。

在大多数真核生物中，RNAi由外源的dsRNA启动，把与其同源的单链靶mRNA特异性降解。在低等真核生物中，dsRNA进入胞质后被核酸内切酶Ⅲ(RNaseⅢ)样蛋白Dicer降解为21～23nt RNAs或siRNAs(small interference RNA)，后者在降解靶mRNA中充当向导。目前小RNA干扰技术已广泛应用于基因治疗研究和基因定位和基因功能研究中。

第二节 基因治疗的临床应用

一、遗传性疾病

遗传病的基本特征是由遗传物质改变所引起的，但与环境因素密切相关。如果只受一对基因影响而发生的疾病，它们的遗传符合孟德尔定律，这类疾病就是单基因遗传病，例如镰刀状红细胞性贫血，α-地中海贫血，血友病A、B，囊性纤维变性等。而由多个基因相互作用，并受环境因素影响共同造成的人类遗传性疾病叫做多基因病，例如：先天性心脏病、唇裂腭裂、原发性高血压、冠心病等。由于这类遗传病是由多基因致病而比较复杂，基因治疗的效果还有待于基础研究的突破。

(一)单基因遗传病的基因治疗

单基因缺陷引起的遗传病，由于其致病基因缺陷比较清楚，所以基因治疗方案也相对容易确定。基本方案是通过一定的方法把野生正常的基因导入到病人体内，表达出正常的功能蛋白。下面以血友病A和血友病B为例介绍基因治疗在这类遗传病中的应用。

血友病A和B是由单基因结构功能异常所引起的凝血因子Ⅷ和Ⅸ缺乏所致的出血性疾病。我国复旦大学遗传所的研究者将人Ⅸ因子基因与逆

转录病毒重组后转移到患者自体的皮肤成纤维细胞中，经过筛选得到高表达Ⅸ因子的细胞株，与胶原混合后直接注射到患者腹部皮下，使患者血中Ⅸ因子浓度升高，出血症状及出血次数都明显减少，某患者8年随访发现其仍安全有效。血友病A的基因治疗相对困难，因为Ⅷ因子的基因为9kb大，编码2351个氨基酸，相对分子质量为330kDa。科学家们将人Ⅷ因子cDNA与逆转录病毒载体或腺病毒载体重组，感染患者皮肤成纤维细胞或骨髓基质细胞，在动物模型体内观察到一定的疗效。原上海第二医科大学和中国科学院生化所的研究人员将Ⅷ因子基因克隆在复制缺陷型腺病毒载体中，使兔血浆中Ⅷ因子的水平持续12周以上。血友病的基因治疗虽然取得了一些成绩，但真正作为成功的治疗方案应用还有许多问题值得改进，如Ⅷ因子和Ⅸ因子在体内表达调控的最佳启动子的选择、逆转录病毒载体的安全性问题等。

案例 17-1

患者，男，16岁，因剧烈运动后，双膝关节肿疼，行走困难就诊。查体：贫血貌，心、肺无异常，双膝关节肿胀，左膝关节畸形。患者自幼常有自发性牙龈及鼻出血现象，其舅舅亦有类似症状(未诊断)。实验室检查：Hb 83g/L，RBC 2.45×10^{12}/L，WBC 11.6×10^{9}/L，PLT 220×10^{9}/L；APTT 86s(33s)，PT 14s(13s)，TT 19s(18s)，Fg 2.6g/L；FⅧ：C 2.2%，vWF：Ag 92%；FⅧ基因检查为22号内含子倒位。

诊断：血友病A。

治疗：目前血友病A的治疗仍以替代疗法为主，主要采用血浆制品(新鲜血浆、新鲜冰冻血浆及冷沉淀)或重组FⅧ，将患者血浆FⅧ提高到止血水平。其次考虑药物(抗纤溶药物和肾上腺皮质激素)的辅助治疗。血友病B患者目前已开展了基因治疗。

问题与思考

1. 血友病发病可能的分子机制。
2. 血友病的基因诊断。
3. 血友病的基因治疗。

案例 17-1 相关提示

1. FⅧ分子缺陷的类型有

(1) FⅧ基因缺失：基因部分缺失改变了两个限制性位点的长度，使位点的多态性发生变化是血友病A的重要发病机制。

(2) 异常基因片断的插入：FⅧ外显子插入了LINE序列，使之不能产生正常的mRNA，导致产生的FⅧ无活性。

(3) 基因片断重排：基因重排不能产生正常的mRNA，导致产生的FⅧ无活性。由于外显子重复，可发生无效剪切，使正常的翻译水平下降或产生不稳定的FⅧ蛋白。

(4) 点突变：较小的基因缺失或插入均可导致点突变，引起严重的血友病A。

2. 血友病A在分子水平存在着显著的遗传异质性，基因诊断是一种有效、精确、快速的方法。FⅧ是一个大基因，目前主要采用依赖于DNA的多态性分析和致病缺陷基因的直接检测。

3. 目前主要采用两条不同的基因转导途径对血友病患者进行基因治疗。

(1) 间接基因导入(ex vivo)途径：ex vivo方法就是在体外通过转导靶基因，将基因导入细胞，再将这种基因修饰过的细胞回输病人体内，使这种带有外源基因的细胞在体内表达，从而达到治疗目的。

(2) 直接基因导入(in vivo)途径：in vivo方法就是将携带有目的基因的载体直接注射到血液或组织中去，基因修饰发生在体内，从而达到治疗的目的。

(二) 代谢性遗传病

由于某种酶蛋白的缺陷，引起由该酶参与催化的物质代谢途径紊乱，全世界发现的这类病有上千种，累计有200多种酶的缺陷，其遗传方式多为常染色体隐性遗传，例如苯丙酮尿症(PKU)、半乳糖血症、次黄嘌呤鸟嘌呤磷酸核糖转移酶缺陷引起的Lesch-Nyhan综合征、腺苷脱氨酶(ADA)缺陷引起的严重联合免疫缺陷综合征等等，现举*ADA*基因治疗的例子加以说明。

细胞内ADA催化腺苷或脱氧腺苷转变为肌苷或脱氧肌苷，这是不可逆的反应。当ADA缺乏时，细胞内腺苷和脱氧腺苷堆积，进而在激酶作用下磷酸化后产生ATP和dATP。这类激酶在发育中的T细胞和B细胞内含量很丰富，产生的dATP较高，高浓度的dATP可抑制核糖核苷酸还原酶，同时也抑制*S*-腺苷同型半胱氨酸水解酶，使细胞内甲基化受阻，因而与甲基化有关的许多物质代谢障碍。由于人T淋巴细胞和B淋巴细胞在人类免疫反应中起重要作用，因此这样的病人会发生严重的免疫系统功能障碍。人*ADA*基因长1530bp，编码326个氨基酸，基因治疗最理想的方案就是用逆转录病毒介导*ADA*基因转入人骨髓干细胞，回输给病人。美国洛杉矶儿童医院将*ADA*基因转入产前诊断为此病的新生儿脐血$CD34^+$细胞，回输后发现患者体内有产生ADA的骨髓细胞，外周血1%～3%的T细胞含有外源*ADA*基因，实验性治疗有明显的疗效。还有报道用*ADA*基因转染T细胞的回

输治疗后，血中ADA活性增加了10倍，患者生存2年以上。(加实例报道)

二、肿　　瘤

现已证明，肿瘤的发生是由于某些原癌基因的激活、抑癌基因的失活以及凋亡相关基因的改变导致细胞增殖分化和凋亡失调的结果。针对肿瘤发生的遗传学背景，进行基因干预(抑制癌基因的过渡表达)、将外源性目的基因引入肿瘤细胞或其他体细胞内以纠正或补偿缺陷的基因(修复抑癌基因或癌基因)，从而达到治疗肿瘤的目的，即为肿瘤的基因治疗。另外还有自杀基因(药物敏感基因)治疗、免疫基因治疗、多药耐药基因治疗、肿瘤血管基因治疗等。

(一) 针对癌基因的治疗

癌基因是细胞基因组中具有潜在的能够使正常细胞发生恶性转化的一类基因。这种基因存在于人的正常细胞中。在绝大部分情况下，这类癌基因处于不表达状态，或其表达水平不足以引起细胞的恶性转化，或野生型蛋白的表达不具有恶性转化作用。但是当这些基因改变时，就会导致基因异常活化而启动细胞过渡生长、发生恶性转化。如*Ras*、*Myc*、*Src*等基因，由于突变而使其功能处于异常活跃状态，不断地激活细胞内正性调控细胞生长和增殖的信号传导途径，促使细胞异常生长。因此抑制癌基因的表达或使之封闭，是抑制肿瘤细胞生长的一种方式。

抑制癌基因表达的方法：反义RNA、核酶、三链DNA、RNA干涉技术等。这些方法都是从mRNA水平抑制癌基因的表达。

(二) 针对抑癌基因的基因治疗

研究表明，几乎一半的人类肿瘤均存在抑癌基因的失活，可见抑癌基因的失活与肿瘤的生长有着密切的关系。因此，将正常的抑癌基因导入肿瘤细胞中，以补偿和修复突变或缺失的抑癌基因，达到抑制肿瘤的生长或逆转其表型。这是肿瘤基因治疗中的一种重要的治疗模式。

*P*53基因是1979年Lane和Grawford在SV40大鼠T抗原基因转染的细胞中发现的，是目前研究最广泛和深入的抑癌基因。其正常功能的丧失，最主要的方式是基因突变。迄今已发现的10 000种人类肿瘤的2500种基因突变中，P53蛋白的393个氨基酸就有280个以上发生了突变，见表17-1。突变率最高的区域为P53蛋白的核心区，这种点突变，直接导致氨基酸的改变，最终产生没有活性的P53蛋白，失去抑癌作用。

笔记栏

鉴于人类恶性肿瘤*p*53基因突变率较高，以正常*p*53基因治疗肿瘤就成了研究的热点。大量的体内外试验已证实，引入*p*53基因确实可以抑制肿瘤细胞的生长，诱导其出现凋亡。2002年Kunihisa等利用电穿孔的方法，把野生型*p*53基因导入人类前列腺癌细胞PC-3中，发现肿瘤细胞形态改变，细胞生长速度降低，裸鼠致瘤性消失，进一步研究发现肿瘤抑制是因为其凋亡增加所致。Hagivara等将载有野生型*p*53的腺病毒载体直接进行瘤体内注射均可使动物的生存期明显延长。2003.12我国深圳赛百诺基因技术有限公司(SiBiono)推出带有野生型*p*53基因的腺病毒肿瘤基因治疗产品。这是世界上首次推出的商业化基因治疗药物(表17-1)。

表17-1　人类肿瘤*p*53基因突变热点和频率

肿瘤类型	突变频率(%)	突变热点(密码子)
肺癌	56	157,248,273
结肠癌	50	175,245,248,273
卵巢癌	44	273
胰腺癌	44	273
皮肤癌	44	248,278
头颈部鳞癌	37	248
膀胱癌	34	280
肝细胞癌	45	249
胶质瘤	25	175,248
乳腺癌	22	175,248,273
子宫内膜癌	22	248
甲状腺癌	13	248,273
白血病	12	175,248
宫颈癌	7	273

(三) 免疫基因治疗

正常机体经常有很多细胞发生突变，但并不发生肿瘤，这是因为机体免疫系统通过细胞免疫机制能识别并特异地杀伤突变的细胞。当突变细胞的生长超越了免疫监视的限制时，即形成肿瘤；当肿瘤发生后，机体可通过免疫效应机制发挥抗肿瘤作用。机体对肿瘤的免疫主要以细胞免疫为主，以效应细胞发挥各自作用。常用的免疫效应细胞有TIL、LAK、Mφ、NK等，可供选择的目的基因有白介素、干扰素、肿瘤坏死因子、集落刺激因子、趋化因子等。在这些因子基因中，早期以IL-2的研究最多。

细胞因子的抗肿瘤作用主要取决于在肿瘤组织局部的浓度和随后产生的对浸润淋巴细胞的免疫增强作用，因此采用基因治疗的方法，将细胞因子的基因与载体重组后导入受体细胞内，可使其在细胞内部持续地产生细胞因子而达到激活和增强机体特异性抗肿瘤免疫反应的作用。

近些年来，人们发现并克隆了多种人类肿瘤相关抗原基因，逐步了解了肿瘤抗原的识别和提呈及T细胞活化机制，并已能成功地大量培养和扩增树突状细胞(dendritic cell,DC)，从而使以DC为基础的抗肿瘤主动免疫治疗有了新的发展。DC细胞是细胞膜表面高表达MHCⅡ类分子的细胞，为人体最有效的APC，能致敏和激活静止T细胞和B细胞。比较成熟的制备DC细胞的方法是采用抗原基因、抗原和细胞因子来转染和修饰DC细胞。用不同形式的肿瘤抗原(蛋白或多肽抗原、肿瘤细胞溶解物、凋亡的肿瘤细胞)致敏的DC体内注射后可诱导特异性抗肿瘤免疫应答。大量荷瘤动物模型和临床试验，证明DC免疫疗法具有确切的肿瘤治疗效果。DC细胞作为肿瘤生物治疗和基因治疗的方案已获FDA批准并进入Ⅲ期临床。

(四) 自杀基因治疗或酶药物前体疗法

自杀基因(suicide gene)，就是可引起细胞死亡的基因；亦即将某些细菌、病毒和真菌中特有的药物敏感基因导入肿瘤细胞，通过此基因编码的特异性酶类将原先对细胞无毒或毒性极低的药物前体在肿瘤细胞内代谢成有毒性的产物，以达到杀死肿瘤细胞的目的，也称药物敏感基因(drug sensitive gene)。

常用的自杀基因包括：单纯疱疹病毒胸苷激酶基因(herpes simplex virus-thymidine kinase，HSV-tk)、水痘带状疱疹病毒胸苷激酶基因(varicella-zoster virus-thymidine，VZV-tk)、大肠埃希菌胞嘧啶脱氨酶基因(*E. coli*-cytosine deaminase，CD)、细胞色素P-450基因、大肠埃希菌黄嘌呤-鸟嘌呤磷酸核糖转移酶基因(glunaine phosphoribosyl transferase，GPT)等。

(五) 耐药基因治疗

多药耐药(multiple drug resistance，MDR)是指肿瘤细胞接触某一种抗癌药物产生耐药的同时，也对其他结构和功能不同的药物产生交叉耐药性。MDR是影响肿瘤化疗疗效的重要因素之一。因此，如何消除MDR的影响，提高化疗药的药效就成了人们研究的热点。而耐药基因治疗就是针对此产生的，即将一些细胞耐药物的基因转移至造血干细胞，以降低化疗药物对骨髓的毒性，这样就可能用高剂量的药物杀死肿瘤细胞而不破坏骨髓细胞。

常用的耐药基因包括：MDR-1(multidrug resistance 1)gene等。人类基因组中含有两个MDR基因，即MDR1和MDR2，二者有高度的同源性，但是MDR2不参与MDR的产生过程。MDR1基因组编码1280个氨基酸多肽(P-glycoprotein，P-gp，p糖蛋白)。现已证明，P-gp与耐药相关蛋白(multidrug resistance-associated protein，MRP)密切相关。P-gp与ATP结合，利用ATP水解产生的能量进行跨膜转运，对疏水性抗肿瘤药(如actinomycin D等)有较强的外排作用。当P-gp与抗肿瘤药物结合后，通过ATP提供的能量，将药物从细胞内泵出细胞外，导致细胞内药物浓度不断下降，其细胞毒作用因而减弱甚至丧失，最终出现耐药现象。Wang等利用逆转录病毒载体高效介导抗MDR1的核酶基因进入有MDR1基因表达的肿瘤细胞中，发现转导的肿瘤细胞完全逆转了对长春新碱的敏感性，阻断了MDR1 mRNA和P-gp的表达。

(六) 抗血管生成基因治疗

肿瘤的生长和存活依赖于生成的血管为它所提供的氧气和营养物质。因此，早在1971年，Folkman等就提出可通过阻断肿瘤血管的生成来抑制肿瘤的生长，防止肿瘤的转移。因为在肿瘤的转移过程中，肿瘤血管的生成是必需的。这就使人们对与新血管生成和肿瘤血管成熟有关的前血管生成因子进行了大量的研究。

VEGF是肿瘤诱导血管生成过程中一个主要的调节因子，它可选择性刺激内皮细胞分裂，并能增加微血管的通透性。通过阻断VEGF的翻译和转录过程可使它的产生受到抑制。一种治疗方法就是引入一段反义VEGF的RNA，通过与VEGF的mRNA结合，来抑制VEGF蛋白的翻译。另一方法是用核酶或小干扰RNA抑制VEGF基因的mRNA的产生。

三、心血管病

心脑血管病是严重威胁人类生命和健康的常见疾病。近年来，由于心脑血管病发病分子机制的阐明和基因转移技术的发展，基因治疗日益成为心脑血管病治疗中的热点。心脑血管病包括单基因控制和多基因控制的两大类，前者发病率较低，主要有家族性高胆固醇血症、遗传性扩张性心肌病、肥厚性心肌病、长Q—T间期综合征、遗传性心肌营养不良等。这些疾病是由某个基因突变和缺陷引起的，其致病基因大部分已经克隆出来，基因治疗的靶基因明确，只要把对应正常的基因导入体内并长期稳定表达治疗就有效。相比之下与多基因有关的心脑血管病如高血压、动脉粥样硬化、心肌肥厚、心功能不全、再狭窄等是多环境因素和遗传因素相互作用引起的，涉及多种基因结构和表达调控机制的改变，其发病的确切分子机制尚不十分了解。因此，多基因遗传的心血管病基因治疗是目前心血管病研究的难点。

随着基因治疗研究的深入人们发现，心血管病基因治疗的关键是选择恰当的载体及导入方法，使目的基因获得靶向性导入，稳定有效的表达。

(一) 心脑血管病基因治疗载体的选择

载体的选择十分重要，目前用于冠心病临床试验的基因载体主要为质粒和腺病毒两种。

目前在冠心病的基因治疗中非病毒型载体、特别是裸质粒的应用占有重要的地位。这与遗传性疾病及肿瘤基因治疗中病毒载体占优势的局面不同。冠心病基因治疗中裸质粒的成功应用取决于几个因素：首先，冠心病基因治疗多采用分泌性蛋白的基因，如 VEGF，蛋白合成后分泌到细胞外，与靶细胞上的特异受体结合而发挥生物学功能。研究显示，仅少量被转染细胞分泌的蛋白就可以产生理想的治疗效应，因此弥补了裸质粒载体基因转移效率低的不足。其次，在促血管生成的治疗中，基因表达维持 3～4 周即可达到治疗目的，且分泌性蛋白对基因转移效率的要求不高，所以在 VEGF 基因治疗中，裸质粒载体可以获得与病毒型载体相近的疗效。与病毒型载体相比，它在安全性方面无疑具有很大优势，有利于临床研究的开展。

但是，病毒载体在冠心病的基因治疗中仍占有较大的比重。进一步的研究需要寻找安全性更为理想的病毒型载体。腺病毒可转染静止细胞，转染效率高，不整合进染色体，避免了插入突变的危险，维持时间短，这对于只需短时表达基因产物的心血管病治疗来说，更为适合。心肌细胞是非复制状态的细胞，因此腺病毒是在心肌细胞内表达重组基因的较为有效的载体，腺病毒载体的优点使其在心血管系统中的应用越来越广泛。

对于高血压的治疗目前使用的病毒载体都不甚理想，最广泛使用的病毒载体是逆转录病毒。实验证实用逆转录病毒导入 AT_1R-AS 可整合到宿主基因组，并可长期表达，血压平稳下降达 90 天，且不伴血浆 ATⅡ水平升高。主要缺点是在非分裂细胞中转染效率差，且不能定向整合，可随机整合到宿主细胞 DNA 中，故在实际操作中有潜在的危险性。腺病毒载体可能引起免疫反应或炎症反应，不能长期治疗，故不适用于人类高血压。腺相关病毒载体(AAV)最大优点是安全，因此颇受研究者青睐。缺点是不能大规模产生。重组腺相关病毒载体(rAAV)是将 AAV 进行生物学改造，构建 rAAV，除具有上述优点外，最重要的是可以限制 rAAV 载体从靶细胞扩散到其他组织。

在心衰的治疗中病毒载体的应用也最为广泛。腺病毒载体是体内心血管疾病基因治疗的主要载体。腺病毒载体的优点是制备容易，转染效率高，病毒滴度高，安全性较肯定，对 DNA 包被容量大，对静止或慢分裂细胞都具有感染作用。但腺病毒载体不能将外源基因整合到染色体基因组，故外源基因易随着细胞分裂或死亡而丢失，此外该病毒的免疫原性比较强，注射到机体后很快会被机体的免疫系统排斥掉。

笔记栏

非病毒载体主要是阴离子脂质体，其包裹质粒 DNA 后直接注射到体内可使目的基因有效的到达靶细胞，该法具有基因转染安全，无免疫原性的特点。但阴离子脂质体在溶酶体通路中不稳定，易被降解，导致其转染效率低。目前已经研制出融合基因脂质体载体，其为含有 ONDs 或 HVJ 病毒的 DNA 质粒。这种载体具有单独的非病毒载体所没有的优点，如 HVJ 脂质体能使携带的 DNA 拷贝达到 100KB，且能通过与细胞膜融合的方式，将内容物直接输送到细胞质。脂质体或病毒复合物能使脂质体经细胞内容物的通路时(如溶酶体)免受降解，克服了 DNA 转染效率低下的障碍。

(二) 基因的导入方式

目前心脏基因导入的途径主要有两种。

第 1 种是取出细胞(从血管、心脏或肌肉、外周血或骨髓)，在体外把基因材料转移到细胞内，然后再把基因修饰细胞导入血管或心肌，其优点是在一个可控的体外环境中进行研究可得到最有效的基因转移，还可以避免载体的全身暴露及随后的免疫刺激。近年来，不断有通过病毒载体作体内心脏基因传递的方法报道，如冠脉内导管基因传递和左室尖导管技术基因传递等。

第 2 种是直接将基因材料转移入血管壁或心脏，避免了细胞的取出和再导入。其优点在于相对简单，不存在供体血管、心肌细胞和严格细胞培养等方面的问题，其中又分为心肌基因转移、血管基因转移。比如高血压的基因治疗时可以直接将反义寡核苷酸(AS-ODN)以裸露或脂质体介导形式导入细胞，从而在翻译水平上阻止特异蛋白质的产生。直接导入 AS-ODN 体内疗效较好，相对安全，但 AS-ODN 不能整合入细胞基因组内，因此持续时间较短，不适合长期降压治疗。一般来说，直接注射 AS-ODN 的降压疗效在 7 天左右，平均 3～4 天。如果用阳离子脂质体载体可使降压时间延长到几周，但毒副作用相对大些。

第三节　基因治疗的存在问题

一、基因治疗临床试验研究现状与问题

经过 20 多年的努力，科学家们在基因治疗领域取得了很大的进步，获得了举世瞩目的一些成功。1990 年 9 月 14 日，世界首例基因治疗严重免疫缺陷(severe combined immunodeficiency, SCID)的病人 Ashanti de Silva，并获得了初步成功。SCID 是因为 ADA(腺苷酸脱氨酶)基因缺陷而引起，将正常的 ADA 基因转移到 Ashanti de Silva 的 T 细

胞中，再将T细胞输回她的体内，其免疫功能得到了有效的恢复。

我国复旦大学遗传研究所与第二军医大学合作，于1991年12月对两例血友病B患者进行基因治疗并取得初步效果。非小细胞肺癌的治疗，用逆转录病毒导入IL-2基因也取得了进展。随后，我国科学家利用胸腺激酶基因治疗恶性脑胶质瘤基因治疗方案获准进入Ⅰ期临床试验。初步的观察表明，生存期超过1年以上者占55%，其中1例已超过三年半，至今仍未见肿瘤复发。采用血管内皮生长因子基因治疗外周梗塞性下肢血管病基因治疗方案也已获准进入临床试验。目前，我国已有8个基因治疗方案进入或即将进入临床试验。

但在基因治疗的道路上，也出现过重大问题。1999年9月，美国一18岁的男青年，Jesse Gelsinger患有轻度鸟氨酸转移酶缺乏症（OTC），该症是由于代谢紊乱影响到氨的降解，但利用药物治疗和低蛋白饮食可使疾病得到控制。1999年9月，Gelsinger自愿参加针对OTC缺乏症的基因治疗的Ⅰ期临床试验。在大剂量注射了基因治疗假病毒制剂后，24小时死亡。其原因是对病毒载体产生严重免疫反应，死于多器官功能衰竭。因而，引起世界震动。事后的调查证明，Jesse的死并非基因治疗的过错，是由于违规操作——短时间超剂量使用基因治疗病毒而引起。尽管如此，由于基因治疗的重要意义，并没有减少科学家们的研究热情及有关国家部门和企业界的投入。2003年10月16日，拥有自主知识产权的重组人P53腺病毒注射液，在我国获得国家食品药品监督管理局批准的新药证书。这是世界上第一个获得正式批准的基因治疗药物。

尽管目前的基因治疗取得了重大进展，但总体来讲效果尚不理想，主要有如下四个关键问题存在：

(1) 缺乏高效、靶向性基因转移系统。目前科学家正在致力于构建更高效、能靶向性转移基因的系统。

(2) 缺乏切实有效的治疗基因；目前可用的基因太少，原因是尚有多种疾病的控制基因未被分离出来。因而寻找更多更具治疗作用的基因将大大推动基因治疗的研究和应用范围。在人类基因组计划完成的促进下和功能基因的不断鉴定出来，将会为基因治疗提供更多的有价值的目的基因。

(3) 外源基因表达的调控。目前的真核生物基因表达调控研究还很不清楚，因此对治疗性基因的表达还无法做到精确调控，也无法保证其安全性。

(4) 没有建立基因治疗研究中准确的疗效评价。体外实验的结果不一定与最终临床应用的结果相一致，况且，目前的人体临床试验中，限于伦理问题，多选择常规治疗失败或晚期肿瘤患者，即仅仅是实验性地运用于经过其他治疗无效的“绝症”。这就难以客观地评价出治疗效果。因此，有必要建立客观准确的评价方法体系，通过更多的Ⅰ临床随机对照试验进一步验证其准确疗效。

总之，基因治疗的前景是光明的，但道路是曲折的，因此，科学家的研究热情依然高涨。

二、基因治疗的安全性

基因治疗的安全性是保证这种治疗方法大规模应用的关键，争议的焦点主要集中在用病毒作载体具有潜在的危险性。在基因治疗的发展过程中，出现过几起严重的不良反应，使很多人对这种方法心存芥蒂。这里关注的安全性不是指药物的副作用，因为任何药物都会有副作用，而是基因治疗是否会给病人带来致瘤、致畸和遗传性的重大问题。作为一种全新的治疗方法，人们对其存有疑问完全正常，毕竟基因治疗在许多方面还不完全成熟，用病毒作载体进行目的基因的转移，有潜在的不安全性，如逆转录病毒作载体可能随机整合到宿主染色体基因组中，有致瘤、致畸的可能性。

在基因治疗发展过程中，有两起影响较大的副反应事件：2002年10月3日法国“气泡儿童”事件报道，在对与X染色体相关联的重症联合免疫缺陷病（XSCID）进行基因治疗的临床试验中，接受治疗的患者在数年后发生了一起严重的毒副作用；2003年1月14日，在治疗XSCID的基因治疗临床试验中，又观察到了第二例类似的严重的不良反应。XSCID是一种单基因遗传病，表现为T细胞和B细胞的严重免疫缺陷。如果不治疗的话，婴儿会在出生后一年内，由于严重和反复的感染而夭折。XSCID的常规疗法是进行骨髓移植，但是配型很困难。因此从理论上讲，基因治疗是从根本上治疗该病的新方法。在巴黎的临床试验中，11个受试婴儿，有7名儿童的免疫力得到了恢复。2例受试婴儿基因治疗后3年，相继表现出T细胞白血病的症状。研究发现，因为逆转录病毒可以随机整合到宿主细胞染色体DNA上，所以这种白血病是由于逆转录病毒载体插入癌基因 *LMO2* 的启动子附近而引发。但同时也强调，在过去所有接受基因治疗试验的病人中，从未出现过白血病。不过法国政府仍立即终止了该项试验。美国FDA也决定暂停同类以逆转录病毒为载体的用于血液干细胞的基因治疗临床试验，而以腺病毒等其他载体所进行的基因治疗临床试验不受影响。

美国FDA和美国NIH的重组DNA顾问委员会负责人认为，绝大多数基因治疗临床试验没有明显的和不可预见的风险，基因治疗的主流是好的，是具有广阔前景的领域，应该坚持而不是放弃。2000年3月，为进一步加强临床试验监察力度，FDA和NIH公布了两项新措施：①制定了基因治疗临床试验监察计划；②定期开办基因治疗安全性专题研讨会。因此现在需要做的是完善基因治疗

笔记栏

临床试验法则，加大临床监察力度，使基因治疗沿着更为安全的轨道开展。

另外一个需要重视的问题是，外源基因的导入对机体带来的不利影响。不论如何，当一个个体接受一个外源基因时，总会有一些不利作用，影响机体原来的平衡。

三、基因治疗的法律法规

把基因治疗方案用于人体必须经过严格的审批程序，需要专门机构的审批与监督。美国是最早开展基因治疗的国家，每个用于临床基因治疗的方案需经过几个机构的审查。先通过一个地方伦理小组和一个地方生物安全小组，再呈送国立卫生研究院(NIH)的重组 DNA 顾问委员会(RAC)下属的人类基因治疗分委员会(Human Gene Therapy Subcommittee，HGTS)，HGTS 审查后呈送 RAC，RAC 审查后再送交食品与药物管理局(FDA)。RAC 的审查要点是治疗方案对受治患者与大众的安全性，对患者的预期疗效与潜在危险相比较。对副作用与潜在危险的检测指标。

FDA 审查内容部分与 RAC 重复，其主要考虑治疗程序的特点，用于基因转移的生物制品的产品质量控制与 RAC 与 FDA 审查要点有交叉。

在我国，基因治疗方案要经国家药品监督管理局(SDA)审批。

鉴于基因治疗重要的科学意义及巨大的应用价值，为促进和指导我国基因治疗研究、开发和产业化的正常发展，加强科学规范管理，1993 年 5 月我国卫生部公布《人的体细胞治疗及基因治疗临床研究质控要点》；1996 年，国家药品监督管理局对上述质控要点作了进一步修订，并于 1999 年 6 月颁布了《人基因治疗申报临床试验指导原则》。目前《人基因治疗研究和制品技术指导原则》亦已由国家食品药品监督管理局颁布。在这些法律法规中详细地规定了基因治疗所用生物制剂的研制、生产工艺、制剂的质量控制、临床实验和临床疗效评价的各个环节中应该遵守的原则。

总之，基因治疗必须经过严格临床实验，符合国家药品管理局的要求。只要我们严格遵照这些法律法规，就一定能在基因治疗的科学研究和临床实验中做出应有的贡献。

小　结

基因治疗是指以改变人类遗传物质为基础的生物医学治疗，即通过一定方式将人正常或野生型基因或有治疗作用的 DNA 顺序导入人体靶细胞，以矫正或置换致病基因的治疗方法。目前开展的基因治疗方案中主要采取的策略包括，用正常的基因置换染色体上的致病基因，将正常基因转移到患者的宿主细胞，使治疗基因代替致病基因表达正常蛋白质而发挥作用，向患者体内或肿瘤细胞内导入肿瘤抑制基因(如 *rb* 或 *p*53)，以抑制癌基因的表达，也有用反义 RNA、siRNA、核酶、肽核酸抑制或封闭有害基因 mRNA 的表达，从而达到抑制肿瘤细胞过度增殖的目的。也可将抗体、细胞因子等基因导入肿瘤细胞以激活体内免疫细胞的活力，增强患者免疫能力的抗肿瘤治疗等等。

将治疗性基因导入体内的方法主要有非病毒方法和病毒方法，非病毒方法包括直接注射法、电穿孔法和脂质体转运的办法，非病毒基因导入方法安全性好但效率低。而病毒方法是利用病毒具有靶细胞定向感染性和宿主细胞寄生性两大特征，将野生型致病的病毒改造成为无致病作用的基因治疗载体而建立起来的。目前常用做基因转移载体的病毒有逆转录病毒、腺病毒、腺相关病毒、单纯疱疹病毒、埃巴二氏病毒、痘苗病毒等。它们各具有不同的优缺点，可依据基因转移和表达的不同要求加以选择。

基因治疗所针对的病种很多。如果是由单基因突变和缺陷引起的单基因遗传病，由于其致病基因缺陷比较清楚，基因治疗的靶基因明确，利用基因治疗效果就比较好。对多基因遗传病，由于涉及多种基因，基因治疗比较难。心脑血管病的基因治疗进展很快，而与多基因有关的心脑血管病像高血压、动脉粥样硬化、心肌肥厚、心功能不全、再狭窄等，这些疾病是多环境因素和遗传因素相互作用引起的，涉及多种基因结构和表达调控机制的改变，其发病的确切分子机制尚不十分了解，目前这类疾病的基因治疗效果尚不理想。对恶性肿瘤的基因治疗目前受到更大的关注。常用的方案包括将抑癌基因导入肿瘤细胞中表达，代替和补偿有缺陷的抑癌基因达到治疗目的。第二个常用的手段是利用反义 RNA 和 RNA 干涉封闭某癌基因抑制其过表达。第三个手段是将细胞因子的基因与载体重组后导入受体细胞内，使其在细胞内部持续地产生细胞因子而达到激活和增强机体特异性抗肿瘤免疫反应的作用。

(葛银林)

参考资料

冯作化. 2001. 医学分子生物学. 北京：人民卫生出版社
冯作化. 2005. 医学分子生物学. 北京：人民卫生出版社
顾健人，曹雪涛. 2002. 基因治疗. 北京：科学出版社
罗超权. 2000. 基因诊断与基因治疗进展. 河南：河南医科大学出版社
药立波，冯作化，周春燕. 2004. 医学分子生物学. 第 2 版. 北京：人民卫生出版社
查锡良. 2004. 医学分子生物学. 北京：人民卫生出版社

第18章 基因工程药物与疫苗

所谓基因工程药物就是通过基因工程生产的治疗基因产物，如重组蛋白、抗体、各种细胞因子、疫苗等，或治疗基因，如DNA、RNA等。

基因工程药物具有特异性强、毒性小、作用机理清楚和活性高等特点。近年来，随着新技术和新方法的不断突破，新的基因工程药物也层出不穷。

概　　述

基因工程技术为制药业带来了革命，对人类社会产生了重大的影响，先进国家已开始对现有的重组药物进行分子改造，将天然蛋白质的活性中心人工合成，使其在体内外的稳定性、耐热性优于天然型蛋白质。基因工程疫苗也优于传统的疫苗。医药行业一直是朝阳行业，生物医药则是朝阳中的朝阳，年复合增长率达到15%以上，远超全球药品市场增长率以及全球GDP成长水平。相对于传统医药行业，生物医药产业的市场集中度较高，更有利于优势企业的发展壮大。

1982年美国Lilly公司首先将重组胰岛素投放市场，标志着世界第一个基因工程药物的诞生。迄今为止，已有200多种基因工程药物上市，近千种处于研发状态，形成一个巨大的高新技术产业，产生了不可估量的社会效益和经济效益。美国拥有525个基因实验室，生物技术公司1300家左右！其中300多家公开上市！市场资本总额超过3308亿美元。预计到2025年，美国生物技术市场总额将达到2万亿美元！届时将占国民生产总量(GDP)的20%。

欧洲是生物技术革命的重要发源地之一，生物技术药品市场欧洲已占据了全球28%的份额。有290种蛋白质药物进入临床试验，其中29种已批准上市。据专家估计，欧洲生物技术产业在今后的5～10年内将和美国和日本展开激烈的竞争。

日本提出了“生物产业立国”的国家长远目标！现已上市的生物技术产品有31种之多！其中80%是基因重组药物，正在研发的产品有47种。主要有红细胞素、生长激素、粒细胞集落刺激因子、胰岛素、干扰素、高血糖素、Ⅷ因子、组织纤溶酶原激活剂等产品。

我国的基因工程药物和疫苗最近几年也有快速的发展，在医药工业收入同比增长中，生物制药表现突出。2005年我国规模以上的生物、生化制品的制造企业工业总产值累计达到了33 698 450千元，与上年同期相比，增长了37个百分点。而1～6月份的累计数增长为33%，下半年的增长速度明显高于上半年。2005年国内生物制品销售收入总额为157.4亿元人民币，销售利润总额为38.7亿元人民币。2006年生物技术工业总产值达400多亿元，预计到2015年总产值可达1100亿到1300亿元。

近20年来，以基因工程、细胞工程、酶工程为代表的现代生物技术迅猛发展，目前全球正处于生物医药技术大规模产业化的开始阶段，预计2020年后将进入快速发展期，并逐步成为世界经济的主导产业之一。“十一五”中国把生物技术作为未来发展高技术的重点。预计中国到2010年将有可能超过许多西方欧洲市场而成为全球第五大国家市场。2006年，国务院出台了《国家中长期科学和技术发展纲要(2006～2020年)》指出，未来15年，中国要在生物技术领域部署一批前沿技术，包括靶标发现、动植物品种与药物分子设计、基因操作和蛋白质工程、基于干细胞的人体组织工程和新一代工业生物技术等。这一部署为我国生物制药领域注入了一针兴奋剂。

第一节　基因工程药物的种类和临床应用

一、基因工程药物的种类

生产基因工程药物的基本方法是将目的基因用DNA重组的方法连接在载体上，然后将载体导入宿主细胞(微生物、哺乳动物细胞或人体组织靶细胞)，使目的基因在宿主细胞中得到表达，最后将表达的目的蛋白质提纯及做成制剂，从而成为蛋白类药或疫苗。若目的基因直接在人体组织靶细胞内表达，就成为基因治疗。目前基于基因治疗技术的药物极少被正式批准。基因工程药物按制备方法和药理作用大致可以分为以下几类：

1. 活性多肽类　在人体中存在一系列含量较低，但生理活性很高，而且在人体代谢过程中起着重要调节作用的活性多肽类物质如激素、抗体、溶栓和抗凝血药物等。这些物质在临床上可以作为药物来治疗相应的疾病。在基因工程制药出现之前，此类药物的制剂多来源于各种动物的脏器，生产方法复杂，成本高，个别产品还必须从动物体中提取，无法进行大规模工业化生产。自基因工程技术问世以来，通过基因重组技术，可以由微生物进行生产，大大改善了这一状况。这是基因工程技术

笔记栏

的最大贡献。除比较典型的药物如胰岛素、生长素、红细胞生成素外，运用基因工程技术生产的这类药物还有表皮生长因子、神经生长因子、人基底成纤维细胞生长因子和绒毛膜促性腺激素等。

2. 细胞免疫调节因子 基因工程技术用于细胞免疫调节因子的产品较多，临床广泛应用于抗肿瘤和免疫调节等。近年来，由于基因重组和细胞融合两大技术的进步，加上高压液相层析技术、氨基酸序列分析装置以及蛋白质的精制和解析技术的改进，使一些调节细胞免疫活性物质的研究和开发得到快速发展，如干扰素(Interferon，INF)、白介素(Interleukin，IL)、集落刺激因子(colony stimulating factor，CSF)和肿瘤坏死因子(tumor necrosis factor，TNF)等。

3. 抗生素类 传统的抗生素生产，主要利用化学合成或微生物发酵获得，其生产过程中菌种的表达水平比较低，生产成本比较高，而且在使用过程中容易产生耐药菌群。而利用基因工程技术可以对生产菌种进行基因改造，得到表达水平高、产品目的性强的菌株，如大肠埃希菌生产青霉素酰胺酶。

二、基因工程药物的临床应用

1977 年，Hirose 和 Itakura 用基因工程方法表达了人脑激素——生长抑素，这是人类第一次用基因工程方法生产出有药用价值的产品，标志着基因工程药物开始走向实用阶段，随后 1978 年人胰岛素基因又获表达成功。我国自 20 世纪 70 年代以来，开始利用 DNA 重组技术、淋巴细胞杂交瘤技术、酶工程技术、细胞大规模培养技术研究肝炎疫苗、活性蛋白及多肽类药物、单抗诊断试剂等。已有基因工程干扰素、白介素、红细胞生成素、链激酶以及腺病毒为载体的 *p*53 基因等产品投放市场。

(一) 基因重组生产的多肽和蛋白类药物

1. 干扰素(INF) 传统法用人的细胞制备的干扰素有许多缺点：成本高、组分多、纯度低、产品不稳定。应用基因工程制得的干扰素克服了以上缺点且能规模生产，还能生产出新型干扰素如：活性增加的干扰素、稳定性增加的干扰素、改变抗原性的干扰素等。干扰素应用在以下几个方面：

(1) 抗病毒作用：目前的研究主要集中在抗各类肝炎病毒方面，在抗 HIV、抗 HSV 等方面也有较多研究。

(2) 提高免疫系统机能：在牛体内的实验表明 INF-γ 可增加免疫抑制动物的免疫系统活性。

(3) 抗肿瘤：通过与糖基化的淋巴细胞毒素嵌合，INF-γ 可以提高小鼠对 HT-1080 纤维肉瘤、G-361 恶性黑色素瘤、ZR-75-1 乳腺癌等肿瘤的抗性。在临床方面，重组 INF-β 用于扩散性间皮瘤已进入Ⅱ期临床阶段；重组 INF-γ 与重组 INF-α 嵌合用于肿瘤治疗也已完成Ⅰ期临床工作。

2. 白介素(IL) 尽管目前已经发现了十几种 IL，但美国 FDA 批准上市的只有 CHIRON 公司生产的 IL-2，用于治疗肾细胞瘤。其他的白介素如 IL-2，3，4，6，10，11 在国外进入了临床试验。我国卫生部已批准试生产的有基因工程白介素 2，正在进行开发性研究的有 IL-3，4，6 等。部分白介素的临床应用如下：

(1) IL-2：在临床上主要用于肿瘤治疗，对肾癌，黑色素瘤，非霍奇金病和白血病有效，对免疫缺陷病如 AIDS、对病毒、细菌、真菌、原虫感染性疾病如肝炎、结核病也有一定的疗效。

(2) IL-4：重组 IL-4 已进入临床试验，主要用于治疗某些癌症，免疫缺陷病，此外还可用作疫苗佐剂和免疫接种。

IL-6 已进入临床试验，主要用于治疗化疗后血小板减少症，某些癌症如乳腺癌、白血病等，此外对辐射损伤、肝损伤、艾滋病的疗效也有潜在应用前景。

值得一提的是除了白介素外，对白介素可溶性受体的基因工程研究也发展很快，比如英国 IMMUNEX公司研制的基因工程 IL-1 可溶性受体(SIL-4R)治疗哮喘已应用在Ⅰ期临床，治疗风湿性关节炎在Ⅱ期临床，治疗 HIV 在Ⅰ/Ⅱ期临床，基因工程 IL-4 可溶性受体(SIL-4R)治疗哮喘在Ⅰ期临床。

3. 红细胞生成素(EPO) EPO 在肾性贫血、癌性贫血、结核性贫血、难治性贫血、血液病以及风湿病，骨髓增生异常综合征等病中对恢复红细胞及血象起重要作用。

4. 组织纤溶酶原激活剂(tPA) tPA 在临床上是一种高效特异性溶血栓药物，可广泛用于治疗血栓。与另外两种溶血栓药物尿激酶和链激酶相比有显著优点：溶栓活力比尿激酶高 5～10 倍。此外 tPA 还可作为纤溶系统功能判断指标、诊断血栓形成的指标、肿瘤辅助诊断、凝血疾病预后指标和肝脏功能评价指标。

案例 18-1

患者，女，71 岁，因突然言语不清，右侧肢体不能活动 2 小时入院。既往有高血压病、糖尿病，自行服药治疗，但控制欠佳。体格检查：BP160/90mmHg，神志清楚，运动性失语，右侧鼻唇沟浅，伸舌偏右，右侧上下肢肌力 2 级，右侧巴氏征阳性。急诊颅脑 CT：排除脑出血，左侧大脑中动脉可以高密度征。

诊断：脑血栓形成。

治疗：因发病在 3 小时以内，给与静脉滴

笔记栏

注 rtPA(重组组织型纤溶酶原激活物)溶栓,0.9mg/kg,治疗2小时后,查体发现右侧肢体肌力恢复到4级,复查CT颅脑未见脑出血。

问题与思考

1. 动脉粥样硬化血栓形成的分子生物学机制?

2. rtPA 溶栓的分子生物学机制?

案例 18-1 相关提示

1. 脑血栓形成患者血浆 t-PA 及 PAI-1 的变化规律。

2. rtPA 能水解纤维蛋白、激活血纤维蛋白溶酶原成纤维蛋白溶酶,间接水解纤维蛋白的作用。

5. 粒细胞集落刺激因子(G-CSF) 主要应用于粒细胞减少症、白血病、外周造血干细胞移植。

6. 粒/巨噬细胞集落刺激因子(GM-CSF) GM-CSF 不仅作用于粒细胞、巨噬细胞,对红细胞及巨核细胞系的前体细胞也有作用。可用于肿瘤化疗所致的造血障碍、艾滋病、再生障碍性贫血、骨髓增生异常综合征以及骨髓移植,此外还可增强免疫功能。

(二) 酶类基因工程药物

1. 重组尿激酶原,重组链激酶 二者主要用于治疗血栓性疾病、急性心肌梗死、急性下肢深静脉血栓等动脉血栓性疾病的治疗。有报道称重组链激酶与尿激酶静脉内溶栓疗效有一定的可比性,且重组链激酶再通率略高,而尿激酶副作用少,两种溶栓剂均有疗效可靠、安全、方便、监测条件要求不高,适合于基层医院使用的优点。但重组链激酶治疗急性下肢静脉血栓的疗效明显优于尿激酶;重组链激酶预防腹部手术后腹腔粘连,能减少术后腹部症状。

2. 门冬酰胺酶 门冬酰胺酶主要用于治疗急性淋巴细胞白血病,但有报道称左旋门冬酰胺酶可致儿童急性胰腺炎、糖尿病、酮症酸中毒。

3. 超氧化物歧化酶 超氧化物歧化酶用于前列腺癌或膀胱癌放射治疗后遗症、类风湿关节炎的治疗。

三、基因工程药物和疫苗的制备过程

基因工程药物和疫苗制备的过程类似于基因工程过程。关键是目的蛋白表达系统的选择。表达系统包含运载外源基因的载体和宿主细胞两部分。通过将目的基因克隆至合适的载体,并根据产物的特点选择合适的宿主表达细胞,可以制备相应的基因工程药物与疫苗。用于基因表达的载体有原核表达载体(如大肠埃希菌表达载体)和真核表达载体(如动物细胞表达载体)用于基因表达的宿主细胞包括原核细胞(大肠埃希菌,枯草芽孢杆菌和链霉菌等)和真核细胞(酵母,丝状杆酌昆虫细胞和哺乳动物细胞等)两大类。

第二节 基因工程疫苗的种类和临床应用

疫苗通过免疫学的机制达到预防疾病的目的。20世纪以来,免疫学、微生物学、生物技术特别是病毒组织培养技术的快速发展,使得一些疫苗得以出现。对于免疫保护机制明确、易于培养的病毒,均可以通过传统的方法生产疫苗。而对那些免疫机制不明确、可能产生免疫病理反应、有潜在致肿瘤作用或不易进行培养的病毒,则难于用传统方法生产疫苗。新型疫苗正是为了解决传统疫苗不能克服的问题,伴随着分子生物学、免疫学、现代生物技术等理论和技术的发展而产生的。

疫苗的发展已经从经典的细菌疫苗和病毒疫苗,发展到寄生虫疫苗、肿瘤疫苗,从预防性疫苗发展到治疗性疫苗。从疫苗生产所使用的技术来看,病毒疫苗可以分为传统疫苗和新型疫苗两类。传统疫苗包括灭活疫苗、减毒疫苗和采用天然病毒的某些成分制成的亚单位疫苗,而新型疫苗主要是指基因工程生产的疫苗,包括基因工程亚单位疫苗、基因工程载体疫苗、核酸疫苗、基因缺失活疫苗等。

一、基因工程疫苗(genetic engineering vaccine)的分类

传统疫苗是直接将无毒或减毒的病原体作为疫苗接种到人或动物体内,刺激机体免疫系统产生特异性免疫应答,主要效果是预防或降低病毒病的严重程度。目前使用的抗感染疫苗可以分为三类:

(1) 减毒活疫苗:通过不同的手段,使病毒的毒力减弱或丧失,机体在接受该疫苗后不发生或出现很轻的临床症状,刺激机体的免疫系统产生针对该病毒的免疫反应,使之在以后接触该病毒时,保护机体不患病或患病的临床过程较轻。

(2) 灭活疫苗:由完整的病毒组成,使其致病性丧失或减弱,但是仍然保持病毒的全部或部分免疫原性,接种后病毒抗原可以刺激机体产生免疫应答,达到保护作用。灭活疫苗和减毒疫苗的差别在于疫苗中的病毒不具有感染性,在体内不能增殖。

(3) 亚单位疫苗:提取病原体刺激机体产生保护性免疫力的有效免疫成分制成的疫苗。其特点

笔记栏

与灭活疫苗相似，主要区别是病毒亚单位的体积较小，免疫原性差，有些甚至是半抗原，需要与蛋白载体偶联后使用。正是由于仅用病毒的部分成分，可以去除病毒颗粒中一些引起不良反应的成分。

传统疫苗免疫原性良好，但死疫苗和活疫苗有潜在致病性；制苗病毒有潜在致癌性；亚单位疫苗存在免疫反应不完全性。

相对于传统疫苗而言，新型疫苗是用遗传重组、基因工程、蛋白质工程等现代生物技术生产的疫苗，具有传统疫苗无可比拟的优点。虽然新型疫苗在短期内仍不可能代替目前广泛使用的传统疫苗，然而，随着新型疫苗基础研究和Ⅰ期临床应用的纵深发展，其在病毒性疾病、细菌性疾病、寄生虫免疫和抗肿瘤免疫等多种疾病防治方面必将发挥巨大的作用，为人类防治疾病带来划时代的影响。基因工程疫苗按作用的不同可分类如下。

（一）病毒疫苗

1. 基因工程载体疫苗（recombinant vectored vaccine） 利用基因操作技术，将病原体的保护性抗原基因插入另一种载体微生物（常是无病原性或弱毒疫苗株）基因组中、或染色体外DNA（质粒）的某些部位使之成为重组微生物或高效表达重组蛋白。如重组载体细菌疫苗和重组载体病毒疫苗。

载体疫苗为活疫苗，具有和减毒活疫苗相似的特点。理想的病毒疫苗应该具有感染靶细胞的能力，并诱导包括体液免疫、细胞免疫的免疫反应。但是往往欲表达的病毒和载体病毒感染途径不一定相同，如麻疹病毒的自然感染为呼吸道感染，而使用重组痘病毒制备的载体疫苗必须使用划痕接种，这样不利于诱导局部免疫；同时要求载体病毒的基因组能够容纳足够的外源基因插入，有利于研究多价疫苗。

理想的载体应减少载体蛋白的表达量，有利于提高疫苗使用的安全性。近年来研制的非复制型载体就是出于此目的。所谓非复制型载体，是指载体进入细胞后，只保留DNA复制、RNA转录和蛋白质表达的功能，可以有效产生保护性抗原刺激机体产生免疫反应，但不能装配成有感染性的子代病毒。

2. 基因缺失活疫苗（genetic deleted vaccine） 通过基因工程手段在DNA或cDNA水平上造成毒力有关的基因缺失，从而达到减弱病原体毒力，而不丧失其免疫原性的目的。如我国研制出的猪伪狂犬病胸腺核苷激酶基因缺失疫苗。其免疫接种与强毒感染相仿，机体可对病毒的多种抗原产生免疫应答。而且此种疫苗比较适于局部接种，诱导产生黏膜免疫力。

在采用诱导方式获得的突变株中，往往是点突变，只是极少数核苷酸发生变化，容易发生毒力恢复。而基因缺失活疫苗采用的是一个基因或部分基因的去除，产生的突变株的性状稳定、明确，不易发生毒力回复的优点，是研制新型疫苗的重要途径。由于基因缺失活疫苗的研制是建立在对病毒毒力有关基因深入了解的基础之上，然而很多病毒的毒力相关基因或序列并不完全清楚，因此这是开发基因缺失活疫苗的主要障碍。

3. 基因工程亚单位疫苗（genetic engineering subunit vaccine） 用DNA重组技术将编码病原微生物保护性抗原的基因导入原核或真核细胞中，使其高效表达、分泌保护性抗原肽，提取纯化后加入佐剂制成。因为亚单位疫苗只含有病原体的一部分，不会引起病原体所导致的动物发病，所以具有较好的安全性和稳定性。采用这种方法生产的亚单位疫苗可以用来替代传统方法生产的亚单位疫苗，更重要的是可以用于不易培养病毒的疫苗研究，扩大了疫苗应用范围。但是该疫苗免疫性较差，因此提高亚单位疫苗的免疫原性是发展该疫苗的需要解决的问题。

目前解决这个问题的方法是将抗原基因加以改造，使之发生点突变、插入、缺失、构型改变，甚至进行不同基因或部分结构域的人工组合，以期达到增强产物的免疫原性，扩大反应谱，去除有害反应或副作用的一类疫苗。但需要注意的是，由于一个关键性氨基酸残基的改变可能会引起蛋白质功能的彻底改变。蛋白质的构型或抗原表位的氨基酸序列又常常与抗原的特异性密切相关，所以对蛋白改造所得疫苗的效果和安全性必须小心谨慎。

目前常用于外源基因表达的主要有细菌、酵母、哺乳动物、昆虫细胞等系统，其主要区别是蛋白质翻译后加工（糖基化）的不同，导致抗原的免疫原性差别很大，因此可作为选择表达系统的重要指标。一般来说，在哺乳动物细胞中表达的蛋白质最接近天然病毒的抗原，同时也要考虑表达方式（分泌型或细胞内表达）和表达量的多少也是选择表达系统的主要因素。

4. 病毒样颗粒 近年来，发现仅表达病毒的部分结构蛋白就可以在细胞内装配成病毒样颗粒，病毒颗粒通常由两个或更多的蛋白组成，为一不含有病毒核酸的空壳结构，这种空壳表面有构象依赖性表位。但是如果单独表达这些蛋白往往不能形成这类表位。

5. 合成肽疫苗（synthetic peptide vaccine）**也称为表位疫苗** 应用人工方法设计化学方法合成或以基因工程制备的具有保护作用的类似天然抗原决定基的小肽。如口蹄疫多肽疫苗，乙型肝炎和疟疾合成肽疫苗。这种疫苗由于其不含核酸成分，无病原微生物污染，因而更安全。保存方便，质量容易控制。但主要适用于连续序列氨基酸残基组成的线性抗原表位，虽然其在一定程度上能模拟由非连续序列的氨基酸残基组成的非线性抗

笔 记 栏

原表位，但免疫原性仍不太理想。解决办法是可以将其偶联到其他载体蛋白上，获得较好的免疫效果。偶联的目的是为了提供合成肽的 TH 细胞表位，增加分子量，延长其生物半衰期。近年来发现，在同一个肽段上必须同时存在 T 辅助淋巴细胞表位和 B 淋巴细胞表位，才能刺激机体产生有效的免疫反应。

6. 微胶囊疫苗 也叫可控缓释疫苗。是指使用微胶囊技术将特定抗原包裹后制成的疫苗，是一种用现代材料和工艺技术改造现有疫苗的剂型，从而达到简化免疫程序和提高免疫效果的新型疫苗。当微胶囊疫苗注入机体后，可以在不同时间有节奏地释放抗原，释放时间可以持续数月，高抗体水平可维持两年，并可以起到初次接种和加强接种的作用。

7. 转基因植物疫苗（transgenetic plant vaccine） 用转基因方法将外源保护性抗原基因导入可食用植物细胞基因中，外源性抗原即可在植物中稳定的表达和积累，动物采食后达到免疫接种的目的。如姜鹏等用基因枪转化法获得乙肝病毒表面抗原 HbsAg 稳定表达的转基因海带。此种疫苗没有其他病原菌污染，对人畜安全，具有口服免疫原性，可以直接食用刺激免疫反应，且储存简单。

8. 遗传重组疫苗（genetic recombinant vaccine） 是通过强弱病毒株之间进行基因片段的交换而获得的减毒活疫苗。如分节段的 RNA 病毒的野毒株和不致病的弱毒株在共同感染细胞时，可以发生不同基因片段的交换，产生基因重配病毒。

近十年来，随着对病毒的致病机制和免疫保护机制的进一步了解，病毒疫苗的研究取得了重要进展，不但可诱导机体产生特异性中和抗体，并且未见明显的副作用。但对于某些病毒疫苗尤其是新型病毒疫苗的接种并未获得很好的免疫效果，其主要原因可能是机体处于免疫抑制状态，应用疫苗后并没有消除原来的免疫抑制状态。相信随着对疫苗免疫机制的深入研究，在不久的将来这一个难题将得到解决。

（二）重组载体细菌活疫苗

以疫苗株沙门菌、李斯特菌和卡介苗作为外源基因的载体的疫苗。细菌载体本身就起佐剂作用，刺激产生强的 B 细胞和 T 细胞免疫应答。

1. 沙门菌活载体疫苗 沙门菌能通过消化道将异源抗原带到肠道的淋巴组织中，并在其中繁殖，与免疫前体细胞相互作用，从而激发机体的各种免疫。以它作为疫苗载体不仅可对肠道细胞病原体产生保护性免疫，而且还可对病毒、寄生虫等其他途径感染病原体有作用。用此系统可表达链球菌的表面抗体和 M 抗原，将 *E. coli.* K_{88} 和 *LT-B* 抗原基因重组质粒转入弱化的猪霍乱沙门菌中构建出猪霍乱沙门菌—大肠埃希菌与 $K_{88}LT\text{-}B$ 多价基因工程苗。

2. 大肠埃希菌活载体疫苗 如将合成的口蹄疫病毒 VP_1 的 10 个氨基酸残基的 DNA 序列插入到 *E. coli.* K_{12} 株的外膜蛋白基因中；将志贺毒素 B 亚单位的 3 个部分基因融合到 *E. coli.* 的另外一种外膜蛋白基因的 153 和 154 密码子间，融合表达。

3. 卡介苗活载体疫苗 把 20 种病原抗原包括疟原虫和 HIV 的几种抗原编码基因克隆在热休克蛋白基因启动子之后，导入卡介苗（BBC）基因组中制成的疫苗。

（三）寄生虫疫苗

寄生虫病疫苗如下类别：低毒野生型活疫苗、减毒疫苗、灭活疫苗或死疫苗、组分疫苗（包括提取物及代谢产物）、合成及重组抗原疫苗、抗独特型疫苗和裸 DNA 疫苗。目前尚无被普遍采用的寄生虫病疫苗，Ada（1993）总结其原因如下：①无足够虫源；②寄生虫病病程多变，一种疫苗可能需要针对不止一个疾病阶段产生保护力；③寄生虫具有多种免疫逃避手段；④所涉及的抗原复杂，对其引起的保护性免疫反应也不清楚。

（四）基因疫苗（genetic vaccine）

1. DNA 疫苗（DNA vaccine） 由插入有一种或多种外源基因的质粒 DNA（来自细菌）和真核启动调控等基因元件构成的。载有外源抗原的质粒 DNA 在一种真核启动子和加尾信号以及相关增强子等基因单元的控制下，可在哺乳动物的各类细胞中表达出相关的抗原蛋白。

DNA 疫苗作为第三代疫苗，具有其显著的优点：①DNA 疫苗在宿主细胞内表达过程与自然感染相似，抗原性强。②重组质粒 DNA 在宿主体内存在时间长，持续刺激机体免疫系统，产生持久免疫。③选择核心蛋白保守 DNA 序列制备基因疫苗，避免免疫逃脱现象。④能联合免疫，即将编码不同抗原的基因构建在同一个载体质粒中或将不同抗原基因的多种质粒联合应用，构成多价或多联疫苗。⑤DNA 疫苗可同时诱发体液和细胞免疫应答。⑥质粒 DNA 无免疫原性，可以反复使用。

但是，DNA 疫苗作为一种新型疫苗，其应用尚存在以下忧虑：①致癌性：外源基因进入机体会不会与宿主 DNA 整合，引起细胞转化；质粒是否可能激活原癌基因或使抑癌基因失活。②免疫耐受现象：DNA 疫苗长期在体内表达，可能引起过度或对该抗原的免疫耐受，最终导致机体免疫抑制。③抗 DNA 抗体形成：是否有可能产生对注射 DNA 本身的免疫反应，产生抗 DNA 抗体，从而诱发自身免疫

笔 记 栏

性疾病。

2. RNA 疫苗(RNA vaccine) 用 RNA 替代 DNA 作基因疫苗。它不会与宿主染色体 DNA 直接结合,可降低基因的插入突变和整合的概率;但 RNA 易降解,体内转移效率低。近年来有研究采用具有"自我复制"功能的 RNA 疫苗来增强 RNA 疫苗的免疫效应。

近年来,针对 DNA 疫苗的缺陷,在常规 DNA 疫苗和"自主复制型"RNA 疫苗的基础上发展起来一种新型疫苗——"自杀性"DNA 疫苗(suicidal DNA vaccine)。在甲病毒复制子载体的非结构蛋白基因上游插入强启动子元件(如人巨细胞病毒(CMV)的早期启动子/增强子),便可直接在体内启动全长"基因组"的转录,以这种结构构建的疫苗可以完全按常规 DNA 疫苗的方式进行制备和免疫,同时,由于 CMV 的启动子只启动复制和转录,一旦载体本身非结构蛋白编码的复制转录酶合成,便可自主合成大量的 RNA 分子,其免疫机制仍与 RNA 疫苗类似,也具有自主复制、高效表达以及在短时间内诱导宿主细胞凋亡(一般为 2～5 天)的特性,因此称之为"自杀性"DNA 疫苗。"自杀性"DNA 疫苗大大提高了疫苗的安全性和有效性,将形成基因疫苗研究的又一高潮和热点。

(五) 肿瘤疫苗

肿瘤疫苗(cancer vaccine)即肿瘤特异性主动免疫治疗(active specific immunotherapy,ASI),是 20 世纪 90 年代发展起来的肿瘤免疫新疗法。其基本原理是:通过体外分离、提取肿瘤特异性抗原或肿瘤相关抗原(tumor associated antigen,TAA),制备不同形式的疫苗注射到肿瘤或肿瘤患者体内,由 APCs 摄取并提呈给免疫细胞,使机体 T 淋巴细胞致敏、活化,生成肿瘤特异性细胞毒性 T 淋巴细胞(cytotoxic T lymphocyte,CTL),专一性地结合并杀伤肿瘤细胞。随着对肿瘤免疫逃避机制认识的深入和更多 TAA 的鉴定,肿瘤疫苗将成为肿瘤治疗的有效手段。根据功能不同肿瘤疫苗的又分为以下类型。

1. 预防性肿瘤疫苗 如用与某些特殊肿瘤发生有关的基因,制备疫苗后接种于那些有遗传易感性的健康人群,进而可以控制肿瘤的发生。最近报道显示,在我国台湾地区通过使用乙肝疫苗预防病毒性乙型肝炎,降低了儿童原发性肝癌的发生率,取得了较为满意的预防效果。预防性疫苗也必将今后很长一段时间肿瘤疫苗的研究方向。

2. 治疗性肿瘤疫苗

(1) 以肿瘤细胞为基础的疫苗:该疫苗以肿瘤为基础分为自体或异体的肿瘤细胞两种来源。自体肿瘤细胞最早应用于临床,但由于自体肿瘤细胞获取困难,特别是肿瘤病人一旦失去手术机会,就无法获取自体肿瘤细胞。同种异体肿瘤细胞系因具有制备简单,并可在体外传代培养等特点,Vaishampayan 等使用两个同种异体黑色素瘤细胞系,以细胞裂解物为疫苗,辅以免疫佐剂单磷酰脂质 A(MPL)-卵磷脂。试验结果显示,在完成试验的 39 例患者中,总的应答率是 10.2%,64%患者的病情稳定期在 16 周以上,疾病展前的中位时间是 8 个月,患者疾病缓解期明显延长。

也可将某些编码免疫刺激性细胞因子的基因导入肿瘤细胞,使肿瘤局部细胞因子的浓度明显增加,加强 APC 的提呈能力及 T 细胞活性,提高疫苗的疗效。

(2) 以树突状细胞为基础的疫苗:肿瘤抗原必须经过 APC 提呈才能激活初始 T 细胞,产生免疫应答。树突状细胞(DC)作为高效的专职性 APC,在肿瘤免疫治疗中发挥重要作用。

致敏 DC 细胞的方式有两种:①脉冲致敏:各种肿瘤抗原蛋白分子,多肽或抗独特抗体都可以作为抗原。可由肿瘤细胞直接提纯并经弱酸洗脱,也可通过基因工程重组。②基因转导:肿瘤 RNA 转染的 DC 疫苗或者肿瘤细胞转化为 DC 的疫苗,在功能上相当肿瘤-DC 融合细胞,可提供更多的可供识别的抗原原位。

有人应用表达人 HER-2 抗原的鼠肿瘤模型,以腺病毒为载体,将编码 HER-2 的基因导入 DC,分析显示可以诱导 HER-2 特异性 CTL。但再次应用 3×10^5 HER-2 的肿瘤细胞时,仅能保护 25%的被接种小鼠。若同时将 HER-2 和 TNF-α。基因导入 DC,发现 DC 上调 CD40、CD86 及细胞间黏附分子-1 分子的表达。在体外,同转染 HER-2 的 DC 相比,同时转染 HER-2 和 TNF-α 的 DC 能够更明显地诱导 T 细胞增殖及 HER-2 特异性 CTL 应答(提高约 36%)。再次应用 3×10^5 HER-2 的肿瘤细胞时,100%的被接种小鼠得到保护。

二、基因工程疫苗的临床应用

12 世纪,中国人开始用人痘接种预防天花。18 世纪英国的医生 Jenner 发明了牛痘预防天花。1870 年法国科学家 Pasteur 发明第一个细菌减毒活疫苗——鸡霍乱疫苗。现在,人类已经在获得麻疹、白喉、百日咳、破伤风、脊髓灰质炎等病症的有效疫苗方法方面取得了长足的进步,特别是近 30 年来,生物工程技术,分子生物学的迅猛发展,极大地促进了疫苗的研究开发。至今已有 70 余种疫苗用于预防人类疾病,其中半数以上是病毒疫苗。这些疫苗的广泛使用,使曾经严重危害人类生命与健康的疾病:天花、小儿麻痹、白喉等疾病的流行已经得到有效控制。其中天花已被根除,开创了使用疫苗在自然界中消灭一种病原微生物的医学奇迹。

笔记栏

1. 基因工程载体疫苗(gene vectored vaccine) 基因工程载体疫苗是利用非致病微生物作为载体,将病毒的保护性抗原片段重组到载体微生物基因组中,用表达保护性抗原的微生物作疫苗。如以禽痘病毒作为载体的人用活疫苗已经进行了临床实验,并取得了令人鼓舞的结果。

2. 遗传重组疫苗(genetic recombinant vaccine) 遗传重组疫苗是通过强弱毒株之间进行基因片段的交换获得的减毒活疫苗。如用对人体不致病的猴轮状病毒或羊轮状病毒与野毒株重配,获得的轮状病毒减毒活疫苗已经上市或批准进行临床试验。美国的人-猴重配轮状病毒活疫苗由于发现在接受该疫苗的儿童中肠套叠的发生高于正常人群,已经停止销售。

3. 基因工程亚单位疫苗(gene engineered submit vaccine) 基因工程亚单位疫苗指用基因工程表达的蛋白抗原制成的疫苗,通常这些抗原必须进行纯化。乙型肝炎基因工程亚单位疫苗是研制的最早也是最成功的。此外,丙型肝炎基因工程亚单位疫苗,戊型肝炎基因工程亚单位疫苗的研制也在进行中。

4. 核酸疫苗(DNA 疫苗或 RNA 疫苗) Wolff 于 1990 年发现 DNA 免疫后,人们普遍认为一次新的疫苗革命即将来临。核酸疫苗就是把外源基因克隆到真核质粒表达载体上,然后将重组的质粒 DNA 直接注射到动物体内,使原基因在活体内表达,产生抗原激活抗体的免疫系统,引发免疫反应。最早应用于预防流感病毒感染的研究,之后研究扩展到了针对人类及动物的多种致病性疾病,如治疗病毒性疾病的乙肝病毒 DNA 疫苗,丙肝病毒 DNA 疫苗以及 HIV 人类免疫缺陷病毒 DNA 疫苗的研究初见成效;细菌性疾病中结核分支杆菌 DNA 疫苗,破伤风杆菌 DNA 疫苗已经开始探索;寄生虫病中疟原虫 DNA 疫苗,利什曼虫 DNA 疫苗开始研制;DNA 疫苗在肿瘤治疗方面也有广阔的应用前景,已经开展了淋巴瘤,黑色素瘤以及胰腺癌等多种肿瘤 DNA 疫苗的开发研究。

5. 合成肽疫苗 合成肽疫苗是用化学合成法人工合成病原微生物的保护性多肽并将其连接到大分子载体上,再加入佐剂制成的疫苗。具有制备容易、可大量生产、稳定、易保存、副作用少、价廉及使用安全等优点,因此 Meloen RH(1997)认为合成肽疫苗是疫苗学的最终目标,非常适于传统疫苗所不能达到的特殊目的。正由于有这些优点,人们已研制出所需要的各种合成肽疫苗。重庆佳辰生物工程有限公司与中国人民解放军第三军医大学联合开发研制的国家一类新药——"治疗用(合成肽)乙型肝炎疫苗"已于 2004 年 11 月完成了Ⅰ期临床试验,并于 2004 年 11 月 24 日向重庆市食品药品监督管理局和国家食品药品监督管理局提出了开展Ⅱ、Ⅲ期临床试验的申请,日前已得到中国国家食品药品监督管理局批复,同意本品继续进行临床试验。多肽作为体内引起效应细胞免疫应答形成的免疫原,但还有很多理论和技术问题需要继续研究,目前尚无多肽疫苗获准上市。

6. 肽或蛋白质疫苗 肽类疫苗在体内将相应的肽装配到 APC 的 MHC 分子上,继之活化初始 T 细胞,诱导细胞毒性 T 细胞(CTL)的抗肿瘤效应。在黑色素瘤免疫治疗的研究中,人类白细胞抗原—A2+患者使用合成的 gp100 肽进行疫苗接种。结果显示,在 29 例患者中 28 例患者的肽特异性 T 细胞数量升高。

蛋白质疫苗是使用天然蛋白质或重组蛋白质作为疫苗,可以联合应用佐剂或细胞因子。有科学家在表达 MAGE-3 的转移癌患者中应用重组 MAGE-3 蛋白及佐剂 SBAS-2(含 MPL 和皂素(QS21)的水包油乳剂)接种,在 33 例黑色素瘤中有 4 例产生了免疫应答,在 3 例膀胱癌中 1 例产生了持续 10 个月的应答。

7. 病毒类肿瘤疫苗 以病毒为载体,将编码肿瘤抗原的基因导入病毒,借以表达肿瘤抗原的疫苗。在表达 CEA 的进展期癌症患者中使用编码 CEA 的重组牛痘病毒疫苗(rVV)和禽痘病毒疫苗(rAV)。使用不同的接种方法,即首次 rVV 后 3 次 rAV(VAAA)或 3 次 rAV 后一次 rW(AAAV)。VAAA 组 6 例患者均产生 CEA 特异性 T 细胞应答,AAAV 组 5 例患者中 2 例产生免疫应答。

有些肿瘤疫苗已进入临床前和临床试验阶段,但还有许多问题要解决:①肿瘤疫苗载体的稳定性差;②肿瘤疫苗有潜在致瘤性;③疫苗接种途径与疗效的评价;④疫苗免疫活性的维持。未来的研究方向需着重于解决以上问题,充分了解免疫应答机制,寻找新的抗原载体,为将来的疫苗设计提供理论基础,从而更好的提高肿瘤免疫。

小　结

基因工程药物是通过基因工程生产的治疗药物,如重组蛋白、抗体、各种细胞因子、疫苗等,或治疗基因,如 DNA、RNA 等。21 世纪是生命科学的世纪,也是基因制药飞速发展的世纪。相对于传统医药行业,基因工程药物和疫苗更具有市场前景。

按性质划分,基因工程药物包括蛋白质多肽类药物和疫苗,主要包括基因工程(重组)细胞因子类、激素类、抗菌肽类、酶和酶抑制剂类、治疗性抗体类药物,后者为基因工程微生物、寄生虫和肿瘤疫苗。

最早把基因工程药物应用于临床是 1978 年人胰岛素的应用。目前临床上使用的基因工程药物有干扰素(INF)、白介素(IL)、红细胞生成素、组织纤溶酶原激活剂(tPA)、链激酶、细胞集落刺激因子(GM-CSF)以及腺病毒为载体的 *p*53 基因等产品。

基因工程疫苗的种类有细菌疫苗、病毒疫苗、寄生虫疫苗、肿瘤疫苗、基因疫苗。病毒基因工程

笔记栏

疫苗又可分为亚单位疫苗、基因工程载体疫苗、合成肽疫苗、核酸疫苗、基因缺失活疫苗等。基因疫苗包括DNA疫苗、RNA疫苗。在临床上已应用的基因工程疫苗：基因工程载体疫苗、基因工程亚单位疫苗、核酸疫苗（DNA疫苗或RNA疫苗）、合成肽疫苗病毒类肿瘤疫苗等。

（葛银林）

参考资料

冯作化. 2005. 医学分子生物学. 北京：人民卫生出版社

马清钧. 2002. 生物技术药物. 北京：化学工业出版社

吴梧桐. 2002. 现代生化药学. 北京：中国医药科技出版社

药立波，冯作化，周春燕. 2004. 医学分子生物学. 第2版. 北京：人民卫生出版社

查锡良. 2004. 医学分子生物学. 北京：人民卫生出版社

笔记栏

中英对照名词索引

D

E

F

K

L

M

N

P

Q

R

S

T

W

X

Y

Z

其他